中文版

3ds Max 2012/VRay
效果图制作
完全自学教程

（超值版）

时代印象 TIMES IMPRESSION　曹茂鹏　瞿颖健　编著

人民邮电出版社
北京

图书在版编目（ＣＩＰ）数据

中文版3ds Max 2012/VRay效果图制作完全自学教程
：超值版 / 曹茂鹏，瞿颖健编著. -- 北京 ：人民邮电
出版社，2014.1
　　ISBN 978-7-115-33327-8

　　Ⅰ．①中… Ⅱ．①曹… ②瞿… Ⅲ．①三维动画软件
—教材 Ⅳ．①TP391.41

中国版本图书馆CIP数据核字(2013)第260041号

内 容 提 要

　　这是一本全面介绍中文版 3ds Max 2012/VRay 基本功能及各种常见效果图制作的书。本书完全针对零基础读者而开发，是入门级读者快速而全面掌握 3ds Max/VRay 效果图制作的必备参考书。

　　本书从 3ds Max 的基本操作入手，结合大量的可操作性实例（108 个实战+19 个大型综合实例），全面而深入地阐述了 3ds Max/VRay 的建模、灯光、材质、渲染在效果图制作中的运用。

　　本书共 24 章，分为 4 大篇。第 1~2 章为"基础篇"，主要讲解 3ds Max 的基本操作以及与效果图相关的学科；第 3~9 章为"中级篇"，这 7 章全面介绍了 3ds Max 的建模、灯光、摄影机、材质与贴图以及环境和效果技术，同时还全面介绍了 VRay 渲染技术以及 Photoshop 后期处理技术；第 10~20 章为"家装篇"，这 11 章通过 11 个不同风格、不同空间的大型家装实例全面讲解了家装效果图的制作流程与各种家装空间灯光的布置方法、材质的制作方法与渲染参数设置方法；第 21~24 章为"工装篇"，这 4 章通过 4 个不同风格、不同空间的大型工装实例全面讲解了工装效果图的制作流程与各种工装空间灯光的布置方法、材质的制作方法与渲染参数设置方法。

　　本书讲解模式新颖，非常符合读者学习新知识的思维习惯。本书附带 1 张 DVD9 教学光盘，内容包括本书所有实例的实例文件、场景文件、贴图文件与多媒体教学录像。同时，作者还准备了 500 套常用单体模型、15 套效果图场景、5000 多张经典位图贴图和180 个高动态 HDRI 贴图赠送读者，另外作者还为读者精心准备了中文版 3ds Max 2012 快捷键索引和效果图制作实用速查表（内容包括常用物体折射率、常用家具尺寸和室内物体常用尺寸），以方便读者学习。

　　本书非常适合作为初中级读者的入门及提高参考书，尤其是零基础读者。另外，本书所有内容均采用中文版 3ds Max 2012、VRay 2.0 SP1 进行编写，请读者注意。

◆ 编　　著　　时代印象　曹茂鹏　瞿颖健
　　责任编辑　　孟飞飞
　　责任印制　　方　航

◆ 人民邮电出版社出版发行　　北京市丰台区成寿寺路 11 号
　　邮编　100164　　电子邮件　315@ptpress.com.cn
　　网址　http://www.ptpress.com.cn
　　北京艺辉印刷有限公司印刷

◆ 开本：889×1194　1/16
　　印张：30.5　　　　　　　　　彩插：16
　　字数：1 093 千字　　　　　　2014 年 1 月第 1 版
　　印数：1- 4 000 册　　　　　　2014 年 1 月北京第 1 次印刷

定价：59.00 元（附光盘）

读者服务热线：(010)81055410　印装质量热线：(010)81055316
反盗版热线：(010)81055315
广告经营许可证：京崇工商广字第 0021 号

效果图制作基本功——6 大建模技术

　　使用3ds Max制作效果图时，一般都遵循"建模→材质→灯光→渲染"这4个基本流程。建模是一幅作品的基础，没有模型，材质和灯光就是无稽之谈。在3ds Max中，建模的过程就相当于现实生活中的"雕刻"的过程。

　　3ds Max中的建模方法大致可以分为内置几何体建模、复合对象建模、二维图形建模、网格建模、多边形建模、面片建模和NURBS建模7种。确切地说它们不应该有固定的分类，因为它们之间都可以交互使用。

实例名称	实战——用长方体制作组合桌子		
技术掌握	长方体工具、圆柱体工具、移动复制功能、旋转复制功能		
视频长度	00:01:32	难易指数	★★☆☆☆	所在页码	103

实例名称	实战——用管状体和球体制作简约台灯		
技术掌握	管状体工具、FFD 2×2×2修改器、圆柱体工具、球体工具、移动复制功能		
视频长度	00:02:03	难易指数	★★☆☆☆	所在页码	107

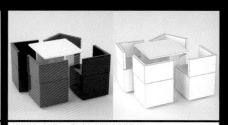

实例名称	实战——用切角长方体制作简约餐桌椅		
技术掌握	切角长方体工具、角度捕捉切换工具、旋转复制功能、移动复制功能		
视频长度	00:02:55	难易指数	★★☆☆☆	所在页码	111

实例名称	实战——用切角圆柱体制作简约茶几		
技术掌握	切角圆柱体工具、管状体工具、切角长方体工具、移动复制功能		
视频长度	00:01:26	难易指数	★☆☆☆☆	所在页码	112

实例名称	实战——用mental ray代理物体制作会议室座椅		
技术掌握	mr代理工具		
视频长度	00:02:09	难易指数	★★☆☆☆	所在页码	116

实例名称	实战——用植物制作垂柳		
技术掌握	植物工具、移动复制功能		
视频长度	00:02:56	难易指数	★★☆☆☆	所在页码	120

实例名称	实战——创建螺旋楼梯		
技术掌握	螺旋楼梯工具		
视频长度	00:02:24	难易指数	★☆☆☆☆	所在页码	124

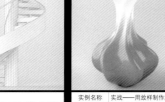

实例名称	实战——用放样制作旋转花瓶		
技术掌握	星形工具、放样工具		
视频长度	00:03:18	难易指数	★★☆☆☆	所在页码	127

实例名称	实战——用VRay代理物体创建剧场		
技术掌握	VRay代理工具		
视频长度	00:02:46	难易指数	★★☆☆☆	所在页码	128

实例名称	实战——用VRay毛发制作毛毯		
技术掌握	VRay毛发工具		
视频长度	00:00:46	难易指数	★☆☆☆☆	所在页码	131

实例名称	实战——用螺旋线制作现代沙发		
技术掌握	螺旋线工具、顶点的点选与框选方法		
视频长度	00:02:45	难易指数	★★★☆☆	所在页码	134

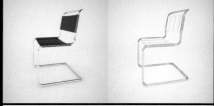

实例名称	实战——用样条线制作简约办公椅		
技术掌握	线工具、调节样条线的形状、附加样条线、焊接顶点		
视频长度	00:02:16	难易指数	★★★☆☆	所在页码	139

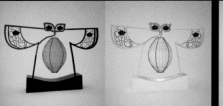

实例名称	实战——用样条线制作雕花台灯		
技术掌握	线工具、车削修改器、挤出修改器		
视频长度	00:02:32	难易指数	★★★★☆	所在页码	142

实例名称	实战——用样条线制作窗帘		
技术掌握	线工具、放样工具、FFD修改器、倒角剖面修改器		
视频长度	00:02:21	难易指数	★★★★☆	所在页码	143

实例名称	实战——用挤出修改器制作花朵吊灯		
技术掌握	星形工具、线工具、圆工具、挤出修改器		
视频长度	00:02:00	难易指数	★★☆☆☆	所在页码	149

效果图制作基本功——6大建模技术

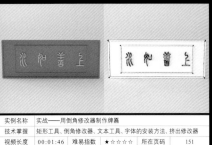

实例名称	实战——用倒角修改器制作牌匾
技术掌握	矩形工具、倒角修改器、文本工具、字体的安装方法、挤出修改器
视频长度	00:01:46　难易指数 ★☆☆☆☆　所在页码 151

实例名称	实战——用车削修改器制作饰品
技术掌握	线工具、车削修改器
视频长度	00:01:22　难易指数 ★★☆☆☆　所在页码 153

实例名称	实战——用车削修改器制作吊灯
技术掌握	线工具、车削修改器、放样工具、仅影响轴技术、间隔工具
视频长度	00:02:10　难易指数 ★★★★☆　所在页码 153

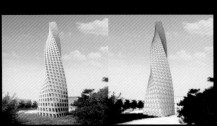

实例名称	实战——用扭曲修改器制作大厦
技术掌握	扭曲修改器、FFD 4×4×4修改器、多边形建模技术
视频长度	00:03:05　难易指数 ★★★☆☆　所在页码 156

实例名称	实战——用FFD修改器制作沙发
技术掌握	切角长方体工具、FFD 2×2×2修改器、圆柱体工具
视频长度	00:03:21　难易指数 ★★★☆☆　所在页码 159

实例名称	实战——用晶格修改器制作创意吊灯
技术掌握	细化修改器、晶格修改器
视频长度	00:01:59　难易指数 ★★☆☆☆　所在页码 162

实例名称	实战——用多边形建模制作单人椅
技术掌握	调节多边形的顶点、FFD 3×3×3修改器、涡轮平滑修改器、壳修改器
视频长度	00:02:51　难易指数 ★★☆☆☆　所在页码 175

实例名称	实战——用多边形建模制作餐桌椅
技术掌握	仅影响轴技术、调节多边形的顶点、挤出工具、切角工具
视频长度	00:03:29　难易指数 ★★★☆☆　所在页码 176

实例名称	实战——用多边形建模制作鞋柜
技术掌握	切角工具、插入工具、倒角工具、挤出工具、连接工具、倒角剖面修改器
视频长度	00:04:36　难易指数 ★★★☆☆　所在页码 178

实例名称	实战——用多边形建模制作梳妆台
技术掌握	挤出工具、切角工具、倒角工具、插入工具、倒角剖面修改器
视频长度	00:04:26　难易指数 ★★★★☆　所在页码 181

实例名称	实战——用多边形建模制作雕花柜子
技术掌握	插入工具、挤出工具、切角工具
视频长度	00:01:50　难易指数 ★★★☆☆　所在页码 184

实例名称	实战——用多边形建模制作贵妃浴缸
技术掌握	调节多边形的顶点、插入工具、挤出工具、切角工具
视频长度	00:09:48　难易指数 ★★★★☆　所在页码 186

实例名称	实战——用多边形建模制作实木门
技术掌握	切角工具、倒角工具、连接工具、移除边技术
视频长度	00:06:26　难易指数 ★★★★☆　所在页码 188

实例名称	实战——用多边形建模制作酒柜
技术掌握	倒角工具、挤出工具、切角工具、插入工具、连接工具
视频长度	00:03:18　难易指数 ★★★★☆　所在页码 191

实例名称	实战——用多边形建模制作简约别墅
技术掌握	挤出、连接、插入、倒角、焊接、切片平面、分离和栏杆工具
视频长度	00:08:38　难易指数 ★★★★☆　所在页码 194

效果图制作基本功——灯光与摄影机技术

　　没有灯光的世界将是一片黑暗，在三维场景中也是一样，即使有精美的模型、真实的材质以及完美的动画，如果没有灯光照射也毫无作用，由此可见灯光在三维表现中的重要性。有光才有影，才能让物体呈现出三维立体感，不同的灯光效果营造的视觉感受也不一样。灯光是视觉画面的一部分，其功能主要有3点：提供一个完整的整体氛围，展现出影像实体，营造空间的氛围；为画面着色，以塑造空间和形式；让人们集中注意力。

　　3ds Max中的摄影机在制作效果图时非常有用。3ds Max中的摄影机只包含"标准"摄影机，而"标准"摄影机又包含"目标摄影机"和"自由摄影机"两种。安装好VRay渲染器后，摄影机列表中会增加一种VRay摄影机，而VRay摄影机又包含"VRay穹顶像机"和"VRay物理像机"两种。

实例名称	实战——制作工业产品灯光		
技术掌握	用VRay面光源模拟三点照明		
视频长度	00:01:31	难易指数 ★★☆☆☆	所在页码 214

实例名称	实战——制作台灯照明		
技术掌握	用VRay球体光源模拟台灯		
视频长度	00:01:15	难易指数 ★★☆☆☆	所在页码 216

实例名称	实战——制作射灯照明		
技术掌握	用目标灯光模拟射灯		
视频长度	00:01:50	难易指数 ★★★☆☆	所在页码 218

实例名称	实战——制作落地灯照明		
技术掌握	用VRay球体光源模拟落地灯、用目标灯光模拟射灯		
视频长度	00:01:48	难易指数 ★★★☆☆	所在页码 220

实例名称	实战——制作浴室柔和自然光		
技术掌握	用VRay天空和VRay面光源模拟天光		
视频长度	00:01:33	难易指数 ★★☆☆☆	所在页码 223

实例名称	实战——制作休息室柔和阳光		
技术掌握	用VRay太阳模拟阳光、用VRay面光源模拟天光		
视频长度	00:03:19	难易指数 ★★☆☆☆	所在页码 225

实例名称	实战——制作客厅清晨阳光		
技术掌握	用VRay太阳模拟阳光、用VRay面光源模拟天光		
视频长度	00:01:58	难易指数 ★★☆☆☆	所在页码 227

实例名称	实战——制作餐厅柔和灯光		
技术掌握	用VRay面光源模拟室内夜景灯光、用目标灯光模拟射灯		
视频长度	00:02:36	难易指数 ★★★☆☆	所在页码 229

实例名称	实战——制作客厅夜景灯光		
技术掌握	用VRay面光源模拟夜景天光和室内辅助光源		
视频长度	00:02:28	难易指数 ★★★☆☆	所在页码 233

实例名称	实战——制作卧室夜景灯光		
技术掌握	用VRay模拟天花板主光源、用目标灯光模拟射灯		
视频长度	00:02:26	难易指数 ★★★☆☆	所在页码 235

实例名称	实战——制作室外一角夜景灯光		
技术掌握	用目标灯光模拟射灯、用VRay面光源模拟辅助光源		
视频长度	00:02:10	难易指数 ★★★☆☆	所在页码 237

实例名称	实战——制作舞台灯光		
技术掌握	用目标聚光灯模拟舞台灯光（投影贴图灯光和体积光）		
视频长度	00:02:46	难易指数 ★★★☆☆	所在页码 239

实例名称	实战——制作室外高架桥阳光		
技术掌握	用VRay太阳模拟室外阳光		
视频长度	00:01:10	难易指数 ★☆☆☆☆	所在页码 241

实例名称	实战——制作体育场日光		
技术掌握	用VRay太阳模拟室外阳光		
视频长度	00:01:25	难易指数 ★★☆☆☆	所在页码 242

实例名称	实战——用目标摄影机制作玻璃杯景深		
技术掌握	用目标摄影机制作景深特效		
视频长度	00:01:41	难易指数 ★★☆☆☆	所在页码 250

效果图制作基本功——材质与贴图技术

　　材质主要用于表现物体的颜色、质地、纹理、透明度和光泽等特性，依靠各种类型的材质可以制作出现实世界中的任何物体。

　　通常，在制作新材质并将其应用于对象时，应该遵循这个步骤：指定材质的名称→选择材质的类型→对于标准或光线追踪材质，应选择着色类型→设置漫反射颜色、光泽度和不透明度等各种参数→将贴图指定给要设置贴图的材质通道，并调整参数→将材质应用于对象→如有必要，应调整UV贴图坐标，以便正确定位对象的贴图→保存材质。

实例名称	实战——制作地砖拼花材质	
技术掌握	用多维/子对象材质和VRayMtl材质模拟拼花材质	
视频长度	00:02:24　难易指数 ★★☆☆☆　所在页码	273

实例名称	实战——制作木纹材质	
技术掌握	用VRayMtl材质模拟木纹材质	
视频长度	00:03:03　难易指数 ★★☆☆☆　所在页码	275

实例名称	实战——制作地板材质	
技术掌握	用VRayMtl材质模拟地板材质	
视频长度	00:01:15　难易指数 ★☆☆☆☆　所在页码	276

实例名称	实战——制作不锈钢材质	
技术掌握	用VRayMtl模拟不锈钢材质和磨砂不锈钢材质	
视频长度	00:01:13　难易指数 ★★☆☆☆　所在页码	277

实例名称	实战——制作金银材质	
技术掌握	用多维/子对象材质和VRayMtl材质模拟金银材质	
视频长度	00:01:28　难易指数 ★★☆☆☆　所在页码	278

实例名称	实战——制作镜子材质	
技术掌握	用VRayMtl材质模拟镜子材质	
视频长度	00:02:53　难易指数 ★☆☆☆☆　所在页码	278

实例名称	实战——制作玻璃材质	
技术掌握	用VRayMtl材质模拟玻璃材质	
视频长度	00:01:19　难易指数 ★★☆☆☆　所在页码	279

实例名称	实战——制作水材质	
技术掌握	用VRayMtl材质模拟水材质和红酒水材质	
视频长度	00:01:38　难易指数 ★★★☆☆　所在页码	280

实例名称	实战——制作水晶灯材质	
技术掌握	用VRayMtl材质模拟水晶材质	
视频长度	00:00:55　难易指数 ★★☆☆☆　所在页码	281

实例名称	实战——制作灯罩和橱柜材质	
技术掌握	用VRayMtl材质模拟灯罩材质和橱柜材质	
视频长度	00:01:50　难易指数 ★★☆☆☆　所在页码	281

实例名称	实战——制作食物材质	
技术掌握	用多维/子对象材质和VRayMtl材质模拟食物材质，用法线凹凸贴图模拟凹凸效果	
视频长度	00:02:19　难易指数 ★★★★☆　所在页码	282

实例名称	实战——制作陶瓷材质	
技术掌握	用VRayMtl材质模拟单色陶瓷材质，用混合材质和VRayMtl材质模拟花纹材质	
视频长度	00:02:46　难易指数 ★★★☆☆　所在页码	284

实例名称	实战——制作自发光材质	
技术掌握	用VRay发光材质模拟自发光材质、VRayMtl材质模拟地板材质	
视频长度	00:01:05　难易指数 ★★☆☆☆　所在页码	285

实例名称	实战——制作毛巾材质	
技术掌握	用VRayMtl贴图、置换贴图和凹凸贴图模拟毛巾材质	
视频长度	00:01:53　难易指数 ★★★☆☆　所在页码	286

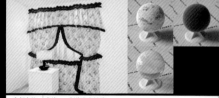

实例名称	实战——制作窗帘材质	
技术掌握	用标准材质、混合材质和VRayMtl模拟窗帘材质	
视频长度	00:02:59　难易指数 ★★★☆☆　所在页码	287

效果图制作基本功——环境和效果技术

在现实世界中，所有物体都不是独立存在的，周围都存在相对应的环境。身边最常见的环境有闪电、大风、沙尘、雾、光束等。环境对效果图场景的氛围起到了至关重要的作用。在3ds Max 2012中，可以为场景添加云、雾、火、体积雾和体积光等环境效果。

在3ds Max 2012中，可以为场景添加Hair和Fur（头发和毛发）、"镜头效果"、"模糊"、"亮度和对比度"、"色彩平衡"、"景深"、"文件输出"、"胶片颗粒"、"运动模糊"和"VRay镜头特效"效果。

实例名称	实战——为效果图添加室外环境贴图		
技术掌握	加载室外环境贴图		
视频长度	00:01:56	难易指数 ★☆☆☆☆	所在页码 291

实例名称	实战——用体积光为场景添加体积光		
技术掌握	用体积光制作体积光		
视频长度	00:02:13	难易指数 ★★★☆☆	所在页码 296

实例名称	实战——用亮度/对比度效果调整场景的亮度与对比度		
技术掌握	用亮度/对比度效果调整场景的亮度与对比度		
视频长度	00:01:09	难易指数 ★☆☆☆☆	所在页码 302

实例名称	实战——测试全局照明		
技术掌握	调节全局照明的染色及级别		
视频长度	00:01:56	难易指数 ★☆☆☆☆	所在页码 291

实例名称	实战——用色彩平衡效果调整场景的色调		
技术掌握	用色彩平衡效果调整场景的色调		
视频长度	00:01:38	难易指数 ★☆☆☆☆	所在页码 303

实例名称	实战——用镜头效果制作镜头特效	技术掌握	用镜头效果制作各种镜头特效	视频长度	00:04:40	难易指数 ★★★☆☆	所在页码	299

效果图制作基本功——Photoshop后期处理

后期处理是效果图制作中非常关键的一步，这个环节相当重要。在一般情况下都是使用Adobe公司的Photoshop来进行后期处理。所谓后期处理就是对效果图进行修饰，将效果图在渲染中不能实现的效果在后期处理中完美地体现出来。

实例名称	实战——用曲线调整效果图的亮度		
技术掌握	用曲线命令调整效果图的亮度		
视频长度	00:01:09	难易指数 ★☆☆☆☆	所在页码 348

实例名称	实战——用亮度/对比度调整效果图的亮度		
技术掌握	用亮度/对比度命令调整效果图的亮度		
视频长度	00:01:01	难易指数 ★☆☆☆☆	所在页码 349

实例名称	实战——用正片叠底调整过亮的效果图		
技术掌握	用正片叠底模式调整过亮的效果图		
视频长度	00:01:08	难易指数 ★☆☆☆☆	所在页码 350

实例名称	实战——用滤色调整效果图的过暗区域				
技术掌握	用滤色模式调整效果图的过暗区域				
视频长度	00:01:16	难易指数	★☆☆☆☆	所在页码	350

实例名称	实战——用色阶调整效果图的层次感				
技术掌握	用色阶命令调整效果图的层次感				
视频长度	00:01:04	难易指数	★☆☆☆☆	所在页码	351

实例名称	实战——用曲线调整效果图的层次感				
技术掌握	用曲线命令调整效果图的层次感				
视频长度	00:01:03	难易指数	★☆☆☆☆	所在页码	351

实例名称	实战——用智能色彩还原调整效果图的层次感				
技术掌握	用智能色彩还原滤镜调整效果图的层次感				
视频长度	00:00:53	难易指数	★☆☆☆☆	所在页码	352

实例名称	实战——用明度调整效果图的层次感				
技术掌握	用明度模式调整效果图的层次感				
视频长度	00:00:49	难易指数	★☆☆☆☆	所在页码	352

实例名称	实战——用USM锐化调整效果图的清晰度				
技术掌握	用USM锐化滤镜调整效果图的清晰度				
视频长度	00:01:06	难易指数	★☆☆☆☆	所在页码	353

实例名称	实战——用自动修缮调整效果图的清晰度				
技术掌握	用自动修缮滤镜调整效果图的清晰度				
视频长度	00:00:56	难易指数	★☆☆☆☆	所在页码	353

实例名称	实战——用自动颜色调整偏色的效果图				
技术掌握	用自动颜色命令调整偏色的效果图				
视频长度	00:00:26	难易指数	★☆☆☆☆	所在页码	354

实例名称	实战——用色相/饱和度调整色彩偏淡的效果图				
技术掌握	用色相/饱和度命令调整色彩偏淡的效果图				
视频长度	00:01:28	难易指数	★☆☆☆☆	所在页码	354

实例名称	实战——用智能色彩还原调整色彩偏淡的效果图				
技术掌握	用智能色彩还原滤镜调整色彩偏淡的效果图				
视频长度	00:00:44	难易指数	★☆☆☆☆	所在页码	355

实例名称	实战——用照片滤镜统一效果图的色调				
技术掌握	用照片滤镜调整图层统一效果图的色调				
视频长度	00:01:15	难易指数	★☆☆☆☆	所在页码	355

实例名称	实战——用色彩平衡统一效果图的色调				
技术掌握	用色彩平衡调整图层统一效果图的色调				
视频长度	00:01:01	难易指数	★☆☆☆☆	所在页码	356

实例名称	实战——用叠加增强效果图光域网的光照				
技术掌握	用叠加模式增强效果图的光域网光照				
视频长度	00:02:23	难易指数	★★★☆☆	所在页码	357

实例名称	实战——用叠加为效果图添加光晕				
技术掌握	用叠加模式为效果图添加光晕				
视频长度	00:01:20	难易指数	★★☆☆☆	所在页码	358

实例名称	实战——用柔光为效果图添加体积光				
技术掌握	用柔光模式为效果图添加体积光				
视频长度	00:02:35	难易指数	★★☆☆☆	所在页码	

实例名称	实战——用色相为效果图制作四季光效				
技术掌握	用色相模式为效果图制作四季光效				
视频长度	00:02:20	难易指数	★★☆☆☆	所在页码	359

实例名称	实战——用魔棒工具为效果图添加室外环境				
技术掌握	用魔棒工具为效果图添加室外环境				
视频长度	00:01:21	难易指数	★★☆☆☆	所在页码	360

实例名称	实战——用透明通道为效果图添加室外环境				
技术掌握	用透明通道为效果图添加室外环境				
视频长度	00:00:49	难易指数	★☆☆☆☆	所在页码	360

实例名称	实战——为效果图添加室内配饰				
技术掌握	室内配饰的添加方法				
视频长度	00:03:29	难易指数	★★☆☆☆	所在页码	361

实例名称	实战——为效果图增强发光灯带环境				
技术掌握	用高斯模糊滤镜和叠加模式为效果图增强发光灯带环境				
视频长度	00:01:50	难易指数	★☆☆☆☆	所在页码	362

实例名称	实战——为效果图增强地面反射环境				
技术掌握	用快速选择工具和动感模糊滤镜制作地面反射环境				
视频长度		难易指数		所在页码	363

地砖材质

浴缸材质

金属材质

沙发绒布材质

乳胶漆材质

镜子材质

VRay综合实例——欧式客厅夜景表现

实例概述：本例是一个欧式客厅空间，地砖材质、沙发绒布材质和室内明亮灯光的表现是本例的学习要点。

技术掌握：地砖材质、沙发绒布材质的制作方法；客厅夜景明亮灯光的布置方法。

视频长度：00:05:35　难易指数：★★★☆　所在页码：322

效果图渲染利器——VRay 渲染技术

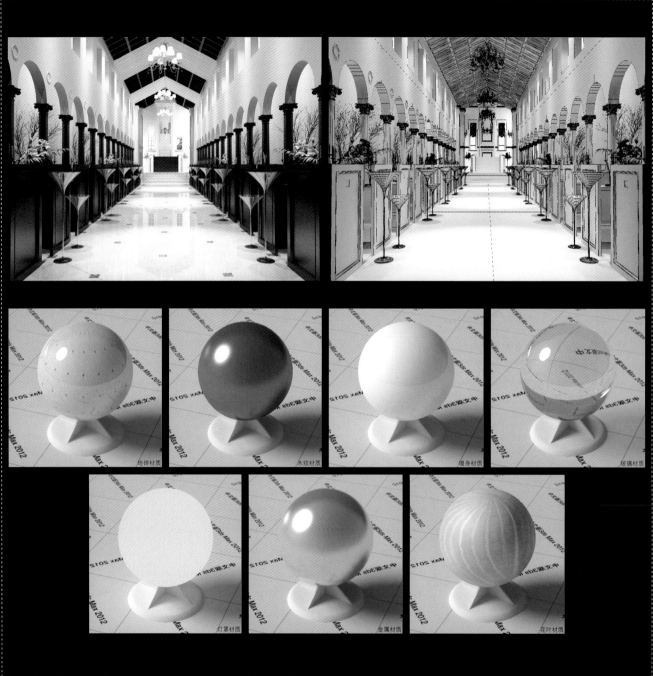

VRay综合实例——教堂日光表现

实例概述：本例是一个大型教堂空间，地砖材质、木纹材质、玻璃材质、花叶材质以及日光表现是本例的学习要点。

技术掌握：地砖材质、木纹材质、玻璃材质、花叶材质的制作方法；教堂日光的布置方法。

视频长度：00:06:58　　难易指数：★★★☆　　所在页码：328

效果图渲染利器——VRay 渲染技术

VRay 综合实例——更衣室阳光表现

实例概述：本例是一个更衣室空间，地毯材质、衣服材质、皮质材质以及阳光的表现方法是本例的学习要点。

技术掌握：地毯材质、衣服材质、皮质材质的制作方法；更衣室阳光的布置方法。

视频长度：00:05:50　难易指数：★★★☆　所在页码：333

效果图渲染利器——VRay渲染技术

地板材质

智巢材质

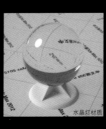
水晶灯材质

窗纱材质

皮椅材质

灯罩材质

综合实例——家装篇

地毯材质　　木纹材质　　窗纱材质　　环境材质　　灯罩材质　　白漆材质

躺椅模型-渲染　　躺椅模型-线框

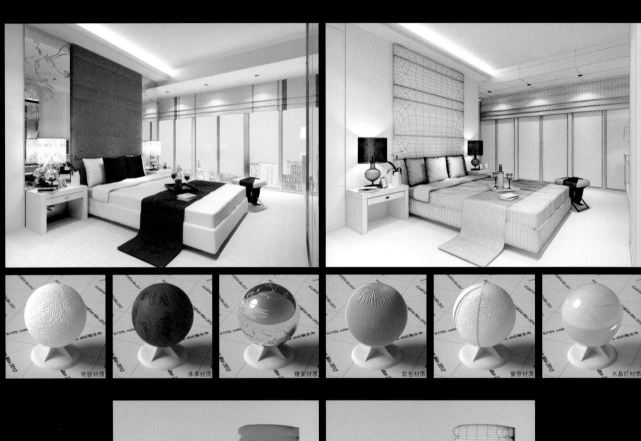

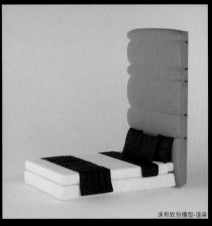
床和软包模型-渲染

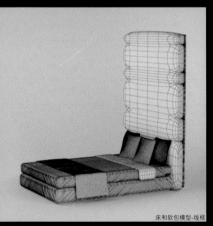
床和软包模型-线框

综合实例——现代卧室朦胧日景表现

实例概述： 本例是一个现代卧室空间，床单材质、镜面材质、软包材质、窗帘材质、水晶灯材质的制作方法以及朦胧日景灯光的表现方法是本例的学习要点。

技术掌握： 床单材质、镜面材质、软包材质、窗帘材质和水晶灯材质的制作方法；卧室朦胧日景的表现方法。

难点模型： 床和软包模型。

视频长度： 00:11:05 　**难易指数：** ★★★★☆ 　**所在页码：** 372

综合实例——家装篇

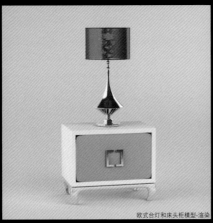

地毯材质　　地毯材质　　壁纸材质

床单材质　　窗帘材质　　灯罩材质

欧式台灯和床头柜模型-渲染　　　　欧式台灯和床头柜模型-线框

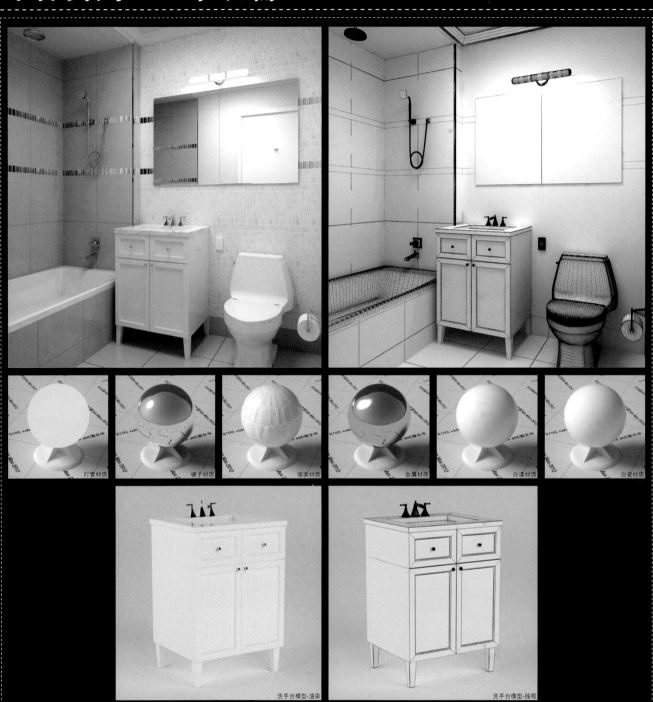

洗手台模型-渲染　　洗手台模型-线框

综合实例——卫生间日光灯表现

实例概述： 本例是一个卫生间空间，灯管材质、墙面材质、金属材质、白漆材质和白瓷材质的制作方法以及卫生间日光灯效果的表现方法是本例的学习要点。

技术掌握： 灯管材质、墙面材质、金属材质、白漆材质和白瓷材质的制作方法；卫生间日光灯效果的表现方法。

难点模型： 洗手台模型。

视频长度： 00:08:03　**难易指数：** ★★★☆　**所在页码：** 394

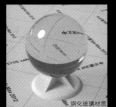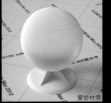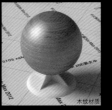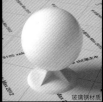

书桌和书架模型-渲染

书桌和书架模型-线框

综合实例——书房阳光表现

实例概述： 本例是一个书房空间，钢化玻璃材质、窗纱材质和玻璃钢材质的制作方法以及书房阳光效果的表现方法是本例的学习要点。

技术掌握： 钢化玻璃材质、窗纱材质和玻璃钢材质的制作方法；书房阳光效果的表现方法。

难点模型： 书桌和书架模型。

视频长度： 00:08:16　难易指数：★★★★☆　所在页码：402

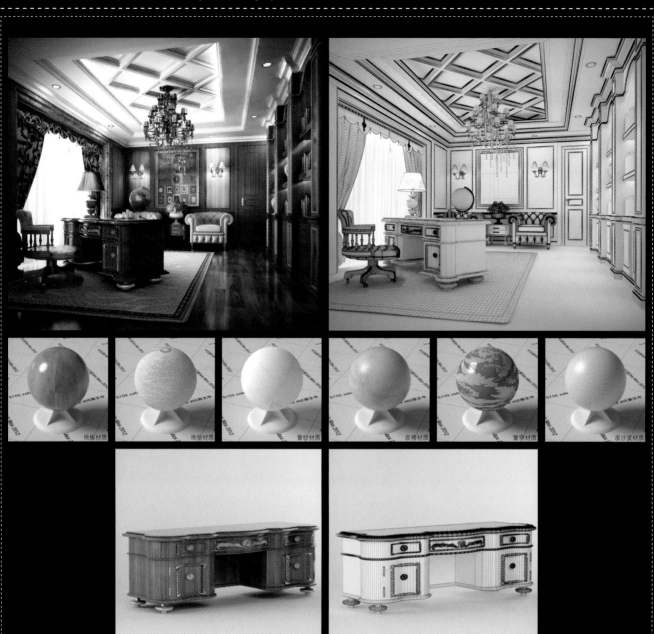

综合实例——奢华欧式书房日景表现

实例概述：本例是一个奢华欧式书房空间，地板材质、窗纱材质、皮椅材质、窗帘材质和皮沙发材质的制作方法以及日景效果的表现方法是本例的学习要点。

技术掌握：地板材质、窗纱材质、皮椅材质、窗帘材质和皮沙发材质的制作方法；书房日景效果的表现方法。

难点模型：欧式写字台模型。

视频长度：00:09:50　　难易指数：★★★★★　　所在页码：410

综合实例——家装篇

砖墙材质　藤椅材质　环境材质　花叶材质　地板材质　窗框材质

藤凳和藤椅模型-渲染　　　藤凳和藤椅模型-线框

综合实例——休息室阳光表现

实例概述：本例是一个休息室空间，砖墙材质、藤椅材质和花叶材质的制作方法以及休息室阳光效果的表现方法是本例的学习要点。

技术掌握：砖墙材质、藤椅材质和花叶材质的制作方法；休息室阳光效果的表现方法。

难点模型：藤凳和藤椅模型。

综合实例——家装篇

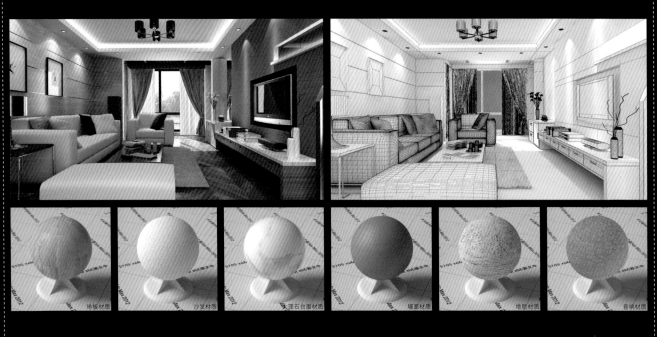

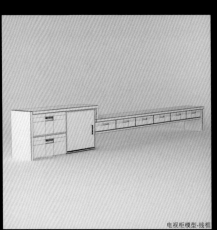

综合案例——现代客厅日光表现

　　实例概述：本例是一个现代客厅空间，地板材质、沙发材质、大理石材质和音响材质的制作方法以及日光效果的表现方法是本例的学习要点。

　　技术掌握：地板材质、沙发材质、大理石材质和音响材质的制作方法；现代客厅日光效果的表现方法。

　　难点模型：电视柜模型。

　　视频长度：00:12:50　　**难易指数**：★★★★★　　**所在页码**：432

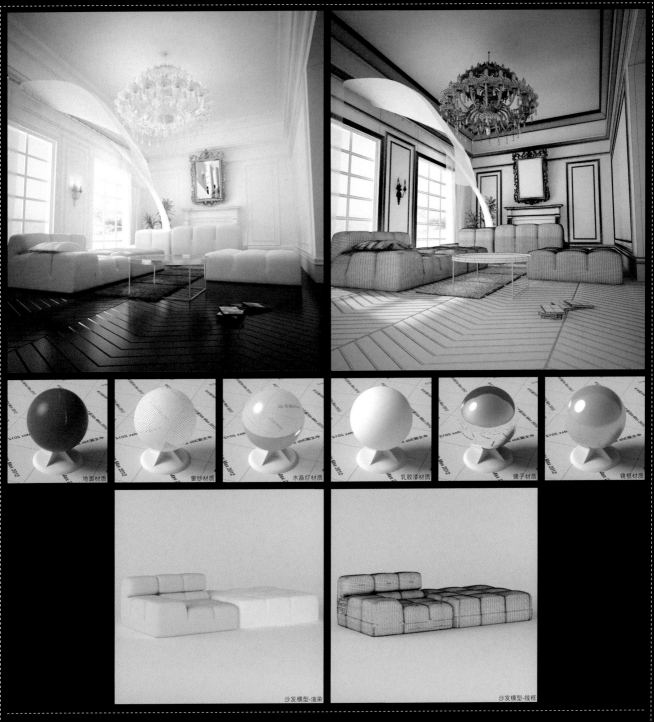

地面材质　　窗纱材质　　水晶灯材质　　乳胶漆材质　　镜子材质　　镜框材质

沙发模型-渲染　　　　　　　　　沙发模型-线框

综合实例——欧式客厅日景表现

实例概述： 本例是一个欧式客厅空间，地面材质、窗纱材质和水晶灯材质的制作方法以及欧式客厅日景效果的表现方法是本例的学习要点。

技术掌握： 地面材质、窗纱材质和水晶灯材质的制作方法；欧式客厅日景效果的表现方法。

难点模型： 沙发模型。

视频长度：00:07:36　　难易指数：★★★★☆　　所在页码：442

综合实例——家装篇

餐桌模型-渲染

餐桌模型-线框

综合实例——地中海餐厅日景表现

实例概述： 本例是一个地中海风格的餐厅空间，木纹材质、地砖材质和座垫材质的制作方法以及地中海餐厅日景效果的表现方法是本例的学习要点。

技术掌握： 木纹材质、地砖材质和座垫材质的制作方法；地中海餐厅日景效果的表现方法。

难点模型： 餐桌模型。

视频长度：00:06:01　难易指数：★★★★★　所在页码：450

综合实例——家装篇

中式茶几模型-渲染

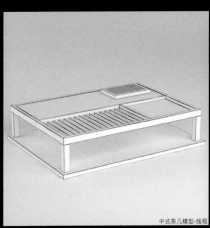

中式茶几模型-线框

综合实例——别墅中庭自然光表现

实例概述：本例是一个中式别墅中庭空间，窗纱材质、沙发材质、灯罩材质和瓷器材质的制作方法以及别墅中庭自然光效果的表现方法是本例的学习要点。

技术掌握：窗纱材质、沙发材质、灯罩材质和瓷器材质的制作方法；别墅中庭自然光效果的表现方法。

难点模型：中式茶几模型。

综合实例——工装篇

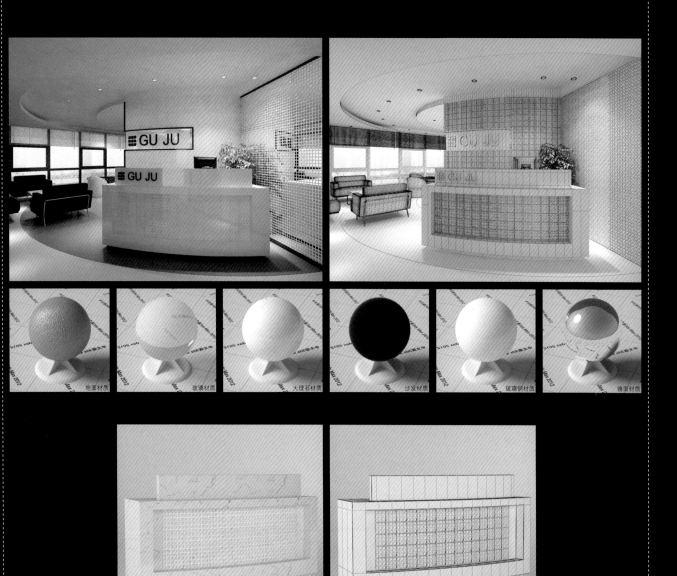

地面材质　　玻璃材质　　大理石材质　　沙发材质　　玻璃钢材质　　镜面材质

接待台模型-渲染　　　　接待台模型-线框

综合实例——办公室自然光表现

　　实例概述：本例是一个办公室空间，玻璃材质、大理石材质、沙发材质和玻璃钢材质的制作方法以及办公室自然光效果的表现方法是本例的学习要点。

综合实例——工装篇

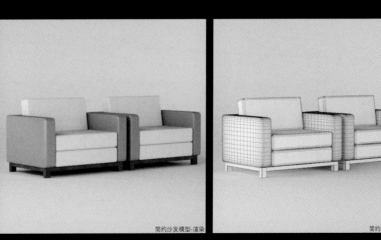

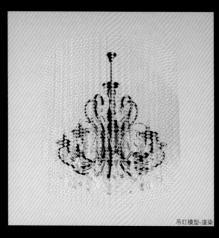

吊灯模型-渲染

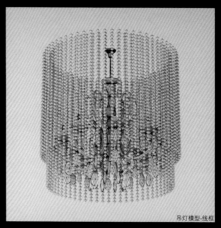

吊灯模型-线框

综合实例——电梯厅夜晚灯光表现

实例概述： 本例是一个电梯厅空间，玻璃幕墙材质和沙发材质的制作方法以及电梯厅夜晚灯光效果的表现方法是本例的学习要点。

技术掌握： 玻璃幕墙材质和沙发材质的制作方法；电梯厅夜晚灯光效果的表现方法。

难点模型： 吊灯模型。

视频长度： 00:08:59　难易指数：★★★★★　所在页码：486

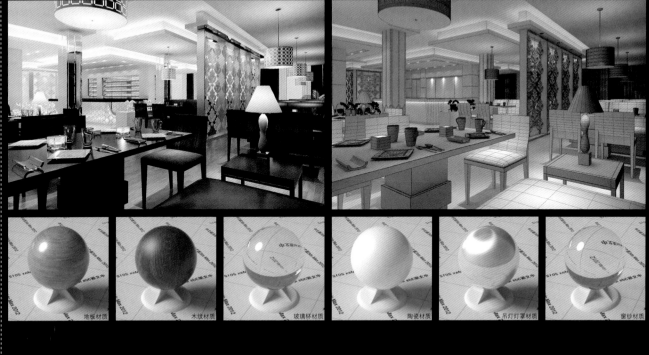

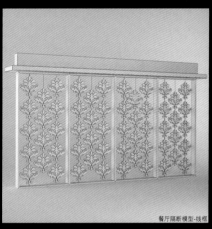

综合实例——餐厅夜晚灯光表现

实例概述：本例是一个餐厅空间，吊灯灯罩材质和窗纱材质的制作方法以及餐厅夜晚灯光效果的表现方法是本例的学习要点。

技术掌握：吊灯灯罩材质和窗纱材质的制作方法；餐厅夜晚灯光效果的表现方法。

难点模型：餐厅隔断模型。

超值附赠5套大型CG场景、15套大型效果图场景、500套单体模型

为了让大家更方便地学习3ds Max 2012与VRay渲染器，我们特地为大家准备了15套大型效果图场景和500套单体模型供大家练习使用。这些场景仅供大家练习使用，请不要用于商业用途。

资源位置：DVD>光盘文件>附赠资源>效果图场景文件夹、单体模型库文件夹

大型效果图场景展示▼

部分高精度单体欧式模型展示▼

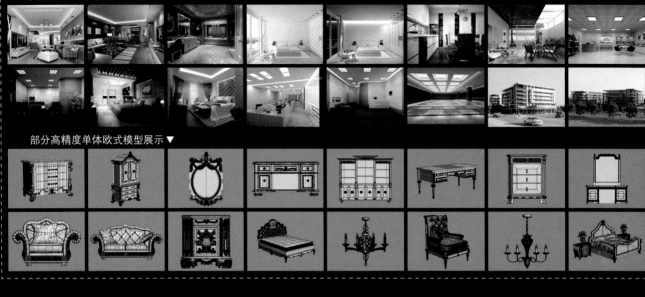

超值附赠180个高动态HDRI贴图、5000多张高清稀有位图贴图

由于HDRI贴图在实际工作中经常用到，并且又很难找到。基于此，我们特地为大家准备了180个HDRI贴图。HDRI拥有比普通RGB格式图像（仅8bit的亮度范围）更大的亮度范围，标准的RGB图像最大亮度值是（255，255，255），如果用这样的图像结合光能传递照明一个场景的话，即使是最亮的白色也不足以提供足够的照明来模拟真实世界中的情况，渲染结果看上去会很平淡，并且缺乏对比，原因是这种图像文件将现实中的大范围的照明信息仅用一个8bit的RGB图像描述。而使用HDRI的话，相当于将太阳光的亮度值（比如6000%）加到光能传递计算以及反射的渲染中，得到的渲染结果将会非常真实、漂亮。

另外，我们还为大家准备了5000多张高清稀有位图贴图，这些贴图都是我们在实际工作中收集的，大家可以用这些贴图进行练习。

资源位置：DVD>光盘文件>附赠资源>高动态HDRI贴图文件夹、高清位图贴图文件夹

高动态HDRI贴图展示▼

高清位图贴图展示▼

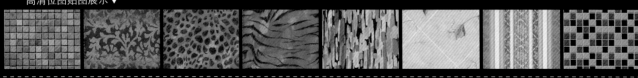

前　言

本书是初学者自学中文版3ds Max 2012与VRay渲染器的经典畅销图书。全书从实用角度出发，全面、系统地讲解了中文版3ds Max 2012和VRay渲染器在效果图中的所有应用功能。书中在介绍软件功能的同时，还精心安排了108个具有针对性的效果图实战实例和19个综合实例，帮助读者轻松掌握软件使用技巧和具体应用，以做到学用结合，并且全部实例都配有多媒体有声视频教学录像，详细演示了实例的制作过程。此外，还提供了用于查询软件功能、实例、疑难问答、技术专题的索引，同时还为初学者配备了效果图制作实用附录（常见物体折射率、常用家具尺寸和室内物体常用尺寸）。

本书自2009年的3ds Max 2009版本以来，一直稳居多媒体类图书销售排行榜前列。这一版本不仅补充了前一版本的新功能，修订了前一版的纰漏，更是大幅度提升了实例的视觉效果和技术含量。同时采纳读者的建议，在实例编排上更加突出针对性和实用性，对于建模技术、灯光技术、材质技术、渲染技术、环境和效果技术以及Photoshop后期处理技术均有增强，以期再读经典。

本书的结构与内容

本书共24章，分为4大篇，具体内容介绍如下。

基础篇（第1~2章）：本篇主要讲解了3ds Max的基本操作以及与效果图相关的学科。

中级篇（第3~9章）：本篇用7章内容全面介绍了3ds Max的建模、灯光、摄影机、材质与贴图以及环境和效果技术，同时还全面介绍了VRay渲染技术以及Photoshop后期处理技术。这部分内容是本书的精髓所在，因为几乎制作效果图的所有重要技术均包含在本篇中。另外，每章均安排有针对性非常强的实战实例或综合实例。

家装篇（第10~20章）：本篇用11个不同风格、不同空间的大型家装实例（基本涵盖了实际工作中的常见家装空间）全面讲解了家装效果图的制作流程与各种家装空间灯光的布置方法、材质的制作方法与渲染参数设置方法。另外，每章均有难点模型的制作流程讲解。请读者注意，本篇的重要程度与"中级篇"相同，非常重要。

工装篇（第21~24章）：本篇用4个不同风格、不同空间的大型工装实例全面讲解了工装效果图的制作流程与各种工装空间灯光的布置方法和材质的制作方法。另外，每章均有难点模型的制作流程讲解。

本书的版面结构说明

为了达到让读者轻松自学，深入地了解软件功能的目的，本书专门设计了"实战"、"提示"、"疑难问答"、"技术专题"、"知识链接"、"综合实例"等项目，简要介绍如下。

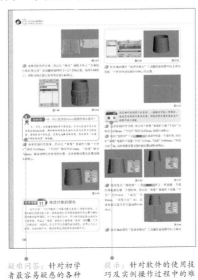

实战：安排合适的实例学习软件的各种工具、命令及重点技术。

知识链接：3ds Max 2012体系庞大，许多功能之间都有着密切的联系。"知识链接"标出了与当前介绍的功能相关的其他知识所在的页码或章节。

疑难问答：针对初学者最容易疑惑的各种问题进行解答。

提示：针对软件的使用技巧及实例操作过程中的难点进行重点提示。

综合实例：针对软件的各项重要技术进行综合练习。

技术专题：包含大量的技术性知识点详解，让读者深入掌握软件的各项技术。

本书DVD光盘说明

本书附带1张DVD教学光盘，内容包括本书所有实例的实例文件、场景文件、贴图文件与多媒体教学录像，同时我们还准备了500套常用单体模型、15套效果图场景、5000多张经典位图贴图和180个高动态HDRI贴图赠送读者。读者在学完本书内容以后，可以调用这些资源进行深入练习。

策划/编辑

总编	瞿颖健 曹茂鹏
策划编辑	王祥
执行编辑	王东
校对编辑	王东
美术编辑	佘战文
版面编辑	李俊杰　王谦
多媒体编辑	冉翼飞

售后服务

在学习技术的过程中会碰到一些难解的问题，我们衷心地希望能够为广大读者提供力所能及的阅读服务，尽可能地帮大家解决一些实际问题，如果大家在学习过程中需要我们的支持，请通过以下方式与我们取得联系，我们将尽力解答。

客服/投稿QQ：996671731

客服邮箱：iTimes@126.com

祝您在学习的道路上百尺竿头，更上一层楼！

时代印象

2013年11月

本书DVD9光盘内容介绍

本书附带1张DVD9海量教学光盘，内容包含"实例文件"、"场景文件"、"多媒体教学"和"附赠资源"4个文件夹。其中"实例文件"文件夹中包含本书所有实例的源文件、效果图和贴图；"场景文件"文件夹中包含本书所有实例用到的场景文件；"多媒体教学"文件夹中包含本书108个实战、19个综合实例的多媒体有声视频教学录像，共127集；"附赠资源"文件夹中是我们特地为大家额外赠送的学习资源，其中包含500套常用单体模型、15套大型效果图场景、5000多张经典位图贴图和180个高动态HDRI贴图。大家可以在学完本书内容以后继续用这些资源进行练习，让自己彻底将3ds Max 2012与VRay渲染器"一网打尽"！

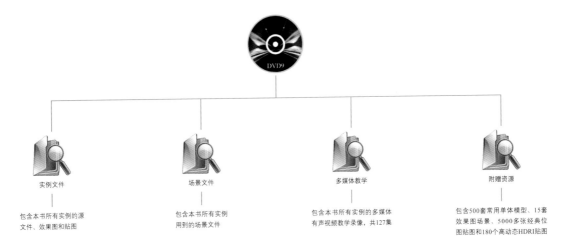

127集大型多媒体全自动高清有声视频教学录像

为了更方便大家学习3ds Max 2012与VRay渲染器，我们特别录制了本书所有实例的多媒体高清有声视频教学录像，分为实战（108集）和综合实例（19集）两个部分，共127集。其中实战视频专门针对3ds Max 2012软件的各种工具、命令以及实际工作中经常要用到的各种重要技术进行讲解；综合实例视频专门针对在实际工作中经常遇到的各种效果图空间的制作流程（建模、灯光、材质、渲染）进行全面性地讲解，大家可以边观看视频，边学习本书的内容。

打开"多媒体教学"文件夹，在该文件夹中有1个"多媒体教学（启动程序）.exe"文件，双击该文件便可观看本书视频，无需其他播放器。

温馨提示
为了更流畅地播放多媒体视频教学与调用源文件及其他文件，请大家将DVD光盘中的所有内容复制到计算机硬盘中。另外，请大家珍惜我们的劳动成果，不要将视频文件上传到互联网上，如若发现，我们将追究法律责任。

目　录

基础篇

中级篇

注：★重点 为3ds Max 2012的软件技术重点（读者必须完全掌握）　★重点 为重点实战（读者必须多加练习）　实战XXX 为实战和综合实例

家装篇

工装篇

中文版

3ds Max 2012/VRay
效果图制作
完全自学教程
（超值版）

第1章 3ds Max 2012的基本操作

1.1 认识3ds Max 2012

Autodesk公司出品的3ds Max是世界顶级的三维软件之一，由于3ds Max强大的功能，使其从诞生以来就一直受到CG艺术家的喜爱。到目前为止，Autodesk公司已将3ds Max升级到2012版本，当然其功能也变得更加强大。

3ds Max在模型塑造、场景渲染、动画及特效等方面都能制作出高品质的对象，这也使其在插画、影视动画、游戏、产品造型和效果图（注意，3ds Max在效果图领域的应用最为广泛）等领域中占据领导地位，成为全球最受欢迎的三维制作软件之一，如图1-1~图1-5所示。

图1-1

图1-2

图1-3

图1-4

图1-5

提示　从3ds Max 2009开始，Autodesk公司推出了两个版本的3ds Max，一个是面向影视动画专业人士的3ds Max，另一个是专门为建筑师、设计师以及可视化设计量身定制的3ds Max Design，对于大多数用户而言，这两个版本是没有任何区别的。本书均采用中文版3ds Max 2012版本来编写，请大家注意。

1.2 3ds Max 2012的工作界面

安装好3ds Max 2012后，可以通过以下两种方法来启动3ds Max 2012。

第1种：双击桌面上的快捷图标🗲。

第2种：执行"开始>程序>Autodesk>Autodesk 3ds Max 2012 32-bit-Simplified Chinese>Autodesk 3ds Max 2012 32-bit-Simplified Chinese"命令，如图1-6所示。

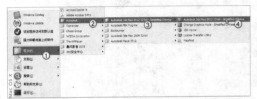

图1-6

在启动3ds Max 2012的过程中，可以观察到3ds Max 2012的启动画面，如图1-7所示，启动完成后可以看到其工作界面，如图1-8所示。3ds Max 2012的视口显示是四视图显示，如果要切换到单一的视图显示，可以单击界面右下角的"最大化视口切换"按钮□或按Alt+W组合键，如图1-9所示。

 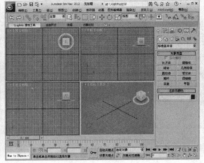 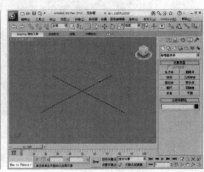

图1-7　　　　　　　　　　　　　图1-8　　　　　　　　　　　　　图1-9

技术专题 01　如何使用教学影片

在初次启动3ds Max 2012时，系统会自动弹出"欢迎使用3ds Max"对话框，其中包括6个入门视频教程，如图1-10所示。

若想在启动3ds Max 2012时不弹出"欢迎使用3ds Max"对话框，只需要在该对话框左下角关闭"在启动时显示此欢迎屏幕"选项即可，如图1-11所示；若要恢复"欢迎使用3ds Max"对话框，可以执行"帮助>基本技能影片"菜单命令来打开该对话框，如图1-12所示。

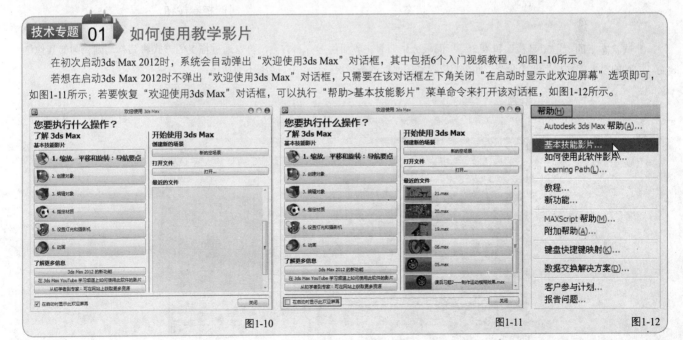

图1-10　　　　　　　　　　　　　图1-11　　　　　　　　　　　　　图1-12

3ds Max 2012的工作界面分为"标题栏"、"菜单栏"、"主工具栏"、视口区域、"命令"面板、"时间尺"、"状态栏"、时间控制按钮和视图导航控制按钮9大部分，如图1-13所示。

标题栏

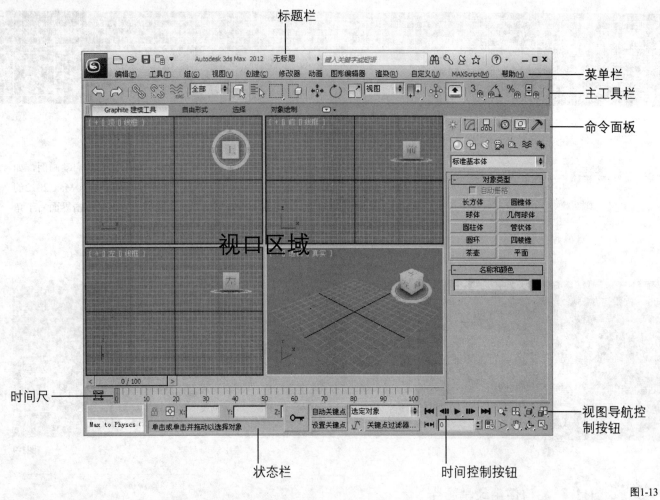

菜单栏

主工具栏

命令面板

视口区域

时间尺

状态栏

时间控制按钮

视图导航控制按钮

图1-13

默认状态下的"主工具栏"和"命令"面板分别停靠在界面的上方和右侧，可以通过拖曳的方式将其移动到视图的其他位置，这时的"主工具栏"和"命令"面板将以浮动的面板形态呈现在视图中，如图1-14所示。

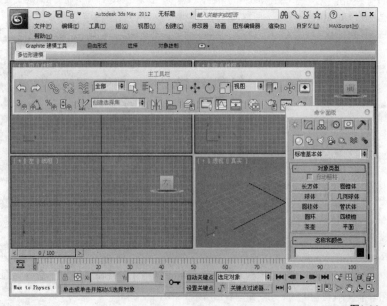

图1-14

疑难问答　问：如何将浮动的工具栏/面板恢复到停靠状态？

答：若想将浮动的工具栏/面板切换回停靠状态，可以将浮动的面板拖曳到任意一个面板或工具栏的边缘，或者直接双击工具栏/面板的标题名称也可返回到停靠状态。比如"命令"面板是浮动在界面中的，将光标放在"命令"面板的标题名称上，然后双击鼠标左键，这样"命令"面板就会返回到停靠状态，如图1-15和1-16所示。另外，也可以在工具栏/面板的顶部单击鼠标右键，然后在弹出的菜单中选择"停靠"菜单下的子命令来选择停靠位置，如图1-17所示。

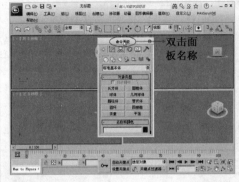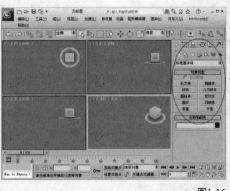

图1-15　　　　　　　　　　　　　　　　　　图1-16　　　　　　　　　　　　图1-17

本节知识概要

知识名称	主要作用	重要程度
标题栏	显示当前编辑的文件名称及软件版本信息	中
菜单栏	包含所有用于编辑对象的菜单命令	高
主工具栏	包含最常用的工具	高
视口区域	用于实际工作的区域	高
命令面板	包含用于创建/编辑对象的常用工具和命令	高
时间尺	预览动画及设置关键点	低
状态栏	显示选定对象的数目、类型、变换值和栅格数目等信息	中
时间控制按钮	控制动画的播放效果	低
视图导航控制按钮	控制视图的显示和导航	高

1.2.1 标题栏

3ds Max 2012的"标题栏"位于界面的最顶部。"标题栏"上包含当前编辑的文件名称、软件版本信息，同时还有软件图标（这个图标也称为"应用程序"图标）、快速访问工具栏和信息中心3个非常人性化的工具栏，如图1-18所示。

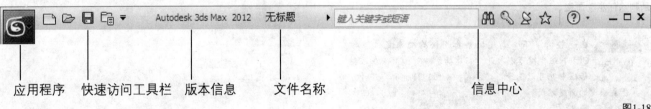

应用程序　　快速访问工具栏　版本信息　　文件名称　　　　　　　　信息中心

图1-18

应用程序---

单击"应用程序"图标 会弹出一个用于管理场景文件的下拉菜单。这个菜单与之前版本的"文件"菜单类似，主要包括"新建"、"重置"、"打开"、"保存"、"另存为"、"导入"、"导出"、"发送到"、"参考"、"管理"、"属性"和"最近使用的文档"12个常用命令，如图1-19所示。

图1-19

由于"应用程序"菜单下的命令都是一些常用的命令，因此使用频率很高，这里提供一下这些命令的键盘快捷键，如下表所示。请牢记这些快捷键，这样可以节省很多操作时间。

命令	快捷键
新建	Ctrl+N
打开	Ctrl+O
保存	Ctrl+S
退出3ds Max	Alt+F4

应用程序菜单介绍

新建：该命令用于新建场景，包含3种方式，如图1-20所示。

图1-20

新建全部：新建一个场景，并清除当前场景中的所有内容。

保留场景：保留场景中的对象，但是删除它们之间的任意链接以及任意动画键。

保留对象和层次：保留对象以及它们之间的层次链接，但是删除任意动画键。

提示 在一般情况下，新建场景都用快捷键来完成。按Ctrl+N组合键可以打开"新建场景"对话框，在该对话框中也可以选择新建方式，如图1-21所示。这种方式是最快捷的新建方式。

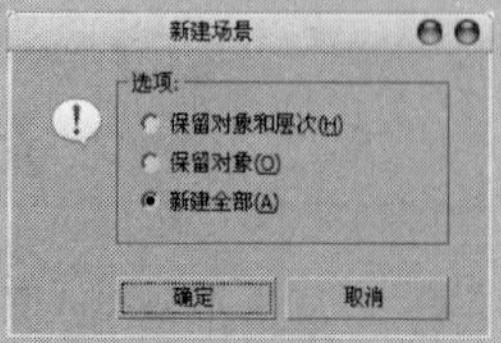

图1-21

重置：执行该命令可以清除所有数据，并重置3ds Max设置（包括视口配置、捕捉设置、"材质编辑器"、视口背景图像等）。重置可以还原启动默认设置，并且可以移除当前所做的任何自定义设置。

打开：该命令用于打开场景，包含两种方式，如图1-22所示。

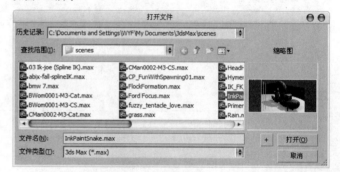

图1-22

打开：执行该命令或按Ctrl+O组合键可以打开"打开文件"对话框，在该对话框中可以选择要打开的3ds Max场景文件，如图1-23所示。

图1-23

提示 除了可以用"打开"命令打开场景以外，还有一种更为简便的方法。在文件夹中选择要打开的场景文件，然后使用鼠标左键将其直接拖曳到3ds Max的操作界面即可将其打开，如图1-24所示。

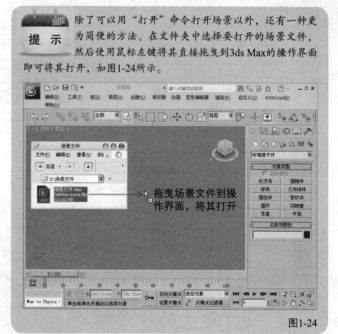

图1-24

从Vault中打开：执行该命令可以直接从 Autodesk Vault（3ds Max附带的数据管理提供程序）中打开 3ds Max文件，如图1-25所示。

图1-25

保存⊟: 执行该命令可以保存当前场景。如果先前没有保存场景，则执行命令会打开"文件另存为"对话框，在该对话框中可以设置文件的保存位置、文件名以及保存的类型，如图1-26所示。

设置文件
保存位置 ——

设置文件
保存名称

设置文件
保存类型

图1-26

另存为⊟: 执行该命令可以将当前场景文件另存一份，包含4种方式，如图1-27所示。

图1-27

另存为⊟: 执行该命令可以打开"文件另存为"对话框，在该对话框中可以设置文件的保存位置、文件名以及保存的类型，如图1-28所示。

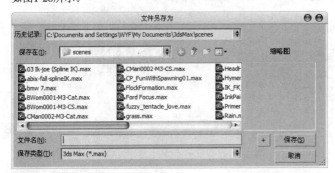

图1-28

疑难问答 问："保存"/"另存为"命令有何区别？

答：对于"保存"命令，如果事先已经保存了场景文件，也就是计算机硬盘中已经有这个场景文件，那么执行该命令可以直接覆盖掉这个文件；如果计算机硬盘中没有场景文件，那么执行该命令会打开"文件另存为"对话框，设置好文件保存位置、保存命令和保存类型后才能保存文件，这种情况与"另存为"命令的工作原理是一样的。

对于"另存为"命令，如果硬盘中已经存在场景文件，执行该命令同样会打开"文件另存为"对话框，可以选择另存为一个文件，也可以选择覆盖掉原来的文件；如果硬盘中没有场景文件，执行该命令还是会打开"文件另存为"对话框。

保存副本为🗎: 执行该命令可以用一个不同的文件名来保存当前场景的副本。

保存选定对象🗎: 在场景中选择一个或多个几何体对象以后，执行该命令可以保存选定的几何体。注意，只有在选择了几何体的情况下该命令才可用。

归档🗎: 这是一个比较实用的功能。执行该命令可以将创建好的场景、场景位图保存为一个zip压缩包。对于复杂的场景，使用该命令进行保存是一种很高的保存方法，因为这样不会丢失任何文件。

知识链接："归档"命令在实际工作比较常用，关于该命令的具体用法请参阅47页的"实战——用归档功能保存场景"。

导入🗎: 该命令可以加载或合并当前3ds Max场景文件中以外的几何体文件，包含3种方式，如图1-29所示。

图1-29

导入🗎: 执行该命令可以打开"选择要导入的文件"对话框，在该对话框中可以选择要导入的文件，如图1-30所示。

图1-30

合并🗎: 执行该命令可以打开"合并文件"对话框，在该对话框中可以将保存的场景文件中的对象加载到当前场景中，如图1-31所示。

图1-31

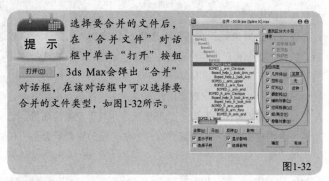

提示　选择要合并的文件后，在"合并文件"对话框中单击"打开"按钮，3ds Max会弹出"合并"对话框，在该对话框中可以选择要合并的文件类型，如图1-32所示。

图1-32

替换 ：执行该命令可以替换场景中的一个或多个几何体对象。

导出 ：该命令可以将场景中的几何体对象导出为各种格式的文件，包含3种方式，如图1-33所示。

图1-33

导出 ：执行该命令可以导出场景中的几何体对象，在弹出的"选择要导出的文件"对话框中可以选择要导出成何种文件格式，如图1-34所示。

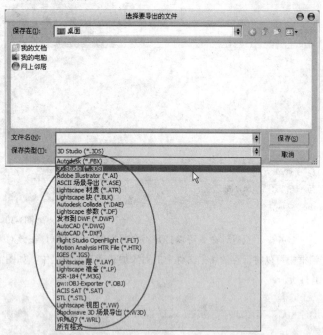

图1-34

导出选定对象 ：在场景中选择几何体对象以后，执行该命令可以用各种格式导出选定的几何体。

导出到DWF ：执行该命令可以将场景中的几何体对象导出成dwf格式的文件。这种格式的文件可以在AutoCAD中打开。

发送到 ：该命令可以将当前场景发送到其他软件中，以实现交互式操作，可发送的软件有3种，如图1-35所示。

图1-35

疑难问答　**问**：Softimage、MotionBuilder和Mudbox是什么软件？

答：Softimage（该软件是Autodesk公司的软件）是一款专业的3D动画制作软件。Softimage占据了娱乐业和影视业的主要市场，动画设计师们用这个软件制作出了很多优秀的影视作品，如《泰坦尼克号》、《失落的世界》、《第五元素》等电影中的很多镜头都是由Softimage作完成的。

MotionBuilder（该软件是Autodesk公司的软件）是业界最为重要的3D角色动画制作软件之一。它集成了众多优秀的工具，为制作高质量的动画作品提供了保障。

Mudbox（该软件是Autodesk公司的软件）是一款用于数字雕刻与纹理绘画的软件，其基本操作方式与Maya（Maya也是Autodesk公司的软件）相似。

参考 ：该命令用于将外部的参考文件插入到3ds Max中，以供用户进行参考，可供参考的对象包含4种，如图1-36所示。

管理 ：该命令用于对3ds Max的相关资源进行管理，管理方式分为两种，如图1-37所示。

图1-36　　　　　　　　　图1-37

设置项目文件 ：执行该命令可以打开"浏览文件夹"对话框，在该对话框中可以选择一个文件夹作为3ds Max当前项目的根文件夹，如图1-38所示。

图1-38

资源追踪 ：执行该命令可以打开"资源追踪"对话框，在该对话框中可以检入和检出文件、将文件添加至资源追踪系统（ATS）以及获取文件的不同版本等，如图1-39所示。

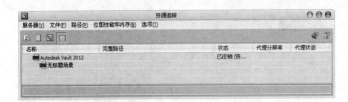

图1-39

属性：该命令用于显示当
前场景的详细摘要信息和文件属
性信息，如图1-40所示。

图1-40

选项：单击该按钮可以打开"首选项设置"对话框，在该
对话中几乎可以设置3ds Max所有的首选项，如图1-41所示。

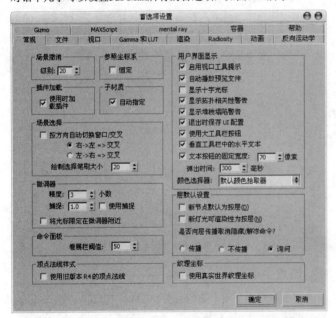

图1-41

退出3ds Max：单击该按钮可以退出3ds Max，快捷键
为Alt+F4组合键。

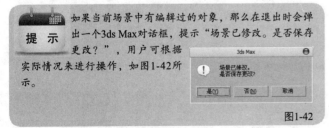
提示　如果当前场景中有编辑过的对象，那么在退出时会弹
出一个3ds Max对话框，提示"场景已修改。是否保存
更改？"，用户可根据
实际情况来进行操作，如图1-42所
示。

图1-42

⚙ **实战**

用归档功能保存场景

场景位置	DVD>场景文件>CH01>01.max
实例位置	DVD>实例文件>CH01>实战——用归档功能保存场景.zip
视频位置	DVD>多媒体教学>CH01>实战——用归档功能保存场景.flv
难易指数	★☆☆☆☆
技术掌握	掌握如何归档场景文件

01 按Ctrl+O组合键打开"打开文件"对话框，然后选择光盘
中的"场景文件>CH01>01.max"文件，接着单击"打开"按
钮，如图1-43所示，打开的场景效果如图1-44所示。

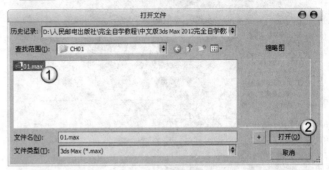

图1-43

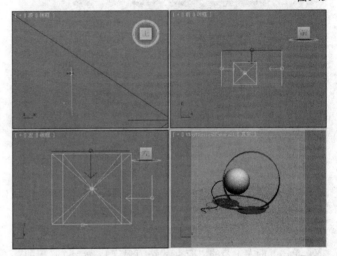

图1-44

疑难问答　问：为什么在摄影机视图中有很多杂点？

答：这不是杂点，而是3ds Max 2012的实时照明和阴影显
示效果（默认情况下，在3ds Max 2012中打开的场景都有实时
照明和阴影），如图1-45所示。如果要关闭实时照明和阴影，
可以执行"视图>视口配置"菜单命令，打开"视口配置"对话
框，然后在"照明和阴影"选项组下关闭"高光"、"阴影"和
Ambient Occlusion选项，接着单击"应用到活动视图"按钮，如
图1-46所示，这样在活动视图中就不会显示出实时照明和阴影，
如图1-47所示。注意，开启实时照明和阴影会占用一定的系统资
源，建议计算机配置比较低
的用户关闭这个功能。

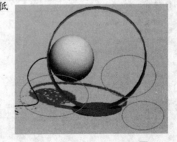

图1-45

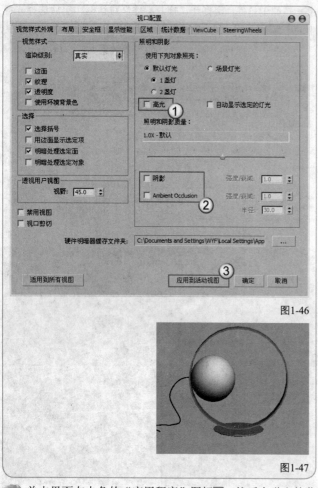

图1-46

图1-47

02 单击界面左上角的"应用程序"图标，然后在弹出的菜单中执行"另存为>归档"菜单命令，如图1-48所示，接着在弹出的"文件归档"对话框中选择好保存位置和文件名，最后单击"保存"按钮 保存(S) ，如图1-49所示。

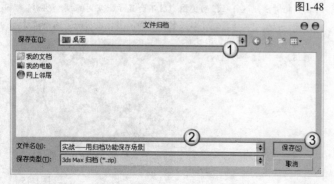

图1-48

图1-49

提 示　归档场景以后，在保存位置会出现一个zip压缩包，如图1-50所示，这个压缩包中会包含这个场景的所有文件以及一个归档信息文本，如图1-51所示。

图1-50　　　　　　图1-51

快速访问工具栏------------------------------------

"快速访问工具栏"集合了用于管理场景文件的常用命令，便于用户快速管理场景文件，包括"新建"、"打开"、"保存"和"设置项目文件夹"4个常用工具，同时用户也可以根据个人喜好对"快速访问工具栏"进行设置，如图1-52所示。

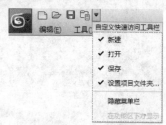

图1-52

知识链接：关于"快速访问工具栏"中4个工具的具体用法请参阅43~44页中的"应用程序"下的相关内容。

信息中心------------------------------------

"信息中心"用于访问有关3ds Max 2012和其他Autodesk产品的信息，如图1-53所示。

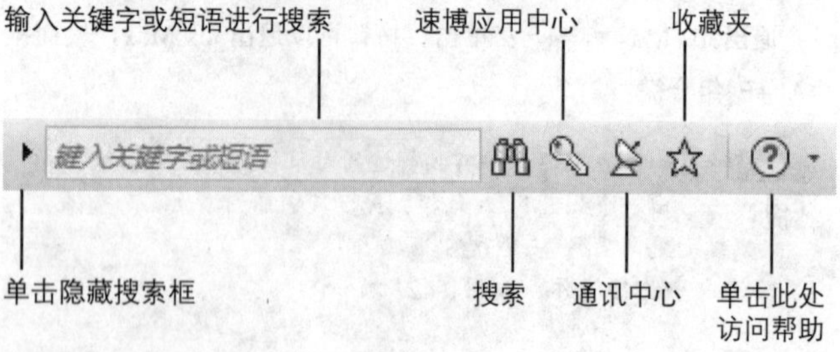

输入关键字或短语进行搜索　　　速博应用中心　　　收藏夹

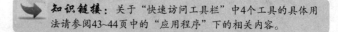

单击隐藏搜索框　　　　搜索　　通讯中心　单击此处访问帮助

图1-53

1.2.2 菜单栏

"菜单栏"位于工作界面的顶端，包含"编辑"、"工具"、"组"、"视图"、"创建"、"修改器"、"动画"、"图形编辑器"、"渲染"、"自定义"、MAXScript（MAX脚本）和"帮助"12个主菜单，如图1-54所示。

编辑(E) 工具(T) 组(G) 视图(V) 创建(C) 修改器 动画
图形编辑器 渲染(R) 自定义(U) MAXScript(M) 帮助(H)

图1-54

技术专题 02 ▶ 菜单命令的基础知识

在执行菜单栏中的命令时可以发现，某些命令后面有与之对应的快捷键，如图1-55所示。如"移动"命令的快捷键为W键，也就是说按W键就可以切换到"选择并移动"工具 。牢记这些快捷键能够节省很多操作时间。

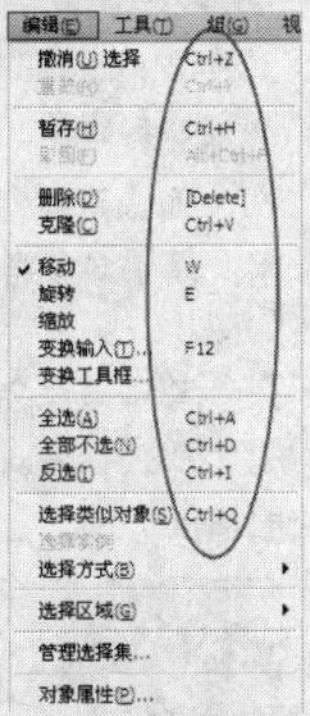

图1-55

若下拉菜单命令的后面带有省略号，则表示执行该命令后会弹出一个独立的对话框，如图1-56所示；若下拉菜单命令的后面带有小箭头图标，则表示该命令还含有子命令，如图1-57所示。

图1-56　　　　　　　　　图1-57

部分菜单命令的字母下有下划线，需要执行该命令时可以先按住Alt键，然后在键盘上按该命令所在主菜单的下划线字母，接着在键盘上按下拉菜单中该命令的下划线字母即可执行相应的命令。以"撤消"命令为例，先按住Alt键，然后按E键，接着按U键即可撤消当前操作，返回到上一步（按Ctrl+Z组合键也可以达到相同的效果），如图1-58所示。

仔细观察菜单命令，会发现某些命令显示为灰色，这表示这些命令不可用，这是因为在当前操作中该命令没有合适的操作对象。比如在没有选择任何对象的情况下，"组"菜单下的命令只有一个"集合"命令处于可用状态，如图1-59所示，而在选择了对象以后，"成组"命令和"集合"命令都可用，如图1-60所示。

图1-58　　图1-59　　　　　　图1-60

编辑菜单

"编辑"菜单下是一些编辑对象的常用命令，这些基本都配有快捷键，如图1-61所示。

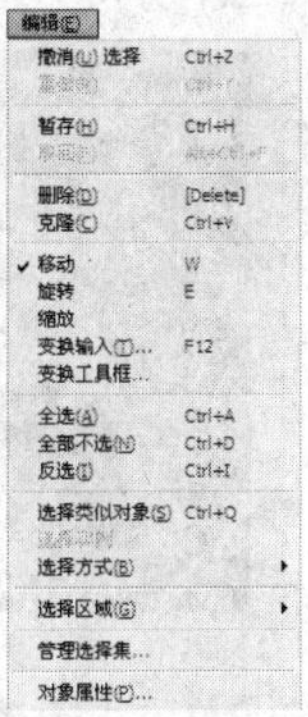

图1-61

"编辑"菜单命令的键盘快捷键如下表所示。请牢记这些快捷键，这样可以节省很多操作时间。

命令	快捷键
撤消	Ctrl+Z
重做	Ctrl+Y
暂存	Ctrl+H
取回	Alt+Ctrl+F
删除	Delete
克隆	Ctrl+V
移动	W
旋转	E
变换输入	F12
全选	Ctrl+A
全部不选	Ctrl+D
反选	Ctrl+I
选择类似对象	Ctrl+Q
选择方式>名称	H

 知识链接：关于"撤消"、"重做"、"移动"、"旋转"、"缩放"、"选择区域"和"管理选择集"命令的相关用法请参阅61页"1.2.3 主工具栏"下的相关介绍。

编辑菜单命令介绍

暂存/取回：使用"暂存"命令可以将场景设置保存到基于磁盘的缓冲区，可存储的信息包括几何体、灯光、摄影机、视口配置以及选择集；使用"取回"还原上一个"暂存"命令存储的缓冲内容。

删除：选择对象以后，执行该命令或按Delete键可将其删除。

克隆：使用该命令可以创建对象的副本、实例或参考对象。

技术专题 03 ▶ 克隆的3种方式

选择一个对象以后，执行"编辑>克隆"菜单命令或按Ctrl+V

组合键可以打开"克隆选项"对话框,在该对话框中有3种克隆方式,分别是"复制"、"实例"和"参考",如图1-62所示。

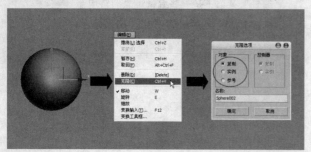

图1-62

1.复制

如果选择"复制"方式,那么将创建一个原始对象的副本对象,如图1-63所示。如果对原始对象或副本对象中的一个进行编辑,那么另外一个对象不会受到任何影响,如图1-64所示。

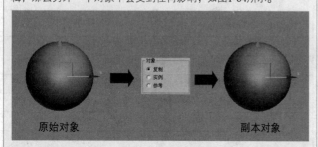

图1-63

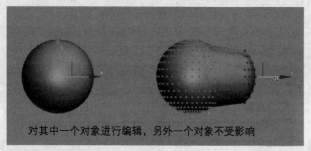

对其中一个对象进行编辑,另外一个对象不受影响

图1-64

2.实例

如果选择"实例"方式,那么将创建一个原始对象的实例对象,如图1-65所示。如果对原始对象或副本对象中的一个进行编辑,那么另外一个对象也会跟着发生变化,如图1-66所示。这种复制方式很实用,在一个场景中创建一盏目标灯光,调节好参数以后,用"实例"方式将其复制若干盏到其他位置,这时如果修改其中一盏目标灯光的参数,所有目标灯光的参数都会跟着发生变化。

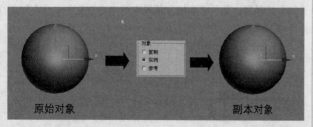

图1-65

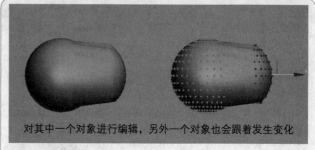

对其中一个对象进行编辑,另外一个对象也会跟着发生变化

图1-66

3.参考

如果选择"参考"方式,那么将创建一个原始对象的参考对象。如果对参考对象进行编辑,那么原始对象不会发生任何变化,如图1-67所示;如果为原始对象加载一个FFD 4×4×4修改器,那么参考对象也会被加载一个相同的修改器,此时对原始对象进行编辑,那么参考对象也会跟着发生变化,如图1-68所示。注意,在一般情况下都不会用到这种克隆方式。

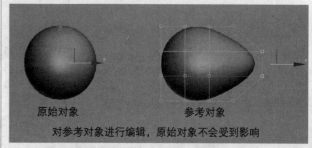

对参考对象进行编辑,原始对象不会受到影响

图1-67

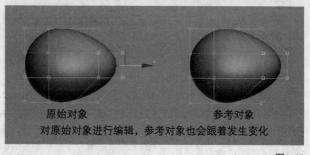

对原始对象进行编辑,参考对象也会跟着发生变化

图1-68

变换输入:该命令可以用于精确设置移动、旋转和缩放变换的数值。比如,当前选择的是"选择并移动"工具 ,那么执行"编辑>变换输入"菜单命令可以打开"移动变换输入"对话框,在该对话框中可以精确设置对象的x、y、z坐标值,如图1-69所示。

图1-69

> **提示** 如果当前选择的是"选择并旋转"工具 ,执行"编辑>变换输入"菜单命令将打开"旋转变换输入"对话框,如图1-70所示;如果当前选择的是"选择并均

匀缩放"工具■，执行"编辑>变换输入"菜单命令将打开"缩放变换输入"对话框，如图1-71所示。

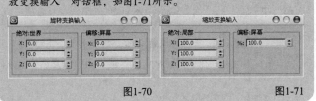

图1-70　　　　　　　　　　图1-71

框，如图1-74所示。

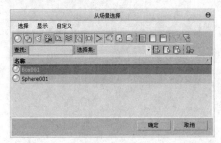

图1-74

变换工具框：执行该命令可以打开"变换工具框"对话框，如图1-72所示。在该对话框中可以调整对象的旋转、缩放、定位以及对象的轴。

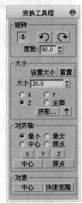

图1-72

全选：执行该命令或按Ctrl+A组合键可以选择场景中的所有对象。

提示 注意，"全选"命令是基于"主工具栏"中的"过滤器"列表而言。比如，在"过滤器"列表中选择"全部"选项，那么执行"全选"命令可以选择场景中所有的对象；如果在"过滤器"列表中选择"L-灯光"选项，那么执行"全选"命令将选择场景中的所有灯光，而其他的对象不会被选择。

全部不选：执行该命令或按Ctrl+D组合键可以取消对任何对象的选择。

反选：执行该命令或按Ctrl+I组合键可以反向选择对象。

选择类似对象：执行该命令或按Ctrl+Q组合键可以自动选择与当前选择对象类似的所有对象。注意，类似对象是指这些对象位于同一层中，并且应用了相同的材质或不应用材质。

选择实例：执行该命令可以选择选定对象的所有实例化对象。如果对象没有实例或者选定了多个对象，则该命令不可用。

选择方式：该命令包含3个子命令，如图1-73所示。

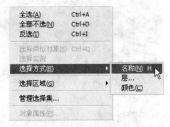

图1-73

名称：执行该命令或按H键可以打开"从场景选择"对话

知识链接："名称"命令与"主工具栏"中的"按名称选择"工具■是相同的，关于该命令的具体用法请参阅63页"1.2.3 主工具栏"下的"按名称选择"工具■的相关介绍。

层：执行该命令可以打开"按层选择"对话框，如图1-75所示。在该对话框中选择一个或多个层以后，那么这些层中的所有对象都会被选择。

图1-75

颜色：执行该命令可以选择与选定对象具有相同颜色的所有对象。

对象属性：选择一个或多个对象以后，执行该命令可以打开"对象属性"对话框，如图1-76所示。在该对话框中可以查看和编辑对象的"常规"、"高级照明"和mental ray参数。

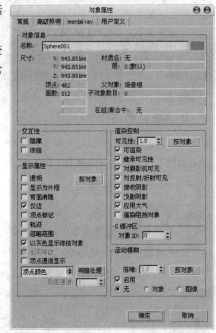

图1-76

⬤ 工具菜单-------------------------------------

"工具"菜单主要包括对物体进行基本操作的常用命令，如图1-77所示。

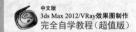

图1-77

"工具"菜单命令的键盘快捷键如下表所示。

命令	快捷键
孤立当前选择	Alt+Q
对齐>对齐	Alt+A
对齐>快速对齐	Shift+A
对齐>间隔工具	Shift+I
对齐>法线对齐	Alt+N
栅格和捕捉>捕捉开关	S
栅格和捕捉>角度捕捉切换	A
栅格和捕捉>百分比捕捉切换	Shift+Ctrl+P
栅格和捕捉>捕捉使用轴约束	Alt+D或Alt+F3

 知识链接： 下面只讲解在实际工作中常用的命令。另外，关于"层管理器"、"镜像"、"对齐"和"栅格和捕捉"命令的相关用法请参阅61页"1.2.3 主工具栏"下的相关介绍。

工具菜单常用命令介绍

孤立当前选择： 这是一个相当重要的命令，也是一种特殊选择对象的方法，可以将选择的对象单独显示出来，以方便对其进行编辑。

 知识链接： 关于"孤立当前选择"命令的具体用法请参阅62页中的"技术专题——选择对象的5种方法"。

灯光列表： 执行该命令可以打开"灯光列表"对话框，如图1-78所示。在该对话框中可以设置每个灯光的很多参数，也可以进行全局设置。

图1-78

提示 注意，"灯光列表"对话框中只显示3ds Max内置的灯光类型，不能显示VRay灯光。

阵列： 选择对象以后，执行该命令可以打开"阵列"对话框，如图1-79所示。在该对话框中可以基于当前选择创建对象阵列。

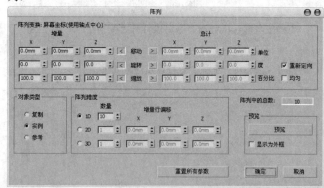

图1-79

快照： 执行该命令打开"快照"对话框，如图1-80所示。在该对话框中可以随时间克隆动画对象。

重命名对象： 执行该命令可以打开"重命名对象"对话框，如图1-81所示。在该对话框中可以一次性重命名若干个对象。

指定顶点颜色： 该命令可以基于指定给对象的材质和场景中的照明来指定顶点颜色。

颜色剪贴板： 该命令可以存储用于将贴图或材质复制到另一个贴图或材质的色样。

摄影机匹配： 该命令可以使用位图背景照片和5个或多个特殊的CamPoint对象来创建或修改摄影机，以便其位置、方向和视野与创建原始照片的摄影机相匹配。

视口画布： 执行该命令可以打开"视口画布"对话框，如图1-82所示。可以使用该对话框中的工具将颜色和图案绘制到视口中对象的材质中任何贴图上。

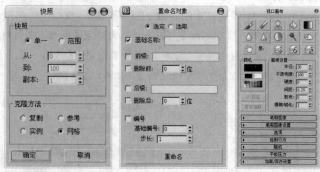

图1-80   图1-81   图1-82

测量距离： 使用该命令可快速计算出两点之间的距离。计算的距离显示在状态栏中。

通道信息： 选择对象以后，执行该命令可以打开"贴图通道信息"对话框，如图1-83所示。在该对话框中可以查看对象的通道信息。

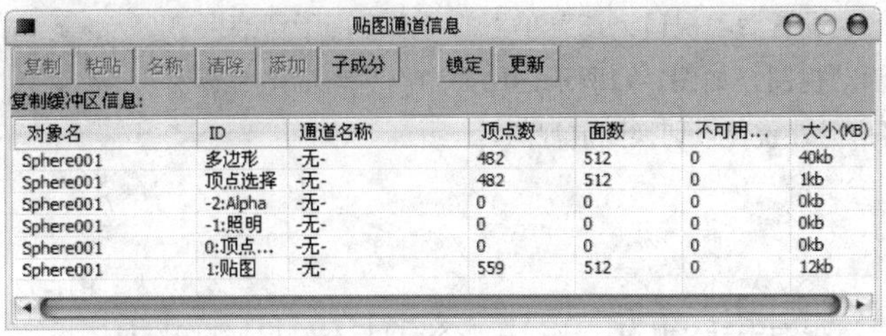

对象名	ID	通道名称	顶点数	面数	不可用	大小(KB)
Sphere001	多边形	-无-	482	512	0	40kb
Sphere001	顶点选择	-无-	482	512	0	1kb
Sphere001	-2:Alpha	-无-	0	0	0	0kb
Sphere001	-1:照明	-无-	0	0	0	0kb
Sphere001	0:顶点...	-无-	0	0	0	0kb
Sphere001	1:贴图	-无-	559	512	0	12kb

图1-83

组菜单

"组"菜单中的命令可以将场景中的两个或两个以上的物体编成一组，同样也可以将成组的物体拆分为单个物体，如图1-84所示。

图1-84

组菜单重要命令介绍

成组：选择一个或多个对象以后，执行该命令将其编为一组。

解组：将选定的组解散为单个对象。

打开：执行该命令可以暂时对组进行解组，这样可以单独操作组中的对象。

关闭：当用"打开"命令对组中的对象编辑完成以后，可以用"关闭"命令关闭打开状态，使对象恢复到原来的成组状态。

附加：选择一个对象以后，执行该命令，然后单击组对象，可以将选定的对象添加到组中。

分离：用"打开"命令暂时解组以后，选择一个对象，然后用"分离"命令可以将该对象从组中分离出来。

炸开：这是一个比较难理解的命令，下面用一个"技术专题"来进行讲解。

技术专题 04 ▶ 解组与炸开的区别

要理解"炸开"命令的作用，就要先介绍"解组"命令的深层含义。先看图1-85所示，其中茶壶与圆锥体是一个"组001"，而球体与圆柱体是另外一个"组002"。选择这两个组，然后执行"组>成组"菜单命令，将这两个组再编成一组，如图1-86所示。在"主工具栏"中单击"图解视图（打开）"按钮，打开"图解视图"对话框，在该对话框中可以观察到3个组以及各组与对象之间的层次关系，如图1-87所示。

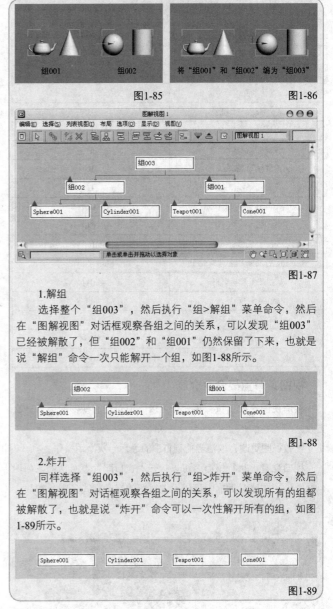

图1-85　　　　　　　　　　图1-86

图1-87

1.解组

选择整个"组003"，然后执行"组>解组"菜单命令，然后在"图解视图"对话框观察各组之间的关系，可以发现"组003"已经被解散了，但"组002"和"组001"仍然保留了下来，也就是说"解组"命令一次只能解开一个组，如图1-88所示。

图1-88

2.炸开

同样选择"组003"，然后执行"组>炸开"菜单命令，然后在"图解视图"对话框观察各组之间的关系，可以发现所有的组都被解散了，也就是说"炸开"命令可以一次性解开所有的组，如图1-89所示。

图1-89

视图菜单

"视图"菜单中的命令主要用来控制视图的显示方式以及视图的相关参数设置（例如视图的配置与导航器的显示等），如图1-90所示。

图1-90

"视图"菜单命令的键盘快捷键如下表所示。

命令	快捷键
撤消视图更改	Shift+Z
重做视图更改	Shift+Y
设置活动视口>透视	P
设置活动视口>正交	U
设置活动视口>前	F
设置活动视口>顶	T
设置活动视口>底	B
设置活动视口>左	L
ViewCube>显示ViewCube	Alt+Ctrl+V
ViewCube>主栅格	Alt+Ctrl+H
SteeringWheels>切换SteeringWheels	Shift+W
SteeringWheels>漫游建筑轮子	Shift+Ctrl+J
从视图创建摄影机	Ctrl+C
xView>显示统计	7（大键盘）
视口背景>视口背景	Alt+B
视口背景>更新背景图像	Alt+ Shift+Ctrl+B
专家模式	Ctrl+X

视图菜单重要命令介绍

撤消视图更改：执行该命令可以取消对当前视图的最后一次更改。

重做视图更改：取消当前视口中的最后一次撤消操作。

视口配置：执行该命令可以打开"视口配置"对话框，如图1-91所示。在该对话框中可以设置视图的视觉样式外观、布局、安全框、显示性能等。

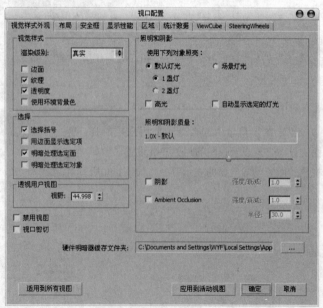

图1-91

重画所有视图：执行该命令可以刷新所有视图中的显示效果。

设置活动视口：该菜单下的子命令用于切换当前活动视图，如图1-92所示。比如当前活动视图为透视图，按F键可以切换到前视图。

图1-92

保存活动X视图：执行该命令可以将该活动视图存储到内部缓冲区。X是一个变量，比如当前活动视图为透视图，那么X就是透视图。

还原活动视图：执行该命令可以显示以前使用"保存活动X视图"命令存储的视图。

ViewCube：该菜单下的子命令用于设置ViewCube（视图导航器）和"主栅格"，如图1-93所示。

SteeringWheels：该菜单下的子命令用于在不同的轮子之间进行切换，并且可以更改当前轮子中某些导航工具的行为，如图1-94所示。

从视图创建摄影机：执行该命令可以创建其视野与某个活动的透视视口相匹配的目标摄影机。

视口中的材质显示为：该菜单下的子命令用于切换视口显示材质的方式，如图1-95所示。

视口照明和阴影：该菜单下的子命令用于设置灯光的照明与阴影，如图1-96所示。

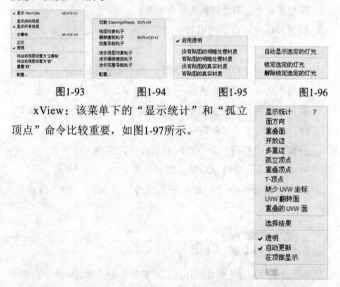

图1-93　　　　图1-94　　　　图1-95　　　　图1-96

xView：该菜单下的"显示统计"和"孤立顶点"命令比较重要，如图1-97所示。

图1-97

显示统计：执行该命令或按大键盘上的7键，可以在视图的左上角显示整个场景或当前选择对象的统计信息，如图1-98所示。

孤立顶点：执行该命令可以在视口底部的中间显示出孤立的顶点数目，如图1-99所示。

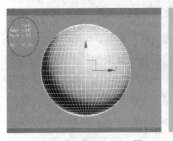　

图1-98　　　　　　　　　　　　图1-99

令可以用来提高视口的性能。

专家模式： 启用"专家模式"后，3ds Max的界面上将不显示"标题栏"、"主工具栏"、"命令"面板、"状态栏"以及所有的视口导航按钮，仅显示菜单栏、时间滑块和视口，如图1-102所示。

图1-102

疑难问答　问：什么是孤立顶点？

答："孤立顶点"就是与任何边或面不相关的顶点。"孤立顶点"命令一般在创建完一个模型以后，对模型进行最终的整理时使用，用该命令显示出孤立顶点以后可以将其删除。

视口背景： 该菜单下的子命令用于设置视口的背景，如图1-100所示。设置视口背景图像有助于辅助用户创建模型。

图1-100

知识链接： 关于视口背景的具体设置方法请参阅55页的"实战——加载背景图像"。

显示变换Gizmo： 该命令用于切换所有视口Gizmo的3轴架显示，如图1-101所示。

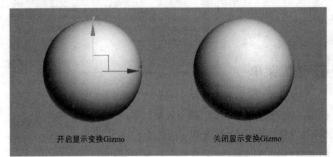

开启显示变换Gizmo　　　　关闭显示变换Gizmo

图1-101

显示重影： "重影"是一种显示方式，它在当前帧之前或之后的许多帧显示动画对象的线框"重影副本"。使用重影可以分析和调整动画。

显示关键点时间： 该命令用于切换沿动画显示轨迹上的帧数。

明暗处理选定对象： 如果视口设置为"线框"显示，执行该命令可以将场景中的选定对象以"着色"方式显示出来。

显示从属关系： 使用"修改"面板时，该命令用于切换从属于当前选定对象的对象的视口高亮显示。

微调器拖动期间更新： 执行该命令可以在视口中实时更新显示效果。

渐进式显示： 在变换几何体、更改视图或播放动画时，该命令

实战

加载背景图像

场景位置	无
实例位置	DVD>实例文件>CH01>实战——加载背景图像.max
视频位置	DVD>多媒体教学>CH01>实战——加载背景图像.flv
难易指数	★☆☆☆☆
技术掌握	掌握加载与关闭背景图像的方法

01 执行"视图>视口背景>视口背景"菜单命令或按Alt+B组合键，打开"视口背景"对话框，如图1-103所示。

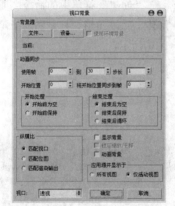

图1-103

02 在"视口背景"对话框中单击"文件"按钮 **文件...** ，然后在弹出的"选择背景图像"对话框中选择光盘中的"实例文件>CH01>实战——加载背景图像>背景.jpg"文件，接着单击"打开"按钮 **打开(O)** ，最后单击"确定"按钮，如图1-104所示，此时的视图显示效果如图1-105所示。

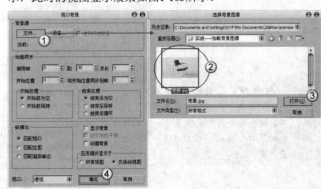

图1-104

图1-105

03 如果要关闭背景图像的显示，可以在"视图>视口背景"菜单下关闭"显示背景"选项。另外，还可以在视图左上角单击视口显示模式文本，然后在弹出的菜单中关闭"视口背景>视口背景"菜单下关闭"显示背景"选项，如图1-106所示。

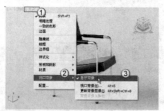

图1-106

创建菜单

"创建"菜单中的命令主要用来创建几何体、二维图形、灯光和粒子等对象，如图1-107所示。

知识链接： "创建"菜单下的命令与"创建"面板中的工具完全相同，这些命令非常重要，这里就不再讲解了，大家可参阅后面各章内容。

图1-107

修改器菜单

"修改器"菜单中的命令集合了所有的修改器，如图1-108所示。

知识链接： "修改器"菜单下的命令与"修改"面板中的修改器完全相同，这些命令同样非常重要，大家可参阅第3章"3.4 修改器建模"下的相关内容。

图1-108

动画菜单

"动画"菜单主要用来制作动画，包括正向动力学、反向动力学以及创建和修改骨骼的命令，如图1-109所示。

提示 由于"动画"菜单在效果中基本上用不到，因此这里不进行讲解。

图1-109

图形编辑器菜单

"图形编辑器"菜单是场景元素之间用图形化视图方式来表达关系的菜单，包括"轨迹视图-曲线编辑器"、"轨迹视图-摄影表"、"新建图解视图"和"粒子视图"等，如图1-110所示。

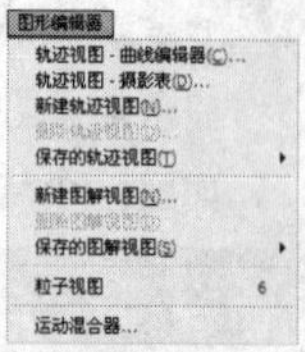

图1-110

渲染菜单

"渲染"菜单主要是用于设置渲染参数，包括"渲染"、"环境"和"效果"等命令，如图1-111所示。这个菜单下的命令将在后面的"第11章 环境和效果技术"以及"第12章 灯光/材质/渲染综合运用"进行详细讲解。

图1-111

提示 请用户特别注意，在"渲染"菜单下有一个"Gamma和LUT设置"命令，这个命令用于调整输入和输出图像以及监视器显示的Gamma和查询表（LUT）值。"Gamma和LUT设置"不仅会影响模型、材质、贴图在视口中的显示效果，而且还会影响渲染效果，而3ds Max 2012在默认情况下开启了"Gamma/LUT校正"。为了得到正确的渲染效果，需要执行"渲染>Gamma和LUT设置"菜单命令打开"首选项设置"对话框，然后在"Gamma和LUT"选项卡下关闭"启用

Gamma/LUT校正"选项,并且要关闭"材质和颜色"选项组下的"影响颜色选择器"和"影响材质选择器"选项,如图1-112所示。

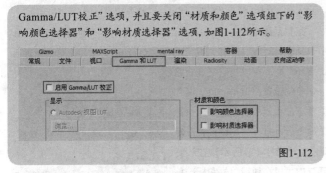

图1-112

自定义菜单

"自定义"菜单主要用来更改用户界面以及设置3ds Max的首选项。通过这个菜单可以定制自己的界面,同时还可以对3ds Max系统进行设置,例如设置场景单位和自动备份等,如图1-113所示。

图1-113

"自定义"菜单命令的键盘快捷键如下表所示。

命令	快捷键
锁定UI布局	Alt+0
显示UI>显示主工具栏	Alt+6

自定义菜单命令介绍

自定义用户界面: 执行该命令可以打开"自定义用户界面"对话框,如图1-114所示。在该对话框中可以创建一个完全自定义的用户界面,包括快捷键、四元菜单、菜单、工具栏和颜色。

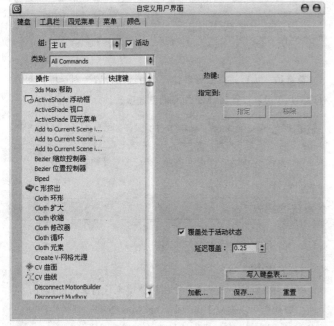

图1-114

加载自定义用户界面方案: 执行该命令可以打开"加载自定义用户界面方案"对话框,如图1-115所示。在该对话框中可以选择想要加载的用户界面方案。

图1-115

技术专题 05 更改用户界面方案

在默认情况下,3ds Max 2012的界面颜色为黑色,如果用户的视力不好,那么很可能会看不清界面上的文字,如图1-116所示。这时就可以利用"加载自定义用户界面方案"命令来更改界面颜色,在3ds Max 2012的安装路径下打开UI文件夹,然后选择想要的界面方案即可,如图1-117和图1-118所示。

图1-116

图1-117

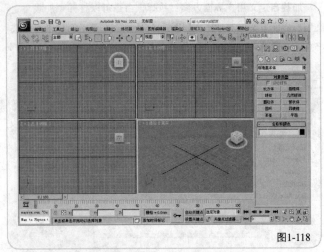

图1-118

保存自定义用户界面方案：执行该命令可以打开"保存自定义用户界面方案"对话框，如图1-119所示。在该对话框中可以保存当前状态下的用户界面方案。

图1-119

还原为启动布局：执行该命令可以自动加载_startup.ui文件，并将用户界面返回到启动设置。

锁定UI布局：当该命令处于激活状态时，通过拖动界面元素不能修改用户界面布局（但是仍然可以使用鼠标右键单击菜单来改变用户界面布局）。利用该命令可以防止由于鼠标单击而更改用户界面或发生错误操作（如浮动工具栏）。

显示UI：该命令包含5个子命令，如图1-120所示。勾选相应的子命令即可在界面中显示出相应的UI对象。

图1-120

自定义UI与默认设置切换器：使用该命令可以快速更改程序的默认值和UI方案，以更适合用户所做的工作类型。

配置用户路径：3ds Max可以使用存储的路径来定位不同种类的用户文件，其中包括场景、图像、DirectX效果、光度学和MAXScript文件。使用"配置用户路径"命令可以自定义这些路径。

配置系统路径：3ds Max使用路径来定位不同种类的文件（其中包括默认设置、字体）并启动 MAXScript 文件。使用"配置系统路径"命令可以自定义这些路径。

单位设置：这是"自定义"菜单下最重要的命令之一，执行该命令可以打开"单位设置"对话框，如图1-121所示。在该对话框中可以在通用单位和标准单位间进行选择。

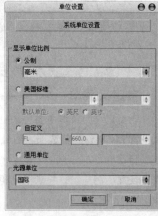

图1-121

插件管理器：执行该命令可以打开"插件管理器"对话框，如图1-122所示。该对话框提供了位于3ds Max插件目录中的所有插件的列表，包括插件描述、类型（对象、辅助对象、修改器等）、状态（已加载或已延迟）、大小和路径。

图1-122

首选项：执行该命令可以打开"首选项设置"对话框，在该对话中几乎可以设置3ds Max所有的首选项。

> **提示** 在"自定义"菜单下有3个命令比较重要，分别是"自定义用户界面"、"单位设置"和"首选项"命令。这些命令将在下面安排小实战进行重点讲解。

实战

设置快捷键

场景位置	无
实例位置	无
视频位置	DVD>多媒体教学>CH01>实战——设置快捷键.flv
难易指数	★☆☆☆☆
技术掌握	掌握如何设置快捷键

在实际工作中，一般都是使用快捷键来代替繁琐的操作，因为使用快捷键可以提高工作效率。3ds Max 2012内置的快捷键非常多，并且用户可以自行设置快捷键来调用常用的工具或命令。

01 执行"自定义>自定义用户界面"菜单命令，打开"自定义用户界面"对话框，然后单击"键盘"选项卡，如图1-123所示。

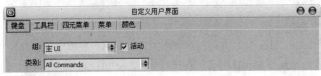

图1-123

02 3ds Max默认的"文件>导入文件"菜单命令没有快捷键，这里就来给它设置一个快捷键Ctrl+I。在"类别"列表中选择File（文件）菜单，然后在"操作"列表下选择"导入文件"命令，接着在"热键"框中按键盘上的Ctrl+I组合键，再单击"指定"按钮 指定 ，最后单击"保存"按钮 保存... ，如图1-124所示。

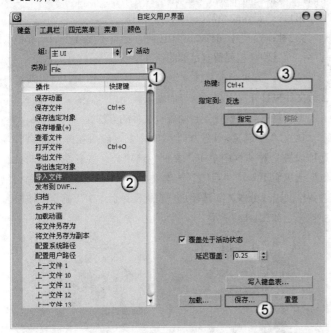

图1-124

03 单击"保存"按钮 保存... 后会弹出"保存快捷键文件为"对话框，在该对话框中为文件进行命名，然后继续单击"保存"按钮 保存(S) ，如图1-125所示。

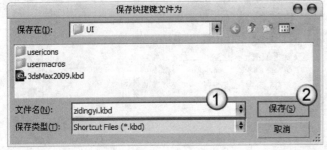

图1-125

04 在"自定义用户界面"对话框中单击"加载"按钮 加载... ，然后在弹出的"加载快捷键文件"对话框中选择前面保存好的文件，接着单击"打开"按钮 打开(O) ，如图1-126所示。

图1-126

05 关闭"自定义用户界面"对话框，然后按Ctrl+I组合键即可打开"选择要导入的文件"对话框，如图1-127所示。

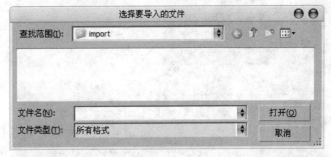

图1-127

实战

设置场景与系统单位

场景位置	DVD>场景文件>CH01>02.max
实例位置	DVD>实例文件>CH01>实战——设置场景与系统单位.max
视频位置	DVD>多媒体教学>CH01>实战——设置场景与系统单位.flv
难易指数	★☆☆☆☆
技术掌握	掌握如何设置场景与系统单位

通常情况下，在制作模型之前都要对3ds Max的单位进行设置，这样才能制作出精确的模型。

01 打开光盘中的"场景文件>CH01>02.max"文件，这是一个球体，如图1-128所示。

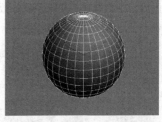

图1-128

02 在"命令"面板中单击"修改"按钮 ，切换到"修改"面板，在"参数"卷展栏下可以观察到球体的相关参数，但是这些参数后面的都没有单位，如图1-129所示。

03 下面将长方体的单位设置为mm（毫米）。执行"自定义>单位设置"菜单命令，打开"单位设置"对话框，然后设置"显示单位比例"为"公制"，接着在下拉列表中选择单位为"毫米"，如图1-130所示。

 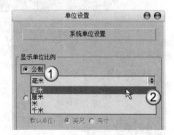

图1-129　　　　　　　　　　　图1-130

04 单击"系统单位设置"按钮 系统单位设置 ，然后在弹出的"系统单位设置"对话框中设置"系统单位比例"为"毫米"，接着单击"确定"按钮 确定 ，如图1-131所示。

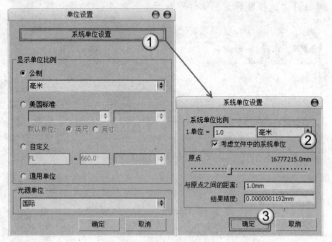

图1-131

> **提 示**　注意，"系统单位"一定要与"显示单位"保持一致，这样才能更方便地进行操作。

05 在场景中选择球体，然后在"命令"面板中单击"修改"按钮 ，切换到"修改"面板，此时在"参数"卷展栏下就可以观察到球体的"半径"参数后面带上了单位mm，如图1-132所示。

图1-132

> **提 示**　在制作室外场景时一般采用m（米）作为单位；在制作室内场景时一般采用cm（厘米）或mm（毫米）作为单位。

🔅 实战

设置文件自动备份

场景位置	无
实例位置	无
视频位置	DVD>多媒体教学>CH01>实战——设置文件自动备份.flv
难易指数	★ ☆ ☆ ☆ ☆
技术掌握	掌握自动备份文件的方法

3ds Max 2012在运行过程中对计算机的配置要求比较高，占用系统资源也比较大。在运行3ds Max 2012时，由于某些配置较低的计算机和系统性能的不稳定等原因会导致文件关闭或发生死机现象。当进行较为复杂的计算（如光影追踪渲染）时，一旦出现无法恢复的故障，就会丢失所做的各项操作，造成无法弥补的损失。

解决这类问题除了提高计算机的硬件配置外，还可以通过增强系统稳定性来减少死机现象。在一般情况下，可以通过以下3种方法来提高系统的稳定性。

第1种：要养成经常保存场景的习惯。

第2种：在运行3ds Max 2012时，尽量不要或少启动其他程序，而且硬盘也要留有足够的缓存空间。

第3种：如果当前文件发生了不可恢复的错误，可以通过备份文件来打开前面自动保存的场景。

下面将重点讲解设置自动备份文件的方法。

执行"自定义>首选项"菜单命令，然后在弹出的"首选项设置"对话框中单击"文件"选项卡，接着在"自动备份"选项组下勾选"启用"选项，再对"Autobak文件数"和"备份间隔（分钟）"选项进行设置，最后单击"确定"按钮 确定 ，如图1-133所示。

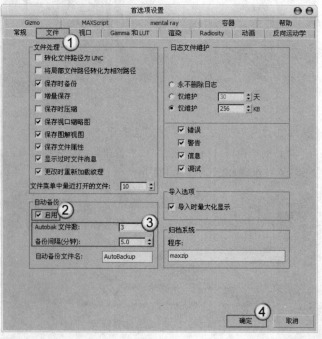

图1-133

"Autobak文件数"表示在覆盖第1个文件前要写入的备份文件的数量;"备份间隔(分钟)"表示产生备份文件的时间间隔的分钟数。如有特殊需要,可以适当加大或降低"Autobak文件数"和"备份间隔"的数值。

MAXScript(MAX脚本)菜单

MAXScript(MAX脚本)是3ds Max的内置脚本语言,MAXScript(MAX脚本)菜单下包含用于创建、打开和运行脚本的命令,如图1-134所示。

图1-134

帮助菜单

"帮助"菜单中主要是一些帮助信息,可以供用户参考学习,如图1-135所示。

图1-135

1.2.3 主工具栏

"主工具栏"中集合了最常用的一些编辑工具,如图1-136所示为默认状态下的"主工具栏"。某些工具的右下角有一个三角形图标,单击该图标就会弹出下拉工具列表。以"捕捉开关"为例,单击"捕捉开关"按钮 就会弹出捕捉工具列表,如图1-137所示。

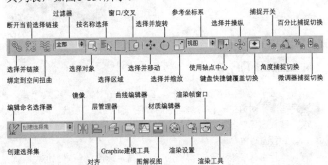

图1-136

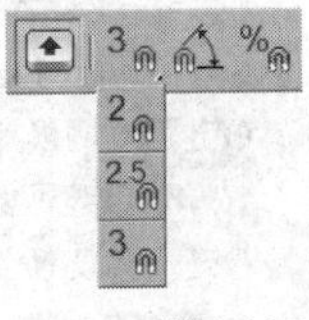

图1-137

若显示器的分辨率较低,"主工具栏"中的工具可能无法完全显示出来,这时可以将光标放置在"主工具栏"上的空白处,当光标变成手型 时使用鼠标左键左右移动"主工具栏"即可查看没有显示出来的工具。在默认情况下,很多工具栏都处于隐藏状态,如果要调出这些工具栏,可以在"主工具栏"的空白处单击鼠标右键,然后在弹出的菜单中选择相应的工具栏即可,如图1-138所示。如果要调出所有隐藏的工具栏,可以执行"自定义>显示UI>显示浮动工具栏"菜单命令,如图1-139所示,再次执行"显示浮动工具栏"命令可以将浮动的工具栏隐藏起来。

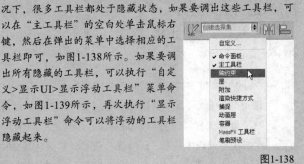

图1-138

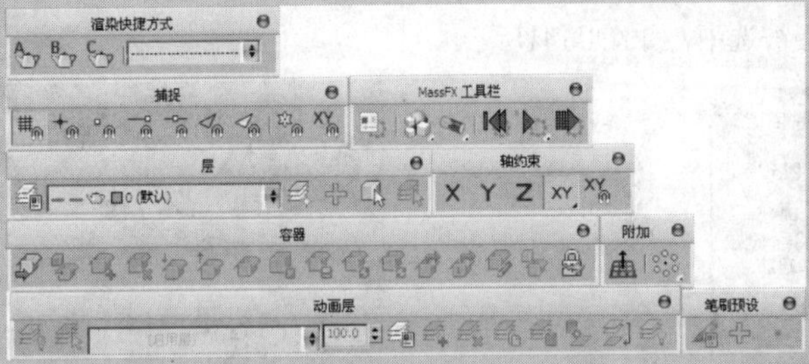

图1-139

"主工具栏"中的工具快捷键如下表所示。

工具名称	工具图标	快捷键	重要程度
选择对象		Q	高
按名称选择选择		H	高
选择并移动		W	高
选择并旋转		E	高
选择并缩放	/ /	R	高
捕捉开关	/ /	S	高
角度捕捉切换		A	高
百分比捕捉切换		Shift+Ctrl+P	中
对齐		Alt+A	高
快速对齐		Shift+A	中
法线对齐		Alt+N	中
放置高光		Ctrl+H	中
材质编辑器		M	高
渲染设置		F10	高
渲染	/ /	F9或Shift+Q	高

选择并链接

"选择并链接"工具 主要用于建立对象之间的父子链接关系与定义层级关系,但是只能父级物体带动子级物体,而子级物体的变化不会影响到父级物体。

断开当前选择链接

"断开当前选择链接"工具 与"选择并链接"工具 的作用恰好相反，用来断开链接关系。

绑定到空间扭曲

使用"绑定到空间扭曲"工具 可以将对象绑定到空间扭曲对象上。

过滤器

"过滤器" 全部 主要用来过滤不需要选择的对象类型，这对于批量选择同一种类型的对象非常有用，如图1-140所示。比如在拉列表中选择"L-灯光"选项，那么在场景中选择对象时，只能选择灯光，而几何体、图形、摄影机等对象不会被选中，如图1-141所示。

图1-140

图1-141

实战

用过滤器选择场景中的灯光	
场景位置	DVD>场景文件>CH01>03.max
实例位置	无
视频位置	DVD>多媒体教学>CH01>实战——用过滤器选择场景中的灯光.flv
难易指数	★☆☆☆☆
技术掌握	掌握过滤器的用法

在较大的场景中，物体的类型可能非常多，这时要想选择处于隐藏位置的物体就会很困难，而使用"过滤器"过滤掉不需要选择的对象后，选择相应的物体就很方便了。

01 打开光盘中的"场景文件>CH01>03.max"文件，从视图中可以观察到本场景包含两把椅子和4盏灯光，如图1-142所示。

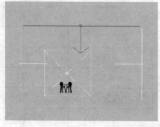

图1-142

02 如果只想选择灯光，可以在"过滤器"下拉列表中选择"L-灯光"选项，如图1-143所示，然后使用"选择对象"工具 框选视图中的灯光，框选完毕后可以发现只选择了灯光，而椅子模型并没有被选中，如图1-144所示。

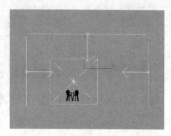

图1-143   图1-144

03 如果要想选择椅子模型，可以在"过滤器"下拉列表中选择"G-几何体"选项，然后使用"选择对象"工具 框选视图中的椅子模型，框选完毕后可以发现只选择了椅子模型，而灯光并没有被选中，如图1-145所示。

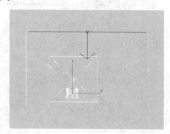

图1-145

选择对象

"选择对象"工具 是最重要的工具之一，主要用来选择对象，对于想选择对象而又不想移动它来说，这个工具是最佳选择。使用该工具单击对象即可选择相应的对象，如图1-146所示。

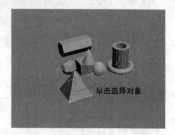

图1-146

技术专题 06 选择对象的5种方法

上面介绍使用"选择对象"工具 单击对象即可将其选择，这只是选择对象的一种方法。下面介绍一下框选、加选、减选、反选、孤立选择对象的方法。

1.框选对象

这是选择多个对象的常用方法之一，适合选择一个区域的对象，比如使用"选择对象"工具 在视图中拉出一个选框，那么处于该选框内的所有对象都将被选中（这里以在"过滤器"列表中选择"全部"类型为例），如图1-147所示。另外，在使用"选择对象"工具 框选对象时，按Q键可以切换选框的类型，比如当前使用的"矩形选择区域" 模式，按一次Q键可切换为"圆形选择区域" 模式，如图1-148所示，继续按Q键又会切换到"围栏选择区域" 模式、"套索选择区域" 模式、"绘制选择区域" 模式，并一直按此顺序循环下去。

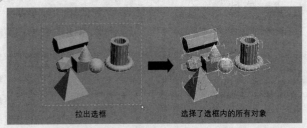

拉出选框　　　　选择了选框内的所有对象

图1-147

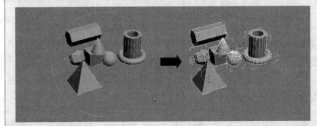

图1-148

2.加选对象

如果当前选择了一个对象，还想加选其他对象，可以按住Ctrl键单击其他对象，这样即可同时选择多个对象，如图1-149所示。

按住Ctrl键单击对象即可加选对象

图1-149

3.减选对象

如果当前选择了多个对象，想减去某个不想选择的对象，可以按住Alt键单击想要减去的对象，这样即可减去当前单击的对象，如图1-150所示。

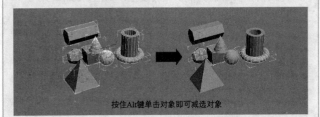

按住Alt键单击对象即可减选对象

图1-150

4.反选对象

如果当前选择了某些对象，想要反选其他的对象，可以按Ctrl+I组合键来完成，如图1-151所示。

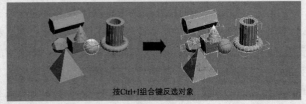

按Ctrl+I组合键反选对象

图1-151

5.孤立选择对象

这是一种特殊选择对象的方法，可以将选择的对象的单独显示出来，以方便对其进行编辑，如图1-152所示。

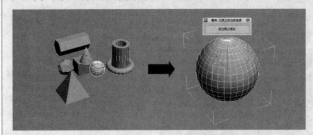

图1-152

切换孤立选择对象的方法主要有以下两种。

第1种：执行"工具>孤立当前选择"菜单命令或直接按Alt+Q组合键，如图1-153所示。

第2种：在视图中单击鼠标右键，然后在弹出的菜单中选择"孤立当前选择"命令，如图1-154所示。

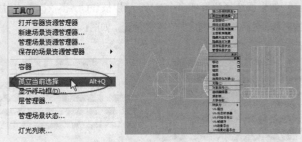

图1-153　　　　　　　　　　图1-154

请大家牢记这几种选择对象的方法，这样在选择对象时可以达到事半功倍的效果。

按名称选择

单击"按名称选择"按钮会弹出"从场景选择"对话框，在该对话框中选择对象的名称后，单击"确定"按钮即可将其选择。例如，在"从场景选择"该对话框中选择了Sphere01，单击"确定"按钮后即可选择这个球体对象，可以按名称选择所需要的对象，如图1-155和图1-156所示。

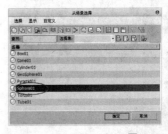

图1-155　　　　　　　　图1-156

实战

按名称选择对象

场景位置	DVD>场景文件>CH01>04.max
实例位置	无
视频位置	DVD>多媒体教学>CH01>实战——按名称选择对象.flv
难易指数	★☆☆☆☆
技术掌握	掌握"按名称选择"工具的用法

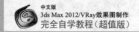

01 打开光盘中的"场景文件>CH01>04.max"文件，如图1-157所示。

02 在"主工具栏"中单击"按名称选择"按钮，打开"从场景选择"对话框，从该对话框中可以观察到场景对象的名称，如图1-158所示。

图1-157　　　　　　　图1-158

03 如果要选择单个对象，可以直接在"从场景选择"对话框单击该对象的名称，然后单击"确定"按钮，如图1-159所示。

04 如果要选择隔开的多个对象，可以按住Ctrl键依次单击对象的名称，然后单击"确定"按钮，如图1-160所示。

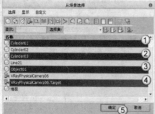

图1-159　　　　　　　图1-160

提示 如果当前已经选择了部分对象，那么按住Ctrl键可以进行加选，按住Alt键可以进行减选。

05 如果要选择连续的多个对象，可以按住Shift键依次单击首尾的两个对象名称，然后单击"确定"按钮，如图1-161所示。

图1-161

提示 "从场景选择"对话框中有一排按钮与"创建"面板中的部分按钮是相同的，这些按钮主要用来显示对象的类型，当激活相应的对象按钮后，在下面的对象列表中就会显示出与其相对应的对象，如图1-162所示。

图1-162

选择区域

选择区域工具包含5种模式，如图1-163所示，主要用来配合"选择对象"工具一起使用。在前面的"技术专题——选择对象的5种方法"中已经介绍了其用法。

矩形选择区域
圆形选择区域
围栏选择区域
套索选择区域
绘制选择区域

图1-163

实战

用套索选择区域工具选择对象

场景位置	DVD>场景文件>CH01>05.max
实例位置	无
视频位置	DVD>多媒体教学>CH01>实战——用套索选择区域工具选择对象.flv
难易指数	★☆☆☆☆
技术掌握	掌握选择区域工具的用法

01 打开光盘中的"场景文件>CH01>05.max"文件，如图1-164所示。

图1-164

02 在"主工具栏"中单击"选择对象"按钮，然后连续按3次Q键将选择模式切换为"套索选择区域"，接着在视图中绘制一个形状区域，将刀叉模型勾选出来，如图1-165所示，释放鼠标以后就选中了刀叉模型，如图1-166所示。

图1-165　　　　　　　图1-166

窗口/交叉

当"窗口/交叉"工具处于突出状态（即未激活状态）时，其显示效果为，这时如果在视图中选择对象，那么只要选择的区域包含对象的一部分即可选中该对象，如图1-167所示；当"窗口/交叉"工具处于凹陷状态（即激活状态）时，其显示效果为，这时如果在视图中选择对象，那么只有选择区域包含对象的全部才能将其选中，如图1-168所示。在实际工作中，一般都要让"窗口/交叉"工具▣处于未激活状态。

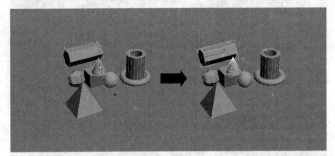

图1-167

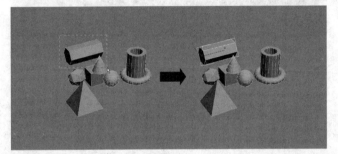

图1-168

选择并移动

"选择并移动"工具✥是最重要的工具之一（快捷键为W键），主要用来选择并移动对象，其选择对象的方法与"选择对象"工具相同。使用"选择并移动"工具✥可以将选中的对象移动到任何位置。当使用该工具选择对象时，在视图中会显示出坐标移动控制器，在默认的四视图中只有透视图显示的是x、y、z这3个轴向，而其他3个视图中只显示其中的某两个轴向，如图1-169所示。若想要在多个轴向上移动对象，可以将光标放在轴向的中间，然后拖曳光标即可，如图1-170所示；如果想在单个轴向上移动对象，可以将光标放在这个轴向上，然后拖曳光标即可，如图1-171所示。

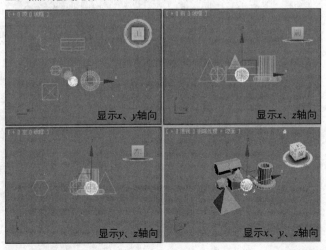

显示x、y轴向　显示x、z轴向
显示y、z轴向　显示x、y、z轴向

图1-169

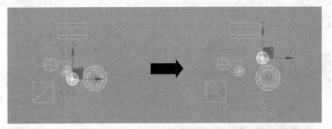

图1-170

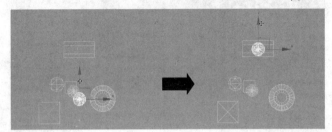

图1-171

疑难问答　问：可以将对象精确移动一定的距离吗？

答：可以。若想将对象精确移动一定的距离，可以在"选择并移动"工具✥上单击鼠标右键，然后在弹出的"移动变换输入"对话框中输入"绝对:世界"或"偏移:世界"的数值即可，如图1-172所示。

图1-172

"绝对"坐标是指对象目前所在的世界坐标位置；"偏移"坐标是指对象以屏幕为参考对象所偏移的距离。

实战

用选择并移动工具制作酒杯塔

场景位置	DVD>场景文件>CH01>06.max
实例位置	DVD>实例文件>CH01>实战——用选择并移动工具制作酒杯塔.max
视频位置	DVD>多媒体教学>CH01>实战——用选择并移动工具制作酒杯塔.flv
难易指数	★☆☆☆☆
技术掌握	掌握移动复制功能的运用

本例使用"选择并移动"工具的移动复制功能制作的酒杯塔效果如图1-173所示。

图1-173

01 打开光盘中的"场景文件>CH01>06.max"文件，如图1-174所示。

02 在"主工具栏"中的单击"选择并移动"按钮，然后按住Shift键在前视图中将高脚杯沿y轴向下移动复制，接着在弹出的"克隆选项"对话框中设置"对象"为"复制"，最后单击"确定"按钮 确定 完成操作，如图1-175所示。

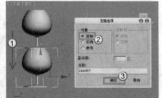

图1-174 　　　　　　　　　　图1-175

03 在顶视图中将下层的高脚杯沿x、y轴向外拖曳到如图1-176所示的位置。

04 保持对下层高脚杯的选择，按住Shift键沿x轴向左侧移动复制，接着在弹出的"克隆选项"对话框中单击"确定"按钮 确定 ，如图1-177所示。

图1-176 　　　　　　　　　　图1-177

05 采用相同的方法在下层继续复制一个高脚杯，然后调整好每个高脚杯的位置，完成后的效果如图1-178所示。

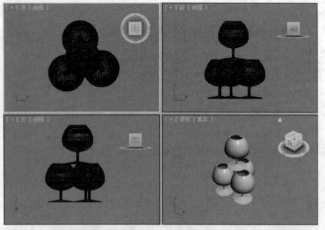

图1-178

06 将下层的高脚杯向下进行移动复制，然后向外复制一些高脚杯，得到最下层的高脚杯，最终效果如图1-179所示。

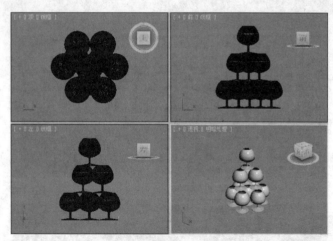

图1-179

选择并旋转

"选择并旋转"工具 是最重要的工具之一（快捷键为E键），主要用来选择并旋转对象，其使用方法与"选择并移动"工具 相似。当该工具处于激活状态（选择状态）时，被选中的对象可以在x、y、z这3个轴上进行旋转。

疑难问答 ▶ 问：可以将对象精确旋转一定的角度吗？

答：可以。如果要将对象精确旋转一定的角度，可以在"选择并旋转"按钮 上单击鼠标右键，然后在弹出的"旋转变换输入"对话框中输入旋转角度即可，如图1-180所示。

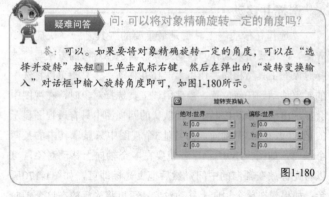

图1-180

选择并缩放

选择并缩放工具是最重要的工具之一（快捷键为R键），主要用来选择并缩放对象。选择并缩放工具包含3种，如图1-181所示。使用"选择并均匀缩放"工具 可以沿所有3个轴以相同量缩放对象，同时保持对象的原始比例，如图1-182所示；使用"选择并非均匀缩放"工具 可以根据活动轴约束以非均匀方式缩放对象，如图1-183所示；使用"选择并挤压"工具 可以创建"挤压和拉伸"效果，如图1-184所示。

　选择并均匀缩放

　选择并非均匀缩放

　选择并挤压

图1-181

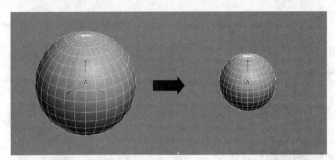

图1-182

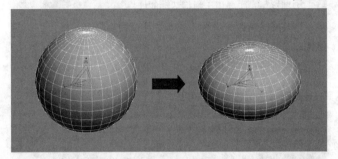

图1-183

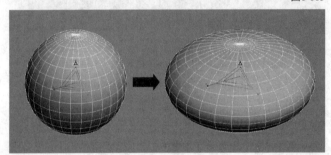

图1-184

图1-186

02 在"主工具栏"中选择"选择并均匀缩放"工具 ，然后选择最右边的花瓶，接着在前视图中沿x轴正方向进行缩放，如图1-187所示，完成后的效果如图1-188所示。

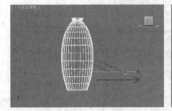

图1-187   图1-188

03 在"主工具栏"中选择"选择并非均匀缩放"工具 ，然后选择中间的花瓶，接着在透视图中沿y轴正方向进行缩放，如图1-189所示。

04 在"主工具栏"中选择"选择并挤压"工具 ，然后选择最左边的模型，接着在透视图中沿z轴负方向进行挤压，如图1-190所示。

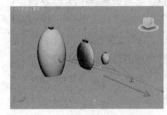

图1-189   图1-190

提示 同理，选择并缩放工具也可以设定一个精确的缩放比例因子，具体操作方法就是在相应的工具上单击鼠标右键，然后在弹出的"缩放变换输入"对话框中输入相应的缩放比例数值即可，如图1-185所示。

图1-185

参考坐标系

"参考坐标系"可以用来指定变换操作（如移动、旋转、缩放等）所使用的坐标系统，包括视图、屏幕、世界、父对象、局部、万向、栅格、工作区和拾取9种坐标系，如图1-191所示。

图1-191

参考坐标系介绍

视图：在默认的"视图"坐标系中，所有正交视图中的x、y、z 轴都相同。使用该坐标系移动对象时，可以相对于视图空间移动对象。

屏幕：将活动视口屏幕用作坐标系。

实战

用选择并缩放工具调整花瓶形状

场景位置	DVD>场景文件>CH01>07.max
实例位置	DVD>实例文件>CH01>实战——用选择并缩放工具调整花瓶形状.max
视频位置	DVD>多媒体教学>CH01>实战——用选择并缩放工具调整花瓶形状.flv
难易指数	★☆☆☆☆
技术掌握	掌握3种选择并缩放工具的用法

01 打开光盘中的"场景文件>CH01>07.max"文件，如图1-186所示。

世界：使用世界坐标系。

父对象：使用选定对象的父对象作为坐标系。如果对象未链接至特定对象，则其为世界坐标系的子对象，其父坐标系与世界坐标系相同。

局部：使用选定对象的轴心点为坐标系。

万向：万向坐标系与Euler XYZ旋转控制器一同使用，它与局部坐标系类似，但其3个旋转轴相互之间不一定垂直。

栅格：使用活动栅格作为坐标系。

工作：使用工作轴作为坐标系。

拾取：使用场景中的另一个对象作为坐标系。

使用轴点中心

轴点中心工具包含"使用轴点中心"工具、"使用选择中心"工具和"使用变换坐标中心"工具3种，如图1-192所示。

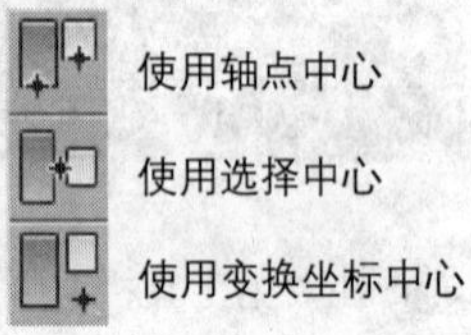

使用轴点中心
使用选择中心
使用变换坐标中心

图1-192

使用轴点中心工具介绍

使用轴点中心：该工具可以围绕其各自的轴点旋转或缩放一个或多个对象。

使用选择中心：该工具可以围绕其共同的几何中心旋转或缩放一个或多个对象。如果变换多个对象，该工具会计算所有对象的平均几何中心，并将该几何中心当作变换中心。

使用变换坐标中心：该工具可以围绕当前坐标系的中心旋转或缩放一个或多个对象。当使用"拾取"功能将其他对象指定为坐标系时，其坐标中心在该对象轴的位置上。

选择并操纵

使用"选择并操纵"工具可以在视图中通过拖曳"操纵器"来编辑修改器、控制器和某些对象的参数。

> **提示** "选择并操纵"工具与"选择并移动"工具不同，它的状态不是唯一的。只要选择模式或变换模式之一为活动状态，并且启用了"选择并操纵"工具，那么就可以操纵对象。但是在选择一个操纵器辅助对象之前必须禁用"选择并操纵"工具。

键盘快捷键覆盖切换

当关闭"键盘快捷键覆盖切换"工具时，只识别"主用户界面"快捷键；当激活工具时，可以同时识别主UI快捷键和功能区域快捷键。一般情况都需要开启该工具。

捕捉开关

捕捉开关工具（快捷键为S键）包含"2D捕捉"工具、

"2.5D捕捉"工具和"3D捕捉"工具3种，如图1-193所示。

2D捕捉
2.5D捕捉
3D捕捉

图1-193

捕捉开关介绍

2D捕捉：主要用于捕捉活动的栅格。

2.5D捕捉：主要用于捕捉结构或捕捉根据网格得到的几何体。

3D捕捉：可以捕捉3D空间中的任何位置。

> **提示** 在"捕捉开关"上单击鼠标右键，可以打开"栅格和捕捉设置"对话框，在该对话框中可以设置捕捉类型和捕捉的相关选项，如图1-194所示。

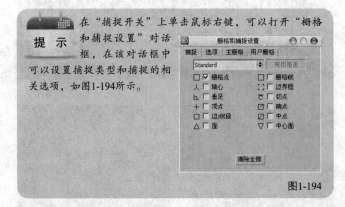

图1-194

角度捕捉切换

"角度捕捉切换"工具可以用来指定捕捉的角度（快捷键为A键）。激活该工具后，角度捕捉将影响所有的旋转变换，在默认状态下以5°为增量进行旋转。

> **提示** 若要更改旋转增量，可以在"角度捕捉切换"工具上单击鼠标右键，然后在弹出的"栅格和捕捉设置"对话框中单击"选项"选项卡，接着在"角度"选项后面输入相应的旋转增量角度即可，如图1-195所示。

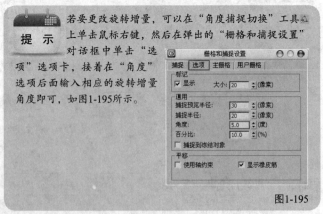

图1-195

实战

用角度捕捉切换工具制作挂钟刻度

场景位置	DVD>场景文件>CH01>08.max
实例位置	DVD>实例文件>CH01>实战——用角度捕捉切换工具制作挂钟刻度.max
视频位置	DVD>多媒体教学>CH01>实战——用角度捕捉切换工具制作挂钟刻度.flv
难易指数	★★☆☆☆
技术掌握	掌握"角度捕捉切换"工具的用法

本例使用"角度捕捉切换"工具制作的挂钟刻度效果如图1-196所示。

图1-196

01 打开光盘中的"场景文件>CH01>08.max"文件，如图1-197所示。

02 在"创建"面板中单击"球体"按钮 ▢球体 ，然后在场景中创建一个大小合适的球体，如图1-198所示。

图1-197

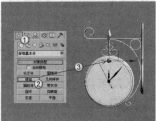

图1-198

> **提示** 从图1-201中可以观察到挂钟没有指针刻度。在3ds Max中，制作这种具有相同角度且有一定规律的对象一般都使用"角度捕捉切换"工具来制作。

03 选择"选择并均匀缩放"工具 ▢，然后在左视图中沿x轴负方向进行缩放，如图1-199所示，接着使用"选择并移动"工具 ✛ 将其移动到表盘的"12点钟"的位置，如图1-200所示。

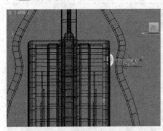

图1-199

图1-200

04 在"命令"面板中单击"层次"按钮 ▢，进入"层次"面板，然后单击"仅影响轴"按钮 仅影响轴 （此时球体上会增加一个较粗的坐标轴，这个坐标轴主要用来调整球体的轴心点位置），接着使用"选择并移动"工具 ✛ 将球体的轴心点拖曳到表盘的中心位置，如图1-201所示。

05 单击"仅影响轴"按钮 仅影响轴 退出"仅影响轴"

模式，然后在"角度捕捉切换"工具 ▢上单击鼠标右键（注意，要使该工具处于激活状态），接着在弹出的"栅格和捕捉设置"对话框中单击"选项"选项卡，最后设置"角度"为30°，如图1-202所示。

图1-201　　　　　　　　　图1-202

06 选择"选择并旋转"工具 ▢，然后在前视图中按住Shift键顺时针旋转-30°，接着在弹出的"克隆选项"对话框中设置"对象"为"实例"、"副本数"为11，最后单击"确定"按钮 确定 ，如图1-203所示，最终效果如图1-204所示。

图1-203　　　　　　　　　图1-204

技术专题 07 "仅影响轴"技术解析

"仅影响轴"技术是一个非常重要的轴心点调整技术。利用该技术调整好轴点的中心以后，就可以围绕这个中心点旋转复制出具有一定规律的对象。比如在如图1-205中有两个球体（这两个球体是在顶视图中的显示效果），如果要围绕红色球体旋转复制3个紫色球体（以90°为基数进行复制），那么就必须先调整紫色球体的轴点中心。具体操作过程如下。

图1-205

第1步：选择紫色球体，在"创建"面板中单击"层次"按钮 ▢切换到"层次"面板，然后在"调整轴"卷展栏下单击"仅影响轴"按钮 仅影响轴 ，此时可以观察到紫色球体的轴点中心位置，如图1-206所示，接着用"选择并移动"工具 ✛ 将紫色球体的轴心点拖曳到红色球体的轴点中心位置，如图1-207所示。

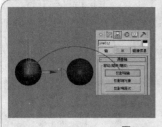
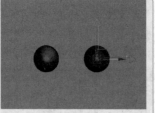

图1-206 　　　　　　　　　　　图1-207

　　第2步：再次单击"仅影响轴"按钮 仅影响轴 ，退出"仅影响轴"模式，然后按住Shift键使用"选择并旋转"工具 将紫色球体旋转复制3个（设置旋转角度为90°），如图1-208所示，这样就得到了一组以红色球体为中心的3个紫色球体，效果如图1-209所示。

图1-208 　　　　　　　　　　　图1-209

百分比捕捉切换

　　使用"百分比捕捉切换"工具 可以将对象缩放捕捉到自定的百分比（快捷键为Shift+Ctrl+P组合键），在缩放状态下，默认每次的缩放百分比为10%。

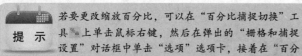

提示 若要更改缩放百分比，可以在"百分比捕捉切换"工具 上单击鼠标右键，然后在弹出的"栅格和捕捉设置"对话框中单击"选项"选项卡，接着在"百分比"选项后面输入相应的百分比数值即可，如图1-210所示。

图1-210

微调器捕捉切换

　　"微调器捕捉切换"工具 可以用来设置微调器单次单击的增加值或减少值。

提示 若要设置微调器捕捉的参数，可以在"微调器捕捉切换"工具 上单击鼠标右键，然后在弹出的"首选项设置"对话框中单击"常规"选项卡，接着在"微调器"选项组下设置相关参数即可，如图1-211所示。

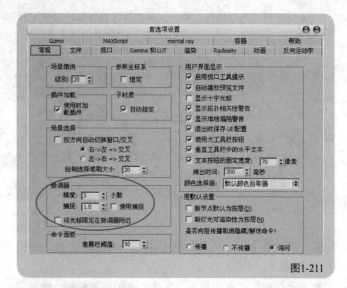

图1-211

编辑命名选择集

　　使用"编辑命名选择集"工具 可以为单个或多个对象创建选择集。选中一个或多个对象后，单击"编辑命名选择集"工具 可以打开"命名选择集"对话框，在该对话框中可以创建新集、删除集以及添加、删除选定对象等操作，如图1-212所示。

图1-212

创建选择集

　　如果选择了对象，在"创建选择集" 创建选择集 中输入名称以后就可以创建一个新的选择集；如果已经创建了选择集，在列表中可以选择创建的集。

镜像

　　使用"镜像"工具 可以围绕一个轴心镜像出一个或多个副本对象。选中要镜像的对象后，单击"镜像"工具 ，可以打开"镜像:世界坐标"对话框，在该对话框中可以对"镜像轴"、"克隆当前选择"和"镜像IK限制"进行设置，如图1-213所示。

图1-213

实战

用镜像工具镜像椅子

场景位置	DVD>场景文件>CH01>09.max
实例位置	DVD>实例文件>CH01>实战——用镜像工具镜像椅子.max
视频位置	DVD>多媒体教学>CH01>实战——用镜像工具镜像椅子.flv
难易指数	★☆☆☆☆
技术掌握	掌握"镜像"工具的用法

本例使用"镜像"工具镜像的椅子效果如图1-214所示。

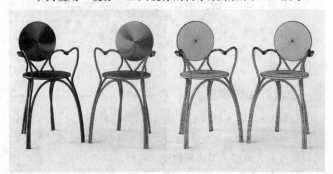

图1-214

01 打开光盘中的"场景文件>CH01>09.max"文件，如图1-215所示。

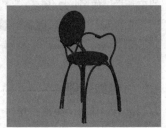

图1-215

02 选中椅子模型，然后在"主工具栏"中单击"镜像"按钮，接着在弹出的"镜像"对话框设置"镜像轴"为x轴、"偏移"值为-120mm，再设置"克隆当前选择"为"复制"方式，最后单击"确定"按钮 ，具体参数设置如图1-216所示，最终效果如图1-217所示。

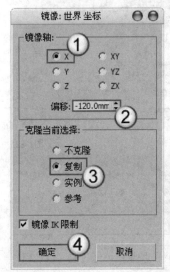

图1-216

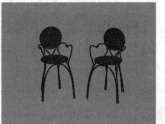

图1-217

对齐

对齐工具包括6种，分别是"对齐"工具 、"快速对齐"工具 、"法线对齐"工具 、"放置高光"工具 、"对齐摄影机"工具 和"对齐到视图"工具 ，如图1-218所示。

对齐

快速对齐

法线对齐

放置高光

对齐摄影机

对齐到视图

图1-218

对齐工具介绍

对齐：使用该工具（快捷键为Alt+A组合键）可以将当前选定对象与目标对象进行对齐。

快速对齐：使用该工具（快捷键为Shift+A组合键）可以立即将当前选择对象的位置与目标对象的位置进行对齐。如果当前选择的是单个对象，那么"快速对齐"需要使用到两个对象的轴；如果当前选择的是多个对象或多个子对象，则使用"快速对齐"可以将选中对象的选择中心对齐到目标对象的轴。

法线对齐："法线对齐"（快捷键为Alt+N组合键）基于每个对象的面或是以选择的法线方向来对齐两个对象。要打开"法线对齐"对话框，首先要选择对齐的对象，然后单击对象上的面，接着单击第2个对象上的面，释放鼠标后就可以打开"法线对齐"对话框。

放置高光：使用该工具（快捷键为Ctrl+H组合键）可以将灯光或对象对齐到另一个对象，以便可以精确定位其高光或反射。在"放置高光"模式下，可以在任一视图中单击并拖动光标。

> **提示**　"放置高光"是一种依赖于视图的功能，所以要使用渲染视图。在场景中拖动光标时，会有一束光线从光标处射入到场景中。

对齐摄影机：使用该工具可以将摄影机与选定的面法线进行对齐。该工具的工作原理与"放置高光"工具 类似。不同的是，它是在面法线上进行操作，而不是入射角，并在释放鼠标时完成，而不是在拖曳鼠标期间时完成。

对齐到视图：使用该工具可以将对象或子对象的局部轴与当前视图进行对齐。该工具适用于任何可变换的选择对象。

实战

用对齐工具对齐办公椅

场景位置	DVD>场景文件>CH01>10.max
实例位置	DVD>实例文件>CH01>实战——用对齐工具对齐办公椅.max
视频位置	DVD>多媒体教学>CH01>实战——用对齐工具对齐办公椅.flv
难易指数	★☆☆☆☆
技术掌握	掌握"对齐"工具的用法

本例使用"对齐"工具对齐办公椅后的效果如图1-219所示。

图1-219

01 打开光盘中的"场景文件>CH01>10.max"文件，可以观察到场景中有两把椅子没有与其他的椅子对齐，如图1-220所示。

02 选中其中的一把没有对齐的椅子，然后在"主工具栏"中单击"对齐"按钮，接着单击另外一把处于正常位置的椅子，在弹出的对话框中设置"对齐位置（世界）"为"x位置"，再设置"当前对象"和"目标对象"为"轴点"，最后单击"确定"按钮 确定 ，如图1-221所示。

图1-220

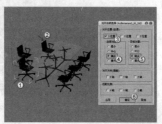

图1-221

03 采用相同的方法对齐另外一把没有对齐的椅子，完成后的效果如图1-222所示。

图1-222

技术专题 08 对齐参数详解

X/Y/Z位置：用来指定要执行对齐操作的一个或多个坐标轴。同时勾选这3个选项可以将当前对象重叠到目标对象上。

最小：将具有最小x/y/z值对象边界框上的点与其他对象上选定的点对齐。

中心：将对象边界框的中心与其他对象上的选定点对齐。

轴点：将对象的轴点与其他对象上的选定点对齐。

最大：将具有最大x/y/z值对象边界框上的点与其他对象上选定的点对齐。

对齐方向（局部）：包括x/y/z轴3个选项，主要用来设置选择对象与目标对象是以哪个坐标轴进行对齐。

匹配比例：包括x/y/z轴3个选项，可以匹配两个选定对象之间的缩放轴的值，该操作仅对变换输入中显示的缩放值进行匹配。

层管理器

使用"层管理器"可以创建和删除层，也可以用来查看和编辑场景中所有层的设置以及与其相关联的对象。单击"层管理器"工具可以打开"层"对话框，在该对话框中可以指定光能传递中的名称、可见性、渲染性、颜色以及对象和层的包含关系等，如图1-223所示。

图1-223

Graphite建模工具

Graphite建模工具（石墨建模工具）是优秀的PolyBoost建模工具与3ds Max的完美结合，其工具摆放的灵活性与布局的科学性大大方便了多边形建模的流程。单击"主工具栏"中的"Graphite建模工具"按钮即可调出"Graphite建模工具"的工具栏，如图1-224所示。

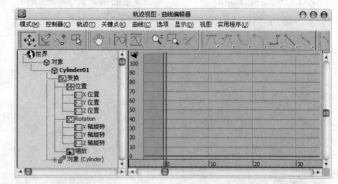

图1-224

曲线编辑器

单击"曲线编辑器"按钮可以打开"轨迹视图-曲线编辑器"对话框，如图1-225所示。"曲线编辑器"是一种"轨迹视图"模式，可以用曲线来表示运动，而"轨迹视图"模式可以使运动的插值以及软件在关键帧之间创建的对象变换更加直观化。

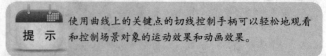

图1-225

提示 使用曲线上的关键点的切线控制手柄可以轻松地观看和控制场景对象的运动效果和动画效果。

图解视图

"图解视图"是基于节点的场景图，通过它可以访问对象的属性、材质、控制器、修改器、层次和不可见场景关系，同时在"图解视图"对话框中可以查看、创建并编辑对象间的关系，也可以创建层次、指定控制器、材质、修改器和约束等，如图1-226所示。

图1-226

材质编辑器

"材质编辑器" 是最重要的编辑器之一（快捷键为M键），在后面的章节中将有专门的内容对其进行介绍，主要用来编辑对象的材质。3ds Max 2012的"材质编辑器"分为"精简材质编辑器" 和"Slate材质编辑器" 两种，如图1-227和图1-228所示。

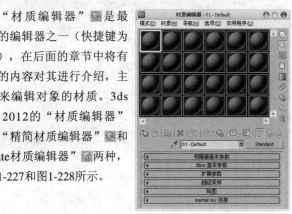

图1-227

图1-228

 知识链接：关于"材质编辑器"的作用及用法请参阅254页"6.2 材质编辑器"下的相关内容。

渲染设置

单击"主工具栏"中的"渲染设置"按钮 （快捷键为F10键）可以打开"渲染设置"对话框，所有的渲染设置参数基本上都在该对话框中完成，如图1-229所示。

图1-229

 知识链接：关于"渲染设置"对话框中的参数介绍请参阅第6章中的各大渲染器的相关内容。

渲染帧窗口

单击"主工具栏"中的"渲染帧窗口"按钮 可以打开"渲染帧窗口"对话框，在该对话框中可执行选择渲染区域、切换图像通道和储存渲染图像等任务，如图1-230所示。

图1-230

渲染工具

渲染工具包含"渲染产品"工具 、"渲染迭代"工具 和ActiveShade工具 3种，如图1-231所示。

渲染产品
渲染迭代
ActiveShade

图1-231

 知识链接：关于各个渲染工具的作用及用法请参阅306页"8.2.2 渲染工具"下的相关内容。

1.2.4 视口区域

视口区域是操作界面中最大的一个区域，也是3ds Max中用于实际工作的区域，默认状态下为四视图显示，包括顶视图、左视图、前视图和透视图4个视图，在这些视图中可以从不同的角度对场景中的对象进行观察和编辑。

每个视图的左上角都会显示视图的名称以及模型的显示方式，右上角有一个导航器（不同视图显示的状态也不同），如图1-232所示。

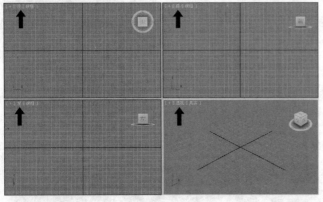

图1-232

> **提示** 常用的几种视图都有其相对应的快捷键，顶视图的快捷键是T键、底视图的快捷键是B键、左视图的快捷键是L键、前视图的快捷键是F键、透视图的快捷键是P键、摄影机视图的快捷键是C键。

3ds Max 2012中视图的名称部分被分为3个小部分，用鼠标右键分别单击这3个部分会弹出不同的菜单，如图1-233~图1-235所示。第1个菜单用于还原、激活、禁用视口以及设置导航器等；第2个菜单用于切换视口的类型；第3个菜单用于设置对象在视口中的显示方式。

图1-233

图1-234

图1-235

实战

视口布局设置

场景位置	DVD>场景文件>CH01>11.max
实例位置	DVD>实例文件>CH01>实战——视口布局设置.max
视频位置	DVD>多媒体教学>CH01>实战——视口布局设置.flv
难易指数	★☆☆☆☆
技术掌握	掌握如何设置视口的布局方式

视图的划分及显示在3ds Max 2012中是可以调整的，用户可以根据观察对象的需要来改变视图的大小或视图的显示方式。

01 打开光盘中的"场景文件>CH01>11.max"文件，如图1-236所示。

图1-236

02 执行"视图/视口配置"菜单命令，打开"视口配置"对话框，然后单击"布局"选项卡，在该选框下系统预设了一些视口的布局方式，如图1-237所示。

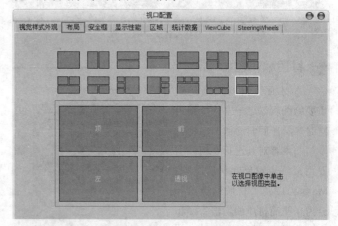

图1-237

03 选择第6个布局方式，此时在下面的缩略图中可以观察到这个视图布局的划分方式，如图1-238所示。

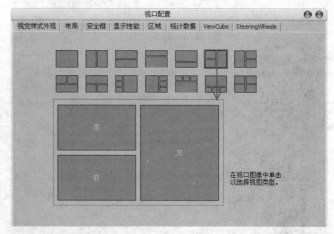

图1-238

04 在视图缩略图上单击鼠标左键或右键，在弹出的菜单中可以选择应用那个视图，选择好后单击"确定"按钮 确定 即可，如图1-239所示，重新划分后的视图效果如图1-240所示。

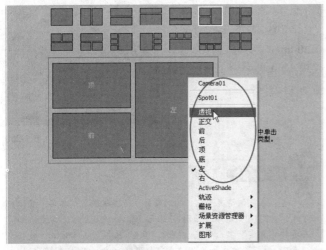

图1-239

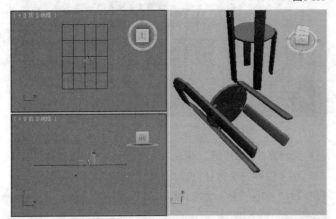

图1-240

疑难问答 问：可以调整视图间的比例吗？

答：可以。将光标置于视图与视图的交界处，当光标变成"双向箭头"↔/↕时，可以左右或上下调整视图的大小，如图1-241所示；当光标变成"十字箭头"✛时，可以上下左右调整视图的大小，如图1-242所示。

如果要将视图恢复到原始的布局状态，可以在视图交界处单击鼠标右键，然后在弹出的菜单中选择"重置布局"命令，如图1-243所示。

图1-241　　　　　图1-242　　　　　图1-243

★重点 1.2.5 命令面板

"命令"面板非常重要，场景对象的操作都可以在"命

令"面板中完成。"命令"面板由6个用户界面面板组成，默认状态下显示的是"创建"面板，其他面板分别是"修改"面板、"层次"面板、"运动"面板、"显示"面板和"实用程序"面板，如图1-244所示。

图1-244

创建面板

"创建"面板是最重要的面板之一，在该面板中可以创建7种对象，分别是"几何体"、"图形"、"灯光"、"摄影机"、"辅助对象"、"空间扭曲"和"系统"，如图1-245所示。

图1-245

创建面板介绍

几何体：主要用来创建长方体、球体和锥体等基本几何体，同时也可以创建出高级几何体，比如布尔、阁楼以及粒子系统中的几何体。

图形：主要用来创建样条线和NURBS曲线。

提示 虽然样条线和NURBS曲线能够在2D空间或3D空间中存在，但是它们只有一个局部维度，可以为形状指定一个厚度以便于渲染，但这两种线条主要用于构建其他对象或运动轨迹。

灯光：主要用来创建场景中的灯光。灯光的类型有很多种，每种灯光都可以用来模拟现实世界中的灯光效果。

摄影机：主要用来创建场景中的摄影机。

辅助对象：主要用来创建有助于场景制作的辅助对象。这些辅助对象可以定位、测量场景中的可渲染几何体，并且可以设置动画。

空间扭曲：使用空间扭曲功能可以在围绕其他对象的空间中产生各种不同的扭曲效果。

系统：可以将对象、控制器和层次对象组合在一起，提供与某种行为相关联的几何体，并且包含模拟场景中的阳光系统和日光系统。

提示 关于各种对象的创建方法将在后面中的章节中分别进行详细讲解。

修改面板

"修改"面板是最重要的面板之一，该面板主要用来调整场景对象的参数，同样可以使用该面板中的修改器来调整对象的几何形体，如图1-246所示是默认状态下的"修改"面板。

图1-246

提示 关于如何在"修改"面板中修改对象的参数将在后面的章节中分别进行详细讲解。

实战

制作一个变形的茶壶

场景位置	无
实例位置	DVD>实例文件>CH01>实战——制作一个变形的茶壶.max
视频位置	DVD>多媒体教学>CH01>实战——制作一个变形的茶壶.flv
难易指数	★☆☆☆☆
技术掌握	初步了解"创建"面板和"修改"面板的用法

本例将用一个正常的茶壶和一个变形的茶壶来讲解"创建"面板和"修改"面板的基本用法，如图1-247所示。

图1-247

01 在"创建"面板中单击"几何体"按钮○，然后单击"茶壶"按钮 茶壶 ，接着在视图中拖曳鼠标左键创建一个茶壶，如图1-248所示。

02 用"选择并移动"工具选择茶壶，然后按住Shift键在前视图中向右移动复制一个茶壶，接着在弹出的"克隆选项"对话框中设置"对象"为"复制"，最后单击"确定"按钮 确定 ，如图1-249所示。

图1-248

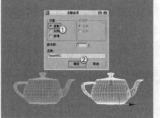

图1-249

03 选择原始茶壶，然后在"命令"面板中单击"修改"按钮

，进入"修改"面板，接着在"参数"卷展栏下设置"半径"为200mm、"分段"为10，最后关闭"壶盖"选项，具体参数设置如图1-250所示。

图1-250

疑难问答 问：为什么图1-250中的茶壶上有很多线框呢？

答：在默认情况下创建的对象处于（透视图）"真实"显示方式，如图1-251所示，而图1-250是"真实+线框"显示方式。如果要将"真实"显示方式切换为"真实+线框"显示方式，或将"真实+线框"方式切换为"真实"显示方式，可按F4键进行切换，如图1-252所示为"真实+线框"显示方式；如果要将显示方式切换为"线框"显示方式，可按F3键，如图1-253所示。

图1-251　　　　图1-252　　　　图1-253

04 选择原始茶壶，在"修改"面板下单击"修改器列表"，然后在下拉列表中选择FFD 2×2×2修改器，为其加载一个FFD 2×2×2修改器，如图1-254所示。

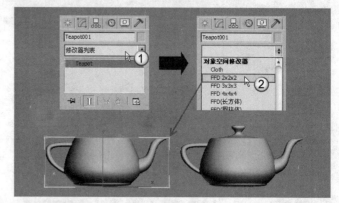

图1-254

05 在FFD 2×2×2修改器左侧单击图标，展开次物体层级列表，然后选择"控制点"次物体层级，如图1-255所示。

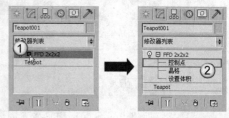

图1-255

06 用"选择并移动"工具 在前视图中框选上部的4个控制点，然后沿y轴向上拖曳控制点，使其产生变形效果，如图1-256所示。

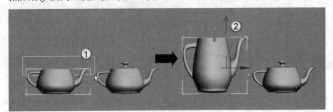

图1-256

07 保持对控制点的选择，按R键切换到"选择并均匀缩放"工具 ，然后在透视图中向内缩放茶壶顶部，如图1-257所示，最终效果如图1-258所示。

图1-257　　　　　　　　图1-258

🔵 层次面板

在"层次"面板中可以访问调整对象间的层次链接信息，通过将一个对象与另一个对象相链接，可以创建对象之间的父子关系，如图1-259所示。

图1-259

层次面板介绍

轴 ：该工具下的参数主要用来调整对象和修改器中心位置，以及定义对象之间的父子关系和反向动力学IK的关节位置等，如图1-260所示。

IK ：该工具下的参数主要用来设置动画的相关属性，如图1-261所示。

链接信息 ：该工具下的参数主要用来限制对象在特定轴中的移动关系，如图1-262所示。

图1-260　　　　图1-261 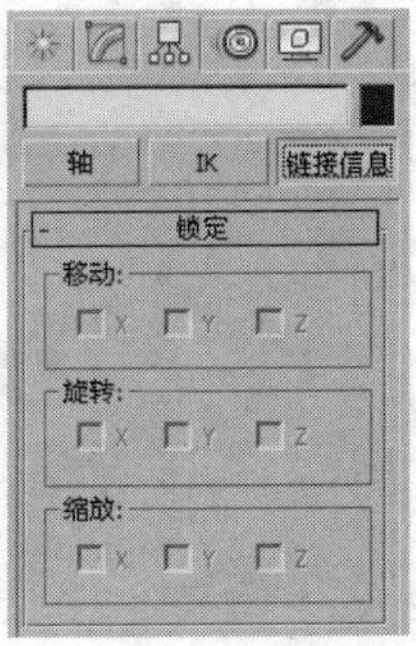　　　　图1-262

🔵 运动面板

"运动"面板中的工具与参数主要用来调整选定对象的运动属性，如图1-263所示。

图1-263

> **提示**　可以使用"运动"面板中的工具来调整关键点的时间及其缓入和缓出效果。"运动"面板还提供了"轨迹视图"的替代选项来指定动画控制器，如果指定的动画控制器具有参数，则在"运动"面板中可以显示其他卷展栏；如果"路径约束"指定给对象的位置轨迹，则"路径参数"卷展栏将添加到"运动"面板中。

🔵 显示面板

"显示"面板中的参数主要用来设置场景中控制对象的显示方式，如图1-264所示。

图1-264

🔵 实用程序面板

在"实用程序"面板中可以访问各种工具程序，包含用于管理和调用的卷展栏，如图1-265所示。

图1-265

1.2.6　时间尺

"时间尺"包括时间线滑块和轨迹栏两大部分。时间线滑块位于视图的最下方，主要用于制定帧，默认的帧数为100帧，具体数值可以根据动画长度来进行修改。拖曳时间线滑块可以在帧之间迅速移动，单击时间线滑块左右的向左箭头图标 与向右箭头图标 可以向前或者向后移动一帧，如图1-266

所示；轨迹栏位于时间线滑块的下方，主要用于显示帧数和选定对象的关键点，在这里可以移动、复制、删除关键点以及更改关键点的属性，如图1-267所示。

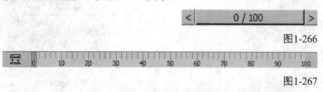

图1-266

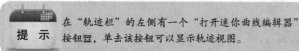

图1-267

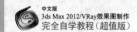

> **提示** 在"轨迹栏"的左侧有一个"打开迷你曲线编辑器"按钮，单击该按钮可以显示轨迹视图。

1.2.7 状态栏

状态栏位于轨迹栏的下方，它提供了选定对象的数目、类型、变换值和栅格数目等信息，并且状态栏可以基于当前光标位置和当前活动程序来提供动态反馈信息，如图1-268所示。

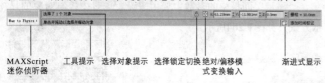

MAXScript迷你侦听器　　工具提示　　选择对象提示　　选择锁定切换绝对/偏移模式变换输入　　渐进式显示

图1-268

1.2.8 时间控制按钮

时间控制按钮位于状态栏的右侧，这些按钮主要用来控制动画的播放效果，包括关键点控制和时间控制等，如图1-269所示。

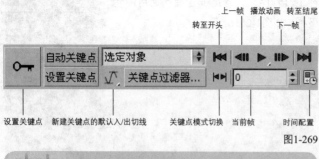

上一帧　播放动画　转至结尾
转至开头　　　下一帧

设置关键点　新建关键点的默认入/出切线　关键点模式切换　当前帧　时间配置

图1-269

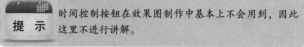

> **提示** 时间控制按钮在效果图制作中基本上不会用到，因此这里不进行讲解。

★重点★ 1.2.9 视图导航控制按钮

视图导航控制按钮在状态栏的最右侧，主要用来控制视图的显示和导航。使用这些按钮可以缩放、平移和旋转活动的视图，如图1-270所示。

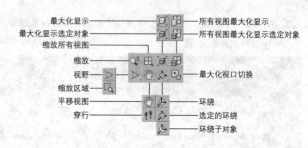

最大化显示　　　　　　　所有视图最大化显示
最大化显示选定对象　　　所有视图最大化显示选定对象
缩放所有视图
缩放
视野　　　　　　　　　　最大化视口切换
缩放区域
平移视图　　　　　　　　环绕
穿行　　　　　　　　　　选定的环绕
　　　　　　　　　　　　环绕子对象

图1-270

所有视图可用控件

所有视图中可用的控件包含"所有视图最大化显示"工具/"所有视图最大化显示选定对象"工具、"最大化视口切换"工具。

所有视图可用控件介绍

所有视图最大化显示：将场景中的对象在所有视图中居中显示出来。

所有视图最大化显示选定对象：将所有可见的选定对象或对象集在所有视图中以居中最大化的方式显示出来。

最大化视口切换：可以将活动视口在正常大小和全屏大小之间进行切换，其快捷键为Alt+W组合键。

> **提示** 以上3个控件适用于所有的视图，而有些控件只能在特定的视图中才能使用，下面的内容中将依次进行讲解。

⚔ 实战

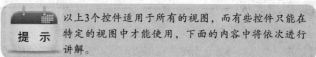

使用所有视图可用控件

场景位置	DVD>场景文件>CH01>12.max
实例位置	无
视频位置	DVD>多媒体教学>CH01>实战——使用所有视图可用控件.flv
难易指数	★☆☆☆☆
技术掌握	掌握如何使用所有视图中的可用控件

01 打开光盘中的"场景文件>CH01>12.max"文件，可以观察到场景中的物体在4个视图中只显示出了局部，并且位置不居中，如图1-271所示。

图1-271

02 如果想要整个场景的对象都居中显示，可以单击"所有视图最大化显示"按钮田，效果如图1-272所示。

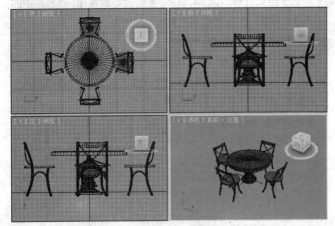

图1-272

03 如果想要餐桌居中最大化显示，可以在任意视图中选中餐桌，然后单击"所有视图最大化显示选定对象"按钮田（也可以按快捷键Z键），效果如图1-273所示。

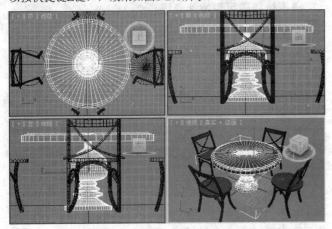

图1-273

04 如果想要在单个视图中最大化显示场景中的对象，可以单击"最大化视图切换"按钮回（或按Alt+W组合键），效果如图1-274所示。

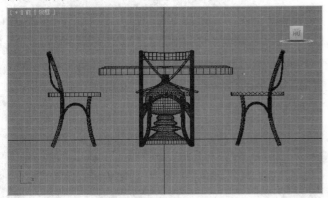

图1-274

 疑难问答　问：为什么按Alt+W组合键不能最大化显示当前视图？

答：遇到这种情况可能是由两种原因造成的。

第1种：3ds Max出现程序错误。遇到这种情况可重启3ds Max。

第2种：可能是由于某个程序占用了3ds Max的Alt+W组合键，比如腾讯QQ的"语音输入"快捷键就是Alt+W组合键，如图1-275所示。这时可以将这个快捷键修改为其他快捷键，或直接不用这个快捷键，如图1-276所示。

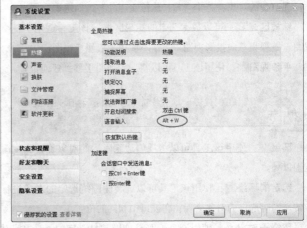

图1-275

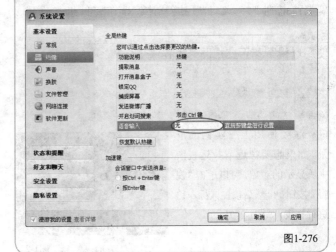

图1-276

透视图和正交视图可用控件

透视图和正交视图（正交视图包括顶视图、前视图和左视图）可用控件包括"缩放"工具、"缩放所有视图"工具田、"所有视图最大化显示"工具田，"所有视图最大化显示选定对象"工具田（适用于所有视图）、"视野"工具，"缩放区域"工具、"平移视图"工具、"环绕"工具/"选定的环绕"工具/"环绕子对象"工具和"最大化视口切换"工具回（适用于所有视图）。

透视图和正交视图控件介绍

缩放：使用该工具可以在透视图或正交视图中通过拖曳光标来调整对象的显示比例。

缩放所有视图：使用该工具可以同时调整透视图和所有正交视图中的对象的显示比例。

视野：使用该工具可以调整视图中可见对象的数量和透视张角量。视野的效果与更改摄影机的镜头相关，视野越大，观察到的对象就越多（与广角镜头相关），而透视会扭曲。视野越小，观察到的对象就越少（与长焦镜头相关），而透视会展平。

缩放区域：可以放大选定的矩形区域，该工具适用于正交视图、透视和三向投影视图，但是不能用于摄影机视图。

平移视图：使用该工具可以将选定视图平移到任何位置。

> **提示** 按住Ctrl键可以随意移动平移视图；按住Shift键可以在垂直方向和水平方向平移视图。

环绕：使用该工具可以将视口边缘附近的对象旋转到视图范围以外。

选定的环绕：使用该工具可以让视图围绕选定的对象进行旋转，同时选定的对象会保留在视口中相同的位置。

环绕子对象：使用该工具可以让视图围绕选定的子对象或对象进行旋转的同时，使选定的子对象或对象保留在视口中相同的位置。

实战
使用透视图和正交视图可用控件

场景位置	DVD>场景文件>CH01>12.max
实例位置	无
视频位置	DVD>多媒体教学>CH01>实战——使用透视图和正交视图可用控件.flv
难易指数	★☆☆☆☆
技术掌握	掌握如何使用透视图和正交视图中的可用控件

01 继续使用上一实例的场景。如果想要拉近或拉远视图中所显示的对象，可以单击"视野"按钮，然后按住鼠标左键进行拖曳，如图1-277所示。

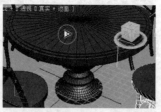
图1-277

02 如果想要观看视图中未能显示出来的对象（如图1-278所示的椅子就没有完全显示出来），可以单击"平移视图"按钮，然后按住鼠标左键进行拖曳，如图1-279所示。

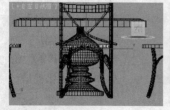 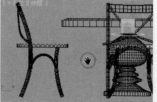
图1-278　　　　　　图1-279

摄影机视图可用控件

创建摄影机后，按C键可以切换到摄影机视图，该视图中的可用控件包括"推拉摄影机"工具/"推拉目标"工具/"推拉摄影机+目标"工具、"透视"工具、"侧滚摄影机"工具、"所有视图最大化显示"工具/"所有视图最大化显示选定对象"工具（适用于所有视图）、"视野"工具、"平移摄影机"工具/"穿行"工具、"环游摄影机"工具/"摇移摄影机"工具和"最大化视口切换"工具（适用于所有视图），如图1-280所示。

推拉摄影机 —— 透视
推拉目标 —— 侧滚摄影机
推拉摄影机+目标 ——

—— 环游摄影机
—— 摇移摄影机

图1-280

> **提示** 在场景中创建摄影机后，按C键可以切换到摄影机视图，若想从摄影机视图切换回原来的视图，可以按相应视图名称的首字母。比如要将摄影机视图切换到透视图，可按P键。

摄影机视图可用控件介绍

推拉摄影机/推拉目标/推拉摄影机+目标：这3个工具主要用来移动摄影机或其目标，同时也可以移向或移离摄影机所指的方向。

透视：使用该工具可以增加透视张角量，同时也可以保持场景的构图。

侧滚摄影机：使用该工具可以围绕摄影机的视线来旋转"目标"摄影机，同时也可以围绕摄影机局部的z轴来旋转"自由"摄影机。

视野：使用该工具可以调整视图中可见对象的数量和透视张角量。视野的效果与更改摄影机的镜头相关，视野越大，观察到的对象就越多（与广角镜头相关），而透视会扭曲。视野越小，观察到的对象就越少（与长焦镜头相关），而透视会展平。

平移摄影机/穿行：这两个工具主要用来平移和穿行摄影机视图。

> **提示** 按住Ctrl键可以随意移动摄影机视图；按住Shift键可以将摄影机视图在垂直方向和水平方向进行移动。

环游摄影机/摇移摄影机：使用"环游摄影机"工具可以围绕目标来旋转摄影机；使用"摇移摄影机"工具可以围绕摄影机来旋转目标。

> **提示** 当一个场景已经有了一台设置完成的摄影机时，并且视图是处于摄影机视图，直接调整摄影机的位置很难达到预想的最佳效果，而使用摄影机视图控件来进行调整就方便多了。

图1-284

04 如果想要一个倾斜的构图,可以单击"环绕摄影机"按钮, 然后按住鼠标左键拖曳光标,如图1-285所示。

图1-285

实战

使用摄影机视图可用控件

场景位置	DVD>场景文件>CH01>13.max
实例位置	无
视频位置	DVD>多媒体教学>CH01>实战——使用摄影机视图可用控件.flv
难易指数	★☆☆☆☆
技术掌握	掌握如何使用摄影机视图中的可用控件

01 打开光盘中的"场景文件>CH01>13.max"文件,可以在4 个视图中观察到摄影机的位置,如图1-281所示。

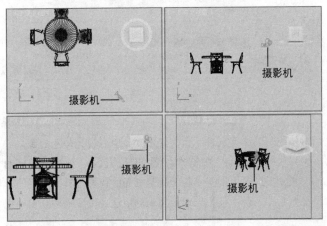

图1-281

02 选择透视图,然后按C键切换到摄影机视图,如图1-282所 示。

图1-282

疑难问答 问:摄影机视图中的黄色线框是什么?

答:这是安全框,也就是要渲染的区域,如图1-283所示。 按Shift+F组合键可以开启或关闭安全框。

图1-283

03 如果想拉近或拉远摄影机镜头,可以单击"视野"按钮, 然后按住鼠标左键进行拖曳,如图1-284所示。

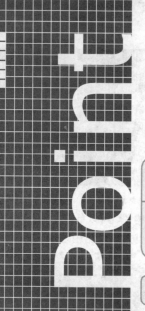

第2章 与效果图相关的学科

2.1 光

> 效果图是用光作图的艺术，光在效果图中起到了很重要的作用，有光才有色、影、景。

2.1.1 光与色

没有光就没有色，光是人们感知色彩的必要条件，色来源于光。所以说光是色的源泉，色是光的表现。制作效果图会用到灯光或日光，不同的光会产生不同的色彩。光照在不同的物体上也会有不同的色彩体现。一张效果图给人的第一视觉就是画面的色彩，其次是空间，所以研究光与色的原理就是为了在效果图表现中能更好地把握光的用法，以此来达到第一视觉的美感。

🌐 光波 --

学过物理的人都知道用三棱镜可以将白光分成7种颜色，这7种色彩组成了人们所看到的世界。光的本质其实就是波，所以能产生反射（反弹）和折射（穿透）。一个光波周期，红色的光波最长，橙色其次，眼睛所能看到的最短光波是紫色光波。不同的光波具有不同的反射能力，眼睛看到的物体（除了物体本身会发光外）其实就是它反射过来的光，物体所表现出来的色彩就是它所反射的光波，其他的光波被吸收，吸收的光波会以热的形式进行转换，所以人们在夏天爱穿浅色的外衣就是因为浅色会把光的大多数光波反射掉。

在图2-1中，计算机中用3种基色（红、绿、蓝）相互混合来表现出所有彩色。红与绿混合产生黄色、红与蓝混合产生紫色、蓝与绿混合产生青色，其中红与青、绿与紫、蓝与黄都是互补色，互补色在一起会产生视觉均衡感，所以我们经常能在效果图中观察到用蓝色的天光和暖色的灯光来表现效果图的美感。

图2-1

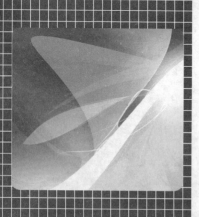

Learning Objectives
学习重点

光与色、影、景之间的关系
效果图的补光原理和方法
色彩在效果图中的运用
效果图的风格

3ds Max

色温

上面讲到灯光照到物体表面时未被反射的光线会被吸收，并且会以热的形式进行转换，下面就来讲解常见光源的色温。

色温是按绝对黑体来定义的，光源在可见区域的辐射和在绝对黑体的辐射完全相同时，此时黑体的温度就是该光源的色温。在图2-2中，在色彩纯度最高的时候，色温越高光就越接近暖色，色温越低光就越接近冷色；当色彩纯度不是最高的时候，色温与温度就不一定成正比。虽然日常感觉太阳所照射出来的黄色比较暖和，但是色温是按照物体辐射光来定义的，因此蓝白色比黄色的色温更高。

图2-2

溢色

颜色具有传播性，主要包括漫反射传播和折射传播。当光线照到一个物体上时，物体会将部分色彩进行传播，传播后会影响到其他周围的物体，这就是通常所说的溢色。

在图2-3中，当阳光和天光照射到草地时，草地会将其他

的颜色吸收掉，而将绿色光波漫反射到白色墙面上。

图2-3

由于白墙可以漫反射所有的光波，因此观察到的白墙颜色就变成了绿色。同样的原理，当阳光穿过蓝色的玻璃时墙面会变成蓝色，如图2-4所示。合理运用溢色将效果图的真实感打造到最佳效果。

图2-4

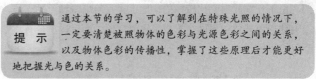

2.1.2 光与影

随着计算机硬件和软件的发展，效果图行业也有了新的发展趋势，即通过写实的表现手法来真实地体现设计师的设计理念，这样就能更好地辅助设计师的设计工作，从而让表现和设计完美地统一起来。

要通过写实手法来表现出效果图的真实感，就必须找到一个能体现真实效果图的依据，而这个依据就是现实生活中的物理环境，只有多观察真实生活中的物体的特性，才有可能制作出照片级的效果图。而很多三维教程却对真实物理世界中的光影一带而过，这样就让很多初学者盲目地学习软件的操作技术，而丢掉了这个很重要的依据，结果连自己都不知道该怎样去表现效果。

真实物理世界中的光影关系简介

在这里先通过一个示意图（如图2-5所示）来说明真实物

理世界的光影关系，这张示意图是大约下午3点左右的光影效果，从图中可以看出主要光源是太阳光，在太阳光通过天空到达地面以及被地面反弹出去的这个过程中，就形成了天光，而天光也就成了第2光源。

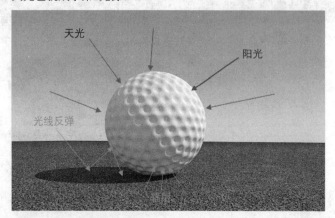

图2-5

从上图中可以观察到太阳光产生的阴影比较实，而天光产生的阴影比较虚（见球体的暗部）。这是因为太阳光类似于平行光，所以产生的阴影比较实；而天光是从四面八方照射球体，没有方向性，所以产生了虚而柔和的阴影。

再来看球体的亮部（太阳光直接照射的地方），它同时受到了阳光和天光的作用，但是由于阳光的亮度比较大，所以它主要呈现的是阳光的颜色；而暗部没有被阳光照射到，只受到了天光的作用，所以它呈现出的是天光的蓝色；在球体的底部，由于光线照射到比较绿的草地上，反射出带绿色的光线，影响到白色球体的表面，形成了辐射现象，而呈现出带有草地颜色的绿色。

提示 在球体的暗部，还可以观察到阴影有着丰富的灰度变化，这不仅仅是因为天光照射到了暗部，更多的是由于天光和球体之间存在着光线反弹，从而使球体和地面的距离以及反弹面积影响了最后暗部的阴影变化。

那么在真实物理世界里的阳光的阴影为什么会有虚边呢？如图2-6所示是真实物理世界中的阳光虚边效果。

图2-6

在真实物理世界中，太阳是个很大的球体，但是它离地球很远，所以发出的光到达地球后，都近似与平行光，但是就因为它实际上不是平行光，所以地球上的物体在阳光的照射下会产生虚边，而这个虚边也可以近似地计算出来：（太阳的半径/太阳到地球的距离）×物体在地球上的投影距离≈0.00465×物体在地球上的投影距离。从这个计算公式可以得出，一个身高1700mm的人，在太阳照射夹角为45°的时候，其头部产生的阴影虚边大约应该为11mm。根据这个科学依据，我们就可以使用VRay的球体光源来模拟真实物理世界中的阳光了，控制好VRay球光的半径和它到场景的距离就能产生真实物理世界中的阴影效果。

那为什么天光在白天的大多数时间段是蓝色，而在早晨和黄昏又不一样呢？

大气本身是无色的，天空的蓝色是大气分子、冰晶、水滴等和阳光共同创作的景象，太阳发出的白光是由紫、青、蓝、绿、黄、橙、红光组成的，它们的波长依次增加，当阳光进入大气层时，波长较长的色光（如红光）的透射力比较强，能透过大气照射到地面；而波长较短的紫、蓝、青色光碰到大气分子、冰晶、水滴时，就很容易发生散射现象，被散射了的紫、蓝、青色光将布满天空，从而使天空呈现出一片蔚蓝，如图2-7所示。

图2-7

在早晨和黄昏时，太阳光穿透大气层到达观察者所经过的路程要比中午的时候长很多，因此更多的光会被散射和反射掉，所以光线也没有中午的时候亮。在到达所观察的地方，波长较短的光（蓝色光和紫色光）几乎已经被散射掉了，只剩下波长较长、穿透力较强的橙和红色光，所以随着太阳慢慢升起，天空的颜色将从红色变成橙色，如图2-8所示的早晨的天空色彩。

图2-8

当落日缓缓消失在地平线以下时，天空的颜色逐渐从橙红色变为蓝色。即使太阳消失以后，贴近地平线的云层仍然会继续反射太阳的光芒，由于天空的蓝色和云层反射的红色太阳光融合在一起，所以较高天空中的薄云呈现为红紫色，几分钟后，天空会充满淡淡的蓝色，并且颜色会逐渐加深向高空延展，如图2-9所示是黄昏时的天空色彩。

图2-9

> **提示**　仔细观察图2-9，其中的暗部呈现为蓝紫色，这是因为蓝、紫光被散射以后，又被另一边的天空反射回来的原因。

下面以图2-10来讲解一下光线反弹。当白光照射到物体上时，物体会吸收一部分光线和反弹一部分光线，吸收和反弹的多少取决于物体本身的物理属性。当遇到白色的物体时光线就会全部被反弹，当遇到的黑色的物体时光线就会全部被吸收（注意，真实物理世界中不存在纯白或纯黑的物体），也就是说反弹光线的多少是由物体表面的亮度决定的。当白光照射到红色的物体上时，物体反射的光子就是红色（其他光子都被吸收了），当这些光子沿着它的路线照射到其他表面时会呈现为红色光，这种现象称为辐射。因此相互靠近的物体的颜色会因此受到影响。

图2-10

> **提示**　大致了解了真实世界中的光影关系后，下面来详细讲解现实生活中常见光源与阴影之间的关系。

🌑 自然光

所谓自然光，就是除人造光以外的光。在我们生活的世界里，主要的自然光就是太阳，它给大自然带来了丰富美丽的变化，让我们看到了日出、日落，感受到了冷与暖。在本节中将简单讲解真实物理世界中的自然光在不同时刻和不同天气环境中的光影关系。

<1>中午

在一天中，当太阳的照射角度大约为90°的时候，这个时刻就是中午，此时太阳光的直射强度是最强的，对比也是最大的，所以阴影也比较黑，相比其他时刻，中午的阴影的层次变化也要少一点。

在强烈的光照下，物体的饱和度看起来会比其他时刻低一些，并且比较小的物体的阴影细节变化不会太丰富，所以要在真实的基础上来表现效果图，中午时刻相比于其他时刻就没有那么理想，因为表现力度和画面的层次要弱一些。比如在图2-11中，这是一幅中午时刻的小型建筑的光影效果图，其画面的对比很强烈，暗部阴影比较黑，而层次变化相对较少，所以不宜选择中午时刻来表现效果图的真实感。

图2-11

<2>下午

在下午的时间段中（大约14:30~17:30），阳光的颜色会慢慢变得暖和一些，而照射的对比度也会慢慢降低，同时饱和度会慢慢地增加，天光产生的阴影也随着太阳高度的下降而变得更加丰富。

从整体来讲，下午的阳光会慢慢地变暖，而暖的色彩和比较柔和的阴影会让我们的眼睛观察起来感到更舒适，特别是在日落前大约1个小时的时间里，色彩的饱和度会变得比较高，高光的暖调和暗部的冷调给我们带来了丰富的视觉感受。选择这个时刻作为效果图的表现时刻比起中午的时刻要好很多，因为此时不管是色彩还是阴影的细节都要强于中午。比如在图2-12中，阳光带点黄色，而暗部的阴影层次比中午时刻要丰富一些，而阴影带点蓝色，对比也没中午时刻那么强烈；再来看图2-13，阳光的暖色和阴影区域的冷色，使色彩的变化相对来说变得比较丰富，所以无论在光照还是在阴影细节的选择上，下午时刻的效果都要强于中午时刻。

图2-12　　　　　　　　　　图2-13

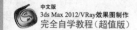
<3>日落

在日落这个时间段中，阳光变成了橙色甚至是红色，光线和对比度变得更弱，较弱的阳光就使天光的效果变得更加突出。所以阴影色彩变得更深更冷，同时阴影也变得比较长。

在日落时，天空在有云的情况下会变得更加丰富，有时还会呈现出让人感觉不可思议的美丽景象，这是因为此时的阳光看上去像是从云的下面照射出来的原因。比如在图2-14中，这是一张日落前的照片，阳光不是那么强烈，并且带黄色的暖调，天光在这个时刻更加突出，暗部的阴影细节也很丰富，并且呈现出了天光的冷蓝色；再来看图2-15，这是一张日落时的照片，太阳快落到地平线以下时，阳光的色彩变成了橙色，甚至带点点红色，而阴影也拖得比较长，暗部的阴影呈现出了蓝紫色的冷调。

图2-14　　　　　　　　　　图2-15

<4>黄昏

黄昏是一天中非常特别的时刻，经常给人们带来美丽的景象。当太阳落山的时候，天空中的主要光源就是天光，而天光的光线比较柔和，所以此时的阴影比较柔和，同时对比度也比较低，当然色彩的变化也变得更加丰富。

当来自地平线以下的太阳光被一些山岭或云块阻挡住时，天空中就会被分割出一条条的阴影，形成一道道深蓝色的光带，这些光带好像是从地平线下的某一点（即太阳所在的位置）发出，以辐射状指向苍穹，有时还会延伸到太阳相对的天空中，呈现出万道霞光的壮丽景象，给只有色阶变化的天空增添一些富有美感的光影线条，人们把这种现象称为"曙暮晖线"。

日落之后，即太阳刚刚处于地平线以下时，在高山上面对太阳一侧的山岭和山谷中会呈现出粉红色、玫瑰红或黄色等色调，这种现象称为"染山霞"或"高山辉"。傍晚时的"染山霞"比清晨明显，春夏季节又比秋冬季节明显，这种光照让物体的表面看起来像是染上了一层浓浓的黄色或紫红色。

在黄昏的自然环境下，如果有室内的黄色或橙色的灯光对比，整体画面会让人感觉到无比的美丽与和谐，所以黄昏时刻的光影关系也比较适合表现效果图。比如在图2-16中，这是一张黄昏时分的照片，此时太阳附近的天空呈现为红色，而附近的云彩呈现为蓝紫色，由于太阳已经落山，光线不强，被大

气散射产生的天光亮度也随着降低，阴影变暗了很多，同时整个画面的饱和度也增加了不少；再来看图2-17，这是一张具有"曙暮晖线"的照片，太阳被云层压住，从云的下面照射出来，呈现出了一副很美丽的景象。

图2-16　　　　　　　　　　图2-17

<5>夜晚

在夜晚的时候，虽然太阳已经落山，但是天光仍然是个发光体，只是光照强度比较弱而已，因为此时的光照主要来源于被大气散射的阳光、月光以及遥远的星光，所以要注意，晚上的表现效果仍然有天光的存在，比如在图2-18中，这是一张夜幕降临时的照片，由于太阳早已经下山，天光起主要光照作用，因此屋顶都呈现为蓝色；再来看图2-19，月光起主要照明作用，整个天光比较弱，呈现为蓝紫色，月光明亮而柔和。

图2-18　　　　　　　　　　图2-19

<6>阴天

阴天的光线变化多样，这主要取决于云层的厚度和高度。阴天的天光色彩主要取决于太阳的高度（虽然是阴天，但太阳还是躲在云层后面），在太阳高度比较高的情况下，阴天的天光主要是呈现为灰白色；当太阳的高度比较低的情况下，特别是太阳快落山时，天光的色彩会发生变化，并且呈现为蓝色。比如在图2-20中，这是一张阴天的照片，阴影比较柔和，对比度也较低，而饱和度却比较高；接着看图2-21，这是一张太阳照射角度比较高的阴天的照片，整个天光呈现为灰白色；再来看图2-22，这是一张太阳照射角度比较低的阴天的照片，图像的暗部呈现为淡淡的蓝色。

图2-20　　　　　　图2-21

图2-22

室内光与人造光

室内光和人造光是为了弥补在没太阳光直照或光照不充分的情况，比如阴天和晚上就需要人造光来弥补光照。同时，人造光也是人们有目的地去创造的，例如一般的家庭照明是为了满足人们的生活需要，而办公室照明则是为了满足人们更好地工作。

随着社会的发展，室内光照也有了它自身的规律，人们把居室照明分为3种，分别是集中式光源、辅助式光源、普照式光源，用它们组合起来营造一个光照环境，其亮度比例大约为5:3:1。其中5是指光照亮度最强的集中性光线（比如投射灯）；3是指柔和的辅助式光源；1是提供整个房间最基本照明的光源。

<1>窗户采光

窗户采光就是室外的天光通过窗户照射到室内的光，窗户采光都比较柔和，因为窗户面积比较大（注意：在同等亮度下，光源面积越大，产生的光影越柔和）。在只有一个小窗口的情况下，虽然光影比较柔和，但是却能产生高对比的光影，这从视觉上来说是比较有吸引力的；在大窗口或多窗口的情况下，这种对比就相对弱一些比如在图2-23中，这是一张小窗户的采光情况，由于窗户比较小，所以暗部比较暗，整张图像的对比相对比较强烈，而光影却比较柔和；接着看图2-24，这是一张大窗户的采光情况，在大窗户的采光环境下，整体画面的对比比较弱，由于窗户进光口很大，所以暗部没有那么暗；再来看图2-25，这也是一张大窗户的采光情况，但是天光略微带点蓝色，这是因为云层的厚薄和阳光的高度不同所造成的。

图2-23　　　　　　图2-24

图2-25

> **提示**　在不同的天气情况下，窗户采光的颜色也是不一样的。如果在阴天，窗户光将是白色、灰色或是淡蓝色；在晴天又将变成蓝色或白色。窗户光一旦进入室内，它首先照射到窗户附近的地板、墙面和天花上，然后通过它们再反弹到家具上，如果反弹比较强烈就会产生辐射现象，让整个室内的色彩产生丰富的变化。

<2>住宅钨灯照明

钨灯就是日常生活中常见的白炽灯，它是根据热辐射原理制成的，钨丝达到炽热状态，让电能转化为可见光，钨丝到达500℃时就开始发出可见光，随着温度的升高，光照颜色会从"红→橙黄→白"逐渐变化。人们平时看到的白炽灯的颜色都和灯泡的功率有关，一个15W的灯泡照明看上去很暗，色彩呈现为红橙色，而一个200W的灯泡照明看上去就比较亮，色彩呈现为黄白色。比如在图2-26中，在白炽灯的照明下，高亮的区域呈现为接近白色的颜色，随着亮度的衰减，色彩慢慢的变成了红色，最后成为黄色；再来看图2-27，这是一张具有灯罩的白炽灯的照明效果，光影要柔和很多，看上去并不是那么刺眼。

图2-26　　　　　　图2-27

> **提示**　通常情况下，白炽灯产生的光影都比较硬，为了得到一个柔和的光影，经常使用灯罩来让光照变得更加柔和。

<3>餐厅、商店和其他商业照明

和住宅照明不一样，商业照明主要用于营造一种气氛和心情，设计师会根据不同的目的来营造不同的光照气氛。

餐厅室内照明把气氛的营造放在第1位，凡是比较讲究的餐馆，大厅一般情况都会安装吊灯，无论是用高级水晶灯，还是用吸顶灯，都可以使餐厅变得更加高雅和气派，但其造价比较高。大多数小餐馆都会选择安装组合日光灯，既经济又耐用，光线柔和适中，使顾客用餐时感到非常舒适。有些中档餐厅或快餐厅也有安装节能灯吸顶照明，俗称"满天星"，经验证明这种灯为冷色，其造价不低而且质量较差，使用效果也非最佳，尤其是寒冷的冬季，顾客在这个环境下用餐会感到非常阴冷，而且这种色调的灯光照射在菜肴上会失去本色，本来色泽艳丽的菜肴顿时变得灰暗、混浊、难上档次，故节能灯不可取。另外，室内灯光的明暗强弱也会影响就餐顾客，一般在光线较为昏暗的地方用餐，让人没有精神，并使就餐时间加长；而光线明亮的地方会令人精神大振，使就餐情绪兴奋，大口咀嚼有助消化和吸收，从而减少用餐时间。比如在图2-28中，这是一个餐馆的照明效果，给人一种富丽的感觉，促进人们的食欲。

图2-28

商店照明和其他照明不一样，商店照明主要是为了吸引购物者的注意力，创造合适的环境氛围，大都采用混合照明的方式，如图2-29所示。

图2-29

商店照明的分类主要有以下6种。

第1种：普通照明，这种照明方式是给一个环境提供基本的空间照明，用来照亮整个空间。

第2种：商品照明，是对货架或货柜上的商品进行照明，保证商品在色、形、质3个方面都有很好的表现。

第3种：重点照明，也叫物体照明，主要是针对商店的某个重要物品或重要空间进行照明，比如橱窗的照明就是重点照明。

第4种：局部照明，这种方式通常是装饰性照明，用来营造特殊的氛围。

第5种：作业照明，主要是针对柜台或收银台进行照明。

第6种：建筑照明，用来勾勒商店所在建筑的轮廓并提供基本的导向，以营造热闹的气氛。

<4>荧光照明

荧光照明被广泛地应用在办公室、驻地、公共建筑等地方，因为这些地方需要的电能比较多，所以使用荧光照明能更多地节约电能。荧光照明的色温通常是绿色，这和我们的眼睛看到的有点不同，因为眼睛有自动白平衡功能，如图2-30所示。

图2-30

荧光照明主要有以下3大优点。

第1点：光源效率高、寿命长、经济性好。

第2点：光色丰富，适用范围广。

第3点：可得到发光面积大、阴影少而宽的照明效果，故更适用于要求照度均匀一致的照明场所。

<5>混合照明

在日常生活中常常可以看到室外光和室内人造光混合在一起的情景，特别是在黄昏，室内的暖色光和室外冷色的天光在色彩上形成了鲜明而和谐的对比，从视觉上给人们带来一种美的感受。这种自然光和人造光的混合，常常会带来很好的气氛，优秀的效果图在色彩方面都或多或少地对此有所借鉴。比如在图2-31中，建筑不仅受到了室外蓝紫色天光的光照，同时在室内也有橙黄色的光照，在色彩上形成了鲜明的对比，同时又给人们带来了和谐统一的感觉。

图2-31

提示　掌握混合照明还有助于提高用户对色彩对比的把握，如图2-32所示。

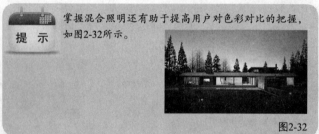

图2-32

<6>火光和烛光

比起电灯发出的灯光来讲，火光和烛光的光照更加丰富。

火光本身的色彩变化比较丰富，并且火焰经常在跳动和闪烁，现代人经常用烛光来营造一种浪漫的气氛。比如在图2-33中，可以观察到烛光本身的色彩非常丰富，产生的光影也比较柔和。

图2-33

2.1.3 光与景

合理用光和建立正确的场景是效果图表现的关键，换句话说就是"光与景是效果图表现的两大核心要素"。没有光，就观察不到景；没有景，光也失去了意义。光可分为自然光（如阳光、天光、月光等）和人造光（白炽灯、显示器等所发出的光）。

在通常情况下，一般使用中午、下午、傍晚、黄昏和有月光的夜晚来表现效果图，而清晨的效果图较少，原因主要是清晨时的光色不是很丰富，并且人们在清晨时的活动也比其他时候少。那么是按照什么原则来确定效果所表现的时间呢？主要有两个原则，第1个是要尊重设计师和客户的要求；第2个是要按照大多数人所活动的时段。例如人们大多在白天办公，因此办公场景应该设计成白天为最佳，如图2-34所示。

酒店和歌厅一般是人们晚上活动的场所，因此在制作效果图时要以表现晚上的效果为最佳时段，如图2-35所示。

图2-34　　　　　　　　　　图2-35

一般将一天中的6~18点定义为白天，若用一个半圆来表示

一天中太阳的运动轨迹，则可以将地平线视为地面，圆弧表示太阳在一天中所处的不同时段，如图2-36所示。

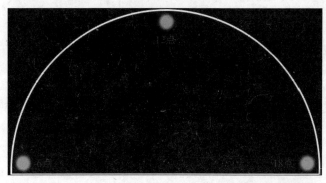

图2-36

若以一个游泳池场景来表现从早上6点到傍晚18点的效果图，那么应该是如图2-37~图2-43所示的效果。

6点　　　　　　　　　　8点

图2-37　　　　　　　　　　图2-38

10点　　　　　　　　　　12点

图2-39　　　　　　　　　　图2-40

14点　　　　　　　　　　16点

图2-41　　　　　　　　　　图2-42

18点

图2-43

2.2 摄影

效果图一般按照片和现实两种方式来表现。在现实中所观察到的真实世界其实没有照片上所观察到的效果那么好，其原因有以下两点。

第1点：是照片范围限制了取景的范围，但可以利用很好的构图来表达出最佳的主题效果。

第2点：是摄影机功能在不断发展（如景深、运动模糊等），有很多新的技术在现实中是没有的。

2.2.1 摄影基础知识

本节将简单介绍一下镜头的种类和摄影补光技术。

🔵 镜头种类--------------------------------------

按摄影机的镜头大致可以分为标准镜头、广角镜头、远摄镜头、鱼眼镜头和变焦镜头5种，如图2-44~图2-48所示。

图2-44

图2-45

图2-46

图2-47

图2-48

 知识链接：关于摄影镜头的更多知识请参阅第5章中的内容。

🔵 补光--------------------------------------

摄影中的补光一般会用到反光板进行补光，这与在效果图中用到的补光很相似，补光用的反光板在摄影中一般分为白色、银色、金色和黑色4种。

白色反光板：白色反光板反射的光线非常微弱，由于其反光性能不是很强，所以效果显得柔和而自然。

 提示 白色反光板常用于对阴影部位的细节进行补光，在效果图制作中经常用到。

银色反光板：银色反光板比较亮且光滑如镜，因此能产生更为明亮的光。

 提示 银色反光板也是最常用的一种反光板，使用该反光板很容易表现出水晶物体的效果。当阴天或主光不能很好地照到水晶物体时，可以直接将银色反光板置于水晶物体的下方，这样就可以将反光板接收到的光反射到物体上。

金色反光板：使用金色反光板补光与银色反光板一样，可以像光滑的镜子一样反射光线，但是与冷调的银色反光板相反，它产生的光线色调是暖色调的。

 提示 当光线非常明亮时，使用金色反光板或银色反光板要慎重，因为会产生多余的曝光效果。

黑色反光板：该反光板与众不同，从技术上讲它并不是反光板，而是"减光板"，使用其他反光板是根据加光法工作的，目的是为景物添加光量，而黑色反光板则是运用减光法来减少光量，因为在效果图的制作过程中可能会遇到个别物体的曝光使整个画面不协调，使用黑色反光板就可以避免出现曝光过度现象。

2.2.2 构图要素

构图学是绘画和摄影中的理论，但在效果图制作中也被广泛运用。在制作效果图时，经常会发现整个图面不协调，但又苦于找不到原因，其实这主要是构图不合理造成的，本节就来学习效果图的图面构图方法。

🔵 主题--------------------------------------

对于一张好的效果图来说，画面主题是必须要很突出，如果是为了观察到更多的物体，这样就会造成画面零乱缺少主题，比如在图2-49中，可以观察到餐桌和沙发区域，但是画面的视觉中心给人一种非常凌乱的感觉，而图2-50就能轻易地观察出沙发就是画面的主题。

图2-49　　　　　　　　　图2-50

 提示 明确主题的方法一般除了确定摄影机角度以外，还可以通过增加物体的亮度或对比度来实现。

🌑 画面元素

效果图的构成是有一定画面元素的，缺少合理的元素就会影响图的视觉效果，可以将画面元素理解为构成整个图面的所有物体及光效，效果图中的画面元素一般分为设计主体、摆设、配饰、环境及灯光。

<1>设计主体

设计主体是效果中要表达的最重要部分，没有设计主体的效果图也就失去了存在的意义，因此设计主体是效果图的要点，其他元素都要以这个主体为中心来搭配。比如在图2-51中，博古架就是整体画面中的视觉中心，其他元素都是围绕它来搭配的。

图2-51

<2>摆设

摆设就是家具或功能性物品，是所有设计空间中不可缺少的物体，其风格要与设计主体相匹配（例如客厅中的沙发、篮球场中的篮球架等），摆设的主要目的就是要表达空间的功能、使用范围以及所适合的人群，如图2-52所示。

图2-52

<3>配饰

配饰在效果图中能起到画龙点睛的作用，并且可以丰富画面以及提升效果图的档次。配饰除了要符合设计主体的风格外，还要注意实用性和合理性，例如在卧室的床头柜上放一个台灯，如图2-53所示。

图2-53

 提示 在使用配饰的时候还需要注意主人的品位习惯，例如主人是一位严谨的科学家，而效果图中的配饰却是一束很浪漫的鲜花；再如主人是一位戒烟宣传大使，而为他设计的效果图的茶几上却放置一盒香烟，这样就会违背主人的个人意愿。另外，配饰也要有主次之分，在摄影机近景处要选用一些精制而重要的配饰，在远处要选用一些色彩简单的配饰，如图2-54所示。总之，在配饰的使用上要力求做到丰富、合理、实用。

图2-54

<4>环境

环境一般是指为烘托室内环境而存在的室外环境。多数室内空间都有窗户，窗外的景象就是室外环境，室内的效果和室外的环境是相互决定和相互影响的。

室外环境一般要考虑以下6个因素。

第1个：时间，就是效果图中的空间所要表达的时间。

第2个：方位，主要是为了考虑窗外是阳面还是阴面效果。

第3个：季节，不同季节的室外环境是不一样的。

第4个：高度，就是效果图中的空间所处的楼层高度。

第5个：位置，就是效果图中的空间所处的位置。

第6个：天气，是指阴天还是晴天等。

技术专题 09　环境的其他解决方法

要全部掌握以上6个要素是不容易的，这里有一个简便的解决方法。就是尽量在窗上加入窗帘或窗纱，让室外有一定的亮度和色彩，这样不但可以使室内效果更加完美，也可以不用为室外景色不好确定而担心，如图2-55所示。

图2-55

在外景的控制上除了这6个要素以外，还有两个宏观的控制方法，即亮度和色彩。在阳光充足并且能照射到室内的情况下，可以将外景调整成相对亮一些的色彩，如图2-56所示；在没有阳光的情况下，可以将外景的相对色彩调整成暗一些的效果，如图2-57所示。

图2-56 　　　　　　　　图2-57

<5>灯光

灯光也是画面中不可缺少的元素，它在效果图中的作用不言而喻，合理布光能使画面效果更加真实。

灯光主要是考虑空间的功能，例如娱乐场所中的灯光要求色彩丰富，以点缀光为主，如图2-58所示，而会议厅要以光照比较明亮和光线均匀为主。

图2-58

光的强弱在画面中也会起到非常重要的作用，若一张效果图看起来比较灰淡的话，主要就是光线的问题，这时就需要观察一些好的作品或现实中的一些照片来查找问题之所在。光除了能照亮场景以外更重要的是为了突出设计要素，如图2-59所示。

图2-59

> **提示**　总的来讲，在光的使用上需要把握两点，第1个是功能性灯光，需要从场景的使用功能角度出发进行合理布光；第2个是烘托性灯光，主要是为了结合效果而添加的一些强化画面的灯光。

2.2.3 摄影技巧

在效果图制作中，摄影技巧其实就是使用摄影机体现物体质感和层次感的技巧。

🔵 质感

在表现墙面质感时，经常会制作一些具有机理的材质或具有凹凸效果的造型。见图2-60，如果正对着墙来表现效果图（也就是相当于物体与摄影机视点垂直），物体质感和造型视觉感观就会减弱，而使摄影机与墙面的角度相对比较小时就会增强机理和造型的效果。

图2-60

🔵 层次感

层次感可以理解为空间的进深感，可以用设置前景的方法或加大摄影机的广角来增强效果图的层次感。前景可以分为物品前景（如图2-61所示）和框架前景两种。

图2-61

2.3　室内色彩学

本节将对室内色彩学的两大方面进行介绍，即室内色彩的基本要求和色彩与心理。掌握好了这两方面的知识，制作出来的效果图才能更加符合人们的心理需求。

2.3.1　室内色彩的基本要求

室内色彩可以分为家具、纺织品、墙壁、地面、顶棚的色彩等。为了平衡室内错综复杂的色彩关系和总体色调，可以从同类色、邻近色、对比色、有彩色系和无彩色系的协调配置方式上来寻求其组合规律。

🔵 家具色彩--

家具色彩是家庭色彩环境中的主色调，常用的有以下两类。

第1类：明度、纯度较高的色彩，其中有表现木纹、基本不含颜料的木色或淡黄、浅橙等偏暖色彩，这些家具纹理明晰、自然清新、雅致美观，使人能感受到木材质地的自然美，如果采用"玉眼"等特殊涂饰工艺，木材纹理会更加醒目怡人，还有遮盖木纹的象牙白、乳白色等偏冷色彩，明快光亮，纯洁淡雅，使人领略到人为材料的"工艺美"。

第2类：是明度、纯度较低的色彩，其中有表现贵重木材纹理色泽的红木色（暗红）、橡木色（土黄）、柚木色（棕黄）或栗壳色（褐色）等偏暖色彩，还有咸菜色（暗绿）等偏冷色彩，这些深色家具显示了华贵、古朴凝重、端庄大方的特点。

> **提示**　家具色彩力求单纯，最好选择单色或双色，既强调本身造型的整体感，又易于和室内色彩环境相协调。如果要在家具的同一部位上采取对比强烈的不同色彩，可以用无彩色系中的黑、白或金银等光泽色作为间隔装饰，使家具更加自然，对比更加协调，这样既醒目鲜艳，又柔和优雅。

🔵 纺织品色彩--

床罩、沙发罩、台布、窗帘等纺织品的色彩也是室内色彩环境中的重要组成部分，这些物体一般采用明度、纯度较高的鲜艳色，这样才能表现出室内浓烈、明丽、活泼的气氛。

> **提示**　在为家具配色时，可以采用"色相"进行协调，如为淡黄的家具、米黄的墙壁配上橙黄的床罩、台布，可以构成温暖、艳丽的色调；也可以采用相距较远的邻近色进行对比，起到点缀装饰的作用，以获得绚丽的效果。纺织品色彩的选择应考虑到环境和季节等因素。对于光线充足的房间或在夏季，宜采用蓝色系的窗帘；在冬季或光线暗淡的房间，宜采用红色系的窗帘；而写字台可以铺上冷色调装饰布，以减弱视

觉干扰和防止视觉疲劳；在餐桌上宜铺上橙色装饰布，以给人温暖、兴奋之感，从而增强食欲。

🔵 墙壁、地面、屋顶色彩--

墙壁、地面、屋顶的色彩通常充当室内的背景色和基色，以衬托家具等物的主色调。墙壁、屋顶的色彩一般采用一个或几个较淡的、短色距的彩色或无彩的素色，这样有利于表现室内色彩环境的主从关系、隐显关系以及空间的整体感、协调感、深远感、体积感和浮雕感。

<1>墙壁色彩

对于光线充足的房间或者主人的性格比较恬静的房间，可以把主卧室和女孩子次卧室的墙壁用苹果绿、粉绿、湖蓝等偏冷色彩来装饰，如图2-62所示；对于光线较暗的房间、起居室、饭厅或者性格活泼的男孩子的次卧室，可以用米黄、奶黄、浅紫等偏暖色彩来装饰；小面积房间的墙壁与家具可以选用相同的色彩（明度要略有不同）来搭配，这样才能统一协调，以增强空间的纵深感；对于大中型房间的墙壁色彩和家具色彩，需要使邻近色形成比较明显的对比，这样可以使家具显得更加突出、醒目；对于色彩比较繁杂的室内环境，墙面最好采用灰、白等素色作为背景色，这样才能起到中和、平衡、过渡、转化等效果。

图2-62

<2>地面色彩

地面色彩一般采用土黄、红棕、紫色等偏暖色彩来进行修饰，也可以采用青绿、湖蓝等冷色调，当然也可以采用灰、白等素色，如图2-63所示。

图2-63

> **提示**　地面色彩具有衬托家具和墙壁的作用，宜采用同类色或邻近色进行对比，从而突出家具的轮廓，使线条更加清晰，这样就会更加富有立体感。比如黄、橙色的家具可以配红棕色的地面，而红色的家具可配土黄色的地面。

<3>屋顶色彩

屋顶可以用彩色或白色来修饰，一般与墙壁为同一色相，但明度不同，需要自下而上产生浓淡、暗明、重轻的变化，这样有助于在视觉上扩大空间高度。

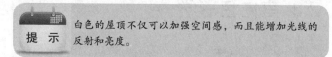

提 示　白色的屋顶不仅可以加强空间感，而且能增加光线的反射和亮度。

2.3.2 色彩与心理

学习色彩与心理的主要目的是为了在初学效果图时能对室内色彩具有人性化的把握。不同的色彩应用在不同的空间背景上，对房间的性质、心理知觉和情感反应都可以造成很大的影响。一种特殊的色相虽然完全适用于地面，但将其运用在天棚上时，则可能产生完全不同的效果。下面将不同的色相作用于天棚、墙面、地面时的效果进行简单的分析，见下表。

颜色	天棚	墙面	地面
红色	干扰的	侵犯的、靠近的	留意的，警觉的
粉红色	精致的、愉悦舒适的，或过分甜蜜的	软弱的	过于精致的
褐色	沉闷压抑的	稳妥的	稳定沉着的
橙色	发亮的、兴奋的	暖和的、发亮的	活跃明快的
黄色	发亮的、兴奋的	温暖的	上升的、有趣的
绿色	保险的	冷的、安静的、可靠的	自然的、柔软的、轻松的
蓝色	冷、凝重与沉闷的	冷而深远的	结实的
灰色	暗的	讨厌的	中性的
白色	空虚的	枯燥无味的，没有活力的	禁止接触的
黑色	空虚沉闷的	不祥的	奇特的、难于理解的

2.4 风格

效果图风格一般分为5种，分别是中式风格、欧式古典风格、田园风格、乡村风格和现代风格。

2.4.1 中式风格

中国传统风格崇尚庄重和优雅，多采用木构架来构筑室内藻井天棚、屏风、隔扇等装饰，一般采用对称的空间构图方式，庄重而简练，空间气氛宁静雅致而简朴，如图2-64所示。

图2-64

2.4.2 欧式古典风格

人们在不断满足现代生活要求的同时，又萌发出一种向

往传统、怀念古老饰品、珍爱有艺术价值的传统家具陈设的情绪。于是，曲线优美、线条流动的巴洛克和洛可可风格的家具常作为居室的陈设，再配以相同格调的壁纸、帘幔、地毯、家具外罩等装饰织物，给室内增添了端庄、典雅的贵族气氛，如图2-65所示。

图2-65

2.4.3 田园风格

田园风格崇尚返璞归真、回归自然，摒弃人造材料，将木材、砖石、草藤、棉布等天然材料运用于室内设计中，如图2-66所示。

图2-66

2.4.4 乡村风格

乡村风格主要表现为尊重民间的传统习惯、风土人情，注重保持民间特色，注意运用地方建筑材料或传说故事等作为装饰主题，在室内环境中力求表现悠闲、舒畅的田园生活情趣，创造自然、质朴、高雅的空间气氛，如图2-67所示。

图2-67

2.4.5 现代风格

现代风格是相对于传统风格而言的，这种风格崇尚个性化和多元化，以简洁、明快、实用为原则，是现代年青人所喜欢的一种风格，如图2-68所示。

图2-68

2.5 室内人体工程学

人体工程学是一门重要的学科，不仅要求设计师会运用，随着效果图制作水平的提高，效果图表现师也需要了解这门学科。

人体工程学可以简单概括为人在工作学习和娱乐环境中对人的生理和心理及行为的影响。为了让人的生理和心理及行为达到一个最合适的状态，就要求环境的尺寸、光线、色彩等因素来适合人们。

2.5.1 作用

研究室内人体工程学主要有以下4个方面的作用。

第1个：人体工程学是确定人在室内活动所需空间的主要依据。根据人体工程学中的有关计测数据，从人的尺度、动作域、心理空间以及人际交往的空间了来确定空间范围。

第2个：人体工程学是确定家具、设施的形体、尺度及其使用范围的主要依据。家具设施为人所使用，因此它们的形体、尺度必须以人体尺度为主要依据。同时，人们为了使用这些家具和设施，其周围必须留有活动和使用的最小空间，这些都是根据人体工程学来处理的。室内空间越小，停留时间越长，对这方面内容测试的要求也越高，例如车厢、船舱、机舱等交通工具内部空间的设计。

第3个：人体工程学提供了适应人体的室内物理环境的最佳参数。室内物理环境主要有室内热环境、声环境、光环境、重力环境、辐射环境等。人体工程学为室内设计提供了科学的参数依据，这样在设计时就能做出正确的决策。

第4个：人体工程学为室内视觉环境设计提供了科学依据。人眼的视力、视野、光觉、色觉是视觉的要素，人体工程学通过计测得到的数据，对室内光照设计、室内色彩设计、视觉最佳区域等提供了科学的依据。

2.5.2 环境心理学与室内设计

在阐述环境心理学之前，先要了解环境和心理学的概念。环境即为"周围的境况"，相对于人而言，环境也就是围绕着人们并对人们的行为产生一定影响的外界事物。环境本身具有一定的秩序、模式和结构，可以认为环境是一系列有关的多种元素与人的关系的综合。人们可以使外界事物产生变化，而这些变化了的事物，又会反过来对行为主体的人产生影响。例如人们设计创造了简洁、明亮、高雅、有序的室内办公环境，同时环境也能使在这一环境中工作的人有良好的心理感受，能诱导人们更文明、更有效地进行工作。心理学则是研究认识、情感、意志等心理过程和能力、性格等心理特征的学科。

第3章 效果图制作基本功——6大建模技术

3.1 建模常识

在制作模型前，首先要明白建模的重要性、建模的思路以及建模的常用方法等。只有掌握了这些最基本的知识，才能在创建模型时得心应手。

3.1.1 为什么要建模

使用3ds Max制作作品时，一般都遵循"建模→材质→灯光→渲染"这4个基本流程。建模是一幅作品的基础，没有模型，材质和灯光就是无稽之谈，如图3-1和图3-2所示是两幅非常优秀的建模作品。

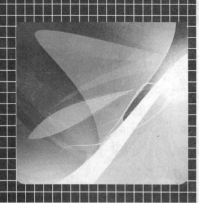

图3-1   图3-2

3.1.2 建模思路解析

在开始学习建模之前首先需要掌握建模的思路。在3ds Max中，建模的过程就相当于现实生活中的"雕刻"过程。下面以一个壁灯为例来讲解建模的思路，如图3-3所示（左侧为壁灯的效果图，右侧为壁灯的线框图）。

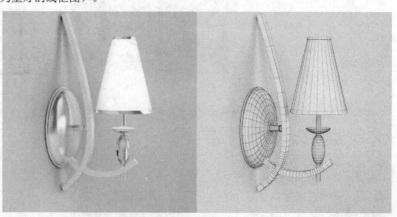

图3-3

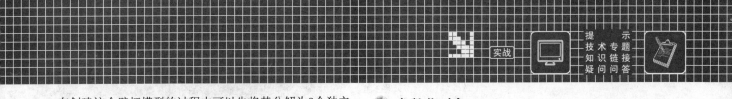
在创建这个壁灯模型的过程中可以先将其分解为9个独立的部分来分别进行创建，如图3-4所示。

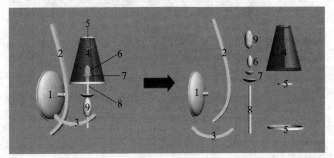

图3-4

在图3-4中，第2、3、5、6、9部分的创建非常简单，可以通过修改标准基本体（圆柱体、球体）和样条线来得到；而第1、4、7、8部分可以使用多边形建模方法来进行制作。

下面以第1部分的灯座来介绍一下其制作思路。灯座形状比较接近于半个扁的球体，因此可以采用以下5个步骤来完成，如图3-5所示。

第1步：创建一个球体。

第2步：删除球体的一半。

第3步：将半个球体"压扁"。

第4步：制作出灯座的边缘。

第5步：制作灯座前面的凸起部分。

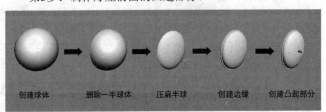

创建球体　　删除一半球体　　压扁半球　　创建边缘　　创建凸起部分

图3-5

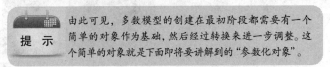

提　示　由此可见，多数模型的创建在最初阶段都需要有一个简单的对象作为基础，然后经过转换来进一步调整。这个简单的对象就是下面即将要讲到的"参数化对象"。

3.1.3　参数化对象与可编辑对象

3ds Max中的所有对象都是"参数化对象"与"可编辑对象"中的一种。两者并非独立存在的，"可编辑对象"在多数时候都可以通过转换"参数化对象"来得到。

参数化对象 ---

"参数化对象"是指对象的几何形态由参数变量来控制，修改这些参数就可以修改对象的几何形态。相对于"可编辑对象"而言，"参数化对象"通常是被创建出来的。

实战

修改参数化对象	
场景位置	无
实例位置	DVD>实例文件>CH03>实战——修改参数化对象.max
视频位置	DVD>多媒体教学>CH03>实战——修改参数化对象.flv
难易指数	★☆☆☆☆
技术掌握	掌握如何修改参数化对象

本例将通过创建3个不同形状的茶壶来加深了解参数化对象的含义，如图3-6所示是本例的渲染效果。

图3-6

01 在"创建"面板中单击"茶壶"按钮 茶壶 ，然后在场景中拖曳鼠标左键创建一个茶壶，如图3-7所示。

02 在"命令"面板中单击"修改"按钮 ，切换到"修改"面板，在"参数"卷展栏下可以观察到茶壶部件的一些参数选项，这里将"半径"设置为20mm，如图3-8所示。

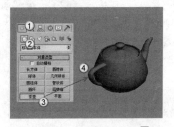

图3-7　　　　　　　　　　　　　图3-8

03 用"选择并移动"工具 选择茶壶，然后按住Shift键在前视图中向右拖曳鼠标左键，接着在弹出的"克隆选项"对话框中设置"对象"为"复制"、"副本数"为2，最后单击"确定"按钮 确定 ，如图3-9所示。

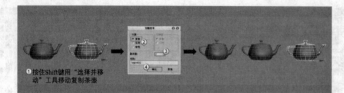

❶按住Shift键用"选择并移动"工具移动复制茶壶

图3-9

04 选择中间的茶壶，然后在"参数"卷展栏下设置"分段"为20，接着关闭"壶把"和"壶盖"选项，茶壶就变成了如图3-10所示的效果。

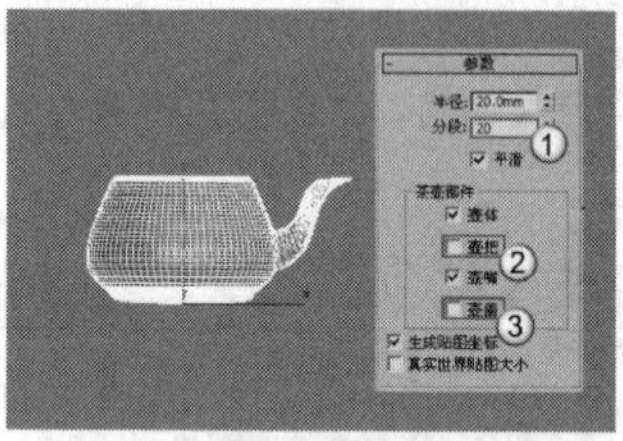

图3-10

05 选择最右边的茶壶，然后在"参数"卷展栏下将"半径"修改为10mm，接着关闭"壶把"和"壶盖"选项，茶壶就变成了如图3-11所示的效果，3个茶壶的最终对比效果如图3-12所示。

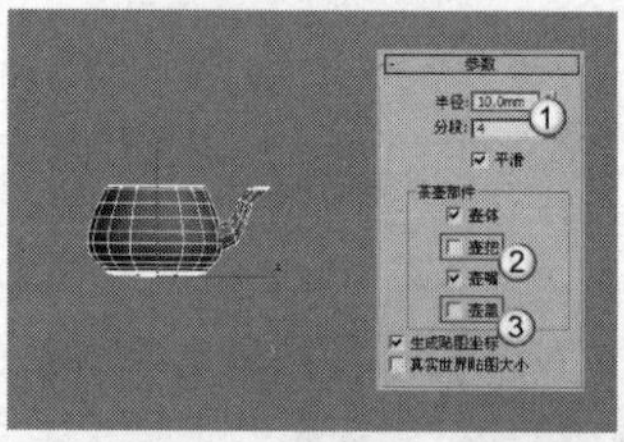

图3-11

图3-12

提示 从图3-12中可以观察到，修改参数后，第2个茶壶的表面明显比第1个茶壶更光滑，并且没有了壶把和壶盖；第3个茶壶比前两个茶壶小了很多。这就是"参数化对象"的特点，可以通过调节参数来观察到对象最直观的变化。

🌀 可编辑对象

在通常情况下，"可编辑对象"包括"可编辑样条线"、"可编辑网格"、"可编辑多边形"、"可编辑面片"和"NURBS对象"。"参数化对象"是被创建出来的，而"可编辑对象"通常是通过转换得到的，用来转换的对象就是"参数化对象"。

通过转换生成的"可编辑对象"没有"参数化对象"的参数那么灵活，但是"可编辑对象"可以对子对象（点、线、面

等元素）进行更灵活的编辑和修改，并且每种类型的"可编辑对象"都有很多用于编辑的工具。

提示 注意，上面讲的是通常情况下的"可编辑对象"所包含的类型，而"NURBS对象"是一个例外。"NURBS对象"可以通过转换得到，还可以直接在"创建"面板中创建出来，此时创建出来的对象就是"参数化对象"，但是经过修改以后，这个对象就变成了"可编辑对象"。经过转换而成的"可编辑对象"就不再具有"参数化对象"的可调参数。如果想要对象既具有参数化的特征，又能够实现可编辑的目的，可以为"参数化对象"加载修改器而不进行转换。可用的修改器有"可编辑网格"、"可编辑面片"、"可编辑多边形"和"可编辑样条线"4种。

⚔ 实战
通过改变球体形状创建苹果

场景位置	无
实例位置	DVD>实例文件>CH03>实战——通过改变球体形状创建苹果.max
视频位置	DVD>多媒体教学>CH03>实战——通过改变球体形状创建苹果.flv
难易指数	★☆☆☆☆
技术掌握	掌握"可编辑对象"的创建方法

本例将通过调整一个简单的球体来创建苹果，从而让用户加深了解"可编辑对象"的含义，如图3-13所示为本例的渲染效果。

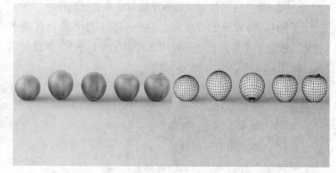

图3-13

01 在"创建"面板中单击"球体"按钮 球体，然后在视图中拖曳光标创建一个球体，接着在"参数"卷展栏下设置"半径"为1000mm，如图3-14所示。

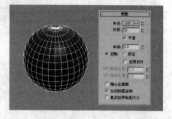

图3-14

提示 此时创建的球体属于"参数化对象"，展开"参数"卷展栏，可以观察到球体的"半径"、"分段"、"平滑"、"半球"等参数，这些参数都可以直接进行调整，但是不能调节球体的点、线、面等子对象。

02 为了能够对球体的形状进行调整，所以需要将球体转换为

"可编辑对象"。在球体上单击鼠标右键，然后在弹出的菜单中选择"转换为>转换为可编辑多边形"命令，如图3-15所示。

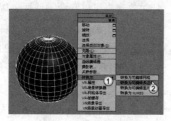

图3-15

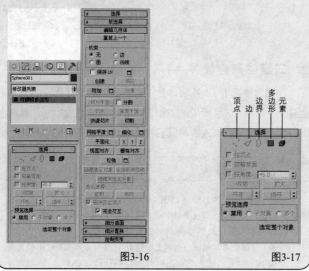

疑难问答 问: 转换为可编辑多边形后有什么作用呢?

答: 将"参数化对象"转换为"可编辑多边形"后，在"修改"面板中可以观察到之前的可调参数不见了，取而代之的是一些工具按钮，如图3-16所示。

转换为可编辑多边形后，可以使用对象的子物体级别来调整对象的外形，如图3-17所示。将球体转换为可编辑多边形后，后面的建模方法就是多边形建模了。

图3-16   图3-17

03 展开"选择"卷展栏，然后单击"顶点"按钮，进入"顶点"级别，这时对象上会出现很多可以调节的顶点，并且"修改"面板中的工具按钮也会发生相应的变化，使用这些工具可以调节对象的顶点，如图3-18所示。

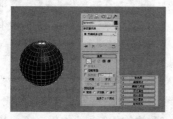

图3-18

04 下面使用软选择的相关工具来调整球体形状。展开"软选择"卷展栏，然后勾选"使用软选择"选项，接着设置"衰减"为1200mm，如图3-19所示。

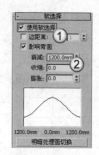

图3-19

05 用"选择并移动"工具 选择底部的一个顶点，然后在前视图中将其向下拖曳一段距离，如图3-20所示。

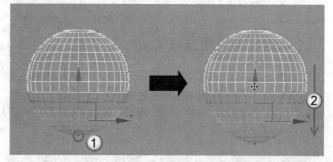

图3-20

06 在"软选择"卷展栏下将"衰减"数值修改为400mm，然后使用"选择并移动"工具 将球体底部的一个顶点向上拖曳到合适的位置，使其产生向上凹陷的效果，如图3-21所示。

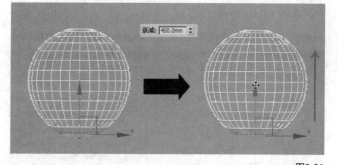

图3-21

07 选择顶部的一个顶点，然后使用"选择并移动"工具 将其向下拖曳到合适的位置，使其产生向下凹陷的效果，如图3-22所示。

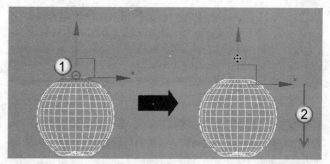

图3-22

08 选择苹果模型,然后在"修改器列表"中选择"网格平滑"修改器,接着在"细分量"卷展栏下设置"迭代次数"为2,如图3-23所示。

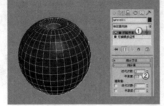

图3-23

 知识链接: "网格平滑"修改器可以使模型变得更加平滑。关于该修改器的作用请参阅163页"平滑类修改器"下的相关内容。

3.1.4 建模的常用方法

建模的方法有很多种,大致可以分为内置几何体建模、复合对象建模、二维图形建模、网格建模、多边形建模、面片建模和NURBS建模7种。确切地说它们不应该有固定的分类,因为它们之间都可以交互使用。

提示 在效果图领域,内置几何体建模、二维图形建模(配合修改器一起使用)和多边形建模是最重要的建模方法,因此本章主要讲解这3种建模方法。

内置几何体建模------------------------------------

内置几何体模型是3ds Max中自带的一些模型,用户可以直接调用这些模型。比如想创建一个台阶,可以使用内置的长方体来创建,然后将其转换为"可编辑对象",再对其进一步调节就行了。

提示 图3-24是一个完全使用内置模型创建出来的台灯,创建的过程中使用到了管状体、球体、圆柱体、样条线等内置模型。使用基本几何体和扩展基本体来建模的优点在于快捷简单,只需要调节参数和摆放位置就可以完成模型的创建,但是这种建模方法只适合制作一些精度较低并且每个部分都很规则的物体。

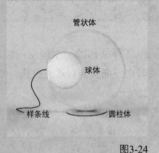

管状体

球体

样条线

圆柱体

图3-24

复合对象建模------------------------------------

复合对象建模是一种特殊的建模方法,它包括"变形"工具 变形 、"散布"工具 散布 、"一致"工具 一致 、"连接"工具 连接 、"水滴网格"工具 水滴网格 、"图形合并"工具 图形合并 、"布尔"工具 布尔 、"地形"工具 地形 、

"放样"工具 放样 、"网格化"工具 网格化 、ProBoolean工具 ProBoolean 和ProCuttler工具 ProCutter ,如图3-25所示。复合对象建模可以将两种或两种以上的模型对象合并成为一个对象,并且在合并的过程中可以将其记录成动画。

以一个骰子为例,骰子的形状比较接近于一个切角长方体,在每个面上都有半球形的凹陷,这样的物体如果使用"多边形"或者其他建模方法来制作将会非常麻烦。但是使用"复合对象"中的"布尔"工具 布尔 或ProBoolean工具 ProBoolean 来进行制作就可以很方便地在切角长方体上"挖"出一个凹陷的半球形,如图3-26所示。

图3-25 图3-26

二维图形建模------------------------------------

在通常情况下,二维物体在三维世界中是不可见的,3ds Max也渲染不出来。这里所说的二维图形建模是通过绘制出二维样条线,然后通过加载修改器将其转换为三维可渲染对象的过程。

疑难问答 问:二维图形主要用来创建哪些模型?

答: 使用二维图形建模可以快速地创建出可渲染的文字模型,如图3-27所示。第1个物体是二维线,后面的两个是为二维样条线加载了不同修改器后得到的三维物体效果。

除了可以使用二维图形创建文字模型外,还可以用来创建比较复杂的物体,比如对称的坛子,可以先绘制出纵向截面的二维样条线,然后为二维样条线加载"车削"修改器将其变成三维物体,如图3-28所示。

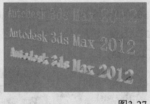

图3-27 图3-28

网格建模------------------------------------

网格建模方法就像"编辑网格"修改器一样,可以在3种次物体级别中编辑对象,其中包含"顶点"、"边"、"面"、"多边形"和"元素"5种可编辑对象。在3ds Max中,可以将大多数对象转换为可编辑网格对象,然后对形状进

行调整，如图3-29所示将一个药丸模型转换为可编辑网格对象后，其表面就变成了可编辑的三角面。

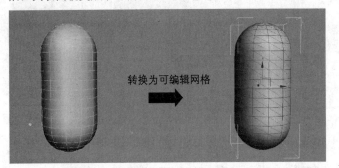

转换为可编辑网格

图3-29

多边形建模

多边形建模方法是最常用的建模方法（在后面章节中将重点讲解）。可编辑的多边形对象包括"顶点"、"边"、"边界"、"多边形"和"元素"5个层级，也就是说可以分别对"顶点"、"边"、"边界"、"多边形"和"元素"进行调整，而每个层级都有很多可以使用的工具，这就为创建复杂模型提供了很大的发挥空间。下面以一个休闲椅为例来分析多边形建模方法，如图3-30所示。

图3-30

图3-31是休闲椅在四视图中的显示效果，可以观察出休闲椅至少是由两个部分组成的（座垫靠背部分和椅腿部分）。座垫靠背部分并不是规则的几何体，但其中每一部分都是由基本几何体变形而来的，从布线上可以看出构成物体的大多都是四边面，这就是使用多边形建模方法创建出的模型的显著特点。

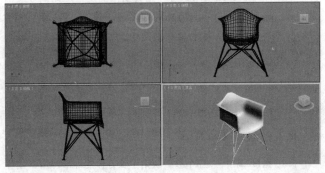

图3-31

技术专题 10 多边形建模与网格建模的区别

初次接触网格建模和多边形建模时可能会难以辨别这两种建模方式的区别。网格建模本来是3ds Max最基本的多边形加工方法，但在3ds Max 4之后被多边形建模取代了，之后网格建模逐渐被忽略，不过网格建模的稳定性要高于多边形建模；多边形建模是当前最流行的建模方法，而且建模技术很先进，有着比网格建模更多更方便的修改功能。

其实这两种方法在建模的思路上基本相同，不同点在于网格建模所编辑的对象是三角面，而多边形建模所编辑的对象是三边面、四边面或更多边的面，因此多边形建模具有更高的灵活性。

面片建模

面片建模是基于子对象编辑的建模方法，面片对象是一种独立的模型类型，可以使用编辑贝兹曲线的方法来编辑曲面的形状，并且可以使用较少的控制点来控制很大的区域，因此常用于创建较大的平滑物体。

以一个面片为例，将其转换为可编辑面片后，选中一个顶点，然后随意调整这个顶点的位置，可以观察到凸起的部分是一个圆滑的部分，如图3-32（左）所示。而同样形状的物体，转换成可编辑多边形后，调整顶点的位置，该顶点凸起的部分会非常尖锐，如图3-32（右）所示。

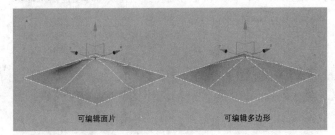

可编辑面片　　　　　可编辑多边形

图3-32

NURBS建模

NURBS是指Non-Uniform Rational B-Spline（非均匀有理B样条曲线）。NURBS建模适用于创建比较复杂的曲面。在场景中创建出NURBS曲线，然后进入"修改"面板，在"常规"卷展栏下单击"NURBS创建工具箱"按钮，可以打开"NURBS创建工具箱"，如图3-33所示。

图3-33

> **提示**　NURBS建模已成为设置和创建曲面模型的标准方法。这是因为很容易交互操作这些NURBS曲线，且创建NURBS曲线的算法效率很高，计算稳定性也很好，同时NURBS自身还配置了一套完整的造型工具，通过这些工具可以创建出不同类型的对象。同样，NURBS建模也是基于对子对象的编辑来创建对象，所以掌握了多边形建模方法之后，使用NURBS建模方法就会更加轻松一些。

3.2 创建内置几何体

建模是创作作品的开始，而内置几何体的创建和应用是一切建模的基础，可以在创建内置模型的基础上进行修改，以得到想要的模型。在"创建"面板下提供了很多内置几何体模型，如图3-34所示。

图3-34

图3-35~图3-40中的作品都是用内置几何体创建出来的，因为这些模型并不复杂，使用基本几何体就可以创建出来，下面依次对各图进行分析。

图3-35

图3-36

图3-37

图3-38

图3-39

图3-40

图3-35：场景中的沙发可以使用内置模型中的切角长方体进行制作，沙发腿部分可以使用圆柱体进行制作。

图3-36：衣柜看起来很复杂，制作起来却很简单，可以完全使用长方体进行拼接而成。

图3-37：这个吊灯全是用球体与样条线组成的，因此使用内置模型可以快速地创建出来。

图3-38：奖杯的制作使用到了多种内置几何体，例如球体、圆环、圆柱体、圆锥体等。

图3-39：这个茶几表面使用到了切角圆柱体，而茶几的支撑部分则可以使用样条线创建出来。

图3-40：钟表的外框使用到了管状体，指针和刻度使用长方体来制作即可，表盘则可以使用圆柱体进行制作。

本节重点建模工具概述

工具名称	工具图标	工具作用	重要程度
长方体	长方体	用于创建长方体	高
圆锥体	圆锥体	用于创建圆锥体	中
球体	球体	用于创建球体	高
圆柱体	圆柱体	用于创建圆柱体	高
管状体	管状体	用于创建管状体	中
圆环	圆环	用于创建圆环	中
茶壶	茶壶	用于创建茶壶	中
平面	平面	用于创建平面	高
异面体	异面体	用于创建多面体和星形	中
切角长方体	切角长方体	用于创建带圆角效果的长方体	高
切角圆柱体	切角圆柱体	用于创建带圆角效果的圆柱体	高

★重点★ 3.2.1 创建标准基本体

标准基本体是3ds Max中自带的一些模型，用户可以直接创建出这些模型。在"创建"面板中单击"几何体"按钮◎，然后在下拉列表中选择几何体类型为"标准基本体"。标准基本体包含10种对象类型，分别是长方体、圆锥体、球体、几何球体、圆柱体、管状体、圆环、四棱锥、茶壶和平面，如图3-41所示。

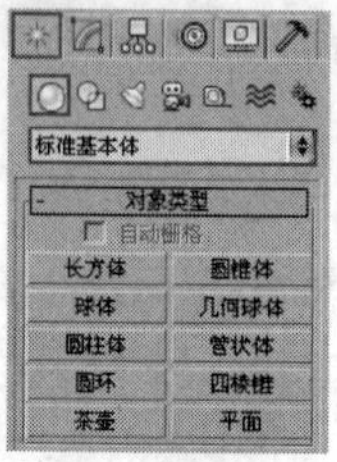

图3-41

长方体--

长方体是建模中最常用的几何体，现实中与长方体接近的物体很多。可以直接使用长方体创建出很多模型，比如方桌、墙体等，同时还可以将长方体用作多边形建模的基础物体。长方体的参数很简单，如图3-42所示。

图3-42

长方体重要参数介绍

长度/宽度/高度：这3个参数决定了长方体的外形，用来设置长方体的长度、宽度和高度。

长度分段/宽度分段/高度分段：这3个参数用来设置沿着对象每个轴的分段数量。

实战

用长方体制作组合桌子

场景位置	无
实例位置	DVD>实例文件>CH03>实战——用长方体制作组合桌子.max
视频位置	DVD>多媒体教学>CH03>实战——用长方体制作组合桌子.flv
难易指数	★★☆☆☆
技术掌握	长方体工具、圆柱体工具、移动复制功能、旋转复制功能

组合桌子效果如图3-43所示。

图3-43

01 在"创建"面板中单击"几何体"按钮 ，然后设置几何体类型为"标准基本体"，接着单击"长方体"按钮 长方体 ，如图3-44所示，最后在视图中拖曳光标创建一个长方体，如图3-45所示。

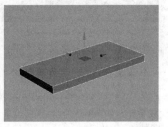

图3-44   图3-45

02 在"命令"面板中单击"修改"按钮 ，进入"修改"面板，然后在"参数"卷展栏下设置"长度"为150mm、"宽度"为300mm、"高度"为7mm，具体参数设置及长方体效果如图3-46所示。

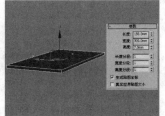

图3-46

知识链接：在创建模型之前，首先要设置场景的单位。关于单位的设置方法请参阅第1章的"实战——设置场景与系统单位"。

03 使用"长方体"工具 长方体 在场景中创建一个长方体，然后在"参数"卷展栏下设置"长度"为150mm、"宽度"为7mm、"高度"为300mm，具体参数设置及长方体位置如图3-47所示。

04 按W键选择"选择并移动"工具 ，然后按住Shift键在顶视图中向右移动复制一个长方体，如图3-48所示。

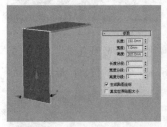

图3-47   图3-48

05 在"创建"面板中单击"圆柱体"按钮 圆柱体 ，然后在左视图中创建一个圆柱体，接着在"参数"卷展栏下设置"半径"为5mm、"高度"为290mm、"高度分段"为1，具体参数设置及圆柱体位置如图3-49所示，在透视图中的效果如图3-50所示。

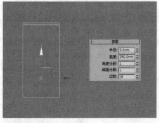

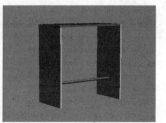

图3-49   图3-50

06 按Ctrl+A组合键全选场景中的模型，然后执行"组>成组"菜单命令，为模型建立一个组，如图3-51所示。

07 按W键选择"选择并移动"工具 ，然后按住Shift键在前视图中向右移动复制两组模型，如图3-52所示。

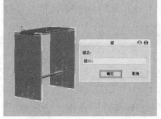

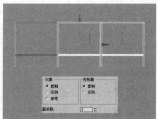

图3-51   图3-52

提示：将对象编为一组以后进行移动复制，可以大大提高工作效率。

08 按A键激活"角度捕捉切换"工具 ，然后按E键选择"选择并旋转"工具 ，接着在前视图中按住Shift键旋转复制（旋转-180°）一组桌子，如图3-53所示。

09 继续使用"选择并移动"工具 和"选择并旋转"工具

调整好复制的桌子的位置和角度,如图3-54所示。

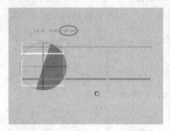
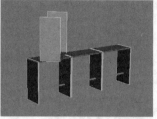

图3-53　　　　　　　　　　　图3-54

10 使用"选择并旋转"工具 ⊙ 继续旋转复制几组桌子,然后用"选择并移动"工具 ✛ 调整好各组桌子的位置,最终效果如图3-55所示。

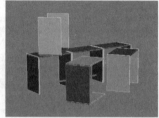

图3-55

圆锥体

圆锥体在现实生活中经常看到,比如冰激凌的外壳、吊坠等。圆锥体的参数设置面板如图3-56所示。

图3-56

圆锥体重要参数介绍

半径1/2:设置圆锥体的第1个半径和第2个半径,两个半径的最小值都是0。

高度:设置沿着中心轴的维度。负值将在构造平面下面创建圆锥体。

高度分段:设置沿着圆锥体主轴的分段数。

端面分段:设置围绕圆锥体顶部和底部的中心的同心分段数。

边数:设置圆锥体周围边数。

平滑:混合圆锥体的面,从而在渲染视图中创建平滑的外观。

启用切片:控制是否开启"切片"功能。

切片起始/结束位置:设置从局部x轴的零点开始围绕局部z轴的度数。

提示 对于"切片起始位置"和"切片结束位置"这两个选项,正数值将按逆时针移动切片的末端;负数值将按顺时针移动切片的末端。

球体

球体也是现实生活中最常见的物体。在3ds Max中,可以创建完整的球体,也可以创建半球体或球体的其他部分,其参数设置面板如图3-57所示。

图3-57

球体重要参数介绍

半径:指定球体的半径。

分段:设置球体多边形分段的数目。分段越多,球体越圆滑,反之则越粗糙,如图3-58所示是"分段"值分别为8和32时的球体对比。

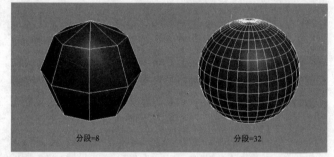

分段=8　　　　　　　　分段=32

图3-58

平滑:混合球体的面,从而在渲染视图中创建平滑的外观。

半球:该值过大将从底部"切断"球体,以创建部分球体,取值范围可以从0~1。值为0可以生成完整的球体;值为0.5可以生成半球,如图3-59所示;值为1会使球体消失。

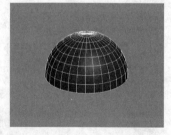

图3-59

切除:通过在半球断开时将球体中的顶点数和面数"切除"来减少它们的数量。

挤压:保持原始球体中的顶点数和面数,将几何体向着球体的顶部挤压为越来越小的体积。

轴心在底部:在默认情况下,轴点位于球体中心的构造平面上,如图3-60所示。如果勾选"轴心在底部"选项,则会将球体沿着其局部z轴向上移动,使轴点位于其底部,如图3-61所示。

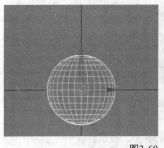 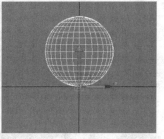

图3-60 　　　　　　　　图3-61

几何球体

几何球体的形状与球体的形状很接近，学习了球体的参数之后，几何球体的参数便不难理解了，如图3-62所示。

图3-62

几何球体重要参数介绍

基点面类型：选择几何球体表面的基本组成单位类型，可供选择的有"四面体"、"八面体"和"二十面体"，如图3-63所示分别是这3种基点面的效果。

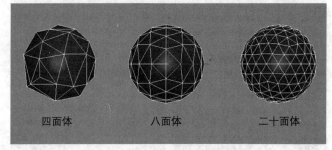

四面体　　　　八面体　　　二十面体

图3-63

平滑：勾选该选项后，创建出来的几何球体的表面就是光滑的，如果关闭该选项，效果则反之，如图3-64所示。

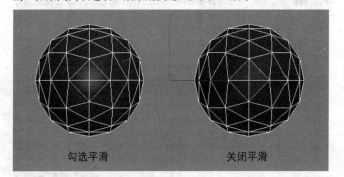

勾选平滑　　　　　　　关闭平滑

图3-64

半球：若勾选该选项，创建出来的几何球体会是一个半球体，如图3-65所示。

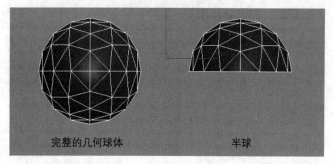

完整的几何球体　　　　　半球

图3-65

疑难问答 问：几何球体与球体有什么区别吗？

答：几何球体与球体在创建出来之后可能很相似，但几何球体是由三角面构成的，而球体是由四角面构成的，如图3-66所示。

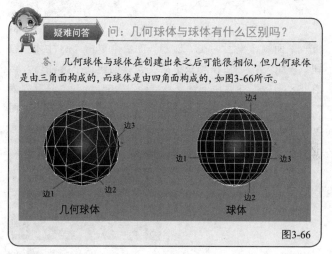

几何球体　　　　　　　　球体

图3-66

圆柱体

圆柱体在现实中很常见，比如玻璃杯和桌腿等，制作由圆柱体构成的物体时，可以先将圆柱体转换成可编辑多边形，然后对细节进行调整。圆柱体的参数如图3-67所示。

图3-67

圆柱体重要参数介绍

半径：设置圆柱体的半径。

高度：设置沿着中心轴的维度。负值将在构造平面下面创建圆柱体。

高度分段：设置沿着圆柱体主轴的分段数量。

端面分段：设置围绕圆柱体顶部和底部的中心的同心分段数量。

边数：设置圆柱体周围的边数。

■实战

用圆柱体制作圆桌

场景位置	无
实例位置	DVD>实例文件>CH03>实战——用圆柱体制作圆桌.max
视频位置	DVD>多媒体教学>CH03>实战——用圆柱体制作圆桌.flv
难易指数	★☆☆☆☆
技术掌握	圆柱体工具、移动复制功能、对齐工具

圆桌效果如图3-68所示。

图3-68

01▶ 下面制作桌面。在"创建"面板中单击"圆柱体"按钮 圆柱体 ，然后在场景中拖曳光标创建一个圆柱体，接着在"参数"卷展栏下设置"半径"为55mm、"高度"为2.5mm、"边数"为30mm，具体参数设置及模型效果如图3-69所示。

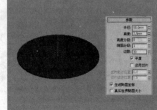

图3-69

02▶ 选择桌面模型，然后按住Shift键使用"选择并移动"工具 ✛ 在前视图中向下移动复制一个圆柱体，接着在弹出的"克隆选项"对话框中设置"对象"为"复制"，如图3-70所示。

图3-70

03▶ 选择复制出来的圆柱体，然后在"参数"卷展栏下设置"半径"为3mm、"高度"为60mm，具体参数设置及模型效果如图3-71所示。

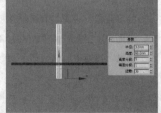

图3-71

04▶ 切换到前视图，选择复制出来的圆柱体，在"主工具栏"中单击"对齐"按钮 ，然后单击最先创建的圆柱体，如图

3-72所示，接着在弹出的对话框中设置"对齐位置（屏幕）"为"y位置"、"当前对象"为"最大"、"目标对象"为"最小"，具体参数设置及对齐效果如图3-73所示。

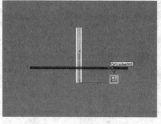
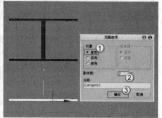

图3-72　　　　　　　　图3-73

05▶ 选择桌面模型，然后按住Shift键使用"选择并移动"工具 ✛ 在前视图中向下移动复制一个圆柱体，接着在弹出的"克隆选项"对话框中设置"对象"为"复制"、"副本数"为2，如图3-74所示。

06▶ 选择中间的圆柱体，然后将"半径"修改为15mm，接着将最下面的圆柱体的"半径"修改为25mm，如图3-75所示。

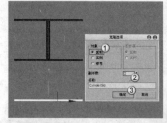
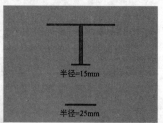

图3-74　　　　　　　　图3-75

07▶ 采用步骤(4)的方法用"对齐"工具 在前视图中将圆柱体进行对齐，完成后的效果如图3-76所示，最终效果如图3-77所示。

图3-76　　　　　　　　图3-77

管状体

管状体的外形与圆柱体相似，不过管状体是空心的，因此管状体有两个半径，即外径（半径1）和内径（半径2）。管状体的参数如图3-78所示。

图3-78

管状体重要参数介绍

半径1/半径2："半径1"是指管状体的外径，"半径2"是指管状体的内径，如图3-79所示。

图3-79

高度：设置沿着中心轴的维度。负值将在构造平面下面创建管状体。

高度分段：设置沿着管状体主轴的分段数量。

端面分段：设置围绕管状体顶部和底部的中心的同心分段数量。

边数：设置管状体周围边数。

实战

用管状体和球体制作简约台灯

场景位置	无
实例位置	DVD>实例文件>CH03>实战——用管状体和球体制作简约台灯.max
视频位置	DVD>多媒体教学>CH03>实战——用管状体和球体制作简约台灯.flv
难易指数	★★☆☆☆
技术掌握	管状体工具、FFD 2×2×2修改器、圆柱体工具、球体工具、移动复制功能

简约台灯效果如图3-80所示。

图3-80

01 使用"管状体"工具 管状体 在场景中创建一个管状体，然后在"参数"卷展栏下设置"半径1"为149mm、"半径2"为150mm、"高度"为240mm、"高度分段"为1、"端面分段"为1、"边数"为36，具体参数设置及管状体效果如图3-81所示。

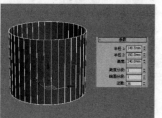

图3-81

02 选择管状体，切换到"修改"面板，然后在"修改器列表"下加载一个FFD 2×2×2修改器，如图3-82所示。

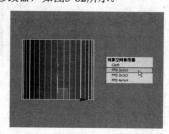

图3-82

知识链接：FFD修改器非常重要。关于这种修改器的作用及用法请参阅159页的FFD修改器。

03 单击FFD 2×2×2修改器前面的■图标，展开该修改器的次物体层级列表，然后选择"控制点"层级，如图3-83所示。

图3-83

04 选择顶部的控制点，如图3-84所示，然后使用"选择并均匀缩放"工具回在顶视图中将控制点向内缩放成如图3-85所示的形状。

图3-84　　　　　　　　图3-85

 问：如何退出"控制点"层级？

答：在调整完管状体顶部的形状以后，需要退出"控制点"层级以进行下一步的操作。在"修改"面板中选择FFD 2×2×2修改器的名称即可返回到顶层级，如图3-86所示。另外，还可以在视图中单击鼠标右键，然后在弹出的菜单中选择"顶层级"命令。

图3-86

05 选择"选择并移动"工具，然后按住Shift键在前视图中向下移动复制一个管状体，接着在弹出的对话框中设置"对象"为"复制"、"副本数"为1，如图3-87所示。

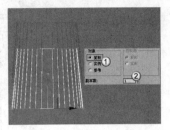

图3-87

06 选择复制的管状体，然后在"修改"面板中单击"从堆栈中移除修改器"按钮 移除FFD 2×2×2修改器，如图3-88所示，移除该修改器后的效果如图3-89所示。

图3-88　　　　　　　　　　图3-89

疑难问答　问：可以直接按Delete键删除修改器吗？

答：不行。如果想要删除某个修改器，不可以在选中某个修改器后按Delete键，那样删除的将会是物体本身而非单个的修改器。要删除某个修改器，需要先选择该修改器，然后单击"从堆栈中移除修改器"按钮 。

07 选择复制的管状体，然后在"参数"卷展栏下将"半径1"修改为150mm、"半径2"修改为151mm、"高度"修改为4mm，接着调整好管状体的位置，具体参数设置其位置如图3-90所示。

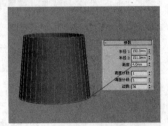

图3-90

技术专题 **11** ▶ **修改对象的颜色**

这里介绍一下如何修改几何体对象在视图中的显示颜色。以图3-90中的管状体为例，原本复制出来的管状体颜色应该是与原始管状体的颜色相同。为了将对象区分开，可以先选择复制出来的两个圆柱体，然后在"修改"面板左上部单击"颜色"图标 ■，打开"对象颜色"对话框，在这里可以选择预设的颜色，也可以自定义颜色，如图3-91所示，修改颜色后的效果如图3-92所示。

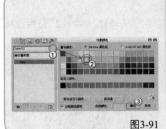

图3-91　　　　　　　　　　图3-92

08 按住Shift键用"选择并移动"工具 在前视图中向上移动复制一个管状体到如图3-93所示的位置。

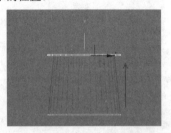

图3-93

提示　在复制对象到某个位置时，一般都不可能一步到位，这就需要调整对象的位置。调整对象位置需要在各个视图中进行调整。

09 选择复制的管状体，然后在"参数"卷展栏下将"半径1"为修改为124mm、"半径2"修改为125mm，如图3-94所示。

10 使用"圆柱体"工具 ▢圆柱体 在场景中创建一个圆柱体，然后在"参数"卷展栏下设置"半径"为7mm、"高度"为340mm、"高度分段"为1，具体参数设置及圆柱体位置如图3-95所示。

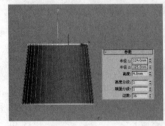

图3-94　　　　　　　　　　图3-95

11 继续使用"圆柱体"工具 ▢圆柱体 在上一步创建一个圆柱体底部创建一个圆柱体，然后在"参数"卷展栏下设置"半径"为50mm、"高度"为20mm、"高度分段"为1，具体参数设置及其位置如图3-96所示。

图3-96

12 按住Shift键用"选择并移动"工具 在前视图中向下移动

复制一个圆柱体，然后在"参数"卷展栏下将"半径"修改为70mm，具体参数设置及圆柱体位置如图3-97所示。

13 使用"球体"工具 球体 在场景中创建一个球体，然后在"参数"卷展栏下设置"半径"为38mm，具体参数设置及球体位置如图3-98所示。

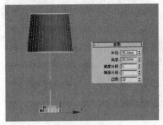

图3-97　　　　　　　　　　　　　图3-98

14 继续使用"球体"工具 球体 在球体的上方创建4个球体（"半径"值逐渐减小），最终效果如图3-99所示。

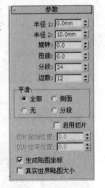

图3-99

圆环

圆环可以用于创建环形或具有圆形横截面的环状物体。圆环的参数如图3-100所示。

图3-100

圆环重要参数介绍

半径1：设置从环形的中心到横截面圆形的中心的距离，这是环形环的半径。

半径2：设置横截面圆形的半径。

旋转：设置旋转的度数，顶点将围绕通过环形环中心的圆形非均匀旋转。

扭曲：设置扭曲的度数，横截面将围绕通过环形中心的圆形逐渐旋转。

分段：设置围绕环形的分段数目。通过减小该数值，可以创建多边形环，而不是圆形。

边数：设置环形横截面圆形的边数。通过减小该数值，可以创建类似于棱锥的横截面，而不是圆形。

四棱锥

四棱锥的底面是正方形或矩形，侧面是三角形。四棱锥的参数如图3-101所示。

图3-101

四棱锥重要参数介绍

宽度/深度/高度：设置四棱锥对应面的维度。

宽度分段/深度分段/高度分段：设置四棱锥对应面的分段数。

茶壶

茶壶在室内场景中是经常使用到的一个物体，使用"茶壶"工具 茶壶 可以方便快捷地创建出一个精度较低的茶壶。茶壶的参数如图3-102所示。

图3-102

茶壶重要参数介绍

半径：设置茶壶的半径。

分段：设置茶壶或其单独部件的分段数。

平滑：混合茶壶的面，从而在渲染视图中创建平滑的外观。

茶壶部件：选择要创建的茶壶的部件，包含"壶体"、"壶把"、"壶嘴"和"壶盖"4个部件，如图3-103所示是一个完整的茶壶与缺少相应部件的茶壶。

图3-103

平面

平面在建模过程中使用的频率非常高，例如墙面和地面等。平面的参数如图3-104所示。

图3-104

平面重要参数介绍

长度/宽度：设置平面对象的长度和宽度。

长度分段/宽度分段：设置沿着对象每个轴的分段数量。

技术专题 12 ▶ 为平面添加厚度

在默认情况下创建出来的平面是没有厚度的，如果要让平面产生厚度，需要为平面加载"壳"修改器，然后适当调整"内部量"和"外部量"数值即可，如图3-105所示。关于修改器的用法将在后面的章节中进行讲解。

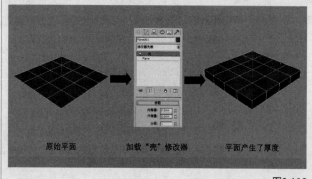

原始平面　　　加载"壳"修改器　　　平面产生了厚度

图3-105

3.2.2 创建扩展基本体

"扩展基本体"是基于"标准基本体"的一种扩展物体，共有13种，分别是异面体、环形结、切角长方体、切角圆柱体、油罐、胶囊、纺锤、L-Ext、球棱柱、C-Ext、环形波、软管和棱柱，如图3-106所示。

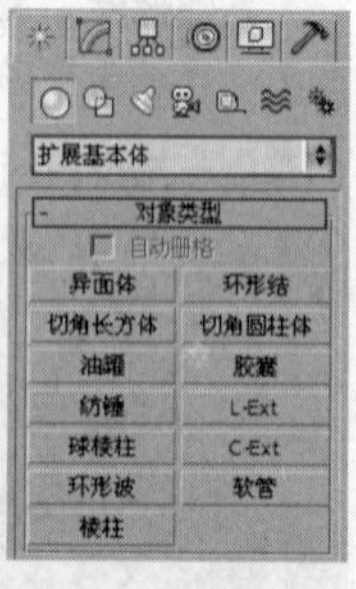

有了这些扩展基本体，就可以快速地创建出一些简单的模型，如使用"软管"工具　软管　制作冷饮吸管、用"油罐"工具　油罐　制作货车油罐、用"胶囊"工具　胶囊　制作胶囊药物等，如图3-107所示是所有的扩展基本体。

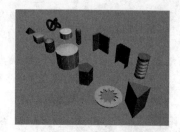

图3-107

提示 并不是所有的扩展基本体都很实用，本节只讲解在实际工作中比较常用的一些扩展基本体。

🌐 异面体

异面体是一种很典型的扩展基本体，可以用它来创建四面体、立方体和星形等。异面体的参数如图3-108所示。

图3-108

异面体重要参数介绍

系列：在这个选项组下可以选择异面体的类型，如图3-109所示是5种异面体效果。

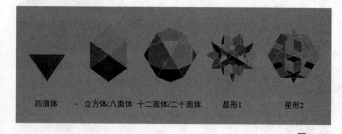

四面体　　立方体/八面体　十二面体/二十面体　　星形1　　星形2

图3-109

系列参数：P、Q两个选项主要用来切换多面体顶点与面之间的关联关系，其数值范围从 0~1。

轴向比率：多面体可以拥有多达3种多面体的面，如三角形、方形或五角形。这些面可以是规则的，也可以是不规则的。如果多面体只有一种或两种面，则只有一个或两个轴向比率参数处于活动状态，不活动的参数不起作用。P、Q、R控制多面体一个面反射的轴。如果调整了参数，单击"重置"按钮 重置 可以将P、Q、R的数值恢复到默认值100。

顶点：这个选项组中的参数决定多面体每个面的内部几何体。"中心"和"中心和边"选项会增加对象中的顶点数，因从而增加面数。

半径：设置任何多面体的半径。

🌑 切角长方体

切角长方体是长方体的扩展物体，可以快速创建出带圆角效果的长方体。切角长方体的参数如图3-110所示。

图3-110

切角长方体重要参数介绍

长度/宽度/高度：用来设置切角长方体的长度、宽度和高度。

圆角：切开倒角长方体的边，以创建圆角效果，如图3-111所示是长度、宽度和高度相等，而"圆角"值分别为1mm、3mm、6mm时的切角长方体效果。

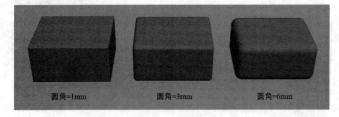

图3-111

长度分段/宽度分段/高度分段：设置沿着相应轴的分段数量。

圆角分段：设置切角长方体圆角边时的分段数。

实战

用切角长方体制作简约餐桌椅	
场景位置	无
实例位置	DVD>实例文件>CH03>实战——用切角长方体制作简约餐桌椅.max
视频位置	DVD>多媒体教学>CH03>实战——用切角长方体制作简约餐桌椅.flv
难易指数	★★☆☆☆
技术掌握	切角长方体工具、角度捕捉切换工具、旋转复制功能、移动复制功能

简约餐桌椅效果如图3-112所示。

01️⃣ 设置几何体类型为"扩展基本体"，然后使用"切角长方体"工具 切角长方体 在场景中创建一个切角长方体，接着在"参数"卷展栏下设置 "长度"为1200mm、"宽度"为40mm、"高度"为1200mm、"圆角"为0.4mm、"圆角分段"为3，具体参数设置及模型效果如图3-113所示。

02️⃣ 按A键激活"角度捕捉切换"工具 🔄，然后按E键选择

"选择并旋转"工具 🔄，接着按住Shift键在前视图中沿z轴旋转90°，在弹出的"克隆选项"对话框中设置"对象"为"复制"，最后单击"确定"按钮 确定，如图3-114所示。

图3-112

 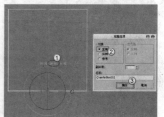

图3-113　　　　　　　　　　　图3-114

03️⃣ 使用"切角长方体"工具 切角长方体 在场景中创建一个切角长方体，然后在"参数"卷展栏下设置"长度"为1200mm、"宽度"为1200mm、"高度"为40mm、"圆角"为0.4mm、"圆角分段"为3，具体参数设置及模型位置如图3-115所示。

04️⃣ 继续使用"切角长方体"工具 切角长方体 在场景中创建一个切角长方体，然后在"参数"卷展栏下设置"长度"为850mm、"宽度"为850mm、"高度"为700mm、"圆角"为10mm、"圆角分段"为3，具体参数设置及模型位置如图3-116所示。

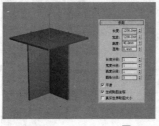 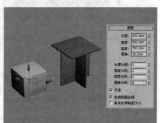

图3-115　　　　　　　　　　　图3-116

05️⃣ 使用"切角长方体"工具 切角长方体 在场景中创建一个切角长方体，然后在"参数"卷展栏下设置 "长度"为80mm、"宽度"为850mm、"高度"为500mm、"圆角"为8mm、"圆角分段"为2，具体参数设置及模型位置如图3-117所示。

06️⃣ 使用"选择并旋转"工具 🔄 选择上一步创建的切角长方体，然后按住Shift键在前视图中沿z轴旋转90°，接着在弹出的"克隆选项"对话框中设置"对象"为"复制"，最后单击"确定"按钮 确定，如图3-118所示。

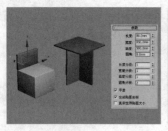 

图3-117　　　　　　　　　　图3-118

07 使用"选择并移动"工具 :::选择上一步复制的切角长方体，然后将其调整到如图3-119所示的位置。

08 选择椅子的所有部件，然后执行"组>成组"菜单命令，接着在弹出的"组"对话框中单击"确定"按钮 确定 ，如图3-120所示。

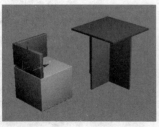 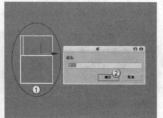

图3-119　　　　　　　　　　图3-120

09 选择"组002"，然后按住Shift键使用"选择并移动"工具 :::移动复制3组椅子，如图3-121所示。

10 使用"选择并移动"工具 :::和"选择并旋转"工具 ○调整好各把椅子的位置和角度，最终效果如图3-122所示的位置。

图3-121　　　　　　　　　　图3-122

疑难问答 问：为什么椅子上有黑色的色斑？

答：这是由于创建模型时启用了"平滑"选项造成的，如图3-123所示。解决这种问题有以下两种方法。

图3-123

第1种：关闭模型的"平滑"选项，模型会恢复正常，如图3-124所示。

第2种：为模型加载"平滑"修改器，模型也会恢复正常，如图3-125所示。

 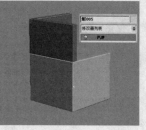

图3-124　　　　　　　　　　图3-125

切角圆柱体

切角圆柱体是圆柱体的扩展物体，可以快速创建出带圆角效果的圆柱体。切角圆柱体的参数如图3-126所示。

图3-126

切角圆柱体重要参数介绍

半径：设置切角圆柱体的半径。

高度：设置沿着中心轴的维度。负值将在构造平面下面创建切角圆柱体。

圆角：斜切切角圆柱体的顶部和底部封口边。

高度分段：设置沿着相应轴的分段数量。

圆角分段：设置切角圆柱体圆角边时的分段数。

边数：设置切角圆柱体周围的边数。

端面分段：设置沿着切角圆柱体顶部和底部的中心和同心分段的数量。

实战

用切角圆柱体制作简约茶几

场景位置	无
实例位置	DVD>实例文件>CH03>实战——用切角圆柱体制作简约茶几.max
视频位置	DVD>多媒体教学>CH03>实战——用切角圆柱体制作简约茶几.flv
难易指数	★☆☆☆☆
技术掌握	切角圆柱体工具、管状体工具、切角长方体工具、移动复制功能

简约茶几效果如图3-127所示。

01 下面创建桌面模型。使用"切角圆柱体"工具 切角圆柱体 在场景中创建一个切角圆柱体，然后在"参数"卷展栏下设置"半径"为50mm、"高度"为20mm、"圆角"为1mm、"高度分段"为1、"圆角分段"为4、"边数"为24、"端面分段"为1,具体参数设置及模型效果如图3-128所示。

02 下面创建支架模型。设置几何体类型为"标准基本体",然后使用"管状体"工具 管状体 在桌面的上边缘创建一个管状体,接着在"参数"卷展栏下设置"半径1"为50.5mm、"半径2"为48mm、"高度"为1.6mm、"高度分段"为1、"端面分段"为1、"边数"为36,再勾选"启用切片"选项,最后设置"切片起始位置"为-200、"切片结束位置"为53,具体参数设置及模型位置如图3-129所示。

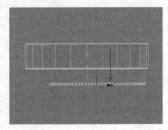
图3-132

06 选择复制出来的管状体,然后在"参数"卷展栏下将"切片起始位置"修改为56、"切片结束位置"修改为-202,如图3-133所示,最终效果如图3-134所示。

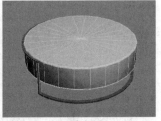
图3-133　　　　　　　　图3-134

图3-127

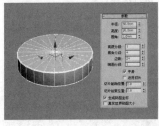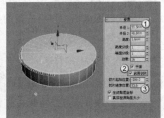
图3-128　　　　　　　　图3-129

03 使用"切角长方体"工具 切角长方体 在管状体末端创建一个切角长方体,然后在"参数"卷展栏下设置"长度"为2mm、"宽度"为2mm、"高度"为30mm、"圆角"为0.2mm、"圆角分段"为3,具体参数设置及模型位置如图3-130所示。

04 使用"选择并移动"工具 选择上一步创建的切角长方体,然后按住Shift键的同时移动复制一个切角长方体到如图3-131所示的位置。

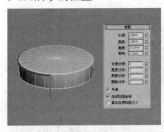
图3-130　　　　　　　　图3-131

05 使用"选择并移动"工具 选择管状体,然后按住Shift键在左视图中向下移动复制一个管状体到如图3-132所示的位置。

L-Ext/C-Ext

使用L-Ext工具 L-Ext 可以创建并挤出L形的对象,其参数设置面板如图3-135所示;使用C-Ext工具 C-Ext 可以创建并挤出C形的对象,其参数设置面板如图3-136所示。

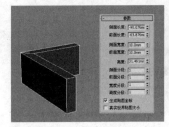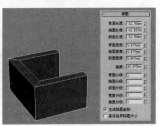
图3-135　　　　　　　　图3-136

软管

软管是一种能连接两个对象的弹性物体(常用于制作室内的饮料软管),有点类似于弹簧,但它不具备动力学属性,如图3-137所示。

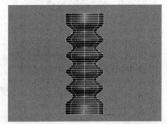
图3-137

软管的参数设置面板如图3-138所示。下面对各个参数选项组分别进行讲解。

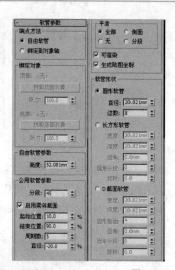

图3-138

软管参数介绍

① 端点方法选项组

自由软管： 如果只是将软管用作为一个简单的对象，而不绑定到其他对象，则需要勾选该选项。

绑定到对象轴： 如果要把软管绑定到对象，该选项必须勾选。

② 绑定对象选项组

顶部<无>： 显示顶部绑定对象的名称。

拾取顶部对象 `拾取顶部对象` ：使用该按钮可以拾取顶部对象。

张力： 当软管靠近底部对象时，该选项主要用来设置顶部对象附近软管曲线的张力大小。若减小张力，顶部对象附近将产生弯曲效果；若增大张力，远离顶部对象的地方将产生弯曲效果。

底部<无>： 显示底部绑定对象的名称。

拾取底部对象 `拾取底部对象` ：使用该按钮可以拾取底部对象。

张力： 当软管靠近顶部对象时，该选项主要用来设置底部对象附近软管曲线的张力。若减小张力，底部对象附近将产生弯曲效果；若增大张力，远离底部对象的地方将产生弯曲效果。

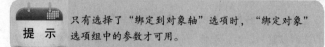

提 示 只有选择了"绑定到对象轴"选项时，"绑定对象"选项组中的参数才可用。

③ 自由软管参数选项组

高度： 用于设置软管未绑定时的垂直高度或长度（当选择"自由软管"选项时，该选项才可用）。

④ 公用软管参数选项组

分段： 设置软管长度的总分段数。当软管弯曲时，增大该值可以使曲线更加平滑。

启用柔体截面： 启用该选项时，"起始位置"、"结束位置"、"周期数"和"直径"4个参数才可用，可以用来设置软管的中心柔体截面；若关闭该选项，软管的直径和长度会保持一致。

起始位置： 软管的始端到柔体截面开始处所占软管长度的百分比。在默认情况下，软管的始端是指对象轴出现的一端，默认值为10%。

结束位置： 软管的末端到柔体截面结束处所占软管长度的百分比。在默认情况下，软管的末端是指与对象轴出现的相反端，默认值为90%。

周期数： 柔体截面中的起伏数目。可见周期的数目受限于分段的数目。如果分段值不够大，不足以支持周期数目，则不会显示出所有的周期，其默认值为5。

提 示 要设置合适的分段数目，首先应设置周期，然后增大分段数目，直到可见周期停止变化为止。

直径： 周期外部的相对宽度。如果设置为负值，则比总的软管直径要小；如果设置为正值，则比总的软管直径要大。

平滑： 定义要进行平滑处理的几何体，其默认设置为"全部"。

全部： 对整个软管都进行平滑处理。

侧面： 沿软管的轴向进行平滑处理。

无： 不进行平滑处理。

分段： 仅对软管的内截面进行平滑处理。

可渲染： 如果启用该选项，则使用指定的设置对软管进行渲染；如果关闭该选项，则不对软管进行渲染。

生成贴图坐标： 设置所需的坐标，以对软管应用贴图材质，其默认设置为启用。

⑤ 软管形状参数选项组

圆形软管： 设置软管为圆形的横截面。

直径： 软管端点处的最大宽度。

边数： 软管边的数目，其默认值为8。设置"边数"为3表示三角形的横截面；设置"边数"为4表示正方形的横截面；设置"边数"为5表示五边形的横截面。

长方形软管： 设置软管为长方形的横截面。

宽度： 指定软管的宽度。

深度： 指定软管的高度。

圆角： 设置横截面的倒角数值。若要使圆角可见，"圆角分段"数值必须设置为1或更大。

圆角分段： 设置每个圆角上的分段数目。

旋转： 指定软管沿其长轴的方向，其默认值为0。

D截面软管： 与"长方形软管"类似，但有一条边呈圆形，以形成D形状的横截面。

宽度： 指定软管的宽度。

深度： 指定软管的高度。

圆形侧面： 圆边上的分段数目。该值越大，边越平滑，其默认值为4。

圆角： 指定将横截面上圆边的两个角倒为圆角的数值。要使圆角可见，"圆角分段"数值必须设置为1或更大。

圆角分段：指定每个圆角上的分段数目。

旋转：指定软管沿其长轴的方向，其默认值为0。

3.2.3 创建mental ray代理对象

mental ray代理对象主要运用在大型场景中。当一个场景中包含多个相同的对象时就可以使用mental ray代理物体，比如在图3-139中有许多的植物，这些植物在3ds Max中使用实体进行渲染将会占用非常多的内存，所以植物部分可以使用mental ray代理物体来进行制作。

图3-139

> **提示**
>
> 代理物体尤其适用在具有大量多边形物体的场景中，这样既可以避免将其转换为mental ray格式，又无需在渲染时显示源对象，同时也可以节约渲染时间和渲染时所占用的内存。但是使用代理物体会降低对象的逼真度，并且不能直接编辑代理物体。

mental ray代理对象的基本原理是创建"源"对象（也就是需要被代理的对象），然后将这个"源"对象转换为mr代理格式。若要使用代理物体时，可以将代理物体替换掉"源"对象，然后删除"源"对象（因为已经没有必要在场景显示"源"对象）。在渲染代理物体时，渲染器会自动加载磁盘中的代理对象，这样就可以节省很多内存。

> **技术专题 13** 加载mental ray渲染器
>
> 需要注意的是mental ray代理对象必须在mental ray渲染器中才能使用，所以使用mental ray代理物体前需要将渲染器设置成mental ray渲染器。在3ds Max 2012中，如果要将渲染器设置为mental ray渲染器，可以按F10键打开"渲染设置"对话框，然后单击"公用"选项卡，展开"指定渲染器"卷展栏，接着单击第1个"选择渲染器"按钮 ，最后在弹出的对话框中选择渲染器为"mental ray渲染器"，如图3-140所示。
>
>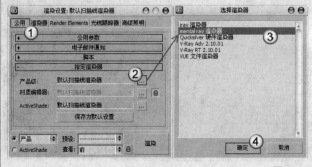
>
> 图3-140

随意创建一个几何体，然后设置几何体类型为mental ray，接着单击"mr代理"按钮 ，这样可以打开代理物体的参数设置面板，如图3-141所示。

图3-141

mental ray代理参数介绍

① 源对象选项组

None（无） ：若在场景中选择了"源"对象，这里将显示"源"对象的名称；若没有选择"源"对象，这里将显示为None（无）。

清除源对象 ：单击该按钮可以将"源"对象的名称恢复为None（无），但不会影响代理对象。

将对象写入文件 ：将对象保存为MIB格式的文件，随后可以使用"代理文件"将MIB格式的文件加载到其他的mental ray代理对象中。

> **疑难问答** 问：MIB是什么文件？
>
> 答：MIB格式的文件仅包含几何体，不包含材质，但是可以对每个示例或mental ray代理对象的副本应用不同的材质。

② 代理文件选项组

浏览 ：单击该按钮可以选择要加载为被代理对象的MIB文件。

比例：调整代理对象的大小，当然也可以使用"选择并均匀缩放"工具 来调整代理对象的大小。

③ 显示选项组

视口顶点：以代理对象的点云形式来显示顶点数。

渲染的三角形：设置当前渲染的三角形的数量。

显示点云：勾选该选项后，代理对象在视图中将始终以点云（一组顶点）的形式显示出来。该选项一般与"显示边界框"选项一起使用。

显示边界框：勾选该选项后，代理对象在视图中将始终以边界框的形式显示出来。该选项只有在开启"显示点云"选项后才可用。

④ 预览窗口选项组

预览窗口：该窗口用来显示MIB文件在当前帧存储的缩略图。

提 示　若没有选择对象，该窗口将不会显示对象的缩览图。

⑤ 动画支持选项组

在帧上：勾选该选项后，如果当前MIB文件为动画序列的一部分，则会播放代理对象中的动画；若关闭该选项，代理对象仍然保持在最后的动画帧状态。

重新播放速度：用于调整播放动画的速度。例如，如果加载100帧的动画，设置"重新播放速度"为0.5（半速），那么每一帧将播放两次，所以总共就播放了200帧的动画。

帧偏移：让动画从某一帧开始播放（不是从起始帧开始播放）。

往复重新播放：开启该选项后，动画播放完后将重新开始播放，并一直循环下去。

实战

用mental ray代理物体制作会议室座椅

场景位置	DVD>场景文件>CH03>01-1.max、01-2.3DS、01-3.3DS
实例位置	DVD>实例文件>CH03>实战——用mental ray代理物体制作会议室座椅.max
视频位置	DVD>多媒体教学>CH03>实战——用mental ray代理物体制作会议室座椅.flv
难易指数	★★☆☆☆
技术掌握	mr代理工具

会议室座椅代理物体效果如图3-142所示。

图3-142

01 打开光盘中的"场景文件>CH03>01-1.max"文件，如图3-143所示。

图3-143

02 下面创建mental ray代理对象。单击界面左上角的"应用程序"图标，然后执行"导入>导入"菜单命令，接着在弹出的"选择要导入的文件"对话框中选择光盘中的"场景文件>CH03>01-2.3DS"文件，最后在弹出的"3DS导入"对话框中设置"是否:"为"合并对象到当前场景。"，如图3-144所示，导入后的效果如图3-145所示。

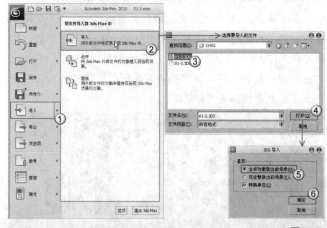

图3-144

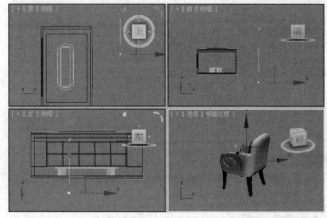

图3-145

03 使用"选择并移动"工具、"选择并旋转"工具和"选择并均匀缩放"工具调整好座椅的位置、角度与大小，完成后的效果如图3-146所示。

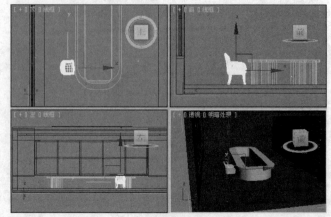

图3-146

04 设置几何体类型为mental ray，然后单击"mr代理"按钮 `mr 代理` ，如图3-147所示。

05 在"参数"卷展栏下单击"将对象写入文件"按钮 `将对象写入文件...` ，然后在视图中拖曳光标创建一个代理图形，如图3-148所示。

 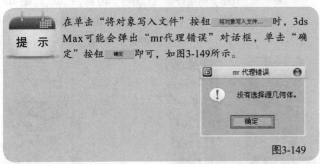

图3-147   图3-148

> **提示** 在单击"将对象写入文件"按钮 `将对象写入文件...` 时，3ds Max可能会弹出"mr代理错误"对话框，单击"确定"按钮 `确定` 即可，如图3-149所示。

图3-149

06 切换到"修改"面板，在"参数"卷展栏下单击None（无）按钮 `None` ，然后在视图中单击之前导入进来的椅子模型，如图3-150所示。

图3-150

07 继续在"参数"卷展栏下单击"将对象写入文件"按钮 `将对象写入文件...` ，然后在弹出的"写入mr代理文件"对话框中进行保存（保存完毕后，在"代理文件"选项组下会显示代理物体的保存路径），接着设置"比例"为0.03，最后勾选"显示边界框"选项，具体参数设置如图3-151所示。

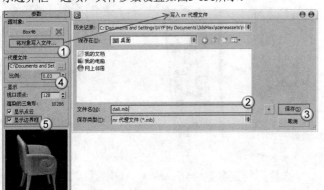

图3-151

> **提示** 代理完毕后，椅子模型便以mr代理对象的形式显示在视图中，并且是以点的形式显示出来，如图3-152所示。

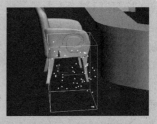

图3-152

08 使用复制功能将代理物体复制到会议桌的四周，如图3-153所示。

图3-153

> **疑难问答** 问：复制代理对象时有数量限制吗？
>
> 答：在理论上是可以无限复制的，但是不能复制得过于夸张，否则会增加渲染压力。

09 继续导入光盘中的"场景文件>CH03>01-3.3DS"文件，如图3-154所示，然后采用相同的方法创建出茶杯代理物体，最终效果如图3-155所示。

图3-154   图3-155

> **提示** 代理物体在视图中是以点的形式显示出来的，只有使用mental ray渲染器渲染出来后才是真实的模型效果。

3.2.4 创建门对象

3ds Max 2012提供了3种内置的门模型，包括"枢轴门"、"推拉门"和"折叠门"，如图3-156所示。"枢轴门"是在一侧装有铰链的门；"推拉门"有一半是固定的，另一半可以推拉；"折叠门"的铰链装在中间以及侧端，就像壁橱门一样。

图3-156

这3种门的参数大部分都是相同的，下面先对相同的参数部分进行讲解，如图3-157所示是"枢轴门"的参数设置面板。所有的门都有高度、宽度和深度，在创建之前可以先选择创建的顺序，比如"宽度/深度/高度"或"宽度/高度/深度"。

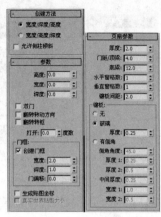

图3-157

门对象的相同参数介绍

宽度/深度/高度：首先创建门的宽度，然后创建门的深度，接着创建门的高度。

宽度/高度/深度：首先创建门的宽度，然后创建门的高度，接着创建门的深度。

允许侧柱倾斜：允许创建倾斜门。

高度/宽度/深度：设置门的总体高度/宽度/深度。

打开：使用枢轴门时，指定以角度为单位的门打开的程度；使用推拉门和折叠门时，指定门打开的百分比。

门框：用于控制是否创建门框和设置门框的宽度和深度。

创建门框：控制是否创建门框。

宽度：设置门框与墙平行方向的宽度（启用"创建门框"选项时才可用）。

深度：设置门框从墙投影的深度（启用"创建门框"选项时才可用）。

门偏移：设置门相对于门框的位置，该值可以为正，也可以为负（启用"创建门框"选项时才可用）。

生成贴图坐标：为门指定贴图坐标。

真实世界贴图大小：控制应用于对象的纹理贴图材质所使用的缩放方法。

厚度：设置门的厚度。

门挺/顶梁：设置顶部和两侧的面板框的宽度。

底梁：设置门脚处的面板框的宽度。

水平窗格数：设置面板沿水平轴划分的数量。

垂直窗格数：设置面板沿垂直轴划分的数量。

镶板间距：设置面板之间的间隔宽度。

镶板：指定在门中创建面板的方式。

无：不创建面板。

玻璃：创建不带倒角的玻璃面板。

厚度：设置玻璃面板的厚度。

有倒角：勾选该选项可以创建具有倒角的面板。

倒角角度：指定门的外部平面和面板平面之间的倒角角度。

厚度1：设置面板的外部厚度。

厚度2：设置倒角从起始处的厚度。

中间厚度：设置面板内的面部分的厚度。

宽度1：设置倒角从起始处的宽度。

宽度2：设置面板内的面部分的宽度。

> **提示** 门参数除了这些公共参数外，每种类型的门还有一些细微的差别，下面依次讲解。

🌀 枢轴门

"枢轴门"只在一侧用铰链进行连接，也可以制作成为双门，双门具有两个门元素，每个元素在其外边缘处用铰链进行连接，如图3-158所示。"枢轴门"包含3个特定的参数，如图3-159所示。

图3-158　　　　　　　　　　　图3-159

枢轴门特定参数介绍

双门：制作一个双门。

翻转转动方向：更改门转动的方向。

翻转转枢：在与门面相对的位置上放置门转枢（不能用于双门）。

💧 推拉门

"推拉门"可以左右滑动，就像火车在铁轨上前后移动一样。推拉门有两个门元素，一个保持固定，另一个可以左右滑动，如图3-160所示。"推拉门"包含两个特定的参数，如图3-161所示。

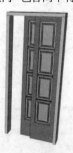

图3-160　　　　　　　　　　　图3-161

推拉门特定参数介绍

前后翻转：指定哪个门位于最前面。

侧翻：指定哪个门保持固定。

折叠门

"折叠门"就是可以折叠起来的门，在门的中间和侧面有一个转枢装置，如果是双门的话，就有4个转枢装置，如图3-162所示。"折叠门"包含3个特定的参数，如图3-163所示。

图3-162

图3-163

折叠门特定参数介绍

双门：勾选该选项可以创建双门。

翻转转动方向：翻转门的转动方向。

翻转转枢：翻转侧面的转枢装置（该选项不能用于双门）。

3.2.5 创建窗户对象

3ds Max 2012中提供了6种内置的窗户模型，使用这些内置的窗户模型可以快速地创建出所需要的窗户，如图3-164所示。

图3-164

6种窗户介绍

遮篷式窗：这种窗户有一扇通过铰链与其顶部相连，如图3-165所示。

平开窗：这种窗户的一侧有一个固定的窗框，可以向内或向外转动，如图3-166所示。

图3-165　　　　　　　　　图3-166

固定窗：这种窗户是固定的，不能打开，如图3-167所示。

旋开窗：这种窗户可以在垂直中轴或水平中轴上进行旋转，如图3-168所示。

图3-167　　　　　　　　　图3-168

伸出式窗：这种窗户有3扇窗框，其中两扇窗框打开时就像反向的遮篷，如图3-169所示。

推拉窗：推拉窗有两扇窗框，其中一扇窗框可以沿着垂直或水平方向滑动，如图3-170所示。

图3-169　　　　　　　　　图3-170

由于窗户的参数比较简单，因此只讲解这6种窗户的公共参数，如图3-171所示。

图3-171

6种窗户的公共参数介绍

高度：设置窗户的总体高度。

宽度：设置窗户的总体宽度。

深度：设置窗户的总体深度。

窗框：控制窗框的宽度和深度。

水平宽度：设置窗口框架在水平方向的宽度（顶部和底部）。

垂直宽度：设置窗口框架在垂直方向的宽度（两侧）。

厚度：设置框架的厚度。

玻璃：用来指定玻璃的厚度等参数。

厚度：指定玻璃的厚度。

窗格：用于设置窗格的宽度与窗格数量。

宽度：设置窗框中窗格的宽度（深度）。

窗格数：设置窗中的窗框数。

开窗：设置窗户的打开程度。

打开：指定窗打开的百分比。

3.2.6 创建AEC扩展对象

"AEC扩展"对象专门用在建筑、工程和构造等领域，使用"AEC扩展"对象可以提高创建场景的效率。"AEC扩展"对象包括"植物"、"栏杆"和"墙"3种类型，如图3-172所示。

图3-172

🌰 植物---

使用"植物"工具 植物 可以快速地创建出3ds Max预设的植物模型。植物的创建方法很简单，首先将几何体类型切换为"AEC扩展"，然后单击"植物"按钮 植物 ，接着在"收藏的植物"卷展栏下选择树种，最后在视图中拖曳光标就可以创建出相应的树木，如图3-173所示。

图3-173

植物的参数设置面板如图3-174所示。

图3-174

植物参数介绍

高度：控制植物的近似高度，这个高度不一定是实际高度，它只是一个近似值。

密度：控制植物叶子和花朵的数量。值为1时表示植物具有完整的叶子和花朵；值为5 时表示植物具有1/2的叶子和花朵；值为0时表示植物没有叶子和花朵。

修剪：只适用于具有树枝的植物，可以用来删除与构造平面平行的不可见平面下的树枝。值为0时表示不进行修剪；值为1时表示尽可能修剪植物上的所有树枝。

> **提示** 3ds Max从植物上修剪植物取决于植物的种类，如果是树干，则永不进行修剪。

新建 新建 ：显示当前植物的随机变体，其旁边是种子的显示数值。

显示：该选项组中的参数主要用来控制植物的叶子、果实、花、树干、树枝和根的显示情况。勾选相应选项后，相应的对象就会在视图中显示出来。

视口树冠模式：该选项用来设置树冠在视图中的显示模式。

未选择对象时：未选择植物时以树冠模式显示植物。

始终：始终以树冠模式显示植物。

从不：从不以树冠模式显示植物，但是会显示植物的所有特性。

> **提示** 植物的树冠是覆盖植物最远端（如叶子、树枝和树干的最远端）的一个壳。

详细程度等级：该选项组用来设置植物的渲染精度级别。

低：这种级别用来渲染植物的树冠。

中：这种级别用来渲染减少了面的植物。

高：以最高的细节级别渲染植物的所有面。

> **提示** 减少面数的方式因植物而异，但通常的做法是删除植物中较小的元素（比如树枝和树干中的面数）。

✦实战

用植物制作垂柳

场景位置	DVD>场景文件>CH03>02.max
实例位置	DVD>实例文件>CH03>实战——用植物制作垂柳.max
视频位置	DVD>多媒体教学>CH03>实战——用植物制作垂柳.flv
难易指数	★★☆☆☆
技术掌握	植物工具、移动复制功能

垂柳效果如图3-175所示。

图3-175

01 设置几何体类型为"AEC扩展"，然后单击"植物"按钮

植物，接着在"收藏的植物"卷展栏下选择"垂柳"树种，最后在视图中拖曳光标创建一棵垂柳，如图3-176所示。

02 选择上一步创建的垂柳，然后在"参数"卷展栏下设置"高度"为480mm、"密度"为0.8、"修剪"为0.1，接着设置"视口树冠模式"为"从不"，具体参数设置如图3-177所示。

图3-176　　　　　　　　　图3-177

疑难问答　问：如果创建的植物外形不合适怎么办？

答：在修改完参数后，如果植物的外形并不是所需要的，可以在"参数"卷展栏下单击"新建"按钮 **新建** 修改"种子"数值，这样可以随机产生不同的树木形状，如图3-178和图3-179所示。

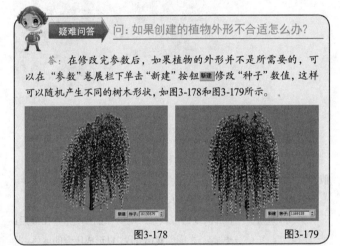

图3-178　　　　　　　　　图3-179

03 单击界面左上角的"应用程序"图标 **⑤**，然后执行"导入>合并"菜单命令，接着在弹出的"合并文件"对话框中选择光盘中的"场景文件>CH03>02.max"文件，并在弹出的"合并"对话框中单击"确定"按钮 **确定**，如图3-180所示，最后调整好垂柳的位置，如图3-181所示。

图3-180　　　　　　　　　图3-181

04 使用"选择并移动"工具 ✛ 选择垂柳模型，然后按住Shift键移动复制4株垂柳到如图3-182所示的位置，接着调整好每株垂柳的位置，最终效果如图3-183所示。

图3-182　　　　　　　　　图3-183

🌐 栏杆--

"栏杆"对象的组件包括"栏杆"、"立柱"和"栅栏"。3ds Max提供了两种创建栏杆的方法，第1种是创建有拐角的栏杆，第2种是通过拾取路径来创建异形栏杆，如图3-184所示。栏杆的参数包含"栏杆"、"立柱"和"栅栏"3个卷展栏，如图3-185所示。

图3-184　　　　　　　　　图3-185

栏杆参数介绍

① 栏杆卷展栏

拾取栏杆路径 **拾取栏杆路径**：单击该按钮可以拾取视图中的样条线来作为栏杆路径。

分段：设置栏杆对象的分段数（只有在使用"拾取栏杆路径"工具 **拾取栏杆路径** 时才能使用该选项）。

匹配拐角：在栏杆中放置拐角，以匹配栏杆路径的拐角。

长度：设置栏杆的长度。

上围栏：该选项组主要用来调整上围栏的相关参数。

剖面：指定上栏杆的横截面形状。

深度：设置上栏杆的深度。

宽度：设置上栏杆的宽度。

高度：设置上栏杆的高度。

下围栏：该选项组主要用来调整下围栏的相关参数。

剖面：指定下栏杆的横截面形状。

深度：设置下栏杆的深度。

宽度：设置下栏杆的宽度。

下围栏间距 ⋯：设置下围栏之间的间距。单击该按钮后会弹出一个对话框，在该对话框中可设置下栏杆间距的一些参数。

生成贴图坐标：为栏杆对象分配贴图坐标。

真实世界贴图大小：控制应用于对象的纹理贴图材质所使用的缩放方法。

② 立柱卷展栏

剖面：指定立柱的横截面形状。

深度：设置立柱的深度。

宽度：设置立柱的宽度。

延长：设置立柱在上栏杆底部的延长量。

立柱间距 ⋯：设置立柱的间距。单击该按钮后会弹出一个对话框，在该对话框中可设置立柱间距的一些参数。

> **提示** 如果将"剖面"设置为"无"，则"立柱"卷展栏中的其他参数将不可用。

③ 栅栏卷展栏

类型：指定立柱之间的栅栏类型，有"无"、"支柱"和"实体填充"3个选项。

支柱：该选项组中的参数只有当栅栏类型设置为"支柱"时才可用。

剖面：设置支柱的横截面形状，有方形和圆形两个选项。

深度：设置支柱的深度。

宽度：设置支柱的宽度。

延长：设置支柱在上栏杆底部的延长量。

底部偏移：设置支柱与栏杆底部的偏移量。

支柱间距 ⋯：设置支柱的间距。单击该按钮后会弹出一个对话框，在该对话框中可设置支柱间距的一些参数。

实体填充：该选项组中的参数只有当栅栏类型设置为"实体填充"时才可用。

厚度：设置实体填充的厚度。

顶部偏移：设置实体填充与上栏杆底部的偏移量。

底部偏移：设置实体填充与栏杆底部的偏移量。

左偏移：设置实体填充与相邻左侧立柱之间的偏移量。

右偏移：设置实体填充与相邻右侧立柱之间的偏移量。

🌑 墙————————————————————————

墙对象由3个子对象构成，这些对象类型可以在"修改"面板中进行修改。编辑墙的方法和样条线比较类似，可以分别对墙本身，以及其顶点、分段和轮廓进行调整。

创建墙模型的方法比较简单，首先将几何体类型设置为"AEC扩展"，然后单击"墙"按钮 墙 ，接着在视图中拖曳光标就可以创建出墙体，如图3-186所示。

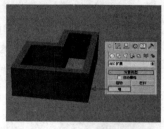

图3-186

单击"墙"按钮 墙 后，会弹出墙的两个创建参数卷展栏，分别是"键盘输入"卷展栏和"参数"卷展栏，如图3-187所示。

图3-187

墙参数介绍

① 键盘输入卷展栏

X/Y/Z：设置墙分段在活动构造平面中的起点的x/y/z轴坐标值。

添加点 添加点 ：根据输入的x/y/z轴坐标值来添加点。

关闭 关闭 ：单击该按钮可以结束墙对象的创建，并在最后1个分段端点与第1个分段起点之间创建出分段，以形成闭合的墙体。

完成 完成 ：单击该按钮可以结束墙对象的创建，使端点处于断开状态。

拾取样条线 拾取样条线 ：单击该按钮可以拾取场景中的样条线，并将其作为墙对象的路径。

② 参数卷展栏

宽度：设置墙的厚度，其范围从0.01~100mm，默认设置为5mm。

高度：设置墙的高度，其范围从0.01~100mm，默认设置为96mm。

对齐：指定门的对齐方式，共有以下3种。

左：根据墙基线（墙的前边与后边之间的线，即墙的厚度）的左侧边进行对齐。如果启用"栅格捕捉"功能，则墙基线的左侧边将捕捉到栅格线。

居中：根据墙基线的中心进行对齐。如果启用"栅格捕捉"功能，则墙基线的中心将捕捉到栅格线。

右：根据墙基线的右侧边进行对齐。如果启用"栅格捕捉"功能，则墙基线的右侧边将捕捉到栅格线。

生成贴图坐标：为墙对象应用贴图坐标。

真实世界贴图大小：控制应用于对象的纹理贴图材质所使用的缩放方法。

3.2.7 创建楼梯对象

楼梯在室内外场景中是很常见的一种物体，按梯段组合形式来分可分为直梯、折梯、旋转梯、弧形梯、U形梯和直圆梯6种。3ds Max 2012提供了4种内置的参数化楼梯模型，分别是"直线楼梯"、"L型楼梯"、"U型楼梯"和"螺旋楼梯"，如图3-188所示。这4种楼梯的参数比较简单，并且每种楼梯都包括"开放式"、"封闭式"和"落地式"3种类型，完全可以满足室内外的模型需求。

图3-188

以上4种楼梯都包括"参数"卷展栏、"支撑梁"卷展栏、"栏杆"卷展栏和"侧弦"卷展栏，而"螺旋楼梯"还包括"中柱"卷展栏，如图3-189所示。

图3-189

这4种楼梯中，"L型楼梯"是最常见的一种，下面就以"L型楼梯"为例来讲解楼梯的参数，如图3-190所示。

图3-190

L型楼梯参数介绍

① 参数卷展栏

类型：该选项组中的参数主要用来设置楼梯的类型。

开放式：创建一个开放式的梯级竖板楼梯。

封闭式：创建一个封闭式的梯级竖板楼梯。

落地式：创建一个带有封闭式梯级竖板和两侧具有封闭式侧

弦的楼梯。

生成几何体：该选项组中的参数主要用来设置需要生成的楼梯零部件。

侧弦：沿楼梯梯级的端点创建侧弦。

支撑梁：在梯级下创建一个倾斜的切口梁，该梁支撑着台阶。

扶手：创建左扶手和右扶手。

扶手路径：创建左扶手路径和右扶手路径。

布局：该选项组中的参数主要用来设置楼梯的布局效果。

长度1：设置第1段楼梯的长度。

长度2：设置第2段楼梯的长度。

宽度：设置楼梯的宽度，包括台阶和平台。

角度：设置平台与第2段楼梯之间的角度，范围为-90°~90°。

偏移：设置平台与第2段楼梯之间的距离。

梯级：该选项组中的参数主要用来调整楼梯的梯级形状。

总高：设置楼梯级的高度。

竖板高：设置梯级竖板的高度。

竖板数：设置梯级竖板的数量（梯级竖板总是比台阶多一个，隐式梯级竖板位于上板和楼梯顶部的台阶之间）。

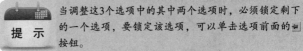

提示　当调整这3个选项中的其中两个选项时，必须锁定剩下的一个选项，要锁定该选项，可以单击选项前面的 按钮。

台阶：该选项组中的参数主要用来调整台阶的形状。

厚度：设置台阶的厚度。

深度：设置台阶的深度。

生成贴图坐标：为楼梯对象应用贴图坐标。

真实世界贴图大小：控制应用于对象的纹理贴图材质所使用的缩放方法。

② 支撑梁卷展栏

深度：设置支撑梁离地面的深度。

宽度：设置支撑梁的宽度。

**支撑梁间距　**：设置支撑梁的间距。单击该按钮会弹出"支撑梁间距"对话框，在该对话框中可设置支撑梁的一些参数。

从地面开始：控制支撑梁是从地面开始，还是与第1个梯级竖板的开始平齐，或是否将支撑梁延伸到地面以下。

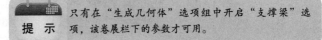

提示　只有在"生成几何体"选项组中开启"支撑梁"选项，该卷展栏下的参数才可用。

③ 栏杆卷展栏

高度：设置栏杆离台阶的高度。

偏移：设置栏杆离台阶端点的偏移量。

分段：设置栏杆中的分段数目。值越高，栏杆越平滑。

半径：设置栏杆的厚度。

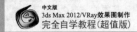

提 示 只有在"生成几何体"选项组中开启"扶手"选项时，该卷展栏下的参数才可用。

④ 侧弦卷展栏

深度： 设置侧弦离地板的深度。

宽度： 设置侧弦的宽度。

偏移： 设置地板与侧弦的垂直距离。

从地面开始： 控制侧弦是从地面开始，还是与第1个梯级竖板的开始平齐，或是否将侧弦延伸到地面以下。

提 示 只有在"生成几何体"选项组中开启"侧弦"选项时，该卷展栏中的参数才可用。

实战

创建螺旋楼梯

场景位置	无
实例位置	DVD>实例文件>CH03>实战——创建螺旋楼梯.max
视频位置	DVD>多媒体教学>CH03>实战——创建螺旋楼梯.flv
难易指数	★☆☆☆☆
技术掌握	螺旋楼梯工具

螺旋楼梯效果如图3-191所示。

图3-191

01 设置几何体类型为"楼梯"，然后使用"螺旋楼梯"工具 螺旋楼梯 在场景中拖曳光标，随意创建一个螺旋楼梯，如图3-192所示。

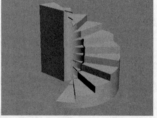

图3-192

02 切换到"修改"面板，展开"参数"卷展栏，然后在"生成几何体"卷展栏下勾选"侧弦"和"中柱"选项，接着勾选"扶手"的"内表面"和"外表面"选项；在"布局"选项组下设置"半径"为1200mm、"旋转"为1、"宽度"为1000mm；在"梯级"选项组下设置"总高"为3600mm、"竖板

高"为300mm；在"台阶"选项组下设置"厚度"为160mm，具体参数设置如图3-193所示，楼梯效果如图3-194所示。

图3-193　　　　　　图3-194

03 展开"支撑梁"卷展栏，然后在"参数"选项组下设置"深度"为200mm、"宽度"为700mm，具体参数设置及模型效果如图3-195所示。

04 展开"栏杆"卷展栏，然后在"参数"选项组下设置"高度"为100mm、"偏移"为50mm、"半径"为25mm，具体参数设置及模型效果如图3-196所示。

图3-195　　　　　　图3-196

05 展开"侧弦"卷展栏，然后在"参数"选项组下设置"深度"为600mm、"宽度"为50mm、"偏移"为25mm，具体参数设置及模型效果如图3-197所示。

06 展开"中柱"卷展栏，然后在"参数"选项组下设置"半径"为250mm，具体参数设置及最终效果如图3-198所示。

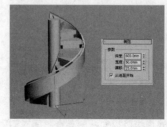

图3-197　　　　　　图3-198

3.2.8 创建复合对象

使用3ds Max内置的模型就可以创建出很多优秀的模型，但是在很多时候还会使用复合对象，因为使用复合对象来创建模型可以大大节省建模时间。

复合对象建模工具包括10种，分别是"变形"工具 变形 、"散布"工具 散布 、"一致"工具 一致 、"连接"工具 连接 、"水滴网格"工具 水滴网格 、"图形合并"工具 图形合并 、"布尔"工具 布尔 、"地形"工具 地形 、"放样"工具 放样 、"网格化"工具 网格化 、ProBoolean工具 ProBoolean 和ProCuttler工具 ProCutter ，如图3-199所示。在这10种工具中，将重点介绍"散布"工具 散布 、"图形合并"工具 图形合并 、"布尔"工具 布尔 、"放样"工具 放样 和ProBoolean工具 ProBoolean 的用法。

图3-199

本节建模工具概述

工具名称	工具图标	工具作用	重要程度
散布	散布	将所选源对象散布为阵列或散布到分布对象的表面	中
图形合并	图形合并	将一个或多个图形嵌入到其他对象的网格中，或从网格中移除	高
布尔	布尔	对两个或两个以上的对象进行并集、差集、交集运算	高
放样	放样	将一个二维图形作为沿某个路径的剖面，从而生成复杂的三维对象	高
ProBoolean	ProBoolean	与"布尔"工具相似	中

散布

"散布"是复合对象的一种形式，将所选源对象散布为阵列，或散布到分布对象的表面，如图3-200所示。

图3-200

> 提示
> 注意，源对象必须为网格对象或是可以转换为网格对象的对象。如果当前所选的对象无效，则"散布"工具不可用。

这里只讲解"拾取分布对象"卷展栏下的参数，如图3-201所示。

图3-201

拾取分布对象卷展栏参数介绍

对象<无>： 显示使用"拾取分布对象"工具 拾取分布对象 选择的分布对象的名称。

拾取分布对象 拾取分布对象 ：单击该按钮，然后在场景中单击一个对象，可以将其指定为分布对象。

参考/复制/移动/实例： 用于指定将分布对象转换为散布对象的方式。它可以作为参考、副本（复制）、实例或移动的对象（如果不保留原始图形）进行转换。

图形合并

使用"图形合并"工具 图形合并 可以将一个或多个图形嵌入到其他对象的网格中或从网格中移除，其参数设置面板如图3-202所示。

图3-202

图形合并参数介绍

① 拾取操作对象卷展栏

拾取图形 拾取图形 ：单击该按钮，然后单击要嵌入网格对象中的图形，图形可以沿图形局部的z轴负方向投射到网格对象上。

参考/复制/移动/实例： 指定如何将图形传输到复合对象中。

操作对象： 在复合对象列出所有操作对象。

删除图形 删除图形 ：从复合对象中删除选中图形。

提取操作对象 提取操作对象 ：提取选中操作对象的副本或实例。在"操作对象"列表中选择操作对象时，该按钮才可用。

实例/复制： 指定如何提取操作对象。

操作： 该组选项中的参数决定如何将图形应用于网格中。

饼切： 切去网格对象曲面外部的图形。

合并：将图形与网格对象曲面合并。

反转：反转"饼切"或"合并"效果。

输出子网格选择：该组选项中的参数提供了指定将哪个选择级别传送到"堆栈"中。

② 显示/更新卷展栏

显示：确定是否显示图形操作对象。

结果：显示操作结果。

操作对象：显示操作对象。

更新：该选项组中的参数用来指定何时更新显示结果。

始终：始终更新显示。

渲染时：仅在场景渲染时更新显示。

手动：仅在单击"更新"按钮后更新显示。

更新 <u>更新</u>：当选中除"始终"选项之外的任一选项时，该按钮才可用。

🌑 布尔

"布尔"运算是通过对两个或两个以上的对象进行并集、差集、交集运算，从而得到新的物体形态。"布尔"运算的参数设置面板如图3-203所示。

图3-203

布尔重要参数介绍

拾取运算对象B ：单击该按钮可以在场景中选择另一个运算物体来完成"布尔"运算。以下4个选项用来控制运算对象B的方式，必须在拾取运算对象B之前确定采用哪种方式。

参考：将原始对象的参考复制品作为运算对象B，若以后改变原始对象，同时也会改变布尔物体中的运算对象B，但是改变运算对象B时，不会改变原始对象。

复制：复制一个原始对象作为运算对象B，而不改变原始对象（当原始对象还要用在其他地方时采用这种方式）。

移动：将原始对象直接作为运算对象B，而原始对象本身不再存在（当原始对象无其他用途时采用这种方式）。

实例：将原始对象的关联复制品作为运算对象B，若以后对两者的任意一个对象进行修改时都会影响另一个。

操作对象：主要用来显示当前运算对象的名称。

操作：指定采用何种方式来进行"布尔"运算。

并集：将两个对象合并，相交的部分将被删除，运算完成后两个物体将合并为一个物体。

交集：将两个对象相交的部分保留下来，删除不相交的部分。

差集A-B：在A物体中减去与B物体重合的部分。

差集B-A：在B物体中减去与A物体重合的部分。

切割：用B物体切除A物体，但不在A物体上添加B物体的任何部分，共有"优化"、"分割"、"移除内部"和"移除外部"4个选项可供选择。"优化"是在A物体上沿着B物体与A物体相交的面来增加顶点和边数，以细化A物体的表面；"分割"是在B物体切割A物体部分的边缘，并且增加了一排顶点，利用这种方法可以根据其他物体的外形将一个物体分成两部分；"移除内部"是删除A物体在B物体内部的所有片段面；"移除外部"是删除A物体在B物体外部的所有片段面。

> **提示** 物体在进行"布尔"运算后随时都可以对两个运算对象进行修改，"布尔"运算的方式和效果也可以进行编辑修改，并且"布尔"运算的修改过程可以记录为动画，表现出神奇的切割效果。

🌑 放样

"放样"是将一个二维图形作为沿某个路径的剖面，从而生成复杂的三维对象。"放样"是一种特殊的建模方法，能快速地创建出多种模型，其参数设置面板如图3-204示。

图3-204

放样重要参数介绍

获取路径 <u>获取路径</u>：将路径指定给选定图形或更改当前指定的路径。

获取图形 <u>获取图形</u>：将图形指定给选定路径或更改当前指定的图形。

移动/复制/实例：用于指定路径或图形转换为放样对象的方式。

缩放 <u>缩放</u>：使用"缩放"变形可以从单个图形中放样对象，该图形在其沿着路径移动时只改变其缩放。

扭曲 <u>扭曲</u>：使用"扭曲"变形可以沿着对象的长度创建盘旋或扭曲的对象，扭曲将沿着路径指定旋转量。

倾斜 <u>倾斜</u>：使用"倾斜"变形可以围绕局部x轴和y轴旋转图形。

倒角 <u>倒角</u>：使用"倒角"变形可以制作出具有倒角效果的对象。

拟合 拟合 ：使用"拟合"变形可以使用两条拟合曲线来定义对象的顶部和侧剖面。

实战

用放样制作旋转花瓶

场景位置	无
实例位置	DVD>实例文件>CH03>实战——用放样制作旋转花瓶.max
视频位置	DVD>多媒体教学>CH03>实战——用放样制作旋转花瓶.flv
难易指数	★★☆☆☆
技术掌握	星形工具、放样工具

旋转花瓶效果如图3-205所示。

图3-205

01 在"创建"面板中单击"图形"按钮，然后设置图形类型为"样条线"，接着单击"星形"按钮 星形 ，如图3-206所示。

02 在视图中绘制一个星形，然后在"参数"卷展栏下设置"半径1"为50mm、"半径2"为34mm、"点"为6、"圆角半径1"为7mm、"圆角半径2"为8mm，具体参数设置及图形效果如图3-207所示。

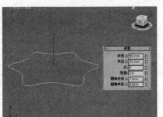

图3-206　　　　　　　　　　　图3-207

03 在"图形"面板中单击"线"按钮 线 ，然后在前视图中按住Shift键绘制一条样条线作为放样路径，如图3-208所示。

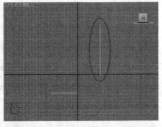

图3-208

04 选择星形，设置几何体类型为"复合对象"，然后单击"放样"按钮 放样 ，接着在"创建方法"卷展栏下单击"获取路径"按钮 获取路径 ，最后视图中拾取之前绘制的样条线路径，如图3-209所示，放样效果如图3-210所示。

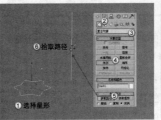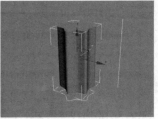

⑥拾取路径　　①选择星形

图3-209　　　　　　　　　　图3-210

05 进入"修改"面板，然后在"变形"卷展栏卷展栏下单击"缩放"按钮 缩放 ，打开"缩放变形"对话框，接着将缩放曲线调整节成如图3-211所示的形状，模型效果如图3-212所示。

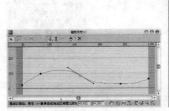

图3-211　　　　　　　　　　图3-212

技术专题 14 调节曲线的形状

在"缩放变形"对话框中的工具栏上有一个"移动控制点"工具和一个"插入角点"工具，用这两个工具就可以调节出曲线的形状。但要注意，在调节角点前，需要在角点上单击鼠标右键，然后在弹出的菜单中选择"Bezier-平滑"命令，这样调节出来的曲线才是平滑的，如图3-213所示。

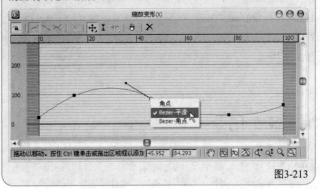

图3-213

06 在"变形"卷展栏下单击"扭曲"按钮 扭曲 ，然后在弹出的"扭曲变形"对话框中将曲线调节成如图3-214所示的形状，最终效果如图3-215所示。

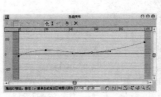

图3-214　　　　　　　　　　图3-215

ProBoolean

ProBoolean复合对象与前面的"布尔"复合对象很接近，但是与传统的"布尔"复合对象相比，ProBoolean复合对象更具优势。因为ProBoolean运算之后生成的三角面较少，网格布线更均匀，生成的顶点和面也相对较少，并且操作更容易、更快捷，其参数设置面板如图3-216所示。

图3-216

 知识链接： 关于ProBoolean工具的参数含义就不再介绍了，用户可参考前面的"布尔"工具的参数介绍。

★重点★
3.2.9 创建VRay物体

安装好VRay渲染器之后，在"创建"面板下的几何体类型中就会出现一个VRay选项。该物体类型包括4种，分别是"VRay代理"、"VRay毛发"、"VRay平面"和"VRay球体"，如图3-217所示。

图3-217

技术专题 15 加载VRay渲染器

当需要使用VRay物体时就需要将渲染器设置为VRay渲染器。首先按F10键打开"渲染设置"对话框，然后在"公用"选项卡下展开"指定渲染器"卷展栏，接着单击第1个"选择渲染器"按钮，最后在弹出的对话框中选择渲染器为VRay渲染器，如图3-218所示。

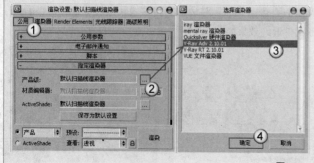

图3-218

本节建模工具概述

工具名称	工具图标	工具作用	重要程度
VRay代理	VR_代理	用代理网格代替场景中的实体进行渲染	高
VRay毛发	VR_毛发	创建毛发效果	高
VRay平面	VR_平面	创建无限延伸的平面	低

VRay代理

"VRay代理"物体在渲染时可以从硬盘中将文件（外部文件）导入到场景中的"VRay代理"网格内，场景中的代理物体的网格是一个低面物体，可以节省大量的物理内存以及虚拟内存，一般在物体面数较多或重复情况较多时使用。其使用方法是在物体上单击鼠标右键，然后在弹出的菜单中选择"VRay网格体导出"命令，接着在弹出的"VRay网格体导出"对话框中进行相应设置即可（该对话框主要用来保存VRay网格代理物体的路径），如图3-219所示。

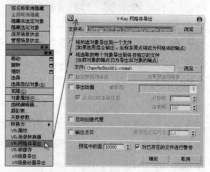

图3-219

VRay网格体导出对话框重要参数介绍

文件夹： 代理物体所保存的路径。

将所选对象导出到一个文件： 将多个物体合并成一个代理物体进行导出。

将选取的每个对象导出到各自独立的文件： 为每个物体创建一个文件进行导出。

导出动画： 勾选该选项后，可以导出动画。

自动创建代理： 勾选该选项后，系统会自动完成代理物体的创建和导入，同时源物体将被删除；如果关闭该选项，则需要增加一个步骤，就是在VRay物体中选择VRay代理物体，然后从网格文件中选择已经导出的代理物体来实现代理物体的导入。

实战

用VRay代理物体创建剧场

场景位置	DVD>场景文件>CH03>03-1.max、03-2.3DS
实例位置	DVD>实例文件>CH03>实战——用放样制作旋转花瓶.max
视频位置	DVD>多媒体教学>CH03>实战——用放样制作旋转花瓶.flv
难易指数	★★☆☆☆
技术掌握	VRay代理工具

剧场效果如图3-220所示。

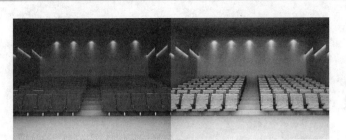

图3-220

01 打开光盘中的"场景文件>CH03>03-1.max"文件，如图3-221所示。

02 下面创建VRay代理对象。导入光盘中的"场景文件>CH03>03-2.3DS"文件，然后将其摆放在如图3-222所示的位置。

图3-221

图3-222

03 选择椅子模型，然后单击鼠标右键，并在弹出的菜单中选择"VRay网格体导出"命令，接着在弹出的"VRay网格体导出"对话框中单击"文件夹"选项后面的"浏览"按钮 浏览 ，为其设置一个合适的保存路径，再为其设置一个名称，最后单击"确定"按钮 确定 ，如图3-223所示。

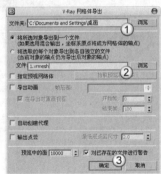

图3-223

提示 导出网格以后，在保存路径下就会出现一个格式为.vrmesh的代理文件，如图3-224所示。

1.vrmesh

图3-224

04 设置几何体类型为VRay，然后单击"VRay代理"按钮 VR-代理 ，接着在"网格代理参数"卷展栏下单击"浏览"按钮 浏览 ，找到前面导出的1.vrmesh文件，如图3-225所示，最后在视图中单击鼠标左键，此时场景中就会出现代理椅子模

型（原来的椅子可以将其隐藏起来），如图3-226所示。

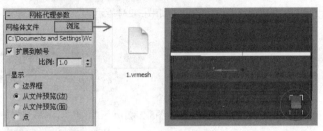

图3-225　　　　图3-226

疑难问答　问：如何隐藏对象？

答：如果要隐藏某个对象，可以先将其选中，然后单击鼠标右键，接着在弹出的菜单中选择"隐藏选定对象"命令。

05 利用复制功能复制一些代理物体，将其排列在剧场中，最终效果如图3-227所示。

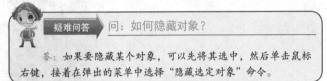

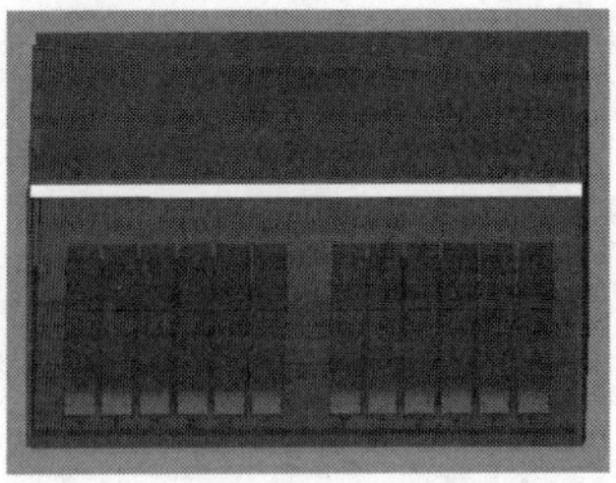

图3-227

VRay毛发

VRay毛发是VRay渲染器自带的一种毛发制作工具，经常用来制作地毯、草地和毛制品等，如图3-228和图3-229所示。

图3-228

图3-229

加载VRay渲染器后，随意创建一个物体，然后设置几何体类型为VRay，接着单击"VRay毛发"按钮 VR_毛发 ，就可以为选中的对象创建VRay毛发，如图3-230所示。

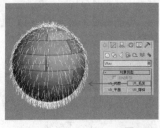

图3-230

VRay毛发的参数只有3个卷展栏，分别是"参数"、"贴图"和"视口显示"卷展栏，如图3-231所示。

图3-231

<1>参数卷展栏

展开"参数"卷展栏，如图3-232所示。

图3-232

参数卷展栏参数介绍

① 源对象选项组

源对象： 指定需要添加毛发的物体。

长度： 设置毛发的长度。

厚度： 设置毛发的厚度。

重力： 控制毛发在z轴方向被下拉的力度，也就是通常所说的"重量"。

弯曲度： 设置毛发的弯曲程度。

锥度： 用来控制毛发锥化的程度。

② 几何体细节选项组

边数： 目前这个参数还不可用，在以后的版本中将开发多边形的毛发。

节数： 用来控制毛发弯曲时的光滑程度。值越大，表示段数越多，弯曲的毛发越光滑。

平面法线： 这个选项用来控制毛发的呈现方式。当勾选该选项时，毛发将以平面方式呈现；当关闭该选项时，毛发将以圆柱体方式呈现。

③ 变量选项组

方向变化： 控制毛发在方向上的随机变化。值越大，表示变化越强烈；0表示不变化。

长度变化： 控制毛发长度的随机变化。1表示变化越强烈；0表示不变化。

厚度变化： 控制毛发粗细的随机变化。1表示变化越强烈；0表示不变化。

重力变化： 控制毛发受重力影响的随机变化。1表示变化越强烈；0表示不变化。

④ 分配选项组

每个面： 用来控制每个面产生的毛发数量，因为物体的每个面不都是均匀的，所以渲染出来的毛发也不均匀。

每区域： 用来控制每单位面积中的毛发数量，这种方式下渲染出来的毛发比较均匀。

参照帧： 指定源物体获取到计算面大小的帧，获取的数据将贯穿整个动画过程。

⑤ 布局选项组

整个对象： 启用该选项后，全部的面都将产生毛发。

被选择的面： 启用该选项后，只有被选择的面才能产生毛发。

材质ID： 启用该选项后，只有指定了材质ID的面才能产生毛发。

⑥ 贴图选项组

产生世界坐标： 所有的UVW贴图坐标都是从基础物体中获取，但该选项的W坐标可以修改毛发的偏移量。

通道： 指定在W坐标上将被修改的通道。

<2>贴图卷展栏

展开"贴图"卷展栏，如图3-233所示。

图3-233

贴图卷展栏参数介绍

基本贴图通道： 选择贴图的通道。

弯曲方向贴图（RGB）： 用彩色贴图来控制毛发的弯曲方向。

初始方向贴图（RGB）： 用彩色贴图来控制毛发根部的生长方向。

长度贴图（单色）： 用灰度贴图来控制毛发的长度。

厚度贴图（单色）： 用灰度贴图来控制毛发的粗细。

重力贴图（单色）：用灰度贴图来控制毛发受重力的影响。

弯曲贴图（单色）：用灰度贴图来控制毛发的弯曲程度。

密度贴图（单色）：用灰度贴图来控制毛发的生长密度。

<3>视口显示卷展栏

展开"视口显示"卷展栏，如图3-234所示。

图3-234

视口显示卷展栏参数介绍

视口预览：当勾选该选项时，可以在视图中预览毛发的生长情况。

最大毛发数：数值越大，就可以更加清楚地观察毛发的生长情况。

显示图标及文字：勾选该选项后，可以在视图中显示VRay毛发的图标和文字，如图3-235所示。

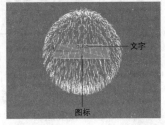

图3-235

自动更新：勾选该选项后，当改变毛发参数时，3ds Max会在视图中自动更新毛发的显示情况。

手动更新：单击该按钮可以手动更新毛发在视图中的显示情况。

实战

用VRay毛发制作毛毯

场景位置	DVD>场景文件>CH03>04.max
实例位置	DVD>实例文件>CH03>实战——用放样制作旋转花瓶.max
视频位置	DVD>多媒体教学>CH03>实战——用放样制作旋转花瓶.flv
难易指数	★☆☆☆☆
技术掌握	VRay毛发工具

毛毯效果如图3-236所示。

图3-236

01 打开光盘中的"场景文件>CH03>04.max"文件，如图3-237所示。

02 设置几何体类型为VRay，然后选择毛毯模型，接着单击

"VRay毛发"按钮 VR_毛发 ，效果如图3-238所示。

图3-237　　　　　　　　　　图3-238

03 展开"参数"卷展栏，然后在"源对象"选项组下设置"长度"为50mm、"厚度"1mm、"重力"为-5.34mm、"弯曲"为6、"锥度"为1，接着在"分配"选项组下勾选"每个面"选项，并设置其值为3，具体参数设置如图3-239所示，最终效果如图3-240所示。

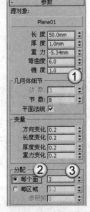

图3-239　　　　　　　　　　图3-240

疑难问答 问：为什么制作出来的毛发那么少？

答：在默认情况下，视图中的毛发显示数量为总体毛发的1000，如图3-241所示。如果要在视图中显示更多的毛发，可以在"视口显示"卷展栏下修改"最多毛发数"的数值，如图3-242所示是设置其值为10000时的毛发效果。

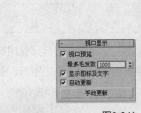

图3-241　　　　　　　　　　图3-242

VRay平面

VRay平面可以理解为无限延伸的平面，可以为这个平面指定材质，并且可以对其进行渲染。在实际工作中，一般用VRay平面来模拟无限延伸的地面和水面等，如图3-243和图3-244所示。

图3-243 　　　　　　　图3-244

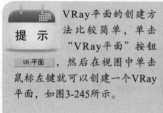

提 示　　VRay平面的创建方法比较简单,单击"VRay平面"按钮 VR-平面,然后在视图中单击鼠标左键就可以创建一个VRay平面,如图3-245所示。

图3-245

3.3 样条线建模

　　二维图形是由一条或多条样条线组成,而样条线又是由顶点和线段组成,所以只要调整顶点的参数及样条线的参数就可以生成复杂的二维图形,利用这些二维图形又可以生成三维模型,如图3-246和图3-247所示是一些优秀的样条线作品。

图3-246 　　　　　　图3-247

★重点★ 3.3.1 样条线

　　在"创建"面板中单击"图形"按钮,然后设置图形类型为"样条线",这里有11种样条线,分别是线、矩形、圆、椭圆、弧、圆环、多边形、星形、文本、螺旋线和截面,如图3-248所示。

图3-248

提 示　　样条线的应用非常广泛,其建模速度相当快。比如,在3ds Max 2012中制作三维文字时,可以直接使用"文本"工具 文本 输入文本,然后将其转换为三维模型。另外,还可以导入AI矢量图形来生成三维物体。选择相应的样条线工具后,在视图中拖曳光标就可以绘制出相应的样条线,如图3-249所示。

图3-249

本节重点建模工具概述

工具名称	工具图标	工具作用	重要程度
线	线	绘制任何形状的样条线	高
文本	文本	创建文本图形	高
螺旋线	螺旋线	创建开口平面或螺旋线	中

线--

　　线是建模中是最常用的一种样条线,其使用方法非常灵活,形状也不受约束,可以封闭也可以不封闭,拐角处可以是尖锐也可以是圆滑的。线的顶点有3种类型,分别是"角点"、"平滑"和Bezier。

　　线的参数包括4个卷展栏,分别是"渲染"卷展栏、"插值"卷展栏、"创建方法"卷展栏和"键盘输入"卷展栏,如图3-250所示。

图3-250

<1>渲染卷展栏

展开"渲染"卷展栏,如图3-251所示。

渲染卷展栏参数介绍

　　在渲染中启用:勾选该选项才能渲染出样条线;若不勾选,将不能渲染出样条线。

　　在视口中启用:勾选该选项后,样条线会以网格的形式显示在视图中。

图3-251

使用视口设置：该选项只有在开启"在视口中启用"选项时才可用，主要用于设置不同的渲染参数。

生成贴图坐标：控制是否应用贴图坐标。

真实世界贴图大小：控制应用于对象的纹理贴图材质所使用的缩放方法。

视口/渲染：当勾选"在视口中启用"选项时，样条线将显示在视图中；当同时勾选"在视口中启用"和"渲染"选项时，样条线在视图中和渲染中都可以显示出来。

径向：将3D网格显示为圆柱形对象，其参数包含"厚度"、"边"和"角度"。"厚度"选项用于指定视图或渲染样条线网格的直径，其默认值为1，范围从0~100；"边"选项用于在视图或渲染器中为样条线网格设置边数或面数（例如值为4表示一个方形横截面）；"角度"选项用于调整视图或渲染器中的横截面的旋转位置。

矩形：将3D网格显示为矩形对象，其参数包含"长度"、"宽度"、"角度"和"纵横比"。"长度"选项用于设置沿局部y轴的横截面大小；"宽度"选项用于设置沿局部x轴的横截面大小；"角度"选项用于调整视图或渲染器中的横截面的旋转位置；"纵横比"选项用于设置矩形横截面的纵横比。

自动平滑：启用该选项可以激活下面的"阈值"选项，调整"阈值"数值可以自动平滑样条线。

<2>插值卷展栏

展开"插值"卷展栏，如图3-252所示。

图3-252

插值卷展栏参数介绍

步数：手动设置每条样条线的步数。

优化：启用该选项后，可以从样条线的直线线段中删除不需要的步数。

自适应：启用该选项后，系统会自适应设置每条样条线的步数，以生成平滑的曲线。

<3>创建方法卷展栏

展开"创建方法"卷展栏，如图3-253所示。

图3-253

创建方法卷展栏参数介绍

初始类型：指定创建第1个顶点的类型，共有以下两个选项。

角点：通过顶点产生一个没有弧度的尖角。

平滑：通过顶点产生一条平滑的、不可调整的曲线。

拖动类型：当拖曳顶点位置时，设置所创建顶点的类型。

角点：通过顶点产生一个没有弧度的尖角。

平滑：通过顶点产生一条平滑、不可调整的曲线。

Bezier：通过顶点产生一条平滑、可以调整的曲线。

<4>键盘输入卷展栏

展开"键盘输入"卷展栏，如图3-254所示。该卷展栏下的参数可以通过键盘输入来完成样条线的绘制。

图3-254

文本

使用文本样条线可以很方便地在视图中创建出文字模型，并且可以更改字体类型和字体大小。文本的参数如图3-255所示（"渲染"和"插值"两个卷展栏中的参数与"线"工具的参数相同）。

图3-255

文本重要参数介绍

斜体 *I*：单击该按钮可以将文本切换为斜体，如图3-256所示。

下划线 U：单击该按钮可以将文本切换为下划线文本，如图3-257所示。

图3-256　　　　　　　　　图3-257

左对齐：单击该按钮可以将文本对齐到边界框的左侧。

居中：单击该按钮可以将文本对齐到边界框的中心。

右对齐：单击该按钮可以将文本对齐到边界框的右侧。

对正：分隔所有文本行以填充边界框的范围。

大小：设置文本高度，其默认值为100mm。

字间距：设置文字间的间距。

行间距：调整字行间的间距（只对多行文本起作用）。

文本：在此可以输入文本，若要输入多行文本，可以按Enter键切换到下一行。

螺旋线

使用"螺旋线"工具 螺旋线 可创建开口平面或螺旋线,其创建参数如图3-258所示。

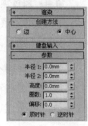

图3-258

螺旋线重要参数介绍

边:以螺旋线的边为基点开始创建。

中心:以螺旋线的中心为基点开始创建。

半径1/半径2:设置螺旋线起点和终点半径。

高度:设置螺旋线的高度。

圈数:设置螺旋线起点和终点之间的圈数。

偏移:强制在螺旋线的一端累积圈数。高度为0时,偏移的影响不可见。

顺时针/逆时针:设置螺旋线的旋转是顺时针还是逆时针。

> **知识链接:** 关于螺旋线的"渲染"参数及"键盘输入"参数请参阅132页"线"下的相关内容。

实战

用螺旋线制作现代沙发

场景位置	无
实例位置	DVD>实例文件>CH03>实战——用螺旋线制作现代沙发.max
视频位置	DVD>多媒体教学>CH03>实战——用螺旋线制作现代沙发.flv
难易指数	★★★☆☆
技术掌握	螺旋线工具、顶点的点选与框选方法

现代沙发效果如图3-259所示。

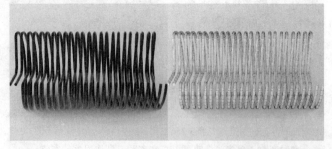

图3-259

01 使用"螺旋线"工具 螺旋线 在左视图中拖曳光标创建一条螺旋线,然后在"参数"卷展栏下设置"半径1"和"半径2"为500mm、"高度"为2000mm、"圈数"为12,具体参数设置及螺旋线效果如图3-260所示。

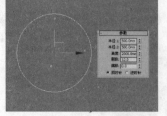

图3-260

> **提示** 在左视图中创建的螺旋线观察不到效果,要在其他3个视图中才能观察到,如图3-261所示是在透视图中的效果。

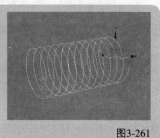

图3-261

02 选择螺旋线,然后单击鼠标右键,接着在弹出的菜单中选择"转换为>转换为可编辑样条线"命令,如图3-262所示。

图3-262

03 切换到"修改"面板,然后在"选择"卷展栏下单击"顶点"按钮,进入"顶点"级别,接着在左视图中选择如图3-263所示的顶点,最后按Delete键删除所选顶点,效果如图3-264所示。

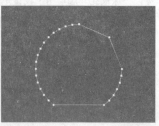

图3-263   图3-264

> **疑难问答** 问:为什么删除顶点后的效果不正确?
>
> 答:如果用户删除顶点后的效果与图3-264对应不起来,可能是选择方式不正确的原因。选择方式一般分为"点选"和"框选"两种,下面详细介绍一下这两种方法的区别(这两种选择方法要视情况而定)。
>
> 点选:顾名思义,点选就是单击鼠标左键进行选择,一次性只能选择一个顶点,如图3-265中所选顶点就是采用点选方式进行选择的,按Delete键删除顶点后得到如图3-266所示的效果。很明显点选得到的效果不能达到要求,也就是说用户很可能是采用点选方式造成的错误。

图3-265   图3-266

框选：这种选择方式主要用来选择处于一个区域内的对象（步骤（3）就是框选）。比如框选如图3-267所示的顶点，那么处于选框区域内的所有顶点都将被选中，如图3-268所示。

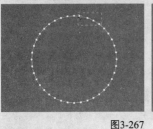
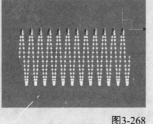

图3-267　　　　　　　　　　　　　　　　图3-268

04 使用"选择并移动"工具 在左视图中框选如图3-269所示的一组顶点，然后将其拖曳到如图3-270所示的位置。

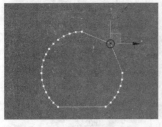
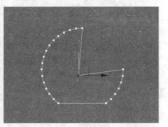

图3-269　　　　　　　　　　　　　　　　图3-270

05 继续使用"选择并移动"工具 在左视图中框选如图3-271所示的两组顶点，然后将其向下拖曳到如图3-272所示的位置，接着分别将各组顶点向内收拢，如图3-273所示。

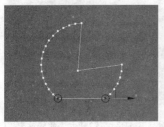

图3-271　　　　　　　　　　　　　　　　图3-272

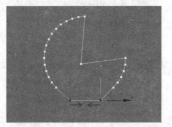

图3-273

06 在左视图中框选如图3-274所示的一组顶点，然后展开"几何体"卷展栏，接着在"圆角"按钮 圆角 后面的输入框中输入120mm，最后按Enter键确认操作，如图3-275所示。

07 继续在左视图中框选如图3-276所示的4组顶点，然后展开"几何体"卷展栏，接着在"圆角"按钮 圆角 后面的输入框中输入50mm，最后按Enter键确认操作，如图3-277所示。

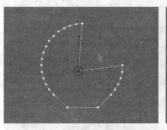
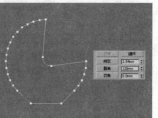

图3-274　　　　　　　　　　　　　　　　图3-275

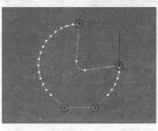
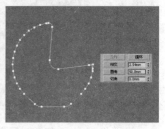

图3-276　　　　　　　　　　　　　　　　图3-277

08 在"选择"卷展栏下单击"顶点"按钮 ，退出"顶点"级别，然后在"渲染"卷展栏下勾选"在渲染中启用"和"在视口中启用"选项，接着设置"径向"的"厚度"为40mm，具体参数设置及模型效果如图3-278所示。

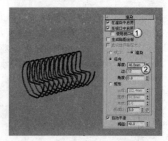

图3-278

09 使用"选择并移动"工具 选择模型，然后按住Shift键在前视图中向左或向右移动复制一个模型，如图3-279所示，最终效果如图3-280所示。

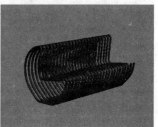

图3-279　　　　　　　　　　　　　　　　图3-280

其他样条线

除了以上3种样条线以外，还有8种样条线，分别是矩形、圆、椭圆、弧、圆环、多边形、星形和截面，如图3-281所示。这8种样条线都很简单，其参数也很容易理解，在此就不再进行介绍。

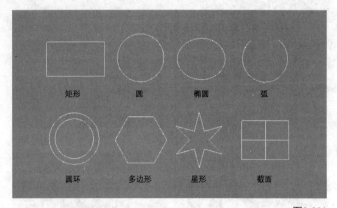

图3-281

3.3.2 扩展样条线

设置图形类型为"扩展样条线",这里共有5种类型的扩展样条线,分别是"墙矩形"、"通道"、"角度"、"T形"和"宽法兰",如图3-282所示。这5种扩展样条线在前视图中的显示效果如图3-283所示。

图3-282

图3-283

> **提示** 扩展样条线的创建方法和参数设置比较简单,与样条线的使用方法基本相同,因此在这里就不多加讲解了。实际上"扩展样条线"就是"样条线"的补充,让用户在建模时节省时间,但是只有在特殊情况下才使用扩展样条线来建模,而且还得配合其他修改器一起来完成。二维图形建模中还有一个"NURBS曲线"建模方法,这一部分内容将在后面的章节中进行讲解。

★重点★ 3.3.3 编辑样条线

虽然3ds Max 2012提供了很多种二维图形,但是也不能完全满足创建复杂模型的需求,因此就需要对样条线的形状进行修改,并且由于绘制出来的样条线都是参数化对象,只能对参数进行调整,所以就需要将样条线转换为可编辑样条线。

● 转换为可编辑样条线-----------------------------------

将样条线转换为可编辑样条线的方法有以下两种。

第1种:选择样条线,然后单击鼠标右键,接着在弹出的菜单中选择"转换为>转换为可编辑样条线"命令,如图3-284所示。

图3-284

> **提示** 在将样条线转换为可编辑样条线前,样条线具有创建参数("参数"卷展栏),如图3-285所示。转换为可编辑样条线以后,"修改"面板的修改器堆栈中的Text就变成了"可编辑样条线"选项,并且没有了"参数"卷展栏,但增加了"选择"、"软选择"和"几何体"3个卷展栏,如图3-286所示。

图3-285　　　　　　　图3-286

第2种:选择样条线,然后在"修改器列表"中为其加载一个"编辑样条线"修改器,如图3-287所示。

图3-287

 疑难问答 问:两种转换方法有区别吗?

答:有一定的区别。与第1种方法相比,第2种方法的修改器堆栈中不只包含"编辑样条线"选项,同时还保留了原始的样条线(也包含"参数"卷展栏)。当选择"编辑样条线"选项时,其卷展栏包含"选择"、"软选择"和"几何体"卷展栏,如图3-288所示;当选择Text选项时,其卷展栏包括"渲染"、"插值"和"参数"卷展栏,如图3-289所示。

图3-288　　　　　　　图3-289

● 调节可编辑样条线-----------------------------------

将样条线转换为可编辑样条线后,可编辑样条线就包含

5个卷展栏，分别是"渲染"、"插值"、"选择"、"软选择"和"几何体"卷展栏，如图3-290所示。

图3-290

 知识链接：下面只介绍"选择"、"软选择"和"几何体"3个卷展栏下的相关参数，另外两个卷展栏请参阅132页"线"下的相关内容。

<1>选择卷展栏

"选择"卷展栏主要用来切换可编辑样条线的操作级别，如图3-291所示。

图3-291

选择卷展栏参数介绍

顶点：用于访问"顶点"子对象级别，在该级别下可以对样条线的顶点进行调节，如图3-292所示。

线段：用于访问"线段"子对象级别，在该级别下可以对样条线的线段进行调节，如图3-293所示。

样条线：用于访问"样条线"子对象级别，在该级别下可以对整条样条线进行调节，如图3-294所示。

图3-292　　　　　图3-293　　　　　图3-294

命名选择：该选项组用于复制和粘贴命名选择集。

复制：将命名选择集放置到复制缓冲区。

粘贴：从复制缓冲区中粘贴命名选择集。

锁定控制柄：关闭该选项时，即使选择了多个顶点，用户每次也只能变换一个顶点的切线控制柄；勾选该选项时，可以同时变换多个Bezier和Bezier角点控制柄。

相似：拖曳传入向量的控制柄时，所选顶点的所有传入向量将同时移动。同样，移动某个顶点上的传出切线控制柄将移动所有所选顶点的传出切线控制柄。

全部：当处理单个Bezier角点顶点并且想要移动两个控制柄时，可以使用该选项。

区域选择：该选项允许自动选择所单击顶点的特定半径中的所有顶点。

线段端点：勾选该选项后，可以通过单击线段来选择顶点。

选择方式：单击该按钮可以打开"选择方式"对话框，如图3-295所示。在该对话框中可以选择所选样条线或线段上的顶点。

显示：该选项组用于设置顶点编号的显示方式。

显示顶点编号：启用该选项后，3ds Max将在任何子对象级别的所选样条线的顶点旁边显示顶点编号，如图3-296所示。

仅选择：启用该选项后（要启用"显示顶点编号"选项时，该选项才可用），仅在所选顶点旁边显示顶点编号，如图3-297所示。

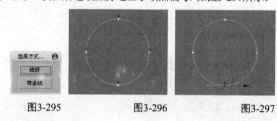

图3-295　　　　　图3-296　　　　　图3-297

<2>软选择卷展栏

"软选择"卷展栏下的参数选项允许部分地选择显式选择邻接处中的子对象，如图3-298所示。这将会使显式选择的行为就像被磁场包围了一样。在对子对象进行变换时，在场中被部分选定的子对象就会以平滑的方式进行绘制。

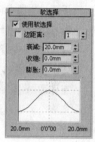

图3-298

软选择卷展栏参数介绍

使用软选择：启用该选项后，3ds Max会将样条线曲线变形应用到所变换的选择周围的未选定子对象。

边距离：启用该选项后，可以将软选择限制到指定的边数。

衰减：用以定义影响区域的距离，它是用当前单位表示的从中心到球体的边的距离。使用越高的"衰减"数值，就可以实现更平缓的斜坡。

收缩：用于沿着垂直轴提高并降低曲线的顶点。数值为负数时，将生成凹陷，而不是点；数值为0时，收缩将跨越该轴生成平滑变换。

膨胀：用于沿着垂直轴展开和收缩曲线。受"收缩"选项的限制，"膨胀"选项设置膨胀的固定起点。"收缩"值为0mm并且"膨胀"值为1mm时，将会产生最为平滑的凸起。

软选择曲线图：以图形的方式显示软选择是如何进行工作的。

<3>几何体卷展栏

"几何体"卷展栏下是一些编辑样条线对象和子对象的相关参数与工具，如图3-299所示。

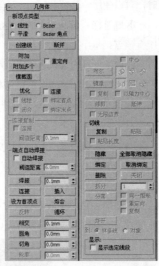

图3-299

几何体卷展栏参数与工具介绍

新顶点类型：该选项组用于选择新顶点的类型。

线性：新顶点具有线性切线。

Bezier：新顶点具有Bezier切线。

平滑：新顶点具有平滑切线。

Bezier角点：新顶点具有Bezier角点切线。

创建线 创建线 ：向所选对象添加更多样条线。这些线是独立的样条线子对象。

断开 断开 ：在选定的一个或多个顶点拆分样条线。选择一个或多个顶点，然后单击"断开"按钮 断开 可以创建拆分效果。

附加 附加 ：将其他样条线附加到所选样条线。

附加多个 附加多个 ：单击该按钮可以打开"附加多个"对话框，该对话框包含场景中所有其他图形的列表。

重定向：启用该选项后，将重新定向附加的样条线，使每个样条线的创建局部坐标系与所选样条线的创建局部坐标系对齐。

横截面 横截面 ：在横截面形状外面创建样条线框架。

优化 优化 ：这是最重要的工具之一，可以在样条线上添加顶点，且不更改样条线的曲率值。

连接：启用该选项时，通过连接新顶点可以创建一个新的样条线子对象。使用"优化"工具 优化 添加顶点后，"连接"选项会为每个新顶点创建一个单独的副本，然后将所有副本与一个新样条线相连。

线性：启用该选项后，通过使用"角点"顶点可以使新样条直线中的所有线段成为线性。

绑定首点：启用该选项后，可以使在优化操作中创建的第一个顶点绑定到所选线段的中心。

闭合：如果用该选项后，将连接新样条线中的第一个和最后一个顶点，以创建一个闭合的样条线；如果关闭该选项，"连接"选项将始终创建一个开口样条线。

绑定末点：启用该选项后，可以使在优化操作中创建的最后一个顶点绑定到所选线段的中心。

连接复制：该选项组在"线段"级别下使用，用于控制是否开启连接复制功能。

连接：启用该选项后，按住Shift键复制线段的操作将创建一个新的样条线子对象，以及将新线段的顶点连接到原始线段顶点的其他样条线。

阈值距离：确定启用"连接复制"选项时将使用的距离软选择。数值越高，创建的样条线就越多。

端点自动焊接：该选项组用于自动焊接样条线的端点。

自动焊接：启用该选项后，会自动焊接在与同一样条线的另一个端点的阈值距离内放置和移动的端点顶点。

阈值距离：用于控制在自动焊接顶点之前，顶点可以与另一个顶点接近的程度。

焊接 焊接 ：这是最重要的工具之一，可以将两个端点顶点或同一样条线中的两个相邻顶点转化为一个顶点。

连接 连接 ：连接两个端点顶点以生成一个线性线段。

插入 插入 ：插入一个或多个顶点，以创建其他线段。

设为首顶点 设为首顶点 ：指定所选样条线中的哪个顶点为第一个顶点。

熔合 熔合 ：将所有选定顶点移至它们的平均中心位置。

反转 反转 ：该工具在"样条线"级别下使用，用于反转所选样条线的方向。

循环 循环 ：选择顶点以后，单击该按钮可以循环选择同一条样条线上的顶点。

相交 相交 ：在属于同一个样条线对象的两个样条线的相交处添加顶点。

圆角 圆角 ：在线段会合的地方设置圆角，以添加新的控制点。

切角 切角 ：用于设置形状角部的倒角。

轮廓 轮廓 ：这是最重要的工具之一，在"样条线"级别下使用，用于创建样条线的副本。

中心：如果关闭该选项，原始样条线将保持静止，而仅仅一侧的轮廓偏移到"轮廓"工具指定的距离；如果启用该选项，原始样条线和轮廓将从一个不可见的中心线向外移动由"轮廓"工具指定的距离。

布尔：对两个样条线进行2D布尔运算。

并集：将两个重叠样条线组合成一个样条线。在该样条线中，重叠的部分会被删除，而保留两个样条线不重叠的部分，构成一个样条线。

差集 ✍：从第1个样条线中减去与第2个样条线重叠的部分，并删除第2个样条线中剩余的部分。

交集 ✍：仅保留两个样条线的重叠部分，并且会删除两者的不重叠部分。

镜像：对样条线进行相应的镜像操作。

水平镜像 ⎁：沿水平方向镜像样条线。

垂直镜像 ⎓：沿垂直方向镜像样条线。

双向镜像 ✎：沿对角线方向镜像样条线。

复制：启用该选项后，可以在镜像样条线时复制（而不是移动）样条线。

以轴为中心：启用该选项后，可以以样条线对象的轴点为中心镜像样条线。

修剪 修剪：清理形状中的重叠部分，使端点接合在一个点上。

延伸 延伸：清理形状中的开口部分，使端点接合在一个点上。

无限边界：为了计算相交，启用该选项可以将开口样条线视为无穷长。

切线：使用该选项组中的工具可以将一个顶点的控制柄复制并粘贴到另一个顶点。

复制 复制：激活该按钮，然后选择一个控制柄，可以将所选控制柄切线复制到缓冲区。

粘贴 粘贴：激活该按钮，然后单击一个控制柄，可以将控制柄切线粘贴到所选顶点。

粘贴长度：如果启用该选项后，还可以复制控制柄的长度；如果关闭该选项，则只考虑控制柄角度，而不改变控制柄长度。

隐藏 隐藏：隐藏所选顶点和任何相连的线段。

全部取消隐藏 全部取消隐藏：显示任何隐藏的子对象。

绑定 绑定：允许创建绑定顶点。

取消绑定 取消绑定：允许断开绑定顶点与所附加线段的连接。

删除 删除：在"顶点"级别下，可以删除所选的一个或多个顶点，以及与每个要删除的顶点相连的那条线段；在"线段"级别下，可以删除当前形状中任何选定的线段。

关闭 关闭：通过将所选样条线的端点顶点与新线段相连，以关闭该样条线。

拆分 拆分：通过添加由指定的顶点数来细分所选线段。

分离 分离：允许选择不同样条线中的几个线段，然后拆分（或复制）它们，以构成一个新图形。

同一图形：启用该选项后，将关闭"重定向"功能，并且"分离"操作将使分离的线段保留为形状的一部分（而不是生成一个新形状）。如果还启用了"复制"选项，则可以结束在同一位置进行的线段的分离副本。

重定向：移动和旋转新的分离对象，以便对局部坐标系进行定位，并使其与当前活动栅格的原点对齐。

复制：复制分离线段，而不是移动它。

炸开 炸开：通过将每个线段转化为一个独立的样条线或对象，来分裂任何所选样条线。

到：设置炸开样条线的方式，包含"样条线"和"对象"两种。

显示：控制是否开启"显示选定线段"功能。

显示选定线段：启用该选项后，与所选顶点子对象相连的任何线段将高亮显示为红色。

将二维样条线转换成三维模型

将二维样条线转换成三维模型的方法有很多，常用的方法是为模型加载"挤出"、"倒角"或"车削"修改器，如图3-300所示是为一个样条线加载"车削"修改器后得到的三维模型效果。

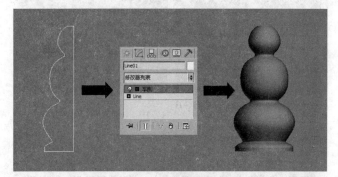

图3-300

实战

用样条线制作简约办公椅

场景位置	无
实例位置	DVD>实例文件>CH03>实战——用样条线制作简约办公椅.max
视频位置	DVD>多媒体教学>CH03>实战——用样条线制作简约办公椅.flv
难易指数	★★★☆☆
技术掌握	线工具、调节样条线的形状、附加样条线、焊接顶点

办公椅子效果如图3-301所示。

图3-301

01 使用"线"工具 线 在视图中绘制出如图3-302所示的样条线。

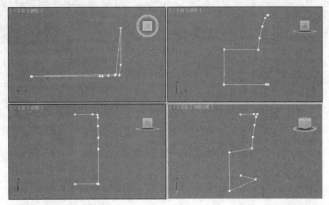

图3-302

02 在"选择"卷展栏下单击"顶点"按钮，进入"顶点"级别，然后选择如图3-303所示的顶点，接着单击鼠标右键，最后在弹出的菜单中选择"平滑"命令，如图3-304所示。

 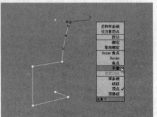

图3-303　　　　　　　图3-304

技术专题 16　调节样条线的形状

如果绘制出来的样条线不是很平滑，就需要对其进行调节（需要尖角的角点时就不需要调节），样条线形状主要是在"顶点"级别下进行调节。下面以图3-305中的矩形来详细介绍一下如何将硬角点调节为平面的角点。

进入"修改"面板，然后在"选择"卷展栏下单击"顶点"按钮，进入"顶点"级别，如图3-306所示。

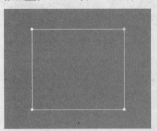 

图3-305　　　　　　　图3-306

选择需要调节的顶点，然后单击鼠标右键，在弹出的菜单中可以观察到除了"角点"选项以外，还有另外3个选项，分别是"Bezier角点"、Bezier和"平滑"选项，如图3-307所示。

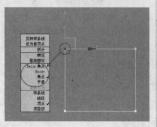

图3-307

平滑：如果选择该选项，则选择的顶点会自动平滑，但是不能继续调节角点的形状，如图3-308所示。

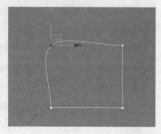

图3-308

Bezier角点：如果选择该选项，则原始角点的形状保持不变，但会出现控制柄（两条滑竿）和两个可供调节方向的锚点，如图3-309所示。通过这两个锚点，可以用"选择并移动"工具、"选择并旋转"工具、"选择并均匀缩放"工具等对锚点进行移动、旋转和缩放等操作，从而改变角点的形状，如图3-310所示。

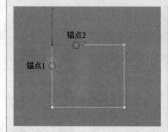 

图3-309　　　　　　　图3-310

Bezier：如果选择该选项，则会改变原始角点的形状，同时也会出现控制柄和两个可供调节方向的锚点，如图3-311所示。同样通过这两个锚点，可以用"选择并移动"工具、"选择并旋转"工具、"选择并均匀缩放"工具等对锚点进行移动、旋转和缩放等操作，从而改变角点的形状，如图3-312所示。

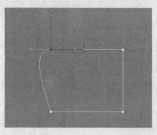 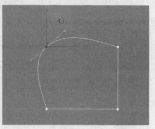

图3-311　　　　　　　图3-312

03 选择如图3-313所示的顶点，展开"几何体"卷展栏，然后在"圆角"按钮　圆角　后面的输入框中输入220mm，接着按Enter键确认圆角操作，如图3-314所示。

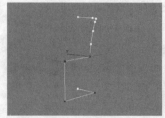 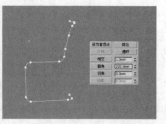

图3-313　　　　　　　图3-314

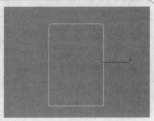

图3-319　　　　　　　　　　　　图3-320

第2步：焊接顶点。进入"顶点"级别，在左视图中选择顶部的两个顶点（在视觉上看似一个顶点，但实际上是两个顶点。在"选择"卷展栏下可以观察到选择的顶点数目），如图3-321所示，然后在"几何体"卷展栏下"焊接"按钮 焊接 后面的输入框中输入10mm，接着单击"焊接"按钮 焊接 确认焊接操作，如图3-322所示。焊接完成后再对顶部的两个顶点进行焊接。

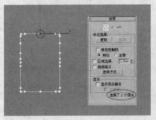
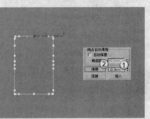

图3-321　　　　　　　　　　　　图3-322

07 使用"圆"工具 圆 在左视图中绘制圆形，然后在"参数"卷展栏下设置"半径"为45mm，如图3-323所示。

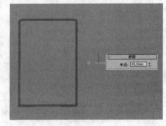

图3-323

08 选择圆形，然后在"渲染"卷展栏下勾选"在渲染中启用"和"在视口中启用"，接着勾选"矩形"选项，再设置"长度"为1300mm、"宽度"为20mm，如图3-324所示，最后调整好圆形的位置，如图3-325所示。

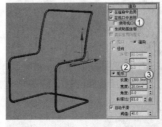
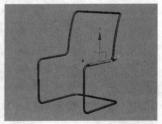

图3-324　　　　　　　　　　　　图3-325

09 按住Shift键使用"选择并移动"工具 移动复制一个圆形到另外一个扶手处，如图3-236所示。

10 采用相同的方法制作出另外两个圆形，如图3-327所示。

疑难问答　问：为什么设置的圆角不正确？

　　答：注意，由于本例绘制的样条线没有准确的数值，因此将样条线的选定顶点圆角220mm不一定能得到想要的圆角效果。基于此，用户需要根据实际情况来自行设定圆角数值。

04 返回到顶层级，然后在"主工具栏"中单击"镜像"按钮，打开"镜像:屏幕坐标"对话框，接着设置"镜像轴"为y轴、"克隆当前选择"为"复制"，如图3-315所示，效果如图3-316所示。

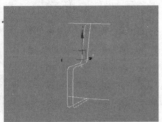

图3-315　　　　　　　　　　　　图3-316

疑难问答　问：如何返回顶层级？

　　答：在"顶点"级别下，如果要返回顶层级，可以在视图中单击鼠标右键，然后在弹出的菜单中选择"顶层级"命令。

05 使用"选择并移动"工具 在视图中调整好镜像样条线的位置，如图3-317所示。

06 选择样条线，然后在"渲染"卷展栏下勾选"在渲染中启用"和"在视口中启用"选项，接着设置"径向"的"厚度"为80mm，如图3-318所示。

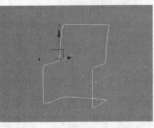
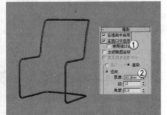

图3-317　　　　　　　　　　　　图3-318

技术专题 17　附加样条线与焊接顶点

　　这里可能会遇到一个问题，选择两条样条线无法设置"渲染"参数。这是因为这两条样条线是分开的（即两条样条线），只能对其分别进行设置。因此，在设置"渲染"参数之前需要将两条样条线附加成一个整体，然后对端点顶点进行焊接。具体操作流程如下。

　　第1步：附加样条线。选择其中一条样条线，然后在"几何体"卷展栏下单击"附加"按钮 附加 ，接着在视图中单击另外一条样条线，如图3-319所示，这样就可以将两条样条线附加成一个整体，如图3-320所示。

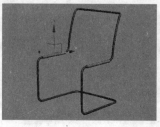

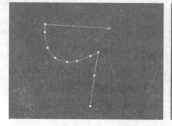

图3-326   图3-327

图3-332   图3-333

11▸ 使用"线"工具 线 在左视图中绘制一条如图3-238所示的样条线,然后在"渲染"卷展栏下勾选"在渲染中启用"和"在视口中启用"选项,接着勾选"矩形"选项,最后设置"长度"为20mm、"宽度"为1300mm,如图3-329所示。

02▸ 分别选择两条样条线,然后在"渲染"卷展栏下勾选"在渲染中启用"和"在视口中启用"选项,接着勾选"矩形"选项,最后设置"长度"为60mm、"宽度"为40mm,具体参数设置如图3-334所示。

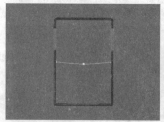

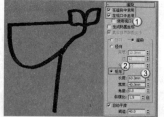

图3-328   图3-329

图3-334

12▸ 采用相同的方法制作出靠背部分,最终效果如图3-330所示。

03▸ 使用"线"工具 线 在前视图中绘制出如图3-335所示的样条线,然后在"渲染"卷展栏下勾选"在渲染中启用"和"在视口中启用"选项,接着设置"径向"的"厚度"为8mm,具体参数设置如图3-336所示。

图3-330

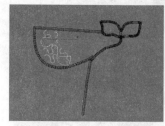
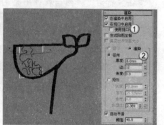

图3-335   图3-336

实战

用样条线制作雕花台灯

场景位置	无
实例位置	DVD>实例文件>CH03>实战——用样条线制作雕花台灯.max
视频位置	DVD>多媒体教学>CH03>实战——用样条线制作雕花台灯.flv
难易指数	★★★★☆
技术掌握	线工具、车削修改器、挤出修改器

雕花台灯效果如图3-331所示。

04▸ 采用相同的方法制作出其他的雕花,完成后的效果如图3-337所示。

05▸ 选择除了叶片雕花外的所有的模型,然后执行"组>成组"菜单命令,为其建立一个组,如图3-338所示。

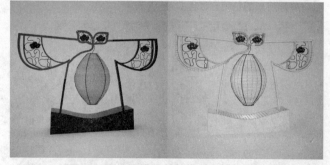

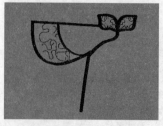
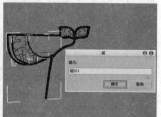

图3-331

图3-337   图3-338

01▸ 使用"线"工具 线 在前视图中绘制出如图3-332所示的样条线,然后继续绘制出如图3-333所示的样条线。

06▸ 选择"组001",然后在"主工具栏"中单击"镜像"按钮,打开"镜像:屏幕坐标"对话框,接着设置"镜像轴"为x轴、"克隆当前选择"为"复制",如图3-339所示,最后调整好镜像模型的位置，如图3-340所示。

 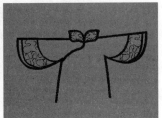

图3-339 　　　　　　　　　　　　　　图3-340

07 使用"线"工具 线 在前视图中绘制出如图3-341所示的样条线。

图3-341

08 在"修改器列表"中为样条线加载一个"车削"修改器，然后在"参数"卷展栏下设置"方向"为y轴、"对齐"方式为"最小" 最小 ，如图3-342所示，效果如图3-343所示。

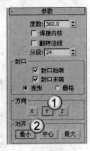

图3-342 　　　　　　　　　　　　　　图3-343

09 选择"车削"修改器的"轴"层级，然后使用"选择并移动"工具在前视图中向左移动轴，如图3-344所示。

图3-344

知识链接：　"车削"修改器相当重要。关于该修改器的作用与用法请参阅152页中的"车削修改器"。

10 使用"线"工具 线 在前视图中绘制出如图3-345所示的样条线，然后在"渲染"卷展栏下勾选"在渲染中启用"

和"在视口中启用"选项，接着设置"径向"的"厚度"为7mm，具体参数设置如图3-346所示。

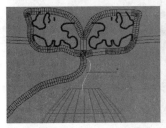 

图3-345 　　　　　　　　　　　　　　图3-346

11 继续使用"线"工具 线 制作出灯罩上的其他挂线，完成后的效果如图3-347所示。

12 使用"线"工具 线 在前视图中绘制出如图3-348所示的样条线。

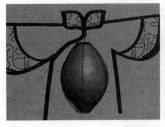 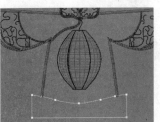

图3-347 　　　　　　　　　　　　　　图3-348

13 为样条线加载一个"挤出"修改器，然后在"参数"卷展栏下设置"数量"为400mm，具体参数设置如图3-349所示，最终效果如图3-350所示。

图3-349 　　　　　　　　　　　　　　图3-350

疑难问答 问：为什么得不到理想的挤出效果？

答：由于每人绘制的扩展样条线的比例大小都不一致，且本例没有给出相应的创建参数，因此如果设置"挤出"修改器的"数量"为400mm很难得到与图3-350相似的模型效果。也就是说，"挤出"修改器的"数量"值要根据扩展样条线的大小比例自行调整。

实战

用样条线制作窗帘

场景位置	无
实例位置	DVD>实例文件>CH03>实战——用样条线制作窗帘.max
视频位置	DVD>多媒体教学>CH03>实战——用样条线制作窗帘.flv
难易指数	★★★★☆
技术掌握	线工具、放样工具、FFD修改器、倒角剖面修改器

窗帘效果如图3-351所示。

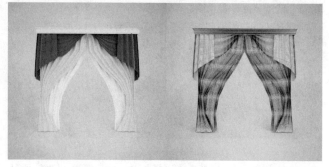

图3-351

01 使用"线"工具 线 在顶视图中绘制出两条如图3-352所示的样条线,然后在前视图中绘制出一条如图3-353所示的样条线。

图3-352　　　　　　　　　　　图3-353

02 选择上一步绘制的直线,设置几何体类型为"复合对象",然后单击"放样"按钮 放样 ,接着在"创建方法"卷展栏下单击"获取图形"按钮 获取图形 ,最后在视图中拾取顶部的样条线,如图3-354所示,效果如图3-355所示。

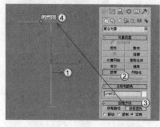

图3-354　　　　　　　　　　　图3-355

03 在"创建方法"卷展栏下设置"路径"为100,然后在"创建方法"卷展栏下单击"获取图形"按钮 获取图形 ,接着在视图中拾取底部的样条线,如图3-356所示,效果如图3-357所示。

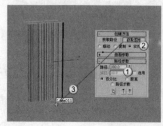

图3-356　　　　　　　　　　　图3-357

04 为窗帘模型加载一个FFD 4×4×4修改器,然后在"控制点"层级下将模型调整成如图3-358所示的形状。

05 采用相同的方法继续制作一个如图3-359所示的窗帘模型。

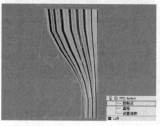
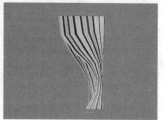

图3-358　　　　　　　　　　　图3-359

06 使用"线"工具 线 在视图中绘制一条如图3-360所示的样条线,然后为其加载一个"挤出"修改器,接着在"参数"卷展栏下设置"数量"为140mm、"分段"为5,如图3-361所示。

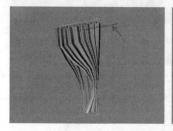
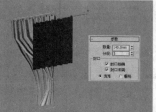

图3-360　　　　　　　　　　　图3-361

07 为窗帘模型加载一个FFD 3×3×3修改器,然后在"控制点"层级下将其调整成如图3-362所示的效果。

图3-362

08 选择所有的窗帘模型,然后在"主工具栏"中单击"镜像"按钮 ,打开"镜像:屏幕坐标"对话框,接着设置"镜像轴"为x轴、"克隆当前选择"为"复制",如图3-363所示,最后调整好镜像模型的位置,如图3-364所示。

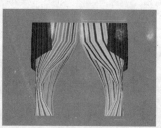

图3-363　　　　　　　　　　　图3-364

09 使用"线"工具 线 在左视图中绘制出一条如图3-365所示的样条线,然后为其加载一个"挤出"修改器,接着在"参数"卷展栏下设置"数量"为260mm、"分段"为30,如图3-366所示。

 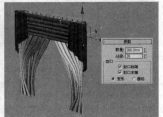

图3-365　　　　　　　　　图3-366

10 选择挤出的模型加载一个FFD(长方体)修改器,然后在"FFD参数"卷展栏下单击"设置点数"按钮 设置点数 ,接着在弹出的"设置FFD尺寸"对话框中设置点数为5×5×5,如图3-367所示,最后在"控制点"层级下将模型调整成如图3-368所示的效果。

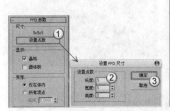 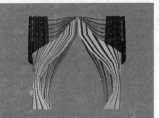

图3-367　　　　　　　　　图3-368

11 使用"线"工具 线 在顶视图中绘制一条如图3-369所示的样条线,然后在左视图中绘制一条如图3-370所示的样条线。

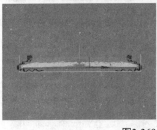 

图3-369　　　　　　　　　图3-370

12 选择在顶视图中绘制的样条线,然后为其加载一个"倒角剖面"修改器,接着在"参数"卷展栏下单击"拾取剖面"按钮 拾取剖面 ,最后拾取在左视图中绘制的样条线,如图3-371所示,最终效果如图3-372所示。

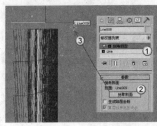 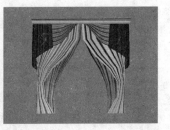

图3-371　　　　　　　　　图3-372

3.4 修改器建模

"修改"面板是3ds Max很重要的一个组成部分,而修改器堆栈则是"修改"面板的"灵魂"。所谓"修改器",就是可以对模型进行编辑,改变其几何形状及属性的命令。

修改器对于创建一些特殊形状的模型具有非常强大的优势,因此在使用多边形建模等建模方法很难达到模型要求时,不妨采用修改器进行制作,如图3-373和图3-374所示是一些使用修改器制作的优秀模型。

图3-373　　　　　　　　　图3-374

> 提示　修改器可以在"修改"面板中的"修改器列表"中进行加载,也可以在"菜单栏"中的"修改器"菜单下进行加载,这两个地方的修改器完全一样。

3.4.1 修改器的基础知识

在学习修改器之前,先要了解修改器的基础知识。这些基础知识主要包含修改器堆栈的用法和修改器的种类。

修改器堆栈

进入"修改"面板,可以观察到修改器堆栈中的工具,如图3-375所示。

图3-375

修改器堆栈工具介绍

锁定堆栈 :激活该按钮可以将堆栈和"修改"面板的所有控件锁定到选定对象的堆栈中。即使在选择了视图中的另一个对象之后,也可以继续对锁定堆栈的对象进行编辑。

显示最终结果开/关切换 :激活该按钮后,会在选定的对象上显示整个堆栈的效果。

使唯一 :激活该按钮可以将关联的对象修改成独立对象,这样可以对选择集中的对象单独进行操作(只有在场景中拥有选择集的时候该按钮才可用)。

从堆栈中移除修改器 ：若堆栈中存在修改器，单击该按钮可以删除当前的修改器，并清除由该修改器引发的所有更改。

配置修改器集 ：单击该按钮将弹出一个子菜单，这个菜单中的命令主要用于配置在"修改"面板中怎样显示和选择修改器，如图3-376所示。

图3-376

为对象加载修改器

为对象加载修改器的方法非常简单。选择一个对象后，进入"修改"面板，然后单击"修改器列表"后面的 ▾ 按钮，接着在弹出的下拉列表中就可以选择相应的修改器，如图3-377所示。

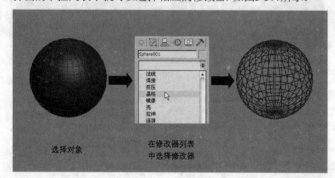

选择对象　　　　在修改器列表中选择修改器

图3-377

修改器的排序

修改器的排列顺序非常重要，先加入的修改器位于修改器堆栈的下方，后加入的修改器则在修改器堆栈的顶部，不同的顺序对同一物体起到的效果是不一样的。

见图3-378，这是一个管状体，下面以这个物体为例来介绍修改器的顺序对效果的影响，同时介绍如何调整修改器之间的顺序。

图3-378

先为管状体加载一个"扭曲"修改器，然后在"参数"卷展栏下设置扭曲的"角度"为360，这时管状体便会产生大幅度的扭曲变形，如图3-379所示。

继续为管状体加载一个"弯曲"修改器，然后在"参数"卷展栏下设置弯曲的"角度"为90，这时管状体会发生很自然的弯曲变形，如图3-380所示。

 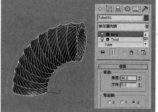

图3-379　　　　　　　　　　　图3-380

下面调整两个修改器的位置。用鼠标左键单击"弯曲"修改器不放，然后将其拖曳到"扭曲"修改器的下方松开鼠标左键（拖曳时修改器下方会出现一条蓝色的线），调整排序后可以发现管状体的效果发生了很大的变化，如图3-381所示。

图3-381

> **提示**　在修改器堆栈中，如果要同时选择多个修改器，可以先选中一个修改器，然后按住Ctrl键单击其他修改器进行加选，如果按住Shift键则可以选中多个连续的修改器。

启用与禁用修改器

在修改器堆栈中可以观察到每个修改器前面都有个小灯泡图标 ，这个图标表示这个修改器的启用或禁用状态。当小灯泡显示为亮的状态时 ，代表这个修改器是启用的；当小灯泡显示为暗的状态时 ，代表这个修改器被禁用了。单击这个小灯泡即可切换启用和禁用状态。

以图3-382中的修改器堆栈为例，这里为一个球体加载了3个修改器，分别是"晶格"修改器、"扭曲"修改器和"波浪"修改器，并且这3个修改器都被启用了。

图3-382

选择底层的"晶格"修改器，当"显示最终结果"按钮 被禁用时，场景中的球体不能显示该修改器之上的所有修改器的效果，如图3-383所示。如果单击"显示最终结果"按钮 ，使其处于激活状态，即可在选中底层修改器的状态下显示所有修改器的修改结果，如图3-384所示。

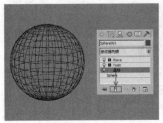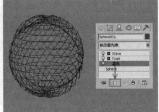

图3-383　　　　　　　　　　　图3-384

如果要禁用"波浪"修改器，可以单击该修改器前面的小灯泡图标🔆，使其变为灰色🔆即可，这时物体的形状也跟着发生了变化，如图3-385所示。

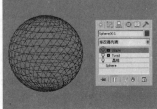

图3-385

🌐 编辑修改器

在修改器上单击鼠标右键会弹出一个菜单，该菜单中包括一些对修改器进行编辑的常用命令，如图3-386所示。

图3-386

从菜单中可以观察到修改器是可以复制到其他物体上的，复制的方法有以下两种。

第1种：在修改器上单击鼠标右键，然后在弹出的菜单中选择"复制"命令，接着在需要的位置单击鼠标右键，最后在弹出的菜单中选择"粘贴"命令即可。

第2种：直接将修改器拖曳到场景中的某一物体上。

> **提示**　在选中某一修改器后，如果按住Ctrl键将其拖曳到其他对象上，可以将这个修改器作为实例粘贴到其他对象上；如果按住Shift键将其拖曳到其他对象上，就相当于将源物体上的修改器剪切并粘贴到新对象上。

🌐 塌陷修改器堆栈

塌陷修改器会将该物体转换为可编辑网格，并删除其中所

有的修改器，这样可以简化对象，并且还能够节约内存。但是塌陷之后就不能对修改器的参数进行调整，并且也不能将修改器的历史恢复到基准值。

塌陷修改器有"塌陷到"和"塌陷全部"两种方法。使用"塌陷到"命令可以塌陷到当前选定的修改器，也就是说删除当前及列表中位于当前修改器下面的所有修改器，保留当前修改器上面的所有修改器；而使用"塌陷全部"命令，会塌陷整个修改器堆栈，删除所有修改器，并使对象变成可编辑网格。

技术专题 18　塌陷到与塌陷全部命令的区别

以图3-387中的修改器堆栈为例，处于最底层的是一个圆柱体，可以将其称为"基础物体"（注意，基础物体一定是处于修改器堆栈的最底层），而处于基础物体之上的是"弯曲"、"扭曲"和"松弛"3个修改器。

图3-387

在"扭曲"修改器上单击鼠标右键，然后在弹出的菜单选择"塌陷到"命令，此时系统会弹出"警告:塌陷到"对话框，如图3-388所示。在"警告:塌陷到"对话框中有3个按钮，分别为"暂存/是"按钮、"是"按钮和"否"按钮。如果单击"暂存/是"按钮可以将当前对象的状态保存到"暂存"缓冲区，然后才应用"塌陷到"命令，执行"编辑/取回"菜单命令，可以恢复到塌陷前的状态；如果单击"是"按钮，将塌陷"扭曲"修改器和"弯曲"两个修改器，而保留"松弛"修改器，同时基础物体会变成"可编辑网格"物体，如图3-389所示。

图3-388　　　　　　　　　　　图3-389

下面对同样的物体执行"塌陷全部"命令。在任意一个修改器上单击鼠标右键，然后在弹出的菜单中选择"塌陷全部"命令，此时系统会弹出"警告:塌陷全部"对话框，如图3-390所示。如果单击"是"按钮后，将塌陷修改器堆栈中的所有修改器，并且基础物体也会变成"可编辑网格"物体，如图3-391所示。

图3-390　　　　　　　　　　　图3-391

3.4.2　修改器的种类

修改器有很多种，按照类型的不同被划分在几个修改器集

合中。在"修改"面板下的"修改器列表"中,3ds Max将这些修改器默认分为"选择修改器"、"世界空间修改器"和"对象空间修改器"3大部分,如图3-392所示。

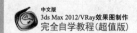

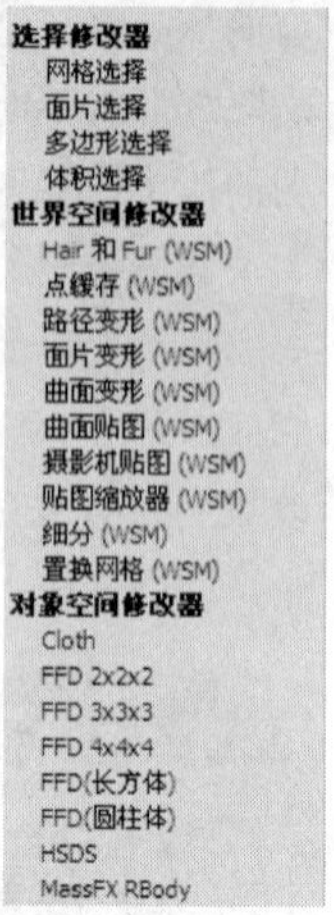

图3-392

🌐 选择修改器

"选择修改器"集合中包括"网格选择"、"面片选择"、"多边形选择"和"体积选择"4种修改器,如图3-393所示。

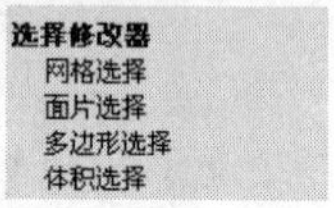

图3-393

选择修改器简要介绍

网格选择:可以选择网格子对象。

面片选择:选择面片子对象,之后可以对面片子对象应用其他修改器。

多边形选择:选择多边形子对象,之后可以对其应用其他修改器。

体积选择:可以选择一个对象或多个对象选定体积内的所有子对象。

🌐 世界空间修改器

"世界空间修改器"集合基于世界空间坐标,而不是基于单个对象的局部坐标系,如图3-394所示。当应用了一个世界空间修改器之后,无论物体是否发生了移动,它都不会受到任何影响。

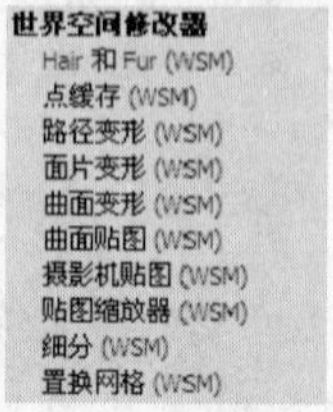

图3-394

世界空间修改器简要介绍

Hair和Fur(WSM)(头发和毛发(WSM)):用于为物体添加毛发。该修改器可应用于要生长头发的任意对象,既可以应用于网格对象,也可以应用于样条线对象。

点缓存(WSM):该修改器可以将修改器动画存储到磁盘文件中,然后使用磁盘文件中的信息来播放动画。

路径变形(WSM):可以根据图形、样条线或NURBS曲线路径将对象进行变形。

面片变形(WSM):可以根据面片将对象进行变形。

曲面变形(WSM):该修改器的工作方式与"路径变形(WSM)"修改器相同,只是它使用的是NURBS点或CV曲面,而不是使用曲线。

曲面贴图(WSM):将贴图指定给NURBS曲面,并将其投射到修改的对象上。

摄影机贴图(WSM):使摄影机将UVW贴图坐标应用于对象。

贴图缩放器(WSM):用于调整贴图的大小,并保持贴图比例不变。

细分(WSM):提供用于光能传递处理创建网格的一种算法。处理光能传递需要网格的元素尽可能地接近等边三角形。

置换网格(WSM):用于查看置换贴图的效果。

🌐 对象空间修改器

"对象空间修改器"集合中的修改器非常多,如图3-395所示。这个集合中的修改器主要应用于单独对象,使用的是对象的局部坐标系,因此当移动对象时,修改器也会跟着移动。

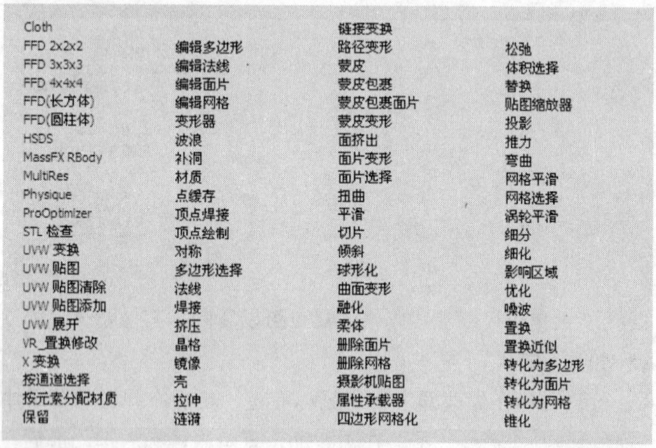

Cloth		链接变换	松弛
FFD 2x2x2	编辑多边形	路径变形	体积选择
FFD 3x3x3	编辑法线	蒙皮	替换
FFD 4x4x4	编辑面片	蒙皮包裹	贴图缩放器
FFD(长方体)	编辑网格	蒙皮包裹面片	投影
FFD(圆柱体)	变形器	蒙皮变形	推力
HSDS	波浪	面挤出	弯曲
MassFX RBody	补间	面片变形	网格平滑
MultiRes	材质	面片选择	网格选择
Physique	点缓存	扭曲	涡轮平滑
ProOptimizer	顶点焊接	平滑	细分
STL 检查	顶点绘制	切片	细化
UVW 变换	对称	倾斜	影响区域
UVW 贴图	多边形选择	球形化	优化
UVW 贴图清除	法线	曲面变形	噪波
UVW 贴图添加	焊接	融化	置换
UVW 展开	挤压	柔体	置换近似
VR_置换修改	晶格	删除面片	转化为多边形
X 变换	镜像	删除网格	转化为面片
按通道选择	壳	摄影机贴图	转化为网格
按元素分配材质	拉伸	属性承载器	锥化
保留	涟漪	四边形网格化	

图3-395

 知识链接:"对象空间修改器"非常重要,在下面的"3.4.3 常用修改器"中将作为重点内容进行讲解。

★重点★ 3.4.3 常用修改器

在"对象空间修改器"集合中有很多修改器,本节就针对这个集合中最为常用的一些修改器进行详细介绍。熟练运用这些修改器,可以大量简化建模流程,节省操作时间。

本节修改器概述

修改器名称	主要作用	重要程度
挤出	为二维图形添加深度	高
倒角	将图形挤出为3D对象，并应用倒角效果	高
车削	绕轴旋转一个图形或NURBS曲线来创建3D对象	高
弯曲	在任意轴上控制物体的弯曲角度和方向	高
扭曲	在任意轴上控制物体的扭曲角度和方向	高
对称	围绕特定的轴向镜像对象	高
置换	重塑对象的几何外形	中
噪波	使对象表面的顶点随机变动	中
FFD	自由变形物体的外形	高
晶格	将图形的线段或边转化为圆柱形结构	高
平滑	平滑几何体	高
优化	减少对象中面和顶点的数目	中

挤出修改器

"挤出"修改器可以将深度添加到二维图形中，并且可以将对象转换成一个参数化对象，其参数设置面板如图3-396所示。

图3-396

挤出修改器重要参数介绍

数量：设置挤出的深度。

分段：指定要在挤出对象中创建的线段数目。

封口：用来设置挤出对象的封口，共有以下4个选项。

封口始端：在挤出对象的初始端生成一个平面。

封口末端：在挤出对象的末端生成一个平面。

变形：以可预测、可重复的方式排列封口面，这是创建变形目标所必需的操作。

栅格：在图形边界的方形上修剪栅格中安排的封口面。

输出：指定挤出对象的输出方式，共有以下3个选项。

面片：产生一个可以折叠到面片对象中的对象。

网格：产生一个可以折叠到网格对象中的对象。

NURBS：产生一个可以折叠到NURBS对象中的对象。

生成贴图坐标：将贴图坐标应用到挤出对象中。

真实世界贴图大小：控制应用于对象的纹理贴图材质所使用的缩放方法。

生成材质ID：将不同的材质ID指定给挤出对象的侧面与封口。

使用图形ID：将材质ID指定给挤出生成的样条线线段，或指定给在NURBS挤出生成的曲线子对象。

平滑：将平滑应用于挤出图形。

实战

用挤出修改器制作花朵吊灯

场景位置	无
实例位置	DVD>实例文件>CH03>实战——用挤出修改器制作花朵吊灯.max
视频位置	DVD>多媒体教学>CH03>实战——用挤出修改器制作花朵吊灯.flv
难易指数	★★☆☆☆
技术掌握	星形工具、线工具、圆工具、挤出修改器

花朵吊灯如图3-397所示。

图3-397

01 使用"星形"工具 星形 在顶视图中绘制一个星形，然后在"参数"卷展栏下设置"半径1"为70mm、"半径2"为60mm、"点"为12、"圆角半径1"为10mm、"圆角半径2"为6mm，具体参数设置及星形效果如图3-398所示。

02 选择星形，然后在"渲染"卷展栏下勾选"在渲染中启用"和"在视口中启用"选项，接着设置"径向"的"厚度"为2.5mm，具体参数设置及模型效果如图3-399所示。

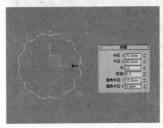

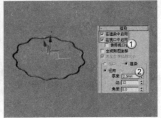

图3-398   图3-399

03 切换到前视图，然后按住Shift键使用"选择并移动"工具 向下移动复制一个星形，如图3-400所示。

图3-400

04 继续复制一个星形到两个星形的中间，如图3-401所示，然后在"渲染"卷展栏下勾选"矩形"选项，接着设置"长度"为60mm、"宽度"为0.5mm，模型效果如图3-402所示。

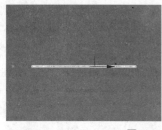

图3-401　　　　　　　　　　图3-402

05 使用"线"工具 线 在前视图中绘制一条如图3-403所示的样条线，然后在"渲染"卷展栏下勾选"在渲染中启用"和"在视口中启用"选项，接着设置"径向"的"厚度"为1.2mm，如图3-404所示。

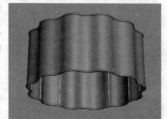

图3-403　　　　　　　　　　图3-404

06 使用"仅影响轴"技术和"选择并旋转"工具⟳围绕星形复制一圈样条线，完成后的效果如图3-405所示。

图3-405

📌 **知识链接**：关于步骤（6）中的样条线复制方法请参阅第1章中69页的"技术专题——'仅影响轴'技术解析"。

07 将前面创建的星形复制一个到如图3-406所示的位置（需要关闭"在渲染中启用"和"在视口中启用"选项）。

图3-406

08 为星形加载一个"挤出"修改器，然后在"参数"卷展栏下设置"数量"为1mm，具体参数设置及模型效果如图3-407所示。

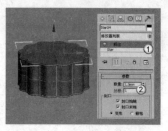

图3-407

09 使用"圆"工具 圆 在顶视图中绘制一个圆形，然后在"参数"卷展栏下设置"半径"为50mm，如图3-408所示，接着在"渲染"卷展栏下勾选"在渲染中启用"和"在视口中启用"选项，最后设置"径向"的"厚度"为1.8mm，如图3-409所示。

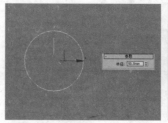

图3-408　　　　　　　　　　图3-409

10 选择上一步绘制的圆形，然后按Ctrl+V组合键在原始位置复制一个圆形（需要关闭"在渲染中启用"和"在视口中启用"选项），接着为其加载一个"挤出"修改器，最后在"参数"卷展栏下设置"数量"为1mm，如图3-410所示。

图3-410

11 选择没有进行挤出的圆形，然后按Ctrl+V组合键在原始位置复制一个圆形，接着在"渲染"卷展栏下勾选"矩形"选项，最后设置"长度"为56mm、"宽度"为0.5mm，如图3-411所示，最终效果如图3-412所示。

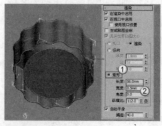

图3-411　　　　　　　　　　图3-412

🔴 倒角修改器

"倒角"修改器可以将图形挤出为3D对象，并在边缘应用平滑的倒角效果，其参数设置面板包含"参数"和"倒角值"两个卷展栏,如图3-413所示。

图3-413

倒角修改器重要参数介绍

封口: 指定倒角对象是否要在一端封闭开口。

始端: 用对象的最低局部z值(底部)对末端进行封口。

末端: 用对象的最高局部z值(底部)对末端进行封口。

封口类型: 指定封口的类型。

变形: 创建适合的变形封口曲面。

栅格: 在栅格图案中创建封口曲面。

曲面: 控制曲面的侧面曲率、平滑度和贴图。

线性侧面: 勾选该选项后,级别之间会沿着一条直线进行分段插补。

曲线侧面: 勾选该选项后,级别之间会沿着一条Bezier曲线进行分段插补。

分段: 在每个级别之间设置中级分段的数量。

级间平滑: 控制是否将平滑效果应用于倒角对象的侧面。

生成贴图坐标: 将贴图坐标应用于倒角对象。

真实世界贴图大小: 控制应用于对象的纹理贴图材质所使用的缩放方法。

相交: 防止重叠的相邻边产生锐角。

避免线相交: 防止轮廓彼此相交。

分离: 设置边与边之间的距离。

起始轮廓: 设置轮廓到原始图形的偏移距离。正值会使轮廓变大;负值会使轮廓变小。

级别1: 包含以下两个选项。

高度: 设置"级别1"在起始级别之上的距离。

轮廓: 设置"级别1"的轮廓到起始轮廓的偏移距离。

级别2: 在"级别1"之后添加一个级别。

高度: 设置"级别1"之上的距离。

轮廓: 设置"级别2"的轮廓到"级别1"轮廓的偏移距离。

级别3: 在前一级别之后添加一个级别,如果未启用"级别2","级别3"会添加在"级别1"之后。

高度: 设置到前一级别之上的距离。

轮廓: 设置"级别3"的轮廓到前一级别轮廓的偏移距离。

实战

用倒角修改器制作牌匾

场景位置	无
实例位置	DVD>实例文件>CH03>实战——用倒角修改器制作牌匾.max
视频位置	DVD>多媒体教学>CH03>实战——用倒角修改器制作牌匾.flv
难易指数	★☆☆☆☆
技术掌握	矩形工具、倒角修改器、文本工具、字体的安装方法、挤出修改器

牌匾效果如图3-414所示。

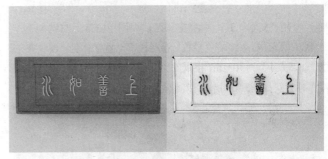

图3-414

01 使用"矩形"工具 矩形 在前视图中绘制一个矩形,然后在"参数"卷展栏下设置"长度"为100mm、"宽度"为2260mm、"角半径"为2mm,如图3-415所示。

02 为矩形加载一个"倒角"修改器,然后在"倒角值"卷展栏下设置"级别1"的"高度"为6mm,接着勾选"级别2"选项,并设置其"轮廓"为-4mm,最后勾选"级别3"选项,并设置其"高度"为-2mm,具体参数设置及模型效果如图3-416所示。

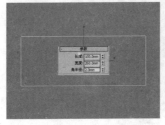
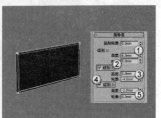

图3-415   图3-416

03 使用"选择并移动"工具 选择模型,然后在左视图中移动复制一个模型,并在弹出的"克隆选项"对话框中设置"对象"为"复制",如图3-417所示。

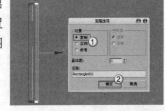

图3-417

04 切换到前视图,然后使用"选择并均匀缩放"工具 将复制出来的模型缩放到合适的大小,如图3-418所示。

05 展开"倒角值"卷展栏,然后将"级别1"的"高度"修改为2mm,接着将"级别2"的"轮廓"修改为-2.8mm,最后将"级别3"的"高度"修改为-1.5mm,具体参数设置及模型效果如图3-419所示。

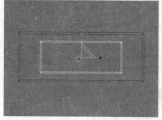 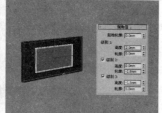

图3-418　　　　　　　　　　图3-419

06 使用"文本"工具 ▢文本 在前视图单击鼠标左键创建一个默认的文本,然后在"参数"卷展栏下设置字体为"汉仪篆书繁"、"大小"为50mm,接着在"文本"输入框中输入"水如善上"4个字,如图3-420所示,文本效果如图3-421所示。

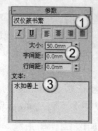 

图3-420　　　　　　　　　　图3-421

技术专题 **19** 字体的安装方法

　　这里可能有些初学者会发现自己的计算机中没有"汉仪篆书繁"这种字体,这是很正常的,因为这种字体要去互联网上下载下来才能使用。下面介绍一下字体的安装方法。

　　第1步:选择下载的字体,然后按Ctrl+C组合键复制字体,接着执行"开始>设置>控制面板"命令,如图3-422所示。

图3-422

　　第2步:在"控制面板"中双击"字体"项目,如图3-423所示,接着在打开的"字体"文件夹中按Ctrl+V组合键粘贴字体,此时字体会自动安装,如图3-424所示。

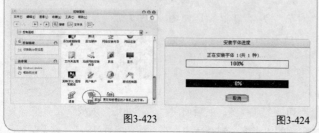

图3-423　　　　　　　　　　图3-424

07 为文本加载一个"挤出"修改器,然后在"参数"卷展栏下设置"数量"为1.5mm,如图3-425所示,最终效果如图3-426所示。

图3-425　　　　　　　　　　图3-426

车削修改器

　　"车削"修改器可以通过围绕坐标轴旋转一个图形或NURBS曲线来生成3D对象,其参数设置面板如图3-427所示。

图3-427

车削修改器重要参数介绍

　　度数:设置对象围绕坐标轴旋转的角度,其范围从0°~360°,默认值为360°。

　　焊接内核:通过焊接旋转轴中的顶点来简化网格。

　　翻转法线:使物体的法线翻转,翻转后物体的内部会外翻。

　　分段:在起始点之间设置在曲面上创建的插补段段的数量。

　　封口:如果设置的车削对象的"度数"小于360°,该选项用来控制是否在车削对象的内部创建封口。

　　封口始端:车削的起点,用来设置封口的最大程度。

　　封口末端:车削的终点,用来设置封口的最大程度。

　　变形:按照创建变形目标所需的可预见且可重复的模式来排列封口面。

　　栅格:在图形边界的方形上修剪栅格中安排的封口面。

　　方向:设置轴的旋转方向,共有x、y和z这3个轴可供选择。

　　对齐:设置对齐的方式,共有"最小"、"中心"和"最大"3种方式可供选择。

　　输出:指定车削对象的输出方式,共有以下3种。

　　面片:产生一个可以折叠到面片对象中的对象。

　　网格:产生一个可以折叠到网格对象中的对象。

　　NURBS:产生一个可以折叠到NURBS对象中的对象。

用车削修改器制作饰品

场景位置	无
实例位置	DVD>实例文件>CH03>实战——用车削修改器制作饰品.max
视频位置	DVD>多媒体教学>CH03>实战——用车削修改器制作饰品.flv
难易指数	★★☆☆☆
技术掌握	线工具、车削修改器

饰品组合效果如图3-428所示。

图3-428

01 使用"线"工具 线 在前视图中绘制出如图3-429所示的样条线。

图3-429

02 为样条线加载一个"车削"修改器，然后在"参数"卷展栏下设置"分段"为32，接着设置"方向"为y Y 轴、"对齐"方式为"最大" 最大 ，如图3-430所示，效果如图3-431所示。

图3-430 图3-431

03 继续使用"线"工具 线 在前视图中绘制4条如图3-432所示的样条线，然后分别为每条样条线加载"车削"修改器（参数与前面一个步骤相同），最终效果如图3-433所示。

图3-432 图3-433

用车削修改器制作吊灯

场景位置	无
实例位置	DVD>实例文件>CH03>实战——用车削修改器制作吊灯.max
视频位置	DVD>多媒体教学>CH03>实战——用车削修改器制作吊灯.flv
难易指数	★★★★☆
技术掌握	线工具、车削修改器、放样工具、仅影响轴技术、间隔工具

吊灯效果如图3-434所示。

图3-434

01 使用"线"工具 线 在前视图中绘制一条如图3-435所示的样条线。

图3-435

02 为样条线加载一个"车削"修改器，然后在"参数"卷展栏下设置"分段"为12、接着设置"方向"为y Y 轴、"对齐"方式为"最大" 最大 ，最后关闭"平滑"选项，如图3-436所示，效果如图3-437所示。

图3-436 图3-437

03 使用"线"工具 线 在前视图中绘制出如图3-438所示的样条线，然后为其加载一个"车削"修改器，接着在"参数"卷展栏下设置"方向"为y Y 轴、"对齐"方式为"最大" 最大 ，如图3-439所示。

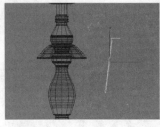

图3-438　　　　　　　　　　图3-439

04. 继续使用"线"工具
　线　在前视图中绘制一条
如图3-440所示的样条线。

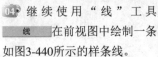

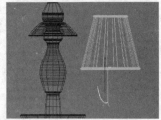

图3-440

05. 为样条线加载一个"车削"修改器，然后在"参数"卷
展栏下设置"分段"为12、接着设置"方向"为y Y轴、"对
齐"方式为"最大"　最大，最后关闭"平滑"选项，如图
3-441所示，效果如图3-442所示。

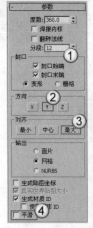

图3-441　　　　　　　　　　图3-442

06. 使用"线"工具　线　在左视图中绘制一条如图3-443所
示的样条线，然后使用"星形"工具　星形　在前视图中创建出
一个星形，接着在"参数"卷展栏下设置"半径1"为5mm、"半径
2"为4mm、"点"为8、"扭曲"为0、"圆角半径1"为0.5mm、"圆
角半径2"为0.3mm，具体参数设置如图3-444所示。

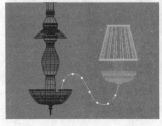

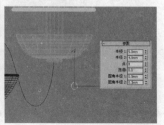

图3-443　　　　　　　　　　图3-444

07. 选择样条线，设置几何体类型为"复合对象"，然后单击
"放样"按钮　放样　，接着在"创建方法"卷展栏下单击
"获取图形"按钮　获取图形　，最后在视图中拾取星形，效果
如图3-445所示。

08. 选择主轴以外的模型，然后执行"组>成组"菜单命令，
为其建立一个组，如图3-446所示。

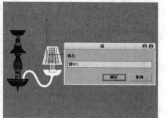

图3-445　　　　　　　　　　图3-446

09. 在"命令"面板中单击"层次"按钮品切换到"层次"
面板，然后单击"仅影响轴"按钮　仅影响轴　，接着在顶视
图中将轴心点拖曳到吊灯主轴的中心，如图3-447所示。调整
完成后再次单击"仅影响轴"按钮　仅影响轴　，退出"仅影
响轴"模式。

图3-447

10. 按A键激活"角度捕捉切换"工具，然后在顶视图中
按住Shift键用"选择并旋转"工具旋转（旋转-60°）复制
"组001"，接着在弹出的"克隆选项"对话框中设置"副本
数"为5，如图3-448所示，效果如图3-449所示。

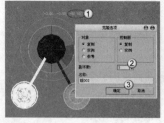

图3-448　　　　　　　　　　图3-449

11. 使用"线"工具　线
在左视图中绘制一条如图3-450
所示的样条线。

图3-450

12 使用"球体"工具 球体 在场景中创建一个球体，然后在"参数"卷展栏下设置"半径"为3.5mm，如图3-451所示，接着使用"选择并挤压"工具 沿x轴将球体挤压成如图3-452所示的形状。

图3-451　　　　　　　　　　　　　　　　　　图3-452

13 使用"圆"工具 圆 在视图中绘制一个圆形，然后在"渲染"卷展栏下勾选"在渲染中启用"和"在视口中启用"选项，接着设置"径向"的"厚度"为0.4mm，如图3-453所示。

14 选择压扁的球体和圆形，然后为其建立一个组，接着在"主工具栏"中的空白位置单击鼠标右键，最后在弹出的菜单中选择"附加"命令调出"附加"工具栏，如图3-454所示。

图3-453　　　　　　　　　　　　　　　　　　图3-454

15 选择组，然后在"附加"工具栏中单击"间隔工具"按钮 ，打开"间隔工具"对话框，如图3-455所示。

图3-455

疑难问答　问："间隔工具"在哪？

答：在默认情况下，"间隔工具" 不会显示在"附加"工具栏上（处于隐藏状态），需要按住鼠标左键单击"阵列"工具 不放，在弹出的工具列表中才能选择"间隔工具" ，如图3-456所示。

图3-456

16 在"间隔工具"对话框中单击"拾取路径"按钮 拾取路径 ，然后在视图中拾取样条线，接着设置"计数"为32、"前后关系"为"跟随"，如图3-457所示，效果如图3-458所示。

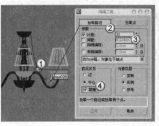 

图3-457　　　　　　　　　　　　　　　　　　图3-458

17 在"主工具栏"中设置"参考坐标系"为"局部"，如图3-459所示，然后使用"选择并旋转"工具 调整好各组模型的角度，如图3-460所示。

图3-459　　　　　　　　　　　　　　　　　　图3-460

18 利用"仅影响轴"技术和"选择并旋转"工具 在顶视图中旋转复制5份模型，完成后的效果如图3-461所示。

19 继续创建出吊灯的其他装饰模型，最终效果如图3-462所示。

图3-461　　　　　　　　　　　　　　　　　　图3-462

弯曲修改器

"弯曲"修改器可以使物体在任意3个轴上控制弯曲的角度和方向，也可以对几何体的一段限制弯曲效果，其参数设置面板如图3-463所示。

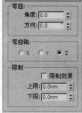

图3-463

弯曲修改器重要参数介绍

角度: 从顶点平面设置要弯曲的角度, 范围从-999999~999999。

方向: 设置弯曲相对于水平面的方向, 范围从-999999~999999。

X/Y/Z: 指定要弯曲的轴, 默认轴为z轴。

限制效果: 将限制约束应用于弯曲效果。

上限: 以世界单位设置上部边界, 该边界位于弯曲中心点的上方, 超出该边界弯曲不再影响几何体, 其范围从0~999999。

下限: 以世界单位设置下部边界, 该边界位于弯曲中心点的下方, 超出该边界弯曲不再影响几何体, 其范围从-999999~0。

扭曲修改器

"扭曲"修改器与"弯曲"修改器的参数比较相似, 但是"扭曲"修改器产生的是扭曲效果, 而"弯曲"修改器产生的是弯曲效果。"扭曲"修改器可以在对象几何体中产生一个旋转效果(就像拧湿抹布), 并且可以控制任意3个轴上的扭曲角度, 同时也可以对几何体的一段限制扭曲效果, 其参数设置面板如图3-464所示。

图3-464

> **知识链接:** "扭曲"修改器的参数含义请参阅"弯曲"修改器。

⚙实战

用扭曲修改器制作大厦

场景位置	无
实例位置	DVD>实例文件>CH03>实战——用扭曲修改器制作大厦.max
视频位置	DVD>多媒体教学>CH03>实战——用扭曲修改器制作大厦.flv
难易指数	★★★☆☆
技术掌握	扭曲修改器、FFD 4×4×4修改器、多边形建模技术

大厦效果如图3-465所示。

图3-465

01 使用"长方体"工具 长方体 在场景中创建一个长方体, 然

后在"参数"卷展栏下设置"长度"为30mm、"宽度"为27mm、"高度"为205mm、"长度分段"为2、"宽度分段"为2、"高度分段"为13, 具体参数设置及模型效果如图3-466所示。

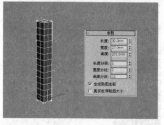

图3-466

> **提示** 这里将"高度分段"数值设置得比较大, 主要是为了在后面加载"扭曲"修改器时能得到良好的扭曲效果。

02 为长方体加载一个"扭曲"修改器, 然后在"参数"卷展栏下设置"角度"为160、"扭曲轴"为z轴, 具体参数设置及模型效果如图3-467所示。

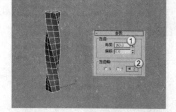

图3-467

03 为模型加载一个FFD 4×4×4修改器, 然后选择"控制点"层级, 如图3-468所示, 接着使用"选择并均匀缩放"工具 在透视图中将顶部的控制点稍微向内缩放, 同时将底部的控制点稍微向外缩放, 以形成顶面小, 底面大的效果, 如图3-469所示。

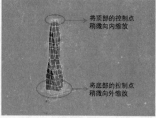

图3-468   图3-469

04 为模型加载一个"编辑多边形"修改器, 然后在"选择"卷展栏下单击"边"按钮, 进入"边"级别, 如图3-470所示。

图3-470

05 切换到前视图，然后框选竖向上的边，如图3-471所示，接着在"选择"卷展栏下单击"循环"按钮 循环 ，这样可以选择所有竖向上的边，如图3-472所示。

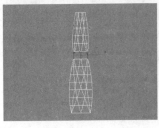 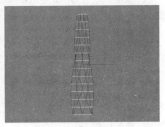

图3-471   图3-472

06 切换到顶视图，然后按住Alt键在中间区域拖曳光标，减去顶部与底部的边，如图3-473所示，这样就只选择了竖向上的边，如图3-474所示。

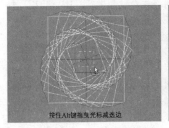 

图3-473   图3-474

07 保持对竖向边的选择，在"编辑边"卷展栏下单击"连接"按钮 连接 后面的"设置"按钮 ，然后设置"分段"为2，接着单击"确定"按钮 ，如图3-475所示。

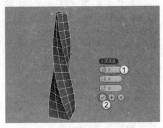

图3-475

08 在前视图中任意选择一条横向上的边，如图3-476所示的边，然后在"选择"卷展栏下单击"循环"按钮 循环 ，这样可以选择这个经度上的所有横向边，如图3-477所示，接着单击"环形"按钮 环形 ，选择纬度上的所有横向边，如图3-478所示。

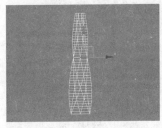 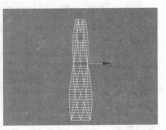

图3-476   图3-477

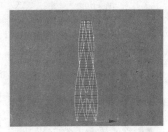

图3-478

09 切换到顶视图，然后按住Alt键在中间区域拖曳光标，减去顶部与底部的边，如图3-479所示，这样就只选择了横向上的边，如图3-480所示。

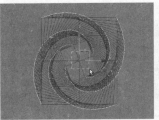

图3-479   图3-480

10 保持对横向边的选择，在"编辑边"卷展栏下单击"连接"按钮 连接 后面的"设置"按钮 ，然后设置"分段"为2，如图3-481所示。

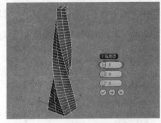

图3-481

11 在"选择"卷展栏下单击"多边形"按钮 ，进入"多边形"级别，然后在前视图中框选除了顶部和底部以外的所有多边形，如图3-482所示，选择的多边形效果如图3-483所示。

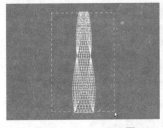 

图3-482   图3-483

12 保持对多边形的选择，在"编辑多边形"卷展栏下单击"插入"按钮 插入 后面的"设置"按钮 ，然后设置"插入类型"为"按多边形"，接着设置"数量"为0.7mm，如图3-484所示。

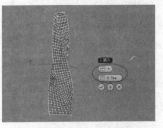

图3-484

13 保持对多边形的选择，在"编辑多边形"卷展栏下单击"挤出"按钮 挤出 后面的"设置"按钮■，然后设置"挤出类型"为"按多边形"，接着设置"高度"为-0.7mm，如图3-485所示，最终效果如图3-486所示。

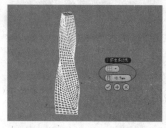

图3-485   图3-486

> **提 示** 本例的大厦模型虽然从外观上看起来比较复杂，但是实际操作起来并不复杂，只是涉及到了一些技巧性的东西。由于到目前为止还没有正式讲解多边形建模知识，因此本例在对使用"编辑多边形"修改器编辑模型的操作步骤讲解的非常仔细。

对称修改器

"对称"修改器可以围绕特定的轴向镜像对象，在构建角色模型、船只或飞行器时特别有用，其参数设置面板如图3-487所示。

图3-487

对称修改器参数介绍

镜像轴： 用于设置镜像的轴。

X/Y/Z： 指定执行对称所围绕的轴。

翻转： 启用该选项后，可以翻转对称效果的方向。

沿镜像轴切片： 启用该选项后，可以使镜像Gizmo在定位于网格边界内部时作为一个切片平面。

焊接缝： 启用该选项后，可以确保沿镜像轴的顶点在阈值以内时能自动焊接。

阈值： 该参数设置的值代表顶点在自动焊接起来之前的接近程度。

置换修改器

"置换"修改器是以力场的形式来推动和重塑对象的几何外形，可以直接从修改器的Gizmo（也可以使用位图）来应用它的变量力，其参数设置面板如图3-488所示。

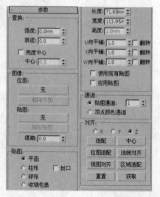

图3-488

置换修改器重要参数介绍

① 置换选项组

强度： 设置置换的强度，数值为0时没有任何效果。

衰退： 如果设置"衰减"数值，则置换强度会随距离的变化而衰减。

亮度中心： 决定使用什么样的灰度作为0置换值。勾选该选项以后，可以设置下面的"中心"数值。

② 图像选项组

位图/贴图： 加载位图或贴图。

移除位图/贴图： 移除指定的位图或贴图。

模糊： 模糊或柔化位图的置换效果。

③ 贴图选项组

平面： 从单独的平面对贴图进行投影。

柱形： 以环绕在圆柱体上的方式对贴图进行投影。启用"封口"选项可以从圆柱体的末端投射贴图副本。

球形： 从球体出发对贴图进行投影，位图边缘在球体两极的交汇处均为奇点。

收缩包裹： 从球体投射贴图，与"球形"贴图类似，但是它会截去贴图的各个角，然后在一个单独的极点将他们全部结合在一起，在底部创建一个奇点。

长度/宽度/高度： 指定置换Gizmo的边界框尺寸，其中高度对"平面"贴图没有任何影响。

U/V/W向平铺： 设置位图沿指定尺寸重复的次数。

翻转： 沿相应的U/V/W轴翻转贴图的方向。

使用现有贴图： 让置换使用堆栈中较早的贴图设置，如果没有为对象应用贴图，该功能将不起任何作用。

应用贴图： 将置换UV贴图应用到绑定对象。

④ 通道选项组

贴图通道： 指定UVW通道用来贴图，其后面的数值框用来设置通道的数目。

顶点颜色通道： 开启该选项可以对贴图使用顶点颜色通道。

⑤ 对齐选项组

X/Y/Z： 选择对齐的方式，可以选择沿x/y/z轴进行对齐。

适配 适配 **：** 缩放Gizmo以适配对象的边界框。

中心 中心 **：** 相对于对象的中心来调整Gizmo的中心。

位图适配 位图适配 **：** 单击该按钮可以打开"选择图像"对话框，可以缩放Gizmo来适配选定位图的纵横比。

法线对齐 法线对齐 **：** 单击该按钮可以将曲面的法线进行对齐。

视图对齐 视图对齐 **：** 使Gizmo指向视图的方向。

区域适配 区域适配 **：** 单击该按钮可以将指定的区域进行适配。

重置 重置 **：** 将Gizmo恢复到默认值。

获取 获取 **：** 选择另一个对象并获得它的置换Gizmo设置。

噪波修改器

"噪波"修改器可以使对象表面的顶点进行随机变动，从而让表面变得起伏不规则，常用于制作复杂的地形、地面和水面效果，并且"噪波"修改器可以应用在任何类型的对象上，其参数设置面板如图3-489所示。

图3-489

噪波修改器重要参数介绍

种子：从设置的数值中生成一个随机起始点。该参数在创建地形时非常有用，因为每种设置都可以生成不同的效果。

比例：设置噪波影响的大小（不是强度）。较大的值可以产生平滑的噪波，较小的值可以产生锯齿现象非常严重的噪波。

分形：控制是否产生分形效果。勾选该选项以后，下面的"粗糙度"和"迭代次数"选项才可用。

粗糙度：决定分形变化的程度。

迭代次数：控制分形功能所使用的迭代数目。

X/Y/Z：设置噪波在*x/y/z*坐标轴上的强度（至少为其中一个坐标轴输入强度数值）。

FFD修改器

FFD是"自由变形"的意思，FFD修改器即"自由变形"修改器。FFD修改器包含5种类型，分别FFD 2×2×2修改器、FFD 3×3×3修改器、FFD 4×4×4修改器、FFD（长方体）修改器和FFD（圆柱体）修改器，如图3-490所示。这种修改器是使用晶格框包围住选中的几何体，然后通过调整晶格的控制点来改变封闭几何体的形状。

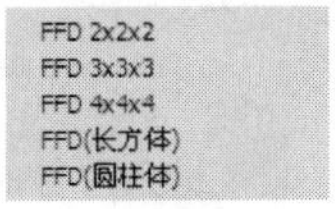

FFD 2x2x2
FFD 3x3x3
FFD 4x4x4
FFD（长方体）
FFD（圆柱体）

图3-490

由于FFD修改器的使用方法基本都相同，因此这里选择FFD（长方体）修改器来进行讲解，其参数设置面板如图3-491所示。

图3-491

FFD（长方体）修改器重要参数介绍

① 尺寸选项组

点数：显示晶格中当前的控制点数目，例如4×4×4、2×2×2等。

设置点数 设置点数 ：单击该按钮可以打开"设置FFD尺寸"对话框，在该对话框中可以设置晶格中所需控制点的数目，如图3-492所示。

图3-492

② 显示选项组

晶格：控制是否使连接控制点的线条形成栅格。

源体积：开启该选项可以将控制点和晶格以未修改的状态显示出来。

③ 变形选项组

仅在体内：只有位于源体积内的顶点会变形。

所有顶点：所有顶点都会变形。

衰减：决定FFD的效果减为0时离晶格的距离。

张力/连续性：调整变形样条线的张力和连续性。虽然无法看到FFD中的样条线，但晶格和控制点代表着控制样条线的结构。

④ 选择选项组

全部X 全部X /**全部Y** 全部Y /**全部Z** 全部Z ：选中沿着由这些轴指定的局部维度的所有控制点。

⑤ 控制点选项组

重置 重置 ：将所有控制点恢复到原始位置。

全部动画化 全部动画 ：单击该按钮可以将控制器指定给所有的控制点，使他们在轨迹视图中可见。

与图形一致 与图形一致 ：在对象中心控制点位置之间沿直线方向来延长线条，可以将每一个FFD控制点移到修改对象的交叉点上。

内部点：仅控制受"与图形一致"影响的对象内部的点。

外部点：仅控制受"与图形一致"影响的对象外部的点。

偏移：设置控制点偏移对象曲面的距离。

About（关于） About ：显示版权和许可信息。

实战

用FFD修改器制作沙发

场景位置	无
实例位置	DVD>实例文件>CH03>实战——用FFD修改器制作沙发.max
视频位置	DVD>多媒体教学>CH03>实战——用FFD修改器制作沙发.flv
难易指数	★★★☆☆
技术掌握	切角长方体工具、FFD 2×2×2修改器、圆柱体工具

沙发效果如图3-493所示。

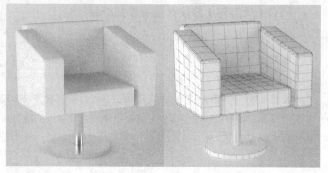

图3-493

01 使用"切角长方体"工具 切角长方体 在场景中创建一个切角长方体,然后在"参数"卷展栏下设置"长度"为1000mm、"宽度"为300mm、"高度"为600mm、"圆角"为30mm,接着设置"长度分段"为5、"宽度分段"为1、"高度分段"为6、"圆角分段"为3,具体参数设置及模型效果如图3-494所示。

02 按住Shift键使用"选择并移动"工具 移动复制一个模型,然后在弹出的"克隆选项"对话框中设置"对象"为"实例",如图3-495所示。

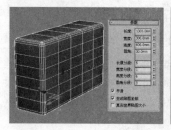
图3-494

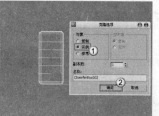
图3-495

03 为其中一个切角长方体加载一个FFD 2×2×2修改器,然后选择"控制点"次物体层级,接着在左视图中用"选择并移动"工具 框选右上角的两个控制点,如图3-496所示,最后将其向下拖曳一段距离,如图3-497所示。

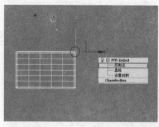
图3-496

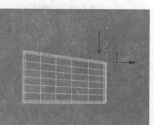
图3-497

提示 由于前面采用的是"实例"复制法,因此只需要调节其中一个切角长方体的形状,另外一个会跟着一起发生变化,如图3-498所示。

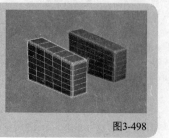
图3-498

04 在前视图中框选如图3-499所示的4个控制点,然后用"选择并移动"工具 将其向上拖曳一段距离,如图3-500所示。

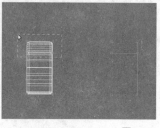
图3-499

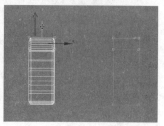
图3-500

05 退出"控制点"次物体层级,然后按住Shift键使用"选择并移动"工具 移动复制一个模型到中间位置,接着在弹出的"克隆选项"对话框中设置"对象"为"复制",如图3-501所示。

06 展开"参数"卷展栏,然后在"控制点"选项组下单击"重置"按钮 重置 ,将控制点产生的变形效果恢复到原始状态,如图3-502所示。

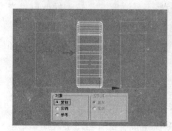
图3-501

图3-502

07 按R键选择"选择并均匀缩放"工具 ,然后在前视图中沿x轴将中间的模型横向放大,如图3-503所示。

图3-503

08 进入"控制点"次物体层级,然后在前视图中框选顶部的4个控制点,如图3-504所示,接着用"选择并移动"工具 将其向下拖曳到如图3-505所示的位置。

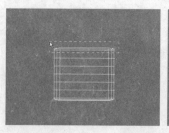
图3-504

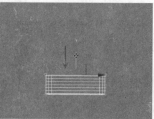
图3-505

09 退出"控制点"次物体层级,然后按住Shift键使用"选择并移动"工具 ▣ 移动复制一个扶手模型，接着在弹出的"克隆选项"对话框中设置"对象"为"复制"（复制完成后重置控制点产生的变形效果），如图3-506所示。

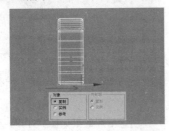

图3-506

10▸ 进入"控制点"次物体层级，然后在左视图中框选右侧的4个控制点，如图3-507所示，接着用"选择并移动"工具 ▣ 将其向左拖曳到如图3-508所示的位置。

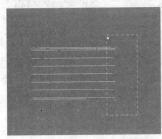

图3-507 图3-508

11▸ 在左视图中框选顶部的4个控制点，然后用"选择并移动"工具 ▣ 将其向上拖曳到如图3-509所示的位置，接着将其向左拖曳到如图3-510所示的位置。

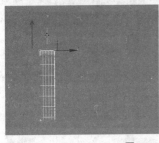
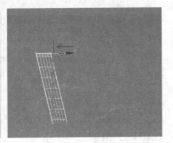

图3-509 图3-510

12▸ 在前视图中框选右侧的4个控制点，如图3-511所示，然后用"选择并移动"工具 ▣ 将其向右拖曳到如图3-512所示的位置。完成后退出"控制点"次物体层级。

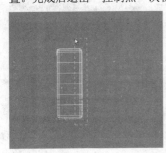
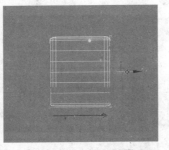

图3-511 图3-512

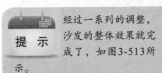提示 经过一系列的调整，沙发的整体效果就完成了，如图3-513所示。

图3-513

13▸ 使用"圆柱体"工具 圆柱体 在场景中创建一个圆柱体，然后在"参数"卷展栏下设置"半径"为50mm、"高度"为500mm、"高度分段"为1，具体参数设置及模型位置如图3-514所示。

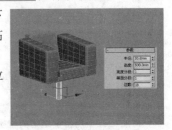

图3-514

14▸ 在前视图中将圆柱体复制一个，然后在"参数"卷展栏下将"半径"修改为350mm、"高度"修改为50mm、"边数"修改为32，具体参数设置及模型位置如图3-515所示，最终效果如图3-516所示。

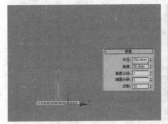

图3-515 图3-516

晶格修改器

"晶格"修改器可以将图形的线段或边转化为圆柱形结构，并在顶点上产生可选择的关节多面体，其参数设置面板如图3-517所示。

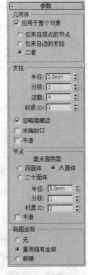

图3-517

晶格修改器重要参数介绍

① 几何体选项组

应用于整个对象：将"晶格"修改器应用到对象的所有边或线段上。

仅来自顶点的节点：仅显示由原始网格顶点产生的关节（多面体）。

仅来自边的支柱：仅显示由原始网格线段产生的支柱（多面体）。

二者：显示支柱和关节。

② 支柱选项组

半径：指定结构的半径。

分段：指定沿结构的分段数目。

边数：指定结构边界的边数目。

材质ID：指定用于结构的材质ID，这样可以使结构和关节具有不同的材质ID。

忽略隐藏边：仅生成可视边的结构。如果禁用该选项，将生成所有边的结构，包括不可见边，如图3-518所示是开启与关闭"忽略隐藏边"选项时的对比效果。

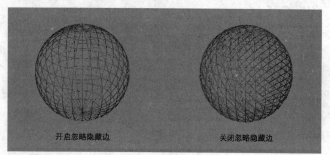

开启忽略隐藏边　　　　　关闭忽略隐藏边

图3-518

末端封口：将末端封口应用于结构。

平滑：将平滑应用于结构。

③ 节点选项组

基点面类型：指定用于关节的多面体类型，包括"四面体"、"八面体"和"二十面体"3种类型。注意，"基点面类型"对"仅来自边的支柱"选项不起作用。

半径：设置关节的半径。

分段：指定关节中的分段数目。分段数越多，关节形状越接近球形。

材质ID：指定用于结构的材质ID。

平滑：将平滑应用于关节。

④ 贴图坐标选项组

无：不指定贴图。

重用现有坐标：将当前贴图指定给对象。

新建：将圆柱形贴图应用于每个结构和关节。

提示　使用"晶格"修改器可以基于网格拓扑来创建可渲染的几何体结构，也可以用来渲染线框图。

实战

用晶格修改器制作创意吊灯

场景位置	无
实例位置	DVD>实例文件>CH03>实战——用晶格修改器制作创意吊灯.max
视频位置	DVD>多媒体教学>CH03>实战——用晶格修改器制作创意吊灯.flv
难易指数	★★☆☆☆
技术掌握	细化修改器、晶格修改器

创意吊灯效果如图3-519所示。

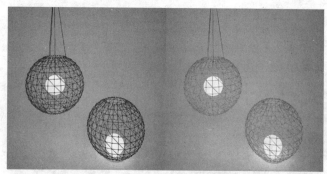

图3-519

01 使用"球体"工具 球体 在视图中创建一个球体，然后在"参数"卷展栏下设置"半径"为150mm、"分段"为16，接着勾选"轴心在底部"选项，如图3-520所示。

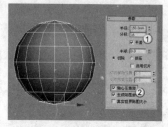

图3-520

02 为球体加载一个"细化"修改器（保持默认设置），效果如图3-521所示。

图3-521

疑难问答　问：加载"细化"修改器有何用？

答：这里加载"细化"修改器的主要作用并不是为了细化模型，而是为了重新分布球体的布线。

03 为球体加载一个"编辑多边形"修改器，然后在"选择"卷展栏下单击"顶点"按钮，接着在前视图中选择如图3-522所示的顶点，最后按Delete键删除顶点，效果如图3-523所示。

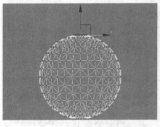 

图3-522 图3-523

04 为模型加载一个"晶格"修改器，展开"参数"卷展栏，然后在"支柱"选项组下设置"半径"为0.8mm、"边数"为5，接着在"节点"选项组下设置"基点面类型"为"二十面体"类型，并设置"半径"为3mm，具体参数设置如图3-524所示，效果如图3-525所示。

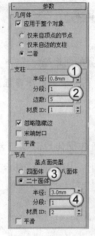 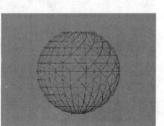

图3-524 图3-525

05 使用"切角圆柱体"工具 切角圆柱体 在晶格吊灯的底部创建一个切角圆柱体，然后在"参数"卷展栏下设置"半径"为60mm、"高度"为3mm、"圆角"为0.3mm、"边数"为32，具体参数设置及其位置如图3-526所示。

06 使用"球体"工具 球体 在晶格吊灯内部创建一个球体，然后在"参数"卷展栏下设置"半径"为55mm、"分段"为32，接着勾选"轴心在底部"选项，具体参数设置及其位置如图3-527所示。

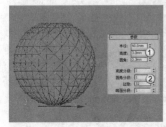 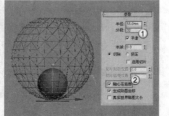

图3-526 图3-527

07 利用移动复制功能将晶格吊灯和球体复制一份，然后调整好各个对象的位置，如图3-528所示。

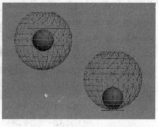

图3-528

08 使用"线"工具 线 在前视图中绘制出如图3-529所示的样条线，然后在"渲染"卷展栏下勾选"在渲染中启用"和"在视口中启用"选项，接着设置"径向"的"厚度"为2mm，最终效果如图3-530所示。

图3-529 图3-530

平滑类修改器

"平滑"修改器、"网格平滑"修改器和"涡轮平滑"修改器都可以用来平滑几何体，但是在效果和可调性上有所差别。简单地说，对于相同的物体，"平滑"修改器的参数比其他两种修改器要简单一些，但是平滑的强度不强；"网格平滑"修改器与"涡轮平滑"修改器的使用方法相似，但是后者能够更快并更有效率地利用内存，不过"涡轮平滑"修改器在运算时容易发生错误。因此，在实际工作中"网格平滑"修改器是其中最常用的一种。下面就针对"网格平滑"修改器进行讲解。

"网格平滑"修改器可以通过多种方法来平滑场景中的几何体，它允许细分几何体，同时可以使角和边变得平滑，其参数设置面板如图3-531所示。

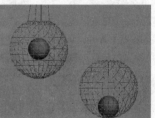

图3-531

网格平滑修改器重要参数介绍

细分方法：选择细分的方法，共有"经典"、NURMS和"四边形输出"3种方法。"经典"方法可以生成三面和四面的多面体，如图3-532所示；NURMS方法生成的对象与可以为每个控制顶点设置不同权重的NURBS对象相似，这是默认设置，如图3-533

所示；"四边形输出"方法仅生成四面多面体，如图3-534所示。

| 图3-532 | 图3-533 | 图3-534 |

应用于整个网格： 启用该选项后，平滑效果将应用于整个对象。

迭代次数： 设置网格细分的次数，这是最常用的一个参数，其数值的大小直接决定了平滑的效果，取值范围为0~10。增加该值时，每次新的迭代会通过在迭代之前对顶点、边和曲面创建平滑差补顶点来细分网格，如图3-535所示是"迭代次数"为1、2、3时的平滑效果对比。

迭代次数=1　　　　迭代次数=2　　　　迭代次数=3

图3-535

提示 "网格平滑"修改器的参数虽然有7个卷展栏，但是基本上只会用到"细分方法"和"细分量"卷展栏下的参数，特别是"细分量"卷展栏下的"迭代次数"。

平滑度： 为多尖锐的锐角添加面以平滑锐角，计算得到的平滑度为顶点连接的所有边的平均角度。

渲染值： 用于在渲染时对对象应用不同平滑"迭代次数"和不同的"平滑度"值。在一般情况下，使用较低的"迭代次数"和较低的"平滑度"值进行建模，而使用较高值进行渲染。

🔵 优化修改器

使用"优化"修改器可以减少对象中面和顶点的数目，这样可以简化几何体并加速渲染速度，其参数设置面板如图3-536所示。

图3-536

优化修改器参数介绍

① 详细信息级别选项组

渲染器L1/L2： 设置默认扫描线渲染器的显示级别。

视口L1/L2： 同时为视图和渲染器设置优化级别。

② 优化选项组

面阈值： 设置用于决定哪些面会塌陷的阈值角度。值越低，优化越少，但是会更好地接近原始形状。

边阈值： 为开放边（只绑定了一个面的边）设置不同的阈值角度。较低的值将会保留开放边。

偏移： 帮助减少优化过程中产生的细长三角形或退化三角形，它们会导致渲染时产生缺陷效果。较高的值可以防止三角形退化，默认值0.1就足以减少细长的三角形，取值范围从0~1。

最大边长度： 指定最大长度，超出该值的边在优化时将无法拉伸。

自动边： 控制是否启用任何开放边。

③ 保留选项组

材质边界： 保留跨越材质边界的面塌陷。

平滑边界： 优化对象并保持其平滑。启用该选项时，只允许塌陷至少共享一个平滑组的面。

④ 更新选项组

更新 ▢更新▢ **：** 使用当前优化设置来更新视图显示效果。只有启用"手动更新"选项时，该按钮才可用。

手动更新： 开启该选项后，可以使用上面的"更新"按钮 ▢更新▢

⑤ 上次优化状态选项组

前/后： 使用"顶点"和"面数"来显示上次优化的结果。

3.5 网格建模

网格建模是3ds Max高级建模中的一种，与多边形建模的制作思路比较类似。使用网格建模可以进入到网格对象的"顶点"、"边"、"面"、"多边形"和"元素"级别下编辑对象，如图3-537和图3-538所示是一些比较优秀的网格建模作品。

| 图3-537 | 图3-538 |

3.5.1 转换网格对象

与多边形对象一样，网格对象也不是创建出来的，而是经过转换而成的。将物体转换为网格对象的方法主要有以下4种。

第1种：在对象上单击鼠标右键，然后在弹出的菜单中选择"转换为>转换为可编辑网格"命令，如图3-539所示。转换为可编辑网格对象后，在修改器堆栈中可以观察到对象会变成"可编辑网格"对象，如图3-540所示。注意，通过这种方法转换成的可编辑网格对象的创建参数将全部丢失。

图3-539　　　　　　　　　　图3-540

第2种：选中对象，然后在修改器堆栈中的对象上单击鼠标右键，接着在弹出的菜单中选择"可编辑网格"命令，如图3-541所示。这种方法与第1方法一样，转换成的可编辑网格对象的创建参数将全部丢失。

第3种：选中对象，然后为其加载一个"编辑网格"修改器，如图3-542所示。通过这种方法转换成的可编辑网格对象的创建参数不会丢失，仍然可以调整。

第4种：选中对象，在"创建"面板中单击"实用程序"按钮，切换到"实用程序"面板，然后单击"塌陷"按钮，接着在"塌陷"卷展栏下设置"输出类型"为"网格"，最后单击"塌陷选定对象"按钮，如图3-543所示。

图3-541　　　　　图3-542　　　　　图3-543

疑难问答　问：网格建模与多边形建模有什么区别？

答：网格建模本来是3ds Max最基本的多边形加工方法，但在3ds Max 4之后被多边形建模取代了，之后网格建模逐渐被忽略，不过网格建模的稳定性要高于多边形建模；多边形建模是当前最流行的建模方法，而且建模技术很先进，有着比网格建模更多更方便的修改功能。其实这两种方法在建模的思路上基本相同，不同点在于网格建模所编辑的对象是三角面，而多边形建模所编辑的对象是三边面、四边面或更多边的面，因此多边形建模具有更高的灵活性。

3.5.2 编辑网格对象

网格建模是一种能够基于子对象进行编辑的建模方法，网格子对象包含顶点、边、面、多边形和元素5种。网格对象的参数设置面板共有4个卷展栏，分别是"选择"、"软选择"、"编辑几何体"和"曲面属性"卷展栏，如图3-544所示。

图3-544

知识链接：关于"可编辑网格"对象的参数与工具介绍请参阅"3.7 多边形建模"下的相关内容。

3.6 NURBS建模

NURBS建模是一种高级建模方法，所谓NURBS就是Non—Uniform Rational B-Spline（非均匀有理B样条曲线）。NURBS建模适合于创建一些复杂的弯曲曲面，如图3-545~图3-547所示是一些比较优秀的NURBS建模作品。

图3-545　　　　　　图3-546　　　　　　图3-547

3.6.1 NURBS对象类型

NBURBS对象包含NURBS曲面和NURBS曲线两种，如图3-548和图3-549所示。

图3-548　　　　　　　　　　图3-549

NURBS曲面

NURBS曲面包含"点曲面"和"CV曲面"两种。"点曲面"由点来控制曲面的形状,每个点始终位于曲面的表面上,如图3-550所示;"CV曲面"由控制顶点(CV)来控制模型的形状,CV形成围绕曲面的控制晶格,而不是位于曲面上,如图3-551所示。

图3-550　　　　　　　　　　　　图3-551

NURBS曲线

NURBS曲线包含"点曲线"和"CV曲线"两种。"点曲线"由点来控制曲线的形状,每个点始终位于曲线上,如图3-552所示;"CV曲线"由控制顶点(CV)来控制曲线的形状,这些控制顶点不必位于曲线上,如图3-553所示。

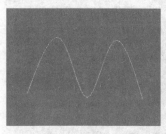

图3-552　　　　　　　　　　　　图3-553

3.6.2 创建NURBS对象

创建NURBS对象的方法很简单,如果要创建NURBS曲面,可以将几何体类型切换为"NURBS曲面",然后使用"点曲面"工具 点曲面 和"CV曲面"工具 CV曲面 即可创建出相应的曲面对象;如果要创建NURBS曲线,可以将图形类型切换为"NURBS曲线",然后使用"点曲线"工具 点曲线 和"CV曲线"工具 CV曲线 即可创建出相应的曲线对象。

3.6.3 转换NURBS对象

NURBS对象可以直接创建出来,也可以通过转换的方法将对象转换为NURBS对象。将对象转换为NURBS对象的方法主要有以下3种。

第1种:选择对象,然后单击鼠标右键,接着在弹出的菜单中选择"转换为>转换为NURBS"命令,如图3-554所示。

第2种:选择对象,然后进入"修改"面板,接着在修改器堆栈中的对象上单击鼠标右键,最后在弹出的菜单中选择NURBS命令,如图3-555所示。

第3种:为对象加载"挤出"或"车削"修改器,然后设置"输出"为NURBS,如图3-556所示。

图3-554　　　　　图3-555　　　　　图3-556

3.6.4 编辑NURBS对象

在NURBS对象的参数设置面板中共有7个卷展栏(以NURBS曲面对象为例),分别是"常规"、"显示线参数"、"曲面近似"、"曲线近似"、"创建点"、"创建曲线"和"创建曲面"卷展栏,如图3-557所示。

图3-557

常规卷展栏

"常规"卷展栏下包含用于编辑NURBS对象的常用工具(如"附加"工具、"附加多个"工具、"导入"工具、"导入多个"工具等)以及NURBS对象的显示方式,另外还包含一个"NURBS创建工具箱"按钮(单击该按钮可以打开"NURBS创建工具箱"),如图3-558所示。

图3-558

显示线参数卷展栏

"显示线参数"卷展栏下的参数主要用来指定显示NURBS曲面所用的"U向线数"和"V向线数"的数值,如图3-559所示。

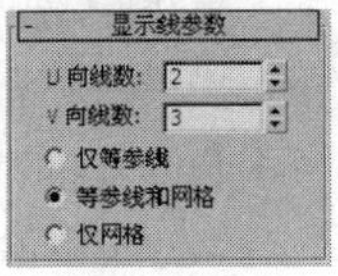

图3-559

曲面/曲线近似卷展栏

"曲面近似"卷展栏下的参数主要用于控制视图和渲染器的曲面细分,可以根据不同的需要来选择"高"、"中"、"低"3种不同的细分预设,如图3-560所示;"曲线近似"卷展栏与"曲面近似"卷展栏相似,主要用于控制曲线的步数及曲线的细分级别,如图3-561所示。

图3-560

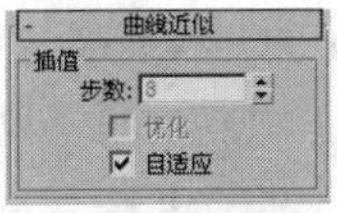

图3-561

创建点/曲线/曲面卷展栏

"创建点"、"创建曲线"和"创建曲面"卷展栏中的工具与"NURBS工具箱"中的工具相对应,主要用来创建点、曲线和曲面对象,如图3-562、图3-563和图3-564所示。

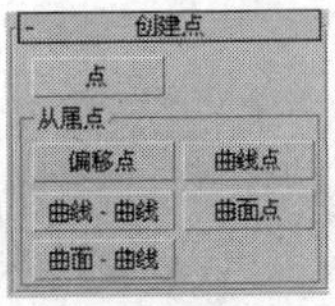

图3-562

图3-563

图3-564

> 知识链接:"创建点"、"创建曲线"和"创建曲面"3卷展栏中的工具是NURBS中最重要的对象编辑工具,关于这些工具的含义请参阅"3.6.5 NURBS创建工具箱"下的相关内容。

★重点★ 3.6.5 NURBS创建工具箱

在"常规"卷展栏下单击"NURBS创建工具箱"按钮 打开"NURBS工具箱",如图3-565所示。"NURBS工具箱"中包含用于创建NURBS对象的所有工具,主要分为3个功能区,分别是"点"功能区、"曲线"功能区和"曲面"功能区。

图3-565

NURBS工具箱工具介绍

① 创建点的工具

创建点 ：创建单独的点。

创建偏移点 ：根据一个偏移量创建一个点。

创建曲线点 ：创建从属曲线上的点。

创建曲线-曲线点 ：创建一个从属于"曲线-曲线"的相交点。

创建曲面点 ：创建从属于曲面上的点。

创建曲面-曲线点 ：创建从属于"曲面-曲线"的相交点。

② 创建曲线的工具

创建CV曲线 ：创建一条独立的CV曲线子对象。

创建点曲线 ：创建一条独立点曲线子对象。

创建拟合曲线 ：创建一条从属的拟合曲线。

创建变换曲线 ：创建一条从属的变换曲线。

创建混合曲线 ：创建一条从属的混合曲线。

创建偏移曲线 ：创建一条从属的偏移曲线。

创建镜像曲线 ：创建一条从属的镜像曲线。

创建切角曲线 ：创建一条从属的切角曲线。

创建圆角曲线 ：创建一条从属的圆角曲线。

创建曲面-曲面相交曲线 ：创建一条从属于"曲面-曲面"的相交曲线。

创建U向等参曲线 ：创建一条从属的U向等参曲线。

创建V向等参曲线 ：创建一条从属的V向等参曲线。

创建法向投影曲线 ：创建一条从属于法线方向的投影曲线。

创建向量投影曲线 ：创建一条从属于向量方向的投影曲线。

创建曲面上的CV曲线 ：创建一条从属于曲面上的CV曲线。

创建曲面上的点曲线 ：创建一条从属于曲面上的点曲线。

创建曲面偏移曲线 ：创建一条从属于曲面上的偏移曲线。

创建曲面边曲线 ：创建一条从属于曲面上的边曲线。

③ 创建曲面的工具

创建CV曲线 ：创建独立的CV曲面子对象。

创建点曲面 ：创建独立的点曲面子对象。

创建变换曲面：创建从属的变换曲面。

创建混合曲面：创建从属的混合曲面。

创建偏移曲面：创建从属的偏移曲面。

创建镜像曲面：创建从属的镜像曲面。

创建挤出曲面：创建从属的挤出曲面。

创建车削曲面：创建从属的车削曲面。

创建规则曲面：创建从属的规则曲面。

创建封口曲面：创建从属的封口曲面。

创建U向放样曲面：创建从属的U向放样曲面。

创建UV放样曲面：创建从属的UV向放样曲面。

创建单轨扫描：创建从属的单轨扫描曲面。

创建双轨扫描：创建从属的双轨扫描曲面。

创建多边混合曲面：创建从属的多边混合曲面。

创建多重曲线修剪曲面：创建从属的多重曲线修剪曲面。

创建圆角曲面：创建从属的圆角曲面。

3.7 多边形建模

多边形建模作为当今的主流建模方式，已经被广泛应用到游戏角色、影视、工业造型、室内外等模型制作中。多边形建模方法在编辑上更加灵活，对硬件的要求也很低，其建模思路与网格建模的思路很接近，其不同点在于网格建模只能编辑三角面，而多边形建模对面数没有任何要求，如图3-566和图3-567所示是一些比较优秀的多边形建模作品。

图3-566　　　　　　　图3-567

提示　本节全部是关于多边形建模的内容。多边形建模非常重要，希望用户对本节的每个部分内容都仔细领会。另外，本节所安排的实例都具有一定的针对性，希望用户对这些实例勤加练习。

3.7.1 转换多边形对象

在编辑多边形对象之前首先要明确多边形对象不是创建出

来的，而是塌陷（转换）出来的。将物体塌陷为多边形的方法主要有以下4种。

第1种：选中物体，然后在""Graphite建模工具"工具栏中单击"Graphite建模工具"按钮 Graphite 建模工具 ，接着单击"多边形建模"按钮 多边形建模 ，最后在弹出的面板中单击"转化为多边形"按钮，如图3-568所示。注意，经过这种方法转换的来的多边形的创建参数将全部丢失。

第2种：在物体上单击鼠标右键，然后在弹出的菜单中选择"转换为>转换为可编辑多边形"命令，如图3-569所示。同样，经过这种方法转换的来的多边形的创建参数将全部丢失。

图3-568　　　　　　　图3-569

第3种：为物体加载"编辑多边形"修改器，如图3-570所示。经过这种方法转换的来的多边形的创建参数将保留下来。

第4种：在修改器堆栈中选中物体，然后单击鼠标右键，接着在弹出的菜单中选择"可编辑多边形"命令，如图3-571所示。同样，经过这种方法转换的来的多边形的创建参数将全部丢失。

图3-570　　　　　　　图3-571

3.7.2 编辑多边形对象

将物体转换为可编辑多边形对象后，就可以对可编辑多边形对象的顶点、边、边界、多边形和元素分别进行编辑。可编辑多边形的参数设置面板中包括6个卷展栏，分别是"选择"卷展栏、"软选择"卷展栏、"编辑几何体"卷展栏、"细分曲面"卷展栏、"细分置换"卷展栏和"绘制变形"卷展栏，如图3-572所示。

图3-572

请注意，在选择了不同的次物体级别以后，可编辑多边形的参数设置面板也会发生相应的变化，比如在"选择"卷展栏下单击"顶点"按钮，进入"顶点"级别以后，在参数设置面板中就会增加两个对顶点进行编辑的卷展栏，如图3-573所示。而如果进入"边"级别和"多边形"级别以后，又对增加对边和多边形进行编辑的卷展栏，如图3-574和图3-575所示。

图3-573　　　　　　　图3-574　　　　　　　图3-575

在下面的内容中，将着重对"选择"卷展栏、"软选择"卷展栏、"编辑几何体"卷展栏进行详细讲解，同时还要对"顶点"级别下的"编辑顶点"卷展栏、"边"级别下的"编辑边"卷展栏以及"多边形"卷展栏下的"编辑多边形"卷展栏下进行重点讲解。

本节知识概要

卷展栏名称	主要作用	重要程度
选择	访问多边形子对象级别以及快速选择子对象	高
软选择	部分选择子对象，变换子对象时以平滑方式过渡	中
编辑几何体	全局修改多边形对象，适用于所有子对象级别	高
编辑顶点	编辑可编辑多边形的顶点子对象	高
编辑边	编辑可编辑多边形的边子对象	高
编辑多边形	编辑可编辑多边形的多边形子对象	高

 提　示　请注意，这6个卷展栏的作用与实际用法用户必须完全掌握。

选择卷展栏--

"选择"卷展栏下的工具与选项主要用来访问多边形子对象级别以及快速选择子对象，如图3-576所示。

图3-576

选择卷展栏工具/参数介绍

顶点：用于访问"顶点"子对象级别。

边：用于访问"边"子对象级别。

边界：用于访问"边界"子对象级别，可从中选择构成网格中孔洞边框的一系列边。边界总是由仅在一侧带有面的边组成，并总是为完整循环。

多边形：用于访问"多边形"子对象级别。

元素：用于访问"元素"子对象级别，可从中选择对象中的所有连续多边形。

按顶点：除了"顶点"级别外，该选项可以在其他4种级别中使用。启用该选项后，只有选择所用的顶点才能选择子对象。

忽略背面：启用该选项后，只能选中其法线指向当前视图的子对象。比如启用该选项以后，在前视图中框选如图3-577所示的顶点，但只能选择正面的顶点，而背面不会被选择到，如图3-578所示是在左视图中的观察效果；如果关闭该选项，在前视图中同样框选相同区域的顶点，则背面的顶点也会被选择，如图3-579所示是在顶视图中的观察效果。

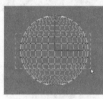 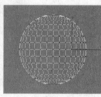 

图3-577　　　　　　　图3-578　　　　　　　图3-579

按角度：该选项只能用在"多边形"级别中。启用该选项时，如果选择一个多边形，3ds Max会基于设置的角度自动选择相邻的多边形。

收缩：单击一次该按钮，可以在当前选择范围中向内减少一圈对象。

扩大：与"收缩"相反，单击一次该按钮，可以在当前选择范围中向外增加一圈对象。

环形：该工具只能在"边"和"边界"级别中使用。在选中一部分子对象后，单击该按钮可以自动选择平行于当前对象的其他对象。比如选择一条如图3-580所示的边，然后单击"环形"按钮，可以选择整个纬度上平行于选定边的边，如图3-581所示。

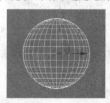 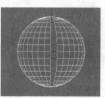

图3-580　　　　　　　图3-581

循环：该工具同样只能在"边"和"边界"级别中使用。在选中一部分子对象后，单击该按钮可以自动选择与当前对象在同一曲线上的其他对象。比如选择如图3-582所示的边，然后单击

"循环"按钮 循环 ，可以选择整个经度上的边，如图3-583所示。

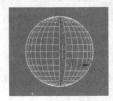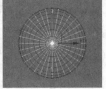

图3-582　　　　　图3-583

预览选择：在选择对象之前，通过这里的选项可以预览光标滑过处的子对象，有"禁用"、"子对象"和"多个"3个选项可供选择。

软选择卷展栏------------------------------

"软选择"是以选中的子对象为中心向四周扩散，以放射状方式来选择子对象。在对选择的部分子对象进行变换时，可以让子对象以平滑的方式进行过渡。另外，可以通过控制"衰减"、"收缩"和"膨胀"的数值来控制所选子对象区域的大小及对子对象控制力的强弱，并且"软选择"卷展栏还包含了绘制软选择的工具，如图3-584所示。

图3-584

软选择卷展栏工具/参数介绍

使用软选择：控制是否开启"软选择"功能。启用后，选择一个或一个区域的子对象，那么会以这个子对象为中心向外选择其他对象。比如框选如图3-585所示的顶点，那么软选择就会以这些顶点为中心向外进行扩散选择，如图3-586所示。

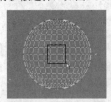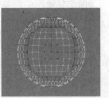

图3-585　　　　　图3-586

技术专题 **20** 软选择的颜色显示

在用软选择选择子对象时，选择的子对象是以红、橙、黄、绿、蓝5种颜色进行显示的。处于中心位置的子对象显示为红色，表示这些子对象被完全选择，在操作这些子对象时，它们将被完全影响，然后依次是橙、黄、绿、蓝的子对象。

边距离：启用该选项后，可以将软选择限制到指定的面数。

影响背面：启用该选项后，那些与选定对象法线方向相反的子对象也会受到相同的影响。

衰减：用以定义影响区域的距离，默认值为20mm。"衰减"数值越高，软选择的范围也就越大，如图3-587和图3-588所示是将"衰减"设置为500mm和800mm时的选择效果对比。

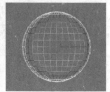

图3-587　　　　　图3-588

收缩：设置区域的相对"突出度"。

膨胀：设置区域的相对"丰满度"。

软选择曲线图：以图形的方式显示软选择是如何进行工作的。

明暗处理面切换 明暗处理面切换 ：只能用在"多边形"和"元素"级别中，用于显示颜色渐变，如图3-589所示。它与软选择范围内面上的软选择权重相对应。

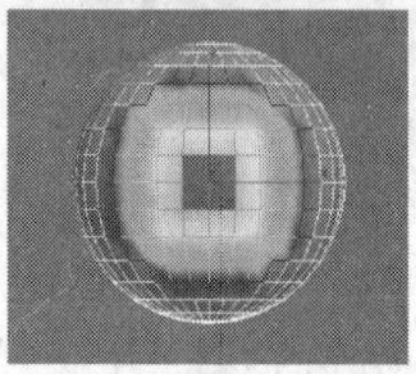

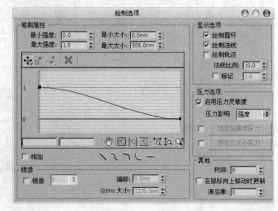

图3-589

锁定软选择：锁定软选择，以防止对按程序的选择进行更改。

绘制 绘制 ：可以在使用当前设置的活动对象上绘制软选择。

模糊 模糊 ：可以通过绘制来软化现有绘制软选择的轮廓。

复原 复原 ：以通过绘制的方式还原软选择。

选择值：整个值表示绘制的或还原的软选择的最大相对选择。笔刷半径内周围顶点的值会趋向于0衰减。

笔刷大小：用来设置圆形笔刷的半径。

笔刷强度：用来设置绘制子对象的速率。

笔刷选项 笔刷选项 ：单击该按钮可以打开"绘制选项"对话框，如图3-590所示。在该对话框中可以设置笔刷的更多属性。

图3-590

技术专题 **21** **绘制变形的技巧**

在使用设置好参数的笔刷绘制褶皱时，按住Alt键可以在保持相同参数值的情况下在推和拉之间进行切换。例如，如果拉的值为3mm，按住Alt键可以切换为-3mm，此时就为推的操作，松开Alt键后就会恢复为拉的推操作。另外，除了可以在"绘制变形"卷展栏下调整笔刷的大小外，还有一种更为简单的方法，即按住Shift+Ctrl组合键拖曳鼠标左键。

编辑几何体卷展栏

"编辑几何体"卷展栏下的工具适用于所有子对象级别，主要用来全局修改多边形几何体，如图3-591所示。

图3-591

编辑几何体卷展栏工具/参数介绍

重复上一个 重复上一个 ：单击该按钮可以重复使用上一次使用的命令。

约束：使用现有的几何体来约束子对象的变换，共有"无"、"边"、"面"和"法线"4种方式可供选择。

保持UV：启用该选项后，可以在编辑子对象的同时不影响该对象的UV贴图。

设置□：单击该按钮可以打开"保持贴图通道"对话框，如图3-592所示。在该对话框中可以指定要保持的顶点颜色通道或纹理通道（贴图通道）。

图3-592

创建 创建 ：创建新的几何体。

塌陷 塌陷 ：通过将顶点与选择中心的顶点焊接，使连续选定子对象的组产生塌陷。

提 示 "塌陷"工具 塌陷 类似于"焊接"工具 焊接 ，但是该工具不需要设置"阈值"数值就可以直接塌陷在一起。

附加 附加 ：使用该工具可以将场景中的其他对象附加到选定的可编辑多边形中。

分离 分离 ：将选定的子对象作为单独的对象或元素分离出来。

切片平面 切片平面 ：使用该工具可以沿某一平面分开网格对象。

分割：启用该选项后，可以通过"快速切片"工具 快速切片 和"切割"工具 切割 在划分边的位置处创建出两个顶点集合。

切片 切片 ：可以在切片平面位置处执行切割操作。

重置平面 重置平面 ：将执行过"切片"的平面恢复到之前的状态。

快速切片 快速切片 ：可以将对象进行快速切片，切片线沿着对象表面，所以可以更加准确地进行切片。

切割 切割 ：可以在一个或多个多边形上创建出新的边。

网格平滑 网格平滑 ：使选定的对象产生平滑效果。

细化 细化 ：增加局部网格的密度，从而方便处理对象的细节。

平面化 平面化 ：强制所有选定的子对象成为共面。

视图对齐 视图对齐 ：使对象中的所有顶点与活动视图所在的平面对齐。

栅格对齐 栅格对齐 ：使选定对象中的所有顶点与活动视图所在的平面对齐。

松弛 松弛 ：使当前选定的对象产生松弛现象。

隐藏选定对象 隐藏选定对象 ：隐藏所选定的子对象。

全部取消隐藏 全部取消隐藏 ：将所有的隐藏对象还原为可见对象。

隐藏未选定对象 隐藏未选定对象 ：隐藏未选定的任何子对象。

命名选择：用于复制和粘贴子对象的命名选择集。

删除孤立顶点：启用该选项后，选择连续子对象时会删除孤立顶点。

完全交互：启用该选项后，如果更改数值，将直接在视图中显示最终的结果。

编辑顶点卷展栏

进入可编辑多边形的"顶点"级别以后，在"修改"面板中会增加一个"编辑顶点"卷展栏，如图3-593所示。这个卷展栏下的工具全部是用来编辑顶点的。

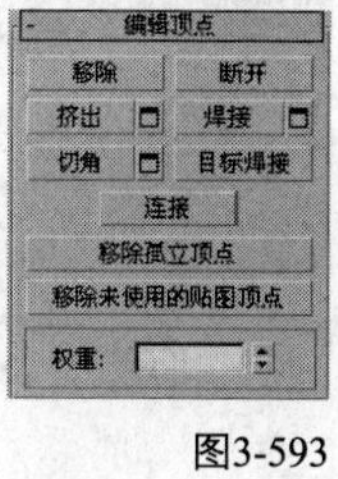

图3-593

编辑顶点卷展栏工具/参数介绍

移除 移除 ：选中一个或多个顶点以后，单击该按钮可以将其移除，然后接合起使用它们的多边形。

技术专题 22 移除顶点与删除顶点的区别

这里详细介绍一下移动顶点与删除顶点的区别。

移除顶点：选中一个或多个顶点以后，单击"移除"按钮 移除 或按Backspace键即可移除顶点，但也只能是移除了顶点，而面仍然存在，如图3-594所示。注意，移除顶点可能导致网格形状发生严重变形。

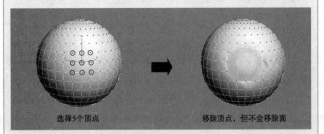

选择5个顶点　　　　　　移除顶点，但不会移除面

图3-594

删除顶点：选中一个或多个顶点以后，按Delete键可以删除顶点，同时也会删除连接到这些顶点的面，如图3-595所示。

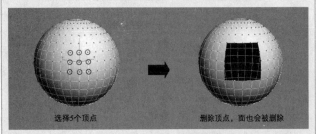

选择5个顶点　　　　　　删除顶点，面也会被删除

图3-595

断开 断开 ：选中顶点以后，单击该按钮可以在与选定顶点相连的每个多边形上都创建一个新顶点，这可以使多边形的转角相互分开，使它们不再相连于原来的顶点上。

挤出 挤出 ：直接使用这个工具可以手动在视图中挤出顶点，如图3-596所示。如果要精确设置挤出的高度和宽度，可以单击后面的"设置"按钮 ，然后在视图中的"挤出顶点"对话框中输入数值即可，如图3-597所示。

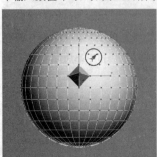
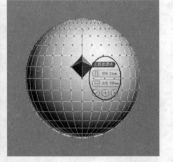

图3-596　　　　　　　　　　图3-597

焊接 焊接 ：对"焊接顶点"对话框中指定的"焊接阈值"范围之内连续的选中的顶点进行合并，合并后所有边都会与产生的单个顶点连接。单击后面的"设置"按钮 可以设置"焊接阈值"。

切角 切角 ：选中顶点以后，使用该工具在视图中拖曳光标，可以手动为顶点切角，如图3-598所示。单击后面的"设置"按钮 ，在弹出的"切角"对话框中可以设置精确的"顶点切角量"数值，同时还可以将切角后的面"打开"，以生成孔洞效果，如图3-599所示。

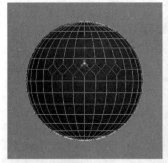

图3-598　　　　　　　　　　　　　　　　图3-599

目标焊接 目标焊接 ：选择一个顶点后，使用该工具可以将其焊接到相邻的目标顶点，如图3-600所示。

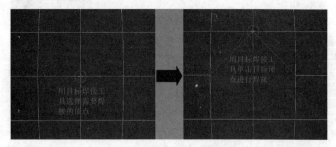

图3-600

提示　"目标焊接"工具 目标焊接 只能焊接成对的连续顶点。也就是说，选择的顶点与目标顶点有一个边相连。

连接 连接 ：在选中的对角顶点之间创建新的边，如图3-601所示。

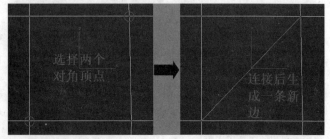

选择两个对角顶点　　　　　　连接后生成一条新边

图3-601

移除孤立顶点 移除孤立顶点 ：删除不属于任何多边形的所有顶点。

移除未使用的贴图顶点 移除未使用的贴图顶点 ：某些建模操作会

留下未使用的（孤立）贴图顶点，它们会显示在"展开UVW"编辑器中，但是不能用于贴图，单击该按钮就可以自动删除这些贴图顶点。

权重：设置选定顶点的权重，供NURMS细分选项和"网格平滑"修改器使用。

🌐 编辑边卷展栏------------------------

进入可编辑多边形的"边"级别以后，在"修改"面板中会增加一个"编辑边"卷展栏，如图3-602所示。这个卷展栏下的工具全部是用来编辑边的。

图3-602

编辑边卷展栏工具/参数介绍

插入顶点 插入顶点 ：在"边"级别下，使用该工具在边上单击鼠标左键，可以在边上添加顶点，如图3-603所示。

图3-603

移除 移除 ：选择边以后，单击该按钮或按Backspace键可以移除边，如图3-604所示。如果按Delete键，将删除边以及与边连接的面，如图3-605所示。

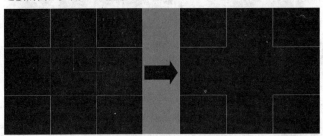

图3-604

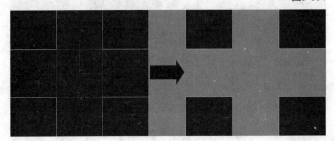

图3-605

分割 分割 ：沿着选定边分割网格。对网格中心的单条边应用时，不会起任何作用。

挤出 挤出 ：直接使用这个工具可以手动在视图中挤出边。如果要精确设置挤出的高度和宽度，可以单击后面的"设置"按钮🔲，然后在视图中的"挤出边"对话框中输入数值即可，如图3-606所示。

图3-606

焊接 焊接 ：组合"焊接边"对话框指定的"焊接阈值"范围内的选定边。只能焊接仅附着一个多边形的边，也就是边界上的边。

切角 切角 ：这是多边形建模中使用频率最高的工具之一，可以为选定边进行切角（圆角）处理，从而生成平滑的棱角，如图3-607所示。

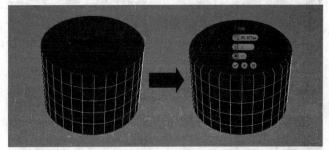

图3-607

> 💡 **提示** 在很多时候为边进行切角处理以后，都需要模型加载"网格平滑"修改器，以生成非常平滑的模型，如图3-608所示。

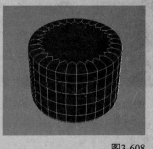

图3-608

目标焊接 目标焊接 ：用于选择边并将其焊接到目标边。只能焊接仅附着一个多边形的边，也就是边界上的边。

桥 桥 ：使用该工具可以连接对象的边，但只能连接边界边，也就是只在一侧有多边形的边。

连接 连接 ：这是多边形建模中使用频率最高的工具之一，可以在每对选定边之间创建新边，对于创建或细化边循环特别有用。比如选择一对竖向的边,则可以在横向上生成边,如图3-609所示。

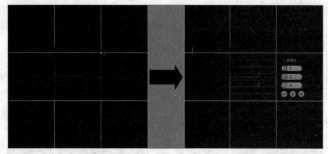

图3-609

利用所选内容创建新图形 利用所选内容创建图形 :这是多边形建模中使用频率最高的工具之一,可以将选定的边创建为样条线图形。选择边以后,单击该按钮可以弹出一个"创建图形"对话框,在该对话框中可以设置图形名称以及设置图形的类型,如果选择"平滑"类型,则生成的平滑的样条线,如图3-610所示;如果选择"线性"类型,则样条线的形状与选定边的形状保持一致,如图3-611所示。

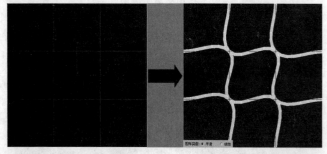

图3-610

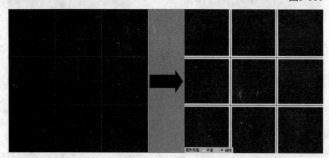

图3-611

权重:设置选定边的权重,供NURMS细分选项和"网格平滑"修改器使用。

拆缝:指定对选定边或边执行的折缝操作量,供NURMS细分选项和"网格平滑"修改器使用。

编辑三角形 编辑三角形 :用于修改绘制内边或对角线时多边形细分为三角形的方式。

旋转 旋转 :用于通过单击对角线修改多边形细分为三角形的方式。使用该工具时,对角线可以在线框和边面视图中显示为虚线。

编辑多边形卷展栏

进入可编辑多边形的"多边形"级别以后,在"修改"面板中会增加一个"编辑多边形"卷展栏,如图3-612所示。这个卷展栏下的工具全部是用来编辑多边形的。

图3-612

编辑多边形卷展栏工具介绍

插入顶点 插入顶点 :用于手动在多边形插入顶点(单击即可插入顶点),以细化多边形,如图3-613所示。

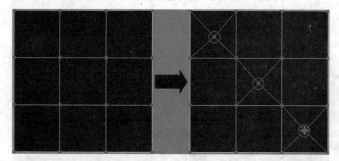

图3-613

挤出 挤出 :这是多边形建模中使用频率最高的工具之一,可以挤出多边形。如果要精确设置挤出的高度,可以单击后面的"设置"按钮 ,然后在视图中的"挤出边"对话框中输入数值即可。挤出多边形时,"高度"为正值时可向外挤出多边形,为负值时可向内挤出多边形,如图3-614所示。

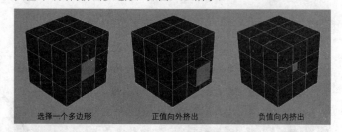

选择一个多边形　　　　正值向外挤出　　　　负值向内挤出

图3-614

轮廓 轮廓 :用于增加或减小每组连续的选定多边形的外边。

倒角 倒角 :这是多边形建模中使用频率最高的工具之一,可以挤出多边形,同时为多边形进行倒角,如图3-615所示。

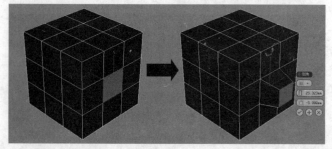

图3-615

插入 插入：执行没有高度的倒角操作，即在选定多边形的平面内执行该操作，如图3-616所示。

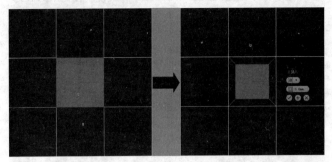

图3-616

桥 桥：使用该工具可以连接对象上的两个多边形或多边形组。

翻转 翻转：反转选定多边形的法线方向，从而使其面向用户的正面。

从边旋转 从边旋转：选择多边形后，使用该工具可以沿着垂直方向拖动任何边，以便旋转选定多边形。

沿样条线挤出 沿样条线挤出：沿样条线挤出当前选定的多边形。

编辑三角剖分 编辑三角剖分：通过绘制内边修改多边形细分为三角形的方式。

重复三角算法 重复三角算法：在当前选定的一个或多个多边形上执行最佳三角剖分。

旋转 旋转：使用该工具可以修改多边形细分为三角形的方式。

实战

用多边形建模制作单人椅

场景位置	无
实例位置	DVD>实例文件>CH03>实战——用多边形建模制作单人椅.max
视频位置	DVD>多媒体教学>CH03>实战——用多边形建模制作单人椅.flv
难易指数	★★☆☆☆
技术掌握	调节多边形的顶点、FFD 3×3×3修改器、涡轮平滑修改器、壳修改器

单人椅效果如图3-617所示。

图3-617

01 使用"平面"工具 平面 在场景中创建一个平面，然后在"参数"卷展栏下设置"长度"为500mm、"宽度"为

460mm、"长度分段"和"宽度分段"为5，如图3-618所示。

02 选择平面，然后单击鼠标右键，接着在弹出的菜单中选择"转换为>转换为可编辑多边形"命令，如图3-619所示。

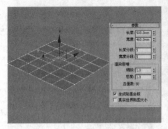
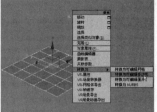

图3-618 　　　　　　　　　　图3-619

03 在"选择"卷展栏下单击"顶点"按钮，进入"顶点"级别，然后在顶视图中选择4个边角上的顶点，如图3-620所示，接着使用"选择并均匀缩放"工具将顶点向内缩放成如图3-621所示的效果。

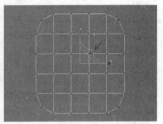

图3-620 　　　　　　　　　　图3-621

04 切换到左视图，然后使用"选择并移动"工具将右侧的两组顶点调整成如图3-522所示的效果，在透视图中的效果如图3-623所示。

图3-622 　　　　　　　　　　图3-623

05 为模型加载一个FFD 3×3×3修改器，然后选择该修改器的"控制点"层级，接着在前视图中框选中间的控制点，如图3-624所示，最后使用"选择并移动"工具将控制点向下拖曳一段距离，如图3-625所示。

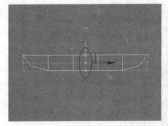
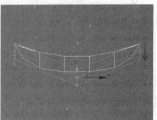

图3-624 　　　　　　　　　　图3-625

06 为模型加载一个"涡轮平滑"修改器,然后在"涡轮平滑"卷展栏下设置"迭代次数"为2,具体参数设置及模型效果如图3-626所示。

07 继续为模型加载一个"壳"修改器,然后在"参数"卷展栏下设置"外部量"为10mm,具体参数设置及模型效果如图3-627所示。

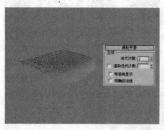
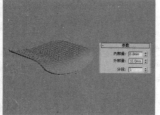

图3-626　　　　　　图3-627

08 采用相同的方法制作出靠背模型,完成后的效果如图3-628所示。

图3-628

09 使用"线"工具 线 在前视图中绘制一条如图3-629所示的样条线,然后在"渲染"卷展栏下勾选"在渲染中启用"和"在视口中启用"选项,接着设置"径向"的"厚度"为15mm,如图3-630所示。

图3-629　　　　　　图3-630

10 继续使用"线"工具 线 制作出剩余的椅架模型,最终效果如图3-631所示。

图3-631

实战

用多边形建模制作餐桌椅

场景位置	无
实例位置	DVD>实例文件>CH03>实战——用多边形建模制作餐桌椅.max
视频位置	DVD>多媒体教学>CH03>实战——用多边形建模制作餐桌椅.flv
难易指数	★★★☆☆
技术掌握	仅影响轴技术、调节多边形的顶点、挤出工具、切角工具

餐桌椅效果如图3-632所示。

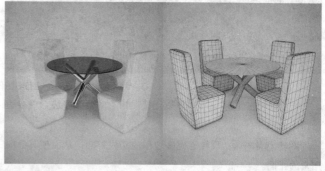

图3-632

01 下面制作桌子模型。使用"切角圆柱体"工具 切角圆柱体 在场景中创建出一个切角圆柱体,然后在"参数"卷展栏下设置"半径"为750mm、"高度"为20mm、"圆角"为2mm、"边数"为36,具体参数设置及模型效果如图3-633所示。

02 继续使用"切角圆柱体"工具 切角圆柱体 在场景中创建一个切角圆柱体,然后在"参数"卷展栏下设置"半径"为65mm、"高度"为1000mm、"圆角"为5mm、"圆角分段"为3、"边数"为36,具体参数设置及模型位置如图3-634所示。

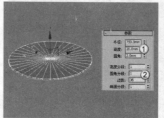
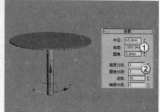

图3-633　　　　　　图3-634

03 选择上一步创建的圆柱体,然后使用"选择并旋转"工具 将其旋转到如图3-635所示的角度。

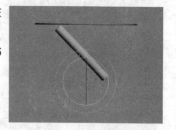

图3-635

04 在"命令"面板中单击"层级"按钮,然后单击"仅影响轴"按钮 仅影响轴 ,接着在顶视图中将轴心点拖曳到桌面的中心位置,如图3-636所示。调整完成后再次单击"仅影响轴"按钮 仅影响轴 ,退出"仅影响轴"模式。

05 按A键激活"角度捕捉切换"工具,然后按住Shift键使用"选择并旋转"工具◎在顶视图中旋转（旋转-90°）复制切角圆柱体，接着在弹出的对话框中设置"副本数"为3，如图3-637所示。

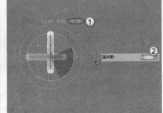

图3-636　　　　　　图3-637

06 下面制作椅子模型。使用"长方体"工具 长方体 在场景中创建一个长方体，然后在"参数"卷展栏下设置"长度"为650mm、"宽度"为650mm、"高度"为500mm、"长度分段"为2，具体参数设置及模型效果如图3-638所示。

07 将长方体转换为可编辑多边形，进入"顶点"级别，然后使用"选择并移动"工具✛在顶视图中将中间的顶点向下拖曳到如图3-639所示的位置。

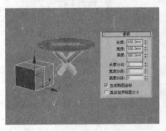

图3-638　　　　　　图3-639

提示　为了方便对长方体的操作，可以按Alt+Q组合键切换到"孤立选择"模式，这样可以单独对长方体进行操作，如图3-640所示。

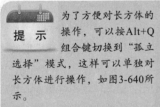

图3-640

08 在前视图中选择顶部的顶点，如图3-641所示，然后使用"选择并均匀缩放"工具▣将顶点向内缩放成如图3-642所示的效果。

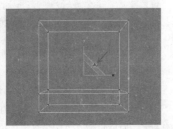

图3-641　　　　　　图3-642

疑难问答　问：为什么调整的顶点不正确？

答：这里在选择底部的顶点时，最好用框选，不要用点选。如果用点选，一次只能选择一个顶点，按住Ctrl键可以加选顶点，但只能选择两个顶点，如图3-643所示，这样在顶视图中调整顶点时会产生如图3-644所示的效果，这显然是错误的。

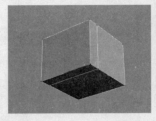

图3-643　　　　　　图3-644

09 在"选择"卷展栏下单击"多边形"按钮▣，进入"多边形"级别，然后选择如图3-645所示的多边形，接着在"编辑多边形"卷展栏下单击"挤出"按钮 挤出 后面的"设置"按钮▫，最后设置"高度"为820mm，如图3-646所示。

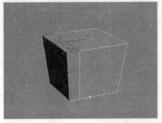
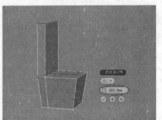

图3-645　　　　　　图3-646

10 在"选择"卷展栏下单击"边"按钮◁，进入"边"级别，然后选择如图3-647所示的边，接着在"编辑边"卷展栏下单击"切角"按钮 切角 后面的"设置"按钮▫，最后设置"边切角量"为15mm，如图3-648所示。

图3-647　　　　　　图3-648

11 为模型加载一个"涡轮平滑"修改器，然后在"涡轮平滑"卷展栏下设置"迭代次数"为2，如图3-649所示。

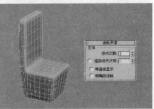

图3-649

12 再次将模型转换为可编辑多边形,进入"边"级别,然后选择如图3-650所示的边,接着在"编辑边"卷展栏下单击"利用所选内容创建图形"按钮 利用所选内容创建图形 ,最后在弹出的"创建图形"对话框中设置"图形类型"为"线性",如图3-651所示。

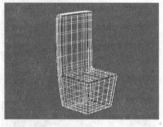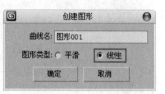

图3-650　　　　　　　　　　图3-651

13 选择"图形001",然后在"渲染"卷展栏下勾选"在渲染中启用"和"在视口中启用"选项,接着设置"径向"的"厚度"为8mm,具体参数设置及图形效果如图3-652所示。

图3-652

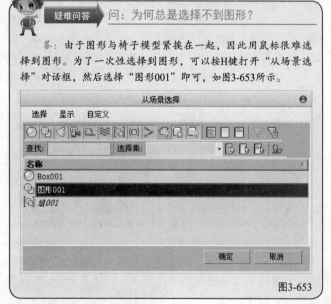

疑难问答　问:为何总是选择不到图形?

答:由于图形与椅子模型紧挨在一起,因此用鼠标很难选择到图形。为了一次性选择到图形,可以按H键打开"从场景选择"对话框,然后选择"图形001"即可,如图3-653所示。

图3-653

(14) 同时选择椅子模型和"图形001",然后为其加载一个FFD 4×4×4修改器,接着选择"控制点"层级,最后在左视图中将模型调整成如图3-654所示的形状。

(15) 利用"仅影响轴"技术和"选择并旋转"工具 ○ 围

绕餐桌旋转复制4把椅子,最终效果如图3-655所示。

图3-654　　　　　　　　　　图3-655

实战

用多边形建模制作鞋柜

场景位置	无
实例位置	DVD>实例文件>CH03>实战——用多边形建模制作鞋柜.max
视频位置	DVD>多媒体教学>CH03>实战——用多边形建模制作鞋柜.flv
难易指数	★★★☆☆
技术掌握	切角工具、插入工具、倒角工具、挤出工具、连接工具、倒角剖面修改器

鞋柜效果如图3-656所示。

图3-656

01 使用"长方体"工具 长方体 在场景中创建一个长方体,然后在"参数"卷展栏下设置"长度"为320mm、"宽度"为900mm、"高度"为1000mm、"长度分段"为1、"宽度分段"和"高度分段"为2,具体参数设置及模型效果如图3-657所示。

02 将长方体转换为可编辑多边形,进入"顶点"级别,然后使用"选择并移动"工具 在前视图中将中间的顶点向上拖曳到如图3-658所示的位置。

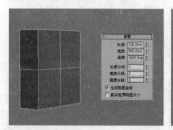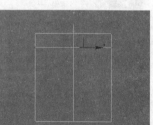

图3-657　　　　　　　　　　图3-658

03 进入"边"级别,然后选择如图3-659所示的边,接着在"编辑边"卷展栏下单击"切角"按钮 切角 后面的"设置"按钮,最后设置"边切角量"为20mm,如图3-660所示。

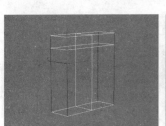
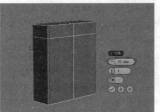

图3-659　　　　　　　　　　　图3-660

04 进入"多边形"级别，然后选择如图3-661所示的多边形，接着在"编辑多边形"卷展栏下单击"插入"按钮 插入 后面的"设置"按钮▣，最后设置"数量"为15mm，如图3-662所示。

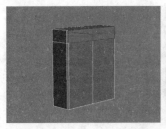

图3-661　　　　　　　　　　　图3-662

05 选择如图3-663所示的多边形，然后在"编辑多边形"卷展栏下单击"插入"按钮 插入 后面的"设置"按钮▣，接着设置"数量"为10mm，如图3-664所示。

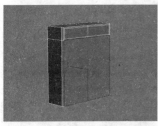
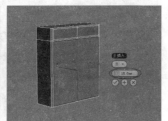

图3-663　　　　　　　　　　　图3-664

06 选择如图3-665所示的多边形，然后在"编辑多边形"卷展栏下单击"倒角"按钮 倒角 后面的"设置"按钮▣，接着设置"高度"为13mm、"轮廓"为-1mm，如图3-666所示。

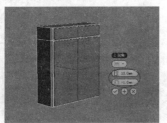

图3-665　　　　　　　　　　　图3-666

07 选择如图3-667所示的多边形，然后在"编辑多边形"卷展栏下单击"插入"按钮 插入 后面的"设置"按钮▣，接着设置"数量"为10mm，如图3-668所示。

08 采用相同的方法将另外一侧的多边形也插入10mm，如图3-669所示。

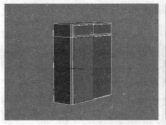

图3-667　　　　　　　　　　　图3-668

图3-669

 疑难问答 ▶ 问：为何不同时插入两个多边形？

答：如果同时选择两个多边形进入插入，则将两个多边形视为一个多边形进行插入，如图3-670所示。

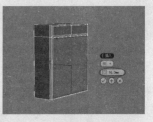

图3-670

09 选择如图3-671所示的多边形，然后在"编辑多边形"卷展栏下单击"倒角"按钮 倒角 后面的"设置"按钮▣，接着设置"高度"为8mm、"轮廓"为-1mm，如图3-672所示。

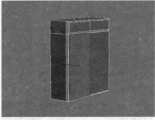
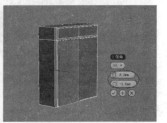

图3-671　　　　　　　　　　　图3-672

10 采用相同的方法将另外一侧的多边形也进行相同的倒角操作，如图3-673所示。

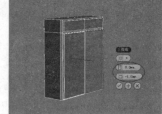

图3-673

11 选择如图3-674所示的多边形,然后在"编辑多边形"卷展栏下单击"插入"按钮 插入 后面的"设置"按钮□,接着设置"数量"为10mm,如图3-675所示。

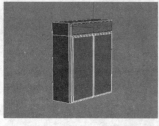

图3-674 图3-675

12 保持对多边形的选择,在"编辑多边形"卷展栏下单击"倒角"按钮 倒角 后面的"设置"按钮□,然后设置"高度"为8mm、"轮廓"为-1mm,如图3-676所示。

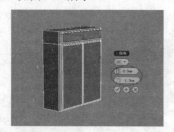

图3-676

13 选择如图3-677所示的多边形,然后在"编辑多边形"卷展栏下单击"插入"按钮 插入 后面的"设置"按钮□,接着设置"数量"为60mm,如图3-678所示。

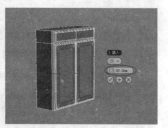

图3-677 图3-678

14 保持对多边形的选择,在"编辑多边形"卷展栏下单击"倒角"按钮 倒角 后面的"设置"按钮□,然后设置"高度"为-3mm、"轮廓"为-2mm,如图3-679所示。

图3-679

15 使用"线"工具 线 在顶视图中绘制一条如图3-680所示的样条线,然后在前视图中继续绘制一条如图3-681所示的样条线。

图3-680 图3-681

16 为先绘制的样条线加载一个"倒角剖面"修改器,然后在"参数"卷展栏下单击"拾取剖面"按钮 拾取剖面 ,接着在视图中拾取另一条样条线,如图3-682所示,效果如图3-683所示。

图3-682 图3-683

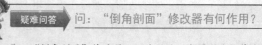

疑难问答 问:"倒角剖面"修改器有何作用?

答:"倒角剖面"修改器可以使用另一个图形路径作为倒角的截剖面来挤出一个图形。

17 使用"矩形"工具 矩形 在顶视图中绘制一个如图3-684所示的圆角矩形。这里提供一张孤立选择图,如图3-685所示。

图3-684 图3-685

18 为圆角矩形加载一个"倒角剖面"修改器,然后在"参数"卷展栏下单击"拾取剖面"按钮 拾取剖面 ,接着在视图中拾取前面绘制的样条线,如图3-686所示,效果如图3-687所示。

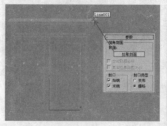
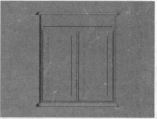

图3-686 图3-687

19 将底座模型转换为可编辑多边形,进入"多边形"级别,然后选择如图3-688所示的多边形，接着在"编辑多边形"卷展栏下单击"挤出"按钮 挤出 后面的"设置"按钮⊡，最后设置"高度"为40mm，如图3-689所示。

图3-688 图3-689

20 选择如图3-690所示的多边形，然后在"编辑多边形"卷展栏下单击"挤出"按钮 挤出 后面的"设置"按钮⊡，接着设置"高度"为70mm，如图3-691所示。

 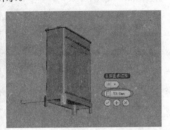

图3-690 图3-691

21 进入"边"级别，然后选择如图3-692所示的边，接着在"编辑边"卷展栏下单击"连接"按钮 连接 后面的"设置"按钮⊡，最后设置"分段"为3，如图3-693所示。

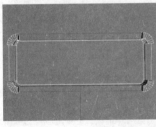 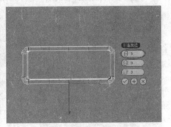

图3-692 图3-693

22 进入"顶点"级别，然后在前视图中使用"选择并移动"工具⊕将中间的顶点向下拖曳到如图3-694所示的位置，整体效果而3-695所示。

图3-694 图3-695

23 使用"线"工具 线 在顶视图中绘制一条如图3-696所示的样条线。这里提供一张孤立选择图，如图3-697所示。

图3-696 图3-697

24 为样条线加载一个"车削"修改器，然后在"参数"卷展栏下设置"分段"为32，接着设置"方向"为y Y 轴、"对齐"方式为"最大" 最大 ，如图3-698所示，最后复制3个把手到其他位置，最终效果如图3-699所示。

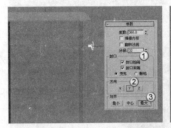 

图3-698 图3-699

用多边形建模制作梳妆台

场景位置	无
实例位置	DVD>实例文件>CH03>实战——用多边形建模制作梳妆台.max
视频位置	DVD>多媒体教学>CH03>实战——用多边形建模制作梳妆台.flv
难易指数	★★★★☆
技术掌握	挤出工具、切角工具、倒角工具、插入工具、倒角剖面修改器

梳妆台效果如图3-700所示。

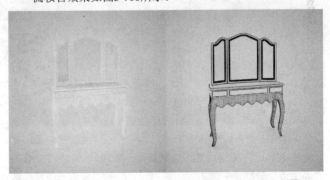

图3-700

01 使用"长方体"工具 长方体 在场景中创建一个长方体，然后在"参数"卷展栏下设置"长度"为740mm、"宽度"为2800mm、"高度"为260mm、"长度分段"为5、"宽度分段"为15、"高度分段"为1，具体参数设置及模型效果如图3-701所示。

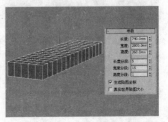

图3-701

02 将长方体转换为可编辑多边形，进入"多边形"级别，然后选择如图3-702所示的多边形，接着在"编辑多边形"卷展栏下单击"挤出"按钮 挤出 后面的"设置"按钮□，并设置"高度"为200mm，如图3-703所示，最后连续单击6次"应用并继续"按钮⊕，继续挤出6次多边形（实际上一共执行了7次挤出操作），如图7-704所示。

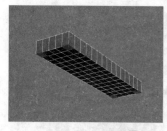
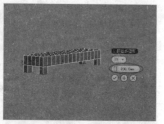

图3-702　　　　　　　　　　　图3-703

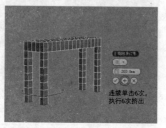

图3-704

03 进入"顶点"级别，然后使用"选择并均匀缩放"工具□在前视图中将腿部的顶点调整成如图3-705所示的效果，接着使用"选择并移动"工具✛将上部的顶点调整成如图3-706所示的效果。

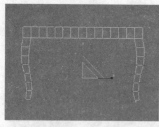
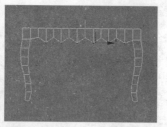

图3-705　　　　　　　　　　　图3-706

04 进入"边"级别，然后选择如图3-707所示的边，接着在"编辑边"卷展栏下单击"切角"按钮 切角 后的"设置"按钮□，最后设置"边切角量"为5mm，如图3-708所示。

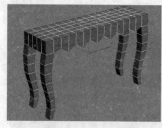
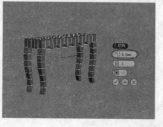

图3-707　　　　　　　　　　　图3-708

05 为模型加载一个"涡轮平滑"修改器，然后在"涡轮平滑"卷展栏下设置"迭代次数"为2，如图3-709所示。

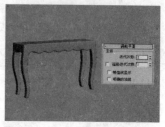

图3-709

06 使用"长方体"工具 长方体 在场景中创建一个长方体，然后在"参数"卷展栏下设置"长度"为800mm、"宽度"为2800mm、"高度"为350mm、"长度分段"为1、"宽度分段"为3、"高度分段"为1，具体参数设置及模型位置如图3-710所示。

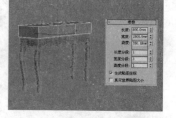

图3-710

07 将长方体转换为可编辑多边形，进入"多边形"级别，然后选择如图3-711所示的多边形，接着在"编辑多边形"卷展栏下单击"倒角"按钮 倒角 后面的"设置"按钮□，最后设置"高度"为30mm、"轮廓"为60mm，如图3-712所示。

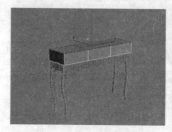
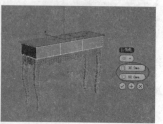

图3-711　　　　　　　　　　　图3-712

08 保持对多边形的选择，在"编辑多边形"卷展栏下单击"倒角"按钮 倒角 后面的"设置"按钮□，然后设置"高度"为30mm、"轮廓"为-60mm，如图3-713所示。

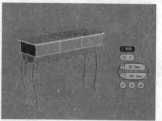

图3-713

09 进入"边"级别，然后选择如图3-714所示的边，接着在"编辑边"卷展栏下单击"切角"按钮 切角 后面的"设置"按钮□，最后设置"边切角量"为3mm，如图3-715所示。

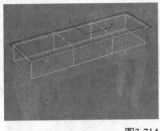

图3-714　　　　　　　　　　　　　图3-715

10 进入"顶点"级别，然后使用"选择并均匀缩放"工具 🔲 在前视图中将中间的顶点调整成如图3-716所示的效果。

图3-716

11 进入"多边形"级别，然后选择如图3-717所示的多边形，接着在"编辑多边形"卷展栏下单击"插入"按钮 插入 后面的"设置"按钮🔲，最后设置"数量"为30mm，图3-718所示。

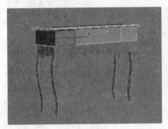
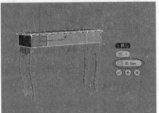

图3-717　　　　　　　　　　　　　图3-718

12 采用相同的方法插入如图3-719和图3-720所示的多边形。

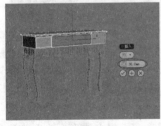
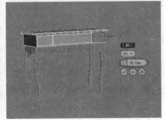

图3-719　　　　　　　　　　　　　图3-720

13 选择如图3-721所示的多边形，然后在"编辑多边形"卷展栏下单击"挤出"按钮 挤出 后面的"设置"按钮🔲，接着设置"高度"为-30mm，如图3-722所示。

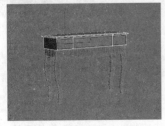
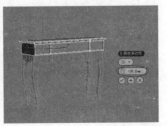

图3-721　　　　　　　　　　　　　图3-722

14 保持对多边形的选择，在"编辑多边形"卷展栏下单击"插入"按钮 插入 后面的"设置"按钮🔲，然后设置"数量"为5mm，如图3-723所示。

15 保持对多边形的选择，在"编辑多边形"卷展栏下单击"挤出"按钮 挤出 后面的"设置"按钮🔲，然后设置"数量"为35mm，如图3-724所示。

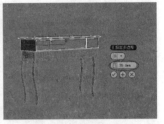

图3-723　　　　　　　　　　　　　图3-724

16 保持对多边形的选择，在"编辑多边形"卷展栏下单击"插入"按钮 插入 后面的"设置"按钮🔲，然后设置"数量"为15mm，如图3-725所示。

17 保持对多边形的选择，在"编辑多边形"卷展栏下单击"倒角"按钮 倒角 后面的"设置"按钮🔲，然后设置"高度"为20mm、轮廓为-3mm，如图3-726所示。

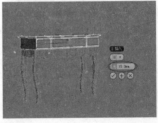
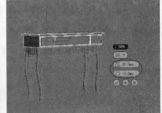

图3-725　　　　　　　　　　　　　图3-726

18 进入"边"级别，然后选择如图3-727所示的边，接着在"编辑边"卷展栏下单击"切角"按钮 切角 后面的"设置"按钮🔲，最后设置"边切角量"为2mm、"分段"为4，如图3-728所示。

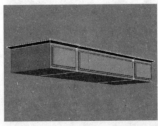
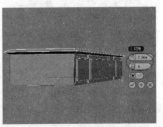

图3-727　　　　　　　　　　　　　图3-728

19 使用"线"工具 线 在前视图中绘制出如图3-729所示的样条线，然后在左视图中绘制出如图3-730所示的样条线。

20 为先绘制的样条线加载一个"倒角剖面"修改器，然后在"参数"卷展栏下单击"拾取剖面"按钮 拾取剖面 ，接着在视图中拾取另一条样条线，如图3-731所示，效果如图3-732所示。

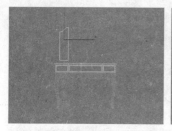

图3-729

图3-730

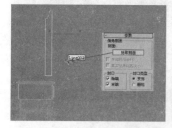

图3-731

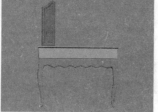

图3-732

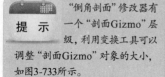

提 示

"倒角剖面"修改器有一个"剖面Gizmo"层级,利用变换工具可以调整"剖面Gizmo"对象的大小,如图3-733所示。

图3-733

21 使用"线"工具 线 在前视图中绘制出如图3-734所示的样条线,然后为其加载一个"倒角剖面"修改器,接着在"参数"卷展栏下单击"拾取剖面"按钮 拾取剖面 ,最后在视图中拾取前面绘制的剖面路径,效果如图3-735所示。

图3-734

图3-735

22 使用"镜像"工具 将左侧的镜子模型镜像复制一个到右侧,最终效果如图3-736所示。

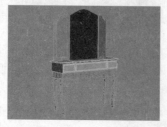

图3-736

实战

用多边形建模制作雕花柜子

场景位置	无
实例位置	DVD>实例文件>CH03>实战——用多边形建模制作雕花柜子.max
视频位置	DVD>多媒体教学>CH03>实战——用多边形建模制作雕花作柜子.flv
难易指数	★★★☆☆
技术掌握	插入工具、挤出工具、切角工具

雕花柜子效果如图3-737所示。

图3-737

01 使用"长方体"工具 长方体 在场景中创建一个长方体,然后在"参数"卷展栏下设置"长度"为400mm、"宽度"为1400mm、"高度"为30mm,具体参数设置及模型效果如图3-738所示。

02 继续使用"长方体"工具 长方体 在场景中创建一个长方体,然后在"参数"卷展栏下设置"长度"为390mm、"宽度"为1150mm、"高度"为600mm、"长度分段"为1、"宽度分段"为3、"高度分段"为2,具体参数设置及模型位置如图3-739所示。

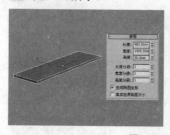

图3-738

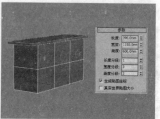

图3-739

03 将上一步创建的长方体转换为可编辑多边形,然后进入"顶点"级别,接着使用"选择并移动"工具 在前视图中将中间的顶点向上拖曳到如图3-740所示的位置。

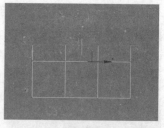

图3-740

04 进入"多边形"级别,然后选择如图3-741所示的多边形，接着在"编辑多边形"卷展栏下单击"插入"按钮 插入 后面的"设置"按钮□，最后设置"插入类型"为"按多边形"、"数量"为5mm，如图3-742所示。

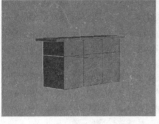
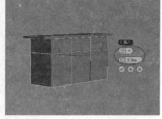

图3-741　　　　　　　　　　图3-742

05 保持对多边形的选择，在"编辑多边形"卷展栏下单击"挤出"按钮 挤出 后面的"设置"按钮□，然后设置"高度"为8mm，如图3-743所示。

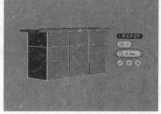

图3-743

06 进入"边"级别，然后选择如图3-744所示边，接着在"编辑边"卷展栏下单击"切角"按钮 切角 后面的"设置"按钮□，最后设置"边切角量"为2mm、"分段"为3，如图3-745所示。

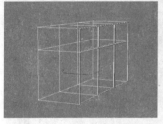
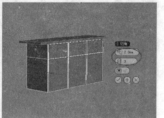

图3-744　　　　　　　　　　图3-745

07 使用"切角长方体"工具 切角长方体 在场景中创建一个切角长方体，然后在"参数"卷展栏下设置"长度"为40mm、"宽度"为60mm、"高度"为680mm、"圆角"为2mm、"圆角分段"为3、"圆角分段"为3、具体参数设置及模型位置如图3-746所示，接着复制3个切角长方体到另外3个桌角处，如图3-747所示。

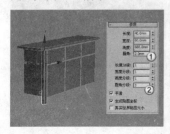
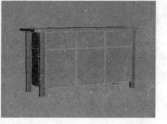

图3-746　　　　　　　　　　图3-747

08 使用"矩形"工具 矩形 在顶视图中绘制一个矩形，然后在"参数"卷展栏下设置"长度"为400mm、"宽度"为1400mm，如图3-748所示。

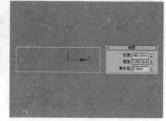

图3-748

09 选择矩形，然后在"渲染"卷展栏下勾选"在渲染中启用"和"在视口中启用"选项，最后设置"径向"的"厚度"为18mm，具体参数设置及图形位置如图3-749所示，接着向下复制一个矩形到如图3-750所示的位置。

图3-749　　　　　　　　　　图3-750

10 使用"线"工具 线 在前视图中绘制一条如图3-751所示的样条线。这里提供一张孤立选择图，如图3-752所示。

图3-751　　　　　　　　　　图3-752

11 选择样条线，然后在"渲染"卷展栏下勾选"在渲染中启用"和"在视口中启用"选项，接着设置"径向"的"厚度"为15mm，具体参数设置及图形效果如图3-753所示。

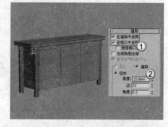

图3-753

12 继续使用"线"工具 线 制作出如图3-754所示的雕花模型，然后将雕花模型复制3份到其他3处，如图3-755所示。

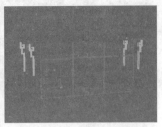

图3-754　　　　　　　　　　　图3-755

13 使用"线"工具 线 在前视图中绘制一条如图3-756所示的样条线，然后在"渲染"卷展栏下勾选"在渲染中启用"和"在视口中启用"选项，接着设置"径向"的"厚度"为8mm，具体参数设置及图形效果如图3-757所示。

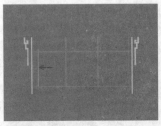
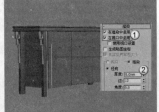

图3-756　　　　　　　　　　　图3-757

14 将样条线复制一些到其他位置，最终效果如图3-758所示。

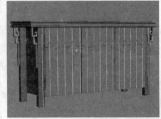

图3-758

实战

用多边形建模制作贵妃浴缸

场景位置	无
实例位置	DVD>实例文件>CH03>实战——用多边形建模制作柜子.max
视频位置	DVD>多媒体教学>CH03>实战——用多边形建模制作柜子.flv
难易指数	★★★★☆
技术掌握	调节多边形的顶点、插入工具、挤出工具、切角工具

贵妃浴缸效果如图3-759所示。

图3-759

01 使用"长方体"工具 长方体 在场景中创建一个长方体，然后在"参数"卷展栏下设置"长度"为55mm、"宽

度"为120mm、"高度"为40mm、"长度分段"为4、"宽度分段"为3、"高度分段"为4，具体参数设置及模型效果如图3-760所示。

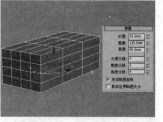

图3-760

02 将长方体转换为可编辑多边形，然后进入"顶点"级别，接着在前视图中将顶点调整成如图3-761所示的效果，最后将右侧的顶点调整成如图3-762所示的效果。

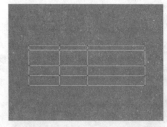
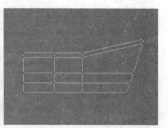

图3-761　　　　　　　　　　　图3-762

03 继续在各个视图中对顶点进行调节，完成后的效果如图3-763所示。

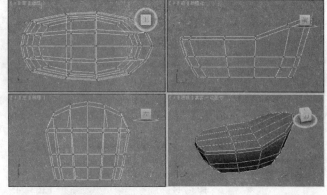

图3-763

04 进入"多边形"级别，然后选择如图3-764所示的多边形，接着在"编辑多边形"卷展栏下单击"插入"按钮 插入 后面的"设置"按钮■，最后设置"数量"为2mm，如图3-765所示。

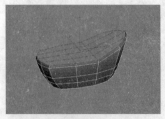

图3-764　　　　　　　　　　　图3-765

05 保持对多边形的选择，在"编辑多边形"卷展栏下单击"挤出"按钮 挤出 后面的"设置"按钮■，然后设置"高度"为-17mm，如图3-766所示。

图3-766

疑难问答 问：为何挤出效果不正确？

答：这里可能会遇到一个问题，即向下挤出的垂直高度超出了浴缸的容积范围，如图3-767所示。遇到这种情况一般需要对挤出的多边形进行相应的调整。调整方法是用"选择并均匀缩放"工具在顶视图中将多边形等比例缩放到合适的大小，使其在相应位置不超出浴缸的容积范围即可，如图3-768所示。

 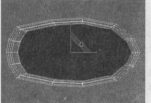

图3-767　　　　　　　　　图3-768

06 保持对多边形的选择，在"编辑多边形"卷展栏下单击"挤出"按钮 挤出 后面的"设置"按钮，然后设置"高度"为-10mm，如图3-769所示，接着使用"选择并均匀缩放"工具在顶视图中将多边形等比例缩放到合适的大小，如图3-770所示。

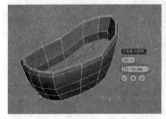 

图3-769　　　　　　　　　图3-770

07 保持对多边形的选择，在"编辑多边形"卷展栏下单击"挤出"按钮 挤出 后面的"设置"按钮，然后设置"高度"为-10mm，如图3-771所示，接着使用"选择并均匀缩放"工具在顶视图中将多边形等比例缩放到合适的大小，如图3-772所示。

 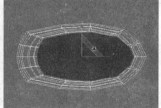

图3-771　　　　　　　　　图3-772

08 选择如图3-773所示的多边形，然后在"编辑多边形"卷展栏下单击"挤出"按钮 挤出 后面的"设置"按钮，接着设置"挤出类型"为"局部法线"、"高度"为5mm，如图3-774所示。

图3-773　　　　　　　　　图3-774

技术专题 23 将边的选择转换为面的选择

从步骤（8）可以发现，要选择如此之多的多边形是一件非常耗时的事情，这里介绍一种选择多边形的简便方法，即将边的选择转换为面的选择。下面以图3-775中的一个多边形球体为例来讲解这种选择技法。

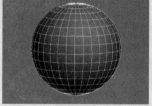

图3-775

第1步：进入"边"级别，随意选择一条横向上的边，如图3-776所示，然后在"选择"卷展栏下单击"循环"按钮 环形 ，以选择与该边在同一经度上的所有横向边，如图3-777所示。

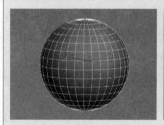 

图3-776　　　　　　　　　图3-777

第2步：单击鼠标右键，然后在弹出的菜单中选择"转换到面"命令，如图3-778所示，这样就可以将边的选择转换为对面的选择，如图3-779所示。

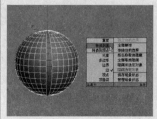 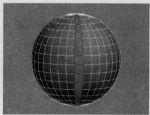

图3-778　　　　　　　　　图3-779

09 进入"边"级别，然后选择如图3-780所示的边，接着在"编辑边"卷展栏下单击"切角"按钮 切角 后面的"设置"按钮，最后设置"边切角量"为0.6mm，如图3-781所示。

图3-780

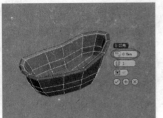

图3-781

10 为模型加载一个"网格平滑"修改器,然后在"细分量"卷展栏下设置"迭代次数"为2,效果如图3-782所示。

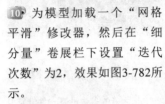

图3-782

11 使用"长方体"工具 长方体 在场景中创建一个长方体,然后在"参数"卷展栏下设置"长度"为6mm、"宽度"为8mm、"高度"为11mm、"长度分段"和"宽度分段"为1、"高度分段"为3,具体参数设置及模型位置如图3-783所示。

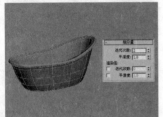

图3-783

12 将长方体转换为可编辑多边形,然后进入"顶点"级别,接着在各个视图中将顶点调整成如图3-784所示的效果。

图3-784

13 进入"边"级别,然后选择如图3-785所示的边,接着在"编辑边"卷展栏下单击"切角"按钮 切角 后面的"设置"按钮,最后设置"边切角量"为0.3mm,如图3-786所示。

14 为模型加载一个"网格平滑"修改器,然后在"细分量"卷展栏下设置"迭代次数"为2,如图3-787所示,接着使用"选择并旋转"工具 在顶视图中将腿部模型旋转-30°,如

图3-788所示。

图3-785

图3-786

图3-787

图3-788

15 使用"镜像"工具 镜像 复制3个腿部模型到另外3个转角处,最终效果如图3-789所示。

图3-789

实战

用多边形建模制作实木门

场景位置	无
实例位置	DVD>实例文件>CH03>实战——用多边形建模制作实木门.max
视频位置	DVD>多媒体教学>CH03>实战——用多边形建模制作实木门.flv
难易指数	★★★★☆
技术掌握	切角工具、倒角工具、连接工具、移除边技术

实木门效果如图3-790所示。

图3-790

01 使用"长方体"工具 长方体 在场景中创建一个长方体,然后在"参数"卷展栏下设置"长度"为12mm、"宽度"为130mm、"高度"为270mm、"长度分段"为1、"宽度分段"为8、"高度分段"为12,具体参数设置及模型效果如图3-791所示。

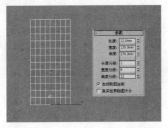

图3-791

02 将长方体转换为可编辑多边形，进入"边"级别，然后选择如图3-792所示的边，接着在"编辑边"卷展栏下单击"切角"按钮 切角 后面的"设置"按钮 ，最后设置"边切角量"为1.8mm，如图3-793所示。

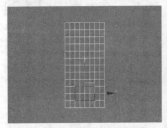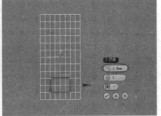

图3-792　　　　　　　图3-793

03 进入"多边形"级别，然后选择如图3-794所示的多边形，接着在"编辑多边形"卷展栏下单击"倒角"按钮 倒角 后面的"设置"按钮 ，最后设置"高度"为0.7mm、"轮廓"为-0.6mm，如图3-795所示。

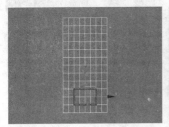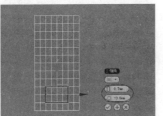

图3-794　　　　　　　图3-795

04 选择如图3-796所示的多边形，然后在"编辑多边形"卷展栏下单击"倒角"按钮 倒角 后面的"设置"按钮 ，接着设置"高度"为1.5mm、"轮廓"为-4mm，如图3-797所示。

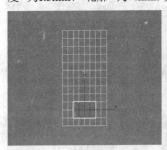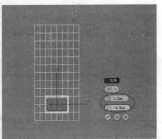

图3-796　　　　　　　图3-797

05 进入"顶点"级别，然后使用"选择并移动"工具 在前视图中将顶部第3行的顶点调节成如图3-798所示的效果。

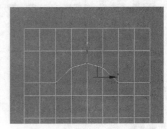

图3-798

06 进入"边"级别，然后选择如图3-799所示的边，接着在"编辑边"卷展栏下单击"切角"按钮 切角 后面的"设置"按钮 ，最后设置"边切角量"为1.8mm，如图3-800所示。

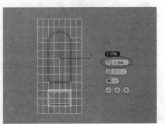

图3-799　　　　　　　图3-800

07 进入"多边形"级别，然后选择如图3-801所示的多边形，接着在"编辑多边形"卷展栏下单击"倒角"按钮 倒角 后面的"设置"按钮 ，最后设置"高度"为0.7mm、"轮廓"为-0.6mm，如图3-802所示。

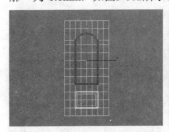

图3-801　　　　　　　图3-802

08 选择如图3-803所示的多边形，然后在"编辑多边形"卷展栏下单击"倒角"按钮 倒角 后面的"设置"按钮 ，接着设置"高度"为1.5mm、"轮廓"为-4mm，如图3-804所示。

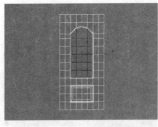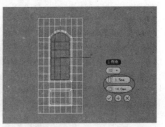

图3-803　　　　　　　图3-804

09 进入"顶点"级别，然后选择左右两侧第2行的顶点，接着使用"选择并均匀缩放"工具 沿y轴将其缩放成如图3-805所示的效果，最后使用"选择并移动"工具 将顶部第2行的顶点调节成如图3-806所示的效果。

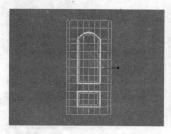 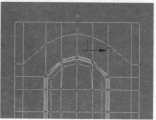

图3-805 　　　　　　　图3-806

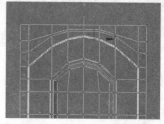

图3-813

10 进入"边"级别，然后选择如图3-807所示的边，接着在"编辑边"卷展栏下单击"切角"按钮 切角 后面的"设置"按钮□，最后设置"边切角量"为0.7mm，如图3-808所示。

14 进入"边"级别，然后选择如图3-814所示的边，接着在"编辑边"卷展栏下单击"连接"按钮 连接 后面的"设置"按钮□，最后设置"分段"为1，如图3-815所示。

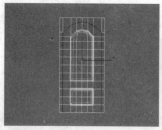 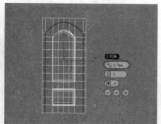

图3-807 　　　　　　　图3-808

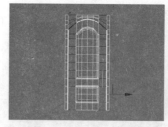 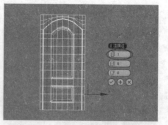

图3-814 　　　　　　　图3-815

11 进入"多边形"级别，然后选择如图3-809所示的多边形，接着在"编辑多边形"卷展栏下单击"倒角"按钮 倒角 后面的"设置"按钮□，最后设置"高度"为0.6mm、"轮廓"为-0.3mm，如图3-810所示。

15 进入"多边形"级别，然后选择如图3-816所示的多边形，接着在"编辑多边形"卷展栏下单击"倒角"按钮 倒角 后面的"设置"按钮□，最后设置"高度"为0.8mm、"轮廓"为-0.8mm，如图3-817所示。

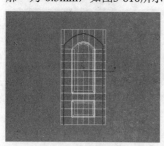 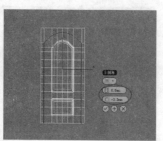

图3-809 　　　　　　　图3-810

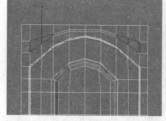 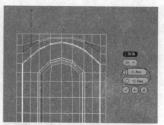

图3-816 　　　　　　　图3-817

12 进入"边"级别，然后选择如图3-811所示的边，接着在"编辑边"卷展栏下单击"连接"按钮 连接 后面的"设置"按钮□，最后设置"分段"为2，如图3-812所示。

16 进入"边"级别，然后选择如图3-818所示的边，接着在"编辑边"卷展栏下单击"切角"按钮 切角 后面的"设置"按钮□，最后设置"边切角量"为0.1mm，如图3-819所示。

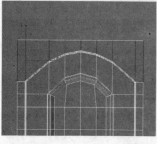 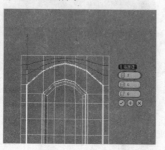

图3-811 　　　　　　　图3-812

13 进入"顶点"级别，然后使用"选择并移动"工具 将连接出来的顶点调节成如图3-813所示的效果。

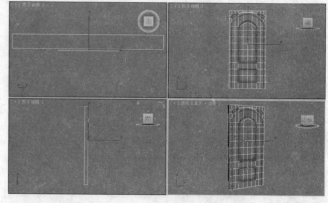

图3-818

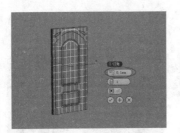

图3-819

技术专题 24 移除多余边

由于本例的门的正面和背面都有边，而只有正面的边才有用。在选择边进行切角操作的时候为了不选择到不该选择的边，因此在切角之前可以先移除没有用的边。下面以图3-820来进行讲解如何移除边（移除右侧的边）。

图3-820

第1步：进入"边"级别，选择右侧的边，如图3-821所示。

第2步：在"编辑边"卷展栏下单击"移除"按钮 移除 即可移除选定的边，如图3-822所示。

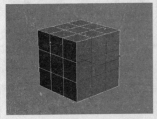

图3-821　　　　　　　　图3-822

在移除边时要注意以下两点。

第1点：不能直接按Delete键移除边。如果是按Delete键移除边，则将删除边和边所在的面，如图3-823所示。

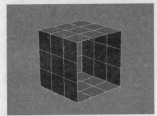

图3-823

第2点：在非特殊情况下不要移除边界上的边。如果选择了边界上的边，如图3-824所示，则移除边的同时会移除与面相邻的面，如图3-825所示。

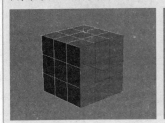

图3-824　　　　　　　　图3-825

---

17 为模型加载一个"网格平滑"修改器，然后在"细分量"卷展栏下设置"迭代次数"为3，最终效果如图3-826所示。

图3-826

实战

用多边形建模制作酒柜

场景位置	无
实例位置	DVD>实例文件>CH03>实战——用多边形建模制作酒柜.max
视频位置	DVD>多媒体教学>CH03>实战——用多边形建模制作酒柜.flv
难易指数	★★★★☆
技术掌握	倒角工具、挤出工具、切角工具、插入工具、连接工具

酒柜效果如图3-827所示。

图3-827

01 下面创建柜面模型。使用"长方体"工具 长方体 在场景中创建一个长方体，然后在"参数"卷展栏下设置"长度"为92mm、"宽度"为290mm、"高度"为2mm，具体参数设置及模型效果如图3-828所示。

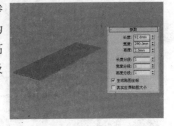

图3-828

02 将长方体转换为可编辑多边形，进入"多边形"级别，然后选择如图3-829所示的多边形，接着在"编辑多边形"卷展栏下单击"倒角"按钮 倒角 后面的"设置"按钮，最后设置"高度"为1mm、"轮廓"为-0.6mm，如图3-830所示。

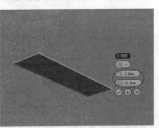

图3-829　　　　　　　　图3-830

03 保持对多边形的选择，在"编辑多边形"卷展栏下单击

191

"挤出"按钮 挤出 后面的"设置"按钮□，然后设置"高度"为1mm，如图3-831所示。

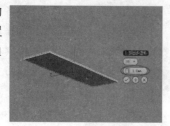

图3-831

04 进入"边"级别，然后选择所有的边，如图3-832所示，接着在"编辑边"卷展栏下单击"切角"按钮 切角 后面的"设置"按钮□，最后设置"边切角量"为0.2mm、"分段"为3，如图3-833所示。

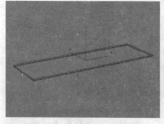 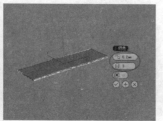

图3-832   图3-833

05 下面创建酒柜模型。使用"长方体"工具 长方体 在左视图中创建一个长方体，然后在"参数"卷展栏下设置"长度"为88mm、"宽度"为95mm、"高度"为135mm、"长度分段"和"宽度分段"为1、"高度分段"为3，具体参数设置及模型位置如图3-834所示。

06 将长方体转换为可编辑多边形，然后进入"顶点"级别，接着在前视图中将顶点调整成如图3-835所示的效果。

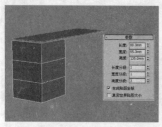 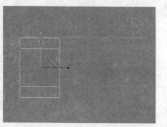

图3-834   图3-835

07 进入"多边形"级别，然后选择如图3-836所示的多边形，接着在"编辑多边形"卷展栏下单击"插入"按钮 插入 后面的"设置"按钮□，最后设置"插入类型"为"按多边形"、"数量"为4.5mm，如图3-837所示。

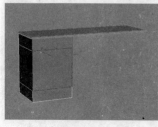 

图3-836   图3-837

08 进入"边"级别，然后选择如图3-838所示的边，接着在"编辑边"卷展栏下单击"连接"按钮 连接 后面的"设置"按钮□，最后设置"分段"为5，如图3-839所示。

 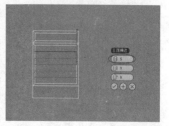

图3-838   图3-839

09 选择如图3-840所示的边，然后在"编辑边"卷展栏下单击"连接"按钮 连接 后面的"设置"按钮□，接着设置"分段"为3，如图3-841所示。

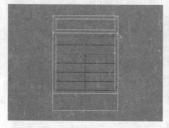 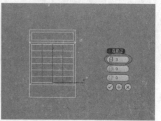

图3-840   图3-841

10 进入"多边形"级别，然后选择如图3-842所示的多边形，接着在"编辑多边形"卷展栏下单击"挤出"按钮 挤出 后面的"设置"按钮□，最后设置"高度"为1mm，如图3-843所示。

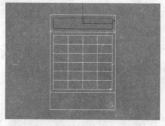 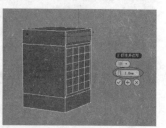

图3-842   图3-843

11 保持对多边形的选择，在"编辑多边形"卷展栏下单击"倒角"按钮 倒角 后面的"设置"按钮□，然后设置"高度"为0.2mm、"轮廓"为-0.3mm，如图3-844所示。

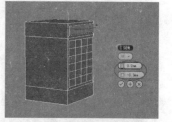

图3-844

12 选择如图3-845所示的多边形，然后在"编辑多边形"卷展栏下单击"插入"按钮 插入 后面的"设置"按钮□，接着设置"插入类型"为"按多边形"、"数量"为1mm，如图3-846所示。

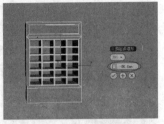

图3-845   图3-846

13 保持对多边形的选择，在"编辑多边形"卷展栏下单击"挤出"按钮 挤出 后面的"设置"按钮□，然后设置"高度"为-80mm，如图3-847所示。

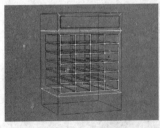

图3-847

14 进入"边"级别，然后选择如图3-848所示的边，接着在"编辑边"卷展栏下单击"切角"按钮 切角 后面的"设置"按钮□，最后设置"边切角量"为0.3mm，如图3-849所示。

图3-848   图3-849

15 使用"选择并均匀缩放"工具 在前视图中沿y轴将酒柜缩放高一些，如图3-850所示，接着调整好酒柜的位置，如图3-851所示。

图3-850   图3-851

16 按住Shift键使用"选择并移动"工具 在前视图中移动复制3个酒柜，如图3-852所示。

图3-852

技术专题 25 用户视图

这里要介绍一下在建模过程中的一种常用视图，即用户视图。在创建模型时，很多时候都需要在透视图中进行操作，但有时用鼠标中键缩放视图时会发现没有多大作用，或是根本无法缩放视图，这样就无法对模型进行更进一步的操作。遇到这种情况时，可以按U键将透视图切换为用户视图，这样就不会出现无法缩放视图的现象。但是在用户视图中，模型的透视关系可能会不正常，如图3-853所示，不过没有关系，将模型调整完成后按P键切换回透视图就行了，如图3-854所示。

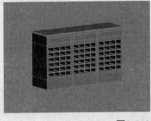

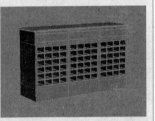

图3-853   图3-854

17 下面创建把手模型。使用"球体"工具 球体 在场景中创建一个球体，然后在"参数"卷展栏下设置"半径"为8mm、"半球"为0.5，具体参数设置及模型位置如图3-855所示。

图3-855

18 将模型转换为可编辑多边形，进入"多边形"级别，然后选择如图3-856所示的多边形，接着按Delete键将其删除，效果如图3-857所示。

图3-856   图3-857

19 为模型加载一个"壳"修改器，然后在"参数"卷展栏下设置"内部量"为0.3mm，具体参数设置及模型效果如图3-858所示。

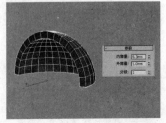

图3-858

知识链接：从图3-858中可以观察到加载"壳"修改器后有黑斑，这种问题的处理方法请参阅112页的"疑难问答——为什么椅子上有黑色的色斑？"。

20° 复制两个模型到另外两个酒柜上，最终效果如图3-859所示。

图3-859

用多边形建模制作简约别墅

场景位置	无
实例位置	DVD>实例文件>CH03>实战——用多边形建模制作简约别墅.max
视频位置	DVD>多媒体教学>CH03>实战——用多边形建模制作简约别墅.flv
难易指数	★★★★★
技术掌握	挤出工具、连接工具、插入工具、倒角工具、焊接工具、切片平面工具、分离工具、栏杆工具

简约别墅效果如图3-860所示。

图3-860

01° 使用"长方体"工具 长方体 在场景中创建一个长方体，然后在"参数"卷展栏下设置"长度"为6000mm、"宽度"为4000mm、"高度"为1300mm，具体参数设置及模型效果如图3-861所示。

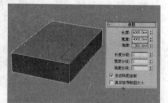

图3-861

02° 将长方体转换为可编辑多边形，进入"多边形"级别，然后选择如图3-862所示的多边形，接着在"编辑多边形"卷展栏下单击"挤出"按钮 挤出 后面的"设置"按钮□，最后设置"高度"为2800mm，如图3-863所示。

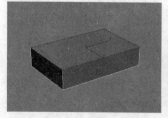

图3-862　　　　　　图3-863

03° 保持对多边形的选择，在"编辑多边形"卷展栏下单击"挤出"按钮 挤出 后面的"设置"按钮□，然后设置"高度"为450mm，如图3-864所示。

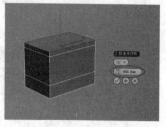

图3-864

04° 选择如图3-865所示的多边形，然后在"编辑多边形"卷展栏下单击"挤出"按钮 挤出 后面的"设置"按钮□，接着设置"高度"为800mm，如图3-866所示。

图3-865　　　　　　图3-866

05° 选择如图3-867所示的多边形，然后在"编辑多边形"卷展栏下单击"挤出"按钮 挤出 后面的"设置"按钮□，接着设置"高度"为40mm，如图3-868所示。

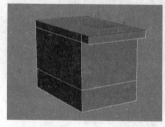　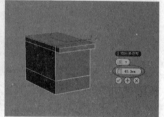

图3-867　　　　　　图3-868

06° 选择如图3-869所示的多边形，然后在"编辑多边形"卷展栏下单击"挤出"按钮 挤出 后面的"设置"按钮□，接着设置"挤出类型"为"局部法线"、"高度"为90mm，如图3-870所示。

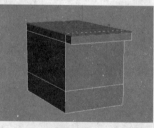　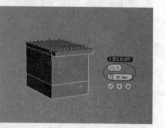

图3-869　　　　　　图3-870

07° 进入"边"级别，然后选择如图3-871所示的边，接着"编辑边"卷展栏下单击"连接"按钮 连接 后面的"设置"按钮□，最后设置"分段"为2、"收缩"为91、"滑块"为3，如图3-872所示。

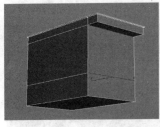
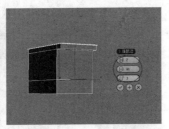

图3-871　　　　　　　　　　　図3-872

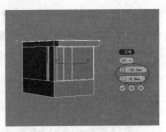

图3-879

08　选择如图3-873所示的边，然后在"编辑边"卷展栏下单击"连接"按钮 连接 后面的"设置"按钮▣，接着设置"分段"为2、"收缩"为-70、"滑块"为501，如图3-874所示。

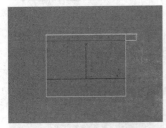
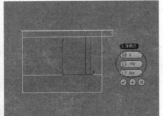

图3-873　　　　　　　　　　　図3-874

09　选择如图3-875所示的边，然后在"编辑边"卷展栏下单击"连接"按钮 连接 后面的"设置"按钮▣，接着设置"分段"为2、"收缩"为-24、"滑块"为-92，如图3-876所示。

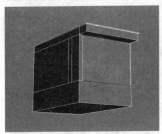
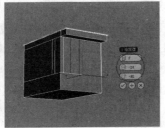

图3-875　　　　　　　　　　　図3-876

10　进入"多边形"级别，然后选择如图3-877所示的多边形，接着在"编辑多边形"卷展栏下单击"插入"按钮 插入 后面的"设置"按钮▣，最后设置"插入类型"为"按多边形"、"数量"为50mm，如图3-878所示。

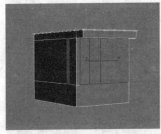
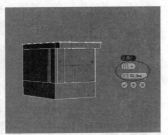

图3-877　　　　　　　　　　　図3-878

11　保持对多边形的选择，在"编辑多边形"卷展栏下单击"倒角"按钮 倒角 后面的"设置"按钮▣，然后设置"高度"为-40mm、"轮廓"为-6mm，如图3-879所示。

12　进入"边"级别，然后选择如图3-880所示的边，然后在"编辑边"卷展栏下单击"连接"按钮 连接 后面的"设置"按钮▣，接着设置"分段"为1，如图3-881所示。

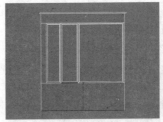
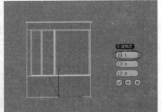

图3-880　　　　　　　　　　　図3-881

13　进入"顶点"级别，然后使用"选择并移动"工具✛在前视图中将连接出来的顶点调整成如图3-882所示的效果。

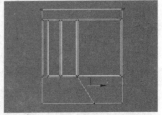

图3-882

14　选择如图3-883所示的两个顶点，然后在"编辑顶点"卷展栏下单击"焊接"按钮 焊接 后面的"设置"按钮▣，接着设置"焊接阈值"为2mm，如图3-884所示。

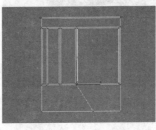
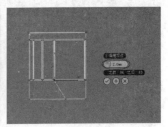

图3-883　　　　　　　　　　　図3-884

疑难问答 ▶ 问：为何选择的是两个顶点？

　答：虽然从视觉上看起来是一个顶点，但实际上是两个顶点，因为是重叠的，很难看出来。如果要观察选择到了多少个顶点，可以在"选择"卷展栏下进行查看，如图3-885所示。

图3-885

15 进入"多边形"级别,然后选择如图3-886所示的多边形,接着在"编辑多边形"卷展栏下单击"挤出"按钮 挤出 后面的"设置"按钮□,最后设置"高度"为800mm,如图3-887所示。

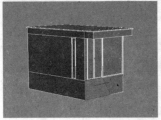 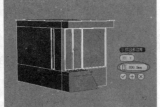

图3-886　　　　　　　图3-887

16 进入"边"级别,然后选择如图3-888所示的边,接着在"编辑边"卷展栏下单击"连接"按钮 连接 后面的"设置"按钮□,最后设置"分段"为1、"收缩"为0、"滑块"为59,如图3-889所示。

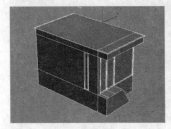 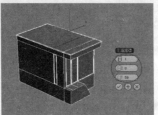

图3-888　　　　　　　图3-889

17 选择如图3-890所示的边,然后在"编辑边"卷展栏下单击"连接"按钮 连接 后面的"设置"按钮□,接着设置"分段"为1、"收缩"为0、"滑块"为48,如图3-891所示。

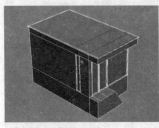 

图3-890　　　　　　　图3-891

18 选择如图3-892所示的边,然后在"编辑边"卷展栏下单击"连接"按钮 连接 后面的"设置"按钮□,接着设置"分段"为1、"收缩"为0、"滑块"为-35,如图3-893所示。

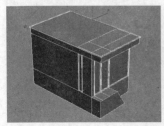 

图3-892　　　　　　　图3-893

19 进入"多边形"级别,然后选择如图3-894所示的多边形,接着在"编辑多边形"卷展栏下单击"挤出"按钮 挤出 后面的"设置"按钮□,最后设置"高度"为2000mm,如图3-895所示。

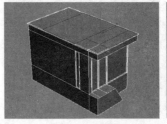 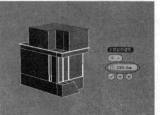

图3-894　　　　　　　图3-895

20 保持对多边形的选择,在"编辑多边形"卷展栏下单击"挤出"按钮 挤出 后面的"设置"按钮□,然后设置"高度"为400mm,如图3-896所示。

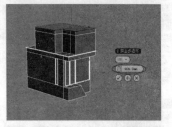

图3-896

21 选择如图3-897所示的多边形,在"编辑多边形"卷展栏下单击"挤出"按钮 挤出 后面的"设置"按钮□,然后设置"高度"为1500mm,如图3-898所示。

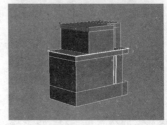 

图3-897　　　　　　　图3-898

22 进入"边"级别,然后选择如图3-899所示的边,然后在"编辑边"卷展栏下单击"连接"按钮 连接 后面的"设置"按钮□,接着设置"分段"为1、"收缩"为0、"滑块"为18,如图3-900所示。

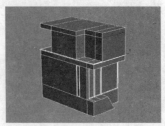 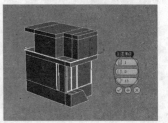

图3-899　　　　　　　图3-900

（23）选择如图3-901所示的边，然后在"编辑边"卷展栏下单击"连接"按钮 连接 后面的"设置"按钮 ▣，接着设置"分段"为1，如图3-902所示。

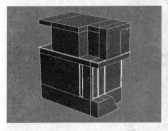
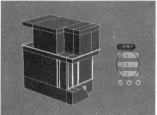

图3-901　　　　　　　　图3-902

24 进入"多边形"级别，然后选择如图3-903所示的多边形，接着在"编辑多边形"卷展栏下单击"插入"按钮 插入 后面的"设置"按钮 ▣，最后设置"插入类型"为"组"、"数量"为50mm，如图3-904所示。

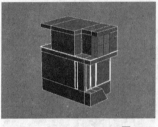
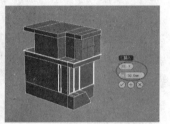

图3-903　　　　　　　　图3-904

25 保持多边形的选择，在"编辑多边形"卷展栏下单击"倒角"按钮 倒角 后面的"设置"按钮 ▣，然后设置"高度"为-40mm、"轮廓"为-6mm，如图3-905所示。

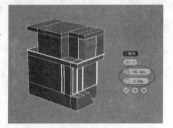

图3-905

26 进入"边"级别，选择如图3-906所示的边，然后在"编辑几何体"卷展栏下单击"切片平面"按钮 切片平面，此时视图中会出现一个黄色线框的平面（这就是切片平面），接着在前视图中将其向上拖曳到如图3-907所示的位置（高过门的位置），最后在"编辑几何体"卷展栏下单击"切片"按钮 切片 和"切片平面"按钮 切片平面 完成操作，效果如图3-908所示。

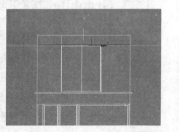

图3-906　　　　　　　　图3-907

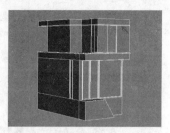

图3-908

疑难问答 问：切片平面有什么用？

答：选择好边以后，使用"切片平面"工具 切片平面 可以对选定边进行切割操作，指定切割位置以后单击"切片"按钮 切片 和"切片平面"按钮 切片平面 可以完成切割操作。

27 选择如图3-909所示的边，然后使用"切片平面"工具 切片平面 和"切片"工具 切片 对其进行切割操作，完成后的效果如图3-910所示。

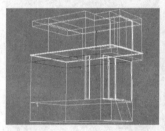
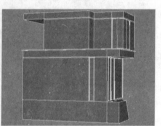

图3-909　　　　　　　　图3-910

28 选择如图3-911所示的边，然后使用"切片平面"工具 切片平面 和"切片"工具 切片 对其进行切割操作，完成后的效果如图3-912所示。

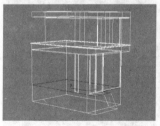
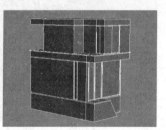

图3-911　　　　　　　　图3-912

29 选择如图3-913所示的边，然后使用"切片平面"工具 切片平面 和"切片"工具 切片 对其进行切割操作，完成后的效果如图3-914所示。

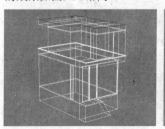
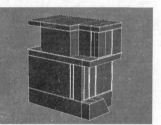

图3-913　　　　　　　　图3-914

30° 进入"多边形"级别，然后选择如图3-915所示的多边形，接着在"编辑几何体"卷展栏下单击"分离"按钮 分离 ，最后在弹出的"分离"对话框中勾选"以克隆对象分离"选项，如图3-916所示。

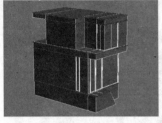

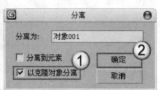

图3-915　　　　　　　　　图3-916

31° 按H键打开"从场景选择"对话框，然后选择"对象001"，如图3-917所示，接着为其更换一种颜色，以便识别，如图3-918所示。

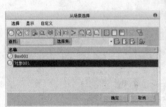

图3-917　　　　　　　　　图3-918

32° 继续对多边形进行分离，完成后的模型效果如图3-919所示。

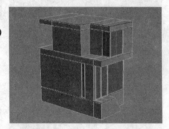

图3-919

33° 下面制作栏杆。使用"线"工具 线 在顶视图中绘制一条如图3-920所示的样条线。

图3-920

34° 在"创建"面板中设置几何体类型为"AEC扩展"，然后单击"栏杆"按钮 栏杆 ，如图3-921所示。

35° 在"栏杆"卷展栏下单击"拾取栏杆路径"按钮 拾取栏杆路径 ，然后拾取绘制的样条线，并勾选"匹配拐角"选项，接着在"上围栏"选项组下设置"剖面"为"方形"、"深度"为35mm、"宽度"为40mm、"高度"为850mm，最后在"下围栏"选项组下设置"剖面"为"无"，具体参数设置如图3-922所示。

36° 展开"立柱"卷展栏，然后设置"剖面"为"无"，如图3-923所示。

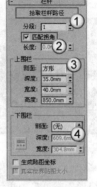

图3-921　　　　　图3-922　　　　　图3-923

37° 展开"栅栏"卷展栏，然后设置"类型"为"支柱"，接着在"支柱"选项组下设置"剖面"为"方形"、"深度"为20mm、"宽度"为20mm，再单击"支柱间距"按钮 ··· 打开"支柱间距"对话框，最后设置"计数"为100，具体参数设置如图3-924所示，栏杆效果如图3-925所示。

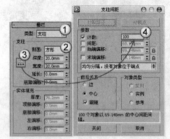

图3-924　　　　　　　　　图3-925

38° 采用相同的方法制作出其他栏杆，最终效果如图3-926所示。

图3-926

★重点★ 3.7.3 Graphite建模工具

在3ds Max 2010之前的版本中，"Graphite建模工具"就是3ds Max的PolyBoost插件，3ds Max 2010将该插件整合成了3ds Max内置的"Graphite建模工具"，从而使多边形建模变得更加强大。但是对于大多数用户而言，"Graphite建模工具"和多边形建模几乎没有什么区别，而且操作起来也没有多边形建模方法简便。

调出Graphite建模工具

在默认情况下，首次启动3ds Max 2012时，"Graphite建模工具"的工具栏会自动出现在操作界面中，位于"主工具栏"的下方。如果关闭了"Graphite建模工具"的工具栏，可以在"主工具栏"上单击"Graphite建模工具"按钮 。

"Graphite建模工具"包含"Graphite建模工具"、"自由形式"、"选择"和"对象绘制"4大选项卡，其中每个选项卡下都包含许多工具（这些工具的显示与否取决于当前建模的对象及需要），如图3-927所示。

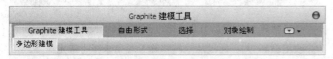

图3-927

切换Graphite建模工具的显示状态

"Graphite建模工具"的界面具有3种不同的状态，单击其工具栏右侧的 按钮，在弹出的菜单中即可选择相应的显示状态，如图3-928所示。

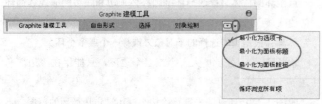

图3-928

Graphite建模工具的参数

"Graphite建模工具"的选项卡下包含了多边形建模的大部分常用工具，它们被分成若干个不同的面板，如图3-929所示。

图3-929

当切换不同的子对象级别时，"Graphite建模工具"的选项卡下的参数面板也会跟着发生相应的变化，如图3-930~图3-934所示分别是"顶点"级别、"边"级别、"边界"级别、"多边形"级别和"元素"级别下的面板。

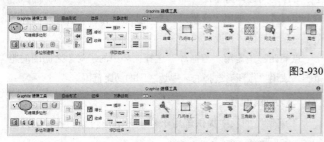

图3-930

图3-931

图3-932

图3-933

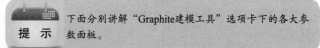

图3-934

> **提示** 下面分别讲解"Graphite建模工具"选项卡下的各大参数面板。

<1>多边形建模面板

"多边形建模"面板中包含了用于切换子对象级别、修改器堆栈、将对象转化为多边形和编辑多边形的常用工具和命令，如图3-935所示。由于该面板是最常用的面板，因此建议用户将其切换为浮动面板（拖曳该面板即可将其切换为浮动状态），这样使用起来会更加方便一些，如图3-936所示。

图3-935　　　　　　　　图3-936

多边形建模面板工具/参数介绍

顶点 ：进入多边形的"顶点"级别，在该级别下可以选择对象的顶点。

边 ：进入多边形的"边"级别，在该级别下可以选择对象的边。

边界 ：进入多边形的"边界"级别，在该级别下可以选择对象的边界。

多边形 ：进入多边形的"多边形"级别，在该级别下可以选择对象的多边形。

元素 □：进入多边形的"元素"级别，在该级别下可以选择对象中相邻的多边形。

> **提示** "边"与"边界"级别是兼容的，所以可以在二者之间进行切换，并且切换时会保留现有的选择对象。同理，"多边形"与"元素"级别也是兼容的。

切换命令面板 ：控制"命令"面板的可见性。单击该按钮可以关闭"命令"面板，再次单击该按钮可以显示出"命令"面板。

锁定堆栈 ：将修改器堆栈和"Graphite建模工具"控件锁定到当前选定的对象。

> **提示** "锁定堆栈"工具 非常适用于在保持已修改对象的堆栈不变的情况下变换其他对象。

显示最终结果 ：显示在堆栈中所有修改完毕后出现的选定对象。

下一个修改器 /**上一个修改器** ：通过上移或下移堆栈以改变修改器的先后顺序。

预览关闭 ：关闭预览功能。

预览子对象 ：仅在当前子对象层级启用预览。

> **提示** 若要在当前层级取消选择多个子对象，可以按住Ctrl+Alt组合键将光标拖曳到高亮显示的子对象处，然后单击选定的子对象，这样就可以取消选择所有高亮显示的子对象。

预览多个 ：开启预览多个对象。

忽略背面 ：开启忽略对背面对象的选择。

使用软选择 ：在软选择和"软选择"面板之间切换。

塌陷堆栈 ：将选定对象的整个堆栈塌陷为可编辑多边形。

转化为多边形 ：将对象转换为可编辑多边形格式并进入"修改"模式。

应用编辑多边形模式 ：为对象加载"编辑多边形"修改器并切换到"修改"模式。

生成拓扑 ：打开"拓扑"对话框。

对称工具 ：打开"对称工具"对话框。

完全交互：切换"快速切片"工具和"切割"工具的反馈层级以及所有的设置对话框。

<2>修改选择面板

"修改选择"面板中提供了用于调整对象的多种工具，如图3-937所示。

图3-937

修改选择面板工具/参数介绍

增长 ：朝所有可用方向向外侧扩展选择区域。

收缩 ：通过取消选择最外部的子对象来缩小子对象的选择区域。

循环 ：根据当前选择的子对象来选择一个或多个循环。

在圆柱体末端循环 ：沿圆柱体的顶边和底边选择顶点和边循环。

> **提示** 如果工具按钮后面带有三角形 图标，则表示该工具有子选项。

增长循环 ：根据当前选择的子对象来增长循环。

收缩循环 ：通过从末端移除子对象来减小选定循环的范围。

循环模式 ：如果启用该按钮，则选择子对象时也会自动选择关联循环。

点循环 ：选择有间距的循环。

点循环相反 ：选择有间距的顶点或多边形循环。

点循环圆柱体 ：选择环绕圆柱体顶边和底边的非连续循环中的边或顶点。

环 ：根据当前选择的子对象来选择一个或多个环。

增长环 ：分步扩大一个或多个边环，只能用在"边"和"边界"级别中。

收缩环 ：通过从末端移除边来减小选定边循环的范围，不适用于圆形环，只能用在"边"和"边界"级别中。

环模式 ：启用该按钮时，系统会自动选择环。

点环 ：基于当前选择，选择有间距的边环。

轮廓 ：选择当前子对象的边界，并取消选择其余部分。

相似 ：根据选定的子对象特性来选择其他类似的元素。

填充 ：选择两个选定子对象之间的所有子对象。

填充孔洞 ：选择由轮廓选择和轮廓内的独立选择指定的闭合区域中的所有子对象。

步长循环 ：在同一循环上的两个选定子对象之间选择循环。

步长循环最长距离 ：使用最长距离在同一循环中的两个选定子对象之间选择循环。

步模式 ：使用"步模式"来分步选择循环，并通过选择各个子对象增加循环长度。

点间距：指定用"点循环"选择循环中的子对象之间的间距范围，或用"点环"选择的环中边之间的间距范围。

<3>编辑面板

"编辑"面板中提供了用于修改多边形对象的各种工具，如图3-938所示。

图3-938

编辑面板工具/参数介绍

保留UV <kbd>图</kbd>：启用该按钮后，可以编辑子对象，而不影响对象的UV贴图。

扭曲 <kbd>图</kbd>：启用该按钮后，可以通过鼠标操作来扭曲UV。

重复 <kbd>C</kbd>：重复最近使用的命令。

> **提示**
> "重复"工具 <kbd>C</kbd> 不会重复执行所有操作，例如不能重复变换。使用该工具时，若要确定重复执行哪个命令，可以将光标指向该按钮，在弹出的工具提示上会显示可重复执行的操作名称。

快速切片 <kbd>图</kbd>：可以将对象快速切片，单击右键可以停止切片操作。

> **提示**
> 在对象层级中，使用"快速切片"工具 <kbd>图</kbd> 会影响整个对象。

快速循环 <kbd>图</kbd>：通过单击来放置边循环。按住Shift键单击可以插入边循环，并调整新循环以匹配周围的曲面流。

NURMS <kbd>图</kbd>：通过NURMS方法应用平滑并打开"使用NURMS"面板。

剪切 <kbd>图</kbd>：用于创建一个多边形到另一个多边形的边，或在多边形内创建边。

绘制连接 <kbd>图</kbd>：启用该按钮后，可以以交互的方式绘制边和顶点之间的连接线。

设置流 <kbd>图</kbd>：启用该按钮时，可以使用"绘制连接"工具 <kbd>图</kbd> 自动重新定位新边，以适合周围网格内的图形。

约束 <kbd>图</kbd>：可以使用现有的几何体来约束子对象的变换。

<4>几何体（全部）面板

"几何体（全部）"面板中提供了编辑几何体的一些工具，如图3-939所示。

图3-939

几何体（全部）面板工具/参数介绍

松弛 <kbd>图</kbd>：使用该工具可以将松弛效果应用于当前选定的对象。

松弛设置 <kbd>松弛设置</kbd>：打开"松弛"对话框，在对话框中可以设置松弛的相关参数。

创建 <kbd>图</kbd>：创建新的几何体。

附加 <kbd>图</kbd>：用于将场景中的其他对象附加到选定的多边形对象。

从列表中附加 <kbd>从列表中附加</kbd>：打开"附加列表"对话框，在对话框中可以将场景中的其他对象附加到选定对象。

塌陷 <kbd>图</kbd>：通过将其顶点与选择中心的顶点焊接起来，使连续选定的子对象组产生塌陷效果。

分离 <kbd>图</kbd>：将选定的子对象和附加到子对象的多边形作为单独的对象或元素分离出来。

四边形化全部 <kbd>图</kbd>/**四边形化选择** <kbd>图</kbd>/**从全部中选择边** <kbd>图</kbd>/**从选项中选择边** <kbd>图</kbd>：一组用于将三角形转化为四边形的工具。

切片平面 <kbd>图</kbd>：为切片平面创建Gizmo，可以定位和旋转它来指定切片位置。

> **提示**
> 在"多边形"或"元素"级别中，使用"切片平面"工具 <kbd>图</kbd> 只能影响选定的多边形。如果要对整个对象执行切片操作，可以在其他子对象级别或对象级别中使用"切片平面"工具 <kbd>图</kbd>。

<5>子对象面板

在不同的子对象级别中，子对象的面板的显示状态也不一样，如图3-940~图3-944所示分别是"顶点"级别、"边"级别、"边界"级别、"多边形"级别和"元素"级别下的子对象面板。

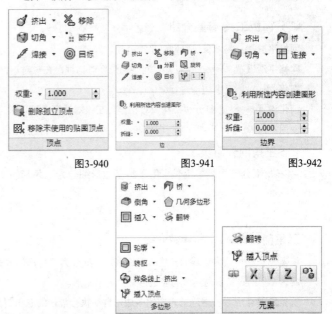

图3-940　　　图3-941　　　图3-942

图3-943　　　　　图3-944

> **知识链接**：关于这5个子对象面板中的相关工具和参数请参阅前面的内容"3.7.2 编辑多边形对象"。

<6>循环面板

"循环"面板中的工具和参数主要用于处理边循环，如图3-945所示。

循环面板工具/参数介绍

连接：在选中的对象之间创建新边。

连接设置：打开"连接边"对话框，只有在"边"级别下才可用。

距离连接：在跨越一定距离和其他拓扑的顶点和边之间创建边循环。

流连接：跨越一个或多个边环来连接选定边。

自动环：启用该选项并使用"流连接"工具后，系统会自动创建完全边循环。

图3-945

插入循环：根据当前的子对象选择创建一个或多个边循环。

移除循环：称除当前子对象层级处的循环，并自动删除所有剩余顶点。

设置流：调整选定边以适合周围网格的图形。

自动循环：启用该选项后，使用"设置流"工具可以自动为选定的边选择循环。

构建末端：根据选择的顶点或边来构建四边形。

构建角点：根据选择的顶点或边来构建四边形的角点，以翻转边循环。

循环工具：打开"循环工具"对话框，该对话框中包含用于调整循环的相关工具。

随机连接：连接选定的边，并随机定位所创建的边。

自动循环：启用该选项后，那么应用的"随机连接"可以使循环尽可能完整。

设置流速度：调整选定边的流的速度。

<7>细分面板

"细分"面板中的工具可以用来增加网格的数量，如图3-946所示。

细分面板工具/参数介绍

图3-946

网格平滑：将对象进行网格平滑处理。

网格平滑设置：打开"网格平滑"对话框，在该对话框中可以指定平滑的应用方式。

细化：对所有多边形进行细化操作。

细化设置：打开"细化"对话框，在该对话框中可以指定细化的方式。

使用置换：打开"置换"面板，在该面板中可以为置换指定细分网格的方式。

<8>三角剖分面板

"三角剖分"面板中提供了用于将多边形细分为三角形的一些方式，如图3-947所示。

三角剖分面板工具/参数介绍

图3-947

编辑：在修改内边或对角线时，将多边形细分为三角形的方式。

旋转：通过单击对角线将多边形细分为三角形。

重复三角算法：对当前选定的多边形自动执行最佳的三角剖分操作。

<9>对齐面板

"对齐"面板中的工具可以用在对象级别及所有子对象级别中，主要用来选择对齐对象的方式，如图3-948所示。

图3-948

对齐面板工具/参数介绍

生成平面：强制所有选定的子对象成为共面。

到视图▣：使对象中的所有顶点与活动视图所在的平面对齐。

到栅格▦：使选定对象中的所有顶点与活动视图所在的平面对齐。

X X／Y Y／Z Z：平面化选定的所有子对象，并使该平面与对象的局部坐标系中的相应平面对齐。

<10>可见性面板

使用"可见性"面板中的工具可以隐藏和取消隐藏对象，如图3-949所示。

图3-949

可见性面板工具/参数介绍

隐藏当前选择▣：隐藏当前选定的对象。

隐藏未选定对象▣：隐藏未选定的对象。

全部取消隐藏♀：将隐藏的对象恢复为可见。

<11>属性面板

使用"属性"面板中的工具可以调整网格平滑、顶点颜色和材质ID，如图3-950所示。

图3-950

属性面板工具/参数介绍

硬▽：对整个模型禁用平滑。

选定硬的▣选定硬的：对选定的多边形禁用平滑。

平滑▽：对整个对象启用平滑。

平滑选定项▣平滑选定项：对选定的多边形启用平滑。

平滑30▽：对整个对象启用适度平滑。

已选定平滑30▣已选定平滑30：对选定的多边形启用适度平滑。

颜色●：设置选定顶点或多边形的颜色。

照明▨：设置选定顶点或多边形的照明颜色。

Alpha◐：为选定的顶点或多边形分配 Alpha值。

平滑组▦：打开用于处理平滑组的对话框。

材质ID◉：打开用于设置材质ID、按ID和子材质名称选择的对话框。

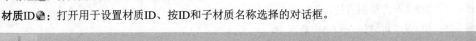

提　示　由于"Graphite建模工具"的建模流程与多边形建模完全相同，因此这里就不安排实例来讲解其用法了。

第4章 效果图制作基本功——灯光技术

4.1 初识灯光

没有灯光的世界将是一片黑暗，在三维场景中也是一样，即使有精美的模型、真实的材质以及完美的动画，如果没有灯光照射也毫无作用，由此可见灯光在三维表现中的重要性。自然界中存着各种形形色色的光，比如耀眼的日光、微弱的烛光以及绚丽的烟花发出来的光等，如图4-1~图4-3所示。

Learning Objectives
学习重点 ✔

灯光的类型及作用
常用灯光的使用方法及参数含义
室内外场景的布光思路及技巧

图4-1

图4-2

图4-3

4.1.1 灯光的作用

有光才有影，才能让物体呈现出三维立体感，不同的灯光效果营造的视觉感受也不一样。灯光是视觉画面的一部分，其功能主要有以下3点。

第1点：提供一个完整的整体氛围，展现出影像实体，营造空间的氛围。

第2点：为画面着色，以塑造空间和形式。

第3点：可以让人们集中注意力。

4.1.2 3ds Max中的灯光

利用3ds Max中的灯光可以模拟出真实的"照片级"画面，如图4-4和图4-5所示是两张利用3ds Max制作的室内外效果图。

图4-4

图4-5

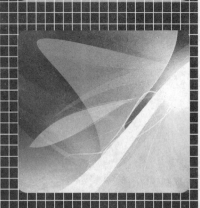

在"创建"面板中单击"灯光"按钮，在其下拉列表中可以选择灯光的类型。3ds Max 2012包含3种灯光类型，分别是"光度学"灯光、"标准"灯光和VRay灯光，如图4-6~图4-8所示。

图4-6　　　　　　图4-7　　　　　　图4-8

 提　示 若没有安装VRay渲染器，系统默认的只有"光度学"灯光和"标准"灯光。

4.2 光度学灯光

"光度学"灯光是系统默认的灯光，共有3种类型，分别是"目标灯光"、"自由灯光"和"mr Sky门户"。

本节灯光概要

灯光名称	主要作用	重要程度
目标灯光	模拟筒灯、射灯、壁灯等	高
自由灯光	模拟发光球、台灯等	中
mr Sky门户	模拟天空照明	低

★重点★ 4.2.1 目标灯光

目标灯光带有一个目标点，用于指向被照明物体，如图4-9所示。目标灯光主要用来模拟现实中的筒灯、射灯和壁灯等，其默认参数包含10个卷展栏，如图4-10所示。

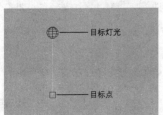

图4-9

图4-10

提　示 下面主要针对目标灯光的一些常用卷展栏参数进行讲解。

🔵 常规参数卷展栏

展开"常规参数"卷展栏，如图4-11所示。

图4-11

常规参数卷展栏参数介绍

① 灯光属性选项组

启用：控制是否开启灯光。

目标：启用该选项后，目标灯光才有目标点；如果禁用该选项，目标灯光没有目标点，将变成自由灯光，如图4-12所示。

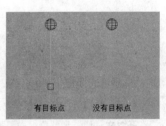

有目标点　　　没有目标点

图4-12

提　示 目标灯光的目标点并不是固定不可调节的，可以对它进行移动、旋转等操作。

目标距离：用来显示目标的距离。

② 阴影选项组

启用：控制是否开启灯光的阴影效果。

使用全局设置：如果启用该选项后，该灯光投射的阴影将影响整个场景的阴影效果；如果关闭该选项，则必须选择渲染器使用哪种方式来生成特定的灯光阴影。

阴影类型列表：设置渲染器渲染场景时使用的阴影类型，包括"高级光线跟踪"、"mental ray阴影贴图"、"区域阴影"、"阴影贴图"、"光线跟踪阴影"、VRayShadow（VRay阴影）和"VRay阴影贴图"7种类型，如图4-13所示。

图4-13

排除 排除... ：将选定的对象
排除于灯光效果之外。单击该按
钮可以打开"排除/包含"对话
框，如图4-14所示。

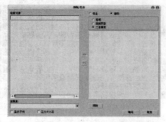

图4-14

③ 灯光分布（类型）选项组

灯光分布类型列表：设置灯光的分布类型，包含"光度学
Web"、"聚光灯"、"统一漫反射"和"统一球形"4种类型。

强度/颜色/衰减卷展栏----------------------------

展开"强度/颜色/衰减"卷展栏，如图
4-15所示。

图4-15

强度/颜色/衰减卷展栏参数介绍

① 颜色选项组

灯光：挑选公用灯光，以近似灯光的光谱特征。

开尔文：通过调整色温微调器来设置灯光的颜色。

过滤颜色：使用颜色过滤器来模拟置于光源上的过滤色效
果。

② 强度选项组

lm（流明）：测量整个灯光（光通量）的输出功率。100瓦的
通用灯炮约有1750 lm的光通量。

cd（坎德拉）：用于测量灯光的最大发光强度，通常沿着瞄
准发射。100瓦通用灯炮的发光强度约为139 cd。

lx（lux）：测量由灯光引起的照度，该灯光以一定距离照射
在曲面上，并面向光源的方向。

③ 暗淡选项组

结果强度：用于显示暗淡所产生的强度。

暗淡百分比：启用该选项后，该值会指定用于降低灯光强度
的"倍增"。

光线暗淡时白炽灯颜色会切换：启用该选项之后，灯光可以
在暗淡时通过产生更多的黄色来模拟白炽灯。

④ 远距衰减选项组

使用：启用灯光的远距衰减。

显示：在视口中显示远距衰减的范围设置。

开始：设置灯光开始淡出的距离。

结束：设置灯光减为0时的距离。

图形/区域阴影卷展栏----------------------------

展开"图形/区域阴影"卷展栏，如图
4-16所示。

图4-16

图形/区域阴影卷展栏参数介绍

从（图形）发射光线：选择阴影生成的图形类型，包括"点
光源"、"线"、"矩形"、"圆形"、"球体"和"圆柱体"6
种类型。

灯光图形在渲染中可见：启用该选项后，如果灯光对象位于
视野之内，那么灯光图形在渲染中会显示为自供照明（发光）的
图形。

阴影参数卷展栏----------------------------

展开"阴影参数"卷展栏卷展栏，如图
4-17所示。

图4-17

阴影参数卷展栏参数介绍

① 对象阴影选项组

颜色：设置灯光阴影的颜色，默认为黑色。

密度：调整阴影的密度。

贴图：启用该选项，可以使用贴图来作为灯光的阴影。

None（无） None ：单击该按钮可以选择贴图作为灯光
的阴影

灯光影响阴影颜色：启用该选项后，可以将灯光颜色与阴影
颜色（如果阴影已设置贴图）混合起来。

② 大气阴影选项组

启用：启用该选项后，大气效果如灯光穿过它们一样投影阴
影。

不透明度：调整阴影的不透明度百分比。

颜色量：调整大气颜色与阴影颜色混合的量。

阴影贴图参数卷展栏---------------------------

展开"阴影贴图参数"卷展栏,如图4-18所示。

图4-18

阴影贴图参数卷展栏参数介绍

偏移: 将阴影移向或移离投射阴影的对象。

大小: 设置用于计算灯光的阴影贴图的大小。

采样范围: 决定阴影内平均有多少个区域。

绝对贴图偏移: 启用该选项后,阴影贴图的偏移是不标准化的,但是该偏移在固定比例的基础上会以3ds Max为单位来表示。

双面阴影: 启用该选项后,计算阴影时物体的背面也将产生阴影。

> **提示** 注意,这个卷展栏的名称由"常规参数"卷展栏下的阴影类型来决定,不同的阴影类型具有不同的阴影卷展栏以及不同的参数选项。

大气和效果卷展栏---------------------------

展开"大气和效果"卷展栏,如图4-19所示。

图4-19

大气和效果卷展栏参数介绍

添加 添加 :单击该按钮可以打开"添加大气或效果"对话框,如图4-20所示。在该对话框中可以将大气或渲染效果添加到灯光中。

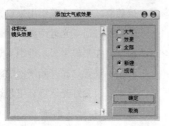

图4-20

> **知识链接:** 关于"环境和效果"的运用请参阅"第7章效果图制作基本功——环境和效果技术"。

删除 删除 :添加大气或效果以后,在大气或效果列表中选择大气或效果,然后单击该按钮可以将其删除。

大气或效果列表: 显示添加的大气或效果,如图4-21所示。

图4-21

设置 设置 :在大气或效果列表中选择大气或效果

以后,单击该按钮可以打开"环境和效果"对话框。在该对话框中可以对大气或效果参数进行更多的设置。

4.2.2 自由灯光

自由灯光没有目标点,常用来模拟发光球、台灯等。自由灯光的参数与目标灯光的参数完全一样,如图4-22所示。

图4-22

> **知识链接:** 关于自由灯光的参数请参阅前面的目标灯光的参数介绍。

4.2.3 mr Sky门户

mr Sky门户灯光是一种mental ray灯光,与VRay光源比较相似,不过mr Sky门户灯光必须配合天光才能使用,其参数设置面板如图4-23所示。

图4-23

> **提示** mr Sky门户灯光在实际工作中基本上不会用到,因此这里不对其进行讲解。

4.3 标准灯光

"标准"灯光包括8种类型,分别是"目标聚光灯"、Free Spot(自由聚光灯)、"目标平行光"、"自由平行光"、"泛光灯"、"天光"、"mr区域泛光灯"和"mr区域聚光灯"。

本节灯光概要

灯光名称	主要作用	重要程度
目标聚光灯	模拟吊灯、手电筒等	高
自由聚光灯	模拟动画灯光	低
目标平行光	模拟自然光	高
自由平行光	模拟太阳光	中
泛光灯	模拟烛光	中
天光	模拟天空光	低
mr区域泛光灯	与泛光灯类似	低
mr区域聚光灯	与聚光灯类似	低

★重点★ 4.3.1 目标聚光灯

目标聚光灯可以产生一个锥形的照射区域，区域以外的对象不会受到灯光的影响，主要用来模拟吊灯、手电筒等发出的灯光。目标聚光灯由透射点和目标点组成，其方向性非常好，对阴影的塑造能力也很强，如图4-24所示，其参数设置面板如图4-25所示。

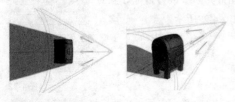

图4-24 　　　　图4-25

🔵 常规参数卷展栏

展开"常规参数"卷展栏，如图4-26所示。

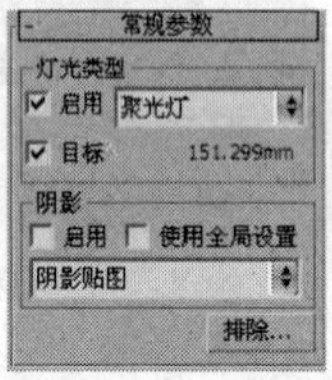

图4-26

常规参数卷展栏参数介绍

① 灯光类型选项组

启用：控制是否开启灯光。

灯光类型列表：选择灯光的类型，包含"聚光灯"、"平行光"和"泛光灯"3种类型，如图4-27所示。

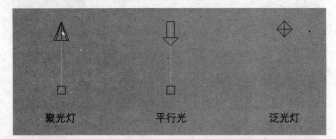

聚光灯　　　　平行光　　　　泛光灯

图4-27

 提示 在切换灯光类型时，可以从视图中很直接地观察到灯光外观的变化。但是切换灯光类型后，场景中的灯光就会变成当前选择的灯光。

目标：如果启用该选项后，灯光将成为目标聚光灯；如果关闭该选项，灯光将变成自由聚光灯。

② 阴影选项组

启用：控制是否开启灯光阴影。

使用全局设置：如果启用该选项，该灯光投射的阴影将影响整个场景的阴影效果；如果关闭该选项，则必须选择渲染器使用哪种方式来生成特定的灯光阴影。

阴影类型：切换阴影的类型来得到不同的阴影效果。

排除 ：将选定的对象排除于灯光效果之外。

🔵 强度/颜色/衰减卷展栏

展开"强度/颜色/衰减"卷展栏，如图4-28所示。

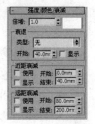

图4-28

强度/颜色/衰减卷展栏参数介绍

① 倍增选项组

倍增：控制灯光的强弱程度。

颜色：用来设置灯光的颜色。

② 衰退选项组

类型：指定灯光的衰退方式。"无"为不衰退；"倒数"为反向衰退；"平方反比"是以平方反比的方式进行衰退。

提示 如果"平方反比"衰退方式使场景太暗，可以按大键盘上的8键打开"环境和效果"对话框，然后在"全局照明"选项组下适当加大"级别"值来提高场景亮度。

开始：设置灯光开始衰退的距离。

显示：在视口中显示灯光衰退的效果。

③ 近距衰减选项组

近距衰减：该选项组用来设置灯光近距离衰退的参数。

使用：启用灯光近距离衰退。

显示：在视口中显示近距离衰退的范围。

开始：设置灯光开始淡出的距离。

结束：设置灯光达到衰退最远处的距离。

④ 远距衰减选项组

远距衰减：该选项组用来设置灯光远距离衰退的参数。

使用：启用灯光的远距离衰退。

显示：在视口中显示远距离衰退的范围。

开始：设置灯光开始淡出的距离。

结束：设置灯光衰退为0的距离。

🔵 聚光灯参数卷展栏

展开"聚光灯参数"卷展栏，如图4-29所示。

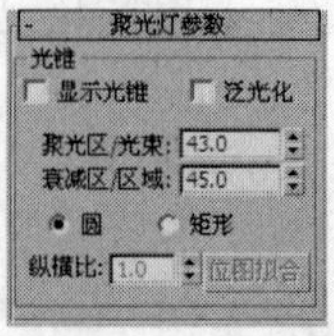

图4-29

聚光灯卷展栏参数介绍

显示光锥：控制是否在视图中开启聚光灯的圆锥显示效果，如图4-30所示。

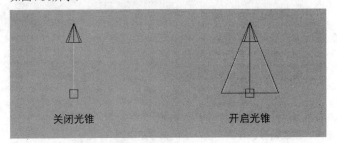

关闭光锥　　　　　　　　开启光锥

图4-30

泛光化：开启该选项时，灯光将在各个方向投射光线。

聚光区/光束：用来调整灯光圆锥体的角度。

衰减区/区域：设置灯光衰减区的角度，如图4-31所示是不同"聚光区/光束"和"衰减区/区域"的光锥对比。

聚光区/光束=43
衰减区/区域=45

聚光区/光束=20
衰减区/区域=45

聚光区/光束=42
衰减区/区域=80

图4-31

圆/矩形：选择聚光区和衰减区的形状。

纵横比：设置矩形光束的纵横比。

位图拟合 位图拟合：如果灯光的投影纵横比为矩形，应设置纵横比以匹配特定的位图。

🌐 高级效果卷展栏----------------------------------

展开"高级效果"卷展栏，如图4-32所示。

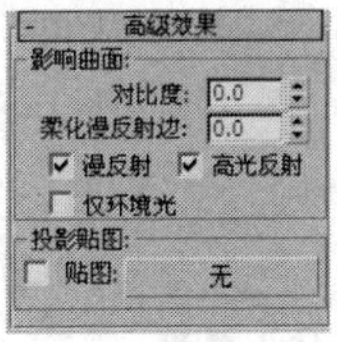

图4-32

高级效果卷展栏参数介绍

① 影响曲面选项组

对比度：调整漫反射区域和环境光区域的对比度。

柔化漫反射边：增加该选项的数值可以柔化曲面的漫反射区域和环境光区域的边缘。

漫反射：开启该选项后，灯光将影响曲面的漫反射属性。

高光反射：开启该选项后，灯光将影响曲面的高光属性。

仅环境光：开启该选项后，灯光仅仅影响照明的环境光。

② 投影贴图选项组

贴图：为投影加载贴图。

无 无：单击该按钮可以为投影加载贴图。

> 🐦 **知识链接**：关于目标聚光灯的其他参数请参阅前面的目标灯光的参数介绍。

4.3.2 自由聚光灯

自由聚光灯与目标聚光灯的参数基本一致，只是它无法对发射点和目标点分别进行调节，如图4-33所示。自由聚光灯特别适合用来模拟一些动画灯光，比如舞台上的射灯。

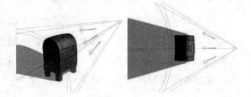

图4-33

★要点★ 4.3.3 目标平行光

目标平行光可以产生一个照射区域，主要用来模拟自然光线的照射效果，如图4-34所示。如果将目标平行光作为体积光来使用的话，那么可以用它模拟出激光束等效果。

图4-34

> **提示** 虽然目标平行光可以用来模拟太阳光，但是它与目标聚光灯的灯光类型却不相同。目标聚光灯的灯光类型是聚光灯，而目标平行光的灯光类型是平行光，从外形上看，目标聚光灯更像锥形，而目标平行光更像筒形，如图4-35所示。

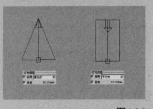

图4-35

4.3.4 自由平行光

自由平行光能产生一个平行的照射区域，常用来模拟太阳光，如图4-36所示。

图4-36

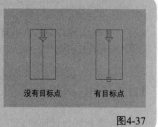

提示 自由平行光和自由聚光灯一样，没有目标点，当勾选"目标"选项时，自由平行光会自动变成目标平行光，如图4-37所示。因此这两种灯光之间是相互关联的。

没有目标点　　　有目标点

图4-37

4.3.5 泛光灯

泛光灯可以向周围发散光线，其光线可以到达场景中无限远的地方，如图4-38所示。泛光灯比较容易创建和调节，能够均匀地照射场景，但是在一个场景中如果使用太多泛光灯可能会导致场景明暗层次变暗，缺乏对比。

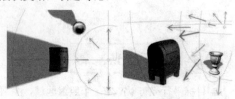

图4-38

提示 在泛光灯的参数中，"强度/颜色/衰减"卷展栏是比较重要的，如图4-39所示。这里的参数请参阅前面的内容。

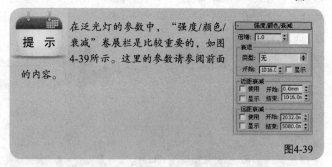

图4-39

4.3.6 天光

天光主要用来模拟天空光，以穿顶方式发光，如图4-40所示。天光不是基于物理学，可以用于所有需要基于物理数值的场景。天光可以作为场景唯一的光源，也可以与其他灯光配合使用，实现高光和投射锐边阴影。天光的参数比较少，只有一个"天光参数"卷展栏，如图4-41所示。

图4-40

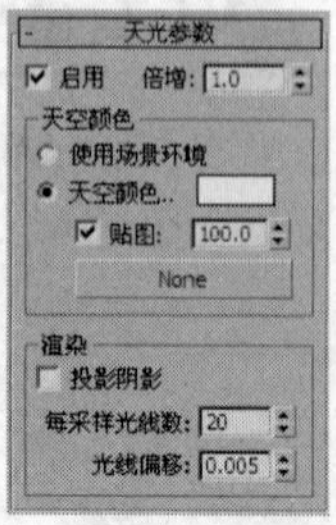

图4-41

天光重要参数介绍

启用： 控制是否开启天光。

倍增： 控制天光的强弱程度。

使用场景环境： 使用"环境与特效"对话框中设置的"环境光"颜色作为天光颜色。

天空颜色： 设置天光的颜色。

贴图： 指定贴图来影响天光的颜色。

投影阴影： 控制天光是否投射阴影。

每采样光线数： 计算落在场景中每个点的光子数目。

光线偏移： 设置光线产生的偏移距离。

4.3.7 mr区域泛光灯

使用mental ray渲染器渲染场景时，mr区域泛光灯可以从球体或圆柱体区域发射光线，而不是从点发射光线。如果使用的是默认扫描线渲染器，mr区域泛光灯会像泛光灯一样发射光线。

mr区域泛光灯相对于泛光灯的渲染速度要慢一些，它与泛光灯的参数基本相同，只是在mr区域泛光灯增加了一个"区域灯光参数"卷展栏，如图4-42所示。

图4-42

区域灯光参数卷展栏参数介绍

启用： 控制是否开启区域灯光。

在渲染器中显示图标： 启用该选项后，mental ray渲染器将渲染灯光位置的黑色形状。

类型： 指定区域灯光的形状。球形体积灯光一般采用"球体"类型，而圆柱形体积灯光一般采用"圆柱体"类型。

半径： 设置球体或圆柱体的半径。

高度： 设置圆柱体的高度，只有区域灯光为"圆柱体"类型时才可用。

采样U/V： 设置区域灯光投射阴影的质量。

提示 对于球形灯光，U向将沿着半径来指定细分数，而V向将指定角度的细分数；对于圆柱形灯光，U向将沿高度来指定采样细分数，而V向将指定角度的细分数，如图4-43和图4-44所示是U、V值分别为5和30时的阴影效果。从这两张图中可以明显地观察出U、V值越大，阴影效果就越精细。

图4-43　　　　　　　　　　图4-44

4.3.8 mr区域聚光灯

使用mental ray渲染器渲染场景时，mr区域聚光灯可以从矩形或蝶形区域发射光线，而不是从点发射光线。如果使用mental ray渲染器渲染场景时，mr区域聚光灯可以从矩形或蝶形区域发射光线，而不是从点发射光线。如果使用的是默认扫描线渲染器，mr区域聚光灯会像其他默认聚光灯一样发射光线。

mr区域聚光灯和mr区域泛光灯的参数很相似，只是mr区域聚光灯的灯光类型为"聚光灯"，因此它增加了一个"聚光灯参数"卷展栏，如图4-45所示。

图4-45

4.4 VRay灯光

安装好VRay渲染器后，在"灯光"创建面板中就可以选择VRay光源。VRay灯光包含4种类型，分别是"VRay光源"、"VRayIES"、"VRay环境光"和"VRay太阳"，如图4-46所示。

图4-46

本节灯光概要

灯光名称	主要作用	重要程度
VRay光源	模拟室内环境的任何光源	高
VRay太阳	模拟真实的室外太阳光	高
VRay天空	提供环境照明	高

提 示 本节将着重讲解VRay光源和VRay太阳，另外两种灯光在实际工作中一般都不会用到。

★重点 4.4.1 VRay光源

VRay光源主要用来模拟室内光源，是效果图制作中使用频率最高的一种灯光，其参数设置面板如图4-47所示。

图4-47

VRay光源参数介绍

① 基本选项组

开：控制是否开启VRay光源。

排除 排除 ：用来排除灯光对物体的影响。

类型：设置VRay光源的类型，共有"平面"、"穹顶"、"球体"和"网格体"4种类型，如图4-48所示。

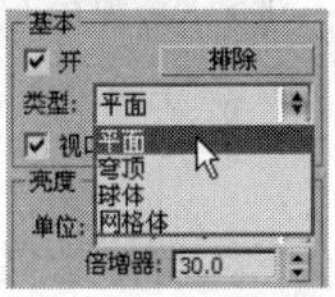

图4-48

平面：将VRay光源设置成平面形状。

穹顶：将VRay光源设置成边界盒形状。

球体：将VRay光源设置成穹顶状，类似于3ds Max的天光，光线来自于位于光源z轴的半球体状圆顶。

网格体：这种灯光是一种以网格为基础的灯光。

提 示 "平面"、"穹顶"、"球体"和"网格体"灯光的形状各不相同，因此它们可以运用在不同的场景中，如图4-49所示。

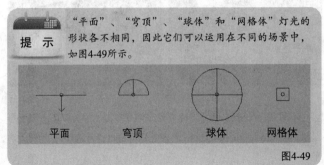

平面　　　　穹顶　　　　球体　　　网格体

图4-49

② 亮度选项组

单位：指定VRay光源的发光单位，共有"默认（图像）"、"光通量（lm）"、"发光强度（lm/ m2/sr）"、"辐射量（W）"和"辐射强度（W/m2/sr）"5种。

默认（图像）：VRay默认单位，依靠灯光的颜色和亮度来控制灯光的最后强弱，如果忽略曝光类型的因素，灯光色彩将是物体表面受光的最终色彩。

光通量（lm）：当选择这个单位时，灯光的亮度将和灯光的大小无关（100W的亮度大约等于1500LM）。

发光强度（lm/ m2/sr）：当选择这个单位时，灯光的亮度和它的大小有关系。

辐射量（W）：当选择这个单位时，灯光的亮度和灯光的大小无关。注意，这里的瓦特和物理上的瓦特不一样，比如这里的100W大约等于物理上的2~3瓦特。

辐射强度（W/m2/sr）：当选择这个单位时，灯光的亮度和它的大小有关系。

倍增器：设置VRay光源的强度。

模式：设置VRay光源的颜色模式，共有"颜色"和"色温"两种。

颜色：指定灯光的颜色。

色温：以色温模式来设置VRay光源的颜色。

③ 大小选项组

半长度：设置灯光的长度。

半宽度：设置灯光的宽度。

U/V/W向尺寸：当前这个参数还没有被激活（即不能使用）。另外，这3个参数会随着VRay光源类型的改变而发生变化。

④ 选项选项组

投射影阴影：控制是否对物体的光照产生阴影。

双面：用来控制是否让灯光的双面都产生照明效果（当灯光类型设置为"平面"时有效，其他灯光类型无效），如图4-50和图4-51所示分别是开启与关闭该选项时的灯光效果。

图4-50　　　　　　　　　　　　图4-51

不可见：这个选项用来控制最终渲染时是否显示VRay光源的形状，如图4-52和图4-53所示分别是关闭与开启该选项时的灯光效果。

图4-52　　　　　　　　　　　　图4-53

忽略灯光法线：这个选项控制灯光的发射是否按照光源的法线进行发射，如图4-54和图4-55所示分别是关闭与开启该选项时的灯光效果。

 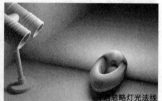

图4-54　　　　　　　　　　　　图4-55

不衰减：在物理世界中，所有的光线都是有衰减的。如果勾选这个选项，VRay将不计算灯光的衰减效果，如图4-56和图4-57所示分别是关闭与开启该选项时的灯光效果。

图4-56　　　　　　　　　　　　图4-57

> **提示**　在真实世界中，光线亮度会随着距离的增大而不断变暗，也就是说远离光源的物体的表面会比靠近光源的物体表面更暗。

天光入口：这个选项是把VRay灯光转换为天光，这时的VRay光源就变成了"间接照明（GI）"，失去了直接照明。当勾选这个选项时，"投射影阴影"、"双面"、"不可见"等参数将不可用，这些参数将被VRay的天光参数所取代。

储存在发光贴图中：勾选这个选项，同时将"间接照明（GI）"里的"首次反弹"引擎设置为"发光贴图"时，VRay源的光照信息将保存在"发光贴图"中。在渲染光子的时候将变得更慢，但是在渲染出图时，渲染速度会提高很多。当渲染完光子的时候，可以关闭或删除这个VRay光源，它对最后的渲染效果没有影响，因为它的光照信息已经保存在了"发光贴图"中。

影响漫反射：这选项决定灯光是否影响物体材质属性的漫反射。

影响高光：这选项决定灯光是否影响物体材质属性的高光。

影响反射：勾选该选项时，灯光将对物体的反射区进行光照，物体可以将光源进行反射。

⑤ 采样选项组

细分：这个参数控制VRay光源的采样细分。当设置比较低的值时，会增加阴影区域的杂点，但是渲染速度比较快，如图4-58所示；当设置比较高的值时，会减少阴影区域的杂点，但是会减慢渲染速度，如图4-59所示。

图4-58　　　　　　　　　　图4-59

阴影偏移：这个参数用来控制物体与阴影的偏移距离，较高的值会使阴影向灯光的方向偏移。

阈值：设置采样的最小阈值。

⑥ 纹理选项组

使用纹理：控制是否用纹理贴图作为半球光源。

None（无） [None]：选择纹理贴图。

分辨率：设置纹理贴图的分辨率，最高为2048。

自适应：设置数值后，系统会自动调节纹理贴图的分辨率。

★重点★ 4.4.2 VRay太阳

VRay太阳主要用来模拟真实的室外太阳光。VRay太阳的参数比较简单，只包含一个"VRay太阳参数"卷展栏，如图4-60所示。

图4-60

VRay太阳重要参数介绍

开启：阳光开关。

不可见：开启该选项后，在渲染的图像中将不会出现太阳的形状。

影响漫反射：这选项决定灯光是否影响物体材质属性的漫反射。

影响高光：这选项决定灯光是否影响物体材质属性的高光。

投射大气阴影：开启该选项以后，可以投射大气的阴影，以得到更加真实的阳光效果。

混浊度：这个参数控制空气的混浊度，它影响VRay太阳和VRay天空的颜色。比较小的值表示晴朗干净的空气，此时VRay

太阳和VRay天空的颜色比较蓝；较大的值表示灰尘含量重的空气（比如沙尘暴），此时VRay太阳和VRay天空的颜色呈现为黄色甚至橘黄色，如图4-61~图4-64所示分别是"混浊度"值为2、3、5、10时的阳光效果。

图4-61　　　　　　　　　　图4-62

图4-63　　　　　　　　　　图4-64

> **提示** 当阳光穿过大气层时，一部分冷光被空气中的浮尘吸收，照射到大地上的光就会变暖。

臭氧：这个参数是指空气中臭氧的含量，较小的值的阳光比较黄，较大的值的阳光比较蓝，如图4-65~图4-67所示分别是"臭氧"值为0、0.5、1时的阳光效果。

图4-65　　　　　　　　　　图4-66

图4-67

强度倍增：这个参数是指阳光的亮度，默认值为1。

> **提示** "混浊度"和"强度倍增"是相互影响的，因为当空气中的浮尘多的时候，阳光的强度就会降低。"尺寸倍增"和"阴影细分"也是相互影响的，这主要是因为影子虚边越大，所需的细分就越多，也就是说"尺寸倍增"值越大，"阴影细分"的值就要适当增大，因为当影子为虚边阴影（面阴影）的时候，就会需要一定的细分值来增加阴影的采样，不然就会有很多杂点。

尺寸倍增：这个参数是指太阳的大小，它的作用主要表现在阴影的模糊程度上，较大的值可以使阳光阴影比较模糊。

阴影细分：这个参数是指阴影的细分，较大的值可以使模糊区域的阴影产生比较光滑的效果，并且没有杂点。

阴影偏移：用来控制物体与阴影的偏移距离，较高的值会使阴影向灯光的方向偏移。

光子发射半径：这个参数和"光子贴图"计算引擎有关。

天空模式：选择天空的模式，可以选晴天，也可以选阴天。

排除 [排除...] ：将物体排除于阳光照射范围之外。

★重点★ 4.4.3 VRay天空

VRay天空是VRay灯光系统中的一个非常重要的照明系统。VRay没有真正的天光引擎，只能用环境光来代替，如图4-68所示是在"环境贴图"通道中加载了一张"VRay天空"环境贴图，这样就可以得到VRay的天光，再使用鼠标左键将"VRay天空"环境贴图拖曳到一个空白的材质球上就可以调节VRay天空的相关参数。

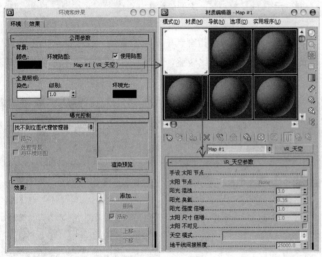

图4-68

VRay天空参数介绍

手设太阳节点：当关闭该选项时，VRay天空的参数将从场景中的VRay太阳的参数里自动匹配；当勾选该选项时，用户就可以从场景中选择不同的光源，在这种情况下，VRay太阳将不再控制VRay天空的效果，VRay天空将用它自身的参数来改变天光的效果。

太阳节点：单击后面的None（无）按钮 [None] 可以选择太阳光源，这里除了可以选择VRay太阳之外，还可以选择其他的光源。

阳光混浊：与"VRay太阳参数"卷展栏下的"混浊度"选项的含义相同。

阳光臭氧：与"VRay太阳参数"卷展栏下的"臭氧"选项的含义相同。

阳光强度倍增：与"VRay太阳参数"卷展栏下的"强度倍增"选项的含义相同。

太阳尺寸倍增：与"VRay太阳参数"卷展栏下的"尺寸倍增"选项的含义相同。

太阳不可见：与"VRay太阳参数"卷展栏下的"不可见"选项的含义相同。

天空模式：与"VRay太阳参数"卷展栏下的"天空模式"选项的含义相同。

> **提示**　其实VRay天空是VRay系统中一个程序贴图，主要用来作为环境贴图或作为天空来照亮场景。在创建VRay太阳时，3ds Max会弹出如图4-69所示的对话框，提示是否将"VRay天空"环境贴图自动加载到环境中。

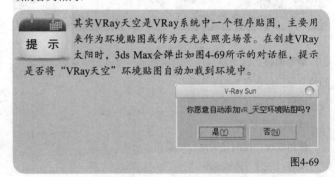

图4-69

4.5 效果图常见灯光实战训练

由于效果图中的灯光类型比较多，因此本节专门安排了15个实际工作中最常见的灯光，如台灯、射灯、吊灯等。

实战

制作工业产品灯光

场景位置	DVD>场景文件>CH04>01.max
实例位置	DVD>实例文件>CH04>实战——制作工业产品灯光.max
视频位置	DVD>多媒体教学>CH04>实战——制作工业产品灯光.flv
难易指数	★★☆☆☆
技术掌握	用VRay面光源模拟三点照明

工业产品灯光场景效果如图4-70所示。

图4-70

01 打开光盘中的"场景文件>CH04>01.max"文件，如图4-71所示。

02 在"创建"面板中单击"灯光"按钮，然后设置灯光类型为VRay，接着单击"VRay光源"按钮 [VR_光源] ，最后在左

视图中创建一盏VRay光源，
其位置如图4-72所示。

图4-71

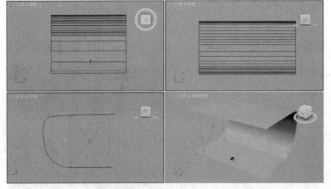

图4-72

03 选择上一步创建的VRay光源，然后进入"修改"面板，接着展开"参数"卷展栏，具体参数设置如图4-73所示。

设置步骤：

① 在"常规"选项组下设置"类型"为"平面"。

② 在"亮度"选项组下设置"倍增器"为10，然后设置"颜色"为（红:255，绿:251，蓝:243）。

③ 在"大小"选项组下设置"半长度"为2.45m、"半宽度"为3.229m。

④ 在"选项"选项组下勾选"不可见"选项。

⑤ 在"采样"选项组下设置"细分"为25。

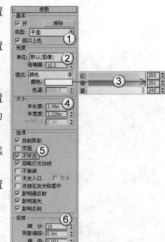

图4-73

04 按F9键测试渲染当前场景，效果如图4-74所示。

图4-74

> **提示**　注意，在测试渲染场景时要将视图切换到摄影机视图。按C键即可切换到摄影机视图。

05 继续在左视图中创建一盏VRay光源，其位置如图4-75所示。

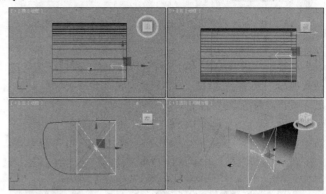

图4-75

06 选择上一步创建的VRay光源，然后进入"修改"面板，接着展开"参数"卷展栏，具体参数设置如图4-76所示。

设置步骤：

① 在"常规"选项组下设置"类型"为"平面"。

② 在"亮度"选项组下设置"倍增器"为8，然后设置"颜色"为（红:226，绿:234，蓝:235）。

③ 在"大小"选项组下设置"半长度"为2.45m、"半宽度"为3.229m。

④ 在"选项"选项组下勾选"不可见"选项。

⑤ 在"采样"选项组下设置"细分"为25。

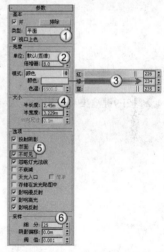

图4-76

07 在顶视图中创建一盏VRay光源，其位置如图4-77所示。

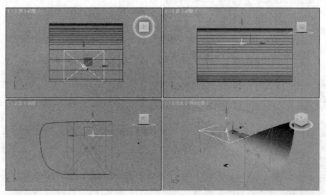

图4-77

疑难问答 ▶ 问：让VRay光源朝上照射有何作用？

答：让VRay光源朝上进行照射，可以使光照效果更加柔和，同时在补光时可以避免曝光现象（当反光板使用）。

08 选择上一步创建的VRay光源，然后进入"修改"面板，接着展开"参数"卷展栏，具体参数设置如图4-78所示。

设置步骤：

① 在"常规"选项组下设置"类型"为"平面"。

② 在"强度"选项组下设置"倍增器"为10，然后设置"颜色"为（红:255，绿:255，蓝:255）。

③ 在"大小"选项组下设置"半长"为2.45m、"半宽"为3.229m。

④ 在"选项"选项组下勾选"不可见"选项。

⑤ 在"采样"选项组下设置"细分"为25。

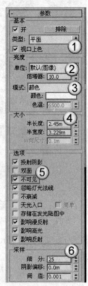

图4-78

09 按F9键渲染当前场景，最终效果如图4-79所示。

图4-79

技术专题 **26** 三点照明

本例是一个很典型的三点照明实例，左侧的是主光源，右侧的是辅助光源，顶部的是反光板，如图4-80所示。这种布光方法很容易表现物体的细节，很适合用于工业产品的布光。

图4-80

ⓒ实战

制作台灯照明

场景位置	DVD>场景文件>CH04>02.max
实例位置	DVD>实例文件>CH04>实战——制作台灯照明.max
视频位置	DVD>多媒体教学>CH04>实战——制作台灯照明.flv
难易指数	★★☆☆☆
技术掌握	用VRay球体光源模拟台灯

台灯照明效果如图4-81所示。

图4-81

01 打开光盘中的"场景文件>CH04>02.max"文件，如图4-82所示。

图4-82

02 设置灯光类型为VRay，然后在顶视图中创建一盏VRay光源（放在最大的灯罩内），其位置如图4-83所示。

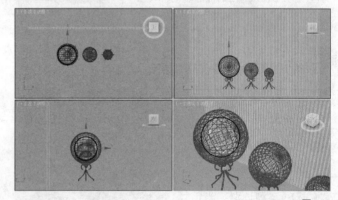

图4-83

03 选择上一步创建的VRay光源，然后进入"修改"面板，接着展开"参数"卷展栏，具体参数设置如图4-84所示。

设置步骤：

① 在"常规"选项组下设置"类型"为"球体"。

② 在"亮度"选项组下设置"倍增器"为40，然后设置"颜色"为白色。

③ 在"大小"选项组下设置"半径"为45mm。

④ 在"选项"选项组下勾选"不可见"选项。

⑤ 在"采样"选项组下设置"细分"为15。

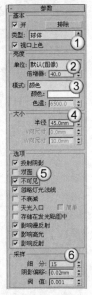

图4-84

04 继续在顶视图中创建一盏VRay光源（放在中等大小的灯罩内），其位置如图4-85所示。

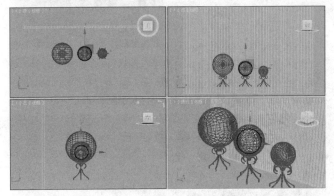

图4-85

05 选择上一步创建的VRay光源，然后进入"修改"面板，接着展开"参数"卷展栏，具体参数设置如图4-86所示。

设置步骤：

① 在"常规"选项组下设置"类型"为"球体"。

② 在"亮度"选项组下设置"倍增器"为40，然后设置"颜色"为白色。

③ 在"大小"选项组下设置"半径"为30mm。

④ 在"选项"选项组下勾选"不可见"选项。

⑤ 在"采样"选项组下设置"细分"为15。

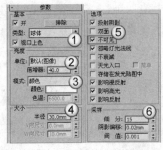

图4-86

06 继续在顶视图中创建一盏VRay光源（放在最小的灯罩内），其位置如图4-87所示。

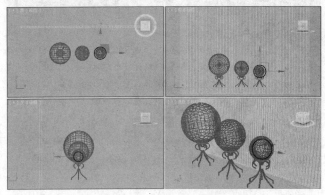

图4-87

07 选择上一步创建的VRay光源，然后进入"修改"面板，接着展开"参数"卷展栏，具体参数设置如图4-88所示。

设置步骤：

① 在"常规"选项组下设置"类型"为"球体"。

② 在"亮度"选项组下设置"倍增器"为40，然后设置"颜色"为白色。

③ 在"大小"选项组下设置"半径"为20mm。

④ 在"选项"选项组下勾选"不可见"选项。

⑤ 在"采样"选项组下设置"细分"为15。

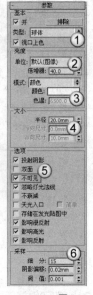

图4-88

提示 这里可以采用复制方法来制作灯罩内的3盏灯光。先创建一盏灯光并设置好参数，然后按住Shift键使用"选择并移动"工具在顶视图中移动复制（选择"复制"方式）灯光到其他灯罩内，接着修改灯光的"半径"值即可。

08 按F9键测试渲染当前场景，效果如图4-89所示。

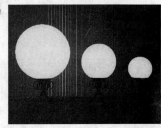

图4-89

09 在顶视图中创建一盏VRay光源，其位置如图4-90所示。

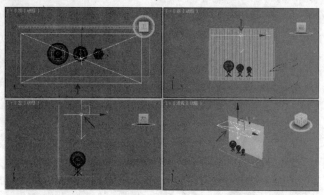

图4-90

10 选择上一步创建的VRay光源，然后进入"修改"面板，接着展开"参数"卷展栏，具体参数设置如图4-91所示。

设置步骤：

① 在"常规"选项组下设置"类型"为"平面"。

② 在"亮度"选项组下设置"倍增器"为5，然后设置"颜色"为白色。

③ 在"大小"选项组下设置"半长度"为400mm、"半宽度"为160mm。

④ 在"选项"选项组下勾选"不可见"选项、取消勾选"影响高光反射"和"影响反射"选项。

⑤ 在"采样"选项组下设置"细分"为10。

图4-91

11 按F9键渲染当前场景，最终效果如图4-92所示。

图4-92

实战

制作射灯照明

场景位置	DVD>场景文件>CH04>03.max
实例位置	DVD>实例文件>CH04>实战——制作射灯照明.max
视频位置	DVD>多媒体教学>CH04>实战——制作射灯照明.flv
难易指数	★★★☆☆
技术掌握	用目标灯光模拟射灯

射灯照明效果如图4-93所示。

图4-93

01 打开光盘中的"场景文件>CH04>03.max"文件，如图4-94所示。

图4-94

02 下面创建主光源。设置灯光类型为VRay，然后在左视图中创建一盏VRay光源，其位置如图4-95所示。

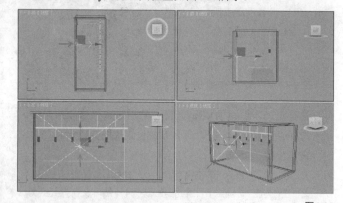

图4-95

03 选择上一步创建的VRay光源，然后进入"修改"面板，接着展开"参数"卷展栏，具体参数设置如图4-96所示。

设置步骤：

① 在"常规"选项组下设置"类型"为"平面"。

② 在"亮度"选项组下设置"倍增器"为1.5，然后设置"颜色"为（红:255，绿:246，蓝:232）。

③ 在"大小"选项组下设置"半长"为2100mm、"半宽"为1500mm。

④ 在"选项"选项组下勾选"不可见"选项。

⑤ 在"采样"选项组下设置"细分"为15。

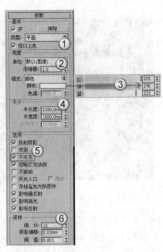

图4-96

④ 在"选项"选项组下勾选"不可见"选项。

⑤ 在"采样"选项组下设置"细分"为15。

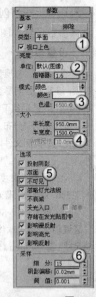

图4-99

04▶ 按F9键测试渲染当前场景，效果如图4-97所示。

图4-97

07▶ 按F9键测试渲染当前场景，效果如图4-100所示。

图4-100

05▶ 在前视图中创建一盏VRay光源，其位置如图4-98所示。

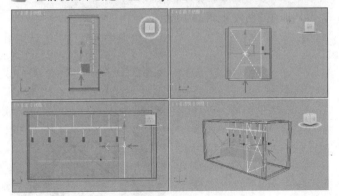

图4-98

08▶ 下面创建射灯。设置灯光类型为"光度学"，然后在左视图中创建6盏目标灯光，其位置如图4-101所示。

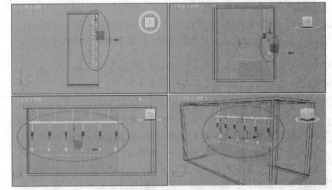

图4-101

06▶ 选择上一步创建的VRay光源，然后进入"修改"面板，接着展开"参数"卷展栏，具体参数设置如图4-99所示。

设置步骤：

① 在"常规"选项组下设置"类型"为"平面"。

② 在"亮度"选项组下设置"倍增器"为1.6，然后设置"颜色"为白色。

③ 在"大小"选项组下设置"半长"为950mm、"半宽"为1500mm。

> **提示**
> 由于这6盏目标灯光的参数都相同，因此可以先创建其中一盏，然后通过移动复制的方式创建另外5盏目标灯光，这样可以节省很多时间。但是要注意一点，在复制灯光时，要选择"实例"复制方式，因为这样只需要修改其中一盏目标灯光的参数，其他的目标灯光的参数也会跟着改变。

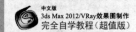

09 选择上一步创建的目标灯光，然后切换到"修改"面板，具体参数设置如图4-102所示。

设置步骤：

① 展开"常规参数"卷展栏，然后在"阴影"选项组下勾选"启用"选项，接着设置阴影类型为VRayShadow（VRay阴影），最后在"灯光分布（类型）"选项组下设置灯光分布类型为"光度学Web"。

② 展开"分布（光度学Web）"卷展栏，然后在其通道上加载一个光盘中的"实例文件>CH04>实战——制作射灯照明>28.ies"光域网文件。

③ 展开"强度/颜色/衰减"卷展栏，然后设置"过滤颜色"为（红:226，绿:158，蓝:69），接着设置"强度"为6000。

④ 展开VRayShadows params（VRay阴影参数）卷展栏，然后勾选"区域阴影"和"球体"选项，接着设置"U向尺寸"、"V向尺寸"和"W向尺寸"都为40mm，最后设置"细分"为15。

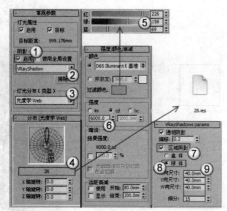

图4-102

技术专题 27 光域网

将"灯光分布（类型）"设置为"光度学Web"后，系统会自动增加一个"分布（光度学Web）"卷展栏，在"分布（光度学Web）"通道中可以加载光域网文件。

光域网是灯光的一种物理性质，用来确定光在空气中的发散方式。

不同的灯光在空气中的发散方式也不相同，比如手电筒会发出一个光束，而壁灯或台灯发出的光又是另外一种形状，这些不同的形状是由灯光自身的特性来决定的，也就是说这些形状是由光域网造成的。灯光之所以会产生不同的图案，是因为每种灯在出厂时，厂家都要对每种灯指定不同的光域网。在3ds Max中，如果为灯光指定一个特殊的文件，就可以产生与现实生活中相同的发散效果，这种特殊文件的标准格式为.ies，如图4-103所示是一些不同光域网的显示形态，图4-104所示是这些光域网的渲染效果。

图4-103

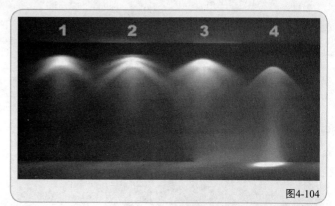

图4-104

10 按F9键渲染当前场景，效果如图4-105所示。

图4-105

实战

制作落地灯照明

场景位置	DVD>场景文件>CH04>04.max
实例位置	DVD>实例文件>CH04>实战——制作落地灯照明.max
视频位置	DVD>多媒体教学>CH04>实战——制作落地灯照明.flv
难易指数	★★★☆☆
技术掌握	用VRay球体光源模拟落地灯、用目标灯光模拟射灯

落地灯照明效果如图4-106所示。

图4-106

01 打开光盘中的"场景文件>CH04>04.max"文件，如图4-107所示。

02 下面创建主光源。设置灯光类型为VRay，然后在顶视图中创建一盏VRay光源，其位置如图4-108所示。

图4-107

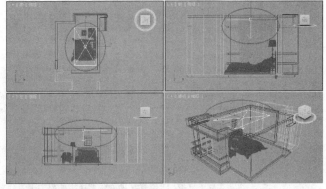

图4-108

03 选择上一步创建的VRay光源，然后进入"修改"面板，接着展开"参数"卷展栏，具体参数设置如图4-109所示。

设置步骤：

① 在"常规"选项组下设置"类型"为"平面"。

② 在"亮度"选项组下设置"倍增器"为2，然后设置"颜色"为（红:240，绿:211，蓝:173）。

③ 在"大小"选项组下设置"半长度"为1300mm、"半宽度"为1100mm。

④ 在"选项"选项组下勾选"不可见"选项。

⑤ 在"采样"选项组下设置"细分"为15。

图4-109

04 按F9键测试渲染当前场景，效果如图4-110所示。

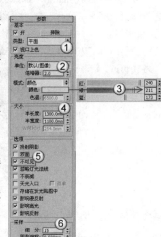

图4-110

05 下面创建落地灯。在顶视图中创建一盏VRay光源（放在台灯的灯罩内），其位置如图4-111所示。

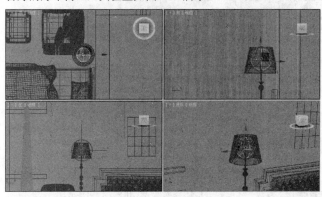

图4-111

技术专题 28 冻结与过滤对象

可能制作到这里用户会发现一个问题，那就是在调整灯光位置时总是会选择到其他物体。这里以图4-112中的场景来介绍两种快速选择灯光的方法。

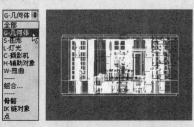

图4-112

第1种：冻结除了灯光外的所有对象。在"主工具栏"中设置"选择过滤器"类型为"G-几何体"，如图4-113所示，然后在视图中框选对象，这样选择的对象全部是几何体，不会选择到其他对象，如图4-114所示。选择好对象以后单击鼠标右键，然后在弹出的菜单中选择"冻结当前选择"命令，如图4-115所示，冻结的对象将以灰色状态显示在视图中，如图4-116所示。将"选择过滤器"类型设置为"全部"，此时无论怎么选择都不会选择到几何体了。另外，如果要解冻对象，可以在视图中单击鼠标右键，然后在弹出的菜单中选择"全部解冻"命令。

图4-113   图4-114

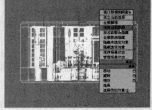 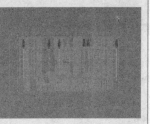

图4-115   图4-116

第2种：过滤掉灯光外的所有对象。在"主工具栏"中设置"选择过滤器"类型为"L-灯光"，如图4-117所示，这样无论怎么选择，选择的对象永远都只有灯光，不会选择到其他对象，如图4-118所示。

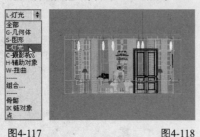

图4-117　　　　　　　　图4-118

06 选择上一步创建的VRay光源，然后进入"修改"面板，接着展开"参数"卷展栏，具体参数设置如图4-119所示。

设置步骤：

① 在"常规"选项组下设置"类型"为"球体"。

② 在"亮度"选项组下设置"倍增器"为9，然后设置"颜色"为（红:254，绿:222，蓝:187）。

③ 在"大小"选项组下设置"半径"为120mm。

④ 在"选项"选项组下勾选"不可见"选项，然后关闭"影响高光"和"影响反射"选项。

⑤ 在"采样"选项组下设置"细分"为15。

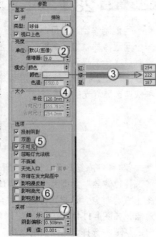

图4-119

07 按F9键测试渲染当前场景，效果如图4-120所示。

图4-120

08 设置灯光类型为"光度学"，然后在前视图中创建一盏目标灯光，其位置如图4-121所示。

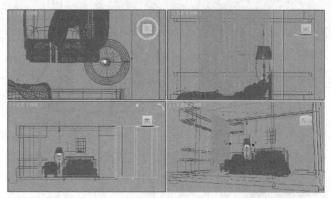

图4-121

09 选择上一步创建的目标灯光，然后切换到"修改"面板，具体参数设置如图4-122所示。

设置步骤：

① 展开"常规参数"卷展栏，然后在"阴影"选项组下勾选"启用"选项，接着设置阴影类型为VRayShadow（VRay阴影），最后在"灯光分布（类型）"选项组下设置灯光分布类型为"光度学Web"。

② 展开"分布（光度学Web）"卷展栏，然后在通道中加载一个光盘中的"实例文件>CH04>实战——制作落地灯照明>射灯.ies"光域网文件。

③ 展开"强度/颜色/衰减"卷展栏，然后设置"过滤颜色"为（红:255，绿:234，蓝:218），接着设置"强度"为1500。

④ 展开VRayShadows params（VRay阴影参数）卷展栏，然后勾选"区域阴影"和"球体"选项，接着设置"U向尺寸"、"V向尺寸"和"W向尺寸"都为50mm，最后设置"细分"为15。

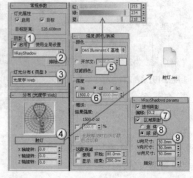

图4-122

10 继续在前视图中创建一盏目标灯光，其位置如图4-123所示。

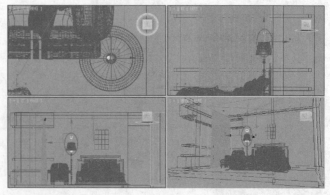

图4-123

11 选择上一步创建的目标灯光，然后切换到"修改"面板，具体参数设置如图4-124所示。

设置步骤：

① 展开"常规参数"卷展栏，然后在"阴影"选项组下勾选"启用"选项，接着设置阴影类型为VRayShadow（VRay阴影），最后在"灯光分布（类型）"选项组下设置灯光分布类型为"光度学Web"。

② 展开"分布（光度学Web）"卷展栏，然后在通道中加载一个光盘中的"实例文件>CH04>实战——制作落地灯照明>射灯.ies"光域网文件。

③ 展开"强度/颜色/衰减"卷展栏，然后设置"过滤颜色"为（红:255，绿:226，蓝:201），接着设置"强度"为1000。

④ 展开VRayShadows params（VRay阴影参数）卷展栏，然后勾选"区域阴影"和"球体"选项，接着设置"U向尺寸"、"V向尺寸"和"W向尺寸"都为50mm，最后设置"细分"为15。

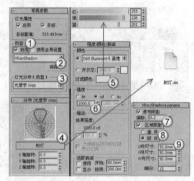

图4-124

12 按F9键渲染当前场景，最终效果如图4-125所示。

图4-125

制作浴室柔和自然光

场景位置	DVD>场景文件>CH04>05.max
实例位置	DVD>实例文件>CH04>实战——制作浴室柔和自然光.max
视频位置	DVD>多媒体教学>CH04>实战——制作浴室柔和自然光.flv
难易指数	★★☆☆☆
技术掌握	用VRay天空和VRay面光源模拟天光、用VRay面光源模拟室内辅助光源

浴室柔和自然光效果如图4-126所示。

图4-126

01 打开光盘中的"场景文件>CH04>05.max"文件，如图4-127所示。

图4-127

02 下面制作天光。按F10键打开"渲染设置"对话框，单击"VR-基项"选项卡，然后展开"环境"卷展栏，接着在"全局照明环境（天光）覆盖"选项组下勾选"开"选项，接着设置颜色为（红:204，绿:230，蓝:255），最后设置"倍增器"为20，具体参数设置如图4-128所示。

图4-128

03 按大键盘上的8键打开"环境和效果"对话框，然后展开"公用参数"卷展栏，接着在"环境贴图"通道中加载一张"VRay天空"环境贴图，如图4-129所示。

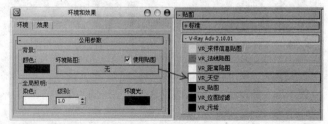

图4-129

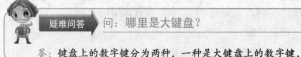

疑难问答 问：哪里是大键盘？

答：键盘上的数字键分为两种，一种是大键盘上的数字键，另外一种是小键盘上的数字键，如图4-130所示。

大键盘　　　　　　　　　　　　小键盘

图4-130

04 按F9键测试渲染当前场景，效果如图4-131所示。

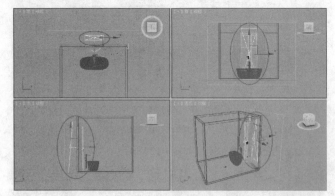

图4-131

05 设置灯光类型为VRay，然后在前视图中创建一盏VRay光源（放在窗外），其位置如图4-132所示。

图4-132

> 提示　注意，在前视图中创建VRay光源以后，要使用"选择并旋转"工具◯在顶视图和左视图中调整其角度。

06 选择上一步创建的VRay光源，然后进入"修改"面板，接着展开"参数"卷展栏，具体参数设置如图4-133所示。

设置步骤：

① 在"常规"选项组下设置"类型"为"平面"。

② 在"亮度"选项组下设置"倍增器"为12，然后设置"颜色"为（红:190，绿:207，蓝:253）。

③ 在"大小"选项组下设置"半长度"为470mm、"半宽度"为1400mm。

④ 在"选项"选项组下勾选"不可见"选项。

⑤ 在"采样"选项组下设置"细分"为20。

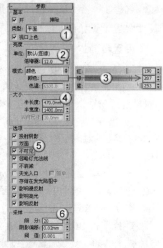

图4-133

> 提示　注意，这盏VRay光源也属于天光，它只是起到增强天光强度的作用。

07 按F9键测试渲染当然场景，效果如图4-134所示。

图4-134

08 下面创建室内辅助光源。在前视图中创建一盏VRay光源，其位置如图4-135所示。

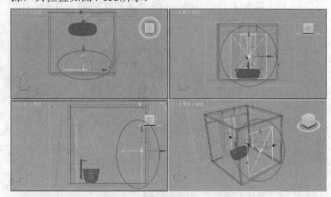

图4-135

09 选择上一步创建的VRay光源，然后进入"修改"面板，接着展开"参数"卷展栏，具体参数设置如图4-136所示。

设置步骤：

① 在"常规"选项组下设置"类型"为"平面"。

② 在"亮度"选项组下设置"倍增器"为1，然后设置"颜色"为（红:218，绿:228，蓝:254）。

③ 在"大小"选项组下设置"半长度"为1000mm、"半宽度"为1200mm。

④ 在"选项"选项组下勾选"不可见"选项。

⑤ 在"采样"选项组下设置"细分"为20。

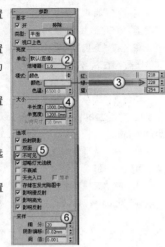

图4-136

10▶ 按F9键渲染当前场景，最终效果如图4-137所示。

图4-137

实战

制作休息室柔和阳光

场景位置	DVD>场景文件>CH04>06.max
实例位置	DVD>实例文件>CH04>实战——制作休息室柔和阳光.max
视频位置	DVD>多媒体教学>CH04>实战——制作休息室柔和阳光.flv
难易指数	★★☆☆☆
技术掌握	用VRay太阳模拟阳光、用VRay面光源模拟天光、用目标灯光模拟落地灯

休息室柔和阳光效果如图4-138所示。

图4-138

01▶ 打开光盘中的"场景文件>CH04>06.max"文件，如图4-139所示。

图4-139

02▶ 下面创建阳光。设置灯光类型为VRay，然后在前视图中创建一盏VRay太阳，其位置如图4-140所示。

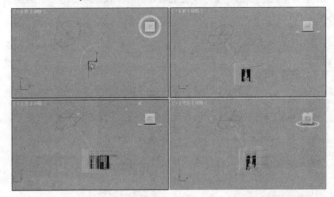

图4-140

03▶ 选择上一步创建的VRay太阳，然后在"VRay太阳参数"卷展栏下设置"混浊度"为3、"臭氧"为0.35、"强度倍增"为0.05、"尺寸倍增"为5、"阴影细分"为15，具体参数设置如图4-141所示。

图4-141

04▶ 按F9键测试渲染当前场景，效果如图4-142所示。

图4-142

05▶ 下面创建天光。在左视图中创建一盏VRay光源，其位置如图4-143所示的位置。

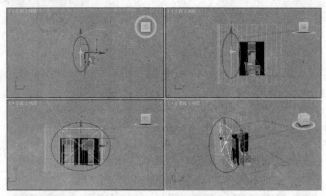

图4-143

06 选择上一步创建的VRay光源，然后进入"修改"面板，接着展开"参数"卷展栏，具体参数设置如图4-144所示。

设置步骤：

① 在"常规"选项组下设置"类型"为"平面"。

② 在"亮度"选项组下设置"倍增器"为8，然后设置"颜色"为（红:133，绿:161，蓝:251）。

③ 在"大小"选项组下设置"半长度"为1700mm、"半宽度"为1400mm。

④ 在"选项"选项组下勾选"不可见"选项。

⑤ 在"采样"选项组下设置"细分"为15。

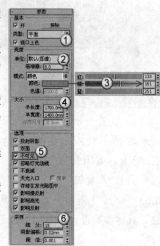

图4-144

07 下面创建室内辅助光源。在左视图中创建一盏VRay光源，其位置如图4-145所示。

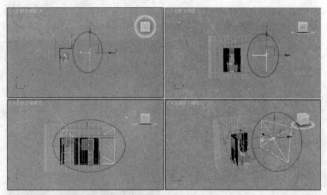

图4-145

08 选择上一步创建的VRay光源，然后进入"修改"面板，接着展开"参数"卷展栏，具体参数设置如图4-146所示。

设置步骤：

① 在"常规"选项组下设置"类型"为"平面"。

② 在"亮度"选项组下设置"倍增器"为2.8，然后设置"颜色"为（红:160，绿:174，蓝:234）。

③ 在"大小"选项组下设置"半长度"为2200mm、"半宽度"为1400mm。

④ 在"选项"选项组下勾选"不可见"选项。

⑤ 在"采样"选项组下设置"细分"为20。

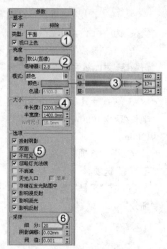

图4-146

09 按F9键测试渲染当前场景，效果如图4-147所示。

图4-147

10 下面创建落地灯光源。设置灯光类型为"光度学"，然后在前视图中创建一盏目标灯光，其位置如图4-148所示。

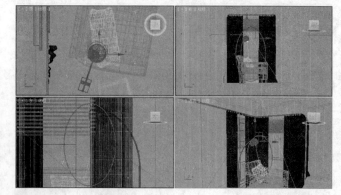

图4-148

11 选择上一步创建的目标灯光，然后在"修改"面板下展开各个参数卷展栏，具体参数设置如图4-149所示。

设置步骤：

① 展开"常规参数"卷展栏，然后在"阴影"选项组下勾选"启用"选项，接着设置阴影类型为VRayShadow（VRay阴影），最后在"灯光分

布（类型）"选项组下设置灯光分布类型为"光度学Web"。

② 展开"分布（光度学Web）"卷展栏，然后在通道中加载一个光盘中的"实例文件>CH04>实战——制作休息室柔和阳光>11.ies"光域网文件。

③ 展开"强度/颜色/衰减"卷展栏，然后设置"过滤颜色"为（红:230，绿:180，蓝:101），接着设置"强度"为10000。

④ 展开VRayShadows params（VRay阴影参数）卷展栏，然后勾选"区域阴影"和"球体"选项，接着设置"U向尺寸"、"V向尺寸"和"W向尺寸"都为80mm，最后设置"细分"为20。

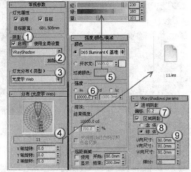

图4-149

12 按F9键渲染当前场景，最终效果如图4-150所示。

图4-150

实战

制作客厅清晨阳光

场景位置	DVD>场景文件>CH04>07.max
实例位置	DVD>实例文件>CH04>实战——制作客厅清晨阳光.max
视频位置	DVD>多媒体教学>CH04>实战——制作客厅清晨阳光.flv
难易指数	★★☆☆☆
技术掌握	用VRay太阳模拟阳光、用VRay面光源模拟天光、用VRay面光源模拟室内辅助光源

客厅清晨阳光效果如图4-151所示。

图4-151

01 打开光盘中的"场景文件>CH04>07.max"文件，如图4-152所示。

图4-152

02 下面创建阳光。设置灯光类型为VRay，然后在前视图中创建一盏VRay太阳，其位置如图4-153所示。

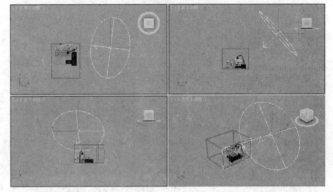

图4-153

提示 在创建VRay太阳时，3ds Max会弹出一个提示对话框，询问是否添加"VRay天空"环境贴图，如图4-154所示。这里需要添加，因此要单击"是"按钮 。

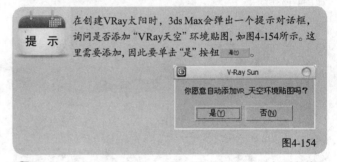

图4-154

03 选择上一步创建的VRay太阳，然后在"VRay太阳参数"卷展栏下设置"混浊度"为3、"臭氧"为0.35、"强度倍增"为0.04、"尺寸倍增"为12、"阴影细分"为8、"阴影偏移"为0.691mm，具体参数设置如图4-155所示。

图4-155

04 按F9键测试渲染当前场景，效果如图4-156所示。

图4-156

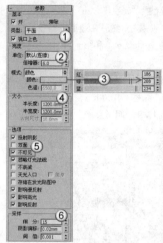

图4-159

图4-160

> **提示**　在渲染前需要开启"全局照明环境（天光）覆盖"功能。按F10键打开"渲染设置"对话框，然后单击"VR-基项"选项卡，展开"环境"卷展栏，接着在"全局照明环境（天光）覆盖"选项组下勾选"开"选项，最后设置"倍增器"为2，如图4-157所示。

图4-157

05 下面创建天光。在左视图中创建一盏VRay光源，其位置如图4-158所示。

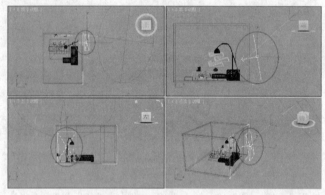

图4-158

06 选择上一步创建的VRay光源，然后进入"修改"面板，接着展开"参数"卷展栏，具体参数设置如图4-159所示。

设置步骤：

① 在"常规"选项组下设置"类型"为"平面"。

② 在"亮度"选项组下设置"倍增器"为6，然后设置"颜色"为（红:186，绿:208，蓝:234）。

③ 在"大小"选项组下设置"半长度"为1200mm、"半宽度"为1200mm。

④ 在"选项"选项组下勾选"不可见"选项。

⑤ 在"采样"选项组下设置"细分"为15。

07 按F9键测试渲染当前场景，效果如图4-160所示。

08 下面创建室内辅助光源。在前视图中创建一盏VRay光源，其位置如图4-161所示。

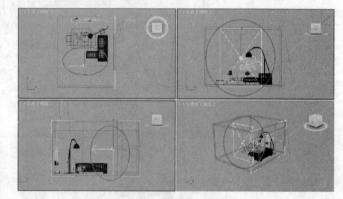

图4-161

09 选择上一步创建的VRay光源，然后进入"修改"面板，接着展开"参数"卷展栏，具体参数设置如图4-162所示。

设置步骤：

① 在"常规"选项组下设置"类型"为"平面"。

② 在"亮度"选项组下设置"倍增器"为1，然后设置"颜色"为（红:250，绿:238，蓝:219）。

③ 在"大小"选项组下设置"半长度"为1900mm、"半宽度"为1500mm。

④ 在"选项"选项组下勾选"不可见"选项。

⑤ 在"采样"选项组下设置"细分"为15。

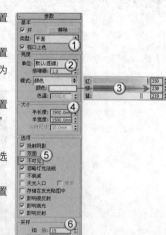

图4-162

10 在左视图中创建一盏VRay光源，其位置如图4-163所示。

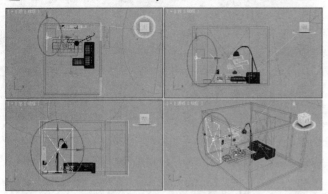

图4-163

11 选择上一步创建的VRay光源，然后进入"修改"面板，接着展开"参数"卷展栏，具体参数设置如图4-164所示。

设置步骤：

① 在"常规"选项组下设置"类型"为"平面"。

② 在"亮度"选项组下设置"倍增器"为1，然后设置"颜色"为（红:246，绿:235，蓝:211）。

③ 在"大小"选项组下设置"半长度"为1500mm、"半宽度"为1200mm。

④ 在"选项"选项组下勾选"不可见"选项。

⑤ 在"采样"选项组下设置"细分"为15。

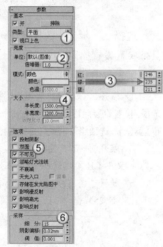

图4-164

12 按F9键渲染当前场景，效果如图4-165所示。

图4-165

实战

制作餐厅柔和灯光

场景位置	DVD>场景文件>CH04>08.max
实例位置	DVD>实例文件>CH04>实战——制作餐厅柔和灯光.max
视频位置	DVD>多媒体教学>CH04>实战——制作餐厅柔和灯光.flv
难易指数	★★★☆☆
技术掌握	用VRay面光源模拟室内夜景灯光、用目标灯光模拟射灯

餐厅柔和灯光效果如图4-166所示。

图4-166

01 打开光盘中的"场景文件>CH04>08.max"文件，如图4-167所示。

图4-167

02 下面创建主光源。设置灯光类型为VRay，然后在左视图中创建一盏VRay光源，其位置如图4-168所示。

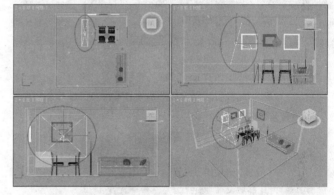

图4-168

03 选择上一步创建的VRay光源，然后进入"修改"面板，接着展开"参数"卷展栏，具体参数设置如图4-169所示。

设置步骤：

① 在"常规"选项组下设置"类型"为"平面"。

② 在"亮度"选项组下设置"倍增器"为5，然后设置"颜色"为（红:253，绿:198，蓝:149）。

③ 在"大小"选项组下设置"半长度"为1100mm、"半宽度"为1000mm。

④ 在"选项"选项组下勾选"不可见"选项。

⑤ 在"采样"选项组下设置"细分"为8。

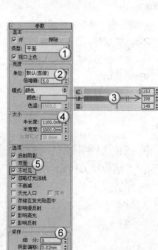

图4-169

04 按F9键测试渲染当前场景，效果如图4-170所示。

图4-170

05 下面创建辅助光源。在前视图中创建一盏VRay光源，其位置如图4-171所示。

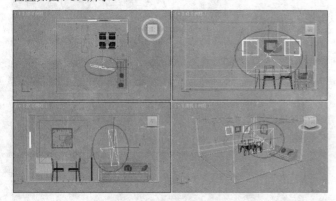

图4-171

06 选择上一步创建的VRay光源，然后进入"修改"面板，接着展开"参数"卷展栏，具体参数设置如图4-172所示。

设置步骤：

① 在"常规"选项组下设置"类型"为"平面"。

② 在"亮度"选项组下设置"倍增器"为2，然后设置"颜色"为（红:237，绿:201，蓝:168）。

③ 在"大小"选项组下设置"半长度"为1000mm、"半宽度"为800mm。

④ 在"选项"选项组下勾选"不可见"选项。

⑤ 在"采样"选项组下设置"细分"为8。

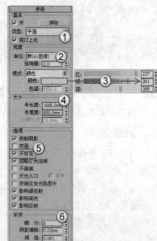

图4-172

07 按F9键测试渲染当前场景，效果如图4-173所示。

图4-173

08 下面创建射灯。设置灯光类型为"光度学"，然后在前视图中创建4盏目标灯光，其位置如图4-174所示。

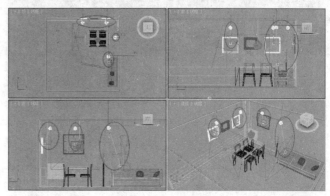

图4-174

提示 这4盏目标灯光可用实例复制的方法来进行创建（但是要调节各盏灯光的目标点位置与角度）。

09 选择上一步创建的目标灯光，然后切换到"修改"面板，具体参数设置如图4-175所示。

设置步骤：

① 展开"常规参数"卷展栏，然后在"阴影"选项组下勾选"启用"选项，接着设置阴影类型为VRayShadow（VRay阴影），最后在"灯光分布（类型）"选项组下设置灯光分布类型为"光度学Web"。

② 展开"分布（光度学Web）"卷展栏，然后在通道中加载一个光盘中的"实例文件>CH04>实战——制作餐厅柔和灯光>001.ies"光域网文件。

③ 展开"强度/颜色/衰减"卷展栏，然后设置"过滤颜色"为（红:255，绿:253，蓝:243），接着设置"强度"为500。

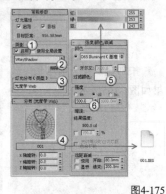

图4-175

10 按F9键测试渲染当前场景，效果如图4-176所示。

图4-176

11 下面创建吊灯。在前视图中创建一盏目标灯光（放在吊灯下方），其位置如图4-177所示。

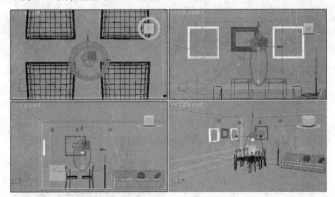

图4-177

12 选择上一步创建的目标灯光，然后切换到"修改"面板，具体参数设置如图4-178所示。

设置步骤：

① 展开"常规参数"卷展栏，然后在"阴影"选项组下勾选"启用"选项，接着设置阴影类型为VRayShadow（VRay阴影），最后在"灯光分布（类型）"选项组下设置灯光分布类型为"光度学Web"。

② 展开"分布（光度学Web）"卷展栏，然后在通道中加载一个光盘中的"实例文件>CH04>实战——制作餐厅柔和灯光>16.ies"光域网文件。

③ 展开"强度/颜色/衰减"卷展栏，然后设置"过滤颜色"为（红:255，绿:232，蓝:231），接着设置"强度"为2000。

④ 展开VRayShadows params（VRay阴影参数）卷展栏，然后勾选"区域阴影"和"球体"选项，接着设置"U向尺寸"、"V向尺寸"和"W向尺寸"都为100mm，最后设置"细分"为8。

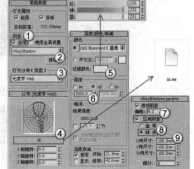

图4-178

13 设置灯光类型为VRay，然后在前视图中创建一盏VRay光源（放在吊灯的灯罩内），其位置如图4-179所示。

14 选择上一步创建的VRay光源，然后进入"修改"面板，接着展开"参数"卷展栏，具体参数设置如图4-180所示。

设置步骤：

① 在"常规"选项组下设置"类型"为"球体"。

② 在"亮度"选项组下设置"倍增器"为16，然后设置"颜色"为（红:250，绿:139，蓝:84）。

③ 在"大小"选项组下设置"半径"为150mm。

④ 在"选项"选项组下勾选"不可见"选项。

⑤ 在"采样"选项组下设置"细分"为8。

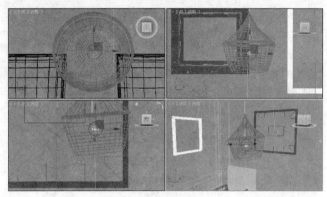

图4-179

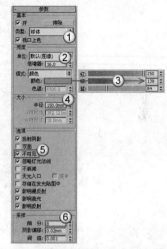

图4-180

15 按F9键测试渲染当前场景，效果如图4-181所示。

图4-181

16 下面创建落地灯。设置灯光类型为"光度学"，然后在前视图中创建一盏目标灯光，其位置如图4-182所示。

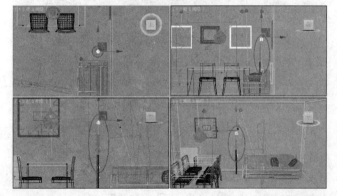

图4-182

（17）选择上一步创建的目标灯光，然后在"修改"面板展开各个参数卷展栏，具体参数设置如图4-183所示。

设置步骤：

① 展开"常规参数"卷展栏，然后在"阴影"选项组下勾选"启用"选项，接着设置阴影类型为VRayShadow（VRay阴影），最后在"灯光分布（类型）"选项组下设置灯光分布类型为"光度学Web"。

② 展开"分布（光度学Web）"卷展栏，然后在通道中加载一个光盘中的"实例文件>CH04>实战——制作餐厅柔和灯光>001.ies"光域网文件。

③ 展开"强度/颜色/衰减"卷展栏，然后设置"过滤颜色"为白色，接着设置"强度"为499。

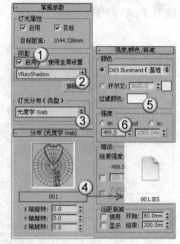

图4-183

（18）设置灯光类型为VRay，然后在左视图中创建一盏VRay光源（放在落地灯的灯罩内），其位置如图4-184所示。

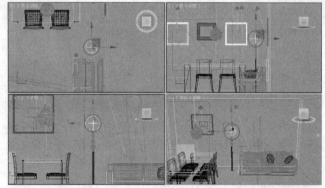

图4-184

（19）选择上一步创建的VRay光源，然后进入"修改"面板，接着展开"参数"卷展栏，具体参数设置如图4-185所示。

设置步骤：

① 在"常规"选项组下设置"类型"为"球体"。

② 在"亮度"选项组下设置"倍增器"为5，然后设置"颜色"为（红:252，绿:204，蓝:175）。

③ 在"大小"选项组下设置"半径"为200mm。

④ 在"选项"选项组下勾选"不可见"选项。

（20）按F9键渲染当前场景，最终效果如图4-186所示。

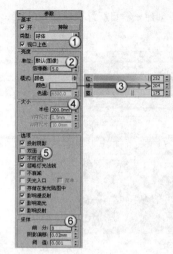

图4-185　　　　　　　　　　　图4-186

实战

制作会客厅灯光

场景位置	DVD>场景文件>CH04>09.max
实例位置	DVD>实例文件>CH04>实战——制作会客厅灯光.max
视频位置	DVD>多媒体教学>CH04>实战——制作会客厅灯光.flv
难易指数	★☆☆☆☆
技术掌握	用VRay球体光源模拟台灯

会客厅灯光效果如图4-187所示。

图4-187

（01）打开光盘中的"场景文件>CH04>09.max"文件，如图4-188所示。

图4-188

（02）设置灯光类型为VRay，然后在顶视图中创建一盏VRay光源（放在台灯的灯罩内），其位置如图4-189所示。

（03）选择上一步创建的VRay光源，然后进入"修改"面板，接着展开"参数"卷展栏，具体参数设置如图4-190所示。

设置步骤：

① 在"基本"选项组下设置"类型"为"球体"。

② 在"亮度"选项组下设置"倍增器"为70，然后设置"颜色"为（红:254，绿:179，蓝:118）。

③ 在"大小"选项组下，设置"半径"为150mm。

④ 在"选项"选项组下勾选"不可见"选项。

⑤ 在"采样"选项组下设置"细分"为20。

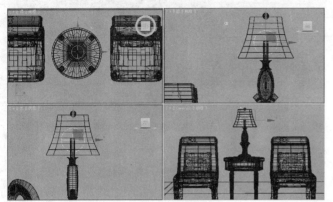

图4-189

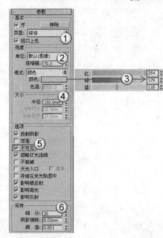

图4-190

04 按F9键渲染当前场景，最终效果如图4-191所示。

图4-191

实战

制作客厅夜景灯光

场景位置	DVD>场景文件>CH04>10.max
实例位置	DVD>实例文件>CH04>实战——制作客厅夜景灯光.max
视频位置	DVD>多媒体教学>CH04>实战——制作客厅夜景灯光.flv
难易指数	★★★☆☆
技术掌握	用VRay球体光源模拟落地灯、用VRay面光源模拟夜景天光和室内辅助光源、用目标灯光模拟台灯

客厅夜景灯光效果如图4-192所示。

01 打开光盘中的"场景文件>CH04>10.max"文件，如图4-193所示。

图4-192　　　　　　　　　　　　图4-193

02 下面创建落地灯。设置灯光类型为VRay，然后在前视图中创建4盏VRay光源，其位置如图4-194所示。

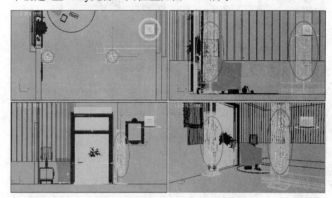

图4-194

疑难问答 ➡ 问：为何VRay球体光源不是圆形的？

答：注意，在步骤（2）中创建VRay球体光源时，先要用"选择并均匀缩放"工具 在前视图中沿y轴将光源"拉长"，以填满落地灯的灯罩，如图4-195所示。拉长光源后可对其进行实例复制。

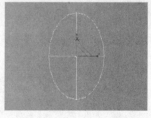

图4-195

03 选择上一步创建的VRay光源，然后进入"修改"面板，接着展开"参数"卷展栏，具体参数设置如图4-196所示。

设置步骤：

① 在"常规"选项组下设置"类型"为"平面"。

② 在"亮度"选项组下设置"倍增器"为50，然后设置"颜色"为（红:254，绿:204，蓝:150）。

③ 在"大小"选项组下设置"半径"为130mm。

④ 在"选项"选项组下勾选"不可见"选项。

⑤ 在"采样"选项组下设置"细分"为30。

04 按F9键测试渲染当前场景，效果如图4-197所示。

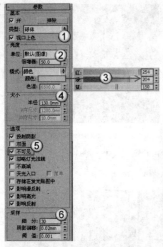

图4-196　　　　　　　　图4-197

05　下面创建夜景天光和室内辅助光源。在左视图中创建一盏VRay光源，其位置如图4-198所示。

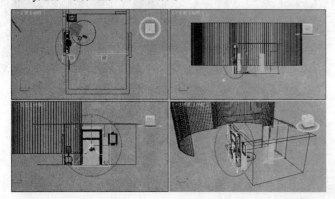

图4-198

06　选择上一步创建的VRay光源，然后进入"修改"面板，接着展开"参数"卷展栏，具体参数设置如图4-199所示。

设置步骤：

①　在"常规"选项组下设置"类型"为"平面"。

②　在"亮度"选项组下设置"倍增器"为4，然后设置"颜色"为（红:59，绿:110，蓝:213）。

③　在"大小"选项组下设置"半长度"为1503mm、"半宽度"为1632mm。

④　在"选项"选项组下勾选"不可见"选项。

⑤　在"采样"选项组下设置"细分"为25。

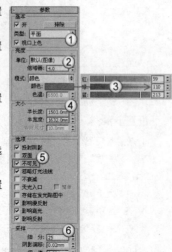

图4-199

07　继续在左视图中创建一盏VRay光源，其位置如图4-200所示。

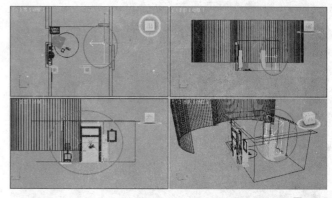

图4-200

08　选择上一步创建的VRay光源，然后进入"修改"面板，接着展开"参数"卷展栏，具体参数设置如图4-201所示。

设置步骤：

①　在"常规"选项组下设置"类型"为"平面"。

②　在"亮度"选项组下设置"倍增器"为0.5，然后设置"颜色"为（红:253，绿:223，蓝:177）。

③　在"选项"选项组下设置"半长度"为1500mm、"半宽度"为1630mm。

④　在"选项"选项组下勾选"不可见"选项。

⑤　在"采样"选项组下设置"细分"为30。

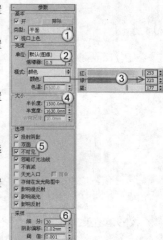

图4-201

09　按F9测试渲染当前场景，效果如图4-202所示。

图4-202

10　下面创建台灯。设置灯光类型为"光度学"，然后在左视图中创建一盏目标灯光（放在灯罩内），其位置如图4-203所示。

11　选择上一步创建的目标灯光，然后切换到"修改"面板，具体参数设置如图4-204所示。

设置步骤：

①　展开"常规参数"卷展栏，然后在"阴影"选项组下勾选"启用"选项，接着设置阴影类型为VRayShadow（VRay阴影），最后在"灯光分

布(类型)"选项组下设置灯光分布类型为"光度学Web"。

② 展开"分布(光度学Web)"卷展栏,然后在其通道中加载一个光盘中的"实例文件>CH04>实战——制作客厅夜景灯光>20.ies"光域网文件。

③ 展开"强度/颜色/衰减"卷展栏,然后设置"过滤颜色"为(红:254,绿:218,蓝:154),接着设置"强度"为1860。

④ 展开"图形/区域阴影"卷展栏,然后设置"从(图形)发射光线"方式为"矩形",接着设置"长度"为108mm、"宽度"为1528mm。

⑤ 展开VRayShadows params(VRay阴影参数)卷展栏,然后勾选"区域阴影"和"球体"选项,接着设置"细分"为20。

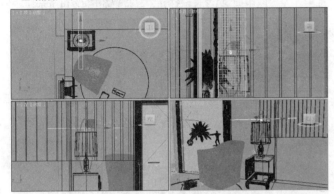

图4-203

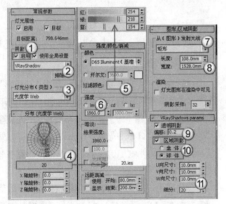

图4-204

12 按F9键渲染当前场景,最终效果如图4-205所示。

图4-205

⚙ 实战

制作卧室夜景灯光

场景位置	DVD>场景文件>CH04>11.max
实例位置	DVD>实例文件>CH04>实战——制作卧室夜景灯光.max
视频位置	DVD>多媒体教学>CH04>实战——制作卧室夜景灯光.flv
难易指数	★★★☆☆
技术掌握	用VRay模拟天花板主光源、用目标灯光模拟射灯

卧室夜景灯光效果如图4-206所示。

图4-206

01 打开光盘中的"场景文件>CH04>11.max"文件,如图4-207所示。

图4-207

02 下面创建主光源。设置灯光类型为VRay,然后在顶视图中创建一盏VRay光源,其位置如图4-208所示。

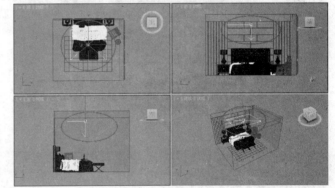

图4-208

03 选择上一步创建的VRay光源,然后进入"修改"面板,接着展开"参数"卷展栏,具体参数设置如图4-209所示。

设置步骤:

① 在"常规"参数选项组下设置"类型"为"平面"。

② 在"亮度"选项组下设置"倍增器"为6,然后设置"颜色"为(红:245,绿:232,蓝:212)。

③ 在"大小"选项组下设置"半长度"为1500mm、"半宽度"为1200mm。

④ 在"选项"选项组下勾选"不可见"选项。

⑤ 在"采样"选项组下设置"细分"为20。

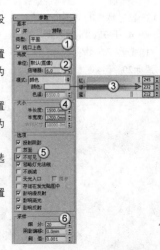

图4-209

235

04 按F9键测试渲染当前场景，效果如图4-210所示。

图4-210

05 下面创建射灯。设置灯光类型为"光度学"，然后在前视图中创建3盏目标灯光，其位置如图4-211所示。

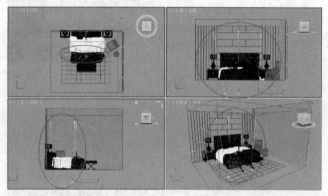

图4-211

06 选择上一步创建的目标灯光，然后切换到"修改"面板，具体参数设置如图4-212所示。

设置步骤：

① 展开"常规参数"卷展栏，然后在"阴影"选项组下勾选"启用"选项，接着设置阴影类型为VRayShadow（VRay阴影），最后在"灯光分布（类型）"选项组下设置灯光分布类型为"光度学Web"。

② 展开"分布（光度学Web）"卷展栏，然后在通道中加载一个光盘中的"实例文件>CH04>实战——制作卧室夜景灯光>SD-007.ies"光域网文件。

③ 展开"强度/颜色/衰减"卷展栏，然后设置"过滤颜色"为（红:255，绿:251，蓝:242），接着设置"强度"为200000。

④ 展开VRayShadows params（VRay阴影参数）卷展栏，然后设置"U向尺寸"、"V向尺寸"和"W向尺寸"都为10000mm，接着设置"细分"为20。

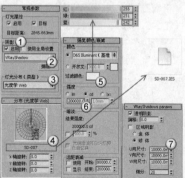

图4-212

07 按F9键测试渲染当前场景，效果如图4-213所示。

图4-213

08 在左视图中创建3盏目标灯光，其位置如图4-214所示。

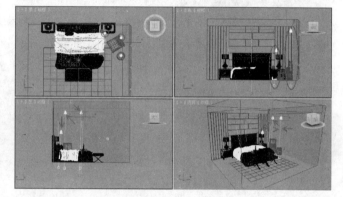

图4-214

09 选择上一步创建的目标灯光，然后在"修改"面板下展开各个参数卷展栏，具体参数设置如图4-215所示。

设置步骤：

① 展开"常规参数"卷展栏，然后在"阴影"选项组下勾选"启用"选项，接着设置阴影类型为VRayShadow（VRay阴影），最后在"灯光分布（类型）"选项组下设置灯光分布类型为"光度学Web"。

② 展开"分布（光度学Web）"卷展栏，然后在通道中加载一个光盘中的"实例文件>CH04>实战——制作卧室夜景灯光>SD-052.ies"光域网文件。

③ 展开"强度/颜色/衰减"卷展栏，然后设置"过滤颜色"为（红:255，绿:220，蓝:146），接着设置"强度"为1500。

④ 展开VRayShadows params（VRay阴影参数）卷展栏，然后勾选"区域阴影"和"球体"选项，接着设置"U向尺寸"、"V向尺寸"和"W向尺寸"都为100mm，最后设置"细分"为20。

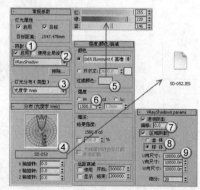

图4-215

10 按F9键渲染当前场景，效果如图4-216所示。

图4-216

实战

制作室外一角夜景灯光

场景位置	DVD>场景文件>CH04>12.max
实例位置	DVD>实例文件>CH04>实战——制作室外一角夜景灯光.max
视频位置	DVD>多媒体教学>CH04>实战——制作室外一角夜景灯光.flv
难易指数	★★★☆☆
技术掌握	用目标灯光模拟射灯、用VRay面光源模拟辅助光源

室外一角夜景灯光效果如图4-217所示。

图4-217

01 打开光盘中的"场景文件>CH04>12.max"文件，如图4-218所示。

图4-218

02 下面创建射灯。设置灯光类型为"光度学"，然后在前视图中创建3盏目标灯光，其位置如图4-219所示。

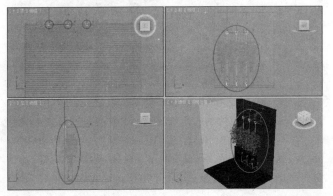

图4-219

03 选择上一步创建的目标灯光，然后切换到"修改"面板，具体参数设置如图4-220所示。

设置步骤：

① 展开"常规参数"卷展栏，然后在"阴影"选项组下勾选"启用"和"使用全局设置"选项，接着设置阴影类型为VRayShadow（VRay阴影），最后在"灯光分布（类型）"选项组下设置灯光分布类型为"光度学Web"。

② 展开"分布（光度学Web）"卷展栏，然后在通道中加载一个光盘中的"实例文件>CH04>实战——制作室外一角夜景灯光>21.ies"光域网文件。

③ 展开"强度/颜色/衰减"卷展栏，然后设置"过滤颜色"为（红:82，绿:126，蓝:236），接着设置"强度"为10000。

④ 展开VRayShadows params（VRay阴影参数）卷展栏，然后勾选"区域阴影"和"球体"选项，接着设置"U向尺寸"、"V向尺寸"和"W向尺寸"都为50mm，最后设置"细分"为8。

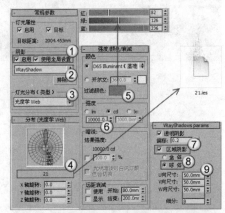

图4-220

04 按F9键测试渲染当前场景，效果如图4-221所示。

图4-221

05 继续在前视图中创建4盏目标灯光其位置如图4-222所示。

06 选择上一步创建的目标灯光，然后切换到"修改"面板，具体参数设置如图4-223所示。

设置步骤：

① 展开"常规参数"卷展栏，然后在"阴影"选项组下勾选"启用"和"使用全局设置"选项，接着设置阴影类型为VRayShadow（VRay阴影），最后在"灯光分布（类型）"选项组下设置灯光分布类型为"光度学Web"。

② 展开"分布（光度学Web）"卷展栏，然后在通道中加载一个光盘中的"实例文件>CH04>实战——制作室外一角夜景灯光>7.ies"光域网文件。

③ 展开"强度/颜色/衰减"卷展栏，然后设置"过滤颜色"为（红:198，绿:217，蓝:255），接着设置"强度"为300000。

④ 展开VRayShadows params（VRay阴影参数）卷展栏，然后勾选"区域阴影"和"球体"选项，接着设置"U向尺寸"、"V向尺寸"和"W向尺寸"都为50mm，最后设置"细分"为8。

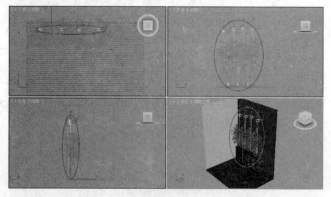

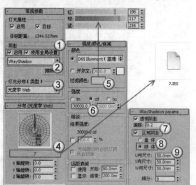

图4-222

图4-223

07 按F9键测试渲染当前场景，效果如图4-224所示。

图4-224

08 下面创建辅助光源。设置灯光类型为VRay，然后在左视图中创建一盏VRay光源，其位置如图4-225所示。

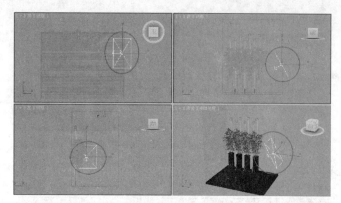

图4-225

09 选择上一步创建的VRay光源，然后进入"修改"面板，接着展开"参数"卷展栏，具体参数设置如图4-226所示。

设置步骤：

① 在"常规"参数选项组下设置"类型"为"平面"。

② 在"亮度"选项组下设置"倍增器"为6，接着设置"颜色"为（红:222，绿:139，蓝:70）。

③ 在"大小"选项组下设置"半长度"为500mm、"半宽度"为400mm。

④ 在"选项"选项组下勾选"不可见"选项。

⑤ 在"采样"选项组下设置"细分"为20。

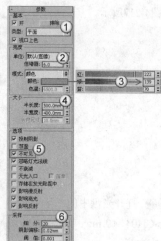

图4-226

10 按F9键测试渲染当前场景，效果如图4-227所示。

图4-227

11 设置灯光类型为"光度学"，然后在前视图中创建一盏目标灯光，其位置如图4-228所示。

12 选择上一步创建的目标灯光，然后切换到"修改"面板，具体参数设置如图4-229所示。

设置步骤：

① 展开"常规参数"卷展栏，然后在"阴影"选项组下勾选"启用"选项，接着设置阴影类型为VRayShadow（VRay阴影），最后在"灯光分布（类型）"选项组下设置灯光分布类型为"光度学Web"。

② 展开"分布（光度学Web）"卷展栏，然后在通道中加载一个光盘中的"实例文件>CH04>实战——制作室外一角夜景灯光>7.ies"光域网文件。

③ 展开"强度/颜色/衰减"卷展栏，然后设置"过滤颜色"为（红:208，绿:150，蓝:87），接着设置"强度"为20000。

④ 展开VRayShadows params（VRay阴影参数）卷展栏，然后勾选"区域阴影"和"球体"选项，接着设置"U向尺寸"、"V向尺寸"和"W向尺寸"都为50mm，最后设置"细分"为8。

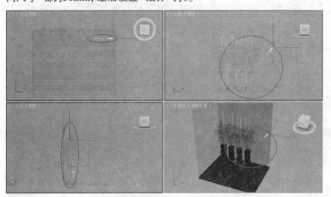

图4-228

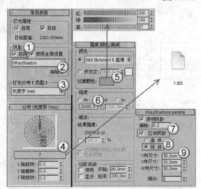

图4-229

⑤ 按F9键渲染当前场景，最终效果如图4-230所示。

图4-230

实战

制作舞台灯光

场景位置	DVD>场景文件>CH04>13.max
实例位置	DVD>实例文件>CH04>实战——制作舞台灯光.max
视频位置	DVD>多媒体教学>CH04>实战——制作舞台灯光.flv
难易指数	★★★☆☆
技术掌握	用目标聚光灯模拟舞台灯光（投影贴图灯光和体积光）

舞台场景效果如图4-231所示。

图4-231

01 打开光盘中的"场景文件>CH04>13.max"文件，如图4-232所示。

图4-232

02 下面创建舞台灯光。设置灯光类型为"标准"，然后在前视图中创建一盏目标聚光灯，其位置如图4-233所示。

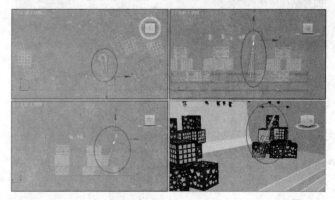

图4-233

03 选择上一步创建的目标聚光灯，然后切换到"修改"面板，具体参数设置如图4-234所示。

设置步骤：

① 展开"唱歌参数"卷展栏，然后在"阴影"选项组下勾选"启用"选项，接着设置阴影类型为"阴影贴图"。

② 展开"强度/颜色/衰减"卷展栏，然后设置"倍增"为2，接着设置颜色为白色。

③ 展开"聚光灯参数"卷展栏，然后设置"聚光区/光束"为7.3、"衰减区/区域"为13.5，接着勾选"圆"选项。

④ 展开"高级效果"卷展栏，然后在"投影贴图"选项组下勾选"贴图"选项，接着在其通道中加载一张光盘中的"实例文件>CH04>实战——制作舞台灯光>02.jpg"贴图文件。

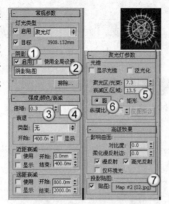

图4-234

04 按F9键测试渲染当前场景，效果如图4-235所示。

图4-235

> **提示** 从测试渲染效果中可以观察到舞台上产生了加载的贴图纹理效果，但是并没有产生聚光灯的光束特效，因此还需要继续对其进行设置。

05 按大键盘上的8键打开"环境和效果"对话框，然后在"大气"卷展栏下单击"添加"按钮 添加... ，接着在弹出的对话框中选择"体积光"，最后在"体积光参数"卷展栏下单击"拾取灯光"按钮 拾取灯光 ，并在场景中拾取目标聚光灯（拾取的目标灯光会在后面的列表中显示出来），如图4-236所示。

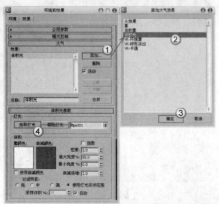

图4-236

06 按F9键测试渲染当前场景，效果如图4-237所示。

图4-237

07 继续在灯孔处创建出其他的目标聚光灯，完成后的效果如图4-238所示。

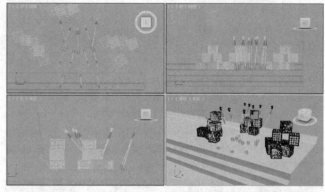

图4-238

> **提示** 注意，一个灯孔处需要创建两盏目标聚光灯，一盏加载投影贴图，一盏不加载。另外，光盘中提供了3张不同的投影贴图，利用这3张投影贴图可以制作出3种投影效果。

08 按F9键测试渲染当前场景，效果如图4-239所示。

图4-239

09 下面创建辅助光源。设置灯光类型为VRay，然后在顶视图中创建一盏VRay光源，其位置如图4-240所示。

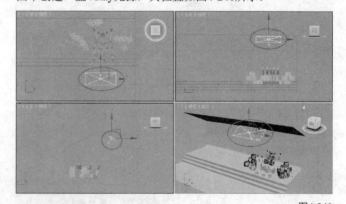

图4-240

10 选择上一步创建的VRay光源，然后进入"修改"面板，接着展开"参数"卷展栏，具体参数设置如图4-241所示。

设置步骤：

① 在"常规"选项组下设置"类型"为"平面"。

② 在"亮度"选项组下设置"倍增器"为5，然后设置"颜色"为白色。

③ 在"大小"选项组下设置"半长度"为4400mm、"半宽度"为2000mm。

④ 在"选项"选项组下勾选"不可见"选项，然后关闭"影响高光"和"影响反射"选项。

⑤ 在"采样"选项组下设置"细分"为8。

图4-241

11 按F9键渲染当前场景，最终效果如图4-242所示。

图4-242

📁实战

制作室外高架桥阳光

场景位置	DVD>场景文件>CH04>14.max
实例位置	DVD>实例文件>CH04>实战——制作室外高架桥阳光.max
视频位置	DVD>多媒体教学>CH04>实战——制作室外高架桥阳光.flv
难易指数	★☆☆☆☆
技术掌握	用VRay太阳模拟室外阳光

室外高架桥阳光效果如图4-243所示。

图4-243

01 打开光盘中的"场景文件>CH04>14.max"文件，如图4-244所示。

图4-244

02 设置灯光类型为VRay，然后在前视图中创建一盏VRay太阳，接着在弹出的对话框中单击"是"按钮 是(Y)，其位置如图4-245所示。

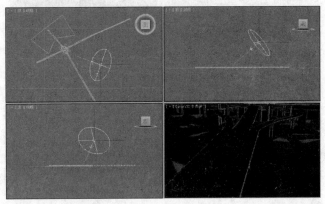

图4-245

03 选择上一步创建的VRay太阳，然后在"VRay太阳参数"卷展栏下设置"强度倍增"为0.075、"尺寸倍增"为10、"阴影细分"为10，具体参数设置如图4-246所示。

图4-246

04 按F9键渲染当前场景，最终效果如图4-247所示。

图4-247

技术专题 29 ▶ 用Photoshop制作光晕特效

由于在3ds Max中制作光晕特效比较麻烦，而且比较耗费渲染时间，因此可以在渲染完成后在Photoshop中来制作光晕。光晕的制作方法如下。

第1步：启动Photoshop，然后打开前面渲染好的图像，如图4-248所示。

第2步：按Shift+Ctrl+N组合键新建一个"图层1"，然后设置前景色为黑色，接着按Alt+Delete组合键用前景色填充"图层1"，如图4-249所示。

图4-248　　　　　　　　　图4-249

第3步：执行"滤镜>渲染>镜头光晕"菜单命令，如图4-250所示，然后在弹出的"镜头光晕"对话框中将光晕中心拖曳到左上角，如图4-251所示，效果如图4-252所示。

图4-250　　　　　　　　　图4-251

图4-252

第4步：在"图层"面板中将"图层1"的"混合模式"调整为"滤色"模式，如图4-253所示。

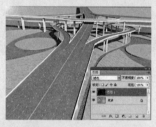

图4-253

第5步：为了增强光晕效果，可以按Ctrl+J组合键复制一些光晕，如图4-254所示，效果如图4-255所示。

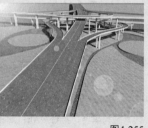

图4-254　　　　　　　　　图4-255

实战

制作体育场日光

场景位置	DVD>场景文件>CH04>15.max
实例位置	DVD>实例文件>CH04>实战——制作室外高架桥阳光.max
视频位置	DVD>多媒体教学>CH04>实战——制作室外高架桥阳光.flv
难易指数	★★☆☆☆
技术掌握	用VRay太阳模拟室外阳光

体育场日光效果如图4-256所示。

图4-256

01 打开光盘中的"场景文件>CH04>15.max"文件，如图4-257所示。

图4-257

02 设置灯光类型为VRay，然后在前视图中创建一盏VRay太阳（需要在弹出的提示对话框中单击"是"按钮 ，以加载"VRay天空"环境贴图），其位置如图4-258所示。

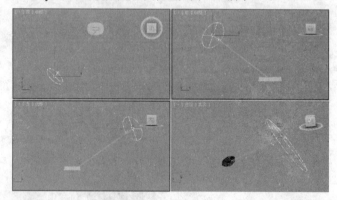

图4-258

03 选择上一步创建的VRay太阳，然后在"VRay太阳参数"卷展栏下设置"强度倍增"为0.03、"尺寸倍增"为3、"阴影细分"为25，具体参数设置如图4-259所示。

图4-259

04 按F9键渲染当前场景，最终效果如图4-260所示。

图4-260

技术专题 **30** 用Photoshop合成天空

从渲染效果中可以观察到，体育场的整体效果还是不错的，只是天空部分太过灰暗。遇到这种情况可以直接在Photoshop中进行调整。

第1步：在Photoshop中打开渲染好的图像，然后按Ctrl键将"背景"图层复制一层，如图4-261所示。

第2步：在"工具箱"中选择"魔棒工具"，然后选择天空区域，如图4-262所示。

图4-261

图4-262

第3步：按Ctrl+M组合键打开"曲线"对话框，然后分别对RGB通道、"绿"通道和"蓝"通道进行调节，如图4-263~图4-265所示，调节完成后按Ctrl+D组合键取消选区，效果如图4-266所示。

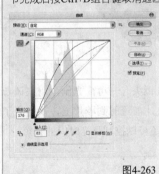

图4-263

图4-264

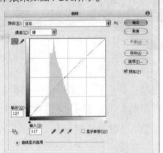

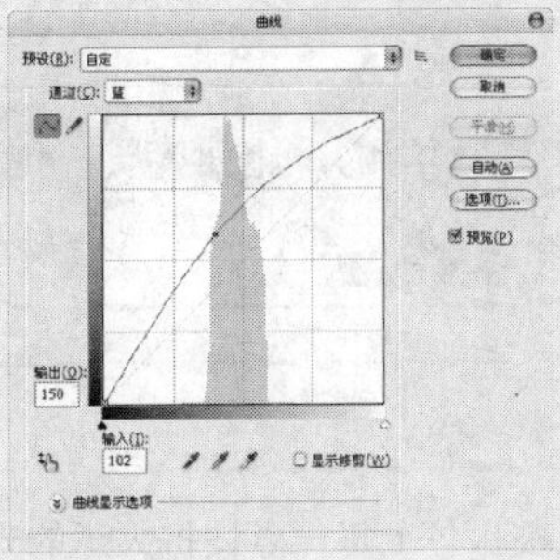

图4-265

图4-266

第4步：按Shift+Ctrl+N组合键新建一个"图层2"，然后采用上一个技术专题的方法制作一个光晕特效，完成后的效果如图4-267所示。

图4-267

第5步：新建一个"图层3"，然后设置前景色为白色，接着在"工具箱"中选择"画笔工具"，最后在画面的右上角绘制一个白色光晕，如图4-268所示。

图4-268

第6步：寻找一些天空云朵素材，然后将其合成到天空中，最终效果如图4-269所示。

图4-269

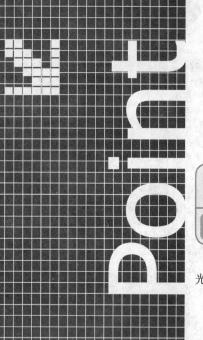

第5章 效果图制作基本功——摄影机技术

5.1 真实摄影机的结构

在学习摄影机之前，我们先来了解一下真实摄影机的结构与相关名词的术语。

如果拆卸掉任何摄影机的电子装置和自动化部件，都会看到如图5-1所示的基本结构。遮光外壳的一端有一孔穴，用以安装镜头，孔穴的对面有一容片器，用以承装一段感光胶片。

Learning Objectives
学习重点

真实摄影机的基本原理
目标摄影机的使用方法
VRay物理像机的使用方法

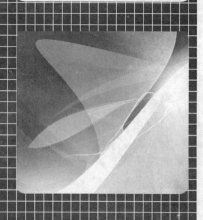

图5-1

为了在不同光线强度下都能产生正确的曝光影像，摄影机镜头有一可变光阑，用来调节直径不断变化的小孔，这就是所谓的光圈。打开快门后，光线才能透射到胶片上，快门给了用户选择准确瞬间曝光的机会，而且通过确定某一快门速度，还可以控制曝光时间的长短。

5.2 摄影机的相关术语

其实3ds Max中的摄影机与真实的摄影机有很多术语都是相同的，比如镜头、焦距、曝光、白平衡等。

5.2.1 镜头

一个结构简单的镜头可以是一块凸形毛玻璃，它折射来自被摄体上每一点被扩大了的光线，然后这些光线聚集起来形成连贯的点，即焦平面。当镜头准确聚集时，胶片的位置就与

焦平面互相叠合。镜头一般分为标准镜头、广角镜头、远摄镜头、鱼眼镜头和变焦镜头。

标准镜头

标准镜头属于校正精良的正光镜头，也是使用最为广泛的一种镜头，其焦距长度等于或近于所用底片画幅的对角线，视角与人眼的视角相近似，如图5-2所示。凡是要求被摄景物必须符合正常的比例关系，均需依靠标准镜头来拍摄。

图5-2

广角镜头

广角镜头的焦距短、视角广、景深长，而且均大于标准镜头，其视角超过人们眼睛的正常范围，如图5-3所示。

图5-3

广角镜头的具体特性与用途表现主要有以下3点。

景深大： 有利于把纵深度大的被摄物体清晰地表现在画面上。

视角大： 有利于在狭窄的环境中，拍摄较广阔的场面。

景深长： 可使纵深景物的近大远小比例强烈，使画面透视感强。

> 提示　广角镜的缺点是影像畸变差较大，尤其在画面的边缘部分，因此在近距离拍摄中应注意变形失真。

远摄镜头

远摄镜头也称长焦距镜头，它具有类似于望远镜的作用，如图5-4所示。这类镜头的焦距长于标准镜头，而视角小于标准镜头。

图5-4

远摄镜头主要有以下4个特点。

景深小： 有利于摄取虚实结合的景物。

视角小： 能远距离摄取景物的较大影像，对拍摄不易接近的物体，如动物、风光、人的自然神态，均能在远处不被干扰的情况下拍摄。

压缩透视： 透视关系被大大压缩，使近大远小的比例缩小，使画面上的前后景物十分紧凑，画面的纵深感从而也缩短。

畸变小： 影像畸变差小，这在人像摄影中经常可见。

鱼眼镜头

鱼眼镜头是一种极端的超广角镜头，因其巨大的视角如鱼眼而得名，如图5-5所示。它拍摄范围大，可使景物的透视感得到极大的夸张，并且可以使画面严重地桶形畸变，故别有一番情趣。

图5-5

变焦镜头

变焦镜头就是可以改变焦点距离的镜头，如图5-6所示。

所谓焦点距离，就是从镜头中心到胶片上所形成的清晰影像上的距离。焦距决定着被摄体在胶片上所形成的影像的大小。焦点距离愈大，所形成的影像也愈大。变焦镜头是一种很有魅力的镜头，它的镜头焦距可以在较大的幅度内自由调节，这就意味着拍摄者在不改变拍摄距离的情况下，能够在较大幅度内调节底片的成像比例，也就是说，一只变焦镜头实际上起到了若干个不同焦距的定焦镜头的作用。

图5-6

5.2.2 焦平面

焦平面是通过镜头折射后的光线聚集起来形成清晰的、上下颠倒的影像的地方。经过离摄影机不同距离的运行，光线会被不同程度地折射后聚合在焦平面上，因此就需要调节聚焦装置，前后移动镜头距摄影机后背的距离。当镜头聚焦准确时，胶片的位置和焦平面应叠合在一起。

5.2.3 光圈

光圈通常位于镜头的中央，它是一个环形，可以控制圆孔的开口大小，并且控制曝光时光线的亮度。当需要大量的光线来进行曝光时，就需要开大光圈的圆孔；若只需要少量光线曝光时，就需要缩小圆孔，让少量的光线进入。

光圈由装设在镜头内的叶片控制，而叶片是可动的。光圈越大，镜头里的叶片开放越大，所谓"最大光圈"就是叶片毫无动作，让可通过镜头的光源全部跑进来的全开光圈；反之光圈越小，叶片就收缩得越厉害，最后可缩小到只剩小小的一个圆点。

光圈的功能就如同人类眼睛的虹膜，是用来控制拍摄时的单位时间的进光量，一般以f/5、F5或1:5来表示。以实际而言，较小的f值表示较大的光圈。

光圈的计算单位称为光圈值（f-number）或者是级数（f-stop）。

🔵 光圈值--

标准的光圈值（f-number）的编号如下。

f/1、f/1.4、f/2、f/2.8、f/4、f/5.6、f/8、f/11、f/16、f/22、

f/32、f/45、f/64，其中f/1是进光量最大的光圈号数，光圈值的分母越大，进光量就越小。通常一般镜头会用到的光圈号数为f/2.8~f/22，光圈值越大的镜头，镜片的口径就越大。

🔵 级数--

级数（f-stop）是指相邻的两个光圈值的曝光量差距，例如f/8与f/11之间相差一级，f/2与f/2.8之间也相差一级。依此类推，f/8与f/16之间相差两级，f/1.4与f/4之间就差了3级。

在职业摄影领域，有时称级数为"档"或是"格"，例如f/8与f/11之间相差了一档，或是f/8与f/16之间相差两格。

在每一级（光圈号数）之间，后面号数的进光量都是前面号数的一半。例如f/5.6的进光量只有f/4的一半，f/16的进光量也只有f/11的一半，号数越后面，进光量越小，并且是以等比级数的方式来递减。

> **提示**
> 除了考虑进光量之外，光圈的大小还跟景深有关。景深是物体成像后在相片（图档）中的清晰程度。光圈越大，景深会越浅（清晰的范围较小）；光圈越小，景深就越长（清晰的范围较大）。大光圈的镜头非常适合低光量的环境，因为它可以在微亮光的环境下，获取更多的现场光，让我们可以用较快速的快门来拍照，以便保持拍摄时相机的稳定度。但是大光圈的镜头不易制作，必须要花较多的费用才可以获得。好的摄影机会根据测光的结果等情况来自动计算出光圈的大小，一般情况下快门速度越快，光圈就越大，以保证有足够的光线通过，所以也比较适合拍摄高速运动的物体，比如行动中的汽车、落下的水滴等。

5.2.4 快门

快门是摄影机中的一个机械装置，大多设置于机身接近底片的位置（大型摄影机的快门设计在镜头中），用于控制快门的开关速度，并且决定了底片接受光线的时间长短。也就是说，在每一次拍摄时，光圈的大小控制了光线的进入量，快门的速度决定光线进入的时间长短，这样一次的动作便完成了所谓的"曝光"。

快门是镜头前阻挡光线进来的装置，一般而言，快门的时间范围越大越好。秒数低适合拍摄运动中的物体，某款摄影机就强调快门最快能到1/16000秒，可以轻松抓住急速移动的目标。不过当您要拍的是夜晚的车水马龙，快门时间就要拉长，常见照片中丝绢般的水流效果也要用慢速快门才能拍到。

快门以"秒"作为单位，它有一定的数字格式，一般在摄影机上可以见到的快门单位有以下15种。

B、1、2、4、8、15、30、60、125、250、500、1000、2000、4000、8000。

上面每一个数字单位都是分母，也就是说每一段快门分别是1秒、1/2秒、1/4秒、1/8秒、1/15秒、1/30秒、1/60秒、1/125秒、1/250秒（以下依此类推）等等。一般中阶的单眼摄影机

快门能达到1/4000秒，高阶的专业摄影机可以到1/8000秒。

B指的是慢快门Bulb，B快门的开关时间由操作者自行控制，可以用快门按钮或是快门线来决定整个曝光的时间。

每一个快门之间数值的差距都是两倍，例如1/30是1/60的两倍、1/1000是1/2000的两倍，这个跟光圈值的级数差距计算是一样的。与光圈相同，每一段快门之间的差距也被之为一级、一格或是一档。

光圈级数跟快门级数的进光量其实是相同的，也就是说光圈之间相差一级的进光量，其实就等于快门之间相差一级的进光量，这个观念在计算曝光时很重要。

前面提到了光圈决定了景深，快门则是决定了被摄物的"时间"。当拍摄一个快速移动的物体时，通常需要比较高速的快门才可以抓到凝结的画面，所以在拍动态画面时，通常都要考虑可以使用的快门速度。

有时要抓取的画面可能需要有连续性的感觉，就像拍丝缎般的瀑布或是小河时，就必须要用到速度比较慢的快门，延长曝光的时间来抓取画面的连续动作。

5.2.5 胶片感光度

根据胶片感光度，可以把胶片归纳为3大类，分别是快速胶片、中速胶片和慢速胶片。快速胶片具有较高的ISO（国际标准协会）数值，慢速胶片的ISO数值较低，快速胶片适用于低照度下的摄影。相对而言，当感光性能较低的慢速胶片可能引起曝光不足时，快速胶片获得正确曝光的可能性就更大，但是感光度的提高会降低影像的清晰度，增加反差。慢速胶片在照度良好时，对获取高质量的照片非常有利。

在光照亮度十分低的情况下，例如在暗弱的室内或黄昏时分的户外，可以选用超快速胶片（即高ISO）进行拍摄。这种胶片对光非常敏感，即使在火柴光下也能获得满意的效果，其产生的景象颗粒度可以营造出画面的戏剧性氛围，以获得引人注目的效果；在光照十分充足的情况下，例如在阳光明媚的户外，可以选用超慢速胶片（即低ISO）进行拍摄。

5.3 3ds Max中的摄影机

3ds Max中的摄影机在制作效果图和动画时非常有用。3ds Max中的摄影机只包含"标准"摄影机，而"标准"摄影机又包含"目标摄影机"和"自由摄影机"两种，如图5-7所示。

安装好VRay渲染器后，摄影机列表中会增加一种VRay摄影机，而VRay摄影机又包含"VRay穹顶像机"和"VRay物理像机"两种，如图5-8所示。

图5-7

图5-8

本节摄影机概要

摄影机名称	主要作用	重要程度
目标摄影机	确定观察范围	高
VRay物理像机	对场景进行"拍照"	高

> **提 示** 在实际工作中，使用频率最高的是"目标摄影机"和"VRay物理像机"，因此下面只讲解这两种摄影机。

★重点 5.3.1 目标摄影机

目标摄影机可以查看所放置的目标周围的区域，它比自由摄影机更容易定向，因为只需将目标对象定位在所需位置的中心即可。使用"目标"工具 在场景中拖曳光标可以创建一台目标摄影机，可以观察到目标摄影机包含目标点和摄影机两个部件，如图5-9所示。

图5-9

参数卷展栏---

展开"参数"卷展栏，如图5-10所示。

图5-10

参数卷展栏参数介绍

① 基本选项组

镜头： 以mm为单位来设置摄影机的焦距。

视野： 设置摄影机查看区域的宽度视野，有水平➡、垂直↕和对角线↗3种方式。

正交投影： 启用该选项后，摄影机视图为用户视图；关闭该选项后，摄影机视图为标准的透视图。

备用镜头： 系统预置的摄影机焦距镜头包含15mm、20mm、24mm、28mm、35mm、50mm、85mm、135mm和200mm。

类型： 切换摄影机的类型，包含"目标摄影机"和"自由摄影机"两种。

显示圆锥体： 显示摄影机视野定义的锥形光线（实际上是一个四棱锥）。锥形光线出现在其他视口，但是显示在摄影机视口中。

显示地平线： 在摄影机视图中的地平线上显示一条深灰色的线条。

② 环境范围选项组

显示： 显示出在摄影机锥形光线内的矩形。

近距/远距范围： 设置大气效果的近距范围和远距范围。

③ 剪切平面组

手动剪切： 启用该选项可定义剪切的平面。

近距/远距剪切： 设置近距和远距平面。对于摄影机，比"近距剪切"平面近或比"远距剪切"平面远的对象是不可见视的。

④ 多过程效果选项组

启用： 启用该选项后，可以预览渲染效果。

预览 预览： 单击该按钮可以在活动摄影机视图中预览效果。

多过程效果类型： 共有"景深（mental ray）"、"景深"和"运动模糊"3个选项，系统默认为"景深"。

渲染每过程效果： 启用该选项后，系统会将渲染效果应用于多重过滤效果的每个过程（景深或运动模糊）。

⑤ 目标距离选项组

目标距离： 当使用"目标摄影机"时，该选项用来设置摄影机与其目标之间的距离。

🔵 景深参数卷展栏------------------------------------

景深是摄影机的一个非常重要的功能，在实际工作中的使用频率也非常高，常用于表现画面的中心点，如图5-11和图5-12所示。

图5-11　　　　　　　　　　图5-12

当设置"多过程效果"为"景深"时，系统会自动显示出"景深参数"卷展栏，如图5-13所示。

图5-13

景深参数卷展栏参数介绍

① 焦点深度选项组

使用目标距离： 启用该选项后，系统会将摄影机的目标距离用作每个过程偏移摄影机的点。

焦点深度： 当关闭"使用目标距离"选项时，该选项可以用来设置摄影机的偏移深度，其取值范围为0~100。

② 采样选项组

显示过程： 启用该选项后，"渲染帧窗口"对话框中将显示多个渲染通道。

使用初始位置： 启用该选项后，第1个渲染过程将位于摄影机的初始位置。

过程总数： 设置生成景深效果的过程数。增大该值可以提高效果的真实度，但是会增加渲染时间。

采样半径： 设置场景生成的模糊半径。数值越大，模糊效果越明显。

采样偏移： 设置模糊靠近或远离"采样半径"的权重。增加该值将增加景深模糊的数量级，从而得到更均匀的景深效果。

③ 过程混合选项组

规格化权重： 启用该选项后可以将权重规格化，以获得平滑的结果；当关闭该选项后，效果会变得更加清晰，但颗粒效果也更明显。

抖动强度： 设置应用于渲染通道的抖动程度。增大该值会增加抖动量，并且会生成颗粒状效果，尤其在对象的边缘上最为明显。

平铺大小： 设置图案的大小。0表示以最小的方式进行平铺；100表示以最大的方式进行平铺。

④ 扫描线渲染器参数选项组

禁用过滤： 启用该选项后，系统将禁用过滤的整个过程。

禁用抗锯齿： 启用该选项后，可以禁用抗锯齿功能。

技术专题 31 景深形成原理解析

"景深"就是指拍摄主题前后所能在一张照片上成像的空间层次的深度。简单地说，景深就是聚焦清晰的焦点前后"可接受的清晰区域"，如图5-14所示。

图5-14

下面讲解景深形成的原理。

1.焦点

与光轴平行的光线射入凸透镜时，理想的镜头应该是所有的光线聚集在一点后，再以锥状的形式扩散开，这个聚集所有光线的点就称为"焦点"，如图5-15所示。

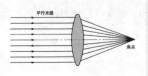

图5-15

2.弥散圆

在焦点前后，光线开始聚集和扩散，点的影像会变得模糊，从而形成一个扩大的圆，这个圆就称为"弥散圆"，如图5-16所示。

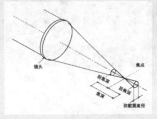

图5-16

每张照片都有主题和背景之分，景深和摄影机的距离、焦距和光圈之间存在着以下3种关系（这3种关系可以用图5-17来表示）。

第1种：光圈越大，景深越小；光圈越小，景深越大。

第2种：镜头焦距越长，景深越小；焦距越短，景深越大。

第3种：距离越远，景深越大；距离越近，景深越小。

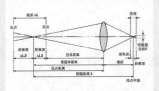

图5-17

景深可以很好地突出主题，不同的景深参数下的效果也不相同，比如图5-18突出的是蜘蛛的头部，而图5-19突出的是蜘蛛和被捕食的螳螂。

图5-18　　　　　　　　　图5-19

🌑 运动模糊参数卷展栏-----------------------------

运动模糊一般运用在动画中，常用于表现运动对象高速运动时产生的模糊效果，如图5-20和图5-21所示。

图5-20　　　　　　　　　图5-21

当设置"多过程效果"为"运动模糊"时，系统会自动显示出"运动模糊参数"卷展栏，如图5-22所示。

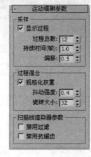

图5-22

运动模糊参数卷展栏参数介绍

① 采样选项组

显示过程：启用该选项后，"渲染帧窗口"对话框中将显示多个渲染通道。

过程总数：设置生成效果的过程数。增大该值可以提高效果的真实度，但是会增加渲染时间。

持续时间（帧）：在制作动画时，该选项用来设置应用运动模糊的帧数。

偏移：设置模糊的偏移距离。

② 过程混合选项组

规格化权重： 启用该选项后，可以将权重规格化，以获得平滑的结果；当关闭该选项后，效果会变得更加清晰，但颗粒效果也更明显。

抖动强度： 设置应用于渲染通道的抖动程度。增大该值会增加抖动量，并且会生成颗粒状的效果，尤其在对象的边缘上最为明显。

瓷砖大小： 设置图案的大小。0表示以最小的方式进行平铺；100表示以最大的方式进行平铺。

③ 扫描线渲染器参数选项组

禁用过滤： 启用该选项后，系统将禁用过滤的整个过程。

禁用抗锯齿： 启用该选项后，可以禁用抗锯齿功能。

实战

用目标摄影机制作玻璃杯景深

场景位置	DVD>场景文件>CH05>01.max
实例位置	DVD>实例文件>CH05>实战——用目标摄影机制作玻璃杯景深.max
视频位置	DVD>多媒体教学>CH05>实战——用目标摄影机制作玻璃杯景深.flv
难易指数	★★☆☆☆
技术掌握	用目标摄影机制作景深特效

玻璃杯景深效果如图5-23所示。

图5-23

01 打开光盘中的"场景文件>CH05>01.max"文件，如图5-24所示。

图5-24

02 设置摄影机类型为"标准"，然后在顶视图中创建一台目标摄影机，使摄影机的查看方向对准玻璃杯，如图5-25所示。

03 选择目标摄影机，然后在"参数"卷展栏下设置"镜头"为105mm、"视野"为19.455°，接着设置"目标距离"为637.415mm，具体参数设置如图5-26所示。

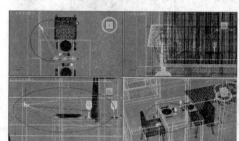

图5-25   图5-26

04 在透视图中按C键切换到摄影机视图，然后按Shift+F组合键打开安全框（安全框显示渲染区域），如图5-27所示，接着按F9键测试渲染当前场景，效果如图5-28所示。

图5-27   图5-28

疑难问答 问：为何渲染出来的图像没有景深效果？

答：虽然现在创建了目标摄影机，但是并没用产生景深效果，这是因为还没有在渲染中开启景深的原因。

05 按F10键打开"渲染设置"对话框，然后单击"VR-基项"选项卡，接着展开"像机"卷展栏，最后在"景深"选项组下勾选"启用"选项和"从相机获取"选项，如图5-29所示。

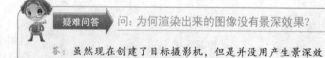

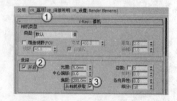

图5-29

提示 勾选"从相机获取"选项选项后，摄影机焦点位置的物体在画面中是最清晰的，而距离焦点越远的物体将会很模糊。

06 按F9键渲染当前场景，最终效果如图5-30所示。

图5-30

技术专题 32 "摄影机校正"修改器

在默认情况下，摄影机视图使用3点透视，其中垂直线看上去在顶点上汇聚。而对摄影机应用"摄影机校正"修改器（注意，该修改器不在"修改器列表"中）以后，可以在摄影机视图中使用两点透视。在两点透视中，垂直线保持垂直。下面举例说明该修改器的具体作用。

第1步：在场景中创建一个圆柱体和一台目标摄影机，如图5-31所示。

第2步：按C键切换到摄影机视图，可以发现圆柱体在摄影机视图中与垂直线不垂直，如图5-32所示。

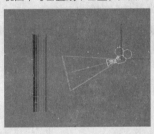

图5-31　　　　图5-32

第3步：为目标摄影机应用"摄影机校正"修改器，这样可以将圆柱体的垂直线与摄影机视图的垂直线保持垂直，如图5-33所示。这就是"摄影机校正"修改器的主要作用。

图5-33

5.3.2 VRay物理像机

VRay物理像机相当于一台真实的摄影机，有光圈、快门、曝光、ISO等调节功能，它可以对场景进行"拍照"。使用"VRay物理像机"工具 VR_物理像机 在视图中拖曳光标可以创

建一台VRay物理像机，可以观察到VRay物理像机同样包含摄影机和目标点两个部件，如图5-34所示。

图5-34

VRay物理像机的参数包含5个卷展栏，如图5-35所示。

图5-35

提示 下面只介绍"基本参数"、"背景特效"和"采样"3个卷展栏下的参数。

基本参数卷展栏

展开"基本参数"卷展栏，如图5-36所示。

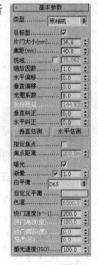

图5-36

基本参数卷展栏参数介绍

类型：设置摄影机的类型，包含"照相机"、"摄影机（电影）"和"摄像机（DV）"3种类型。

照相机：用来模拟一台常规快门的静态画面照相机。

摄影机（电影）：用来模拟一台圆形快门的电影摄影机。

摄像机（DV）：用来模拟带CCD矩阵的快门摄像机。

目标型：当勾选该选项时，摄影机的目标点将放在焦平面上；当关闭该选项时，可以通过下面的"目标距离"选项来控制摄影机到目标点的位置。

片门大小（mm）：控制摄影机所看到的景色范围。值越大，看到的景象就越多。

　　焦距（mm）：设置摄影机的焦长，同时也会影响到画面的感光强度。较大的数值产生的效果类似于长焦效果，且感光材料（胶片）会变暗，特别是在胶片的边缘区域；较小数值产生的效果类似于广角效果，其透视感比较强，当然胶片也会变亮。

　　视域：启用该选项后，可以调整摄影机的可视区域。

　　缩放因数：控制摄影机视图的缩放。值越大，摄影机视图拉得越近。

　　水平/垂直偏移：控制摄影机视图的水平和垂直方向上的偏移量。

　　光圈系数：设置摄影机的光圈大小，主要用来控制渲染图像的最终亮度。值越小，图像越亮；值越大，图像越暗，如图5-37、图5-38和图5-39所示分别是"光圈"值为10、11和14的对比渲染效果。注意，光圈和景深也有关系，大光圈的景深小，小光圈的景深大。

图5-37　　　　　　　　　　　　　　　图5-38

图5-39

　　目标距离：摄影机到目标点的距离，默认情况下是关闭的。当关闭摄影机的"目标"选项时，就可以用"目标距离"来控制摄影机的目标点的距离。

　　垂直/水平纠正：制摄影机在垂直/水平方向上的变形，主要用于纠正三点透视到两点透视。

　　指定焦点：开启这个选项后，可以手动控制焦点。

　　曝光：当勾选这个选项后，VRay物理像机中的"光圈系数"、"快门速度（s^-1）"和"感光速度（ISO）"设置才会起作用。

　　渐晕：模拟真实摄影机里的渐晕效果，如图5-40和图5-41所示分别是勾选"渐晕"和关闭"渐晕"选项时的渲染效果。

图5-40　　　　　　　　　　　　　　　图5-41

　　白平衡：和真实摄影机的功能一样，控制图像的色偏。例如在白天的效果中，设置一个桃色的白平衡颜色可以纠正阳光的颜色，从而得到正确的渲染颜色。

　　快门速度（s^-1）：控制光的进光时间，值越小，进光时间越长，图像就越亮；值越大，进光时间就越小，图像就越暗，如图5-42、图5-43和图5-44所示分别是"快门速度（s^-1）"值为35、50和100时的对比渲染效果。

图5-42　　　　　　　　　　　　　　　图5-43

图5-44

　　快门角度（度）：当摄影机选择"摄影机（电影）"类型的时候，该选项才被激活，其作用和上面的"快门速度（s^-1）"的作用一样，主要用来控制图像的明暗。

　　快门偏移（度）：当摄影机选择"摄影机（电影）"类型的时候，该选项才被激活，主要用来控制快门角度的偏移。

　　延迟（秒）：当摄影机选择"摄像机（DV）"类型的时候，该选项才被激活，作用和上面的"快门速度（s^-1）"的作用一样，主要用来控制图像的亮暗，值越大，表示光越充足，图像也越亮。

　　感光速度（ISO）：控制图像的亮暗，值越大，表示ISO的感光系数越强，图像也越亮。一般白天效果比较适合用较小的ISO，而晚上效果比较适合用较大的ISO，如图5-45、图5-46和图5-47所示分别是"感光速度（ISO）"值为80、120和160时、渲染效果。

图5-45　　　　　　　　　　　　　　　图5-46

图5-47

背景特效卷展栏--

　　"背景特效"卷展栏下的参数主要用于控制散景效果，如

图5-48所示。当渲染景深的时候，或多或少都会产生一些散景效果，这主要和散景到摄影机的距离有关，如图5-49所示是使用真实摄影机拍摄的散景效果。

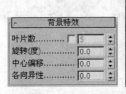

图5-48　　　　　　　　　　　图5-49

背景特效卷展栏参数介绍

叶片数：控制散景产生的小圆圈的边，默认值为5表示散景的小圆圈为正五边形。如果关闭该选项，那么散景就是个圆形。

旋转（度）：散景小圆圈的旋转角度。

中心偏移：散景偏移源物体的距离。

各向异性：控制散景的各向异性，值越大，散景的小圆圈拉得越长，即变成椭圆。

采样卷展栏

展开"采样"卷展栏，如图5-50所示。

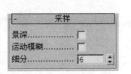

图5-50

采样卷展栏参数介绍

景深：控制是否开启景深效果。当某一物体聚焦清晰时，从该物体前面的某一段距离到其后面的某一段距离内的所有景物都是相当清晰的。

运动模糊：控制是否开启运动模糊功能。这个功能只适用于具有运动对象的场景中，对静态场景不起作用。

细分：设置"景深"或"运动模糊"的"细分"采样。数值越高，效果越好，但是会增长渲染时间。

实战

测试VRay物理像机的缩放因数

场景位置	DVD>场景文件>CH05>02.max
实例位置	DVD>实例文件>CH05>实战——测试VRay物理像机的缩放因数.max
视频位置	DVD>多媒体教学>CH05>实战——测试VRay物理像机的缩放因数.flv
难易指数	★★☆☆☆
技术掌握	用缩放因数调整出图的远近关系

测试的"缩放因数"参数效果如图5-51所示。

图5-51

01▶ 打开光盘中的"场景文件>CH05>02.max"文件，如图5-52所示。

图5-52

02▶ 设置摄影机类型为VRay，然后在顶视图中创建一台VRay物理像机，接着调整好其位置，如图5-53所示。

03▶ 选择VRay物理像机，然后在"基本参数"卷展栏下设置"缩放因数"为0.8、"光圈系数"为2.8，接着勾选"渐晕"选项，如图5-54所示。

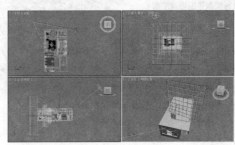

图5-53　　　　　　　　　　图5-54

04▶ 在透视图中按C键切换到摄影机视图，然后按Shift+F组合键打开安全框，如图5-55所示，接着按F9键测试渲染当前场景，效果如图5-56所示。

图5-55　　　　　　　　　　图5-56

05▶ 在"基本参数"卷展栏下将"缩放因数"修改为1，其他参数保持不变，然后按F9键测试渲染当前场景，效果如图5-57所示。

06▶ 在"基本参数"卷展栏下将"缩放因数"修改为1.8，其他参数保持不变，然后按F9键测试渲染当前场景，效果如图5-58所示。

图5-57　　　　　　　　　　图5-58

提 示　　"缩放因数"参数非常重要，因为它可以改变摄影机视图的远近范围，从而改变物体的远近关系。

第6章 效果图制作基本功——材质与贴图技术

6.1 初识材质

材质主要用于表现物体的颜色、质地、纹理、透明度和光泽等特性，依靠各种类型的材质可以制作出现实世界中的任何物体，如图6-1~图6-3所示。

图6-1　　　　　　　　　　　图6-2　　　　　　　　　　　图6-3

通常，在制作新材质并将其应用于对象时，应该遵循以下步骤。

第1步：指定材质的名称。

第2步：选择材质的类型。

第3步：对于标准或光线追踪材质，应选择着色类型。

第4步：设置漫反射颜色、光泽度和不透明度等各种参数。

第5步：将贴图指定给要设置贴图的材质通道，并调整参数。

第6步：将材质应用于对象。

第7步：如有必要，应调整UV贴图坐标，以便正确定位对象的贴图。

第8步：保存材质。

> **提示**　在3ds Max中，创建材质是一件非常简单的事情，任何模型都可以被赋予栩栩如生的材质。见图6-4，这是一个白模场景，设置好了灯光以及正常的渲染参数，但是渲染出来的光感和物体质感都非常"平淡"，一点也不真实。而图6-5就是添加了材质后的场景效果，同样的场景、同样的灯光、同样的渲染参数，无论从哪个角度来看，这张图都比白模更具有欣赏性。

图6-4　　　　　　　　　　　图6-5

6.2 材质编辑器

"材质编辑器"对话框非常重要，因为所有的材质都在这里完成。打开"材质编辑器"对话框的方法主要有以下两种。

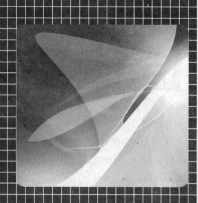

第1种：执行"渲染>材质编辑器>精简材质编辑器"菜单命令或"渲染>材质编辑器>Slate材质编辑器"菜单命令，如图6-6所示。

图6-6

第2种：直接按M键打开"材质编辑器"对话框。这是最常用的方法。

"材质编辑器"对话框分为四大部分，最顶端为菜单栏，充满材质球的窗口为示例窗，示例窗左侧和下部的两排按钮为工具栏，其余的是参数控制区，如图6-7所示。

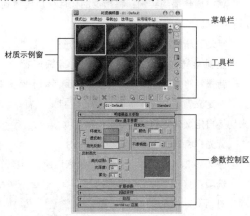

图6-7

6.2.1 菜单栏

"材质编辑器"对话框中的菜单栏包含5个菜单，分别是"模式"菜单、"材质"菜单、"导航"菜单、"选项"菜单和"实用程序"菜单。

模式菜单--

"模式"菜单主要用来切换"精简材质编辑器"和"Slate材质编辑器"，如图6-8所示。

图6-8

模式菜单命令介绍

精简材质编辑器：这是一个简化的材质编辑界面，它使用的对话框比"Slate材质编辑器"小，也是在3ds Max 2011版本之前唯一的材质编辑器，如图6-9所示。

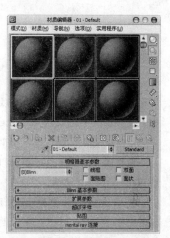

图6-9

> **提 示**　在实际工作中，一般都不会用到"Slate材质编辑器"，因此本书都用"精简材质编辑器"进行讲解。

Slate材质编辑器：这是一个完整的材质编辑界面，在设计和编辑材质时使用节点和关联以图形方式显示材质的结构，如图6-10所示。

图6-10

> **提 示**　虽然"Slate材质编辑器"在设计材质时功能更强大，但"精简材质编辑器"在设计材质时更方便。

材质菜单--

"材质"菜单主要用来获取材质、从对象选取材质等，如图6-11所示。

图6-11

材质菜单重要命令介绍

获取材质：执行该命令可以打开"材质/贴图浏览器"对话框，在该对话框中可以选择材质或贴图。

从对象选取：执行该命令可以从场景对象中选择材质。

按材质选择：执行该命令可以基于"材质编辑器"对话框中的活动材质来选择对象。

在ATS对话框中高亮显示资源：如果材质使用的是已跟踪资源的贴图，那么执行该命令可以打开"资源跟踪"对话框，同时资源会高亮显示。

指定给当前选择：执行该命令可以将当前材质应用于场景中的选定对象。

放置到场景：在编辑材质完成后，执行该命令可以更新场景中的材质效果。

放置到库：执行该命令可以将选定的材质添加到材质库中。

更改材质/贴图类型：执行该命令可以更改材质或贴图的类型。

生成材质副本：通过复制自身的材质，生成一个材质副本。

启动放大窗口：将材质示例窗口放大，并在一个单独的窗口中进行显示（双击材质球也可以放大窗口）。

另存为FX文件：将材质另存为FX文件。

生成预览：使用动画贴图为场景添加运动，并生成预览。

查看预览：使用动画贴图为场景添加运动，并查看预览。

保存预览：使用动画贴图为场景添加运动，并保存预览。

显示最终结果：查看所在级别的材质。

视口中的材质显示为：选择在视图中显示材质的方式，共有"没有贴图的明暗处理材质"、"有贴图的明暗处理材质"、"没有贴图的真实材质"和"有贴图的真实材质"4种方式。

重置示例窗旋转：使活动的示例窗对象恢复到默认方向。

更新活动材质：更新示例窗中的活动材质。

导航菜单--

"导航"菜单主要用来切换材质或贴图的层级，如图6-12所示。

图6-12

导航菜单命令介绍

转到父对象（P）向上键：在当前材质中向上移动一个层级。

前进到同级（F）向右键：移动到当前材质中的相同层级的下一个贴图或材质。

后退到同级（B）向左键：与"前进到同级（F）向右键"命令类似，只是导航到前一个同级贴图，而不是导航到后一个同级贴图。

选项菜单--

"选项"菜单主要用来更换材质球的显示背景等，如图6-13所示。

图6-13

选项菜单命令介绍

将材质传播到实例：将指定的任何材质传播到场景中对象的所有实例。

手动更新切换：使用手动的方式进行更新切换。

复制/旋转拖动模式切换：切换复制/旋转拖动的模式。

背景：将多颜色的方格背景添加到活动示例窗中。

自定义背景切换：如果已指定了自定义背景，该命令可以用来切换自定义背景的显示效果。

背光：将背光添加到活动示例窗中。

循环3×2、5×3、6×4示例窗：用来切换材质球的显示方式。

选项：打开"材质编辑器选项"对话框，如图6-14所示。在该对话框中可以启用材质动画、加载自定义背景、定义灯光亮度或颜色，以及设置示例窗数目等。

图6-14

实用程序菜单

"实用程序"菜单主要用来清理多维材质、重置"材质编辑器"对话框等，如图6-15所示。

图6-15

实用程序菜单命令介绍

渲染贴图： 对贴图进行渲染。

按材质选择对象： 可以基于"材质编辑器"对话框中的活动材质来选择对象。

清理多维材质： 对"多维/子对象"材质进行分析，然后在场景中显示所有包含未分配任何材质ID的材质。

实例化重复的贴图： 在整个场景中查找具有重复位图贴图的材质，并提供将它们实例化的选项。

重置材质编辑器窗口： 用默认的材质类型替换"材质编辑器"对话框中的所有材质。

精简材质编辑器窗口： 将"材质编辑器"对话框中所有未使用的材质设置为默认类型。

还原材质编辑器窗口： 利用缓冲区的内容还原编辑器的状态。

6.2.2 材质球示例窗

材质球示例窗主要用来显示材质效果，通过它可以很直观地观察出材质的基本属性，如反光、纹理和凹凸等，如图6-16所示。

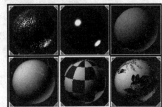

图6-16

双击材质球会弹出一个独立的材质球显示窗口，可以将该窗口进行放大或缩小来观察当前设置的材质效果，如图6-17所示。

图6-17

材质球示例窗的基本知识

在默认情况下，材质球示例窗中一共有12个材质球，可以拖曳滚动条显示出不在窗口中的材质球，同时也可以使用鼠标中键来旋转材质球，这样可以观看到材质球其他位置的效果，如图6-18所示。

图6-18

使用鼠标左键可以将一个材质球拖曳到另一个材质球上，这样当前材质就会覆盖掉原有的材质，如图6-19所示。

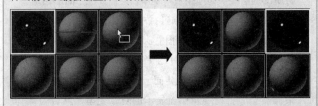

图6-19

使用鼠标左键可以将材质球中的材质拖曳到场景中的物体上（即将材质指定给对象），如图6-20所示。将材质指定给物体后，材质球上会显示4个缺角的符号，如图6-21所示。

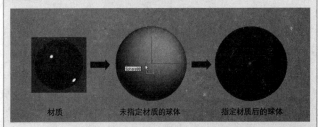

材质　　　　　　　未指定材质的球体　　　　　指定材质后的球体

图6-20

图6-21

6.2.3 工具栏

下面讲解"材质编辑器"对话框中的两个工具栏，如图6-22所示。

图6-22

257

工具栏工具介绍

获取材质：为选定的材质打开"材质/贴图浏览器"对话框。

将材质放入场景：在编辑好材质后，单击该按钮可以更新已应用于对象的材质。

将材质指定给选定对象：将材质指定给选定的对象。

重置贴图/材质为默认设置：删除修改的所有属性，将材质属性恢复到默认值。

生成材质副本：在选定的示例图中创建当前材质的副本。

使唯一：将实例化的材质设置为独立的材质。

放入库：重新命名材质并将其保存到当前打开的库中。

材质ID通道：为应用后期制作效果设置唯一的ID通道。

在视口中显示明暗处理材质：在视口对象上显示2D材质贴图。

显示最终结果：在实例图中显示材质以及应用的所有层次。

转到父对象：将当前材质上移一级。

转到下一个同级项：选定同一层级的下一贴图或材质。

采样类型：控制示例窗显示的对象类型，默认为球体类型，还有圆柱体和立方体类型。

背光：打开或关闭选定示例窗中的背景灯光。

背景：在材质后面显示方格背景图像，这在观察透明材质时非常有用。

采样UV平铺：为示例窗中的贴图设置UV平铺显示。

视频颜色检查：检查当前材质中NTSC和PAL制式的不支持颜色。

生成预览：用于产生、浏览和保存材质预览渲染。

选项：打开"材质编辑器选项"对话框，在该对话框中可以启用材质动画、加载自定义背景、定义灯光亮度或颜色，以及设置示例窗数目等。

按材质选择：选定使用当前材质的所有对象。

材质/贴图导航器：单击该按钮可以打开"材质/贴图导航器"对话框，在该对话框会显示当前材质的所有层级。

技术专题 **34** 从对象获取材质

在材质名称的左侧有一个工具叫"从对象获取材质"，这是一个比较重要的工具。见图6-23，这个场景中有一个指定了材质的球体，但是在材质示例窗中却没有显示出球体的材质。遇到这种情况可以使用"从对象获取材质"工具将球体的材质吸取出来。首选选择一个空白材质，然后单击"从对象获取材质"工具，接着在视图中单击球体，这样就可以获取球体的材质，并在材质示例窗中显示出来，如图6-24所示。

图6-23

图6-24

6.2.4 参数控制区

参数控制区用于调节材质的参数，基本上所有的材质参数都在这里调节。注意，不同的材质拥有不同的参数控制区，在下面的内容中将对各种重要材质的参数控制区进行详细讲解。

6.3 材质资源管理器

"材质资源管理器"主要用来浏览和管理场景中的所有材质。执行"渲染>材质资源管理器"菜单命令可以打开"材质管理器"对话框。"材质管理器"对话框分为"场景"面板和"材质"面板两大部分，如图6-25所示。"场景"面板主要用来显示场景对象的材质，而"材质"面板主要用来显示当前材质的属性和纹理。

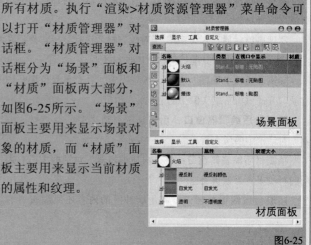
图6-25

提示 "材质管理器"对话框非常有用，使用它可以直观地观察到场景对象的所有材质，比如在图6-26中，可以观察到场景中的对象包含3个材质，分别是"火焰"材质、"默认"材质和"蜡烛"材质。在"场景"面板中选择一个材质以后，在下面的"材质"面板中就会显示出与该材质的相关属性以及加载的纹理贴图，如图6-27所示。

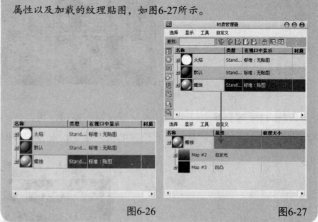
图6-26　　　　　　　　　　图6-27

6.3.1 场景面板

"场景"面板分为菜单栏、工具栏、显示按钮和材质列表四大部分，如图6-28所示。

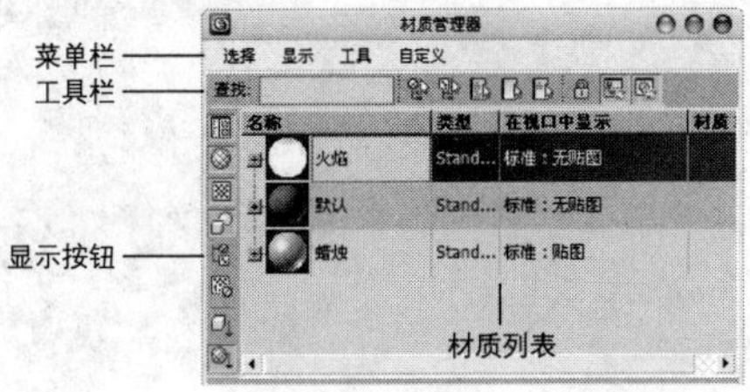

菜单栏——
工具栏
显示按钮——

材质列表

图6-28

菜单栏

工具栏中包含4组菜单，分别是"选择"、"显示"、"工具"和"自定义"菜单。

<1>选择菜单

展开"选择"菜单，如图6-29所示。

图6-29

选择菜单命令介绍

全部选择： 选择场景中的所有材质和贴图。

选定所有材质： 选择场景中的所有材质。

选定所有贴图： 选择场景中的所有贴图。

全部不选： 取消选择的所有材质和贴图。

反选： 颠倒当前选择，即取消当前选择的所有对象，而选择前面未选择的对象。

选择子对象： 该命令只起到切换的作用。

查找区分大小写： 通过搜索字符串的大小写来查找对象，比如house与House。

使用通配符查找： 通过搜索字符串中的字符来查找对象，比如*和?等。

使用正则表达式查找： 通过搜索正则表达式的方式来查找对象。

<2>显示菜单

展开"显示"菜单，如图6-30所示。

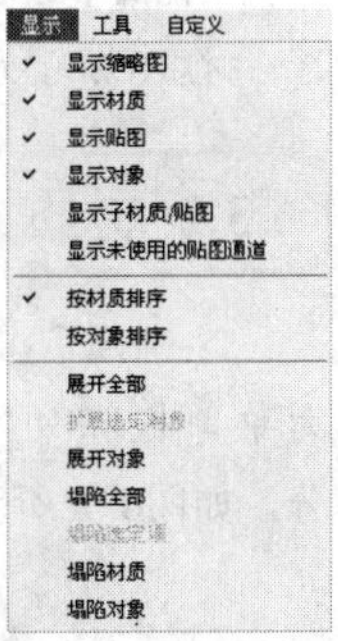

图6-30

显示菜单命令介绍

显示缩略图： 启用该选项之后，"场景"面板中将显示出每个材质和贴图的缩略图。

显示材质： 启用该选项之后，"场景"面板中将显示出每个对象的材质。

显示贴图： 启用该选项之后，每个材质的层次下面都包括该材质所使用到的所有贴图。

显示对象： 启用该选项之后，每个材质的层次下面都会显示出该材质所应用到的对象。

显示子材质/贴图： 启用该选项之后，每个材质的层次下面都会显示用于材质通道的子材质和贴图。

显示未使用的贴图通道： 启用该选项之后，每个材质的层次下面还会显示出未使用的贴图通道。

按材质排序： 启用该选项之后，层次将按材质名称进行排序。

按对象排序： 启用该选项之后，层次将按对象进行排序。

展开全部： 展开层次以显示出所有的条目。

扩展选定对象： 展开包含所选条目的层次。

展开对象： 展开包含所有对象的层次。

塌陷全部： 塌陷整个层次。

塌陷选定对象： 塌陷包含所选条目的层次。

塌陷材质： 塌陷包含所有材质的层次。

塌陷对象： 塌陷包含所有对象的层次。

<3>工具菜单

展开"工具"菜单，如图6-31所示。

图6-31

工具菜单命令介绍

将材质另存为材质库： 将材质另存为材质库（即.mat文件）文件。

按材质选择对象： 根据材质来选择场景中的对象。

位图/光度学路径： 打开"位图/光度学路径编辑器"对话框，在该对话框中可以管理场景对象的位图的路径，如图6-32所示。

图6-32

代理设置： 打开"全局设置和位图代理的默认"对话框，如

图6-33所示。可以使用该对话框来管理3ds Max如何创建和并入到材质中的位图的代理版本。

图6-33

删除子材质/贴图： 删除所选材质的子材质或贴图。

锁定单元编辑： 启用该选项之后，可以禁止在"材质管理器"对话框中编辑单元。

<4>自定义菜单

展开"自定义"菜单，如图6-34所示。

图6-34

自定义菜单命令介绍

配置行： 打开"配置行"对话框，在该对话框中可以为"场景"面板添加队列。

工具栏： 选择要显示的工具栏。

将当前布局保存为默认设置： 保存当前"材质管理器"对话框中的布局方式，并将其设置为默认设置。

🔴 工具栏

工具栏中主要是一些对材质进行基本操作的工具，如图6-35所示。

图6-35

工具栏工具介绍

查找 查找： 输入文本来查找对象。

选择所有材质： 选择场景中的所有材质。

选择所有贴图： 选择场景中的所有贴图。

全部选择： 选择场景中的所有材质和贴图。

全部不选： 取消选择场景中的所有材质和贴图。

反选： 颠倒当前选择。

锁定单元编辑： 激活该按钮以后，可以禁止在"材质管理器"对话框中编辑单元。

同步到材质资源管理器： 激活该按钮以后，"材质"面板中的所有材质操作将与"场景"面板保持同步。

同步到材质级别： 激活该按钮以后，"材质"面板中的所有子材质操作将与"场景"面板保持同步。

🔴 显示按钮

显示按钮主要用来控制材质和贴图的显示方式，与"显示"菜单相对应，如图6-36所示。

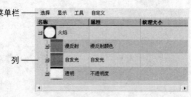

图6-36

显示按钮介绍

显示缩略图： 激活该按钮后，"场景"面板中将显示出每个材质和贴图的缩略图。

显示材质： 激活该按钮后，"场景"面板中将显示出每个对象的材质。

显示贴图： 激活该按钮后，每个材质的层次下面都包括该材质所使用到的所有贴图。

显示对象： 激活该按钮后，每个材质的层次下面都会显示出该材质所应用到的对象。

显示子材质/贴图： 激活该按钮后，每个材质的层次下面都会显示用于材质通道的子材质和贴图。

显示未使用的贴图通道： 激活该按钮后，每个材质的层次下面还会显示出未使用的贴图通道。

按对象排序/按材质排序： 让层次以对象或材质的方式来进行排序。

🔴 材质列表

材质列表主要用来显示场景材质的名称、类型、在视口中的显示方式以及材质的ID号，如图6-37所示。

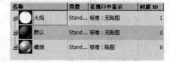

图6-37

材质列表介绍

名称： 显示材质、对象、贴图和子材质的名称。

类型： 显示材质、贴图或子材质的类型。

在视口中显示： 注明材质和贴图在视口中的显示方式。

材质ID： 显示材质的ID号。

6.3.2 材质面板

"材质"面板分为菜单栏和列两大部分，如图6-38所示。

图6-38

知识链接： "材质"面板中的命令含义请参阅前面的"场景"面板中的命令。

6.4 常用材质

安装好VRay渲染器后，材质类型大致可分为27种。单击Standard（标准）按钮 [Standard]，然后在弹出的"材质/贴图浏览器"对话框中可以观察到这27种材质类型，如图6-39所示。

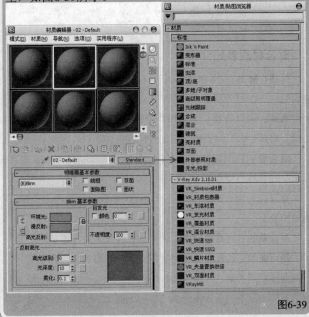

图6-39

本节材质概述

材质名称	主要作用	重要程度
标准材质	几乎可以模拟任何真实材质类型	高
混合材质	在模型的单个面上将两种材质通过一定的百分比进行混合	中
多维/子对象材质	采用几何体的子对象级别分配不同的材质	中
VRay发光材质	模拟自发光效果	高
VRay双面材质	使对象的外表面和内表面同时被渲染，并且可以使内外表面拥有不同的纹理贴图	中
VRay混合材质	可以让多个材质以层的方式混合来模拟物理世界中的复杂材质	中
VRayMtl材质	几乎可以模拟任何真实材质类型	高

 提 示 在下面的内容中，将针对实际工作中常用的材质类型进行详细讲解。

★重点★ 6.4.1 标准材质

"标准"材质是3ds Max默认的材质，也是使用频率最高的材质之一，它几乎可以模拟真实世界中的任何材质，其参数设置面板如图6-40所示。

图6-40

🌐 明暗器基本参数卷展栏--------------------------------

在"明暗器基本参数"卷展栏下可以选择明暗器的类型，还可以设置"线框"、"双面"、"面贴图"和"面状"等参数，如图6-41所示。

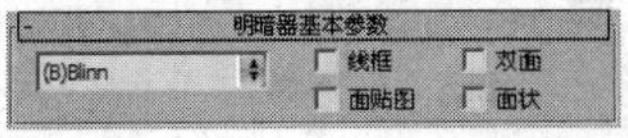

图6-41

明暗器基本参数卷展栏参数介绍

明暗器列表： 在该列表中包含了8种明暗器类型，如图6-42所示。

图6-42

各向异性： 这种明暗器通过调节两个垂直于正向上可见高光尺寸之间的差值来提供了一种"重折光"的高光效果，这种渲染属性可以很好地表现毛发、玻璃和被擦拭过的金属等物体。

Blinn： 这种明暗器是以光滑的方式来渲染物体表面，是最常用的一种明暗器。

金属： 这种明暗器适用于金属表面，它能提供金属所需的强烈反光。

多层： "多层"明暗器与"各向异性"明暗器很相似，但"多层"明暗器可以控制两个高亮区，因此"多层"明暗器拥有对材质更多的控制，第1高光反射层和第2高光反射层具有相同的参数控制，可以对这些参数使用不同的设置。

Oren-Nayar-Blinn： 这种明暗器适用于无光表面（如纤维或陶土），与Blinn明暗器几乎相同，通过它附加的"漫反射色级别"和"粗糙度"两个参数可以实现无光效果。

Phong： 这种明暗器可以平滑面与面之间的边缘，也可以真实地渲染有光泽和规则曲面的高光，适用于高强度的表面和具有圆形高光的表面。

Strauss： 这种明暗器适用于金属和非金属表面，与"金属"明暗器十分相似。

半透明明暗器： 这种明暗器与Blinn明暗器类似，它们之间的最大的区别在于该明暗器可以设置半透明效果，使光线能够穿透半透明的物体，并且在穿过物体内部时离散。

线框：以线框模式渲染材质，用户可以在"扩展参数"卷展栏下设置线框的"大小"参数，如图6-43所示。

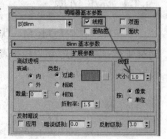

图6-43

双面：将材质应用到选定面，使材质成为双面。

面贴图：将材质应用到几何体的各个面。如果材质是贴图材质，则不需要贴图坐标，因为贴图会自动应用到对象的每一个面。

面状：使对象产生不光滑的明暗效果，把对象的每个面都作为平面来渲染，可以用于制作加工过的钻石、宝石和任何带有硬边的物体表面。

⚫ Blinn基本参数卷展栏--

下面以Blinn明暗器来讲解明暗器的基本参数。展开"Blinn基本参数"卷展栏，在这里可以设置材质的"环境光"、"漫反射"、"高光反射"、"自发光"、"不透明度"、"高光级别"、"光泽度"和"柔化"等属性，如图6-44所示。

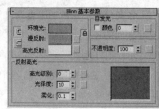

图6-44

Blinn基本参数卷展栏参数介绍

环境光：用于模拟间接光，也可以用来模拟光能传递。

漫反射："漫反射"是在光照条件较好的情况下（比如在太阳光和人工光直射的情况下）物体反射出来的颜色，又被称作物体的"固有色"，也就是物体本身的颜色。

高光反射：物体发光表面高亮显示部分的颜色。

自发光：使用"漫反射"颜色替换曲面上的任何阴影，从而创建出白炽效果。

不透明度：控制材质的不透明度。

高光级别：控制"反射高光"的强度。数值越大，反射强度越强。

光泽度：控制镜面高亮区域的大小，即反光区域的大小。数值越大，反光区域越小。

柔化：设置反光区和无反光区衔接的柔度。0表示没有柔化效果；1表示应用最大的柔化效果。

★重点★ 6.4.2 混合材质

"混合"材质可以在模型的单个面上将两种材质通过一定的百分比进行混合，其材质参数设置面板如图6-45所示。

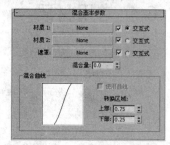

图6-45

混合材质参数介绍

材质1/材质2：可在其后面的材质通道中对两种材质分别进行设置。

遮罩：可以选择一张贴图作为遮罩。利用贴图的灰度值可以决定"材质1"和"材质2"的混合情况。

混合量：控制两种材质混合百分比。如果使用遮罩，则"混合量"选项将不起作用。

交互式：用来选择哪种材质在视图中以实体着色方式显示在物体的表面。

混合曲线：对遮罩贴图中的黑白色过渡区进行调节。

使用曲线：控制是否使用"混合曲线"来调节混合效果。

上部：用于调节"混合曲线"的上部。

下部：用于调节"混合曲线"的下部。

★重点★ 6.4.3 多维/子对象材质

使用"多维/子对象"材质可以采用几何体的子对象级别分配不同的材质，其参数设置面板如图6-46所示。

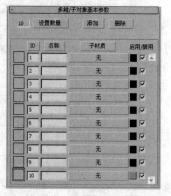

图6-46

多维/子对象材质参数介绍

数量：显示包含在"多维/子对象"材质中的子材质的数量。

设置数量 ：单击该按钮可以打开"设置材质数量"对话框，如图6-47所示。在该对话框中可以设置材质的数量。

图6-47

添加 添加：单击该按钮可以添加子材质。

删除 删除：单击该按钮可以删除子材质。

ID ID：单击该按钮将对列表进行排序，其顺序开始于最低材质ID的子材质，结束于最高材质ID。

名称 名称：单击该按钮可以用名称进行排序。

子材质 子材质：单击该按钮可以通过显示于"子材质"按钮上的子材质名称进行排序。

启用/禁用：启用或禁用子材质。

子材质列表：单击子材质后面的"无"按钮 无，可以创建或编辑一个子材质。

技术专题 35 多维/子对象材质的用法及原理解析

很多初学者都无法理解"多维/子对象"材质的原理及用法，下面就以图6-48中的一个多边形球体来详解介绍一下该材质的原理及用法。

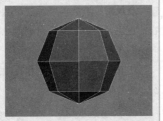

图6-48

第1步：设置多边形的材质ID号。每个多边形都具有自己的ID号，进入"多边形"级别，然后选择两个多边形，接着在"多边形:材质ID"卷展栏下将这两个多边形的材质ID设置为1，如图6-49所示。同理，用相同的方法设置其他多边形的材质ID，如图6-50和图6-51所示。

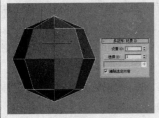

图6-49

图6-50

图6-51

第2步：设置"多维/子对象"材质。由于这里只有3个材质ID号。因此将"多维/子对象"材质的数量设置为3，并分别在各个子材质通道上加载一个VRayMtl材质，然后分别设置VRayMtl材质的"漫反射"颜色为蓝、绿、红，如图6-52所示，接着将设置好的"多维/子对象"材质指定给多边形球体，效果如图6-53所示。

图6-52

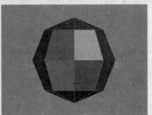

图6-53

通过观察图6-53可以得出一个结论："多维/子对象"材质的子材质的ID号对应模型的材质ID号。也就是说，ID 1子材质指定给了材质ID号为1的多边形，ID 2子材质指定给了材质ID号为2的多边形，ID 3子材质指定给了材质ID号为3的多边形。

★重点★ 6.4.4 VRay发光材质

"VRay发光材质"主要用来模拟自发光效果。当设置渲染器为VRay渲染器后，在"材质/贴图浏览器"对话框中可以找到"VRay发光材质"，其参数设置面板如图6-54所示。

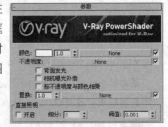

图6-54

VRay发光材质重要参数介绍

颜色：设置对象自发光的颜色，后面的输入框用于设置自发光的"强度"。

不透明度：用贴图来指定发光体的透明度。

背面发光：当勾选该选项时，它可以让材质光源双面发光。

6.4.5 VRay双面材质

"VRay双面材质"可以使对象的外表面和内表面同时被渲染，并且可以使内外表面拥有不同的纹理贴图，其参数设置面板如图6-55所示。

图6-55

VRay双面材质参数介绍

正面材质：用来设置物体外表面的材质。

背面材质： 用来设置物体内表面的材质。

半透明度： 用来设置"正面材质"和"背面材质"的混合程度，可以直接设置混合值，可以用贴图来代替。值为0时，"正面材质"在外表面，"背面材质"在内表面；值在0~100之间时，两面材质可以相互混合；值为100时，"背面材质"在外表面，"正面材质"在内表面。

6.4.6 VRay混合材质

"VRay混合材质"可以让多个材质以层的方式混合来模拟物理世界中的复杂材质。"VRay混合材质"和3ds Max里的"混合"材质的效果比较类似，但是其渲染速度比3ds Max的快很多，其参数面板如图6-56所示。

图6-56

VRay混合材质参数介绍

基本材质： 可以理解为最基层的材质。

表层材质： 表面材质，可以理解为基本材质上面的材质。

混合数量： 这个混合数量是表示"镀膜材质"混合多少到"基本材质"上面，如果颜色给白色，那么这个"镀膜材质"将全部混合上去，而下面的"基本材质"将不起作用；如果颜色给黑色，那么这个"镀膜材质"自身就没什么效果。混合数量也可以由后面的贴图通道来代替。

加法（虫漆）模式： 选择这个选项，"VRay混合材质"将和3ds Max里的"虫漆"材质效果类似，一般情况下不勾选它。

★重点★ 6.4.7 VRayMtl材质

VRayMtl材质是使用频率最高的一种材质，也是使用范围最广的一种材质，常用于制作室内外效果图。VRayMtl材质除了能完成一些反射和折射效果外，还能出色地表现出SSS以及BRDF等效果，其参数设置面板如图6-57所示。

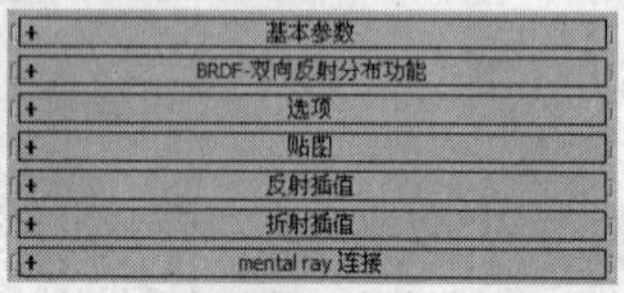

图6-57

基本参数卷展栏

展开"基本参数"卷展栏，如图6-58所示。

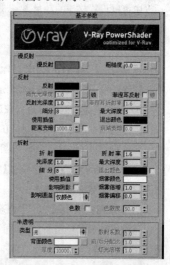

图6-58

基本参数卷展栏参数介绍

① 漫反射选项组

漫反射： 物体的漫反射用来决定物体的表面颜色。通过单击它的色块，可以调整自身的颜色。单击右边的■按钮可以选择不同的贴图类型。

粗糙度： 数值越大，粗糙效果越明显，可以用该选项来模拟绒布的效果。

② 反射选项组

反射： 这里的反射靠颜色的灰度来控制，颜色越白反射越亮，越黑反射越弱；而这里选择的颜色则是反射出来的颜色，和反射的强度是分开来计算的。单击旁边的■按钮，可以使用贴图的灰度来控制反射的强弱。

菲涅耳反射： 勾选该选项后，反射强度会与物体的入射角度有关，入射角度越小，反射越强烈。当垂直入射的时候，反射强度最弱。同时，菲涅耳反射的效果也和下面的"菲涅耳折射率"有关。当"菲涅耳折射率"为0或100时，将产生完全反射；而当"菲涅耳折射率"从1变化到0时，反射越强烈；同样，当菲涅耳折射率从1变化到100时，反射也越强烈。

> **提示**　"菲涅耳反射"是模拟真实世界中的一种反射现象，反射的强度与摄影机的视点和具有反射功能的物体的角度有关。角度值接近0时，反射最强；当光线垂直于表面时，反射功能最弱，这也是物理世界中的现象。

菲涅耳折射率： 在"菲涅耳反射"中，菲涅耳现象的强弱衰减率可以用该选项来调节。

高光光泽度： 控制材质的高光大小，默认情况下和"反射光泽度"一起关联控制，可以通过单击旁边的"锁"按钮■来解除锁定，从而可以单独调整高光的大小。

反射光泽度：通常也被称为"反射模糊"。物理世界中所有的物体都有反射光泽度，只是或多或少而已。默认值1表示没有模糊效果，而比较小的值表示模糊效果越强烈。单击右边的▇按钮，可以通过贴图的灰度来控制反射模糊的强弱。

细分：用来控制"反射光泽度"的品质，较高的值可以取得较平滑的效果，而较低的值可以让模糊区域产生颗粒效果。注意，细分值越大，渲染速度越慢。

使用插值：当勾选该参数时，VRay能够使用类似于"发光贴图"的缓存方式来加快反射模糊的计算。

最大深度：是指反射的次数，数值越高效果越真实，但渲染时间也更长。

> **提示** 渲染室内的玻璃或金属物体时，反射次数需要设置得大一些，渲染地面和墙面时，反射次数可以设置得少一些，这样可以提高渲染速度。

退出颜色：当物体的反射次数达到最大次数时就会停止计算反射，这时由于反射次数不够造成的反射区域的颜色就用退出色来代替。

③ **折射选项组**

折射：和反射的原理一样，颜色越白，物体越透明，进入物体内部产生折射的光线也就越多；颜色越黑，物体越不透明，产生折射的光线也就越少。单击右边的▇按钮，可以通过贴图的灰度来控制折射的强弱。

折射率：设置透明物体的折射率。

> **提示** 真空的折射率是1，水的折射率是1.33，玻璃的折射率是1.5，水晶的折射率是2，钻石的折射率是2.4，这些都是制作效果图常用的折射率。

光泽度：用来控制物体的折射模糊程度。值越小，模糊程度越明显；默认值1不产生折射模糊。单击右边的按钮▇，可以通过贴图的灰度来控制折射模糊的强弱。

最大深度：和反射中的最大深度原理一样，用来控制折射的最大次数。

细分：用来控制折射模糊的品质，较高的值可以得到比较光滑的效果，但是渲染速度会变慢；而较低的值可以使模糊区域产生杂点，但是渲染速度会变快。

退出颜色：当物体的折射次数达到最大次数时就会停止计算折射，这时由于折射次数不够造成的折射区域的颜色就用退出色来代替。

使用插值：当勾选该选项时，VRay能够使用类似于"发光贴图"的缓存方式来加快"光泽度"的计算。

影响阴影：这个选项用来控制透明物体产生的阴影。勾选该选项时，透明物体将产生真实的阴影。注意，这个选项仅对"VRay光源"和"VRay阴影"有效。

烟雾颜色：这个选项可以让光线通过透明物体后使光线变少，就好像和物理世界中的半透明物体一样。这个颜色值和物体的尺寸有关，厚的物体颜色需要设置得淡一点才有效果。

> **提示** 默认情况下的"烟雾颜色"为白色，是不起任何作用的，也就是说白色的雾对不同厚度的透明物体的效果是一样的。在图6-59中，"烟雾颜色"为淡绿色，"烟雾倍增"为0.08，由于玻璃的侧面比正面尺寸厚，所以侧面的颜色就会深一些，这样的效果与现实中的玻璃效果是一样的。

图6-59

烟雾倍增：可以理解为烟雾的浓度。值越大，雾越浓，光线穿透物体的能力越差。不推荐使用大于1的值。

烟雾偏移：控制烟雾的偏移，较低的值会使烟雾向摄影机的方向偏移。

④ **半透明选项组**

类型：半透明效果（也叫3S效果）的类型有3种，一种是"硬（腊）模型"，比如蜡烛；一种是"软（水）模型"，比如海水；还有一种是"混合模型"。

背面颜色：用来控制半透明效果的颜色。

厚度：用来控制光线在物体内部被追踪的深度，也可以理解为光线的最大穿透能力。较大的值，会让整个物体都被光线穿透；较小的值，可以让物体比较薄的地方产生半透明现象。

散射系数：物体内部的散射总量。0表示光线在所有方向被物体内部散射；1表示光线在一个方向被物体内部散射，而不考虑物体内部的曲面。

前/后分配比：控制光线在物体内部的散射方向。0表示光线沿着灯光发射的方向向前散射；1表示光线沿着灯光发射的方向向后散射；0.5表示这两种情况各占一半。

灯光倍增：设置光线穿透能力的倍增值。值越大，散射效果越强。

> **提示** 半透明参数所产生的效果通常也叫3S效果。半透明参数产生的效果与雾参数所产生的效果有一些相似，很多用户分不太清楚。其实半透明参数所得到的效果包括了雾参数所产生的效果，更重要的是它还能得到光线的次表面散射效果，也就是说当光线直射到半透明物体时，光线会在半透明物体内部进行分散，然后会从物体的四周发散出来。也可以理解为半透明物体为二次光源，能模拟现实世界中的效果，如图6-60所示。

图6-60

BRDF-双向反射分布功能卷展栏

展开"BRDF-双向反射分布功能"卷展栏，如图6-61所示。

图6-61

BRDF-双向反射分布功能卷展栏参数介绍

明暗器列表：包含3种明暗器类型，分别是Blinn、Phong和Ward。Phong适合硬度很高的物体，高光区很小；Blinn适合大多数物体，高光区适中；Ward适合表面柔软或粗糙的物体，高光区最大。

各向异性：控制高光区域的形状，可以用该参数来设置拉丝效果。

旋转：控制高光区的旋转方向。

UV矢量源：控制高光形状的轴向，也可以通过贴图通道来设置。

局部轴：有x、y、z 3个轴可供选择。

贴图通道：可以使用不同的贴图通道与UVW贴图进行关联，从而实现一个物体在多个贴图通道中使用不同的UVW贴图，这样可以得到各自相对应的贴图坐标。

> **提示** 关于BRDF现象，在物理世界中随处可见。比如在图6-62中，我们可以看到不锈钢锅底的高光形状是由两个锥形构成的，这就是BRDF现象。这是因为不锈钢表面是一个有规律的均匀的凹槽（比如常见的拉丝不锈钢效果），当光反射到这样的表面上就会产生BRDF现象。

图6-62

选项卷展栏

展开"选项"卷展栏，如图6-63所示。

图6-63

选项卷展栏重要参数介绍

跟踪反射：控制光线是否追踪反射。如果不勾选该选项，VRay将不渲染反射效果。

跟踪折射：控制光线是否追踪折射。如果不勾选该选项，VRay将不渲染折射效果。

中止阈值：中止选定材质的反射和折射的最小阈值。

环境优先：控制"环境优先"的数值。

双面：控制VRay渲染的面是否为双面。

背面反射：勾选该选项时，将强制VRay计算反射物体的背面产生反射效果。

使用发光贴图：控制选定的材质是否使用"发光贴图"。

把光泽光线视为全局光线：该选项在效果图制作中一般都默认设置为"仅全局光线"。

能量保存模式：该选项在效果图制作中一般都默认设置为RGB模型，因为这样可以得到彩色效果。

贴图卷展栏

展开"贴图"卷展栏，如图6-64所示。

图6-64

贴图卷展栏重要参数介绍

凹凸：主要用于制作物体的凹凸效果，在后面的通道中可以加载一张凹凸贴图。

置换：主要用于制作物体的置换效果，在后面的通道中可以加载一张置换贴图。

透明：主要用于制作透明物体，例如窗帘、灯罩等。

环境：主要是针对上面的一些贴图而设定的，比如反射、折射等，只是在其贴图的效果上加入了环境贴图效果。

> **提示** 如果制作场景中的某个物体不存在环境效果，就可以用"环境"贴图通道来完成。比如在图6-65中，如果在"环境"贴图通道中加载一张位图贴图，那么就需要将"坐标"类型设置为"环境"才能正确使用，如图6-66所示。

图6-65

图6-66

反射插值卷展栏

展开"反射插值"卷展栏，如图6-67所示。该卷展栏下的参数只有在"基本参数"卷展栏中的"反射"选项组下勾选"使用插值"选项时才起作用。

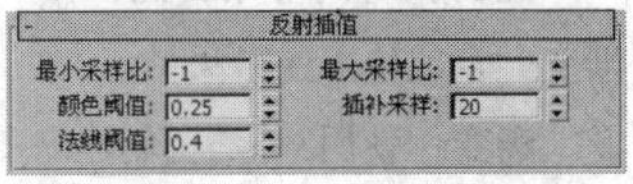

图6-67

反射插值卷展栏重要参数介绍

最小采样比： 在反射对象不丰富（颜色单一）的区域使用该参数所设置的数值进行插补。数值越高，精度就越高，反之精度就越低。

最大采样比： 在反射对象比较丰富（图像复杂）的区域使用该参数所设置的数值进行插补。数值越高，精度就越高，反之精度就越低。

颜色阈值： 指的是插值算法的颜色敏感度。值越大，敏感度就越低。

法线阈值： 指的是物体的交接面或细小表面的敏感度。值越大，敏感度就越低。

插补采样： 用于设置反射插值时所用的样本数量。值越大，效果越平滑模糊。

> **提示**
> 由于"折射插值"卷展栏中的参数与"反射插值"卷展栏中的参数相似，因此这里不再进行讲解。"折射插值"卷展栏中的参数只有在"基本参数"卷展栏中的"折射"选项组下勾选"使用插值"选项时才起作用。

6.5 常用贴图

贴图主要用于表现物体材质表面的纹理，利用贴图可以不用增加模型的复杂程度就可以表现对象的细节，并且可以创建反射、折射、凹凸和镂空等多种效果。通过贴图可以增强模型的质感，完善模型的造型，使三维场景更加接近真实的环境，如图6-68和图6-69所示。

图6-68

图6-69

展开VRayMtl材质的"贴图"卷展栏，在该卷展栏下有很多贴图通道，在这些贴图通道中可以加载贴图来表现物体的相应属性，如图6-70所示。

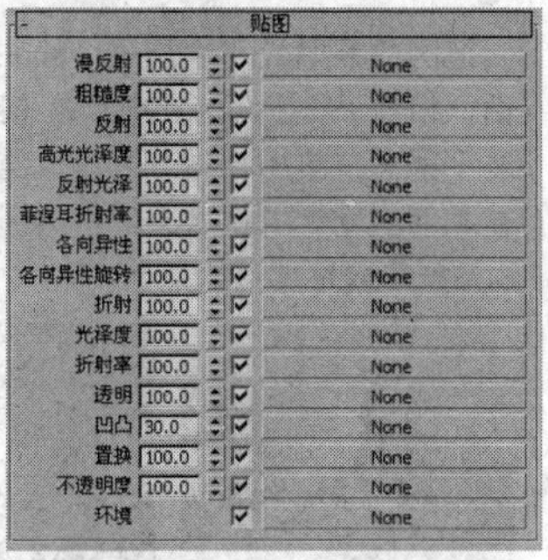

图6-70

任意单击一个通道，在弹出的"材质/贴图浏览器"对话框中可以观察到很多贴图，主要包括"标准"贴图和VRay的贴图，如图6-71所示。

图6-71

各种贴图简介

Cmbustion： 可以同时使用Autodesk Combustion 软件和 3ds Max以交互方式创建贴图。使用Combustion在位图上进行绘制时，材质将在"材质编辑器"对话框和明暗处理视口中自动更新。

Perlin大理石： 通过两种颜色混合，产生类似于珍珠岩的纹理，如图6-72所示。

图6-72

RGB倍增： 通常用作凹凸贴图，但是要组合两个贴图，以获得正确的效果。

RGB染色： 可以调整图像中3种颜色通道的值。3种色样代表3种通道，更改色样可以调整其相关颜色通道的值。

Substance： 使用这个纹理库，可获得各种范围的材质。

VRay颜色： 可以用来设置任何颜色。

VRayHDRI： VRayHDRI可以翻译为高动态范围贴图，主要用来设置场景的环境贴图，即把HDRI当作光源来使用。

> **技术专题 36 HDRI贴图**
>
> HDRI拥有比普通RGB格式图像（仅8bit的亮度范围）更大的亮度范围，标准的RGB图像最大亮度值是（255，255，255），如果用这样的图像结合光能传递照明一个场景的话，即使是最亮的白色也不足以提供足够的照明来模拟真实世界中的情况，渲染结果看上去会很平淡，并且缺乏对比，原因是这种图像文件将现实中的

大范围的照明信息仅用一个8bit的RGB图像描述。而使用HDRI的话，相当于将太阳光的亮度值（比如6000%）加到光能传递计算以及反射的渲染中，得到的渲染结果将会非常真实、漂亮。另外，在本书的光盘中将赠送用户180个稀有的HDRI贴图，如图6-73~图6-75所示就是其中的几个。

图6-73　　　　　　图6-74　　　　　　图6-75

VRay多子贴图： 根据模型的不同ID号分配相应的贴图。

VRay合成贴图： 可以通过两个通道里贴图色度、灰度的不同来进行加、减、乘、除等操作。

VRay线框贴图： 是一个非常简单的程序贴图，效果和3ds Max里的线框材质类似，常用于渲染线框图，如图6-76所示。

凹痕： 这是一种3D程序贴图。在扫描线渲染过程中，"凹痕"贴图会根据分形噪波产生随机图案，如图6-77所示。

斑点： 这是一种3D贴图，可以生成斑点状表面图案，如图6-78所示。

图6-76　　　　　　图6-77　　　　　　图6-78

薄壁折射： 模拟缓进或偏移效果，如果查看通过一块玻璃的图像就会看到这种效果。

波浪： 这是一种可以生成水花或波纹效果的3D贴图，如图6-79所示。

大理石： 针对彩色背景生成带有彩色纹理的大理石曲面，如图6-80所示。

顶点颜色： 根据材质或原始顶点的颜色来调整RGB或RGBA纹理，如图6-81所示。

图6-79　　　　　　图6-80　　　　　　图6-81

法线凹凸： 可以改变曲面上的细节和外观。

反射/折射： 可以产生反射与折射效果。

光线追踪： 可以模拟真实的完全反射与折射效果。

合成： 可以将两个或两个以上的子材质合成在一起。

灰泥： 用于制作腐蚀生锈的金属和破败的物体，如图6-82所示。

混合： 将两种贴图混合在一起，通常用来制作一些多个材质渐变融合或覆盖的效果。

渐变： 使用3种颜色创建渐变图像，如图6-83所示。

渐变坡度： 可以产生多色渐变效果，如图6-84所示。

图6-82　　　　　　图6-83　　　　　　图6-84

粒子年龄： 专门用于粒子系统，通常用来制作彩色粒子流动的效果。

粒子运动模糊： 根据粒子速度产生模糊效果。

每像素摄影机贴图： 将渲染后的图像作为物体的纹理贴图，以当前摄影机的方向贴在物体上，可以进行快速渲染。

木材： 用于制作木材效果，如图6-85所示。

平面镜： 使共平面的表面产生类似于镜面反射的效果。

平铺： 可以用来制作平铺图像，比如地砖，如图6-86所示。

泼溅： 产生类似油彩飞溅的效果，如图6-87所示。

图6-85　　　　　　图6-86　　　　　　图6-87

棋盘格： 可以产生黑白交错的棋盘格图案，如图6-88所示。

输出： 专门用来弥补某些无输出设置的贴图。

衰减： 基于几何体曲面上面法线的角度衰减来生成从白到黑的过渡效果，如图6-89所示。

位图： 通常在这里加载磁盘中的位图贴图，这是一种最常用的贴图，如图6-90所示。

图6-88　　　　　　图6-89　　　　　　图6-90

细胞： 可以用来模拟细胞图案，如图6-91所示。

向量置换：可以在3个维度上置换网格，与法线贴图类似。

烟雾：产生丝状、雾状或絮状等无序的纹理效果，如图6-92所示。

颜色修正：用来调节材质的色调、饱和度、亮度和对比度。

噪波：通过两种颜色或贴图的随机混合，产生一种无序的杂点效果，如图6-93所示。

图6-91　　　　　　　图6-92　　　　　　　图6-93

遮罩：使用一张贴图作为遮罩。

漩涡：可以创建两种颜色的漩涡形效果，如图6-94所示。

图6-94

VRay法线贴图：可以用来制作真实的凹凸纹理效果。

VRay天空：这是一种环境贴图，用来模拟天空效果。

VRay贴图：因为VRay不支持3ds Max里的光线追踪贴图类型，所以在使用3ds Max的"标准"材质时的反射和折射就用"VRay贴图"来代替。

VRay位图过滤：是一个非常简单的程序贴图，它可以编辑贴图纹理的x、y轴向。

VRay污垢：可以用来模拟真实物理世界中的物体上的污垢效果，比如墙角上的污垢、铁板上的铁锈等效果。

大致介绍完各种贴图的作用以后，下面针对实际工作中最常用的一些贴图进行详细讲解。

本节贴图概述

贴图名称	主要作用	重要程度
不透明度贴图	控制材质是否透明、不透明或者半透明	高
棋盘格贴图	模拟双色棋盘效果	中
位图贴图	加载各种位图贴图	高
渐变贴图	设置3种颜色的渐变效果	中
平铺贴图	创建类似于瓷砖的贴图	中
衰减贴图	控制材质强烈到柔和的过渡效果	高
噪波贴图	将噪波效果添加到物体的表面	中
混合贴图	模拟材质之间的混合效果	中
细胞贴图	模拟细胞图案	中
VRayHDRI贴图	模拟场景的环境贴图	中

★重点★ 6.5.1 不透明度贴图

"不透明度"贴图主要用于控制材质是否透明、不透明或者半透明，遵循了"黑透、白不透"的原理，如图6-95所示。

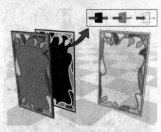

图6-95

技术专题 37 不透明度贴图的原理解析

"不透明度"贴图的原理是通过在"不透明度"贴图通道中加载一张黑白图像，遵循"黑透、白不透"的原理，即黑白图像中黑色部分为透明，白色部分为不透明。比如在图6-96中，场景中并没有真实的树木模型，而是使用了很多面片和"不透明度"贴图来模拟真实的叶子和花瓣模型。

图6-96

下面详细讲解使用"不透明度"贴图模拟树木模型的制作流程。

第1步：在场景中创建一些面片，如图6-97所示。

图6-97

第2步：打开"材质编辑器"对话框，然后设置材质类型为"标准"材质，接着在"贴图"卷展栏下的"漫反射颜色"贴图通道中加载一张树贴图，最后在"不透明度"贴图通道中加载一张树的黑白贴图，如图6-98所示，制作好的材质球效果如图6-99所示。

图6-98　　　　　图6-99

第3步：将制作好的材质指定给面片，如图6-100所示，然后按

F9键渲染场景，可以观察到面片已经变成了真实的树木效果，如图6-101所示。

图6-100　　　　　　　　图6-101

6.5.2　棋盘格贴图

"棋盘格"贴图可以用来制作双色棋盘效果，也可以用来检测模型的UV是否合理。如果棋盘格有拉伸现象，那么拉伸处的UV也有拉伸现象，如图6-102所示。

太疏

太密

图6-102

技术专题 **38** 棋盘格贴图的使用方法

在"漫反射"贴图通道中加载一张"棋盘格"贴图，如图6-103所示。

图6-103

加载"棋盘格"贴图后，系统会自动切换到"棋盘格"参数设置面板，如图6-104所示。

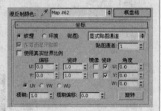

图6-104

在这些参数中，使用频率最高的是"瓷砖"选项，该选项可以用来改变棋盘格的平铺数量，如图6-105和图6-106所示。

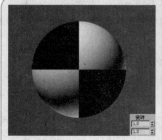

图6-105　　　　　　　　图6-106

"颜色#1"和"颜色#2"参数主要用来控制棋盘格的两个颜色，如图6-107所示。

图6-107

★重点★ 6.5.3　位图贴图

位图贴图是一种最基本的贴图类型，也是最常用的贴图类型。位图贴图支持很多种格式，包括FLC、AVI、BMP、GIF、JPEG、PNG、PSD和TIFF等主流图像格式，如图6-108所示；图6-109~图6-111所示的是一些常见的位图贴图。

图6-108

图6-109　　　　图6-110　　　　图6-111

技术专题 **39** 位图贴图的使用方法

在所有的贴图通道中都可以加载位图贴图。在"漫反射"贴图通道中加载一张木质位图贴图，如图6-112所示，然后将材质指定给一个球体模型，接着按F9键渲染当前场景，效果如图6-113所示。

加载位图后，3ds Max会自动弹出位图的参数设置面板，如图6-114所示。这里的参数主要用来设置位图的"偏移"值、"瓷砖"（即位图的平铺数量）值和"角度"值，如图6-115所示是"瓷砖"的V和U为6时的渲染效果。

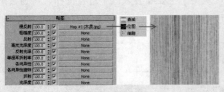

图6-112　　　　图6-113

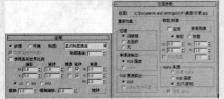

图6-114　　　　图6-115

　　勾选"镜像"选项后,贴图就会变成镜像方式,当贴图不是无缝贴图时,建议勾选"镜像"选项,如图6-116所示是勾选该选项时的渲染效果。

图6-116

　　当设置"模糊"为0.01时,可以在渲染时得到最精细的贴图效果,如图6-117所示;如果设置为1,则可以得到最模糊的贴图效果,如图6-118所示。

图6-117　　　　图6-118

　　在"位图参数"卷展栏下勾选"应用"选项,然后单击后面的"查看图像"按钮 查看图像 ,在弹出的对话框中可以对位图的应用区域进行调整,如图6-119所示。

图6-119

6.5.4 渐变贴图

　　使用"渐变"程序贴图可以设置3种颜色的渐变效果,其参数设置面板如图6-120所示。

图6-120

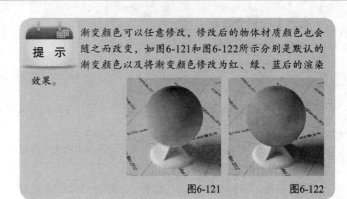

> **提示**
> 渐变颜色可以任意修改,修改后的物体材质颜色也会随之而改变,如图6-121和图6-122所示分别是默认的渐变颜色以及将渐变颜色修改为红、绿、蓝后的渲染效果。

图6-121　　　　图6-122

★重点★ 6.5.5 平铺贴图

　　使用"平铺"程序贴图可以创建类似于瓷砖的贴图,通常在制作有很多建筑砖块图案时使用,其参数设置面板如图6-123所示。

图6-123

★重点★ 6.5.6 衰减贴图

　　"衰减"程序贴图可以用来控制材质强烈到柔和的过渡效果,使用频率比较高,其参数设置面板如图6-124所示。

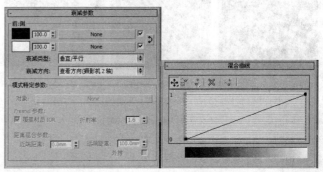

图6-124

衰减贴图重要参数介绍

衰减类型： 设置衰减的方式，共有以下5种。

垂直/平行： 在与衰减方向相垂直的面法线和与衰减方向相平行的法线之间设置角度衰减范围。

朝向/背离： 在面向衰减方向的面法线和背离衰减方向的法线之间设置角度衰减范围。

Fresnel： 基于IOR（折射率）在面向视图的曲面上产生暗淡反射，而在有角的面上产生较明亮的反射。

阴影/灯光： 基于落在对象上的灯光，在两个子纹理之间进行调节。

距离混合： 基于"近端距离"值和"远端距离"值，在两个子纹理之间进行调节。

衰减方向： 设置衰减的方向。

混合曲线： 设置曲线的形状，可以精确地控制由任何衰减类型所产生的渐变。

6.5.7 噪波贴图

使用"噪波"程序贴图可以将噪波效果添加到物体的表面，以突出材质的质感。"噪波"程序贴图通过应用分形噪波函数来扰动像素的UV贴图，从而表现出非常复杂的物体材质，其参数设置面板如图6-125所示。

图6-125

噪波程序贴图重要参数介绍

噪波类型： 共有3种类型，分别是"规则"、"分形"和"湍流"。

规则： 生成普通噪波，如图6-126所示。

分形： 使用分形算法生成噪波，如图6-127所示。

湍流： 生成应用绝对值函数来制作故障线条的分形噪波，如图6-128所示。

图6-126　　　　　图6-127　　　　　图6-128

大小： 以3ds Max为单位设置噪波函数的比例。

噪波阈值： 控制噪波的效果，取值范围从0~1。

级别： 决定有多少分形能量用于分形和湍流噪波函数。

相位： 控制噪波函数的动画速度。

交换　交换： 交换两个颜色或贴图的位置。

颜色#1/2： 可以从两个主要噪波颜色中进行选择，将通过所选的两种颜色来生成中间颜色值。

6.5.8 混合贴图

"混合"程序贴图可以用来制作材质之间的混合效果，其参数设置面板如图6-129所示。

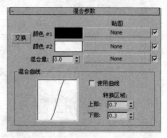

图6-129

混合程序贴图参数介绍

交换　交换： 交换两个颜色或贴图的位置。

颜色#1/2： 设置混合的两种颜色。

混合量： 设置混合的比例。

混合曲线： 用曲线来确定对混合效果的影响。

转换区域： 调整"上部"和"下部"的级别。

6.5.9 细胞贴图

"细胞"程序贴图主要用于制作各种具有视觉效果的细胞图案，如马赛克、瓷砖、鹅卵石和海洋表面等，其参数设置面板如图6-130所示。

图6-130

细胞程序贴图参数介绍

细胞颜色： 该选项组中的参数主要用来设置细胞的颜色。

颜色： 为细胞选择一种颜色。

None（无）　　None　　： 将贴图指定给细胞，而不使用实心颜色。

变化： 通过随机改变红、绿、蓝颜色值来更改细胞的颜色。"变化"值越大，随机效果越明显。

分界颜色： 设置细胞间的分界颜色。细胞分界是两种颜色或两个贴图之间的斜坡。

细胞特征： 该选项组中的参数主要用来设置细胞的一些特征属性。

圆形/碎片：用于选择细胞边缘的外观。

大小：更改贴图的总体尺寸。

扩散：更改单个细胞的大小。

凹凸平滑：将细胞贴图用作凹凸贴图时，在细胞边界处可能会出现锯齿效果。如果发生这种情况，可以适当增大该值。

分形：将细胞图案定义为不规则的碎片图案。

迭代次数：设置应用分形函数的次数。

自适应：启用该选项后，分形"迭代次数"将自适应地进行设置。

粗糙度：将"细胞"贴图用作凹凸贴图时，该参数用来控制凹凸的粗糙程度。

阈值：该选项组中的参数用来限制细胞和分解颜色的大小。

低：调整细胞最低大小。

中：相对于第2分界颜色，调整最初分界颜色的大小。

高：调整分界的总体大小。

6.5.10 VRayHDRI贴图

VRayHDRI可以翻译为高动态范围贴图，主要用来设置场景的环境贴图，即把HDRI当作光源来使用，其参数设置面板，如图6-131所示。

图6-131

VRayHDRI贴图参数介绍

位图：单击后面的"浏览"按钮 浏览 可以指定一张HDR贴图。

贴图类型：控制HDRI的贴图方式，共有以下5种。

角式：主要用于使用了对角拉伸坐标方式的HDRI。

立方体：主要用于使用了立方体坐标方式的HDRI。

球体：主要用于使用了球形坐标方式的HDRI。

反射球：主要用于使用了镜像球体坐标方式的HDRI。

3ds Max标准的：主要用于对单个物体指定环境贴图。

水平旋转：控制HDRI在水平方向的旋转角度。

水平翻转：让HDRI在水平方向上翻转。

垂直旋转：控制HDRI在垂直方向的旋转角度。

垂直翻转：让HDRI在垂直方向上翻转。

整体倍增器：用来控制HDRI的亮度。

渲染倍增：设置渲染时的光强度倍增。

伽玛：设置贴图的伽玛值。

6.6 效果图常见材质实战训练

由于效果图中的灯光类型比较多，因此本节专门安排了15个实际工作中最常见的材质，如地砖材质、不锈钢材质、镜子材质、水材质、陶瓷材质等。这些材质都是效果图制作中最常见的材质类型，希望用户勤加练习。

实战

制作地砖拼花材质

场景位置	DVD>场景文件>CH06>01.max
实例位置	DVD>实例文件>CH06>实战——制作地砖材质.max
视频位置	DVD>多媒体教学>CH06>实战——制作地砖材质.flv
难易指数	★★☆☆☆
技术掌握	用多维/子对象材质和VRayMtl材质模拟拼花材质

地砖材质效果如图6-132所示。

图6-132

地砖材质的模拟效果如图6-133所示。

图6-133

01 打开光盘中的"场景文件>CH06>01.max"文件，如图6-134所示。

图6-134

02 选择一个空白材质球，然后设置材质类型为"多维/子对象"材质，并将其命名为"地砖拼花"，接着在"多维/子对象基本参数"卷展栏下单击"设置数量"按钮 设置数量 ，最后在弹出的对话框中设置"材质数量"为3，如图6-135所示。

图6-135

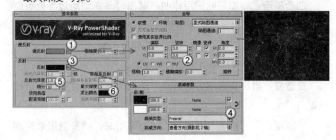

"瓷砖"的U和V为3。

② 在"反射"贴图通道中加载一张"衰减"程序贴图，然后在"衰减参数"卷展栏下设置"衰减类型"为Fresnel，接着设置"细分"为10、"最大深度"为3。

图6-139

疑难问答 问："替换材质"对话框怎么处理？

答：在将"标准"材质切换为"多维/子对象"时，3ds Max会弹出一个"替换材质"对话框，提示是丢弃旧材质还是将旧材质保存为子材质，用户可根据实际情况进行选择，这里选择"丢弃旧材质"选项（大多数时候都选择该选项），如图6-136所示。

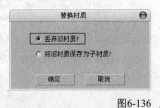

图6-136

03 分别在ID 1、ID 2和ID 3材质通道中各加载一个VRayMtl材质，如图6-137所示。

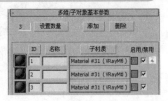

图6-137

04 单击ID 1材质通道，切换到VRayMtl材质设置面板，具体参数设置如图6-138所示。

设置步骤：

① 在"漫反射"贴图通道中加载一张光盘中的"实例文件>CH06>实战——制作地砖材质>贴图.jpg"贴图文件，然后在"坐标"卷展栏下设置"瓷砖"的U和V为3。

② 在"反射"贴图通道中加载一张"衰减"程序贴图，然后在"衰减参数"卷展栏下设置"衰减类型"为Fresnel，接着设置"细分"为10、"最大深度"为3。

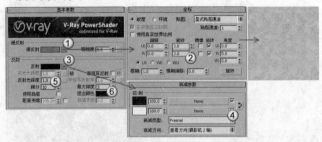

图6-138

05 单击ID 2材质通道，切换到VRayMtl材质设置面板，具体参数设置如图6-139所示。

设置步骤：

① 在"漫反射"贴图通道中加载一张光盘中的"实例文件>CH06>实战——地砖材质>黑线1.jpg"贴图文件，然后在"坐标"卷展栏下设置

06 单击ID 3材质通道，切换到VRayMtl材质设置面板，具体参数设置如图6-140所示，制作好的材质球效果如图6-141所示。

设置步骤：

① 在"漫反射"贴图通道中加载一张光盘中的"实例文件>CH06>实战——制作地砖材质>咖啡纹02.jpg"贴图文件，然后在"坐标"卷展栏下设置"瓷砖"的U和V为4。

② 在"反射"贴图通道中加载一张"衰减"程序贴图，然后在"衰减参数"卷展栏下设置"衰减类型"为Fresnel，接着设置"细分"为10、"最大深度"为3。

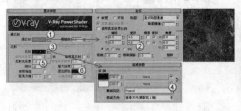

图6-140　　　　图6-141

疑难问答 问：为何制作出来的材质球效果不一样？

答：如果用户按照步骤做出来的材质球的显示效果与书中的不同，如图6-142所示，这可能是因为勾选"启用Gamma/LUT校正"的原因。执行"自定义>首选项"菜单命令，打开"首选项设置"对话框，然后单击"Gamma和LUT"选项卡，接着关闭"启用Gamma/LUT校正"选项和"影响颜色选择器"和"影响材质选择器"选项，如图6-143所示。关闭以后材质球的显示效果就会恢复正常了。

图6-142　　　　　　　图6-143

07 将制作好的材质指定给场景中的模型，然后按F9键渲染当前场景，最终效果如图6-144所示。

图6-144

实战

制作木纹材质

场景位置	DVD>场景文件>CH06>02.max
实例位置	DVD>实例文件>CH06>实战——制作木纹材质.max
视频位置	DVD>多媒体教学>CH06>实战——制作木纹材质.flv
难易指数	★★☆☆☆
技术掌握	用VRayMtl材质模拟木纹材质

木纹材质效果如图6-145所示。

图6-145

本例共需要制作4种木纹材质,其模拟效果如图6-146~图6-149所示。

图6-146

图6-147

图6-148

图6-149

 打开光盘中的"场景文件>CH06>02.max"文件,如图6-150所示。

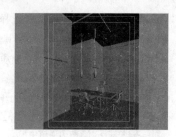

图6-150

02 下面制作桌面木纹材质。选择一个空白材质球,然后设置材质类型为VRayMtl材质,接着将其命名为"桌面木纹",具体参数设置如图6-151所示,制作好的材质球效果如图6-152所示。

设置步骤:

① 在"漫反射"贴图通道中加载一张光盘中的"实例文件>CH06>实战——制作木纹材质>桌面木纹.jpg"贴图文件。

② 在"反射"贴图通道中加载一张"衰减"程序贴图,然后在"衰减参数"卷展栏下设置"侧"通道的颜色为(红:178,绿:209,蓝:252),接着设置"衰减类型"为Fresnel,最后设置"高光光泽度"为0.63、"反射光泽度"为0.85、"细分"为12。

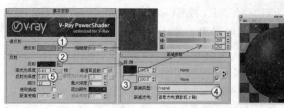

图6-151   图6-152

疑难问答 问:为什么设置不了"高光光泽度"?

答:在默认情况下,"高光光泽度"、"菲涅耳折射率"等选项都处于锁定状态,是不能改变其数值的。如果要修改参数值,需要单击后面的"锁"按钮 对其解锁后才能修改其数值。

03 下面制作墙面木纹材质。选择一个空白材质球,然后设置材质类型为VRayMtl材质,接着将其命名为"墙面木纹",具体参数设置如图6-153所示,制作好的材质球效果如图6-154所示。

设置步骤:

① 在"漫反射"贴图通道中加载一张光盘中的"实例文件>CH06>实战——制作木纹材质>墙面木纹.jpg"贴图文件。

② 在"反射"选项组下设置"反射"颜色为(红:47,绿:47,蓝:47),然后设置"高光光泽度"为0.95、"反射光泽度"为0.85、"细分"为12。

图6-153   图6-154

04 下面制作顶棚木纹材质。选择一个空白材质球，然后设置材质类型为VRayMtl材质，接着将其命名为"棚木木纹"，具体参数设置如图6-155所示，制作好的材质球效果如图6-156所示。

设置步骤：

① 在"漫反射"贴图通道中加载一张光盘中的"实例文件>CH06>实战——制作木纹材质>顶棚木纹.jpg"贴图文件。

② 在"反射"贴图通道中加载一张"衰减"程序贴图，然后在"衰减参数"卷展栏下设置"侧"通道的颜色为（红:223，绿:239，蓝:254），接着设置"衰减类型"为Fresnel，最后设置"高光光泽度"为0.7、"反射光泽度"为0.85、"细分"为12。

图6-155　　　　图6-156

05 下面制作地面木纹材质。选择一个空白材质球，然后设置材质类型为VRayMtl材质，接着将其命名为"地面木纹"，具体参数设置如图6-157所示，制作好的材质球效果如图6-158所示。

设置步骤：

① 在"漫反射"贴图通道中加载一张光盘中的"实例文件>CH06>实战——制作木纹材质>地面木纹.jpg"贴图文件。

② 在"反射贴图"通道中加载一张"衰减"程序贴图，然后在"衰减参数"卷展栏下设置"侧"通道的颜色为（红:223，绿:239，蓝:254），接着设置"衰减类型"为Fresnel，最后设置"高光光泽度"为0.7、"反射光泽度"为0.85、"细分"为12。

图6-157　　　　图6-158

06 将制作好的材质指定给场景中的模型，然后按F9键渲染当前场景，最终效果如图6-159所示。

图6-159

实战

制作地板材质

场景位置	DVD>场景文件>CH06>03.max
实例位置	DVD>实例文件>CH06>实战——制作地板材质.max
视频位置	DVD>多媒体教学>CH06>实战——制作地板材质.flv
难易指数	★☆☆☆☆
技术掌握	用VRayMtl材质模拟地板材质

地板材质效果如图6-160所示。

图6-160

地板材质的模拟效果如图6-161所示。

图6-161

01 打开光盘中的"场景文件>CH06>03.max"文件，如图6-162所示。

图6-162

02 选择一个空白材质球，然后设置材质类型为VRayMtl材质，接着将其命名为"地板"，具体参数设置如图6-163所示，制作好的材质球效果如图6-164所示。

设置步骤：

① 在"漫反射"贴图通道中加载一张光盘中的"实例文件>CH06>实战——制作地板材质>地板.jpg"贴图文件。

② 设置"反射"颜色为（红:54，绿:54，蓝:54），然后设置"高光光泽度"为0.8、"反射光泽度"为0.8、"细分"为20、"最大深度"为3。

③ 展开"贴图"卷展栏，然后将"漫反射"贴图通道中的贴图拖曳到"凹凸"贴图通道上，接着在弹出的对话框中设置"方法"为"实例"，并设置凹凸强度为50，最后在"环境"贴图通道中加载一张"输出"程序贴图。

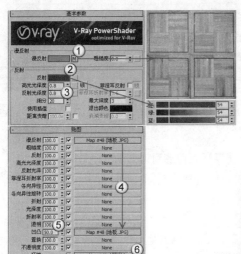

图6-163　　　　图6-164

03 将制作好的材质指定给场景中的模型，然后按F9键渲染当前场景，最终效果如图6-165所示。

图6-165

制作不锈钢材质

场景位置	DVD>场景文件>CH06>04.max
实例位置	DVD>实例文件>CH06>实战——制作不锈钢材质max
视频位置	DVD>多媒体教学>CH06>实战——制作不锈钢材质.flv
难易指数	★★☆☆☆
技术掌握	用VRayMtl模拟不锈钢材质和磨砂不锈钢材质

不锈钢材质和和磨砂不锈钢材质效果如图6-166所示。

图6-166

本例共需要制作两种不锈钢材质，分别是不锈钢材质和磨砂不锈钢材质，其模拟效果如图6-167和图6-168所示。

图6-167　　　　图6-168

01 打开光盘中的"场景文件>CH06>04.max"文件，如图6-169所示。

图6-169

02 下面制作不锈钢材质。选择一个空白材质球，然后设置材质类型为VRayMtl材质，接着将其命名为"不锈钢"，具体参数设置如图6-170所示，制作好的材质球效果如图6-171所示。

设置步骤：

① 在"漫反射"选项组下设置"漫反射"颜色为黑色。

② 设置"反射"颜色为(红:194, 绿:199, 蓝:204)，然后设置"高光光泽度"为0.82、"反射光泽度"为0.95、"细分"为20、"最大深度"为8。

图6-170　　　　图6-171

03 下面制作磨砂不锈钢材质。选择一个空白材质球，然后设置材质类型为VRayMtl材质，接着将其命名为"磨砂不锈钢"，具体参数设置如图6-172所示，制作好的材质球效果如图6-173所示。

设置步骤：

① 在"漫反射"选项组下设置"漫反射"颜色为(红:17, 绿:17, 蓝:17)。

② 设置"反射"颜色为(红:194, 绿:199, 蓝:204)，然后设置"高光光泽度"为0.85、"反射光泽度"为0.85、"细分"为20、"最大深度"为8。

图6-172　　　　图6-173

04 将制作好的材质指定给场景中的模型，然后按F9键渲染当前场景，最终效果如图6-174所示。

图6-174

实战

制作金银材质

场景位置	DVD>场景文件>CH06>05.max
实例位置	DVD>实例文件>CH06>实战——制作金银材质.max
视频位置	DVD>多媒体教学>CH06>实战——制作金银材质.flv
难易指数	★★☆☆☆
技术掌握	用多维/子对象材质和VRayMtl材质模拟金银材质

金银材质效果如图6-175所示。

图6-175

金、银材质模拟效果如图6-176和图6-177所示。

图6-176　　　　　　　图6-177

01 打开光盘中的"场景文件>CH06>05.max"文件，如图6-178所示。

图6-178

02 选择一个空白材质球，然后设置材质类型为"多维/子对象"材质，并将其命名为"金银"，接着设置"材质数量"为2，最后分别在ID 1和ID 2材质通道中各加载一个VRayMtl材质，如图6-179所示。

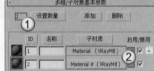

图6-179

03 单击ID 1材质通道，切换到VRayMtl材质设置面板，具体参数设置如图6-180所示。

设置步骤：

① 设置"漫反射"颜色为（红:167，绿:80，蓝:10）。

② 设置"反射"颜色为（红:157，绿:158，蓝:59），然后设置"高光光泽度"为0.85、"反射光泽度"为0.85、"细分"为15。

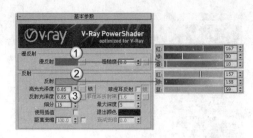

图6-180

04 单击ID 2材质通道，切换到VRayMtl材质设置面板，具体参数设置如图6-181所示，制作好的材质球效果如图6-182所示。

设置步骤：

① 设置"漫反射"颜色为（红:77，绿:77，蓝:77）。

② 设置"反射"颜色为（红:59，绿:59，蓝:59），然后设置"高光光泽度"为0.85、"反射光泽度"为0.85、"细分"为15。

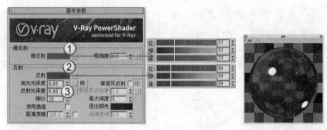

图6-181　　　　　　　图6-182

05 将制作好的材质指定给场景中的模型，然后按F9键渲染当前场景，最终效果如图6-183所示。

图6-183

实战

制作镜子材质

场景位置	DVD>场景文件>CH06>06.max
实例位置	DVD>实例文件>CH06>实战——制作镜子材质.max
视频位置	DVD>多媒体教学>CH06>实战——制作镜子材质.flv
难易指数	★☆☆☆☆
技术掌握	用VRayMtl材质模拟镜子材质

镜子材质效果如图6-184所示。

图6-184

镜子材质的模拟效果如图6-185所示。

图6-185

01 打开光盘中的"场景文件>CH10>06.max"文件，如图6-186所示。

图6-186

02 选择一个空白材质球，然后设置材质类型为VRayMtl材质，接着将其命名为"镜子"，具体参数设置如图6-187所示，制作好的材质球效果如图6-188所示。

设置步骤：

① 设置"漫反射"颜色为(红:24, 绿:24, 蓝:24)。

② 设置"反射"颜色为(红:239, 绿:239, 蓝:239)。

图6-187　　　　图6-188

03 将制作好的材质指定给场景中的模型，然后按F9键渲染当前场景，最终效果如图6-189所示。

图6-189

玻璃材质效果如图6-190所示。

图6-190

玻璃材质的模拟效果如图6-191所示。

图6-191

01 打开光盘中的"场景文件>CH06>07.max"文件，如图6-192所示。

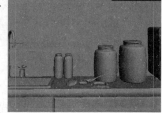

图6-192

02 选择一个空白材质球，然后设置材质类型为VRayMtl材质，接着将其命名为"玻璃"，具体参数设置如图6-193所示，制作好的材质球效果如图6-194所示。

设置步骤：

① 设置"漫反射"颜色为(红:135, 绿:89, 蓝:40)。

② 设置"反射"颜色为(红:50, 绿:50, 蓝:50)，然后设置"高光光泽度"为0.8、"反射光泽度"为0.95、"细分"为10。

③ 设置"折射"颜色为(红:235, 绿:235, 蓝:235)，然后设置"折射率"为1.57、"细分"为10，接着勾选"影响阴影"选项，最后设置"烟雾倍增"为0.1。

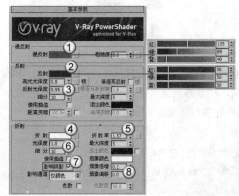

图6-193　　　　图6-194

03 将制作好的材质指定给场景中的模型，然后按F9键渲染当前场景，最终效果如图6-195所示。

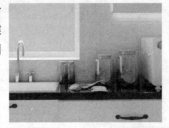

图6-195

❼实战

制作水材质

场景位置	DVD>场景文件>CH06>08.max
实例位置	DVD>实例文件>CH06>实战——制作水材质.max
视频位置	DVD>多媒体教学>CH06>实战——制作水材质.flv
难易指数	★★★☆☆
技术掌握	用VRayMtl材质模拟水材质和红酒水材质

水材质和红酒水材质效果如图6-196所示。

图6-196

水材质和红酒水材质的模拟效果如图6-197和图6-198所示。

图6-197　　　　　图6-198

01 打开光盘中的"场景文件>CH06>08.max"文件，如图6-199所示。

图6-199

02 下面制作水材质。选择一个空白材质球，然后设置材质类型为VRayMtl材质，接着将其命名为"水"，具体参数设置如图6-200所示，制作好的材质球效果如图6-201所示。

设置步骤：

① 设置"漫反射"颜色为（红:124，绿:124，蓝:124）。

② 设置"反射"颜色为白色，然后勾选"菲涅耳反射"选项，接着设置"细分"为15。

③ 设置"折射"颜色为（红:242，绿:242，蓝:242），然后设置"折射率"为1.333、"细分"为20，接着勾选"影响阴影"选项。

④ 展开"贴图"卷展栏，然后在"凹凸"贴图通道中加载一张"噪波"程序贴图，接着在"噪波参数"卷展栏下设置"噪波类型"为"规则"，并设置"大小"为80，最后设置凹凸的强度为40。

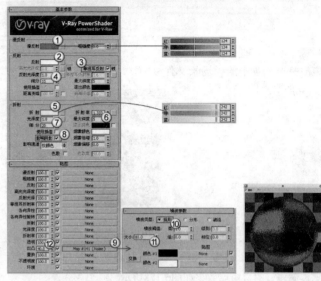

图6-200　　　　　图6-201

03 下面制作红酒水材质。选择一个空白材质球，然后设置材质类型为VRayMtl材质，接着将其命名为"红酒"，具体参数设置如图6-202所示，制作好的材质球效果如图6-203所示。

设置步骤：

① 设置"漫反射"颜色为（红:58，绿:2，蓝:2）。

② 设置"反射"颜色为（红:47，绿:47，蓝:47），然后设置"细分"为20。

③ 设置"折射"颜色为（红:108，绿:13，蓝:13），然后设置"折射率"为1.333、"细分"为20，接着勾选"影响阴影"选项。

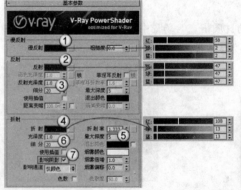

图6-202　　　　　图6-203

🔖 **知识链接**：在制作具有折射效果的材质时，一定要注意这种材质的折射率。在本书的最后附有常见物体的折射率表。

04 将制作好的材质指定给场景中的模型，然后按F9键渲染当前场景，最终效果如图6-204所示。

图6-204

制作水晶灯材质

场景位置	DVD>场景文件>CH06>09.max
实例位置	DVD>实例文件>CH06>实战——制作水晶灯材质.max
视频位置	DVD>多媒体教学>CH06>实战——制作水晶灯材质.flv
难易指数	★★☆☆☆
技术掌握	用VRayMtl材质模拟水晶材质

水晶灯材质效果如图6-205所示。

图6-205

水晶灯材质的模拟效果如图6-206所示。

图6-206

01 打开光盘中的"场景文件>CH06>09.max"文件，如图6-207所示。

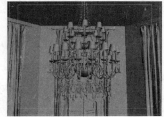

图6-207

02 选择一个空白材质球，然后设置材质类型为VRayMtl材质，接着将其命名为"水晶灯"，具体参数设置如图6-208所示，制作好的材质球效果如图6-209所示。

设置步骤：

① 设置"漫反射"颜色为白色。

② 设置"反射"为白色，然后勾选"菲涅耳反射"选项。

③ 设置"折射"颜色为(红:215，绿:224，蓝:226)，然后勾选"影响阴影"选项，接着设置"影响通道"为"颜色+alpha"。

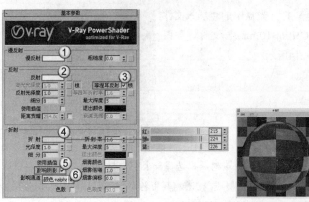

图6-208　　图6-209

03 将制作好的材质指定给场景中的模型，然后按F9键渲染当前场景，最终效果如图6-210所示。

图6-210

制作灯罩和橱柜材质

场景位置	DVD>场景文件>CH06>10.max
实例位置	DVD>实例文件>CH06>实战——制作灯罩和橱柜材质.max
视频位置	DVD>多媒体教学>CH06>实战——制作灯罩和橱柜材质.flv
难易指数	★★☆☆☆
技术掌握	用VRayMtl材质模拟灯罩材质和橱柜材质

灯罩和橱柜材质效果如图6-211所示。

图6-211

灯罩和橱柜材质的模拟效果如图6-212和图6-213所示。

图6-212　　图6-213

01 打开光盘中的"场景文件>CH06>10.max"文件，如图6-214所示。

图6-214

02 下面制作灯罩材质。选择一个空白材质球，然后设置材质类型为VRayMtl材质，接着将其命名为"灯罩"，具体参数设置如图6-215所示，制作好的材质球效果如图6-216所示。

设置步骤：

① 在"漫反射"贴图通道中加载一张"衰减"程序贴图，然后在"衰减参数"卷展栏下设置"前"通道的颜色为（红:187，绿:166，蓝:141）、"侧"通道的颜色为（红:238，绿:233，蓝:226），接着设置"衰减类型"为Fresnel。

② 设置"折射"颜色为（红:60，绿:60，蓝:60），然后设置"光泽度"为0.5，接着勾选"影响阴影"选项。

③ 展开"贴图"卷展栏，然后在"不透明度"通道中加载一张"混合"程序贴图，接着展开"混合"卷展栏，最后在"混合量"贴图通道中加载一张光盘中的"实例文件>CH06>实战——制作灯罩和橱柜材质>灯罩黑白.jpg"贴图文件。

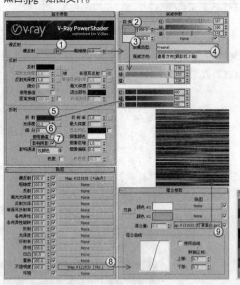

图6-215　　　　　　图6-216

03 下面制作橱柜材质。选择一个空白材质球，然后设置材质类型为VRayMtl材质，接着将其命名为"橱柜"，具体参数设置如图6-217所示，制作好的材质球效果如图6-218所示。

设置步骤：

① 设置"漫反射"颜色为（红:252，绿:250，蓝:240）。

② 在"反射"贴图通道中加载一张"衰减"程序贴图，然后在"衰减参数"卷展栏下设置"衰减类型"为Fresnel，接着设置"高光光泽度"为0.7、"反射光泽度"为0.85、"细分"为24。

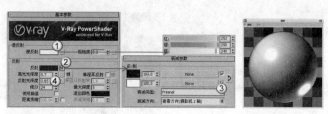

图6-217　　　　　　图6-218

04 将制作好的材质指定给场景中的模型，然后按F9键渲染当前场景，最终效果如图6-219所示。

图6-219

实战

制作食物材质

场景位置	DVD>场景文件>CH06>11.max
实例位置	DVD>实例文件>CH06>实战——制作食物材质.max
视频位置	DVD>多媒体教学>CH06>实战——制作食物材质.flv
难易指数	★★★★☆
技术掌握	用多维/子对象材质和VRayMtl材质模拟食物材质、用法线凹凸贴图模拟凹凸效果

食物材质效果如图6-220所示。

图6-220

本例共需要制作两种食物材质，分别是葡萄材质和草莓材质，其模拟效果如图6-221和图6-222所示。

图6-221　　　　　　图6-222

01 打开光盘中的"场景文件>CH06>11.max"文件，如图6-223所示。

图6-223

02 下面制作葡萄材质。选择一个空白材质球，然后设置材质类型为"多维/子对象"材质，并将其命名为"葡萄-绿"，接着设置"材质数量"为2，最后分别在ID 1和ID 2材质通道中各加载一个VRayMtl材质，如图6-224所示。

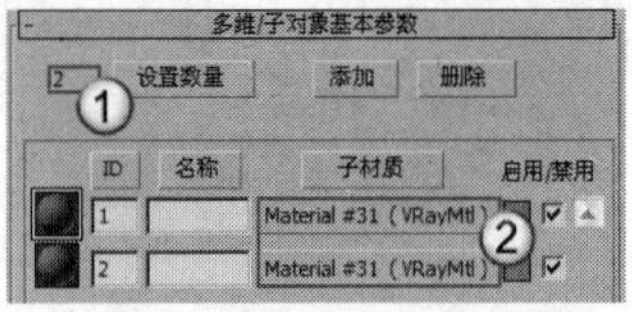

图6-224

03 单击ID 1材质通道，切换到VRayMtl材质设置面板，具体参数设置如图6-225所示。

设置步骤：

① 在"漫反射"贴图通道中加载一张光盘中的"实例文件>CH06>实战——制作食物材质>绿色葡萄.jpg"贴图文件。

② 在"反射"贴图通道中加载一张"衰减"程序贴图，然后在"衰减参数"卷展栏下设置"衰减类型"为Fresnel，接着设置"反射光泽度"为0.89、"细分"为12。

③ 设置"折射"颜色为（红:195，绿:195，蓝:195），然后设置"光泽度"为0.85、"细分"为30、"折射率"为1.51，接着设置"烟雾颜色"为（红:205，绿:205，蓝:95），并设置"烟雾倍增"为0.3，最后勾选"影响阴影"选项。

④ 在"半透明"选项组下设置"类型"为"混合模型"，接着设置"背面颜色"为（红:249，绿:255，蓝:63）。

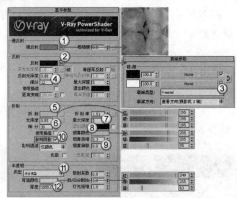

图6-225

04 单击ID 2材质通道，切换到VRayMtl材质设置面板，然后在"漫反射"贴图通道中加载一张光盘中的"实例文件>CH06>实战——制作食物材质>葡萄枝干.jpg"贴图文件，如图6-226所示，制作好的材质球效果如图6-227所示。

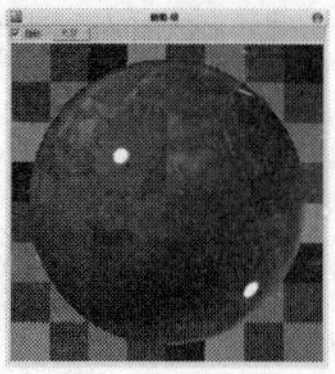

图6-226   图6-227

05 下面制作草莓材质。选择一个空白材质球，然后设置材质类型为VRayMtl材质，接着将其命名为"草莓"，具体参数设置如图6-228所示，制作好的材质球效果如图6-229所示。

设置步骤：

① 在"漫反射"贴图通道中加载一张光盘中的"实例文件>CH06>实战——制作食物材质>草莓.jpg"贴图文件。

② 在"反射"贴图通道中加载一张"衰减"程序贴图，然后在"衰减参数"卷展栏下的"侧"贴图通道上加载一张光盘中的"实例文件>CH06>实战——制作食物材质>archmodels76_002_strawberry1-ref1.jpg"贴图文件，接着设置"衰减类型"为Fresnel，最后设置"反射光泽度"为0.74、"细分"为12。

③ 设置"折射"颜色为（红:12，绿:12，蓝:12），然后设置"光泽度"为0.8，接着设置"烟雾颜色"为（红:251，绿:59，蓝:33），并设置"烟雾倍增"为0.001，最后勾选"影响阴影"选项。

④ 在"半透明"选项组下设置"类型"为"硬（蜡）模型"，然后设置"背面颜色"为（红:251，绿:48，蓝:21）。

⑤ 展开"贴图"卷展栏，然后在"凹凸"贴图通道中加载一张"法线凹凸"程序贴图，然后展开"参数"卷展栏，接着在"法线"贴图通道中加载一张光盘中的"实例文件>CH06>实战——制作食物材质>草莓法线贴图.jpg"贴图文件。

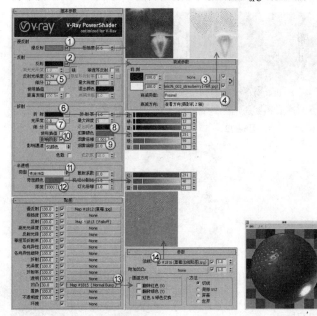

图6-228   图6-229

疑难问答 问："法线凹凸"贴图有何作用？

答："法线凹凸"贴图是使用纹理烘焙的法线贴图，主要用于表现来物体表面的真实凹凸效果。

06 将制作好的材质指定给场景中的模型，然后按F9键渲染当前场景，最终效果如图6-230所示。

图6-230

实战

制作陶瓷材质

场景位置	DVD>场景文件>CH06>12.max
实例位置	DVD>实例文件>CH06>实战——制作陶瓷材质.max
视频位置	DVD>多媒体教学>CH06>实战——制作陶瓷材质.flv
难易指数	★★★☆☆
技术掌握	用VRayMtl材质模拟单色陶瓷材质、用混合材质和VRayMtl材质模拟花纹材质

陶瓷材质效果如图6-231所示。

图6-231

本例共需要制作5种陶瓷陶瓷，其模拟效果如图6-232~图6-236所示。

图6-232   图6-233   图6-234

图6-235   图6-236

01 打开光盘中的"场景文件>CH06>12.max"文件，如图6-237所示。

图6-237

02 下面制作白色陶瓷材质。选择一个空白材质球，然后设置材质类型为VRayMtl材质，并将其命名为"陶瓷1"，具体参数设置如图6-238所示，制作好的材质球效果如图6-239所示。

设置步骤：

① 设置"漫反射"颜色为白色。

② 设置"反射"颜色为白色，然后勾选"菲涅耳反射"选项，接着设置"反射光泽度"为0.98、"细分"为15。

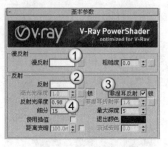

图6-238   图6-239

技术专题 40 用衰减贴图制作陶瓷材质

制作陶瓷材质的方法有很多种，在这里介绍一下如何用"衰减"程度贴图来制作陶瓷材质。设置"漫反射"颜色为白色，接着在"反射"贴图通道中加载一张"衰减"程序贴图，在"衰减参数"卷展栏下设置"衰减类型"为Fresnel，最后设置"反射光泽度"为0.98、"细分"为15，具体参数设置如图6-240所示，制作好的材质球效果如图6-241所示。

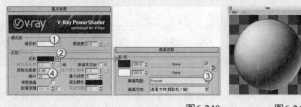

图6-240   图6-241

03 下面制作红色陶瓷材质。选择一个空白材质球，然后设置材质类型为VRayMtl材质，并将其命名为"陶瓷2"，具体参数设置如图6-242所示，制作好的材质球效果如图6-243所示。

设置步骤：

① 设置"漫反射"颜色为（红:204，绿:40，蓝:40）。

② 设置"反射"颜色为白色，然后勾选"菲涅耳反射"选项，接着设置"反射光泽度"为0.98、"细分"为15。

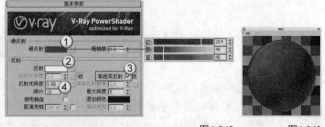

图6-242   图6-243

04 下面制作棕色陶瓷材质。选择一个空白材质球，然后设置材质类型为VRayMtl材质，并将其命名为"陶瓷3"，具体参数设置如图6-244所示，制作好的材质球效果如图6-245所示。

设置步骤：

① 在"漫反射"选项组下设置"漫反射"颜色为(红:18，绿:9，蓝:11)。

② 设置"反射"颜色为(红:255，绿:255，蓝:255)，然后勾选"菲涅耳反射"选项，接着设置"反射光泽度"为0.98、"细分"为15。

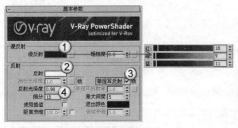

图6-244　　　　图6-245

05 下面制作牡丹花陶瓷材质。选择一个空白材质球，然后设置材质类型为VRayMtl材质，并将其命名为"花纹陶瓷1"，具体参数设置如图6-246所示，制作好的材质球效果如图6-247所示。

设置步骤：

① 在"漫反射"贴图通道中加载一张光盘中的"实例文件>CH06>实战——制作陶瓷材质/花纹.jpg"贴图文件。

② 设置"反射"颜色为(红:255，绿:255，蓝:255)，然后设置"细分"为15，接着勾选"菲涅耳反射"选项。

图6-246　　　　图6-247

06 下面制作绿色花纹陶瓷材质。选择一个空白材质球，然后设置材质类型为"混合"材质，并将其命名为"花纹陶瓷2"，具体参数设置如图6-248所示，制作好的材质球效果如图6-249所示。

设置步骤：

① 在"材质1"通道中加载一个VRayMtl材质，然后设置"漫反射"颜色为(红:26，绿:100，蓝:8)，接着设置"反射"颜色为白色，再勾选"菲涅耳反射"选项，最后设置"细分"为15。

② 在"材质2"通道中加载一个VRayMtl材质，然后设置"漫反射"颜色和"反射"颜色为白色，接着勾选"菲涅耳反射"选项，最后设置"细分"为15。

③ 返回到"混合基本参数"卷展栏，然后在"遮罩"贴图通道中加载一张光盘中的"实例文件>CH06>实战——制作陶瓷材质>花纹遮罩.jpg"贴图文件。

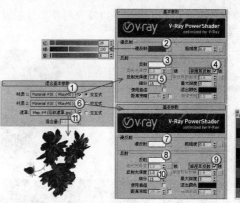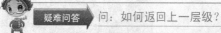

图6-248　　　　图6-249

疑难问答 问：如何返回上一层级？

答：这里可能会有些初学者不明白如何返回"混合基本参数"卷展栏。在"材质编辑器"对话框的工具栏上有一个"转换到父对象"按钮，单击该按钮即可返回到父层级。

07 将制作好的材质指定给场景中的模型，然后按F9键渲染当前场景，最终效果如图6-250所示。

图6-250

提示 其实本例还有一个蓝色花纹陶瓷材质，该材质的制作方法与牡丹花陶瓷材质的制作方法完全相同，因此这里不重复介绍。

实战

制作自发光材质

场景位置	DVD>场景文件>CH06>13.max
实例位置	DVD>实例文件>CH06>实战——制作自发光材质.max
视频位置	DVD>多媒体教学>CH06>实战——制作自发光材质.flv
难易指数	★★☆☆☆
技术掌握	用VRay发光材质模拟自发光材质、VRayMtl材质模拟地板材质

自发光材质效果如图6-251所示。

图6-251

本例共需要制作两种材质，分别是自发光材质和地板材质，其模拟效果如图6-252和图6-253所示。

图6-252　　　　　　　图6-253

01 打开光盘中的"场景文件>CH06>13.max"文件，如图6-254所示。

图6-254

02 下面制作灯管材质。选择一个空白材质球，然后设置材质类型为"VRay发光材质"，接着在"参数"卷展栏下设置发光的"强度"为4，如图6-255所示，制作好的材质球效果如图6-256所示。

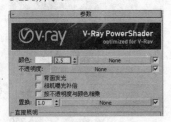

图6-255　　　　　　　图6-256

03 下面制作地板材质。选择一个空白材质球，然后设置材质类型为VRayMtl材质，具体参数设置如图6-257所示，制作好的材质球效果如图6-258所示。

设置步骤：

① 在"漫反射"贴图通道中加载一张光盘中的"实例文件>CH06>实战——制作自发光材质>地板.jpg"文件，然后在"坐标"卷展栏下设置"瓷砖"的U和V为5。

② 设置"反射"颜色为(红:64，绿:64，蓝:64)，然后设置"反射光泽度"为0.8。

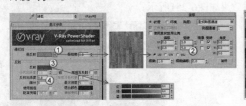

图6-257　　　　　　　图6-258

04 将制作好的材质指定给场景中的模型，然后按F9键渲染当前场景，最终效果如图6-259所示。

图6-259

实战

制作毛巾材质

毛巾材质效果如图6-260所示。

图6-260

本例共需要制作两种毛巾操作，其模拟效果如图6-261和图6-262所示。

图6-261　　　　　　　图6-262

01 打开光盘中的"场景文件>CH06>14.max"文件，如图6-263所示。

图6-263

02 下面制作棕色毛巾材质。选择一个空白材质球，然后设置材质类型为VRayMtl材质，并将其命名为"毛巾1"，具体参数设置如

图6-264所示,制作好的材质球效果如图6-265所示。

设置步骤:

① 展开"贴图"卷展栏,然后在"漫反射"贴图通道中加载一张"VRay颜色"程序贴图,接着展开"VRay颜色参数"卷展栏,最后设置"红"为0.028、"绿"为0.018、"蓝"为0.018。

② 在"置换"贴图通道中加载一张光盘中的"实例文件>CH06>实战——制作毛巾材质>毛巾置换.jpg"贴图文件,然后设置置换的强度为5。

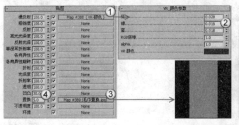

图6-264　　　　　　图6-265

03 选择如图6-266所示的毛巾模型,然后为其加载一个"VRay置换修改"修改器,接着在"纹理贴图"通道中加载一张光盘中的"实例文件>CH06>实战——制作毛巾材质>毛巾置换.jpg"贴图文件,最后设置"数量"为0.3mm、"分辨率"为2048,具体参数设置如图6-267所示。

图6-266　　　　　　图6-267

04 下面制作白色毛巾材质。选择一个空白材质球,然后设置材质类型为VRayMtl材质,并将其命名为"毛巾2",具体参数设置如图6-268所示,制作好的材质球效果如图6-269所示。

设置步骤:

① 展开"贴图"卷展栏,然后在"漫反射"贴图通道中加载一张"VRay颜色"程序贴图,接着展开"VRay颜色参数"卷展栏,最后设置"红"为0.932、"绿"为0.932、"蓝"为0.932。

② 在"凹凸"贴图通道中加载一张光盘中的"实例文件>CH06>实战——制作毛巾材质>毛巾置换.jpg"贴图文件,然后设置凹凸的强度为100。

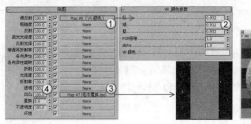

图6-268　　　　　　图6-269

技术专题 41　置换和凹凸的区别

在3ds Max中制作凹凸不平的材质时,可以用"凹凸"贴图通道和"置换"贴图通道两种方法来完成,这两个方法各有利弊。凹凸贴图渲染速度快,但渲染质量不高,适合于对渲染质量要求比较低或是测试时使用;置换贴图会产生很多三角面,因此渲染质量很高,但渲染速度非常慢,适合于对渲染质量要求比较高且计算机配置较好的用户。

05 选择如图6-270所示的毛巾模型,然后为其加载一个"VRay置换修改"修改器,接着在"纹理贴图"通道中加载一张光盘中的"实例文件>CH06>实战——制作毛巾材质>毛巾置换.jpg"贴图文件,最后设置"数量"为0.3mm、"分辨率"为2048,具体参数设置如图6-271所示。

图6-270　　　　　　图6-271

06 将制作好的材质指定给场景中的模型,然后按F9键渲染当前场景,最终效果如图6-272所示。

图6-272

实战

制作窗帘材质

场景位置	DVD>场景文件>CH06>15.max
实例位置	DVD>实例文件>CH06>实战——制作窗帘材质.max
视频位置	DVD>多媒体教学>CH06>实战——制作窗帘材质.flv
难易指数	★★★★☆
技术掌握	用标准材质、混合材质和VRayMtl模拟窗帘材质

窗帘材质效果如图6-273所示。

图6-273

本例共需要制作3种材质，分别是窗帘材质、裙边材质和窗纱材质，其模拟效果如图6-274~图6-276所示。

图6-274 图6-275 图6-276

01 打开光盘中的"场景文件>CH06>15.max"文件，如图6-267所示。

02 下面制作窗帘材质。选择一个空白材质球，然后设置材质类型为"标准"材质，并将其命名为"窗帘"，具体参数设置如图6-278所示，制作好的材质球效果如图6-279所示。

设置步骤：

① 在"明暗器基本参数"卷展栏下设置明暗器类型为(O)Oren-Nayar-Blinn。

② 展开"Oren-Nayar-Blinn基本参数"卷展栏，然后在漫反射"贴图通道中加载一张光盘中的"实例文件>CH06>实战——制作窗帘材质>窗帘花纹.jpg"贴图文件，接着在"自发光"选项组下勾选"颜色"选项，最后设置"高光级别"为80、"光泽度"为20。

③ 展开"贴图"卷展栏，然后在"自发光"通道中加载一张"遮罩"程序贴图，接着设置自发光的强度为70。

④ 展开"遮罩参数"卷展栏，然后在"贴图"通道中加载一张"衰减"程序贴图，接着在"衰减参数"卷展栏下设置"衰减类型"为Fresnel；在"遮罩"贴图通道中加载一张"衰减"程序贴图，然后在"衰减参数"卷展栏下设置"衰减类型"为"阴影/灯光"。

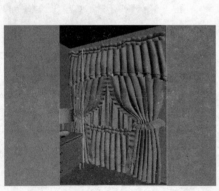 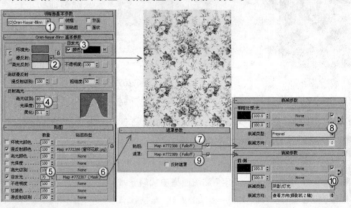

图6-277 图6-278 图6-279

03 下面制作窗帘的裙边材质。选择一个空白材质球，然后设置材质类型为"标准"材质，并将其命名为"窗帘裙边"，具体参数设置如图6-280所示，制作好的材质球效果如图6-281所示。

设置步骤：

① 在"明暗器基本参数"卷展栏下设置明暗器类型为(O)Oren-Nayar-Blinn。

② 展开"Oren-Nayar-Blinn基本参数"卷展栏，然后设置"漫反射"颜色为(红:95，绿:13，蓝:13)；在"自发光"选项组下勾选"颜色"选项，并在其贴图通道中加载一张"衰减"程序贴图，然后在"衰减参数"卷展栏下设置"衰减类型"为Fresnel，接着在"遮罩"贴图通道中加载一张"衰减"程序贴图，最后在"衰减参数"卷展栏下设置"衰减类型"为"阴影/灯光"；在"反射高光"选项组下设置"高光级别"和"光泽度"为15。

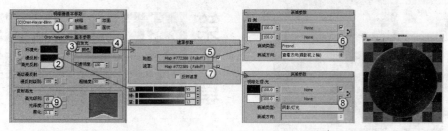

图6-280　　　　图6-281

04 下面制作窗纱材质。选择一个空白材质球，然后设置材质类型为"混合"材质，并将其命名为"窗纱"，接着展开"混合基本参数"卷展栏，具体参数设置如图6-282所示，制作好的材质球效果如图6-283所示。

设置步骤：

① 在"材质1"通道中加载一个"标准"材质，然后设置"漫反射"颜色为(红:237，绿:227，蓝:211)。

② 在"材质2"通道中加载一个VRayMtl材质，然后设置"漫反射"颜色为(红:225，绿:208，蓝:182)，接着在"折射"贴图通道中加载一张"衰减"程序贴图，再设置"光泽度"为0.9，最后勾选"影响阴影"选项。

③ 在"遮罩"贴图通道中加载一张光盘中的"实例文件>CH06>实战——制作窗帘材质>窗纱遮罩.jpg"贴图文件。

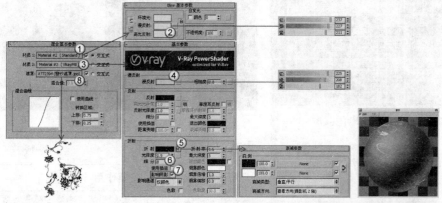

图6-282　　　　图6-283

05 将制作好的材质指定给场景中的模型，然后按F9键渲染当前场景，最终效果如图6-284所示。

图6-284

第7章 效果图制作基本功——环境和效果技术

7.1 环境

在现实世界中，所有物体都不是独立存在的，周围都存在相对应的环境。身边最常见的环境有闪电、大风、沙尘、雾、光束等，如图7-1~图7-3所示。环境对场景的氛围起到了至关重要的作用。在3ds Max 2012中，可以为效果图场景添加云、雾、火、体积雾和体积光等环境效果。

图7-1

图7-2

图7-3

本节环境技术概述

环境名称	主要作用	重要程度
背景与全局照明	设置场景的环境/背景与全局照明效果	高
曝光控制	调整渲染的输出级别和颜色范围的插件组件	中
大气	模拟云、雾、火和体积光等环境效果	低

★重点★ 7.1.1 背景与全局照明

一副优秀的效果图作品，不仅要有着精细的模型、真实的材质和合理的渲染参数，同时还要求有符合当前场景的背景和全局照明效果，这样才能烘托出场景的气氛。在3ds Max中，背景与全局照明都在"环境和效果"对话框中进行设定。

打开"环境和效果"对话框的方法主要有以下3种。

第1种：执行"渲染>环境"菜单命令。

第2种：执行"渲染>效果"菜单命令。

第3种：按大键盘上的8键。

打开的"环境和效果"对话框如图7-4所示。

图7-4

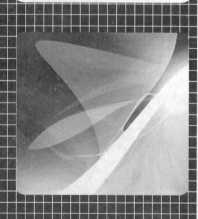

背景与全局照明重要参数介绍

① 背景选项组

颜色：设置环境的背景颜色。

环境贴图：在其贴图通道中加载一张"环境"贴图来作为背景。

使用贴图：使用一张贴图作为背景。

② 全局照明选项组

染色：如果该颜色不是白色，那么场景中的所有灯光（环境光除外）都将被染色。

级别：增强或减弱场景中所有灯光的亮度。值为1时，所有灯光保持原始设置；增加该值可以加强场景的整体照明；减小该值可以减弱场景的整体照明。

环境光：设置环境光的颜色。

实战

为效果图添加室外环境贴图

场景位置	DVD>场景文件>CH07>01.max
实例位置	DVD>实例文件>CH07>实战——为效果图添加室外环境贴图.max
视频位置	DVD>多媒体教学>CH07>实战——为效果图添加室外环境贴图.flv
难易指数	★☆☆☆☆
技术掌握	加载室外环境贴图

为效果图添加的环境贴图效果如图7-5所示。

图7-5

01 打开光盘中的"场景文件>CH07>01.max"文件，如图7-6所示，然后按F9键测试渲染当前场景，效果如图7-7所示。

图7-6　　　　　　　图7-7

提　示　在默认情况下，背景颜色都是黑色，也就是说渲染出来的背景颜色是黑色。如果更改背景颜色，则渲染出来的背景颜色也会跟着改变。而图7-7的背景是天蓝色的，这是因为加载了"VRay天空"环境贴图的原因。

02 按大键盘上的8键打开"环境和效果"对话框，然后在"环境贴图"选项组下单击"无"按钮 无 ，接着在弹出的"材质/贴图浏览器"对话框中单击"位图"选项，最后在弹出的"选择位图图像文件"对话框中选择光盘中的"实例文件>CH07>实战——为效果图添加室外环境贴图>背景.jpg文件"，如图7-8所示。

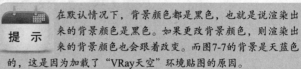

图7-8

03 按C键切换到摄影机视图，然后按F9键渲染当前场景，最终效果如图7-9所示。

图7-9

提　示　背景图像可以直接渲染出来，当然也可以在Photoshop中进行合成，不过比较麻烦，能在3ds Max中完成的尽量在3ds Max中完成。

实战

测试全局照明

场景位置	DVD>场景文件>CH07>02.max
实例位置	DVD>实例文件>CH07>实战——测试全局照明.max
视频位置	DVD>多媒体教学>CH07>实战——测试全局照明.flv
难易指数	★☆☆☆☆
技术掌握	调节全局照明的染色及级别

测试的全局照明效果如图7-10所示。

图7-10

01 打开光盘中的"场景文件>CH07>02.max"文件，如图7-11所示。

图7-11

02 按大键盘上的8键打开"环境和效果"对话框，然后在"全局照明"选项组下设置"染色"为白色，接着设置"级别"为1，如图7-12所示，最后按F9键测试渲染当前场景，效果如图7-13所示。

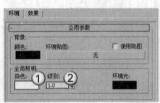

图7-12

图7-13

03 在"全局照明"选项组下设置"染色"为蓝色（红:121，绿:175，蓝:255），然后设置"级别"为1.5，如图7-14所示，接着按F9键测试渲染当前场景，效果如图7-15所示。

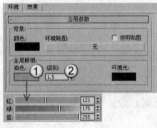

图7-14

图7-15

04 在"全局照明"选项组下设置"染色"为黄色（红:247，绿:231，蓝:45），然后设置"级别"为0.5，如图7-16所示，接着按F9键测试渲染当前场景，效果如图7-17所示。

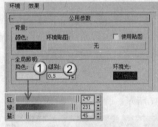

图7-16

图7-17

> **提示**
> 从上面的3种测试渲染对比效果中可以观察到，当改变"染色"颜色时，场景中的物体会受到"染色"颜色的影响而发生变化；当增大"级别"数值时，场景会变亮，而减小"级别"数值时，场景会变暗。

7.1.2 曝光控制

"曝光控制"是用于调整渲染的输出级别和颜色范围的插件组件，就像调整胶片曝光一样。展开"曝光控制"卷展栏，可以观察到3ds Max 2012的曝光控制类型共有6种，如图7-18所示。

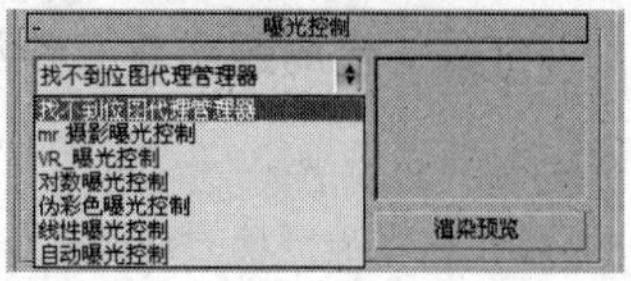

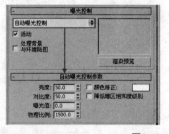

图7-18

曝光控制类型介绍

mr摄影曝光控制：可以提供像摄影机一样的控制，包括快门速度、光圈和胶片速度，以及对高光、中间调和阴影的图像控制。

VR曝光控制：用来控制VRay的曝光效果，可调节曝光值、快门速度、光圈等数值。

对数曝光控制：用于亮度、对比度，以及在有天光照明的室外场景中。"对数曝光控制"类型适用于"动态阈值"非常高的场景。

伪彩色曝光控制：实际上是一个照明分析工具，可以直观地观察和计算场景中的照明级别。

线性曝光控制：可以从渲染中进行采样，并且可以使用场景的平均亮度来将物理值映射为RGB值。"线性曝光控制"最适合用在动态范围很低的场景中。

自动曝光控制：可以从渲染图像中进行采样，并生成一个直方图，以便在渲染的整个动态范围中提供良好的颜色分离。

自动曝光控制

在"曝光控制"卷展栏下设置曝光控制类型为"自动曝光控制"，其参数设置面板如图7-19所示。

图7-19

自动曝光控制参数介绍

活动：控制是否在渲染中开启曝光控制。

处理背景与环境贴图：启用该选项时，场景背景贴图和场景环境贴图将受曝光控制的影响。

渲染预览：单击该按钮可以预览要渲染的缩略图。

亮度：调整转换颜色的亮度，范围从0~200，默认值为50。

对比度：调整转换颜色的对比度，范围从0~100，默认值为50。

曝光值：调整渲染的总体亮度，范围从-5~5。负值可以使图像变暗，正值可使图像变亮。

物理比例： 设置曝光控制的物理比例，主要用在非物理灯光中。

颜色修正： 勾选该选项后，"颜色修正"会改变所有颜色，使色样中的颜色显示为白色。

降低暗区饱和度级别： 勾选该选项后，渲染出来的颜色会变暗。

对数曝光控制

在"曝光控制"卷展栏下设置曝光控制类型为"对数曝光控制"，其参数设置面板如图7-20所示。

图7-20

对数曝光控制参数介绍

仅影响间接照明： 启用该选项时，"对数曝光控制"仅应用于间接照明的区域。

室外日光： 启用该选项时，可以转换适合室外场景的颜色。

 知识链接： 关于"对数曝光控制"的其他参数请参阅"自动曝光控制"。

伪彩色曝光控制

在"曝光控制"卷展栏下设置曝光控制类型为"伪彩色曝光控制"，其参数设置面板如图7-21所示。

图7-21

伪彩色曝光控制重要参数介绍

数量： 设置所测量的值。

照度： 显示曲面上的入射光的值。

亮度： 显示曲面上的反射光的值。

样式： 选择显示值的方式。

彩色： 显示光谱。

灰度： 显示从白色到黑色范围的灰色色调。

比例： 选择用于映射值的方法。

对数： 使用对数比例。

线性： 使用线性比例。

最小值： 设置在渲染中要测量和表示的最小值。

最大值： 设置在渲染中要测量和表示的最大值。

物理比例： 设置曝光控制的物理比例，主要用于非物理灯光。

光谱条： 显示光谱与强度的映射关系。

线性曝光控制

"线性曝光控制"从渲染图像中采样，使用场景的平均亮度将物理值映射为RGB值，非常适合用于动态范围很低的场景，其参数设置面板如图7-22所示。

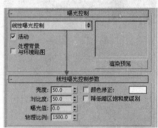

图7-22

 知识链接： 关于"线性曝光控制"的参数请参阅"自动曝光控制"。

7.1.3 大气

3ds Max中的大气环境效果可以用来模拟自然界中的云、雾、火和体积光等环境效果。使用这些特殊环境效果可以逼真地模拟出自然界的各种气候，同时还可以增强场景的景深感，使场景显得更为广阔，有时还能起到烘托场景气氛的作用，其参数设置面板如图7-23所示。

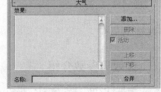

图7-23

大气参数介绍

效果： 显示已添加的效果名称。

名称： 为列表中的效果自定义名称。

添加 `添加...` ：单击该按钮可以打开"添加大气效果"对话

框，在该对话框中可以添加大气效果，如图7-24所示。

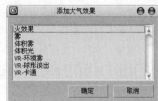

图7-24

删除 删除 ：在"效果"列表中选择效果以后，单击该按钮可以删除选中的大气效果。

活动：勾选该选项可以启用添加的大气效果。

上移 上移 /**下移** 下移 ：更改大气效果的应用顺序。

合并 合并 ：合并其他3ds Max场景文件中的效果。

火效果

使用"火效果"环境可以制作出火焰、烟雾和爆炸等效果，如图7-25和图7-26所示。

 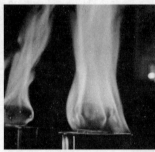

图7-25　　　　　　　　　　图7-26

"火效果"不产生任何照明效果，若要模拟产生的灯光效果，可以用灯光来实现，其参数设置面板如图7-27所示。

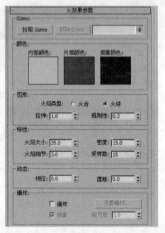

图7-27

火效果参数介绍

拾取Gizmo 拾取 Gizmo ：单击该按钮可以拾取场景中要产生火效果的Gizmo对象。

移除Gizmo 移除 Gizmo ：单击该按钮可以移除列表中所选的Gizmo。移除Gizmo后，Gizmo仍在场景中，但是不再产生火效果。

内部颜色：设置火焰中最密集部分的颜色。

外部颜色：设置火焰中最稀薄部分的颜色。

烟雾颜色：当勾选"爆炸"选项时，该选项才可以，主要用来设置爆炸的烟雾颜色。

火焰类型：共有"火舌"和"火球"两种类型。"火舌"是沿着中心使用纹理创建带方向的火焰，这种火焰类似于篝火，其方向沿着火焰装置的局部z轴；"火球"是创建圆形的爆炸火焰。

拉伸：将火焰沿着装置的z轴进行缩放，该选项最适合创建"火舌"火焰。

规则性：修改火焰填充装置的方式，范围从1~0。

火焰大小：设置装置中各个火焰的大小。装置越大，需要的火焰也越大，使用15~30范围内的值可以获得最佳的火效果。

火焰细节：控制每个火焰中显示的颜色更改量和边缘的尖锐度，范围从0~10。

密度：设置火焰效果的不透明度和亮度。

采样数：设置火焰效果的采样率。值越高，生成的火焰效果越细腻，但是会增加渲染时间。

相位：控制火效果的速率。

漂移：设置火焰沿着火焰装置的z轴的渲染方式。

爆炸：勾选该选项后，火焰将产生爆炸效果。

设置爆炸 设置爆炸... ：单击该按钮可以打开"设置爆炸相位曲线"对话框，在该对话框中可以调整爆炸的"开始时间"和"结束时间"。

烟雾：控制爆炸是否产生烟雾。

剧烈度：改变"相位"参数的涡流效果。

雾

使用3ds Max的"雾"环境可以创建出雾、烟雾和蒸汽等特殊环境效果，如图7-28和图7-29所示。

图7-28　　　　　　　　　　图7-29

"雾"效果的类型分为"标准"和"分层"两种，其参数设置面板如图7-30所示。

图7-30

雾效果参数介绍

颜色: 设置雾的颜色。

环境颜色贴图: 从贴图导出雾的颜色。

使用贴图: 使用贴图来产生雾效果。

环境不透明度贴图: 使用贴图来更改雾的密度。

雾化背景: 将雾应用于场景的背景。

标准: 使用标准雾。

分层: 使用分层雾。

指数: 随距离按指数增大密度。

近端%: 设置雾在近距范围的密度。

远端%: 设置雾在远距范围的密度。

顶: 设置雾层的上限（使用世界单位）。

底: 设置雾层的下限（使用世界单位）。

密度: 设置雾的总体密度。

衰减顶/底/无: 添加指数衰减效果。

地平线噪波: 启用"地平线噪波"系统。"地平线噪波"系统仅影响雾层的地平线，用来增强雾的真实感。

大小: 应用于噪波的缩放系数。

角度: 确定受影响的雾与地平线的角度。

相位: 用来设置噪波动画。

🎱 体积雾

"体积雾"环境可以允许在一个限定的范围内设置和编辑雾效果。"体积雾"和"雾"最大的一个区别在于"体积雾"是三维的雾，是有体积的。"体积雾"多用来模拟烟云等有体积的气体，其参数设置面板如图7-31所示。

图7-31

体积雾参数介绍

拾取Gizmo `拾取 Gizmo` **:** 单击该按钮可以拾取场景中要产生体积雾效果的Gizmo对象。

移除Gizmo `移除 Gizmo` **:** 单击该按钮可以移除列表中所选的Gizmo。移除Gizmo后，Gizmo仍在场景中，但是不再产生体积雾效果。

柔化Gizmo边缘: 羽化体积雾效果的边缘。值越大，边缘越柔滑。

颜色: 设置雾的颜色。

指数: 随距离按指数增大密度。

密度: 控制雾的密度，范围为0~20。

步长大小: 确定雾采样的粒度，即雾的"细度"。

最大步数: 限制采样量，以便雾的计算不会永远执行。该选项适合于雾密度较小的场景。

雾化背景: 将体积雾应用于场景的背景。

类型: 有"规则"、"分形"、"湍流"和"反转"4种类型可供选择。

噪波阈值: 限制噪波效果，范围从0~1。

级别: 设置噪波迭代应用的次数，范围从1~6。

大小: 设置烟卷或雾卷的大小。

相位: 控制风的种子。如果"风力强度"大于0，雾体积会根据风向来产生动画。

风力强度: 控制烟雾远离风向（相对于相位）的速度。

风力来源: 定义风来自于哪个方向。

🎱 体积光

"体积光"环境可以用来制作带有光束的光线，可以指定给灯光（部分灯光除外，如VRay太阳）。这种体积光可以被物体遮挡，从而形成光芒透过缝隙的效果，常用来模拟树与树之间的缝隙中透过的光束，如图7-32和图7-33所示，其参数设置面板如图7-34所示。

图7-32　　　　　　　　　　　　　图7-33

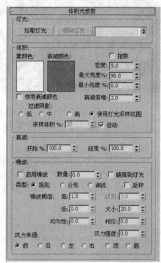

图7-34

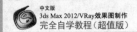

体积光参数介绍

拾取灯光 拾取灯光 ：拾取要产生体积光的光源。

移除灯光 移除灯光 ：将灯光从列表中移除。

雾颜色：设置体积光产生的雾的颜色。

衰减颜色：体积光随距离而衰减。

使用衰减颜色：控制是否开启"衰减颜色"功能。

指数：随距离按指数增大密度。

密度：设置雾的密度。

最大/最小亮度%：设置可以达到的最大和最小的光晕效果。

衰减倍增：设置"衰减颜色"的强度。

过滤阴影：通过提高采样率（以增加渲染时间为代价）来获得更高质量的体积光效果，包括"低"、"中"、"高"3个级别。

使用灯光采样范围：根据灯光阴影参数中的"采样范围"值来使体积光中投射的阴影变模糊。

采样体积%：控制体积的采样率。

自动：自动控制"采样体积%"的参数。

开始%/结束%：设置灯光效果开始和结束衰减的百分比。

启用噪波：控制是否启用噪波效果。

数量：应用于雾的噪波的百分比。

链接到灯光：将噪波效果链接到灯光对象。

用体积光为场景添加体积光

场景位置	DVD>场景文件>CH07>03.max
实例位置	DVD>实例文件>CH07>实战——用体积光为场景添加体积光.max
视频位置	DVD>多媒体教学>CH07>实战——用体积光为场景添加体积光.flv
难易指数	★★★☆☆
技术掌握	用体积光制作体积光

场景体积光效果如图7-35所示。

图7-35

01 打开光盘中的"场景文件>CH07>03.max"文件，如图7-36所示。

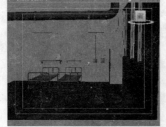

图7-36

02 设置灯光类型为VRay，然后在天空中创建一盏VRay太阳，其位置如图7-37所示。

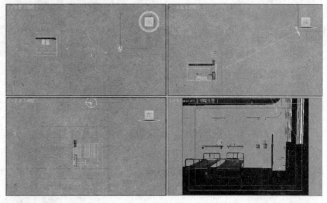

图7-37

03 选择VRay太阳，然后在"VRay太阳参数"卷展栏下设置"强度倍增"为0.06、"阴影细分"为8、"光子发射半径"为495.812mm，具体参数设置如图7-38所示，接着按F9键测试渲染当前场景，效果如图7-39所示。

图7-38　　　　　　　　　　图7-39

疑难问答 问：为何场景那么黑？

答：这是因为窗户外面有个面片将灯光遮挡住了，如图7-40所示。如果不修改这个面片的属性，灯光就不会射进室内。

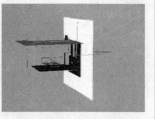

图7-40

04 选择窗户外面的面片，然后单击鼠标右键，接着在弹出的菜单中选择"对象属性"命令，最后在弹出的"对象属性"对话框中关闭"投影阴影"选项，如图7-41所示。

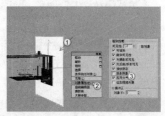

图7-41

05 按F9键测试渲染当前场景，效果如图7-42所示。

图7-42

06 在前视图中创建一盏VRay光源作为辅助光源，其位置如图7-43所示。

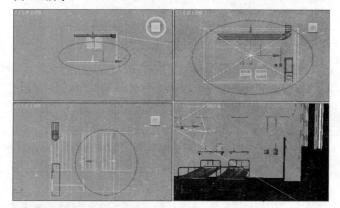

图7-43

07 选择上一步创建的VRay光源，然后进入"修改"面板，接着展开"参数"卷展栏，具体参数设置如图7-44所示。

设置步骤：

① 在"基本"选项组下设置"类型"为"平面"。

② 在"大小"选项组下设置"半长度"为975.123mm、"半宽度"为548.855mm。

③ 在"选项"选项组下勾选"不可见"选项。

图7-44

08 设置灯光类型为"标准"，然后在天空中创建一盏目标平行光，其位置如图7-45所示（与VRay太阳的位置相同）。

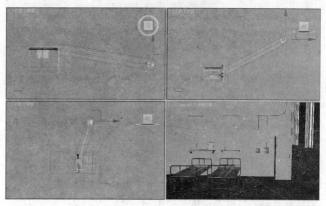

图7-45

09 选择上一步创建的目标平行光，然后进入"修改"面板，具体参数设置如图7-46所示。

设置步骤：

① 展开"常规参数"卷展栏，然后设置阴影类型为VRayShadow（VRay阴影）。

② 展开"强度/颜色/衰减"卷展栏，然后设置"倍增"为0.9。

③ 展开"平行光参数"卷展栏，然后设置"聚光区/光束"为150mm、"衰减区/区域"为300mm。

④ 展开"高级效果"卷展栏，然后在"投影贴图"通道中加载一张光盘中的"实例文件>CH07>实战——用体积光为场景添加体积光>55.jpg"文件。

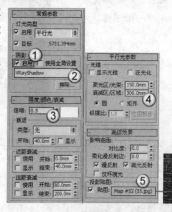

图7-46

10 按F9键测试渲染当前场景，效果如图7-47所示。

图7-47

 提示 虽然在"投影贴图"通道中加载了黑白贴图，但是灯光还没有产生体积光束效果。

11 按大键盘上的8键打开"环境和效果"对话框，然后展开"大气"卷展栏，接着单击"添加"按钮 添加... ，最后在弹出的"添加大气效果"对话框中选择"体积光"选项，如图7-48所示。

图7-48

12 在"效果"列表中选择"体积光"选项，在"体积光参数"卷展栏下单击"拾取灯光"按钮 拾取灯光 ，然后在场景中拾取目标平行灯光，接着设置"雾颜色"为（红:247，绿:232，蓝:205），再勾选"指数"选项，并设置"密度"为3.8，最后设置"过滤阴影"为"中"，具体参数设置如图7-49所示。

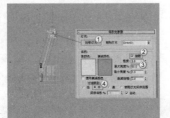

图7-49

13 按F9键渲染当前场景，最终效果如图7-50所示。

图7-50

7.2 效果

在"效果"面板中可以为场景添加Hair和Fur（头发和毛发）、"镜头效果"、"模糊"、"亮度和对比度"、"色彩平衡"、"景深"、"文件输出"、"胶片颗粒"、"运动模糊"和"VRay镜头特效"效果，如图7-51所示。

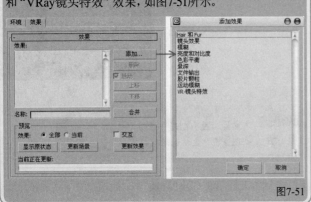

图7-51

本节效果技术概述

效果名称	主要作用	重要程度
镜头效果	模拟照相机拍照时镜头所产生的光晕效果	中
模糊	使渲染画面变得模糊	低
亮度和对比度	调整画面的亮度和对比度	低
色彩平衡	调整画面的色彩	低
胶片颗粒	为场景添加胶片颗粒	低

 **提示** 本节仅对"镜头效果"、"模糊"、"亮度和对比度"、"色彩平衡"和"胶片颗粒"效果进行讲解。

7.2.1 镜头效果

使用"镜头效果"可以模拟照相机拍照时镜头所产生的光晕效果，这些效果包括Glow（光晕）、Ring（光环）、Ray（射线）、Auto Secondary（自动二级光斑）、Manual Secondary（手动二级光斑）、Star（星形）和Streak（条纹），如图7-52所示。

图7-52

提示 在"镜头效果参数"卷展栏下选择镜头效果，单击 > 按钮可以将其加载到右侧的列表中，以应用镜头效果；单击 < 按钮可以移除加载的镜头效果。

"镜头效果"包含一个"镜头效果全局"卷展栏，该卷展栏分为"参数"和"场景"两大面板，如图7-53和图7-54所示。

图7-53   图7-54

镜头效果全局卷展栏参数介绍

① 参数面板

加载 加载 ：单击该按钮可以打开"加载镜头效果文件"对话框，在该对话框中可选择要加载的lzv文件。

保存 保存 ：单击该按钮可以打开"保存镜头效果文件"对话框，在该对话框中可以保存lzv文件。

大小：设置镜头效果的总体大小。

强度：设置镜头效果的总体亮度和不透明度。值越大，效果越亮越不透明；值越小，效果越暗越透明。

种子：为"镜头效果"中的随机数生成器提供不同的起点，并创建略有不同的镜头效果。

角度：当效果与摄影机的相对位置发生改变时，该选项用来设置镜头效果从默认位置的旋转量。

挤压：在水平方向或垂直方向挤压镜头效果的总体大小。

拾取灯光 拾取灯光 ：单击该按钮可以在场景中拾取灯光。

移除 移除 ：单击该按钮可以移除所选择的灯光。

② 场景面板

影响Alpha：如果图像以32位文件格式来渲染，那么该选项用来控制镜头效果是否影响图像的Alpha通道。

影响Z缓冲区：存储对象与摄影机的距离。z缓冲区用于光学效果。

距离影响：控制摄影机或视口的距离对光晕效果的大小和强度的影响。

偏心影响：产生摄影机或视口偏心的效果，影响其大小和或强度。

方向影响：聚光灯相对于摄影机的方向，影响其大小或强度。

内径：设置效果周围的内径，另一个场景对象必须与内径相交才能完全阻挡效果。

外半径：设置效果周围的外径，另一个场景对象必须与外径相交才能开始阻挡效果。

大小：减小所阻挡的效果的大小。

强度：减小所阻挡的效果的强度。

受大气影响：控制是否允许大气效果阻挡镜头效果。

🅒实战

用镜头效果制作镜头特效

场景位置	DVD>场景文件>CH07>04.max
实例位置	DVD>实例文件>CH07>实战——用镜头效果制作镜头特效.max
视频位置	DVD>多媒体教学>CH07>实战——用镜头效果制作镜头特效.flv
难易指数	★★★☆☆
技术掌握	用镜头效果制作各种镜头特效

各种镜头特效如图7-55所示。

图7-55

01 打开光盘中的"场景文件>CH07>04.max"文件，如图7-56所示。

图7-56

02 按大键盘上的8键打开"环境和效果"对话框，然后在"效果"选项卡下单击"添加"按钮 添加... ，接着在弹出的"添加效果"对话框中选择"镜头效果"选项，如图7-57所示。

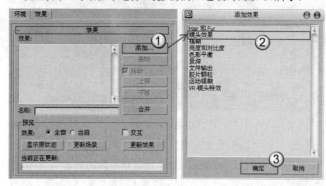

图7-57

03 选择"效果"列表框中的"镜头效果"选项，然后在"镜头效果参数"卷展栏下的左侧列表选择Glow（光晕）选项，接着单击 ⟩ 按钮将其加载到右侧的列表中，如图7-58所示。

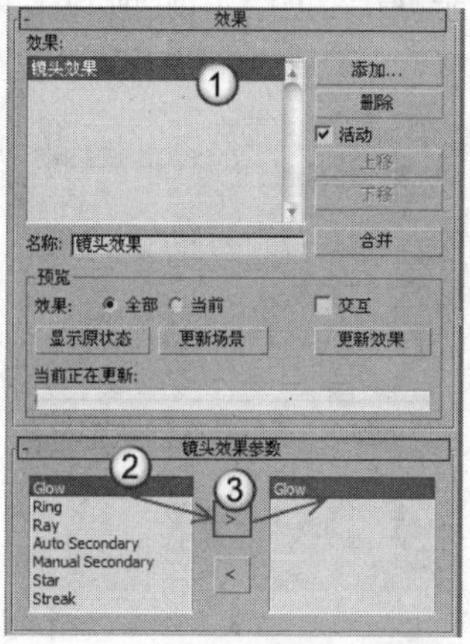

图7-58

04 展开"镜头效果全局"卷展栏，然后单击"拾取灯光"按钮 拾取灯光 ，接着在视图中拾取两盏泛光灯，如图7-59所示。

05 展开"光晕元素"卷展栏，然后在"参数"选项卡下设置"强度"为60，接着在"径向颜色"选项组下设置"边缘颜色"为（红:255，绿:144，蓝:0），具体参数设置如图7-60所示。

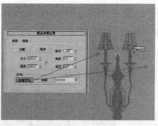
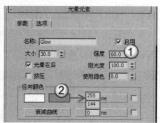

图7-59　　　　　　　　　　　图7-60

06 返回到"镜头效果参数"卷展栏，然后将左侧的Streak（条纹）效果加载到右侧的列表中，接着在"条纹元素"卷展栏下设置"强度"为5，如图7-61所示。

07 返回到"镜头效果参数"卷展栏，然后将左侧的Ray（射线）效果加载到右侧的列表中，接着在"射线元素"卷展栏下设置"强度"为28，如图7-62所示。

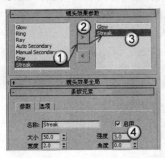 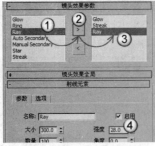

图7-61　　　　　　　　　　　　　　图7-62

08 返回到"镜头效果参数"卷展栏，然后将左侧的Manual Secondary（手动二级光斑）效果加载到右侧的列表中，接着在"手动二级光斑元素"卷展栏下设置"强度"为35，如图7-63所示，最后按F9键渲染当前场景，效果如图7-64所示。

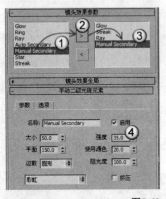 

图7-63　　　　　　　　　　　　　　图7-64

提 示 前面的步骤是制作的各种效果的叠加效果，下面制作单个镜头特效。

09 将前面制作好的场景文件保存好，然后重新打开光盘中的"场景文件>CH07>04.max"文件，下面制作射线特效。在"效果"卷展栏下加载一个"镜头效果"，然后在"镜头效果参数"卷展栏下将Ray（射线）效果加载到右侧的列表中，接着在"射线元素"卷展栏下设置"强度"为80，具体参数设置如图7-65所示，最后按F9键渲染当前场景，效果如图7-66所示。

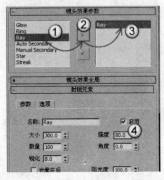 

图7-65　　　　　　　　　　　　　　图7-66

提 示 注意，这里省略了一个步骤，在加载"镜头效果"以后，同样要拾取两盏泛光灯，否则不会生成射线效果。

10 下面制作手动二级光斑特效。将上一步制作好的场景文件保存好，然后重新打开光盘中的"场景文件>CH07>04.max"文件。在"效果"卷展栏下加载一个"镜头效果"，然后在"镜头效果参数"卷展栏下将Manual Secondary Ray（手动二级光斑）效果加载到右侧的列表中，接着在"手动二级光斑元素"卷展栏下设置"强度"为400、"边数"为"六"，具体参数设置如图7-67所示，最后按F9键渲染当前场景，效果如图7-68所示。

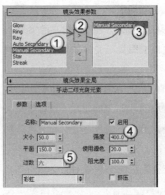 

图7-67　　　　　　　　　　　　　　图7-68

11 下面制作条纹特效。将上一步制作好的场景文件保存好，然后重新打开光盘中的"场景文件>CH07>04.max"文件。在"效果"卷展栏下加载一个"镜头效果"，然后在"镜头效果参数"卷展栏下将Streak（条纹）效果加载到右侧的列表中，接着在"条纹元素"卷展栏下设置"强度"为300、"角度"为45，具体参数设置如图7-69所示，最后按F9键渲染当前场景，效果如图7-70所示。

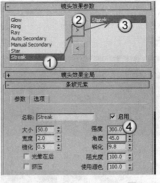 

图7-69　　　　　　　　　　　　　　图7-70

12 下面制作星形特效。将上一步制作好的场景文件保存好，然后重新打开光盘中的"场景文件>CH07>04.max"文件。在"效果"卷展栏下加载一个"镜头效果"，然后在"镜头效果参数"卷展栏下将Star（星形）效果加载到右侧的列表中，接着在"星形元素"卷展栏下设置"强度"为250、"宽度"为1，具体参数设置如图7-71所示，最后按F9键渲染当前场景，效果如图7-72所示。

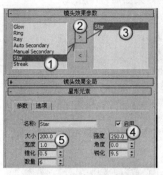

图7-71　　　　　　　　　　图7-72

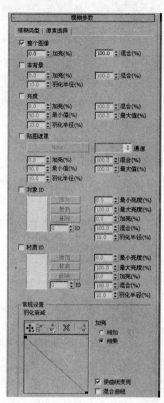

图7-76

13 下面制作自动二级光斑特效。将上一步制作好的场景文件保存好，然后重新打开光盘中的"场景文件>CH07>04.max"文件。在"效果"卷展栏下加载一个"镜头效果"，然后在"镜头效果参数"卷展栏下将Auto Secondary（自动二级光斑）效果加载到右侧的列表中，接着在"自动二级光斑元素"卷展栏下设置"最大"为80、"强度"为200、"数量"为4，具体参数设置如图7-73所示，最后按F9键渲染当前场景，效果如图7-74所示。

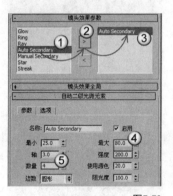

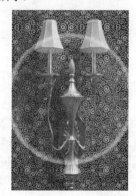

图7-73　　　　　　　　　　图7-74

7.2.2 模糊

使用"模糊"效果可以通过3种不同的方法使图像变得模糊，分别是"均匀型"、"方向型"和"径向型"。"模糊"效果根据"像素选择"选项卡下所选择的对象来应用各个像素，使整个图像变模糊，其参数包含"模糊类型"和"像素选择"两大部分，如图7-75和图7-76所示。

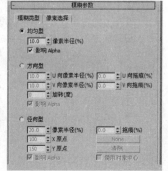

图7-75

模糊参数卷展栏参数介绍

① 模糊类型面板

均匀型：将模糊效果均匀应用在整个渲染图像中。

像素半径：设置模糊效果的半径。

影响Alpha：启用该选项时，可以将"均匀型"模糊效果应用于Alpha通道。

方向型：按照"方向型"参数指定的任意方向应用模糊效果。

U/V向像素半径（%）：设置模糊效果的水平/垂直强度。

U/V向拖痕（%）：通过为U/V轴的某一侧分配更大的模糊权重来为模糊效果添加方向。

旋转（度）：通过"U向像素半径（%）"和"V向像素半径（%）"来应用模糊效果的U向像素和V向像素的轴。

影响Alpha：启用该选项时，可以将"方向型"模糊效果应用于Alpha通道。

径向型：以径向的方式应用模糊效果。

像素半径（%）：设置模糊效果的半径。

拖痕（%）：通过为模糊效果的中心分配更大或更小的模糊权重来为模糊效果添加方向。

X/Y原点: 以"像素"为单位,对渲染输出的尺寸指定模糊的中心。

None（无） None ：指定以中心作为模糊效果中心的对象。

清除按钮 清除 ：移除对象名称。

影响Alpha：启用该选项时，可以将"径向型"模糊效果应用于Alpha通道。

使用对象中心：启用该选项后，None（无）按钮  指定的对象将作为模糊效果的中心。

② 像素选择面板

整个图像：启用该选项后，模糊效果将影响整个渲染图像。

加亮（%）：加亮整个图像。

混合（%）：将模糊效果和"整个图像"参数与原始的渲染图像进行混合。

非背景：启用该选项后，模糊效果将影响除背景图像或动画以外的所有元素。

羽化半径（%）：设置应用于场景的非背景元素的羽化模糊效果的百分比。

亮度：影响亮度值介于"最小值（%）"和"最大值（%）"微调器之间的所有像素。

最小/大值（%）：设置每个像素要应用模糊效果所需的最小和最大亮度值。

贴图遮罩：通过在"材质/贴图浏览器"对话框选择的通道和应用的遮罩来应用模糊效果。

对象ID：如果对象匹配过滤器设置，会将模糊效果应用于对象或对象中具有特定对象ID的部分（在G缓冲区中）。

材质ID：如果材质匹配过滤器设置，会将模糊效果应用于该材质或材质中具有特定材质效果通道的部分。

常规设置羽化衰减：使用曲线来确定基于图形的模糊效果的羽化衰减区域。

7.2.3 亮度和对比度

使用"亮度和对比度"效果可以调整图像的亮度和对比度，其参数设置面板如图7-77所示。

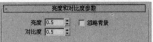

图7-77

亮度和对比度参数介绍

亮度：增加或减少所有色元（红色、绿色和蓝色）的亮度，取值范围从0~1。

对比度：压缩或扩展最大黑色和最大白色之间的范围，其取值范围从0~1。

忽略背景：是否将效果应用于除背景以外的所有元素。

🐾 实战

用亮度和对比度效果调整场景的亮度与对比度

场景位置	DVD>场景文件>CH07>05.max
实例位置	DVD>实例文件>CH07>实战——用亮度和对比度效果调整场景的亮度与对比度.max
视频位置	DVD>多媒体教学>CH07>实战——用亮度和对比度效果调整场景的亮度与对比度.flv
难易指数	★☆☆☆☆
技术掌握	用亮度和对比度效果调整场景的亮度与对比度

调整场景亮度与对比度后的效果如图7-78所示。

图7-78

01 打开光盘中的"场景文件>CH07>05.max"文件，如图7-79所示。

图7-79

02 按大键盘上的8键打开"环境和效果"对话框，然后在"效果"卷展栏下加载一个"亮度和对比度"效果，接着按F9键测试渲染当前场景，效果如图7-80所示。

图7-80

05 展开"亮度和对比度参数"卷展栏，然后设置"亮度"为0.65、"对比度"为0.62，如图7-81所示，接着按F9键测试渲染当前场景，最终效果如图7-82所示。

图7-81　　　　　　　图7-82

技术专题 42 在Photoshop中调整亮度与对比度

从图7-82中可以发现，当修改"亮度"和"对比度"数值以后，渲染画面的亮度与对比度都很协调了，但是这样会耗费很多的渲染时间，从而大大降低工作效率。下面介绍一下如何在Photoshop中调整图像的亮度与对比度。

第1步：在Photoshop中打开默认渲染的图像，如图7-83所示。

图7-83

第2步: 执行"图像>调整>亮度/对比度"菜单命令, 打开"亮度/对比度"对话框, 然后对"亮度"和"对比度"数值进行调整, 直到得到最佳的画面为止, 如图7-84和图7-85所示。

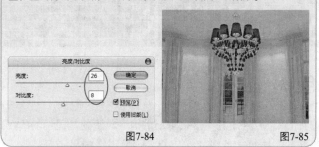

图7-84　　　　　　　　图7-85

7.2.4 色彩平衡

使用"色彩平衡"效果可以通过调节"青-红"、"洋红-绿"、"黄-蓝"3个通道来改变场景或图像的色调, 其参数设置面板如图7-86所示。

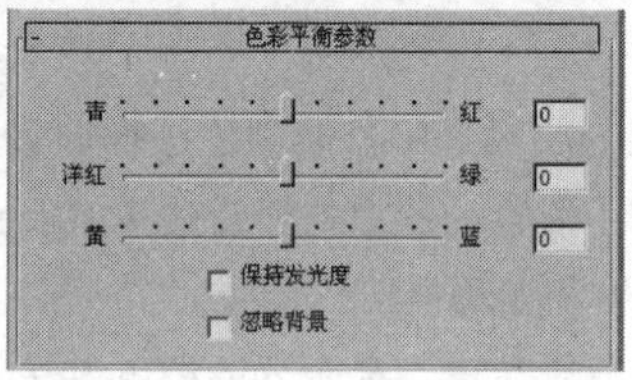

图7-86

色彩平衡参数介绍

青-红: 调整"青-红"通道。

洋红-绿: 调整"洋红-绿"通道。

黄-蓝: 调整"黄-蓝"通道。

保持发光度: 启用该选项后, 在修正颜色的同时将保留图像的发光度。

忽略背景: 启用该选项后, 可以在修正图像时不影响背景。

实战

用色彩平衡效果调整场景的色调

场景位置	DVD>场景文件>CH07>06.max
实例位置	DVD>实例文件>CH07>实战——用色彩平衡效果调整场景的色调.max
视频位置	DVD>多媒体教学>CH07>实战——用色彩平衡效果调整场景的色调.flv
难易指数	★☆☆☆☆
技术掌握	用色彩平衡效果调整场景的色调

调整场景色调后的效果如图7-87所示。

图7-87

01　打开光盘中的"场景文件>CH07>06.max"文件, 如图7-88所示。

02　按大键盘上的8键打开"环境和效果"对话框, 然后在

"效果"卷展栏下加载一个"色彩平衡"效果, 接着按F9键测试渲染当前场景, 效果如图7-89所示。

图7-88　　　　　　　　图7-89

03　展开"色彩平衡参数"卷展栏, 然后设置"青-红"为15、"洋红-绿"为-15、"黄-蓝"为0, 如图7-90所示, 接着按F9键测试渲染当前场景, 效果如图7-91所示。

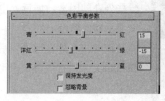

图7-90 　　　　　　　　图7-91

04　在"色彩平衡参数"卷展栏下重新将"青-红"修改为-15、"洋红-绿"修改为0、"黄-蓝"为15, 如图7-92所示, 按F9键测试渲染当前场景, 效果如图7-93所示。

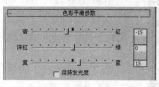

图7-92　　　　　　　　图7-93

7.2.5 胶片颗粒

"胶片颗粒"效果主要用于在渲染场景中重新创建胶片颗粒, 同时还可以作为背景的源材质与软件中创建的渲染场景相匹配, 其参数设置面板如图7-94所示。

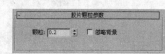

图7-94

胶片颗粒参数介绍

颗粒: 设置添加到图像中的颗粒数, 其取值范围从0~1。

忽略背景: 屏蔽背景, 使颗粒仅应用于场景中的几何体对象。

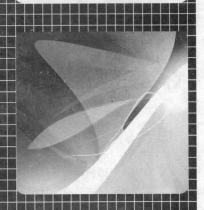

第8章 效果图渲染利器——VRay渲染技术

8.1 显示器的校色

一张作品的效果除了本身的质量以外还有一个很重要的因素，那就是显示器的颜色是否准确。显示器颜色的准确性决定了最终的打印效果，但现在的显示器品牌太多，每一种品牌的色彩效果都不尽相同，不过原理都一样，这里就以CRT显示器来介绍一下如何校正显示器的颜色。

CRT显示器是以RGB颜色模式来显示图像的，其显示效果除了自身的硬件因素以外还有一些外在的因素，如近处电磁干扰可以使显示器的屏幕发生抖动现象，而靠近磁铁也可以改变显示器的颜色。

在解决了外在因素以后就需要对显示器的颜色进行调整，可以用专业的软件（如Adobe Gamma）来进行调整，也可以用流行的图像处理软件（如Photoshop）来进行调整，调整的方向主要有显示器的对比度、亮度和伽玛值。

下面以Photoshop作为调整软件来学习显示器的校色方法。

8.1.1 调节显示器的对比度

在一般情况下，显示器的对比度调到最高为宜，这样就可以表现出效果图中的细微细节，在显示器上有相应的对比度调整按扭。

8.1.2 调节显示器的亮度

首先将显示器中的颜色模式调成sRGB模式，如图8-1所示，然后在Photoshop中执行"编辑>颜色设置"菜单命令，打开"颜色设置"对话框，接着将RGB模式也调成sRGB，如图8-2所示，这样Photoshop就与显示器中的颜色模式相同，接着将显示器的亮度调节到最低。

Learning Objectives
学习重点 ☑

了解如何校正显示器的颜色
了解默认扫描线渲染器和mental ray渲染器的使用方法
掌握VRay渲染器的重要参数
掌握用VRay渲染器出图的流程与技巧

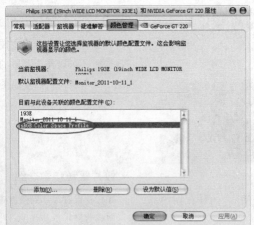

图8-1

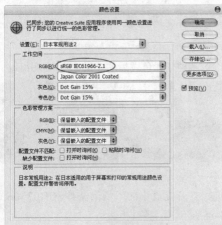

图8-2

在Photoshop中新建一个空白文件，并用黑色填充"背景"图层，然后使用"矩形选框"工具▢选择填充区域的一半，接着按Ctrl+U组合键打开"色相/饱和度"对话框，并设置"明度"为3，如图8-3所示。最后观察选区内和选区外的明暗变化，如果被调区域依然是纯黑色，这时可以调整显示器的亮度，直到两个区域的亮度有细微的区别，这样就调整好了显示器的亮度，如图8-4所示。

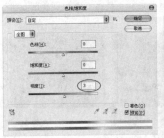

图8-3　　　　　　　　　　　图8-4

8.1.3 调节显示器的伽玛值

伽玛值是曲线的优化调整，是亮度和对比度的辅助功能，强大的伽玛功能可以优化和调整画面细微的明暗层次，同时还可以控制整个画面的对比度。设置合理的伽玛值，可以得到更好的图像层次效果和立体感，大大优化画面的画质、亮度和对比度。校对伽玛值的正确方法如下。

新建一个Photoshop空白文件，然后使用颜色值为（R:188, G:188, B:188）的颜色填充"背景"图层，接着使用选区工具选择一半区域，并对选择区域填充白色，如图8-5所示，最后在白色区域中每隔1像素加入一条宽度为1像素的黑色线条，如图8-6所示为放大后的效果。从远处观察，如果两个区域内的亮度相同，就说明显示器的伽玛是正确的；如果不相同，可以使用显卡驱动程序软件来对伽玛值进行调整，直到正确为止。

图8-5　　　　　　　　　　　　图8-6

8.2 渲染的基本常识

使用3ds Max创作作品时，一般都遵循"建模→灯光→材质→渲染"这个最基本的步骤，渲染是最后一道工序（后期处理除外）。渲染的英文为Render，翻译为"着色"，也就是对场景进行着色的过程，它是通过复杂的运算，将虚拟的三维场景投射到二维平面上，这个过程需要对渲染器进行复杂的设置，如图8-7和图8-8所示是一些比较优秀的渲染作品。

图8-7　　　　　　　　　　　图8-8

8.2.1 渲染器的类型

渲染场景的引擎有很多种，比如VRay渲染器、Renderman渲染器、mental ray渲染器、Brazil渲染器、FinalRender渲染器、Maxwell渲染器和Lightscape渲染器等。

3ds Max 2012默认的渲染器有"iray渲染器"、"mental ray渲染器"、"Quicksilver硬件渲染器"、"默认扫描线渲染器"和"VUE文件渲染器"，在安装好VRay渲染器之后也可以使用VRay渲染器来渲染场景，如图8-9所示。当然也可以安装一些其他的渲染插件，如Renderman、Brazil、FinalRender、Maxwell和Lightscape等。

图8-9

8.2.2 渲染工具

在"主工具栏"右侧提供了多个渲染工具，如图8-10所示。

图8-10

各种渲染工具简介

渲染设置：单击该按钮可以打开"渲染设置"对话框，基本上所有的渲染参数都在该对话框中完成。

渲染帧窗口：单击该按钮可以打开"渲染帧窗口"对话框，在该对话框中可以选择渲染区域、切换通道和储存渲染图像等任务。

技术专题 43 详解"渲染帧窗口"对话框

单击"渲染帧窗口"按钮，3ds Max会弹出"渲染帧窗口"对话框，如图8-11所示。下面详细介绍一下该对话框的用法。

图8-11

要渲染的区域：该下拉列表中提供了要渲染的区域选项，包括"视图"、"选定"、"区域"、"裁剪"和"放大"。

编辑区域：可以调整控制手柄来重新调整渲染图像的大小。

自动选定对象区域：激活该按钮后，系统会将"区域"、"裁剪"和"放大"自动设置为当前选择。

视口：显示当前渲染的视图。若渲染的是透视图，那么在这里就显示为透视图。

锁定到视口：激活该按钮后，系统就只渲染视图列表中的视图。

渲染预设：可以从下拉列表中选择与预设渲染相关的选项。

渲染设置：单击该按钮可以打开"渲染设置"对话框。

环境和效果对话框（曝光控制）：单击该按钮可以打开"环境和效果"对话框，在该对话框中可以调整曝光控制的类型。

产品级/迭代："产品级"是使用"渲染帧窗口"对话框、"渲染设置"对话框等所有当前设置进行渲染；"迭代"是忽略网络渲染、多帧渲染、文件输出、导出至MI文件以及电子邮件通知，同时使用扫描线渲染器进行渲染。

渲染：单击该按钮可以使用当前设置来渲染场景。

保存图像：单击该按钮可以打"保存图像"对话框，在该对话框可以保存多种格式的渲染图像。

复制图像：单击该按钮可以将渲染图像复制到剪贴板上。

克隆渲染帧窗口：单击该按钮可以克隆一个"渲染帧窗口"对话框。

打印图像：将渲染图像发送到Windows定义的打印机中。

清除：清除"渲染帧窗口"对话框中的渲染图像。

启用红色/绿色/蓝色通道：显示渲染图像的红/绿/蓝通道，如图8-12~图8-14所示分别是单独开启红色、绿色、蓝色通道的图像效果。

图8-12   图8-13   图8-14

显示Alpha通道：显示图像的Aplha通道。

单色：单击该按钮可以将渲染图像以8位灰度的模式显示出来，如图8-15所示。

图8-15

切换UI叠加：激活该按钮后，如果"区域"、"裁剪"或"放大"区域中有一个选项处于活动状态，则会显示表示相应区域的帧。

切换UI：激活该按钮后，"渲染帧窗口"对话框中的所有工具与选项均可使用；关闭该按钮后，不会显示对话框顶部的渲染控件以及对话框下部单独面板上的mental ray控件，如图8-16所示。

图8-16

渲染产品 ：单击该按钮可以使用当前的产品级渲染设置来渲染场景。

渲染迭代 ：单击该按钮可以在迭代模式下渲染场景。

ActiveShade（动态着色） ：单击该按钮可以在浮动的窗口中执行"动态着色"渲染。

8.3 默认扫描线渲染器

"默认扫描线渲染器"是一种多功能渲染器，可以将场景渲染为从上到下生成的一系列扫描线，如图8-17所示。"默认扫描线渲染器"的渲染速度特别快，但是渲染功能不强。

图8-17

按F10键打开"渲染设置"对话框，3ds Max默认的渲染器就是"默认扫描线渲染器"，如图8-18所示。

图8-18

提示 "默认扫描线渲染器"的参数共有"公用"、"渲染器"、Render Elements（渲染元素）、"光线跟踪器"和"高级照明"五大选项卡。在一般情况下，都不会用到该渲染器，因为其渲染质量不高，并且渲染参数也特别复杂，因此这里不讲解其参数，用户只需要知道有这么一个渲染器就行了。

8.4 mental ray渲染器

mental ray是早期出现的两个重量级的渲染器之一（另外一个是Renderman），是德国Mental Images公司的产品。在刚推出的时候，集成在著名的3D动画软件Softimage3D中作为其内置的渲染引擎。正是凭借着mental ray高效的速度和质量，Softimage3D一直在好莱坞电影制作中作为首选制作软件。

相对于Renderman而言，mental ray的操作更加简便，效率也更高，因为Renderman渲染系统需要使用编程技术来渲染场景，而mental ray只需要在程序中设定好参数，然后便会"智能"地对需要渲染的场景进行自动计算，所以mental ray渲染器也叫"智能"渲染器。

自mental ray渲染器诞生以来，CG艺术家就利用它制作出了很多令人惊讶的作品，如图8-19和图8-20所示是一些比较优秀的mental ray渲染作品。

图8-19　　　　　　　　　　图8-20

如果要将当前渲染器设置为mental ray渲染器，可以按F10键打开"渲染设置"对话框，然后在"公用"选项卡下展开"指定渲染器"卷展栏，接着单击"产品级"选项后面的"选择渲染器"按钮 ，最后在弹出的对话框中选择"mental ray渲染器"，如图8-21所示。

图8-21

将渲染器设置为mental ray渲染器后，在"渲染设置"对话框中将会出现"公用"、"渲染器"、"间接照明"、"处理"和Render Elements（渲染元素）五大选项卡。下面对"间接照明"和"渲染器"两个选项卡下的参数进行讲解。

本节mental ray渲染技术概述

技术名称	工具作用	重要程度
最终聚集	模拟指定点的全局照明	低
焦散和全局照明（GI）	设置焦散和全局照明效果	低
采样质量	设置抗锯齿渲染图像时执行采样的方式	低

8.4.1 间接照明选项卡

"间接照明"选项卡下的参数主要用来控制焦散、全局照明和最终聚焦等，如图8-22所示。

图8-22

最终聚焦卷展栏

"最终聚焦"是一项技术，用于模拟指定点的全局照明。对于漫反射场景，最终聚集通常可以提高全局照明解决方案的质量。如果不使用最终聚集，漫反射曲面上的全局照明由该点附近的光子密度（和能量）来估算；如果使用最终聚集，将发送许多新的光线来对该点上的半球进行采样，以决定直接照明。

展开"最终聚焦"卷展栏，如图8-23所示。

图8-23

最终聚焦卷展栏参数介绍

① 基本选项组

启用最终聚焦： 开启该选项后，mental ray渲染器会使用最终聚焦来创建全局照明或提高渲染质量。

倍增/色样： 控制累积的间接光的强度和颜色。

最终聚焦精度预设： 为最终聚焦提供快速、轻松的解决方案，包括"草图级"、"低"、"中"、"高"及"很高"5个级别。

按分段数细分摄影机路径： 在上面的列表中选择"沿摄影机路径的位置投影点"选项时，该选项才被激活。

初始最终聚集点密度： 最终聚集点密度的倍增。增加该值会增加图像中最终聚焦点的密度。

每最终聚集点光线数目： 设置使用多少光线来计算最终聚焦中的间接照明。

插值的最终聚集点数： 控制用于图像采样的最终聚焦点数。

漫反射反弹次数： 设置mental ray为单个漫反射光线计算的漫反射光反弹的次数。

权重： 控制漫反射反弹有多少间接光照影响最终聚焦的解决方案。

② 高级选项组

噪波过滤（减少斑点）： 使用从同一点发射的相邻最终聚集光线的中间过滤器。可以从后面的下拉列表中选择一个预设，包含"无"、"标准"、"高"、"很高"和"极端高"5个选项。

草图模式（无预先计算）： 启用该选项之后，最终聚集将跳过预先计算阶段。这将造成渲染不真实，但是可以更快速地开始进行渲染，因此非常适用于进行测试渲染。

最大深度： 制反射和折射的组合。当光线的反射和折射总数等于"最大深度"数值时将停止。

最大反射： 设置光线可以反射的次数。0表示不会发生反射；1表示光线只可以反射一次；2表示光线可以反射两次，以此类推。

最大折射： 设置光线可以折射的次数。0表示不发生折射；1表示光线只可以折射一次；2表示光线可以折射两次，以此类推。

使用衰减（限制光线距离）： 启用该选项后，可以利用"开始"和"停止"数值限制使用环境颜色前用于重新聚集的光线的长度。

使用半径插值法（不使用最终聚集点数）： 启用该选项之后，以下参数才可用。

半径： 启用该选项之后，将设置应用最终聚集的最大半径。如果禁用"以像素表示半径"和"半径"，则最大半径的默认值是最大场景半径的10%，采用世界单位。

最小半径： 启用该选项，可以设置必须在其中使用最终聚集的最小半径。

以像素表示半径： 启用该选项之后，将以"像素"来指定半径值；关闭禁用该选项后，半径单位取决于半径切换的值。

焦散和全局照明（GI）卷展栏

展开"焦散和全局照明（GI）"卷展栏，如图8-24所示。在该卷展栏下可以设置焦散和全局照明效果。

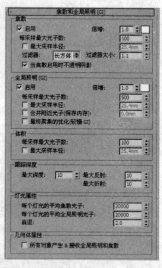

图8-24

焦散和全局照明（GI）卷展栏参数介绍

① 焦散选项组

启用： 启用该选项后，mental ray渲染器会计算焦散效果。

倍增/色样： 控制焦散累积的间接光的强度和颜色。

每采样最大光子数： 设置用于计算焦散强度的光子个数。

大采样半径： 启用该选项后，可以设置光子大小。

过滤器： 指定锐化焦散的过滤器，包括"长方体"、"圆锥体"和Gauss（高斯）3种过滤器。

过滤器大小：选择"圆锥体"作为焦散过滤器时，该选项用来控制焦散的锐化程度。

当焦散启用时不透明阴影：启用该选项后，阴影为不透明。

②全局照明（CI）选项组

启用：启用该选项后，mental ray渲染器会计算全局照明。

每采样最大光子数：设置用于计算焦散强度的光子个数。增大该值可以使焦散产生较少的噪点，但图像会变得模糊。

最大采样半径：启用该选项后，可以使用微调器来设置光子大小。

合并附近光子（保存内存）：启用该选项后，可以减少光子贴图的内存使用量。

最终聚焦的优化（较慢GI）：如果在渲染场景之前启用该选项，那么mental ray渲染器将计算信息，以加速重新聚集的进程。

③体积选项组

每采样最大光子数：设置用于着色体积的光子数，默认值为100。

最大采样半径：启用该选项时，可以设置光子的大小。

④跟踪深度选项组

最大深度：限制反射和折射的组合。当光子的反射和折射总数等于"最大深度"设置的数值时将停止。

最大反射：设置光子可以反射的次数。0表示不会发生反射；1表示光子只能反射一次；2表示光子可以反射两次，以此类推。

最大折射：设置光子可以折射的次数。0表示不发生折射；1表示光子只能折射一次；2表示光子可以折射两次，以此类推。

⑤灯光属性选项组

每个灯光的平均焦散光子：设置用于焦散的每束光线所产生的光子数量。

每个灯光的平均全局照明光子：设置用于全局照明的每束光线产生的光子数量。

衰退：当光子移离光源时，该选项用于设置光子能量的衰减方式。

⑥几何体属性选项组

所有对象产生&接收全局照明和焦散：启用该选项后，在渲染场景时，场景中的所有对象都会产生并接收焦散和全局照明。

8.4.2 渲染器选项卡

"渲染器"选项卡下的参数可以用来设置采样质量、渲染算法、摄影机效果、阴影与置换等，如图8-25所示。

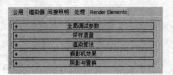

图8-25

下面重点讲解"采样质量"卷展栏下的参数，如图8-26所示。该卷展栏主要用来设置mental ray渲染器为抗锯齿渲染图像时执行采样的方式。

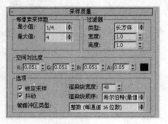

图8-26

采样质量卷展栏参数介绍

①每像素采样数选项组

最小值：设置最小采样率。该值代表每个像素的采样数量，大于或等于1时表示对每个像素进行一次或多次采样；分数值代表对n个像素进行一次采样（例如，对于每4个像素，1/4就是最小的采样数）。

最大值：设置最大采样率。

类型：指定过滤器的类型。

宽度/高度：设置过滤器的大小。

②空间对比度选项组

R/G/B：指定红、绿、蓝采样组件的阈值。

A：指定采样Alpha组件的阈值。

③选项选项组

锁定采样：启用该选项后，mental ray渲染器对于动画的每一帧都使用同样的采样模式。

抖动：开启该选项后可以避免出现锯齿现象。

渲染块宽度：设置每个渲染块的大小（以"像素"为单位）。

渲染块顺序：指定mental ray渲染器选择下一个渲染块的方法。

帧缓冲区类型：选择输出帧缓冲区的位深的类型。

8.5 VRay渲染器

　　VRay渲染器是保加利亚的Chaos Group公司开发的一款高质量渲染引擎，主要以插件的形式应用在3ds Max、Maya、SketchUp等软件中。由于VRay渲染器可以真实地模拟现实光照，并且操作简单，可控性也很强，因此被广泛应用于建筑表现、工业设计和动画制作等领域。

　　VRay的渲染速度与渲染质量比较均衡，也就是说在保证较高渲染质量的前提下也具有较快的渲染速度，所以它是目前效果图制作领域最为流行的渲染器，如图8-27和图8-28所示是一些比较优秀的效果图作品。

图8-27

图8-28

安装好VRay渲染器之后，若想使用该渲染器来渲染场景，可以按F10键打开"渲染设置"对话框，然后在"公用"选项卡下展开"指定渲染器"卷展栏，接着单击"产品级"选项后面的"选择渲染器"按钮，最后在弹出的"选择渲染器"对话框中选择VRay渲染器即可，如图8-29所示。

图8-29

VRay渲染器参数主要包括"公用"、"VR-基项"、"VR-间接照明"、"VR-设置"和Render Elements（渲染元素）5大选项卡，如图8-30所示。下面重点讲解"VR-基项"、"VR-间接照明"和"VR-设置"这3个选项卡下的参数。

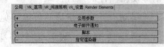
图8-30

本节VRay渲染技术概述

技术名称	工具作用	重要程度
帧缓存	代替3ds Max自身的帧缓存功能	低
全局开关	对灯光、材质、置换等进行全局设置	高
图像采样器（抗锯齿）	决定图像的渲染精度和渲染时间	高
自适应DMC图像采样器	根据每个像素以及与它相邻像素的明暗差异来使不同像素使用不同的样本数量	高
环境	设置天光的亮度、反射、折射和颜色	高
颜色映射	控制整个场景的颜色和曝光方式	高
间接照明（全局照明）	使光线在物体与物体间相互反弹，从而让光线计算更加准确	高
发光贴图	描述了三维空间中的任意一点以及全部可能照射到这点的光线	高
灯光缓存	将最后的光发散到摄影机后得到最终图像	高
焦散	制作焦散特效	中
DMC采样器	控制整体的渲染质量和速度	高
默认置换	用灰度贴图来实现物体表面的凹凸效果	中
系统	影响渲染的显示和提示功能	高

知识链接：本章只介绍VRay渲染器的渲染参数，关于VRay灯光与材质请参阅第4章和第6章中的相关内容。

★重点★ 8.5.1 VR-基项选项卡

"VR-基项"选项卡下包含9个卷展栏，如图8-31所示。下面重点讲解"帧缓存"、"全局开关"、"图像采样器（抗锯齿）"、"自适应DMC图像采样器"、"环境"和"颜色映射"6个卷展栏下的参数。

图8-31

帧缓存卷展栏

"帧缓存"卷展栏下的参数可以代替3ds Max自身的帧缓存窗口。这里可以设置渲染图像的大小，以及保存渲染图像等，如图8-32所示。

图8-32

帧缓存卷展栏参数介绍

① 帧缓存选项组

启用内置帧缓存：当选择这个选项的时候，用户就可以使用VRay自身的渲染窗口。同时需要注意，应该关闭3ds Max默认的"渲染帧窗口"选项，这样可以节约一些内存资源，如图8-33所示。

图8-33

技术专题 44 详解"VRay帧缓存"对话框

在"帧缓存"卷展栏下勾选"启用内置帧缓存"选项后，按F9键渲染场景，3ds Max会弹出"VRay帧缓存"对话框，如图8-34所示。

图8-34

切换颜色显示模式 ●●●●●○● ：分别为"切换到RGB通道"、"查看红色通道"、"查看绿色通道"、"查看蓝色通道"、"切换到alpha通道"和"灰度模式"。

保存图像 🖫：将渲染好的图像保存到指定的路径中。

载入图像 📂：载入VRay图像文件。

清除图像 ✖：清除帧缓存中的图像。

复制到3ds Max的帧缓存 🖳：单击该按钮可以将VRay帧缓存中的图像复制到3ds Max中的帧缓存中。

渲染时跟踪鼠标 🖳：强制渲染鼠标所指定的区域，这样可以快速观察到指定的渲染区域。

区域渲染 🖳：使用该按钮可以在VRay帧缓存中拖出一个渲染区域，再次渲染时就只渲染这个区域内的物体。

渲染上次 🖳：执行上一次的渲染。

打开颜色校正控制 🔲：单击该按钮会弹出"颜色校正"对话框，在该对话框中可以校正渲染图像的颜色。

强制颜色钳制 🖳：单击该按钮可以对渲染图像中超出显示范围的色彩不进行警告。

查看钳制颜色 🖳：单击该按钮可以查看钳制区域中的颜色。

打开像素信息对话框 🄸：单击该按钮会弹出一个与像素相关的信息通知对话框。

使用颜色对准校正 🖳：在"颜色校正"对话框中调整明度的阈值后，单击该按钮可以将最后调整的结果显示或不显示在渲染的图像中。

使用颜色曲线校正 🖳：在"颜色校正"对话框中调整好曲线的阈值后，单击该按钮可以将最后调整的结果显示或不显示在渲染的图像中。

使用曝光校正 ⭕：控制是否对曝光进行修正。

显示在sRGB色彩空间的颜色 🖳：SRGB是国际通用的一种RGB颜色模式，还有Adobe RGB和ColorMatch RGB模式，这些RGB模式主要的区别就在于Gamma值的不同。

渲染到内存帧缓存： 当勾选该选项时，可以将图像渲染到内存中，然后再由帧缓存窗口显示出来，这样可以方便用户观察渲染的过程；当关闭该选项时，不会出现渲染框，而直接保存到指定的硬盘文件夹中，这样的好处是可以节约内存资源。

② 输出分辨率选项组

从Max获取分辨率： 当勾选该选项时，将从"公用"选项卡的"输出大小"选项组中获取渲染尺寸；当关闭该选项时，将从VRay渲染器的"输出分辨率"选项组中获取渲染尺寸。

宽度： 设置像素的宽度。

长度： 设置像素的长度。

交换 交换： 交换"宽度"和"高度"的数值。

图像长宽比： 设置图像的长宽比例，单击后面的"锁"按钮 🄻 可以锁定图像的长宽比。

像素长宽比： 控制渲染图像的像素长宽比。

③ VRay原态图像文件（raw）选项组

渲染为VRay原始格式图像： 控制是否将渲染后的文件保存到所指定的路径中。勾选该选项后渲染的图像将以raw格式进行保存。

提示 在渲染较大的场景时，计算机会负担很大的渲染压力，而勾选"渲染为VRay原始格式图像"选项后（需要设置好渲染图像的保存路径），渲染图像会自动保存到设置的路径中。

④ 分离渲染通道选项组

保存单独的渲染通道： 控制是否单独保存渲染通道。

保存RGB： 控制是否保存RGB色彩。

保存Alpha： 控制是否保存Alpha通道。

浏览 浏览...： 单击该按钮可以保存RGB和Alpha文件。

🌏 全局开关卷展栏

"全局开关"展卷栏下的参数主要用来对场景中的灯光、材质、置换等进行全局设置，比如是否使用默认灯光、是否开启阴影、是否开启模糊等，如图8-35所示。

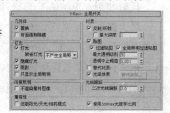

图8-35

全局开关卷展栏参数介绍

① 几何体选项组

置换： 控制是否开启场景中的置换效果。在VRay的置换系统中，一共有两种置换方式，分别是材质置换方式和VRay置换修改器方式，如图8-36所示。当关闭该选项时，场景中的两种置换都不会起作用。

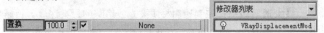

图8-36

背面强制隐藏： 执行3ds Max中的"自定义>首选项"菜单命令，在弹出的对话框中的"视口"选项卡下有一个"创建对象时背面消隐"选项，如图8-37所示。"背面强制隐藏"与"创建对象时背面消隐"选项相似，但"创建对象时背面消隐"只用于视图，对渲染没有影响，而"强制背面隐藏"是针对渲染而言的，勾选该选项后反法线的物体将不可见。

图8-37

② 灯光选项组

灯光： 控制是否开启场景中的光照效果。当关闭该选项时，场景中放置的灯光将不起作用。

缺省灯光： 控制场景是否使用3ds Max系统中的默认光照，一般情况下都不设置它。

隐藏灯光：控制场景是否让隐藏的灯光产生光照。这个选项对于调节场景中的光照非常方便。

阴影：控制场景是否产生阴影。

只显示全局照明：当勾选该选项时，场景渲染结果只显示全局照明的光照效果。虽然如此，渲染过程中也是计算了直接光照的。

③ 间接照明选项组

不渲染最终图像：控制是否渲染最终图像。如果勾选该选项，VRay将在计算完光子以后，不再渲染最终图像，这对跑小光子图非常方便。

④ 材质选项组

反射/折射：控制是否开启场景中的材质的反射和折射效果。

最大深度：控制整个场景中的反射、折射的最大深度，后面的输入框数值表示反射、折射的次数。

贴图：控制是否让场景中的物体的程序贴图和纹理贴图渲染出来。如果关闭该选项，那么渲染出来的图像就不会显示贴图，取而代之的是漫反射通道里的颜色。

过滤贴图：这个选项用来控制VRay渲染时是否使用贴图纹理过滤。如果勾选该选项，VRay将用自身的"抗锯齿过滤器"来对贴图纹理进行过滤，如图8-38所示；如果关闭该选项，将以原始图像进行渲染。

图8-38

全局照明过滤贴图：控制是否在全局照明中过滤贴图。

最大透明级别：控制透明材质被光线追踪的最大深度。值越高，被光线追踪的深度越深，效果越好，但渲染速度会变慢。

透明中止阈值：控制VRay渲染器对透明材质的追踪终止值。当光线透明度的累计比当前设定的阈值低时，将停止光线透明追踪。

替代材质：是否给场景赋予一个全局材质。当在后面的通道中设置了一个材质后，那么场景中所有的物体都将使用该材质进行渲染，这在测试阳光的方向时非常有用。

光泽效果：是否开启反射或折射模糊效果。当关闭该选项时，场景中带模糊的材质将不会渲染出反射或折射模糊效果。

⑤ 光线跟踪选项组

二次光线偏移：这个选项主要用来控制有重面的物体在渲染时不会产生黑斑。如果场景中有重面，在默认值0的情况下将会产生黑斑，一般通过设置一个比较小的值来纠正渲染错误，比如0.0001。但是如果这个值设置得比较大，比如10，那么场景中的间接照明将变得不正常。比如在图8-39中，地板上放了一个长方体，它的位置刚好和地板重合，当"二次光线偏移"数值为0的时候渲染结果不正确，出现黑块；当"二次光线偏移"数值为0.001的时候，渲染结果正常，没有黑斑，如图8-40所示。

图8-39　　　　　图8-40

图像采样器（抗锯齿）卷展栏

抗锯齿在渲染设置中是一个必须调整的参数，其数值的大小决定了图像的渲染精度和渲染时间，但抗锯齿与全局照明精度的高低没有关系，只作用于场景物体的图像和物体的边缘精度，其参数设置面板如图8-41所示。

图8-41

图像采样器（抗锯齿）卷展栏参数介绍

① 图像采样器选项组

类型：用来设置"图像采样器"的类型，包括"固定"、"自适应DMC"和"自适应细分"3种类型。

固定：对每个像素使用一个固定的细分值。该采样方式适合拥有大量的模糊效果（比如运动模糊、景深模糊、反射模糊、折射模糊等）或者具有高细节纹理贴图的场景。在这种情况下，使用"固定"方式能够兼顾渲染品质和渲染时间。

自适应DMC：这是最常用的一种采样器，在下面的内容中还要单独介绍，其采样方式可以根据每个像素以及与它相邻像素的明暗差异来使不同像素使用不同的样本数量。在角落部分使用较高的样本数量，在平坦部分使用较低的样本数量。该采样方式适合拥有少量的模糊效果或者具有高细节的纹理贴图以及具有大量几何体面的场景。

自适应细分：这个采样器具有负值采样的高级抗锯齿功能，适用于在没有或者有少量的模糊效果的场景中，在这种情况下，它的渲染速度最快，但是在具有大量细节和模糊效果的场景中，它的渲染速度会非常慢，渲染品质也不高，这是因为它需要去优化模糊和大量的细节，这样就需要对模糊和大量细节进行预计算，从而把渲染速度降低。同时该采样方式是3种采样类型中最占内存资源的一种，而"固定"采样器占的内存资源最少。

② 抗锯齿过滤器选项组

开启：当勾选"开启"选项以后，可以从后面的下拉列表中选择一个抗锯齿过滤器来对场景进行抗锯齿处理；如果不勾选"开启"选项，那么渲染时将使用纹理抗锯齿过滤器。抗锯齿过滤器的类型有以下15种。

区域：用区域大小来计算抗锯齿，如图8-42所示。

清晰四方形：来自Neslon Max算法的清晰9像素重组过滤器，如图8-43所示。

Catmull-Rom：一种具有边缘增强的过滤器，可以产生较清晰的图像效果，如图8-44所示。

图8-42　　　　　图8-43　　　　　图8-44

图版匹配/MAX R2：使用3ds Max R2的方法（无贴图过滤）将摄影机和场景或"无光/投影"元素与未过滤的背景图像相匹配，如图8-45所示。

四方形：和"清晰四方形"相似，能产生一定的模糊效果，如图8-46所示。

立方体：基于立方体的25像素过滤器，能产生一定的模糊效果，如图8-47所示。

图8-45　　　　　图8-46　　　　　图8-47

视频：适合于制作视频动画的一种抗锯齿过滤器，如图8-48所示。

柔化：用于程度模糊效果的一种抗锯齿过滤器，如图8-49所示。

Cook变量：一种通用过滤器，较小的数值可以得到清晰的图像效果，如图8-50所示。

图8-48　　　　　图8-49　　　　　图8-50

混合：一种用混合值来确定图像清晰或模糊的抗锯齿过滤

器，如图8-51所示。

Blackman：一种没有边缘增强效果的抗锯齿过滤器，如图8-52所示。

Mitchell-Netravali：一种常用的过滤器，能产生微量模糊的图像效果，如图8-53所示。

图8-51　　　　　图8-52　　　　　图8-53

VRayLanczos/VRaySinc过滤器：VRay新版本中的两个新抗锯齿过滤器，可以很好地平衡渲染速度和渲染质量，如图8-54所示。

图8-54

VRay盒子过滤器/VRay三角形过滤器：这也是VRay新版本中的抗锯齿过滤器，它们以"盒子"和"三角形"的方式进行抗锯齿。

大小：设置过滤器的大小。

🌐 自适应DMC图像采样器卷展栏

"自适应DMC"采样器是一种高级抗锯齿采样器。展开"图像采样器（抗锯齿）"卷展栏，然后在"图像采样器"选项组下设置"类型"为"自适应DMC"，此时系统会增加一个"自适应DMC图像采样器"卷展栏，如图8-55所示。

图8-55

自适应DMC图像采样器卷展栏参数介绍

最小细分：定义每个像素使用样本的最小数量。

最大细分：定义每个像素使用样本的最大数量。

颜色阈值：色彩的最小判断值，当色彩的判断达到这个值以后，就停止对色彩的判断。具体一点就是分辨哪些是平坦区域，哪些是角落区域。这里的色彩应该理解为色彩的灰度。

使用DMC采样器阈值：如果勾选了该选项，"颜色阈值"选项将不起作用，取而代之的是采用"DMC采样器"里的阈值。

显示采样：勾选该选项后，可以看到"自适应DMC"的样本分布情况。

环境卷展栏

"环境"卷展栏分为"全局照明环境（天光）覆盖"、"反射/折射环境覆盖"和"折射环境覆盖"3个选项组，如图8-56所示。在该卷展栏下可以设置天光的亮度、反射、折射和颜色等。

图8-56

环境卷展栏参数介绍

① 全局照明环境（天光）覆盖选项组

开：控制是否开启VRay的天光。当使用这个选项以后，3ds Max默认的天光效果将不起光照作用。

颜色：设置天光的颜色。

倍增器：设置天光亮度的倍增。值越高，天光的亮度越高。

None（无） None：选择贴图来作为天光的光照。

② 反射/折射环境覆盖选项组

开：当勾选该选项后，当前场景中的反射环境将由它来控制。

颜色：设置反射环境的颜色。

倍增器：设置反射环境亮度的倍增。值越高，反射环境的亮度越高。

None（无） None：选择贴图来作为反射环境。

③ 折射环境覆盖选项组

开：当勾选该选项后，当前场景中的折射环境由它来控制。

颜色：设置折射环境的颜色。

倍增器：设置反射环境亮度的倍增。值越高，折射环境的亮度越高。

None（无） None：选择贴图来作为折射环境。

颜色映射卷展栏

"颜色映射"卷展栏下的参数主要用来控制整个场景的颜色和曝光方式，如图8-57所示。

图8-57

颜色映射卷展栏参数介绍

类型：提供不同的曝光模式，包括"VRay线性倍增"、"VRay指数"、"VRayHSV指数"、"VRay亮度指数"、"VRay伽玛校正"、"VRay亮度伽玛"和VRayReinhard这7种模式。

VRay线性倍增：这种模式将基于最终色彩亮度来进行线性的倍增，可能会导致靠近光源的点过分明亮，如图8-58所示。

"VRay线性倍增"模式包括3个局部参数，"暗倍增"是对暗部的亮度进行控制，加大该值可以提高暗部的亮度；"亮倍增"是对亮部的亮度进行控制，加大该值可以提高亮部的亮度；"伽玛值"主要用来控制图像的伽玛值。

VRay指数：这种曝光是采用指数模式，它可以降低靠近光源处表面的曝光效果，同时场景颜色的饱和度会降低，如图8-59所示。"VRay指数"模式的局部参数与"VRay线性倍增"一样。

VRayHSV指数：与"VRay指数"曝光比较相似，不同点在于可以保持场景物体的颜色饱和度，但是这种方式会取消高光的计算，如图8-60所示。"VRayHSV指数"模式的局部参数与"VRay线性倍增"一样。

图8-58   图8-59   图8-60

VRay亮度指数：这种方式是对上面两种指数曝光的结合，既抑制了光源附近的曝光效果，又保持了场景物体的颜色饱和度，如图8-61所示。"VRay亮度指数"模式的局部参数与"VRay线性倍增"相同。

VRay伽玛校正：采用伽玛来修正场景中的灯光衰减和贴图色彩，其效果和"VRay线性倍增"曝光模式类似，如图8-62所示。"VRay伽玛校正"模式包括"倍增"和"反转伽玛"两个局部参数，"倍增"主要用来控制图像的整体亮度倍增；"反转伽玛"是VRay内部转化的，比如输入2.2就是和显示器的伽玛2.2相同。

VRay亮度伽玛：这种曝光模式不仅拥有"VRay伽玛校正"的优点，同时还可以修正场景灯光的亮度，如图8-63所示。

图8-61   图8-62   图8-63

VRayReinhard：这种曝光方式可以把"VRay线性倍增"和"VRay指数"曝光混合起来。它包括一个"燃烧值"局部参数，主要用来控制"VRay线性倍增"和"VRay指数"曝光的混合值，0表示"VRay线性倍增"不参与混合，如图8-64所示；1表示"VRay指数"不参加混合，如图8-65所示；0.5表示"VRay线性倍增"和"VRay指数"曝光效果各占一半,如图8-66所示。

图8-64　　　　　图8-65　　　　　图8-66

子像素映射:在实际渲染时,物体的高光区与非高光区的界限处会有明显的黑边,而开启"子像素映射"选项后就可以缓解这种现象。

钳制输出:当勾选这个选项后,在渲染图中有些无法表现出来的色彩会通过限制来自动纠正。但是当使用HDRI(高动态范围贴图)的时候,如果限制了色彩的输出会出现一些问题。

影响背景:控制是否让曝光模式影响背景。当关闭该选项时,背景不受曝光模式的影响。

不影响颜色(仅自适应):在使用HDRI(高动态范围贴图)和"VRay发光材质"时,若不开启该选项,"颜色映射"卷展栏下的参数将对这些具有发光功能的材质或贴图产生影响。

★重点★ 8.5.2 VR-间接照明选项卡

"VR-基项"选项卡下包含4个卷展栏,如图8-67所示。下面重点讲解"间接照明(全局照明)"、"发光贴图"、"灯光缓存"和"焦散"卷展栏下的参数。

图8-67

疑难问答 问:"灯光缓存"卷展栏在哪?

答:在默认情况下是没有"灯光缓存"卷展栏的,要调出这个卷展栏,需要先在"间接照明(全局照明)"卷展栏下将"二次反弹"的"全局光引擎"设置为"灯光缓存",如图8-68所示。

图8-68

● 间接照明(全局照明)卷展栏----------------------

在VRay渲染器中,如果没有开启间接照明时的效果就是直接照明效果,开启后就可以得到间接照明效果。开启间接照

明后,光线会在物体与物体间互相反弹,因此光线计算会更加准确,图像也更加真实,其参数设置面板如图8-69所示。

图8-69

间接照明(全局照明)卷展栏参数介绍

① **基本选项组**

开启:勾选该选项后,将开启间接照明效果。

② **全局照明焦散组**

反射:控制是否开启反射焦散效果。

折射:控制是否开启折射焦散效果。

> **提示** 注意,"全局照明焦散"选项组下的参数只有在"焦散"卷展栏下勾选"开启"选项后才起作用。

③ **后期处理选项组**

饱和度:可以用来控制色溢,降低该数值可以降低色溢效果,如图8-70和图8-71所示是"饱和度"数值为0和2时的效果对比。

图8-70　　　　　　　　　　　图8-71

对比度:控制色彩的对比度。数值越高,色彩对比越强;数值越低,色彩对比越弱。

对比度基准:控制"饱和度"和"对比度"的基数。数值越高,"饱和度"和"对比度"效果越明显。

④ **环境阻光选项组**

开启:控制是否开启"环境阻光"功能。

半径:设置环境阻光的半径。

细分:设置环境阻光的细分值。数值越高,阻光越好,反之越差。

⑤ **首次反弹选项组**

倍增:控制"首次反弹"的光的倍增值。值越高,"首次反弹"的光的能量越强,渲染场景越亮,默认情况下为1。

全局光引擎:设置"首次反弹"的GI引擎,包括"发光贴图"、"光子贴图"、"穷尽计算"和"灯光缓存"4种。

315

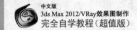

⑥ 二次反弹选项组

倍增：控制"二次反弹"的光的倍增值。值越高，"二次反弹"的光的能量越强，渲染场景越亮，最大值为1，默认情况下也为1。

全局光引擎：设置"二次反弹"的GI引擎，包括"无"（表示不使用引擎）、"光子贴图"、"穷尽计算"和"灯光缓存"4种。

技术专题 45 首次反弹与二次反弹的区别

在真实世界中，光线的反弹一次比一次减弱。VRay渲染器中的全局照明有"首次反弹"和"二次反弹"，但并不是说光线只反射两次，"首次反弹"可以理解为直接照明的反弹，光线照射到A物体后反射到B物体，B物体所接收到的光就是"首次反弹"，B物体再将光线反射到D物体，D物体再将光线反射到E物体……，D物体以后的物体所得到的光的反射就是"二次反弹"，如图8-72所示。

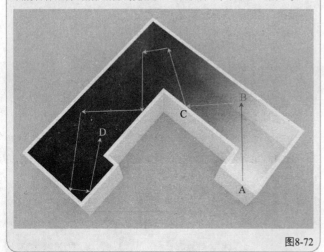

图8-72

🌐 发光贴图卷展栏

"发光贴图"中的"发光"描述了三维空间中的任意一点以及全部可能照射到这点的光线，它是一种常用的全局光引擎，只存在于"首次反弹"引擎中，其参数设置面板如图8-73所示。

图8-73

发光贴图卷展栏参数介绍

① 内建预置选项组

当前预置：设置发光贴图的预设类型，共有以下8种。

自定义：选择该模式时，可以手动调节参数。

非常低：这是一种非常低的精度模式，主要用于测试阶段。

低：一种比较低的精度模式，不适合用于保存光子贴图。

中：是一种中级品质的预设模式。

中-动画：用于渲染动画效果，可以解决动画闪烁的问题。

高：一种高精度模式，一般用在光子贴图中。

高-动画：比中等品质效果更好的一种动画渲染预设模式。

非常高：是预设模式中精度最高的一种，可以用来渲染高品质的效果图。

② 基本参数选项组

最小采样比：控制场景中平坦区域的采样数量。0表示计算区域的每个点都有样本；-1表示计算区域的1/2是样本；-2表示计算区域的1/4是样本，如图8-74和图8-75所示是"最小采样比"为-2和-5时的对比效果。

图8-74　　　　　　　　　　　　　　图8-75

最大采样比：控制场景中的物体边线、角落、阴影等细节的采样数量。0表示计算区域的每个点都有样本；-1表示计算区域的1/2是样本；-2表示计算区域的1/4是样本，如图8-76和图8-77所示是"最大采样比"为0和-1时的效果对比。

图8-76　　　　　　　　　　　　　　图8-77

半球细分：因为VRay采用的是几何光学，所以它可以模拟光线的条数。这个参数就是用来模拟光线的数量，值越高，表现的光线越多，那么样本精度也就越高，渲染的品质也越好，同时渲染时间也会增加，如图8-78和图8-79所示是"半球细分"为20和100时的效果对比。

图8-78　　　　　　　　　　　　　　图8-79

插值采样值：这个参数是对样本进行模糊处理，较大的值可以得到比较模糊的效果，较小的值可以得到比较锐利的效果，如图8-80和图8-81所示是"插值采样值"为2和20时的效果对比。

图8-80　　　　　　　　　　　图8-81

颜色阈值： 这个值主要是让渲染器分辨哪些是平坦区域，哪些不是平坦区域，它是按照颜色的灰度来区分的。值越小，对灰度的敏感度越高，区分能力越强。

法线阈值： 这个值主要是让渲染器分辨哪些是交叉区域，哪些不是交叉区域，它是按照法线的方向来区分的。值越小，对法线方向的敏感度越高，区分能力越强。

间距阈值： 这个值主要是让渲染器分辨哪些是弯曲表面区域，哪些不是弯曲表面区域，它是按照表面距离和表面弧度的比较来区分的。值越高，表示弯曲表面的样本越多，区分能力越强。

③ 选项选项组

显示计算过程： 勾选这个选项后，用户可以看到渲染帧里的GI预计算过程，同时会占用一定的内存资源。

显示直接照明： 在预计算的时候显示直接照明，以方便用户观察直接光照的位置。

显示采样： 显示采样的分布以及分布的密度，帮助用户分析GI的精度够不够。

④ 细节增强选项组

开启： 是否开启"细部增强"功能。

测量单位： 细分半径的单位依据，有"屏幕"和"世界"两个单位选项。"屏幕"是指用渲染图的最后尺寸来作为单位；"世界"是用3ds Max系统中的单位来定义的。

半径： 表示细节部分有多大区域使用"细节增强"功能。"半径"值越大，使用"细部增强"功能的区域也就越大，同时渲染时间也越慢。

细分倍增： 控制细部的细分，但是这个值和"发光贴图"里的"半球细分"有关系，0.3代表细分是"半球细分"的30%；1代表和"半球细分"的值一样。值越低，细部就会产生杂点，渲染速度比较快；值越高，细部就可以避免产生杂点，同时渲染速度会变慢。

⑤ 高级选项选项组

插补类型： VRay提供了4种样本插补方式，为"发光贴图"的样本的相似点进行插补。

加权平均值（好/穷尽计算）： 一种简单的插补方法，可以将插补采样以一种平均值的方法进行计算，能得到较好的光滑效果。

最小方形适配（好/平滑）： 默认的插补类型，可以对样本进行最适合的插补采样，能得到比"加权平均值（好/穷尽计算）"更光滑的效果。

三角测试法（好/精确）： 最精确的插补算法，可以得到非常精确的效果，但是要有更多的"半球细分"才不会出现斑驳效果，且渲染时间较长。

最小方形加权测试法（测试）： 结合了"加权平均值（好/穷尽计算）"和"最小方形适配（好/平滑）"两种类型的优点，但渲染时间较长。

采样查找方式： 它主要控制哪些位置的采样点是适合用来作为基础插补的采样点。VRay内部提供了以下4种样本查找方式。

四采样点平衡方式（好）： 它将插补点的空间划分为4个区域，然后尽量在它们中寻找相等数量的样本，它的渲染效果比"临近采样（草图）"效果好，但是渲染速度比"临近采样（草图）"慢。

临近采样（草图）： 这种方式是一种草图方式，它简单地使用"发光贴图"里的最靠近的插补点样本来渲染图形，渲染速度比较快。

重叠（非常好/快）： 这种查找方式需要对"发光贴图"进行预处理，然后对每个样本半径进行计算。低密度区域样本半径比较大，而高密度区域样本半径比较小。渲染速度比其他3种都快。

基于采样密度（最好）： 它基于总体密度来进行样本查找，不但物体边缘处理得非常好，而且在物体表面也处理得十分均匀。它的效果比"重叠（非常好/快）"更好，其速度也是4种查找方式中最慢的一种。

用于计算插值采样的采样比： 用在计算"发光贴图"过程中，主要计算已经被查找后的插补样本的使用数量。较低的数值可以加速计算过程，但是会导致信息不足；较高的值计算速度会减慢，但是所利用的样本数量比较多，所以渲染质量也比较好。官方推荐使用10~25之间的数值。

多过程： 当勾选该选项时，VRay会根据"最大采样比"和"最小采样比"进行多次计算。如果关闭该选项，那么就强制一次性计算完。一般根据多次计算以后的样本分布会均匀合理一些。

随机采样： 控制"发光贴图"的样本是否随机分配。如果勾选该选项，那么样本将随机分配，如图8-82所示；如果关闭该选项，那么样本将以网格方式来进行排列，如图8-83所示。

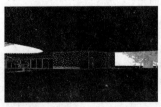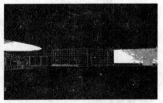

图8-82　　　　　　　　　　　图8-83

检查采样可见性： 在灯光通过比较薄的物体时，很有可能会产生漏光现象，勾选该选项可以解决这个问题，但是渲染时间就会长一些。通常在比较高的GI情况下，也不会漏光，所以一般情况下不勾选该选项。当出现漏光现象时，可以试着勾选该选项，如图8-84

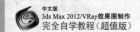

所示是右边的薄片出现了漏光现象，图8-85所示是勾选了"检查采样可见性"以后的效果，从图中可以观察到漏光现象没有了。

图8-84 　　　　　　　　图8-85

⑥ 光子图使用模式选项组

模式：一共有以下8种模式。

单帧：一般用来渲染静帧图像。

多帧累加：这个模式用于渲染仅有摄影机移动的动画。当VRay计算完第1帧的光子以后，在后面的帧里根据第1帧里没有的光子信息进行新计算，这样就节约了渲染时间。

从文件：当渲染完光子以后，可以将其保存起来，这个选项就是调用保存的光子图进行动画计算（静帧同样也可以这样）。

添加到当前贴图：当渲染完一个角度的时候，可以把摄影机转一个角度再全新计算新角度的光子，最后把这两次的光子叠加起来，这样的光子信息更丰富、更准确，同时也可以进行多次叠加。

增量添加到当前贴图：这个模式和"添加到当前贴图"相似，只不过它不是全新计算新角度的光子，而是只对没有计算过的区域进行新的计算。

块模式：把整个图分成块来计算，渲染完一个块再进行下一个块的计算，但是在低GI的情况下，渲染出来的块会出现错位的情况。它主要用于网络渲染，速度比其他方式快。

动画（预处理）：适合动画预览，使用这种模式要预先保存好光子贴图。

动画（渲染）：适合最终动画渲染，这种模式要预先保存好光子贴图。

保存 保存 ：将光子图保存到硬盘。

重置 重置 ：将光子图从内存中清除。

文件：设置光子图所保存的路径。

浏览 浏览 ：从硬盘中调用需要的光子图进行渲染。

⑦ 渲染结束时光子图处理选项组

不删除：当光子渲染完以后，不把光子从内存中删掉。

自动保存：当光子渲染完以后，自动保存在硬盘中，单击"浏览"按钮 浏览 可以选择保存位置。

切换到保存的贴图：当勾选了"自动保存"选项后，在渲染结束时会自动进入"从文件"模式并调用光子贴图。

🌀 灯光缓存卷展栏

"灯光缓存"与"发光贴图"比较相似，都是将最后的光发散到摄影机后得到最终图像，只是"灯光缓存"与"发光贴图"的光线路径是相反的，"发光贴图"的光线追踪方向是从光源发射到场景的模型中，最后再反弹到摄影机，而"灯光缓存"是从摄影机开始追踪光线到光源，摄影机追踪光线的数量就是"灯光缓存"的最后精度。由于"灯光缓存"是从摄影机方向开始追踪的光线的，所以最后的渲染时间与渲染的图像的像素没有关系，只与其中的参数有关，一般适用于"二次反弹"，其参数设置面板如图8-86所示。

图8-86

灯光缓存卷展栏参数介绍

① 计算参数选项组

细分：用来决定"灯光缓存"的样本数量。值越高，样本总量越多，渲染效果越好，渲染时间越慢，如图8-87和图8-88所示是"细分"值为200和800时的渲染效果对比。

图8-87 　　　　　　　　图8-88

采样大小：用来控制"灯光缓存"的样本大小，比较小的样本可以得到更多的细节，但是同时需要更多的样本，如图8-89和图8-90所示是"采样大小"为0.04和0.01时的渲染效果对比。

图8-89 　　　　　　　　图8-90

测量单位：主要用来确定样本的大小依靠什么单位，这里提供了以下两种单位。一般在效果图中使用"屏幕"选项，在动画中使用"世界"选项。

进程数量：这个参数由CPU的个数来确定，如果是单CUP单核单线程，那么就可以设定为1；如果是双核，就可以设定为2。注意，这个值设定得太大会让渲染的图像有点模糊。

保存直接光：勾选该选项以后，"灯光缓存"将保存直接光照信息。当场景中有很多灯光时，使用这个选项会提高渲染速度。因为它已经把直接光照信息保存到"灯光缓存"里，在渲染出图的时候，不需要对直接光照再进行采样计算。

显示计算状态：勾选该选项以后，可以显示"灯光缓存"的计算过程，方便观察。

自适应跟踪：这个选项的作用在于记录场景中的灯光位置，并在光的位置上采用更多的样本，同时模糊特效也会处理得更快，但是会占用更多的内存资源。

仅使用优化方向：当勾选"自适应跟踪"选项以后，该选项才被激活。它的作用在于只记录直接光照的信息，而不考虑间接照明，可以加快渲染速度。

② 重建参数选项组

预先过滤：当勾选该选项以后，可以对"灯光缓存"样本进行提前过滤，它主要是查找样本边界，然后对其进行模糊处理。后面的值越高，对样本进行模糊处理的程度越深，如图8-91和图8-92所示是"预先过滤"为10和50时的对比渲染效果。

图8-91　　　　　　　　　　　图8-92

对光泽光线使用灯光缓存：是否使用平滑的灯光缓存，开启该功能后会使渲染效果更加平滑，但会影响到细节效果。

过滤器：该选项是在渲染最后成图时，对样本进行过滤，其下拉列表中共有以下3个选项。

无：对样本不进行过滤。

邻近：当使用这个过滤方式时，过滤器会对样本的边界进行查找，然后对色彩进行均化处理，从而得到一个模糊效果。当选择该选项以后，下面会出现一个"插补采样"参数，其值越高，模糊程度越深，如图8-93和图8-94所示是"过滤器"都为"邻近"，而"插补采样"为10和50时的对比渲染效果。

图8-93　　　　　　　　　　　图8-94

固定：这个方式和"邻近"方式的不同点在于，它采用距离的判断来对样本进行模糊处理。同时它也附带一个"过滤大小"参数，其值越大，表示模糊的半径越大，图像的模糊程度越深，如图8-95和图8-96所示是"过滤器"方式都为"固定"，而"过滤

大小"为0.02和0.06时的对比渲染效果。

图8-95　　　　　　　　　　　图8-96

追踪阈值：勾选该选项以后，会提高对场景中反射和折射模糊效果的渲染速度。

③ 光子图使用模式选项组

模式：设置光子图的使用模式，共有以下4种。

单帧：一般用来渲染静帧图像。

穿行：这个模式用在动画方面，它把第1帧到最后1帧的所有样本都融合在一起。

从文件：使用这种模式，VRay要导入一个预先渲染好的光子贴图，该功能只渲染光影追踪。

渐进路径跟踪：这个模式就是常说的PPT，它是一种新的计算方式，和"自适应DMC"一样是一个精确的计算方式。不同的是，它不停地去计算样本，不对任何样本进行优化，直到样本计算完毕为止。

保存到文件 保存到文件 ：将保存在内存中的光子贴图再次进行保存。

浏览 浏览 ：从硬盘中浏览保存好的光子图。

④ 渲染结束时光子图处理选项组

不删除：当光子渲染完以后，不把光子从内存中删掉。

自动保存：当光子渲染完以后，自动保存在硬盘中，单击"浏览"按钮 浏览 可以选择保存位置。

切换到被保存的缓存：当勾选"自动保存"选项以后，这个选项才被激活。当勾选该选项以后，系统会自动使用最新渲染的光子图来进行大图渲染。

🌀 焦散卷展栏---

"焦散"是一种特殊的物理现象，在VRay渲染器里有专门的焦散功能，其参数面板如图8-97所示。

图8-97

焦散卷展栏参数介绍

开启：勾选该选项后，就可以渲染焦散效果。

倍增器：焦散的亮度倍增。值越高，焦散效果越亮，如图

8-98和图8-99所示分别是"倍增器"为4和12时的对比渲染效果。

 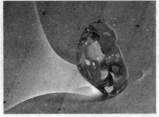

图8-98　　　　　　　　　　　　　图8-99

搜索距离：当光子追踪撞击在物体表面的时候，会自动搜寻位于周围区域同一平面的其他光子，实际上这个搜寻区域是一个以撞击光子为中心的圆形区域，其半径就是由这个搜寻距离确定的。较小的值容易产生斑点；较大的值产生模糊焦散效果，如图8-100和图8-101所示分别是"搜索距离"为0.1mm和2mm时的对比渲染效果。

 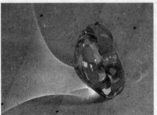

图8-100　　　　　　　　　　　　图8-101

最大光子数：定义单位区域内的最大光子数量，然后根据单位区域内的光子数量来均分照明。较小的值不容易得到焦散效果；而较大的值会使焦散效果产生模糊现象，如图8-102和图8-103所示分别是"最大光子数"为1和200时的对比渲染效果。

图8-102　　　　　　　　　　　　图8-103

最大密度：控制光子的最大密度，默认值0表示使用VRay内部确定的密度，较小的值会让焦散效果比较锐利，如图8-104和图8-105所示分别是"最大密度"为0.01mm和5mm时的对比渲染效果。

图8-104　　　　　　　　　　　　图8-105

★重点★ 8.5.3 VR-设置选项卡

"VR-设置"选项卡下包含3个卷展栏，分别是"DMC采样器"、"默认置换"和"系统"卷展栏，如图8-106所示。

图8-106

🌐 DMC采样器卷展栏-----------------------------------

"DMC采样器"卷展栏下的参数可以用来控制整体的渲染质量和速度，其参数设置面板如图8-107所示。

图8-107

DMC采样器卷展栏参数介绍

自适应数量：主要用来控制自适应的百分比。

噪波阈值：控制渲染中所有产生噪点的极限值，包括灯光细分、抗锯齿等。数值越小，渲染品质越高，渲染速度就越慢。

独立时间：控制是否在渲染动画时对每一帧都使用相同的"DMC采样器"参数设置。

最少采样：设置样本及样本插补中使用的最少样本数量。数值越小，渲染品质越低，速度就越快。

全局细分倍增器：VRay渲染器有很多"细分"选项，该选项是用来控制所有细分的百分比。

采样器路径：设置样本路径的选择方式，每种方式都会影响渲染速度和品质，在一般情况下选择默认方式即可。

🌐 默认置换卷展栏-----------------------------------

"默认置换"卷展栏下的参数是用灰度贴图来实现物体表面的凸凹效果，它对材质中的置换起作用，而不作用于物体表面，其参数设置面板如图8-108所示。

图8-108

默认置换卷展栏参数介绍

覆盖Max的设置：控制是否用"默认置换"卷展栏下的参数来替代3ds Max中的置换参数。

边长度：设置3D置换中产生最小的三角面长度。数值越小，精度越高，渲染速度越慢。

视口依赖：控制是否将渲染图像中的像素长度设置为"边长度"的单位。若不开启该选项，系统将以3ds Max中的单位为准。

最大细分：设置物体表面置换后可产生的最大细分值。

数量：设置置换的强度总量。数值越大，置换效果越明显。

相对于边界框：控制是否在置换时关联（缝合）边界。若不开启该选项，在物体的转角处可能会产生裂面现象。

紧密界限：控制是否对置换进行预先计算。

系统卷展栏

"系统"卷展栏下的参数不仅对渲染速度有影响，而且还会影响渲染的显示和提示功能，同时还可以完成联机渲染，其参数设置面板如图8-109所示。

图8-109

系统卷展栏参数介绍

① 光线投射参数选项组

最大BSP树深度：控制根节点的最大分支数量。较高的值会加快渲染速度，同时会占用较多的内存。

最小叶子尺寸：控制叶节点的最小尺寸，当达到叶节点尺寸以后，系统停止计算场景。0表示考虑计算所有的叶节点，这个参数对速度的影响不大。

三角形面数/级叶子：控制一个节点中的最大三角面数量，当未超过临近点时计算速度较快；当超过临近点以后，渲染速度会减慢。所以，这个值要根据不同的场景来设定，进而提高渲染速度。

动态内存极限：控制动态内存的总量。注意，这里的动态内存被分配给每个线程，如果是双线程，那么每个线程各占一半的动态内存。如果这个值较小，那么系统经常在内存中加载并释放一些信息，这样就减慢了渲染速度。用户应该根据自己的内存情况来确定该值。

默认几何体：控制内存的使用方式，共有以下3种方式。

自动：VRay会根据使用内存的情况自动调整使用静态或动态的方式。

静态：在渲染过程中采用静态内存会加快渲染速度，同时在复杂场景中，由于需要的内存资源较多，经常会出现3ds Max跳出的情况。这是因为系统需要更多的内存资源，这时应该选动态内存。

动态：使用内存资源交换技术，当渲染完一个块后就会释放占用的内存资源，同时开始下个块的计算。这样就有效地扩展了内存的使用。注意，动态内存的渲染速度比静态内存慢。

② 渲染区域分割选项组

X：当在后面的列表中选择"区域宽/高"时，它表示渲染块的像素宽度；当后面的选择框里选择"区域数量"时，它表示水平方向一共有多少个渲染块。

Y：当后面的列表中选择"区域 宽/高"时，它表示渲染块的像素高度；当后面的选择框里选择"区域数量"时，它表示垂直方向一共有多少个渲染块。

锁：当单击该按钮使其凹陷后，将强制x和y的值相同。

反向排序：当勾选该选项以后，渲染顺序将与设定的顺序相反。

区域排序：控制渲染块的渲染顺序，共有以下6种方式。

从上->下：渲染块将按照从上到下的渲染顺序渲染。

从左->右：渲染块将按照从左到右的渲染顺序渲染。

棋盘格：渲染块将按照棋格方式的渲染顺序渲染。

螺旋：渲染块将按照从里到外的渲染顺序渲染。

三角剖分：这是VRay默认的渲染方式，它将图形分为两个三角形依次进行渲染。

稀耳伯特曲线：渲染块将按照"希耳伯特曲线"方式的渲染顺序渲染。

上次渲染：这个参数确定在渲染开始的时候，在3ds Max默认的帧缓存框中以什么样的方式处理先前的渲染图像。这些参数的设置不会影响最终渲染效果，系统提供了以下5种方式。

不改变：与前一次渲染的图像保持一致。

交叉：每隔两个像素图像被设置为黑色。

区域：每隔一条线设置为黑色。

暗色：图像的颜色设置为黑色。

蓝色：图像的颜色设置为蓝色。

③ 帧标签选项组

☑ V-Ray %vrayversion | 文件: %filename | 帧: %frame | 基面数: %pri 当勾选该选项后，就可以显示水印。

字体：修改水印里的字体属性。

全宽度：水印的最大宽度。当勾选该选项后，它的宽度和渲染图像的宽度相当。

对齐：控制水印里的字体排列位置，有"左"、"中"、"右"3个选项。

④ 分布式渲染选项组

分布式渲染：当勾选该选项后，可以开启"分布式渲染"功能。

设置 设置... **：**控制网络中的计算机的添加、删除等。

⑤ VRay日志选项组

显示信息窗口：勾选该选项后，可以显示"VRay日志"的窗口。

级别：控制"VRay日志"的显示内容，一共分为4个级别。1表示仅显示错误信息；2表示显示错误和警告信息；3表示显示错误、警告和情报信息；4表示显示错误、警告、情报和调试信息。

c:\VRayLog.txt ... **：**可以选择保存"VRay日志"文件的位置。

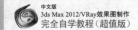

⑥ 其它选项选项组

MAX-兼容着色关联（需对相机窗口进行渲染）： 有些3ds Max插件（例如大气等）是采用摄影机空间来进行计算的，因为它们都是针对于默认的扫描线渲染器而开发。为了保持与这些插件的兼容性，VRay通过转换来自这些插件的点或向量的数据，模拟在摄影机空间计算。

检查缺少文件： 当勾选该选项时，VRay会自己寻找场景中丢失的文件，并将它们进行列表，然后保存到C:\VRayLog.txt中。

优化大气计算： 当场景中拥有大气效果，并且大气比较稀薄的时候，勾选这个选项可以得到比较优秀的大气效果。

低线程优先权： 当勾选该选项时，VRay将使用低线程进行渲染。

对象设置 对象设置...：单击该按钮会弹出"VRay对象属性"对话框，在该对话框中可以设置场景物体的局部参数。

灯光设置 灯光设置...：单击该按钮会弹出"VRay光源属性"对话框，在该对话框中可以设置场景灯光的一些参数。

预设 预设：单击该按钮会打开"VRay预置"对话框，在该对话框中可以保持当前VRay渲染参数的各种属性，方便以后调用。

8.6 VRay综合实例——欧式客厅夜景表现

场景位置	DVD>实例文件>CH08>01.max
实例位置	DVD>实例文件>CH08>VRay综合实例——欧式客厅夜景表现.max
视频位置	DVD>多媒体教学>CH08>VRay综合实例——欧式客厅夜景表现.flv
难易指数	★★★★☆
技术掌握	地砖材质、沙发绒布材质的制作方法；客厅夜景明亮灯光的布置方法

本例是一个欧式客厅空间，地砖材质、沙发绒布材质和室内明亮灯光的表现是本例的学习要点，如图8-110所示是本例的渲染效果及线框图。

图8-110

8.6.1 材质制作

本例的场景对象材质主要包括地砖材质、浴缸材质、金属材质、沙发绒布材质、乳胶漆材质、镜子材质和灯罩材质，如图8-111所示。

图8-111

🔵 **制作地砖材质**--

地砖材质的模拟效果如图8-112所示。

图8-112

01 打开光盘中的"场景文件>CH08>01.max"文件，如图8-113所示。

图8-113

02 选择一个空白材质球，然后设置材质类型为VRayMtl材质，并将其命名为"地砖"，具体参数设置如图8-114所示，制作好的材质球效果如图8-115所示。

设置步骤：

① 在"漫反射"贴图通道中加载一张光盘中的"实例文件>CH08>VRay综合实例——欧式客厅夜景表现>地面砖.jpg"贴图文件。

② 设置"反射"颜色为(红:67，绿:67，蓝:67)，然后设置"高光光泽度"为0.75、"反射光泽度"为0.85、"细分"为15。

③ 展开"贴图"卷展栏，然后将"漫反射"贴图通道中贴图拖曳到"凹凸"贴图通道上（选择"实例"复制方式），接着设置凹凸的强度为50。

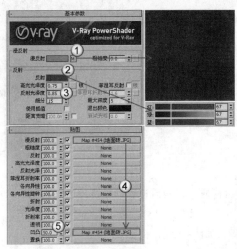

图8-114 图8-115

选择一个空白材质球，然后设置材质类型为VRayMtl材质，并将其命名为"金属"，具体参数设置如图8-120所示，制作好的材质球效果如图8-121所示。

设置步骤：

① 设置"漫反射"颜色为（红:55，绿:55，蓝:55）。

② 设置"反射"颜色为（红:102，绿:102，蓝:102），然后设置"高光光泽度"为0.8、"反射光泽度"为0.9、"细分"为15。

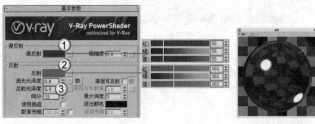

图8-120 图8-121

制作浴缸材质

浴缸材质的模拟效果如图8-116所示。

图8-116

选择一个空白材质球，然后设置材质类型为VRayMtl材质，并将其命名为"浴缸"，具体参数设置如图8-117所示，制作好的材质球效果如图8-118所示。

设置步骤：

① 设置"漫反射"颜色为白色。

② 设置"反射"颜色为白色，然后勾选"菲涅耳反射"选项，接着设置"细分"为15。

图8-117 图8-118

制作金属材质

金属材质的模拟效果如图8-119所示。

图8-119

制作沙发绒布材质

沙发绒布材质的模拟效果如图8-122所示。

图8-122

选择一个空白材质球，然后设置材质类型为"标准"材质，并将其命名为"沙发绒布"，具体设置如图8-123所示，制作好的材质球效果如图8-124所示。

设置步骤：

① 展开"明暗器基本参数"卷展栏，然后设置明暗器类型为（O）Oren-Nayar-Blinn。

② 展开"Oren-Nayar-Blinn基本参数"卷展栏，然后在"漫反射"贴图通道中加载一张光盘中的"实例文件>CH08>VRay综合实例——欧式客厅夜景表现>沙发绒布.jpg"贴图文件，接着在"自发光"选项组下勾选"颜色"选项，最后在"颜色"贴图通道中加载一张"遮罩"程序贴图。

③ 展开"遮罩参数"卷展栏，然后在"贴图"通道中加载一张"衰减"程序贴图，接着在"衰减参数"卷展栏下设置"衰减类型"为Fresnel；在"遮罩"贴图通道中加载一张"衰减"程序贴图，然后在"衰减参数"卷展栏下设置"衰减类型"为"垂直/平行"。

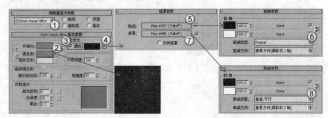

图8-123

图8-124

制作乳胶漆材质

乳胶漆材质的模拟效果如图8-125所示。

图8-125

选择一个空白材质球，然后设置材质类型为VRayMtl材质，并将其命名为"乳胶漆"，接着设置"漫反射"颜色为（红:210，绿:184，蓝:150），具体参数设置如图8-126所示，制作好的材质球效果如图8-127所示。

图8-126　　　　图8-127

制作镜子材质

镜子材质的模拟效果如图8-128所示。

图8-128

选择一个空白材质球，然后设置材质类型为VRayMtl材质，并将其命名为"镜子"，具体参数设置如图8-129所示，制作好的材质球效果如图8-130所示。

设置步骤：

① 设置"漫反射"颜色为黑色。

② 设置"反射"颜色为（红:252，绿:252，蓝:252），然后设置"细分"为20。

图8-129　　　　图8-130

制作灯罩材质

灯罩材质的模拟效果如图8-131所示。

图8-131

选择一个空白材质球，然后设置材质类型为VRayMtl材质，并将其命名为"灯罩"，具体参数设置如图8-132所示，制作好的材质球效果如图8-133所示。

设置步骤：

① 设置"漫反射"颜色为（红:228，绿:211，蓝:166）。

② 设置"折射"颜色为（红:62，绿:62，蓝:62），然后设置"光泽度"为0.8，接着勾选"影响阴影"选项。

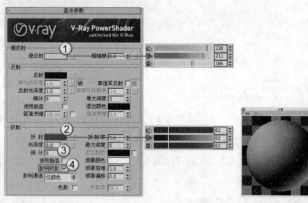

图8-132　　　　图8-133

8.6.2 设置测试渲染参数

01 按F10键打开"渲染设置"对话框，然后设置渲染器为VRay渲染器，接着在"公用参数"卷展栏下设置"宽度"为500，"高度"为440，最后单击"图像纵横比"选项后面的"锁定"按钮，锁定渲染图像的纵横比，具体参数设置如图8-134所示。

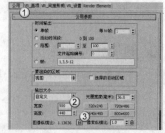

图8-134

02 单击"VR-基项"选项卡，然后在"图像采样器（抗锯齿）"卷展栏下设置"图像采样器"的"类型"为"固定"，接着在"抗锯齿过滤器"选项组下勾选"开启"选项，并设置过滤器类型为"区域"，具体参数设置如图8-135所示。

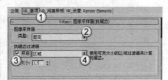

图8-135

> **提示**　在测试渲染阶段，一般都将"图像采样器"的"类型"设置为"固定"，同时将"抗锯齿过滤器"的类型为"区域"，因为这组参数配合可以提高测试渲染的速度。

03　展开"颜色映射"卷展栏，然后设置"类型"为"VRay指数"，接着勾选"子像素映射"和"钳制输出"选项，同时关闭"影响背景"选项，具体参数设置如图8-136所示。

图8-136

04　单击"VR-间接照明"选项卡，然后在"间接照明（全局照明）"卷展栏下勾选"开启"选项，接着设置"首次反弹"的"全局光引擎"为"发光贴图"、"二次反弹"的"全局光引擎"为"灯光缓存"，具体参数设置如图8-137所示。

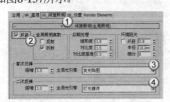

图8-137

05　展开"发光贴图"卷展栏，然后设置"当前预置"为"非常低"，接着设置"半球细分"为50、"插值采样值"为20，最后勾选"显示计算过程"和"显示直接照明"选项，具体参数设置如图8-138所示。

图8-138

06　展开"灯光缓存"卷展栏，然后设置"细分"为100，接着关闭"保持直接光"选项，同时勾选"显示计算状态"选项，具体参数设置如图8-139所示。

图8-139

07　单击"VR-设置"选项卡，然后在"系统"卷展栏下设

置"区域排序"为"三角剖分"，最后关闭"显示信息窗口"选项，具体参数设置如图8-140所示。

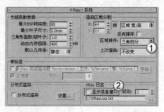

图8-140

8.6.3　灯光设置

本例共需要布置4处灯光，分别是窗口处的天光主光源、6盏射灯、室内辅助光源以及台灯。

创建天光主光源--------------------------------

01　设置灯光类型为VRay，然后在左视图中创建一盏VRay光源（放在窗口处），其位置如图8-141所示。

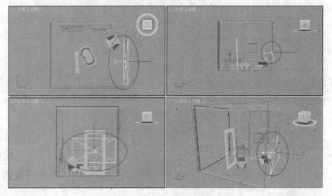

图8-141

02　选择上一步创建的VRay光源，然后展开"参数"卷展栏，具体参数设置如图8-142所示。

设置步骤：

① 在"常规"选项组下设置"类型"为"平面"。

② 在"亮度"选项组下设置"倍增器"为10，然后设置"颜色"为白色。

③ 在"大小"选项组下设置"半长度"为1800mm、"半宽度"为1000mm。

④ 在"选项"选项组下勾选"不可见"选项。

⑤ 在"采样"选项组下设置"细分"为15。

图8-142

03 按F9键测试渲染当前场景，效果如图8-143所示。

图8-143

创建射灯光源------------------------------------

01 设置灯光类型为"光度学"，然后在左视图中创建6盏目标灯光，其位置如图8-144所示。

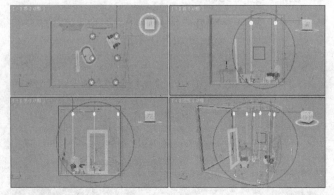

图8-144

02 选择上一步创建的目标灯光，然后切换到"修改"面板，具体参数设置如图8-145所示。

设置步骤：

① 展开"常规参数"卷展栏，然后在"阴影"选项组下勾选"启用"选项，接着设置阴影类型为VRayShadow（VRay阴影），最后设置"灯光分布（类型）"为"光度学Web"。

② 展开"分布（光度学Web）"卷展栏，然后在其通道中加载一个光盘中的"实例文件>CH08>VRay综合实例——欧式客厅夜景表现>SD-018.ies"光域网文件。

③ 展开"强度/颜色/衰减"卷展栏，然后设置"过滤颜色"为（红:239，绿:218，蓝:190），接着设置"强度"为4000。

④ 展开VRayShadows params（VRay阴影参数）卷展栏，然后勾选"区域阴影"和"球体"选项，接着设置"U向尺寸"、"V向尺寸"和"W向尺寸"都为300mm，最后设置"细分"为8。

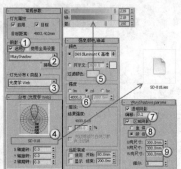

图8-145

03 按F9键测试渲染当前场景，效果如图8-146所示。

图8-146

创建辅助光源------------------------------------

01 设置灯光类型为VRay，然后在左视图中创建一盏VRay光源，其位置如图8-147所示。

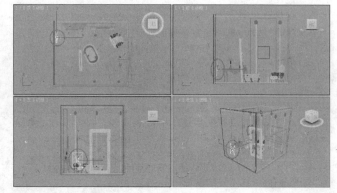

图8-147

02 选择上一步创建的VRay光源，然后展开"参数"卷展栏，具体参数设置如图8-148所示。

设置步骤：

① 在"常规"选项组下设置"类型"为"平面"。

② 在"亮度"选项组下设置"倍增器"为10，然后设置"颜色"为（红:255，绿:255，蓝:255）。

③ 在"大小"选项组下设置"半长度"为1800mm、"半宽度"为1000mm。

④ 在"选项"选项组下勾选"不可见"选项。

⑤ 在"采样"选项组下设置"细分"为15。

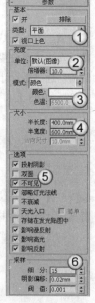

图8-148

03 按F9键测试渲染当前场景，效果如图8-149所示。

图8-149

03 按F9键测试渲染当前场景，效果如图8-152所示。

图8-152

创建台灯光源--------------------------------------

01 设置灯光类型为"光度学"，然后在左视图中创建一盏目标灯光，其位置如图8-150所示。

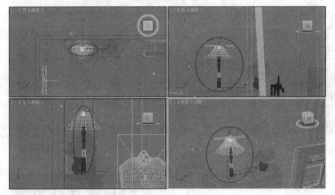

图8-150

02 选择上一步创建的目标灯光，然后切换到"修改"面板，具体参数设置如图8-151所示。

设置步骤：

① 展开"常规参数"卷展栏，然后在"阴影"选项组下勾选"启用"选项，接着设置阴影类型为VRayShadow（VRay阴影），最后设置"灯光分布（类型）"为"光度学Web"。

② 展开"分布（光度学Web）"卷展栏，然后在其通道中加载一个光盘中的"实例文件>CH08>实例文件>CH08>VRay综合实例——欧式客厅夜景表现>AD-017.ies"光域网文件。

③ 展开"强度/颜色/衰减"卷展栏，然后设置"过滤颜色"为（红:242，绿:229，蓝:200），接着设置"强度"为2000。

④ 展开"图形/区域阴影"卷展栏，然后设置"从（图形）发射光线"为"矩形"，接着设置"长度"为108mm、"宽度"为590mm。

⑤ 展开VRayShadows params（VRay阴影参数）卷展栏，然后勾选"区域阴影"和"球体"选项，接着设置"U向尺寸"、"V向尺寸"和"W向尺寸"都为40mm，最后设置"细分"为15。

图8-151

8.6.4 设置最终渲染参数

01 按F10键打开"渲染设置"对话框，然后在"公用参数"卷展栏下设置"宽度"为1200、"高度"为1056，具体参数设置如图8-153所示。

图8-153

02 单击"VR-基项"选项卡，然后在"图像采样器（抗锯齿）"卷展栏下设置"图像采样器"的"类型"为"自适应细分"，接着在"抗锯齿过滤器"选项组下设置过滤器类型为Catmull-Rom，具体参数设置如图8-154所示。

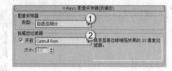

图8-154

03 单击"VR-间接照明"选项卡，然后在"发光贴图"卷展栏下设置"当前预置"为"低"，接着设置"半球细分"为60、"插值采样值"为30，最后勾选"显示计算过程"和"显示直接照明"选项，具体参数设置如图8-155所示。

图8-155

04 展开"灯光缓存"卷展栏，然后设置"细分"为1200，具体参数设置如图8-156所示。

图8-156

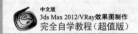
05 单击"VR-设置"选项卡，然后展开"DMC采样器"卷展栏，接着设置"噪波阈值"为0.008、"最少采样"为15，具体参数设置如图8-157所示。

图8-157

06 按F9键渲染当前场景，最终效果如图8-158所示。

图8-158

8.7 VRay综合实例——教堂日光表现

场景位置	DVD>实例文件>CH08>02.max
实例位置	DVD>实例文件>CH08>VRay综合实例——教堂日光表现.max
视频位置	DVD>多媒体教学>CH08>VRay综合实例——教堂日光表现.flv
难易指数	★★★★☆
技术掌握	地砖材质、木纹材质、玻璃材质、花叶材质的制作方法；教堂日光的布置方法

本例是一个大型教堂空间，地砖材质、木纹材质、玻璃材质、花叶材质以及日光表现是本例的学习要点，如图8-159所示是本例的渲染效果及线框图。

图8-159

8.7.1 材质制作

本例的场景对象材质主要包括地砖材质、木纹材质、墙身材质、玻璃材质、灯罩材质、金属材质和花叶材质，如图8-160所示。

图8-160

🔴 **制作地砖材质**--
地砖材质的模拟效果如图8-161所示。

图8-161

01 打开光盘中的"场景文件>CH08>02.max"文件，如图8-162所示。

图8-162

02 选择一个空白材质球，然后设置材质类型为VRayMtl材质，并将其命名为"地砖"，具体参数设置如图8-163所示，制作好的材质球效果如图8-164所示。

设置步骤：

① 在"漫反射"贴图通道中加载一张光盘中的"实例文件>CH08>VRay综合实例——教堂日光表现>地面拼花.jpg"贴图文件，然后在"坐标"卷展栏下设置"瓷砖"的U和V分别为9.4和3.6。

② 设置"反射"颜色为（红:61，绿:61，蓝:61），然后设置"细分"为15。

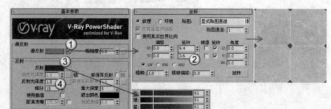

图8-163

图8-164

制作木纹材质

木纹材质的模拟效果如图8-165所示。

图8-165

选择一个空白材质球，然后设置材质类型为VRayMtl材质，并将其命名为"木纹"，具体参数设置如图8-166所示，制作好的材质球效果如图8-167所示。

设置步骤：

① 在"漫反射"贴图通道中加载一张光盘中的"实例文件>CH08>VRay综合实例——教堂日光表现>木纹.jpg"贴图文件，然后在"坐标"卷展栏下设置"瓷砖"的U和V分别为1和20。

② 设置"反射"颜色为(红:52，绿:52，蓝:52)，然后设置"反射光泽度"为0.8、"细分"为16。

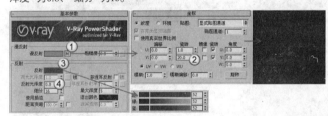

图8-166

图8-167

制作墙身材质

墙身材质的模拟效果如图8-168所示。

图8-168

选择一个空白材质球，然后设置材质类型为VRayMtl材质，并将其命名为"墙身"，具体参数设置如图8-169所示，制作好的材质球效果如图8-170所示。

设置步骤：

① 设置"漫反射"颜色为白色。

② 设置"反射"颜色为(红:40，绿:40，蓝:40)，然后设置"高光光泽度"为0.25。

图8-169　　图8-170

制作玻璃材质

玻璃材质的模拟效果如图8-171所示。

图8-171

选择一个空白材质球，然后设置材质类型为VRayMtl材质，并将其命名为"玻璃"，具体参数设置如图8-172所示，制作好的材质球效果如图8-173所示。

设置步骤：

① 设置"漫反射"颜色为(红:246，绿:246，蓝:246)。

② 设置"反射"颜色为(红:76，绿:76，蓝:76)，然后设置"细分"为15。

③ 设置"折射"颜色为(红:246，绿:246，蓝:246)，然后设置"细分"为15，接着勾选"影响阴影"选项。

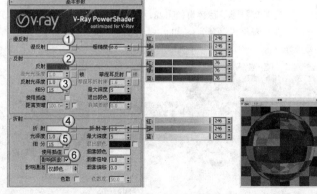

图8-172　　图8-173

制作灯罩材质

灯罩材质的模拟效果如图8-174所示。

图8-174

图8-180

选择一个空白材质球，然后设置材质类型为"VRay发光材质"，并将其命名为"灯罩"，接着在"参数"卷展栏下设置发光的"强度"为2.5，具体参数设置如图8-175所示，制作好的材质球效果如图8-176所示。

图8-175　　　　　　　　　图8-176

制作金属材质

金属材质的模拟效果如图8-177所示。

图8-177

选择一个空白材质球，然后设置材质类型为VRayMtl材质，并将其命名为"金属"，具体参数设置如图8-178所示，制作好的材质球效果如图8-179所示。

设置步骤：

① 设置"漫反射"颜色为（红:128，绿:128，蓝:128）。

② 设置"反射"颜色为（红:180，绿:180，蓝:180），然后设置"反射光泽度"为0.8。

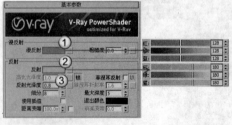

图8-178　　　　　　　　图8-179

制作花叶材质

花叶材质的模拟效果如图8-180所示。

选择一个空白材质球，然后设置材质类型为VRayMtl材质，并将其命名为"花叶"，具体参数设置如图8-181所示，制作好的材质球效果如图8-182所示。

设置步骤：

① 在"漫反射"贴图通道中加载一张"混合"程序贴图，然后展开"混合参数"卷展栏，接着在"颜色#1"和"颜色#2"贴图通道中各加载一张光盘中的"实例文件>CH08>VRay综合实例——教堂日光表现>叶子.jpg"贴图文件，最后在"混合量"贴图通道中加载一张光盘中的"实例文件>CH08>VRay综合实例——教堂日光表现>叶子遮罩.jpg"贴图文件。

② 设置"反射"颜色为（红:25，绿:25，蓝:25），然后设置"反射光泽度"为0.6。

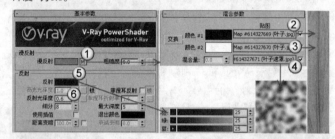

图8-181

图8-182

8.7.2　设置测试渲染参数

01 按F10键打开"渲染设置"对话框，然后设置渲染器为VRay渲染器，接着在"公用参数"卷展栏下设置"宽度"为500、"高度"为375，最后单击"图像纵横比"选项后面的"锁定"按钮，锁定渲染图像的纵横比，具体参数设置如图8-183所示。

图8-183

02 单击"VR-基项"选项卡，然后在"图像采样器（抗锯齿）"卷展栏下设置"图像采样器"的"类型"为"固定"，接着在"抗锯齿过滤器"选项组下勾选"开启"选项，并设置过滤器类型为"区域"，具体参数设置如图8-184所示。

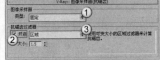

图8-184

03 展开"颜色映射"卷展栏，然后设置"类型"为"VRay指数"，接着勾选"子像素映射"和"钳制输出"选项，最后关闭"影响背景"选项，具体参数设置如图8-185所示。

图8-185

04 单击"VR-间接照明"选项卡，然后在"间接照明（全局照明）"卷展栏下勾选"开启"选项，接着设置"首次反弹"的"全局光引擎"为"发光贴图"、"二次反弹"的"全局光引擎"为"灯光缓存"，具体参数设置如图8-186所示。

图8-186

05 展开"发光贴图"卷展栏，然后设置"当前预置"为"非常低"，接着设置"半球细分"为50、"插值采样值"为20，最后勾选"显示计算过程"和"显示直接照明"选项，具体参数设置如图8-187所示。

图8-187

06 展开"灯光缓存"卷展栏，然后设置"细分"为100，接着勾选"保存直接光"和"显示计算状态"选项，具体参数设置如图8-188所示。

图8-188

07 单击"VR-设置"选项卡，然后在"系统"卷展栏设置"区域排序"为"三角剖分"，接着关闭"显示信息窗口"选项，具体参数设置如图8-189所示。

图8-189

8.7.3 灯光设置

本例共需要布置3处灯光，分别是32盏筒灯主光源、4盏吊灯和大门处的两盏辅助光源。

🌐 创建主光源

01 设置灯光类型为"光度学"，然后在顶视图中创建32盏目标灯光，其位置如图8-190所示。

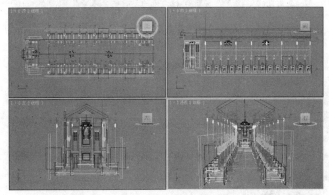

图8-190

02 选择上一步创建的目标灯光，然后切换到"修改"面板，具体参数设置如图8-191所示。

设置步骤：

① 展开"常规参数"卷展栏，然后在"阴影"选项组下勾选"启用"选项，接着设置阴影类型为VRayShadow（VRay阴影），最后设置"灯光分布（类型）"为"光度学Web"。

② 展开"分布（光度学Web）"卷展栏，然后在其通道中加载一个光盘中的"实例文件>CH08>VRay综合实例——教堂日光表现>筒灯.ies"光域网文件。

③ 展开"强度/颜色/衰减"卷展栏，然后设置"过滤颜色"为（红:248, 绿:205, 蓝:150），接着设置"强度"为100000。

④ 展开VRayShadows params（VRay阴影参数）卷展栏，然后勾选"区域阴影"和"球体"选项，接着设置"U向尺寸"、"V向尺寸"和"W向尺寸"都为50mm，最后设置"细分"为16。

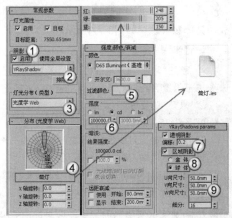

图8-191

疑难问答 问：有创建灯光的简便方法吗？

答：从创建筒灯的步骤中可以发现，要创建如此之多的光源是一件非常麻烦的事情。因此这里介绍两种创建灯光的简便方法（这两种方法仅适用于同种类型，且参数相同的灯光）。

第1种：先创建一盏灯光，然后设置好其参数，接着对其进行复制。推介采用"实例"复制法。

第2种：先创建一盏灯光，然后用"实例"法复制灯光，接着对任意一盏灯光的参数进行调节，其他灯光的参数也会跟着改变。

03 按F9键测试渲染当前场景，效果如图8-192所示。

图8-192

创建吊灯光源

01 设置灯光类型为"标准"，在前视图中创建4盏目标聚光灯，其位置如图8-193所示。

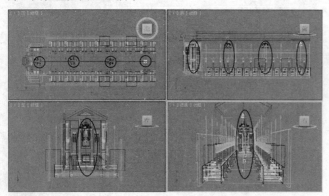

图8-193

02 选择上一步创建的目标聚光灯，然后切换到"修改"面板，具体参数设置如图8-194所示。

设置步骤：

① 展开"常规参数"卷展栏，然后在"阴影"选项组下勾选"启用"选项，接着设置阴影类型为VRayShadow（VRay阴影）。

② 展开"强度/颜色/衰减"卷展栏，然后设置"倍增"为2，接着设置颜色为（红:254，绿:228，蓝:194）。

③ 展开"聚光灯参数"卷展栏，然后设置"聚光区/光束"为20、"衰减区/区域"为40，接着勾选"圆"选项。

④ 展开VRayShadows params（VRay阴影参数）卷展栏，然后勾选"区域阴影"和"球体"选项，接着设置"细分"为16。

03 按F9键测试渲染当前场景，效果如图8-195所示。

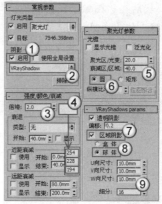

图8-194

图8-195

创建辅助光源

01 设置灯光类型为VRay，然后在前视图中创建两盏VRay光源，其位置如图8-196所示。

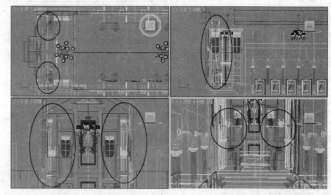

图8-196

02 选择上一步创建的VRay光源，然后展开"参数"卷展栏，具体参数设置如图8-197所示。

设置步骤：

① 在"常规"选项组下设置"类型"为"平面"。

② 在"亮度"选项组下设置"倍增器"为15，然后设置"颜色"为（红:253，绿:213，蓝:143）。

③ 在"大小"选项组下设置"半长度"为470mm、"半宽度"为4050mm。

④ 在"选项"组下勾选"不可见"选项。

⑤ 在"采样"选项组下设置"细分"为15。

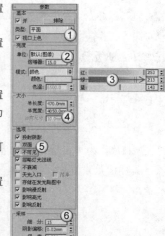

图8-197

03 按F9键测试渲染当前场景，效果如图8-198所示。

图8-198

8.7.4 设置最终渲染参数

01 按F10键打开"渲染设置"对话框,然后在"公用参数"卷展栏下设置"宽度"为1200、"高度"为900,具体参数设置如图8-199所示。

图8-199

02 单击"VR-基项"选项卡,然后在"图像采样器(抗锯齿)"卷展栏下设置"图像采样器"的"类型"为"自适应DMC",接着在"抗锯齿过滤器"选项组下设置过滤器类型为Mitchell-Netravali,具体参数设置如图8-200所示。

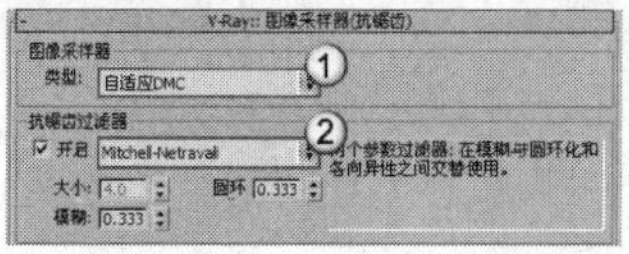

图8-200

03 单击"VR-间接照明"选项卡,然后在"发光贴图"卷展栏下设置"当前预置"为"低",接着设置"半球细分"为60、"插值采样值"为30,具体参数设置如图8-201所示。

04 展开"灯光缓存"卷展栏,然后设置"细分"为1200,具体参数设置如图8-202所示。

图8-201 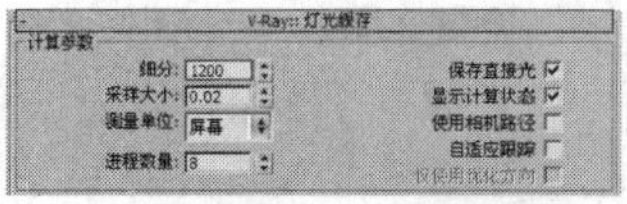　　　　　　图8-202

05 按F9键渲染当前场景,最终效果如图8-203所示。

图8-203

8.8 VRay综合实例——更衣室阳光表现

场景位置	DVD>实例文件>CH08>03.max
实例位置	DVD>实例文件>CH08>VRay综合实例——更衣室阳光表现.max
视频位置	DVD>多媒体教学>CH08>VRay综合实例——更衣室阳光表现.flv
难易指数	★★★★☆
技术掌握	地毯材质、衣服材质、皮质材质的制作方法;更衣室阳光的布置方法

本例是一个更衣室空间,地毯材质、衣服材质、皮质材质以及阳光的表现方法是本例的学习要点,如图8-204所示是本例的渲染效果及线框图。

图8-204

8.8.1 材质制作

本例的场景对象材质主要包括白漆材质、木纹材质、地面材质、地毯材质、灯罩材质、衣服材质和皮质材质,如图8-205所示。

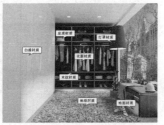

图8-205

制作白漆材质

白漆材质的模拟效果如图8-206所示。

图8-206

01 打开光盘中的"场景文件>CH08>03.max"文件,如图8-207所示。

图8-207

02 选择一个空白材质球，然后设置材质类型为VRayMtl材质，并将其命名为"白漆"，具体参数设置如图8-208所示，制作好的材质球效果如图8-209所示。

设置步骤：

① 设置"漫反射"颜色为（红:240，绿:240，蓝:240）。

② 设置"反射"颜色为白色，然后勾选"菲涅耳反射"选项，接着设置"细分"为12。

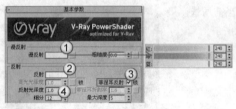

图8-208　　　　图8-209

制作木纹材质

木纹材质的模拟效果如图8-210所示。

图8-210

选择一个空白材质球，然后设置材质类型为VRayMtl材质，并将其命名为"木纹"，具体参数设置如图8-211所示，制作好的材质球效果如图8-212所示。

设置步骤：

① 在"漫反射"贴图通道中加载一张光盘中的"实例文件>CH08>VRay综合实例——更衣室阳光表现>木纹.jpg"贴图文件。

② 设置"反射"颜色为（红:23，绿:23，蓝:23），然后设置"反射光泽度"为0.7、"细分"为25。

图8-211　　　　图8-212

制作地面材质

地面材质的模拟效果如图8-213所示。

图8-213

选择一个空白材质球，然后设置材质类型为VRayMtl材质，并将其命名为"地面"，具体参数设置如图8-214所示，制作好的材质球效果如图8-215所示。

设置步骤：

① 在"漫反射"贴图通道中加载一张光盘中的"实例文件>CH08>VRay综合实例——更衣室阳光表现>水泥地面.jpg"贴图文件。

② 设置"反射"颜色为（红:50，绿:50，蓝:50），然后设置"反射光泽度"为0.75、"细分"为15。

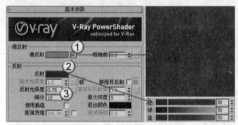

图8-214　　　　图8-215

制作地毯材质

地毯材质的模拟效果如图8-216所示。

图8-216

选择一个空白材质球，然后设置材质类型为VRayMtl材质，并将其命名为"地毯"，接着在"漫反射"贴图通道中加载一张光盘中的"实例文件>CH08>VRay综合实例——更衣室阳光表现>地毯.jpg"贴图文件，具体参数设置如图8-217所示，制作好的材质球效果如图8-218所示。

图8-217　　　　图8-218

制作灯罩材质

灯罩材质的模拟效果如图8-219所示。

图8-219

选择一个空白材质球，然后设置材质类型为VRayMtl材质，并将其命名为"灯罩"，接着在"漫反射"颜色为（红:25，绿:25，蓝:25），具体参数设置如图8-220所示，制作好的材质球效果如图8-221所示。

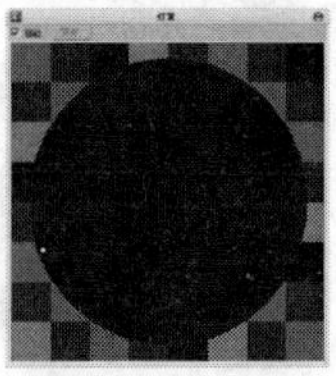

图8-220　　　　图8-221

制作衣服材质

衣服材质的模拟效果如图8-222所示。

图8-222

选择一个空白材质球，然后设置材质类型为VRayMtl材质，并将其命名为"衣服"，接着在"漫反射"贴图通道中加载一张光盘中的"实例文件>CH08>VRay综合实例——更衣室阳光表现>衣服.jpg"贴图文件，具体参数设置如图8-223所示，制作好的材质球效果如图8-224所示。

图8-223　　　　图8-224

制作皮质材质

皮质材质的模拟效果如图8-225所示。

图8-225

选择一个空白材质球，然后设置材质类型为VRayMtl材质，并将其命名为"皮质"，具体参数设置如图8-226所示，制作好的材质球效果如图8-227所示。

设置步骤：

① 设置"漫反射"颜色为（红:168，绿:168，蓝:168）。

② 设置"反射"颜色为白色，然后勾选"菲涅耳反射"选项，接着设置"反射光泽度"为0.65。

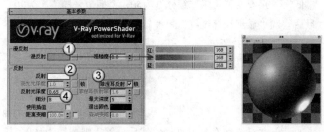

图8-226　　　　图8-227

8.8.2 设置测试渲染参数

01 按F10键打开"渲染设置"对话框，然后设置渲染器为VRay渲染器，接着在"公用参数"卷展栏下设置"宽度"为600、"高度"为450，最后单击"图像纵横比"选项后面的"锁定"按钮，锁定渲染图像的纵横比，具体参数设置如图8-228所示。

图8-228

02 单击"VR-基项"选项卡，然后在"图像采样器（抗锯齿）"卷展栏下设置"图像采样器"的"类型"为"固定"，接着在"抗锯齿过滤器"选项组下勾选"开启"选项，最后设置过滤器类型为"区域"，具体参数设置如图8-229所示。

图8-229

03 展开"颜色映射"卷展栏，然后设置"类型"为"VRay指数"，接着勾选"子像素映射"和"钳制输出"选项，具体参数设置如图8-230所示。

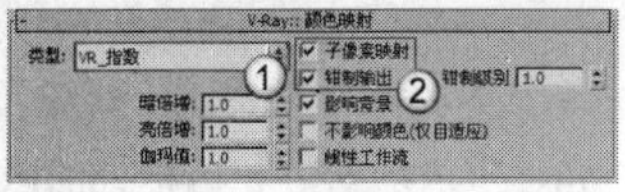

图8-230

04 单击"VR-间接照明"选项卡，然后在"间接照明（全局照明）"卷展栏下勾选"开启"选项，接着设置"首次反弹"的"全局光引擎"为"发光贴图"、"二次反弹"的"全局光

335

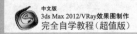

引擎"为"灯光缓存"，具体参数设置如图8-231所示。

图8-231

05 展开"发光贴图"卷展栏，然后设置"当前预置"为"非常低"，接着设置"半球细分"为50、"插值采样值"为20，最后勾选"显示计算过程"和"显示直接照明"选项，具体参数设置如图8-232所示。

图8-232

06 展开"灯光缓存"卷展栏，然后设置"细分"为100，接着勾选"保存直接光"和"显示计算状态"选项，具体参数设置如图8-233所示。

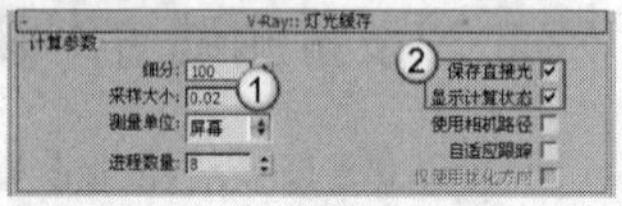

图8-233

07 单击"VR-设置"选项卡，然后在"系统"卷展栏设置"区域排序"为"三角剖分"，接着关闭"显示信息窗口"选项，具体参数设置如图8-234所示。

图8-234

08 按大键盘上的8键打开"环境和效果"对话框，然后展开"公用参数"卷展栏，接着在"环境贴图"通道中加载一张"VRay天空"环境贴图，如图8-235所示。

图8-235

8.8.3 灯光设置

本例共需要布置5处灯光，分别室外的阳光、窗口的天光、室内的射灯、橱柜处的照明灯和台灯灯光。

🔴 创建阳光--

01 设置灯光类型为VRay，然后在左视图中创建一盏VRay太阳，其位置如图8-236所示。

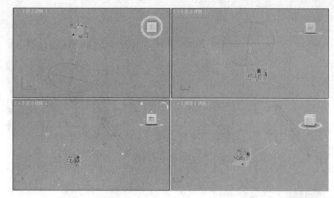

图8-236

02 选择上一步创建的VRay太阳，然后在"参数"卷展栏下设置"混浊度"为3、"臭氧"为0.35、"强度倍增"为0.035、"尺寸倍增"为10、"阴影细分"为10，具体参数设置如图8-237所示。

图8-237

03 按F9键测试渲染当前场景，效果如图8-238所示。

图8-238

🔴 创建天光--

01 设置灯光类型为VRay，然后在前视图中创建一盏VRay光源，其位置如图8-239所示。

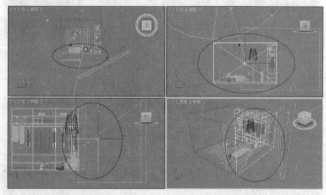

图8-239

02 选择上一步创建的VRay光源，然后展开"参数"卷展栏，具体参数设置如图8-240所示。

　　设置步骤：

　　① 在"常规"选项组下设置"类型"为"平面"。

　　② 在"亮度"选项组下设置"倍增器"为3，然后设置"颜色"为（红:148，绿:203，蓝:255）。

　　③ 在"大小"选项组下设置"半长度"为120mm、"半宽度"为74mm。

　　④ 在"选项"选项组下勾选"不可见"选项。

　　⑤ 在"采样"选项组下设置"细分"为20。

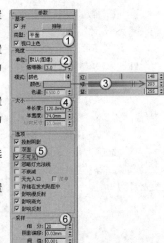

图8-240

03 按F9键测试渲染当前场景，效果如图8-241所示。

图8-241

🔴 创建射灯--

01 设置灯光类型为"光度学"，然后在左视图中创建两盏目标灯光，其位置如图8-242所示。

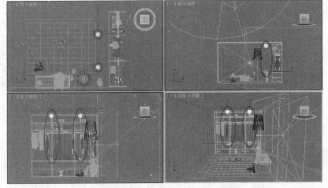

图8-242

02 选择上一步创建的目标灯光，然后切换到"修改"面板，具体参数设置如图8-243所示。

　　设置步骤：

　　① 展开"常规参数"卷展栏，然后在"阴影"选项组下勾选"启用"

选项，接着设置阴影类型为VRayShadow（VRay阴影），最后设置"灯光分布（类型）"为"光度学Web"。

　　② 展开"分布（光度学Web）"卷展栏，然后在其通道中加载一个光盘中的"实例文件>CH08>VRay综合实例——更衣室阳光表现>1.ies"光域网文件。

　　③ 展开"强度/颜色/衰减"卷展栏，然后设置"过滤颜色"为（红:253，绿:230，蓝:180），接着设置"强度"为500。

　　④ 展开VRayShadows params（VRay阴影参数）卷展栏，然后勾选"区域阴影"和"球体"选项，接着设置"U向尺寸"、"V向尺寸"和"W向尺寸"都为10mm，最后设置"细分"为20。

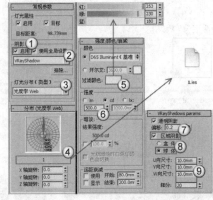

图8-243

03 按F9键测试渲染当前场景，效果如图8-244所示。

图8-244

🔴 创建橱柜照明灯--

01 设置灯光类型为VRay，然后在顶视图中创建3盏VRay光源，其位置如图8-245所示。

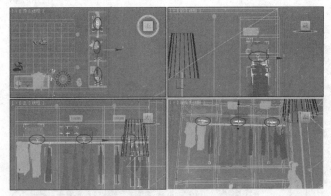

图8-245

02 选择上一步创建的VRay光源，然后展开"参数"卷展

栏，具体参数设置如图8-246所示。

设置步骤：

① 在"常规"选项组下设置"类型"为"平面"。

② 在"亮度"选项组下设置"倍增器"为8，然后设置"颜色"为（红:254，绿:224，蓝:171）。

③ 在"大小"选项组下设置"半长度"为7mm、"半宽度"为2mm。

④ 在"采样"选项组下设置"细分"为20。

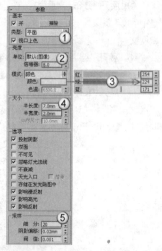

图8-246

 疑难问答 问：为何不勾选"不可见"选项？

答：由于这3盏VRay光源放在隔板下面，渲染出来是看不到的，因此不用勾选"不可见"选项，如图8-247所示。

图8-247

03 按F9键测试渲染当前场景，效果如图8-248所示。

图8-248

🔵 **创建台灯**--

01 设置灯光类型为VRay，然后在台灯的灯罩内创建一盏VRay光源，其位置如图8-249所示。

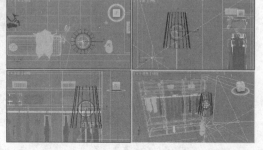

图8-249

02 选择上一步创建的VRay光源，然后展开"参数"卷展栏，具体参数设置如图8-250所示。

设置步骤：

① 在"常规"选项组下设置"类型"为"球体"。

② 在"亮度"选项组下设置"倍增器"为30，然后设置"颜色"为（红:253，绿:219，蓝:176）。

③ 在"大小"选项组下设置"半径"为7mm。

④ 在"选项"选项组下勾选"不可见"选项。

⑤ 在"采样"选项组下设置"细分"为20。

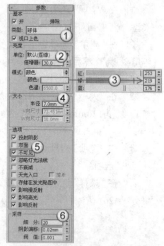

图8-250

03 按F9键测试渲染当前场景，效果如图8-251所示。

图8-251

8.8.4 设置最终渲染参数

01 按F10键打开"渲染设置"对话框，然后在"公用参数"卷展栏下设置"宽度"为1200、"高度"为900，具体参数设置如图8-252所示。

图8-252

02 单击"VR-基项"选项卡，然后在"图像采样器（抗锯齿）"卷展栏下设置"图像采样器"的"类型"为"自适应DMC"，接着在"抗锯齿过滤器"选项组下设置过滤器类型为Mitchell-Netravali，具体参数设置如图8-253所示。

03 单击"VR-间接照明"选项卡，然后在"发光贴图"卷展栏下设置"当前预置"为"低"，接着设置"半球细分"为60、

"插值采样值"为30，具体参数设置如图8-254所示。

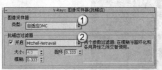
图8-253

图8-254

图8-255

图8-256

04 展开"灯光缓存"卷展栏，然后设置"细分"为1500，具体参数设置如图8-255所示。

05 单击"VR-设置"选项卡，然后展开"DMC采样器"卷展栏，接着设置"噪波阈值"为0.005、"最少采样"为12，具体参数设置如图8-256所示。

06 按F9键渲染当前场景，效果如图8-257所示。

图8-257

技术专题 **46** 用Photoshop合成外景

现在虽然渲染完成了，但是室外环境并不符合真实的效果，因此需要重新合成环境。当然，也可以直接在3ds Max中加载环境贴图来完成，但渲染出来的环境效果不一定符合要求，因此最好使用Photoshop进行合成。

第1步：在Photoshop中打开渲染好的图像，然后按Ctrl+J组合键将"背景"图层复制一层，得到"图层1"，如图8-258所示。

第2步：在"工具箱"中选择"魔棒工具"（在"选项栏"中设置"容差"为10），然后选择天空区域，如图8-259所示，接着按Delete键删除选区内的图像，最后按Ctrl+D组合键取消选区，效果如图8-260所示。这里要注意一点，如果保存的渲染图像为png格式，那么天空将是透明的。

第3步：导入一张合适的环境图像，如图8-261所示，然后将其放在"图层1"的下一层，接着适当调节其"不透明度"的数值，最终效果如图8-262所示。

图8-258

图8-259

图8-260

图8-261

图8-262

8.9 VRay综合实例——简约餐厅日景表现

场景位置	DVD>实例文件>CH08>04.max
实例位置	DVD>实例文件>CH08>VRay综合实例——简约餐厅日景表现.max
视频位置	DVD>多媒体教学>CH08>VRay综合实例——简约餐厅日景表现.flv
难易指数	★★★★☆
技术掌握	水晶灯材质、窗纱材质、皮椅材质的制作方法；简约餐厅日光的布置方法

本例是一个简约餐厅空间，水晶灯材质、窗纱材质、皮椅材质以及日光的表现方法是本例的学习要点，如图8-263所示是本例的渲染效果及线框图。

图8-263

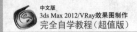

8.9.1 材质制作

本例的场景对象材质主要包括地板材质、餐桌材质、水晶灯材质、窗纱材质、皮椅材质和灯座材质，如图8-264所示。

图8-264

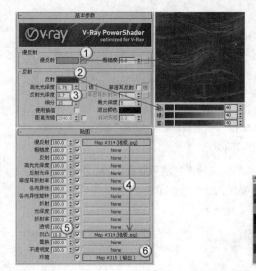

图8-267　　　　　图8-268

🔵 制作地板材质------------------------------

地板材质的模拟效果如图8-265所示。

图8-265

01 打开光盘中的"场景文件>CH08>04.max"文件，如图8-266所示。

图8-266

02 选择一个空白材质球，然后设置材质类型为VRayMtl材质，并将其命名为"地板"，具体参数设置如图8-267所示，制作好的材质球效果如图8-268所示。

设置步骤：

① 在"漫反射"贴图通道中加载一张光盘中的"实例文件>CH08>VRay综合实例——简约餐厅日景表现>地板.jpg"贴图文件。

② 设置"反射"颜色为(红:40，绿:40，蓝:40)，然后设置"高光光泽度"为0.75、"反射光泽度"为0.7、"细分"为15。

③ 展开"贴图"卷展栏，然后将"漫反射"贴图通道中的贴图拖曳到"凹凸"贴图通道上，接着设置凹凸的强度为10，最后在"环境"贴图通道中加载一张"输出"程序贴图。

🔵 制作餐桌材质------------------------------

餐桌材质的模拟效果如图8-269所示。

图8-269

选择一个空白材质球，然后设置材质类型为VRayMtl材质，并将其命名为"餐桌"，具体参数设置如图8-270所示，制作好的材质球效果如图8-271所示。

设置步骤：

① 设置"漫反射"颜色为白色。

② 设置"反射"颜色为(红:54，绿:54，蓝:54)，然后设置"反射光泽度"为0.92、"细分"为15。

图8-270　　　　　图8-271

🔵 制作水晶灯材质------------------------------

水晶灯材质的模拟效果如图8-272所示。

图8-272

选择一个空白材质球，然后设置材质类型为VRayMtl材质，并将其命名为"水晶灯"，具体参数设置如图8-273所示，制作好的材质球效果如图8-274所示。

设置步骤：

① 设置"漫反射"颜色为白色。

② 设置"反射"颜色为白色，然后勾选"菲涅耳反射"选项。

③ 设置"折射"颜色为白色，然后设置"细分"为15，接着勾选"影响阴影"选项，最后设置"影响通道"为"颜色+alpha"。

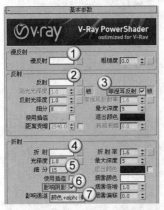
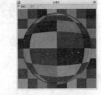

图8-273　　　　　　图8-274

制作窗纱材质

窗纱材质的模拟效果如图8-275所示。

选择一个空白材质球，然后设置材质类型为VRayMtl材质，并将其命名为"窗纱"，具体参数设置如图8-276所示，制作好的材质球效果如图8-277所示。

设置步骤：

① 设置"漫反射"颜色为（红:253，绿:244，蓝:228）。

② 在"折射"贴图通道中加载一张"衰减"程序贴图，然后设置"前"通道的颜色为（红:218，绿:218，蓝:218）、"侧"通道的颜色为黑色，接着设置"光泽度"为0.75、"细分"为15，最后勾选"影响阴影"选项。

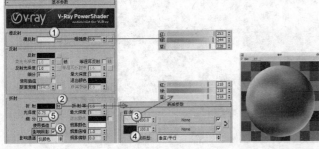

图8-276　　　　　　图8-277

制作皮椅材质

皮椅材质的模拟效果如图8-278所示。

图8-278

选择一个空白材质球，然后设置材质类型为VRayMtl材质，并将其命名为"皮椅"，具体参数设置如图8-279所示，制作好的材质球效果如图8-280所示。

设置步骤：

① 在"漫反射"贴图通道中加载一张光盘中的"实例文件>CH08>VRay综合实例——简约餐厅日景表现>皮椅.jpg"贴图文件，然后在"坐标"卷展栏下勾选"使用真实世界比例"选项，接着设置"大小"的"宽度"和"高度"都为8mm。

② 设置"反射"颜色为（红:37，绿:37，蓝:37），然后设置"反射光泽度"为0.75、"细分"为15。

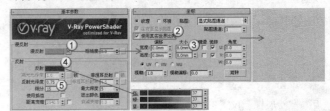

图8-279

图8-280

制作灯座材质

灯座材质的模拟效果如图8-281所示。

图8-281

选择一个空白材质球，然后设置材质类型为VRayMtl材质，并将其命名为"灯座"，具体参数设置如图8-282所示，制作好的材质球效果如图8-283所示。

设置步骤：

① 设置"漫反射"颜色为（红:57，绿:57，蓝:57）。

② 设置"反射"颜色为（红:163，绿:163，蓝:163），然后设置"反射光泽度"为0.8。

图8-282　　　　　　图8-283

8.9.2 设置测试渲染参数

01 按F10键打开"渲染设置"对话框，然后设置渲染器为VRay渲染器，接着在"公用参数"卷展栏下设置"宽度"为453、"高度"为500，最后单击"图像纵横比"选项后面的"锁定"按钮，锁定渲染图像的纵横比，具体参数设置如图8-284所示。

图8-284

02 单击"VR-基项"选项卡，然后在"图像采样器（抗锯齿）"卷展栏下设置"图像采样器"的"类型"为"固定"，接着在"抗锯齿过滤器"选项组下勾选"开启"选项，最后设置过滤器的类型为"区域"，具体参数设置如图8-285所示。

图8-285

03 展开"环境"卷展栏，然后在"全局照明环境（天光）覆盖"选项组下勾选"开"选项，具体参数设置如图8-286所示。

图8-286

04 展开"颜色映射"卷展栏，然后设置"类型"为"VRay指数"，接着勾选"子像素映射"和"钳制输出"选项，具体参数设置如图8-287所示。

图8-287

05 单击"VR-间接照明"选项卡，然后在"间接照明（全局照明）"卷展栏下勾选"开启"选项，接着设置"首次反弹"

的"全局光引擎"为"发光贴图"、"二次反弹"的"全局光引擎"为"灯光缓存"，具体参数设置如图8-288所示。

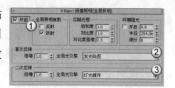

图8-288

06 展开"发光贴图"卷展栏，然后设置"当前预置"为"非常低"，接着设置"半球细分"为50、"插值采样值"为20，最后勾选"显示计算过程"和"显示直接照明"选项，具体参数设置如图8-289所示。

07 展开"灯光缓存"卷展栏，然后设置"细分"为100，接着勾选"保存直接光"和"显示计算过程"选项，具体参数设置如图8-290所示。

图8-289　　　　　　图8-290

08 单击"VR-设置"选项卡，然后在"系统"卷展栏下设置"区域排序"为"三角剖分"，接着关闭"显示信息窗口"选项，具体参数设置如图8-291所示。

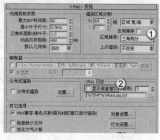

图8-291

8.9.3 灯光设置

本例共需要布置6处灯光，分别室外的天光、室内的辅助光源、吊灯、天花上的射灯、墙壁处的灯带以及壁灯。

创建天光--

01 设置灯光类型为VRay，然后在左视图中创建一盏VRay光源，其位置如图8-292所示。

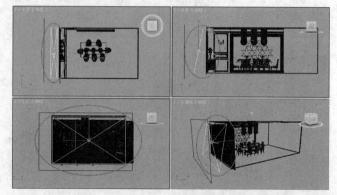

图8-292

02 选择上一步创建的VRay光源，然后展开"参数"卷展栏，具体参数设置如图8-293所示。

设置步骤：

① 在"常规"选项组下设置"类型"为"平面"。

② 在"亮度"选项组下设置"倍增器"为8，然后设置"颜色"为(红:163，绿:185，蓝:226)。

③ 在"大小"选项组下设置"半长度"为2500mm、"半宽度"为1600mm。

④ 在"选项"选项组下勾选"不可见"选项。

⑤ 在"采样"选项组下设置"细分"为15、"阴影偏移"为0.508mm。

图8-293

03 按F9键测试渲染当前场景，效果如图8-294所示。

图8-294

创建辅助光源

01 设置灯光类型为VRay，然后在左视图中创建一盏VRay光源，其位置如图8-295所示。

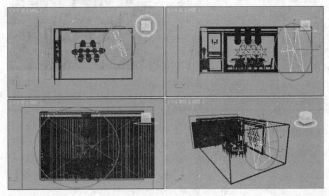

图8-295

02 选择上一步创建的VRay光源，然后展开"参数"卷展栏，具体参数设置如图8-296所示。

设置步骤：

① 在"常规"选项组下设置"类型"为"平面"。

② 在"亮度"选项组下设置"倍增器"为2.2，然后设置"颜色"为(红:200，绿:224，蓝:254)。

③ 在"大小"选项组下设置"半长度"为1300mm、"半宽度"为1600mm。

④ 在"选项"选项组下勾选"不可见"选项。

⑤ 在"采样"选项组下设置"细分"为15，然后设置"阴影偏移"为0.508mm。

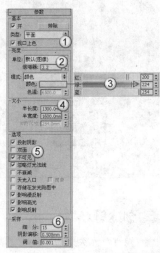

图8-296

03 按F9键测试渲染当前场景，效果如图8-297所示。

图8-297

创建吊灯

01 设置灯光类型为"标准"，然后在前视图中创建一盏目标聚光灯（放在吊灯下方），其位置如图8-298所示。

02 选择上一步创建的目标聚光灯，然后切换到"修改"面板，具体参数设置如图8-299所示。

设置步骤：

① 展开"常规参数"卷展栏，然后在"阴影"选项组下勾选"启用"选项，接着设置阴影类型为VRayShadow(VRay阴影)。

② 展开"强度/颜色/衰减"卷展栏，然后设置"倍增"为7，接着设置颜色为(红:255，绿:254，蓝:252)，最后在"远距衰减"选项组下勾选"使用"选项，并设置"开始"为0mm、"结束"为3500mm。

③ 展开"聚光灯参数"卷展栏，然后设置"聚光区/光束"为40、"衰减区/区域"为140，接着勾选"圆"选项。

④ 展开VRayShadows params(VRay阴影参数)卷展栏，然后勾选"区域阴影"和"球体"选项，接着设置"U向尺寸"、"V向尺寸"和"W向尺寸"都为300mm，最后设置"细分"为15。

03 按F9键测试渲染当前场景，效果如图8-300所示。

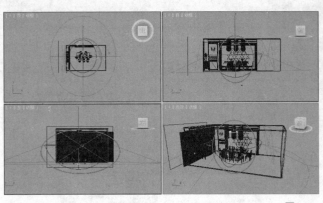
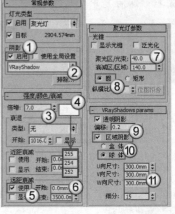

图8-298　　　　　　　　　图8-299　　　　　　　　　图8-300

创建射灯

01 设置灯光类型为VRay，然后在顶视图中创建39盏VRay光源，其位置如图8-301所示。

02 选择上一步创建的VRay光源，然后展开"参数"卷展栏，具体参数设置如图8-302所示。

设置步骤：

① 在"常规"选项组下设置"类型"为"球体"。

② 在"亮度"选项组下设置"倍增器"为5，然后设置"颜色"为（红:244，绿:220，蓝:156）。

③ 在"大小"选项组下设置"半径"为18mm。

④ 在"采样"选项组下设置"细分"为8，然后设置"阴影偏移"为0.508mm。

03 按F9键测试渲染当前场景，效果如图8-303所示。

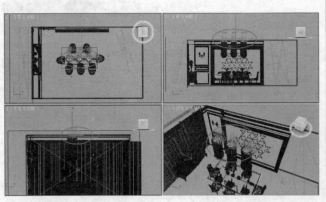
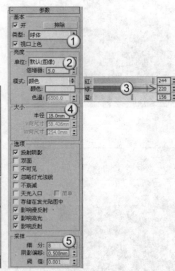

图8-301　　　　　　　　　图8-302　　　　　　　　　图8-303

创建墙壁灯带

01 设置灯光类型为VRay，然后在左视图中创建一盏VRay光源，其位置如图8-304所示。

02 选择上一步创建的VRay光源，然后展开"参数"卷展栏，具体参数设置如图8-305所示。

设置步骤：

① 在"常规"选项组下设置"类型"为"平面"。

② 在"亮度"选项组下设置"倍增器"为6，然后"颜色"为（红:254，绿:228，蓝:158）。

③ 在"大小"选项组下设置"半长度"为1200mm、"半宽度"为60mm。

④ 在"选项"选项组下勾选"不可见"选项。

⑤ 在"采样"选项组下设置"细分"为15，然后设置"阴影偏移"为0.508mm。

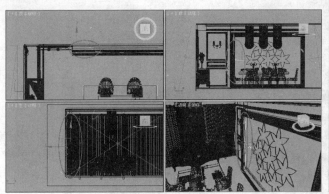

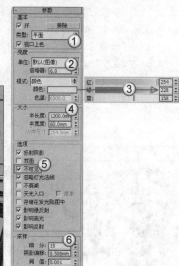

图8-304　　　　　　　　　　　　　　　　　　　　　图8-305

03 继续在顶视图中创建一盏VRay光源，其位置如图8-306所示。

04 选择上一步创建的VRay光源，然后展开"参数"卷展栏，具体参数设置如图8-307所示。

设置步骤：

① 在"常规"选项组下设置"类型"为"平面"。

② 在"亮度"选项组下设置"倍增器"为8，然后设置"颜色"为(红:252，绿:233，蓝:169)。

③ 在"大小"选项组下设置"半长度"为1800mm、"半宽度"为60mm。

④ 在"选项"选项组下勾选"不可见"选项。

⑤ 在"采样"选项组下设置"细分"为15，然后设置"阴影偏移"为0.508m。

05 按F9键测试渲染当前场景，效果如图8-308所示。

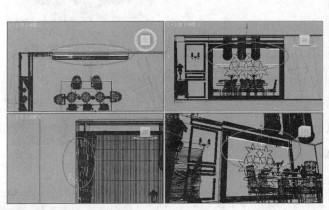

图8-306　　　　　　　　　　图8-307　　　　　　　　　图8-308

🌰 **创建壁灯** --

01 设置灯光类型为VRay，然后在顶视图中创建两盏VRay光源，其位置如图8-309所示。

02 选择上一步创建的VRay光源，然后展开"参数"卷展栏，具体参数设置如图8-310所示。

设置步骤：

① 在"常规"选项组下设置"类型"为"球体"。

② 在"亮度"选项组下设置"倍增器"为2,然后设置"颜色"为(红:242,绿:211,蓝:161)。

③ 在"大小"选项组下设置"半径"为80mm。

④ 在"选项"选项组下勾选"不可见"选项。

⑤ 在"采样"选项组下设置"细分"为15,然后设置"阴影偏移"为0.508m。

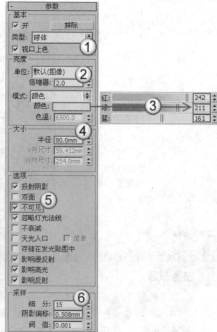

图8-309

图8-310

03 按F9键测试渲染当前场景,效果如图8-311所示。

图8-311

8.9.4 设置最终渲染参数

01 按F10键打开"渲染设置"对话框,然后在"公用参数"卷展栏下设置"宽度"为1088、"高度"为1200,具体参数设置如图8-312所示。

02 单击"VR-基项"选项卡,然后在"图像采样器(抗锯齿)"卷展栏下设置"图像采样器"的"类型"为"自适应DMC",接着在"抗锯齿过滤器"选项组下设置过滤器的类型为Mitchell-Netravali,具体参数设置如图8-313所示。

03 单击"VR-间接照明"选项卡,然后在"发光贴图"卷展栏下设置"当前预置"为"低",接着设置"半球细分"为60、"插值采样值"为30,具体参数设置如图8-314所示。

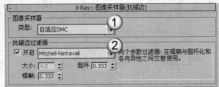

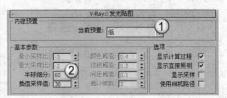

图8-312　　　　　　　　　　图8-313　　　　　　　　　　图8-314

04 展开"灯光缓存"卷展栏，然后设置"细分"为1200，具体参数设置如图8-315所示。

05 单击"VR-设置"选项卡，然后展开"DMC采样器"卷展栏，接着设置"噪波阈值"为0.008、"最少采样"为15，具体参数设置如图8-316所示。

06 按F9键渲染当前场景，最终效果如图8-317所示。

图8-315　　　　　　　　　　图8-316　　　　　　　　　　图8-317

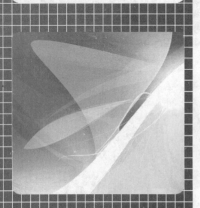

第9章 效果制作基本功——Photoshop后期处理

9.1 调整效果图的亮度

后期处理是效果图制作中非常关键的一步，这个环节相当重要。在一般情况下都是使用Adobe公司的Photoshop来进行后期处理，如图9-1所示是Photoshop CS5的启动画面。所谓后期处理就是对效果图进行修饰，将效果图在渲染中不能实现的效果在后期处理中完美体现出来。本节将针对如何调整效果图的画面亮度进行详细讲解，涉及的知识包含"曲线"命令、"亮度/对比度"命令、"正片叠底"模式和"滤色"模式。另外，请用户特别注意，在实际工作中不要照搬本章实例的参数，因为每幅效果图都有不同的要求。因此，本章的精粹在于"方法"，而不是"技术"。

Learning Objectives
学习重点 ✔

效果图亮度的调整方法
效果图层次感的调整方法
效果图清晰度的调整方法
效果图色彩的调整方法
效果图光效的调整方法
效果图环境的调整方法

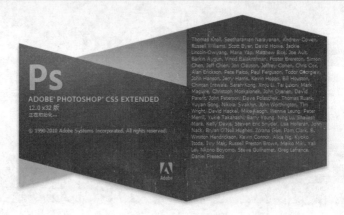

图9-1

◎ 实战

用曲线调整效果图的亮度

场景位置	DVD>场景文件>CH09>素材01.png
实例位置	DVD>实例文件>CH09>实战——用曲线调整效果图的亮度.psd
视频位置	DVD>多媒体教学>CH09>实战——用曲线调整效果图的亮度.flv
难易指数	★☆☆☆☆
技术掌握	用曲线命令调整效果图的亮度

用"曲线"命令调整效果图亮度的前后对比效果如图9-2所示。

图9-2

01 启动Photoshop CS5，然后按Ctrl+O组合键打开光盘中的"场景文件>CH09>素材01.png"文件，如图9-3所示，打开后的界面效果如图9-4所示。

图9-3

图9-4

 疑难问答 ▷ 问：在Photoshop中打开图像的方法有哪些？

答：在Photoshop中打开图像的方法主要有以下3种。
第1种：按Ctrl+O组合键。
第2种：执行"文件>打开"菜单命令。
第3种：直接将文件拖曳到操作界面中。

02 在"图层"面板中选择"背景"图层，然后按Ctrl+J组合键将该图层复制一层，得到"图层1"，如图9-5所示。

图9-5

提 示　在实际工作中，为了节省操作时间，一般都使用快捷键来进行操作，复制图层的快捷键为Ctrl+J组合键。

03 执行"图像>调整>曲线"菜单命令或按Ctrl+M组合键，打开"曲线"对话框，然后将曲线调整成弧形状，如图9-6所示，效果如图9-7所示。

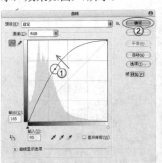

图9-6

图9-7

04 执行"文件>存储为"菜单命令或按Shift+Ctrl+S组合键，打开"存储为"对话框，然后为文件命名，并设置存储格式为psd格式，如图9-8所示。

图9-8

▢ 实战

用亮度/对比度调整效果图的亮度

场景位置	DVD>场景文件>CH09>素材02.png
实例位置	DVD>实例文件>CH09>实战——用亮度/对比度调整效果图的亮度.psd
视频位置	DVD>多媒体教学>CH09>实战——用亮度/对比度调整效果图的亮度.flv
难易指数	★☆☆☆☆
技术掌握	用亮度/对比度命令调整效果图的亮度

用"亮度/对比度"命令调整效果图亮度的前后对比效果效果如图9-9所示。

图9-9

01 打开光盘中的"场景文件>CH09>素材02.png"文件，如图9-10所示。

图9-10

02 执行"图像>调整>亮度/对比度"菜单命令，打开"亮度/对比度"对话框，然后设置"亮度"为26、"对比度"为53，如图9-11所示，最终效果如图9-12所示。

图9-12

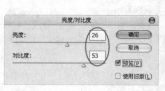

图9-11

实战

用正片叠底调整过亮的效果图

场景位置	DVD>场景文件>CH09>素材03.png
实例位置	DVD>实例文件>CH09>实战——用正片叠底调整过亮的效果图.psd
视频位置	DVD>多媒体教学>CH09>实战——用正片叠底调整过亮的效果图.flv
难易指数	★☆☆☆☆
技术掌握	用正片叠底模式调整过亮的效果图

用"正片叠底"模式调整过亮效果图的前后对比效果如图9-13所示。

图9-13

01 打开光盘中的"场景文件>CH09>素材03.png"文件，如图9-14所示。从图中可以观察到图像的暗部（阴影）区域并不明显。

图9-14

02 按Ctrl+J组合键将"背景"图层复制一层，得到"图层1"，然后在"图层"面板中设置"图层1"的"混合模式"为"正片叠底"，接着设置该图层的"不透明度"为38%，如图9-15所示，最终效果如图9-16所示。

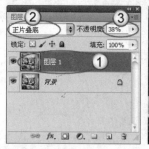

图9-15   图9-16

提示 图层的混合模式在效果图后期处理中的使用得非常频繁。用混合模式可以调整画面的细节，也可以用来调整画面的整体或局部的明暗及色彩关系。

实战

用滤色调整效果图的过暗区域

场景位置	DVD>场景文件>CH09>素材04.png
实例位置	DVD>实例文件>CH09>实战——用滤色调整效果图的过暗区域.psd
视频位置	DVD>多媒体教学>CH09>实战——用滤色调整效果图的过暗区域.flv
难易指数	★☆☆☆☆
技术掌握	用滤色模式调整效果图的过暗区域

用"滤色"模式调整过暗效果图的前后对比效果如图9-17所示。

图9-17

01 打开光盘中的"场景文件>CH09>素材04.png"文件，如图9-18所示。从图中可以观察到画面的亮部区域并不明显。

图9-18

02 按Ctrl+J组合键将"背景"图层复制一层，得到"图层1"，然后设置"图层1"的"混合模式"为"滤色"，接着设置该图层的"不透明度"为60%，如图9-19所示，最终效果如图9-20所示。

图9-19　　　　　　　　　　图9-20

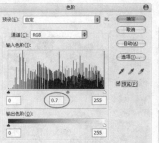

图9-23　　　　　　　　　　图9-24

9.2 调整效果图的层次感

　　一幅优秀的效果图作品，其画面的层次感非常关键，没有层次的画面看上去很平淡，缺少明暗对比。通常来说，增强灯光的明暗对比可以让画面的层次感更强一些。

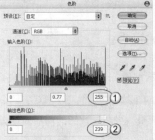

图9-25　　　　　　　　　　图9-26

实战

用色阶调整效果图的层次感

场景位置	DVD>场景文件>CH09>素材05.png
实例位置	DVD>实例文件>CH09>实战——用色阶调整效果图的层次感.psd
视频位置	DVD>多媒体教学>CH09>实战——用色阶调整效果图的层次感.flv
难易指数	★☆☆☆☆
技术掌握	用色阶命令调整效果图的层次感

　　用"色阶"命令调整效果图层次感的前后对比效果如图9-21所示。

图9-21

01 打开光盘中的"场景文件>CH09>素材05.png"文件，如图9-22所示。

图9-22

02 执行"图像>调整>色阶"菜单命令或按Ctrl+L组合键，打开"色阶"对话框，然后设置"输入色阶"的灰度色阶为0.7，如图9-23所示，效果如图9-24所示。

03 再次按Ctrl+L组合键打开"色阶"对话框，然后设置"输入色阶"的灰度色阶为0.77，接着设置"输出色阶"的白色色阶为239，如图9-25所示，最终效果如图9-26所示。

实战

用曲线调整效果图的层次感

场景位置	DVD>场景文件>CH09>素材06.png
实例位置	DVD>实例文件>CH09>实战——用曲线调整效果图的层次感.psd
视频位置	DVD>多媒体教学>CH09>实战——用曲线调整效果图的层次感.flv
难易指数	★☆☆☆☆
技术掌握	用曲线命令调整效果图的层次感

　　用"曲线"命令调整效果图层次感的前后对比效果如图9-27所示。

图9-27

01 打开光盘中的"场景文件>CH09>素材06.png"文件，如图9-28所示。

图9-28

02 执行"图像>调整>曲线"菜单命令，打开"曲线"对话框，然后将曲线调整成如图9-29所示的形状，最终效果如图9-30所示。

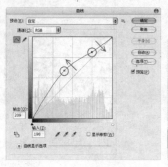

图9-29　　　　　　　　　图9-30

图9-34

实战

用智能色彩还原调整效果图的层次感

场景位置	DVD>场景文件>CH09>素材07.png
实例位置	DVD>实例文件>CH09>实战——用智能色彩还原调整效果图的层次感.psd
视频位置	DVD>多媒体教学>CH09>实战——用智能色彩还原调整效果图的层次感.flv
难易指数	★☆☆☆☆
技术掌握	用智能色彩还原滤镜调整效果图的层次感

用"智能色彩还原"滤镜调整效果图层次感的前后对比效果如图9-31所示。

图9-31

01 打开光盘中的"场景文件>CH09>素材07.png"文件，如图9-32所示。

图9-32

02 执行"滤镜>DCE Tools>智能色彩还原"菜单命令，然后在弹出的"智能色彩还原"对话框中勾选"色彩还原"选项，接着设置"色彩还原"为21，最后勾选"闪光灯开启"选项，如图9-33所示，最终效果如图9-34所示。

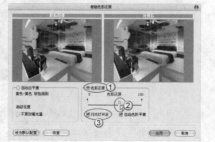

图9-33

疑难问答　问："智能色彩还原"是什么滤镜？

答："智能色彩还原"滤镜是DCE Tools外挂滤镜集合中的一个，主要用来修缮和还原图像的原始色彩。DCE Tools滤镜集合是调整效果图层次感的重要工具。

实战

用明度调整效果图的层次感

场景位置	DVD>场景文件>CH09>素材08.png
实例位置	DVD>实例文件>CH09>实战——用明度调整效果图的层次感.psd
视频位置	DVD>多媒体教学>CH09>实战——用明度调整效果图的层次感.flv
难易指数	★☆☆☆☆
技术掌握	用明度模式调整效果图的层次感

用"明度"模式调整效果图层次感的前后对比效果如图9-35所示。

图9-35

01 打开光盘中的"场景文件>CH09>素材08.png"文件，如图9-36所示。

图9-36

02 按Ctrl+J组合键将"背景"图层复制一层，得到"图层1"，然后执行"图像>调整>去色"菜单命令或按Shift+Ctrl+U组合键，将彩色图像调整成灰度图像，如图9-37所示。

图9-37

03 在"图层"面板中设置"图层1"的"混合模式"为"明度",如图9-38所示,最终效果如图9-39所示。

图9-38　　　　　　　　图9-39

 提　示　效果图的后期调整方法有很多,使用混合模式只是其中之一,无论采用何种方法进行调整,只要能达到最理想的效果就是好方法。

9.3 调整效果图的清晰度

在3ds Max/VRay中,效果图的清晰度是用抗锯齿功能来完成的,在后期调整中主要使用一些常用的锐化滤镜来进行调整。

实战

用USM锐化调整效果图的清晰度

场景位置	DVD>场景文件>CH09>素材09.png
实例位置	DVD>实例文件>CH09>实战——用USM锐化调整效果图的清晰度.psd
视频位置	DVD>多媒体教学>CH09>实战——用USM锐化调整效果图的清晰度.flv
难易指数	★☆☆☆☆
技术掌握	用USM锐化滤镜调整效果图的清晰度

用"USM锐化"滤镜调整效果图清晰度的前后对比效果如图9-40所示。

图9-40

01 打开光盘中的"场景文件>CH09>素材09.png"文件,如图9-41所示。

图9-41

02 执行"滤镜>锐化>USM锐化"菜单命令,然后在弹出的"USM锐化"对话框中设置"数量"为125%、"半径"为2.8像素,如图9-42所示,最终效果如图9-43所示。

图9-42　　　　　　　　图9-43

实战

用自动修缮调整效果图的清晰度

场景位置	DVD>场景文件>CH09>素材10.png
实例位置	DVD>实例文件>CH09>实战——用自动修缮调整效果图的清晰度.psd
视频位置	DVD>多媒体教学>CH09>实战——用自动修缮调整效果图的清晰度.flv
难易指数	★☆☆☆☆
技术掌握	用自动修缮滤镜调整效果图的清晰度

用"自动修缮"滤镜调整效果图清晰度的前后对比效果如图9-44所示。

图9-44

01 打开光盘中的"场景文件>CH09>素材10.png"文件,如图9-45所示。

图9-45

02 执行"滤镜>DCE Tools>自动修缮"菜单命令,然后在弹出的"自动修缮"对话框中设置"锐化"为139,如图9-46所示,最终效果如图9-47所示。

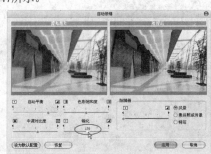

图9-46

图9-47

图9-48

9.4 调整效果图的色彩

效果图给人的第一视觉印象就是色彩，色彩是人们
判断画面美感的主要依据。效果图色彩的调整主要考虑
两个方面：一是图像是否存在偏色问题，另一个是色彩
是否过艳或过淡。

实战

用自动颜色调整偏色的效果图

场景位置	DVD>场景文件>CH09>素材11.png
实例位置	DVD>实例文件>CH09>实战——用自动颜色调整偏色的效果图.psd
视频位置	DVD>多媒体教学>CH09>实战——用自动颜色调整偏色的效果图.flv
难易指数	★☆☆☆☆
技术掌握	用自动颜色命令调整偏色的效果图

用"自动颜色"命令调整偏色效果图的前后对比效果如图
9-49所示。

图9-49

01 打开光盘中的"场景文件>CH09>素材11.png"文件，如
图9-50所示。从图中可以观察到图像的色彩过于偏绿。

02 执行"图像>自动颜色"菜单命令，此时Photoshop会根据当
前图像的色彩进行自动调整，最终效果如图9-51所示。

图9-50　　　　　　　　　　　　图9-51

实战

用色相/饱和度调整色彩偏淡的效果图

场景位置	DVD>场景文件>CH09>素材12.png
实例位置	DVD>实例文件>CH09>实战——用色相/饱和度调整色彩偏淡的效果图.psd
视频位置	DVD>多媒体教学>CH09>实战——用色相/饱和度调整色彩偏淡的效果图.flv
难易指数	★☆☆☆☆
技术掌握	用色相/饱和度命令调整色彩偏淡的效果图

用"色相/饱和度"命令调整色彩偏淡的效果图的前后对
比效果如图9-52所示。

图9-52

01 打开光盘中的"场景文件>CH09>素材12.png"文件，如
图9-53所示。从图中可以观察到图像的色彩过于偏淡。

图9-53

02 执行"图像>调整>色相/饱和度"菜单命令，然后在弹出的"色相/饱和度"对话框中设置"饱和度"为50，如图9-54所示，最终效果如图9-55所示。

图9-54　　　　　　　　　　　　　图9-55

实战

用智能色彩还原调整色彩偏淡的效果图

场景位置	DVD>场景文件>CH09>素材13.png
实例位置	DVD>实例文件>CH09>实战——用智能色彩还原调整色彩偏淡的效果图.psd
视频位置	DVD>多媒体教学>CH09>实战——用智能色彩还原调整色彩偏淡的效果图.flv
难易指数	★☆☆☆☆
技术掌握	用智能色彩还原滤镜调整色彩偏淡的效果图

用"智能色彩还原"滤镜调整色彩偏淡的效果图的前后对比效果如图9-56所示。

图9-56

01 打开光盘中的"场景文件>CH09>素材13.png"文件，如图9-57所示。从图中可以观察到图像的色彩过于偏淡。

图9-57

02 执行"滤镜>DCE Tools>智能色彩还原"菜单命令，然后在弹出的"智能色彩还原"对话框中设置"色彩还原"为9，如图9-58所示，最终效果如图9-59所示。

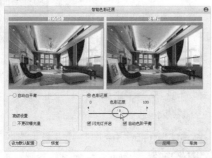

图9-58

图9-59

实战

用照片滤镜统一效果图的色调

场景位置	DVD>场景文件>CH09>素材14.png
实例位置	DVD>实例文件>CH09>实战——用照片滤镜统一效果图的色调.psd
视频位置	DVD>多媒体教学>CH09>实战——用照片滤镜统一效果图的色调.flv
难易指数	★☆☆☆☆
技术掌握	用照片滤镜调整图层统一效果图的色调

用"照片滤镜"调整图层统一效果图色调的前后对比效果如图9-60所示。

图9-60

01 打开光盘中的"场景文件>CH09>14.png"文件，如图9-61所示。从图中可以观察到画面的色调不是很统一。

图9-61

02 在"图层"面板下面单击"创建新的填充或调整图层"按钮，然后在弹出的菜单中选择"照片滤镜"命令，添加一个"照片滤镜"调整图层，如图9-62所示。

图9-62

03 在"调整"面板中勾选"颜色"选项，然后设置"颜色"为（R:248，G:120，B:198），接着设置"浓度"为50%，如图9-63所示，最终效果如图9-64所示。

图9-63　　　　　　　　　　　　图9-64

图9-68

> **提示**　在效果图制作中，统一画面色调是非常有必要的。所谓统一画面色调并不是将画面的所有颜色使用一个色调来表达，而是要将画面的色调用一个主色调和多个次色调来表达，这样才能体现出和谐感、统一感。

实战

用色彩平衡统一效果图的色调

场景位置	DVD>场景文件>CH09>素材15.png
实例位置	DVD>实例文件>CH09>实战——用色彩平衡统一效果图的色调.psd
视频位置	DVD>多媒体教学>CH09>实战——用色彩平衡统一效果图的色调.flv
难易指数	★☆☆☆☆
技术掌握	用色彩平衡调整图层统一效果图的色调

用"色彩平衡"调整图层统一效果图色调的前后对比效果如图9-65所示。

图9-65

01　打开光盘中的"场景文件>CH09>素材15.png"文件，如图9-66所示。从图中可以观察到画面的色调不是很统一。

图9-66

02　在"图层"面板下面单击"创建新的填充或调整图层"按钮，然后在弹出的菜单中选择"色彩平衡"命令，添加一个"色彩平衡"调整图层，接着在"调整"面板中设置"青色-红色"为5、"洋红-绿色"为-16、"黄色-蓝色"为6，如图9-67所示，最终效果如图9-68所示。

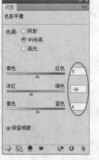

图9-67

9.5　调整效果图的光效

光效在效果图中占据着非常重要的地位，没有光，就看不到任何物体，没有良好的光照，就观察不到物体的细节。

实战

用滤色增强效果图的天光

场景位置	DVD>场景文件>CH09>素材16.png
实例位置	DVD>实例文件>CH09>实战——用滤色增强效果图的天光.psd
视频位置	DVD>多媒体教学>CH09>实战——用滤色增强效果图的天光.flv
难易指数	★★☆☆☆
技术掌握	用滤色模式增强效果图的天光

用"滤色"模式增强效果图天光的前后对比效果如图9-69所示。

图9-69

01　打开光盘中的"场景文件>CH09>素材16.png"文件，如图9-70所示。从图中可以观察到窗口处的光感比较平淡。

图9-70

02　按Shift+Ctrl+N组合键新建一个"图层1"，然后在"工具箱"中选择"椭圆选框工具"，接着在窗口处绘制一个如图9-71所示的椭圆选区。

03　按Shift+F6组合键打开"羽化选区"对话框，然后设置"羽化半径"为20像素，如图9-72所示。

图9-71　　　　　　　　　　　　图9-72

04　设置前景色为（R:191，G:255，B:255），如图9-64所示，然后按Alt+Delete组合键用前景色填充选区，接着按Ctrl+D组合键取消选区，效果如图9-73所示。

图9-73

05　在"图层"面板中设置"图层1"的"混合模式"为"滤色"，然后设置该图层的"不透明度"为66%，如图9-74所示，最终效果如图9-75所示。

图9-74　　　　　　　　　　　　图9-75

实战

用叠加增强效果图光域网的光照

场景位置	DVD>场景文件>CH09>素材17.png
实例位置	DVD>实例文件>CH09>实战——用滤色增强效果图的天光.psd
视频位置	DVD>多媒体教学>CH09>实战——用滤色增强效果图的天光.flv
难易指数	★★★☆☆
技术掌握	用叠加模式增强效果图的光域网光照

用"叠加"模式增强效果图的光域网光照的前后对比效果如图9-76所示。

图9-76

01　打开光盘中的"场景文件>CH09>素材17.png"文件，如图9-77所示。从图中可以观察到左侧的窗帘处缺少光域网效果。

图9-77

02　按Shift+Ctrl+N组合键新建一个"图层1"，然后在"工具箱"中选择"钢笔工具" ✍，接着绘制出如图9-78所示的路径。

03　按Ctrl+Enter组合键将路径转换为选区，然后按Shift+F6组合键打开"羽化选区"对话框，接着设置"羽化半径"为2像素，如图9-79所示。

图9-78　　　　　　　　　　　　图9-79

04　设置前景色为白色，然后按Alt+Delete组合键用前景色填充选区，接着按Ctrl+D组合键取消选区，效果如图9-80所示。

05　在"图层"面板中设置"图层1"的"混合模式"为"叠加"，效果如图9-81所示。

图9-80　　　　　　　　　　　　图9-81

06　在"图层"面板下面单击"添加图层蒙版"按钮 ◻，为"图层1"添加一个图层蒙版，如图9-82所示。

图9-82

07 设置前景色为黑色，然后在"工具箱"中选择"画笔工具" ✎，然后在图层蒙版中进行绘制，光效涂抹成如图9-83所示的效果。

08 按Ctrl+J组合键复制一个"图层1副本"图层，然后在"图层"面板中设置该图层的"不透明度"为30%，最终效果如图9-84所示。

图9-83　　　　　　　　　　　　图9-84

🌀实战

用叠加为效果图添加光晕

场景位置	DVD>场景文件>CH09>素材18.png
实例位置	DVD>实例文件>CH09>实战——用叠加为效果图添加光晕.psd
视频位置	DVD>多媒体教学>CH09>实战——用叠加为效果图添加光晕.flv
难易指数	★★☆☆☆
技术掌握	用叠加模式为效果图添加光晕

用"叠加"模式为效果图添加光晕的前后对比效果如图9-85所示。

图9-85

01 打开光盘中的"场景文件>CH09>素材18.png"文件，如图9-86所示。

图9-86

02 按Shift+Ctrl+N组合键新建一个"图层1"，然后在"工具箱"中选择"椭圆选框工具" ○，接着在蜡烛上绘制一个如图9-87所示的椭圆选区。

03 按Shift+F6组合键打开"羽化选区"对话框，然后设置"羽化半径"为6像素，接着设置前景色为白色，再按Alt+Delete组合键用前景色填充选区，最后按Ctrl+D组合键取消选区，效果如图9-88所示。

图9-87　　　　　　　　　　　　图9-88

04 设置"图层1"的"混合模式"为"叠加"，效果如图9-89所示，然后按Ctrl+J组合键复制一个"图层1副本"图层，并设置该图层的"不透明度"为50%，效果如图9-90所示。

图9-89　　　　　　　　　　　　图9-90

05 复制一些光晕到其他的蜡烛上，最终效果如图9-91所示。

图9-91

提　示　光晕效果也可以使用混合模式中的"颜色减淡"和"线性减淡"模式来完成。

🌀实战

用柔光为效果图添加体积光

场景位置	DVD>场景文件>CH09>素材19.png
实例位置	DVD>实例文件>CH09>实战——用柔光为效果图添加体积光.psd
视频位置	DVD>多媒体教学>CH09>实战——用柔光为效果图添加体积光.flv
难易指数	★★☆☆☆
技术掌握	用柔光模式为效果图添加体积光

用"柔光"模式为效果图添加体积光的前后对比效果如图9-92所示。

图9-92

01 打开光盘中的"场景文件>CH09>素材19.png"文件，如图9-93所示。

图9-93

02 按Shift+Ctrl+N组合键新建一个"图层1"，然后在"工具箱"中选择"多边形套索工具"，接着在绘图区域勾勒出如图9-94所示的选区。

03 将选区羽化10像素，然后设置前景色为白色，接着按Alt+Delete组合键用前景色填充选区，最后按Ctrl+D组合键取消选区，效果如图9-95所示。

图9-94　　　　　　　　　　　　図9-95

04 在"图层"面板中设置"图层1"的"混合模式"为"柔光"、"不透明度"为80%，效果如图9-96所示。

05 采用相同的方法制作出其他的体积光，最终效果如图9-97所示。

图9-96　　　　　　　　　　　　図9-97

提示 在3ds Max中，体积光是在"环境和效果"对话框中进行添加的。但是添加体积光后，渲染速度会慢很多，因此在制作大场景时，最好在后期中添加体积光。

🅒实战

用色相为效果图制作四季光效

场景位置	DVD>场景文件>CH09>素材20.png
实例位置	DVD>实例文件>CH09>实战——用色相为效果图制作四季光效.psd
视频位置	DVD>多媒体教学>CH09>实战——用色相为效果图制作四季光效.flv
难易指数	★★☆☆☆
技术掌握	用色相模式为效果图制作四季光效

用"色相"模式为效果图制作四季光效的前后对比效果如图9-98所示。

图9-98

01 打开光盘中的"场景文件>CH09>素材20.png"文件，如图9-99所示。

02 按Shift+Ctrl+N组合键新建一个"图层1"，然后从标尺栏中拖曳出两条如图9-100所示的参考线，将图像分割成4个区域。

图9-99　　　　　　　　　　　　図9-100

03 用"矩形选框工具"沿参考线绘制一个如图9-101所示的矩形选区，接着设置前景色为（R:249，G:255，B:175），最后按Alt+Delete组合键用前景色填充选区，效果如图9-102所示。

图9-101　　　　　　　　　　　　図9-102

04 分别设置前景色为（R:102，G:227，B:0）、（R:176，G:215，B:255）和（R:227，G:195，B:0），然后用这3种颜色填充其他3个区域，完成后的效果如图9-103所示。

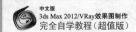
05 在"图层"面板中设置"图层1"的"混合模式"为"色相"，最终效果如图9-104所示。

图9-103　　　　　　　图9-104

9.6 为效果图添加环境

　　一张完美的效果图，不但要求能突出特点，更需要有合理的室外环境与之搭配。为效果图添加室外环境主要表现在窗口处。

实战

用魔棒工具为效果图添加室外环境

场景位置	DVD>场景文件>CH09>素材21-1.png、素材21-2.png
实例位置	DVD>实例文件>CH09>实战——用魔棒工具为效果图添加室外环境.psd
视频位置	DVD>多媒体教学>CH09>实战——用魔棒工具为效果图添加室外环境.flv
难易指数	★★☆☆☆
技术掌握	用魔棒工具为效果图添加室外环境

　　用"魔棒工具"为效果图添加室外环境的前后对比效果如图9-105所示。

图9-105

01 打开光盘中的"场景文件>CH09>素材21-1.png"文件，如图9-106所示。从图中可以观察窗外没有室外环境。

02 导入光盘中的"场景文件>CH09>素材21-2.png"文件，得到"图层1"，如图9-107所示。

图9-106　　　　　　　图9-107

03 选择"背景"图层，然后按Ctrl+J组合键将其复制一层，得到

"图层2"，接着将其放在"图层1"的上一层，如图9-108所示。

04 在"工具箱"中选择"魔棒工具" ，然后选择窗口区域，如图9-109所示。

图9-108　　　　　　　图9-109

05 将选区羽化1像素，然后按Delete键删除选区内的图像，接着按Ctrl+D组合键取消选区，效果如图9-110所示。

06 在"图层"面板中设置"图层1"的"不透明度"为60%，最终效果如图9-111所示。

图9-110　　　　　　　图9-111

实战

用透明通道为效果图添加室外环境

场景位置	DVD>场景文件>CH09>素材22-1.png、素材22-2.png
实例位置	DVD>实例文件>CH09>实战——用透明通道为效果图添加背景.psd
视频位置	DVD>多媒体教学>CH09>实战——用透明通道为效果图添加背景.flv
难易指数	★☆☆☆☆
技术掌握	用透明通道为效果图添加室外环境

　　用透明通道为效果图添加室外环境的前后对比效果如图9-112所示。

图9-112

01 打开光盘中的"场景文件>CH09>素材22-1.png"文件，如图9-113所示。

图9-113

疑难问答 问：为什么窗口处是透明的？

答：在3ds Max中渲染好图像后，不管加载与没有加载环境贴图，只要将其保存为png格式的图像，背景都是透明的。

02 导入光盘中的"场景文件>CH09>素材22-2.png"文件，如图9-114所示，然后将得到的"图层1"放置在"图层0"的下一层，最终效果如图9-115所示。

图9-114   图9-115

实战

为效果图添加室内配饰

场景位置	DVD>场景文件>CH09>素材23-1.png、素材23-2.png
实例位置	DVD>实例文件>CH09>实战——为效果图添加室内配饰.psd
视频位置	DVD>多媒体教学>CH09>实战——为效果图添加室内配饰.flv
难易指数	★★☆☆☆
技术掌握	室内配饰的添加方法

为效果图添加室内配饰的前后对比效果如图9-116所示。

图9-116

01 打开光盘中的"场景文件>CH09>素材23-1.png"文件，如图9-117所示。从图中可以观察到天花板上没有灯饰。

02 导入光盘中的"场景文件>CH09>素材23-2.png"文件，得到"图层1"，如图9-118所示。

图9-117   图9-118

03 按Ctrl+T组合键进入"自由变换"状态，然后按住Shift+Alt组合键将吊灯等比例缩小到如图9-119所示的大小。

图9-119

04 在"图层1"的下一层新建一个"图层2"，然后用"椭圆选框工具" ◯ 在天花板上绘制一个如图9-120所示的椭圆选区。

图9-120

05 将选区羽化20像素，然后设置前景色为（R:253，G:227，B:187），接着按Alt+Delete组合键用前景色填充选区，最后按Ctrl+D组合键取消选区，效果如图9-121所示。

图9-121

06 在"图层"面板中设置"图层2"的"混合模式"为"滤色"，效果如图9-122所示。

图9-122

07 用相同的方法继续制作一层阴影，最终效果如图9-123所示。

图9-123

技术专题 47 在效果图中添加配饰的要求

配饰在效果图中占据着相当重要的地位，虽然很多饰品现在都可以在三维软件中制作出来，但是有时为了节省建模时间就可以直接在后期中加入相应的配饰来搭配环境。

在为效果图添加配饰时需要注意以下4点。

第1点：比例及方位。加入的配饰要符合当前效果图的空间方位和透视比例关系。

第2点：光线及阴影。加入的配饰要根据场景中的光线方向来对配饰进行高光及阴影设置。

第3点：环境色。添加的配饰要符合场景材质的颜色。

第4点：反射及折射。在添加配饰时要考虑环境对配饰的影响，同时也要考虑配饰对环境的影响。

实战

为效果图增强发光灯带环境

场景位置	DVD>场景文件>CH09>素材24.png
实例位置	DVD>实例文件>CH09>实战——为效果图增强发光灯带环境.psd
视频位置	DVD>多媒体教学>CH09>实战——为效果图增强发光灯带环境.flv
难易指数	★☆☆☆☆
技术掌握	用高斯模糊滤镜和叠加模式为效果图增强发光灯带环境

为效果图增强发光灯带环境的前后对比效果如图9-124所示。

图9-124

01 打开光盘中的"场景文件>CH09>素材24.png"文件，如图9-125所示。从图中可以观察到顶部的灯带的发光强度不是很强。

图9-125

> **提示** 大部分的光照效果都是在渲染中完成的，但是有时渲染的光照效果并不能达到理想效果，这时就需要进行后期调整来加强光照效果。

02 按Shift+Ctrl+N组合键新建一个"图层1"，然后在"工具箱"中选择"魔棒工具"，接着选择灯带区域，如图9-126所示。

图9-126

03 设置前景色为白色，然后按Alt+Delete组合键用前景色填充选区，接着按Ctrl+D组合键取消选区，效果如图9-127所示。

图9-127

04 执行"滤镜>模糊>高斯模糊"菜单命令，然后在弹出的对话框中设置"半径"为9.8像素，如图9-128所示。

图9-128

05 在"图层"面板中设置"图层1"的"混合模式"为"叠加"，最终效果如图9-129所示。

图9-129

实战

为效果图增强地面反射环境

场景位置	DVD>场景文件>CH09>素材25.png
实例位置	DVD>实例文件>CH09>实战——为效果图增强地面反射环境.psd
视频位置	DVD>多媒体教学>CH09>实战——为效果图增强地面反射环境.flv
难易指数	★★☆☆☆
技术掌握	用快速选择工具和动感模糊滤镜制作地面反射环境

　　为效果图增强地面反射环境的前后效果对比如图9-130所示。

图9-130

01 打开光盘中的"场景文件>CH09>素材25.png"文件，如图9-131所示。从图中可以观察到地面的反射效果不是很强烈。

02 在"工具箱"中选择"快速选择工具" ![] ，然后勾选出地面区域，如图9-132所示，接着按Ctrl+J组合键将选区内的图像复制到一个新的"图层1"中，如图9-133所示。

图9-131

图9-132

图9-133

03 执行"滤镜>模糊>动感模糊"菜单命令，然后在弹出的对话框中设置"角度"为90°、"距离"为50像素，如图9-134所示，效果如图9-135所示。

04 在"图层"面板中设置"图层1"的"不透明度"为60%，最终效果如图9-136所示。

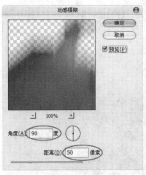

图9-134

图9-135

图9-136

第10章 综合实例——简约卧室柔和阳光表现

10.1 实例解析

场景位置	DVD>实例文件>CH10>01.max
实例位置	DVD>实例文件>CH10>综合实例——简约卧室柔和阳光表现.max
视频位置	DVD>多媒体教学>CH10>综合实例——简约卧室柔和阳光表现.flv
难易指数	★★★★☆
技术掌握	地毯材质、窗纱材质和环境材质的制作方法；卧室柔和阳光的布置方法

　　本例是一个简约卧室空间，地毯材质、窗纱材质和环境材质的制作方法以及柔和阳光的布置方法是本例的学习要点，如图10-1所示是本例的渲染效果及线框图。

图10-1

10.2 设置系统参数

　　在制作效果图之前，首先要设置的就是系统参数，比如场景单位、捕捉设置等。

01　执行"自定义>单位设置"菜单命令，打开"单位设置"对话框，然后设置"显示单位比例"为"公制"，接着设置公制单位为"毫米"，如图10-2所示。

02　在"单位设置"对话框中单击"系统单位设置"按钮 ▬▬▬▬ 系统单位设置 ▬▬▬ ，打开"系统单位设置"对话框，然后设置"系统单位比例"为"1单位=1毫米"，如图10-3所示。

图10-2

图10-3

03▸ 用鼠标右键单击"主工具栏"中的"捕捉开关"按钮，然后在弹出的"栅格和捕捉设置"对话框中单击"捕捉"选项卡，接着勾选"顶点"、"端点"和"中点"选项，如图10-4所示。

04▸ 在"栅格和捕捉设置"对话框中单击"选项"选项卡，然后勾选"捕捉到冻结对象"和"使用轴约束"选项，如图10-5所示。

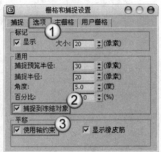

图10-4　　　　　　　　图10-5

10.3 制作躺椅模型

本例的难点模型是一个躺椅模型，如图10-6所示。

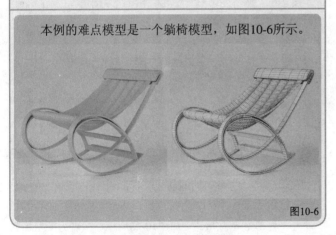

图10-6

10.3.1 创建扶手与靠背

01▸ 使用"线"工具 线 在前视图中绘制两条如图10-7所示的样条线。

图10-7

02▸ 选择样条线，然后在"渲染"卷展栏下勾选"在渲染中启用"和"在视口中启用"选项，接着勾选"矩形"选项，最后设置"长度"为18mm、"宽度"为4.06mm，具体参数设置如图10-8所示，效果如图10-9所示。

图10-8　　　　　　　　图10-9

03▸ 按住Shift键用"选择并移动"工具 在左视图中将模型移动复制一份，如图10-10所示。

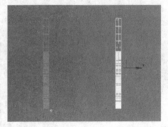

图10-10

04▸ 使用"线"工具 线 在左视图中绘制出一条如图10-11所示的样条线，然后在"渲染"卷展栏下勾选"在渲染中启用"和"在视口中启用"选项，接着勾选"矩形"选项，最后设置"长度"为18mm、"宽度"为4mm，效果如图10-12所示。

图10-11　　　　　　　　图10-12

05▸ 按住Shift键用"选择并移动"工具 再将上一步创建的模型移动复制3个到如图10-13所示的位置。

图10-13

06 使用"切角圆柱体"工具 切角圆柱体 在前视图中创建一个切角圆柱体，然后在"参数"卷展栏下设置"半径"为5mm、"高度"为230mm、"圆角"为0.6mm、"高度分段"为1、"圆角分段"为2、"边数"为24，具体参数设置如图10-14所示，模型位置如图10-15所示。

图10-14　　　　　　　　图10-15

10.3.2 创建座垫

01 使用"平面"工具 平面 在顶视图中创建一个平面，然后在"参数"卷展栏下设置"长度"为210mm、"宽度"为330mm、"长度分段"和"宽度分段"为4，具体参数设置及平面位置如图10-16所示。

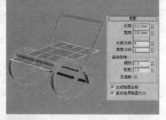

图10-16

02 将平面转换为可编辑多边形，进入"顶点"级别，然后在各个视图中将顶点调整成如图10-17所示的效果。

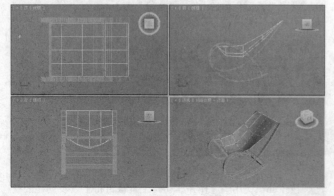

图10-17

03 为模型加载一个"涡轮平滑"修改器，然后在"涡轮平滑"卷展栏下设置"迭代次数"为2，如图10-18所示。

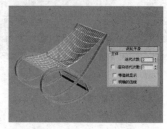

图10-18

04 再次将模型转换为可编辑多边形，进入"边"级别，然后选择如图10-19所示的边，接着在"编辑边"卷展栏下单击"切角"按钮 切角 后面的"设置"按钮，最后设置"边切角量"为4mm，如图10-20所示。

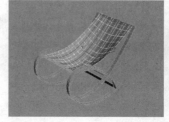

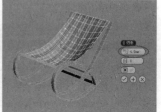

图10-19　　　　　　　　图10-20

05 进入"多边形"级别，然后选择如图10-21所示的多边形，接着在"编辑多边形"卷展栏下单击"倒角"按钮 倒角 后面的"设置"按钮，最后设置"高度"为-3mm、"轮廓"为-2mm，如图10-22所示。

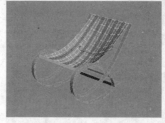

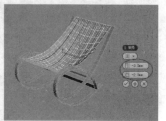

图10-21　　　　　　　　图10-22

06 为模型加载一个"壳"修改器，然后在"参数"卷展栏下设置"内部量"为7mm，如图10-23所示，接着为模型加载一个"涡轮平滑"修改器，最后在"涡轮平滑"卷展栏下设置"迭代次数"为1，如图10-24所示。

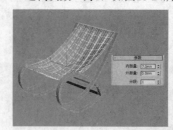

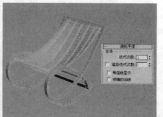

图10-23　　　　　　　　图10-24

07 使用"管状体"工具 管状体 在前视图中创建一个管状体，然后在"参数"卷展栏下设置"半径1"为35mm、"半径2"为10mm、"高度"为250mm、"高度分段"为1、"端面分段"为1、"边数"为3、接着关闭"平滑"选项、再勾选"启用切片"选项，最后设置"切片起始位置"为112、"切片结束位置"为190，具体参数设置如图10-25所示，管状体位置如图10-26所示。

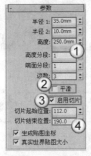 

图10-25　　　　　　　　　图10-26

08 将管状体转换为可编辑多边形，然后进入"顶点"级别，接着在前视图中将顶点调整成如图10-27所示的效果。

图10-27

09 进入"边"级别，然后选择如图10-28所示的边，接着在"编辑边"卷展栏下单击"切角"按钮 切角 后面的"设置"按钮▣，最后设置"边切角量"为1mm，如图10-29所示。

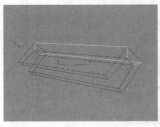 

图10-28　　　　　　　　　图10-29

10 为模型加载一个"涡轮平滑"修改器，然后在"涡轮平滑"卷展栏下设置"迭代次数"为2，如图10-30所示。

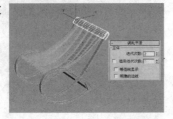

图10-30

11 将模型转换为可编辑多边形，进入"边"级别，然后选择如图10-31所示的边，接着在"编辑边"卷展栏下单击"利用所选内容创建图形"按钮 利用所选内容创建图形 ，最后在弹出的对话框中设置"图形类型"为"线性"，如图10-32所示。

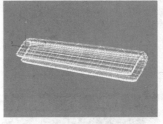 

图10-31　　　　　　　　　图10-32

12 选择"图形001"，然后在"渲染"卷展栏下勾选"在渲染中启用"和"在视口中启用"选项，接着设置"径向"的"厚度"为0.6mm，效果如图10-33所示。

13 采用相同的方法创建出躺椅的其他部分，躺椅模型最终效果如图10-34所示。

图10-33　　　　　　　　　图10-34

10.4　材质制作

本例的场景对象材质主要包括地毯材质、木纹材质、窗纱材质、环境材质、灯罩材质和白漆材质，如图10-35所示。

图10-35

10.4.1 制作地毯材质

地毯材质的模拟效果如图10-36所示。

图10-36

01 打开光盘中的"场景文件>CH10>01.max"文件，如图10-37所示。

图10-37

02 选择一个空白材质球，然后设置材质类型为VRayMtl材质，并将其命名为"地毯"，接着展开"贴图"卷展栏，具体参数设置如图10-38所示，制作好的材质球效果如图10-39所示。

设置步骤：

① 在"漫反射"贴图通道中加载一张光盘中的"实例文件>CH10>毛地毯.jpg"贴图文件，然后在"坐标"卷展栏下设置"瓷砖"的U和V为2。

② 将"漫反射"通道中的贴图拖曳到"凹凸"贴图通道上，然后设置凹凸的强度为80。

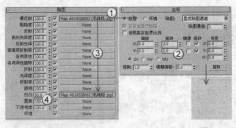

图10-38　　图10-39

技术专题 48　在视图中显示材质贴图

有时为了观察材质效果，需要在视图中进行查看，下面以这个地毯材质为例来介绍下如何在视图中显示出材质贴图效果。

第1步：制作好地毯材质以后选择地面模型，然后在"材质编辑器"对话框中单击"将材质指定给选定对象"按钮，效果如图10-40所示。从图中可以发现没有显示出贴图效果。

图10-40

第2步：单击"漫反射"贴图通道，切换到位图设置面板，在该面板中有一个"视口中显示明暗处理材质"按钮，激活该按钮就可以在视图中显示出材质贴图效果，如图10-41和图10-42所示。

　　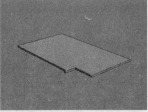

图10-41　　　　　　图10-42

10.4.2 制作木纹材质

木纹材质的模拟效果如图10-43所示。

图10-43

选择一个空白材质球，然后设置材质类型为VRayMtl材质，并将其命名为"木纹"，具体参数设置如图10-44所示，制作好的材质球效果如图10-45所示。

设置步骤：

① 在"漫反射"贴图通道中加载一张光盘中的"实例文件>CH10>木纹.jpg"贴图文件，然后在"坐标"卷展栏下设置"模糊"为0.2。

② 设置"反射"颜色为（红:213，绿:213，蓝:213），然后设置"反射光泽度"为0.6，接着勾选"菲涅耳反射"选项。

③ 展开"贴图"卷展栏，然后将"漫反射"通道中的贴图拖曳到凹凸贴图通道上，接着设置凹凸的强度为60。

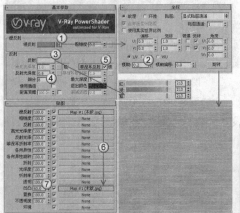　　

图10-44　　　　　　图10-45

10.4.3 制作窗纱材质

窗纱材质的模拟效果如图10-46所示。

图10-46

选择一个空白材质球，然后设置材质类型为VRayMtl材质，并将其命名为"窗纱"，具体参数设置如图10-47所示，制作好的材质球效果如图10-48所示。

设置步骤:

① 设置"漫反射"颜色为(红:240, 绿:250, 蓝:255)。

② 在"折射"贴图通道中加载一张"衰减"程序贴图，然后在"衰减参数"卷展栏下设置"前"通道的颜色为(红:180, 绿:180, 蓝:180)、"侧"通道的颜色为黑色，接着设置"光泽度"为0.88、"折射率"为1.001, 最后勾选"影响阴影"选项。

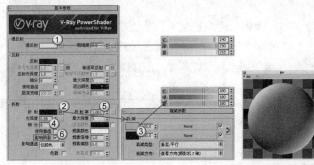

图10-47 图10-48

10.4.4 制作环境材质

环境材质的模拟效果如图10-49所示。

图10-49

选择一个空白材质球，然后设置材质类型为"VRay发光材质"，并将其命名为"环境"，展开"参数"卷展栏，接着在"颜色"选项后面的通道中加载一张光盘中的"实例文件>CH10>环境.jpg"贴图文件，最后在"坐标"卷展栏下设置"模糊"为0.01，具体参数设置如图10-50所示，制作好的材质球效果如图10-51所示。

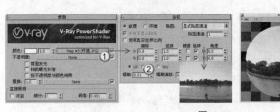

图10-50 图10-51

> **提示** 在制作环境时，一般都用"VRay发光材质"来制作，因此这种材质具有类似于灯光的"照明"效果。

10.4.5 制作灯罩材质

灯罩材质的模拟效果如图10-52所示。

图10-52

选择一个空白材质球，然后设置材质类型为VRayMtl材质，并将其命名为"灯罩"，具体参数设置如图10-53所示，制作好的材质球效果如图10-54所示。

设置步骤:

① 设置"漫反射"颜色为(红:251, 绿:244, 蓝:225)。

② 设置"折射"颜色为(红:50, 绿:50, 蓝:50)，然后设置"光泽度"为0.8、"折射率"为1.2，接着勾选"影响阴影"选项。

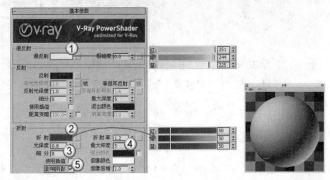

图10-53 图10-54

10.4.6 制作白漆材质

白漆材质的模拟效果如图10-55所示。

图10-55

选择一个空白材质球，然后设置材质类型为VRayMtl材质，并将其命名为"白漆"，具体参数设置如图10-56所示，制作好的材质球效果如图10-57所示。

设置步骤：

① 设置"漫反射"颜色为(红:250，绿:250，蓝:250)。

② 设置"反射"颜色为(红:250，绿:250，蓝:250)，然后设置"高光泽度"为0.9，接着勾选"菲涅耳反射"选项。

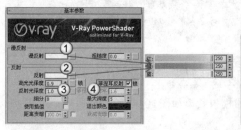

图10-56　　　　图10-57

10.5 设置测试渲染参数

01 按F10键打开"渲染设置"对话框，然后设置渲染器为VRay渲染器，接着在"公用参数"卷展栏下设置"宽度"为600、"高度"为393，最后单击"图像纵横比"选项后面的"锁定"按钮，锁定渲染图像的纵横比，具体参数设置如图10-58所示。

图10-58

02 单击"VR-基项"选项卡，然后在"图像采样器（抗锯齿）"卷展栏下设置"图像采样器"的"类型"为"固定"，接着在"抗锯齿过滤器"选项组下勾选"开启"选项，并设置过滤器类型为"区域"，具体参数设置如图10-59所示。

03 展开"颜色映射"卷展栏，然后设置"类型"为"VRay指数"，然后设置"类型"为"VRay指数"，接着勾选"子像素映射"和"钳制输出"选项，同时关闭"影响背景"选项，具体参数设置如图10-60所示。

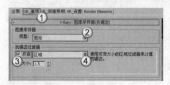

图10-59　　　　　图10-60

04 单击"VR-间接照明"选项卡，然后在"间接照明（全局照明）"卷展栏下勾选"开启"选项，接着设置"首次反弹"的"全局光引擎"为"发光贴图"、"二次反弹"的"全局光引擎"为"灯光缓存"，具体参数设置如图10-61所示。

图10-61

05 展开"发光贴图"卷展栏，然后设置"当前预置"为"非常低"，接着设置"半球细分"为50、"插值采样值"为20，最后勾选"显示计算过程"和"显示直接照明"选项，具体参数设置如图10-62所示。

06 展开"灯光缓存"卷展栏，然后设置"细分"为100，接着勾选"保存直接光"和"显示计算状态"选项，具体参数设置如图10-63所示。

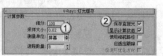

图10-62　　　　　图10-63

07 单击"VR-设置"选项卡，然后在"系统"卷展栏设置"区域排序"为"三角剖分"，接着关闭"显示信息窗口"选项，具体参数设置如图10-64所示。

图10-64

08 按大键盘上的8键打开"环境和效果"对话框，然后展开"公用参数"卷展栏，接着在"环境贴图"通道中加载一张"VRay天空"环境贴图，如图10-65所示。

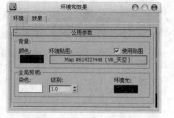

图10-65

10.6 灯光设置

本场景的灯光布局很简单，只需要布置一盏阳光即可。

01 设置灯光类型为VRay，然后在前视图中创建一盏VRay太阳，其位置如图10-66所示。

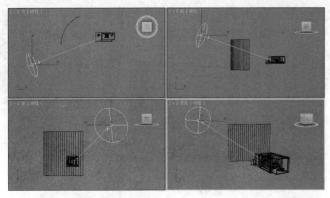

图10-66

疑难问答 问：在创建太阳时还要加载环境贴图吗？

答：由于在前面设置测试渲染参数时已经加载了"VRay天空"环境贴图，因此这里创建VRay太阳就不需要再加载了。

02· 选择上一步创建的VRay太阳，然后在"VRay太阳参数"卷展栏下设置"混浊度"为2、"臭氧"为0.35、"强度倍增"为0.05、"尺寸倍增"为3、"阴影细分"为12，具体参数设置如图10-67所示。

图10-67

03· 按F9键测试渲染当前场景，效果如图10-68所示。

图10-68

10.7 设置最终渲染参数

01· 按F10键打开"渲染设置"对话框，然后在"公用参数"卷展栏下设置"宽度"为1200、"高度"为786，具体参数设置如图10-69所示。

图10-69

02· 单击"VR-基项"选项卡，然后在"图像采样器（抗锯齿）"卷展栏下设置"图像采样器"的"类型"为"自适应DMC"，接着在"抗锯齿过滤器"选项组下设置过滤器类型为Mitchell-Netravali，如图10-70所示。

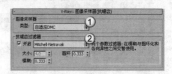

图10-70

03· 单击"VR-间接照明"选项卡，然后在"发光贴图"卷展栏下设置"当前预置"为"中"，接着设置"半球细分"为60、"插值采样值"为30，具体参数设置如图10-71所示。

图10-71

04· 展开"灯光缓存"卷展栏，然后设置"细分"为1200，具体参数设置如图10-72所示。

图10-72

05· 单击"VR-设置"选项卡，然后展开"DMC采样器"卷展栏，接着设置"噪波阈值"为0.008、"最少采样"为15，具体参数设置如图10-73所示。

图10-73

06· 按F9键渲染当前场景，最终效果如图10-74所示。

图10-74

第11章 综合实例——现代卧室朦胧日景表现

11.1 实例解析

场景位置	DVD>实例文件>CH11>01.max
实例位置	DVD>实例文件>CH11>综合实例——现代卧室朦胧日景表现.max
视频位置	DVD>多媒体教学>CH11>综合实例——现代卧室朦胧日景表现.flv
难易指数	★★★★☆
技术掌握	床单材质、镜面材质、软包材质、窗帘材质和水晶灯材质的制作方法；卧室朦胧日景的表现方法

　　本例是一个现代卧室空间，床单材质、镜面材质、软包材质、窗帘材质、水晶灯材质的制作方法，以及朦胧日景灯光的表现方法是本例的学习要点，如图11-1所示是本例的渲染效果及线框图。

图11-1

11.2 制作床和软包模型

　　本例的难点模型是床模型和软包模型，如图11-2所示。

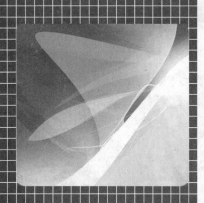

图11-2

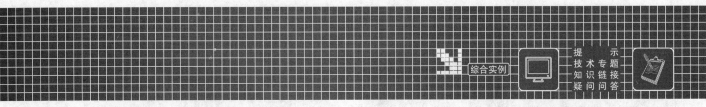
11.2.1 创建床模型

01 使用"长方体"工具 长方体 在场景中创建一个长方体，然后在"参数"卷展栏下设置"长度"为1300mm、"宽度"为2000mm、"高度"为50mm，具体参数设置及长方体效果如图11-3所示。

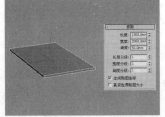

图11-3

知识链接： 在创建模型之前先要设置系统参数。关于系统参数的设置方法请参阅第10章中的相关内容。

02 继续使用"长方体"工具 长方体 在上一步创建的长方体的顶部创建一个长方体，然后在"参数"卷展栏下设置"长度"为1500mm、"宽度"为2100mm、"高度"为200mm、"长度分段"为7、"宽度分段"为12、"高度分段"为1，具体参数设置及长方体位置如图11-4所示。

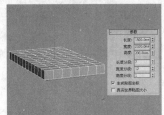

图11-4

03 将上一步创建的长方体转换为可编辑多边形，进入"边"级别，然后选择如图11-5所示的边，接着在"编辑边"卷展栏下单击"切角"按钮 切角 后面的"设置"按钮，最后设置"边切角量"为15mm，如图11-6所示。

图11-5

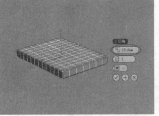

图11-6

04 为模型加载一个"涡轮平滑"修改器，然后在"涡轮平滑"卷展栏下设置"迭代次数"为2，如图11-7所示。

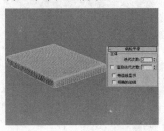

图11-7

05 再次将模型转换为可编辑多边形，然后在"绘制变形"卷展栏下接着单击"推/拉"按钮 推/拉 ，接着设置"推拉值"为10mm、"笔刷大小"为200mm、"笔刷强度"为0.5，具体参数设置如图11-8所示，最后在模型上绘制出褶皱效果，如图11-9所示。

图11-8　　　　　　　　图11-9

技术专题 49 绘制变形技术

在多边形建模技术中，"绘制变形"技术是一个比较特殊的功能。使用该技术可以在多边形模型上绘制出褶皱变形或松弛变形效果。下面以图11-10中多边形模型为例来详细介绍一下这两种效果的绘制方法。

图11-10

绘制褶皱变形：这种变形效果主要用"推/拉"工具 推/拉 来绘制。设置好工具的"推拉值"、"笔刷大小"和"笔刷强度"参数值以后，使用笔刷可以在模型上绘制出布褶、山脉等效果，如图11-11所示。

绘制松弛变形：这种变形效果主要用"松弛"工具 松弛 来绘制。设置好工具的"笔刷大小"和"笔刷强度"参数值以后，使用笔刷可以在褶皱模型上绘制出松弛效果，如图11-12所示。

图11-11　　　　　　　　　　图11-12

在使用设置好参数的笔刷绘制褶皱时，按住Alt键可以在保持相同参数值的情况下在推和拉之间进行切换。例如，如果拉的值为3mm，按住Alt键可以切换为-3mm，此时就为推的操作，松开Alt键后就会恢复为拉的操作。另外，除了可以在"绘制变形"卷展栏下调整笔刷的大小外，还有一种更为简单的方法，即按住Shift+Ctrl组合键拖曳鼠标左键。

06　采用相同的方法制作出床垫模型，完成后的效果如图11-13所示。

图11-13

07　选择床垫模型，进入"多边形"级别，然后选择如图11-14所示的多边形（不选择底部的多边形），接着在"编辑多边形"卷展栏下单击"挤出"按钮 挤出 后面的"设置"按钮□，最后设置"挤出类型"为"按多边形"、"高度"为12mm，如图11-15所示。

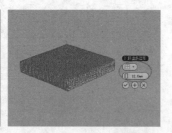

图11-14　　　　　　　　　　图11-15

08　保持对多边形的选择，在"选择"卷展栏下单击"扩大"按钮 扩大 ，以扩大对多边形的选择，如图11-16所示，接着在"编辑几何体"卷展栏下单击"分离"按钮 分离 ，最后在弹出的"分离"对话框将选择的多边形分离出来，如图11-17所示。

09　选择"对象001"，然后为其加载一个"壳"修改器，接着在"参数"卷展栏下设置"外部量"为2mm，如图11-18所示。

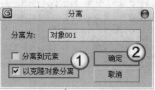

图11-16　　　　　　　　　　图11-17

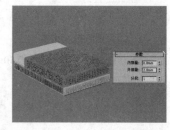

图11-18

10　使用"平面"工具 平面 在顶视图中创建一个平面，然后在"参数"卷展栏下设置"长度"为1690mm、"宽度"为320mm、"长度分段"为10、"宽度分段"为5，具体参数设置及平面位置如图11-19所示。

11　将平面转换为可编辑多边形，然后进入"顶点"级别，接着在各个视图中将顶点调整成如图11-20所示的效果。调节顶点的位置，调整后的效果如图11-20所示。

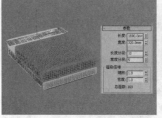

图11-19　　　　　　　　　　图11-20

12　为模型加载一个"壳"修改器，然后在"参数"卷展栏下设置"内部量"为24mm，如图11-21所示。

13　继续为模型加载一个"涡轮平滑"修改器，然后在"涡轮平滑"卷展栏下设置"迭代次数"为1，如图11-22所示。

图11-21　　　　　　　　　　图11-22

14　采用相同的方法制作出床单模型，完成后的效果如图11-23所示。

图11-23

15. 使用"长方体"工具 长方体 在场景中创建一个长方体，然后在"参数"卷展栏下设置"长度"为400mm、"宽度"为90mm、"高度"为430mm、"长度分段"为7、"宽度分段"为1、"高度分段"为12，具体参数设置及长方体位置如图11-24所示。

16. 为长方体加载一个FFD 3×3×3修改器，然后进入"控制点"次物体层级，接着将长方体调整成抱枕形状，完成后的效果如图11-25所示。

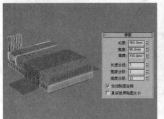 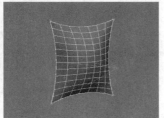

图11-24   图11-25

17. 为抱枕模型加载一个"涡轮平滑"修改器，然后在"涡轮平滑"卷展栏下设置"迭代次数"为2，如图11-26所示。

18. 采用相同的方法制作出其他的抱枕模型，完成后的效果如图11-27所示。

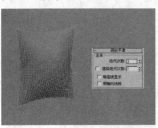 

图11-26   图11-27

11.2.2 创建软包模型

01. 使用"平面"工具 平面 在左视图中创建一个平面，然后在"参数"卷展栏下设置"长度"为2450mm、"宽度"为1600mm、"长度分段"为6、"宽度分段"为1，具体参数设置及平面位置如图11-28所示。

02. 将平面转换为可编辑多边形，然后进入"顶点"级别，接着在左视图中将顶点调整成如图11-29所示的效果。

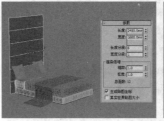 

图11-28   图11-29

03. 进入"多边形"级别，然后选择所有的多边形，如图11-30所示，接着在"编辑多边形"卷展栏下单击"倒角"按钮 倒角 后面的"设置"按钮，最后设置"倒角类型"为"按多边形"、"高度"为20mm，"轮廓"为-5mm，如图11-31所示。

图11-30   图11-31

提示 由于在创建模型时，模型的默认显示颜色为偏红的颜色，而选中的多边形也是红色调，因此最好为其更换一种颜色，这样就不会混淆视觉。

04. 进入"边"级别，然后选择如图11-32所示的边，接着在"编辑边"卷展栏下单击"切角"按钮 切角 后面的"设置"按钮，最后设置"边切角量"为1mm，如图11-33所示。

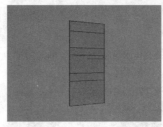 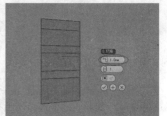

图11-32   图11-33

05. 为软包模型加载一个"涡轮平滑"修改器，然后在"涡轮平滑"卷展栏下设置"迭代次数"为2，最终效果如图11-34所示。

图11-34

11.3 材质制作

本例的场景对象材质主要包括地毯材质、床单材质、镜面材质、软包材质、窗帘材质、水晶灯材质和环境材质和，如图11-35所示。

图11-35

11.3.1 制作地毯材质

地毯材质的模拟效果如图11-36所示。

图11-36

01 打开光盘中的"场景文件>CH11>01.max"文件，如图11-37所示。

图11-37

02 选择一个空白材质球，然后设置材质类型为VRayMtl材质，并将其命名为"地毯"，接着展开"贴图"卷展栏，具体设置如图11-38所示，制作好的材质球效果如图11-39所示。

设置步骤：

① 在"漫反射"贴图通道中加载一张"衰减"程序贴图，然后展开

"衰减参数"卷展栏，接着在"前"贴图通道中加载一张光盘中的"实例文件>CH11>地毯.jpg"贴图文件，最后设置"衰减类型"为Fresnel。

② 在"凹凸"贴图通道中加载一张光盘中的"实例文件>CH11>地毯凹凸.jpg"贴图文件，然后设置凹凸的强度为60。

图11-38　　　　　　　　　　图11-39

11.3.2 制作床单材质

床单材质的模拟效果如图11-40所示。

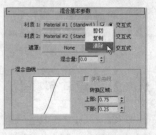

图11-40

01 选择一个空白材质球，然后设置材质类型为"混合"材质，并将其命名为"床单"，接着展开"混合基本参数"卷展栏，最后分别在"材质1"和"材质2"通道中各加载一个VRayMtl材质，如图11-41所示。

图11-41

疑难问答　问：通道中的材质如何处理？

答：在将材质类型设置为"混合"材质时，"材质1"和"材质2"通道中会保留两个"标准"材质，但一般情况下都不需要默认的材质，因此可以将其清除掉。在材质通道上单击鼠标右键，然后在弹出的菜单中选择"清除"命令即可清除默认的"标准"材质，如图11-42所示。

图11-42

02 单击"材质1"通道，切换到VRayMtl材质设置面板，具体参数设置如图11-43所示。

设置步骤：

① 在"漫反射"贴图通道中加载一张"衰减"程序贴图。

② 展开"衰减参数"卷展栏，然后设置"前"通道的颜色为(红:37, 绿:0, 蓝:21)、"侧"通道的颜色为(红:58, 绿:25, 蓝:44)，接着设置"衰减类型"为Fresnel；展开"混合曲线"卷展栏，然后调节好混合曲线的形状。

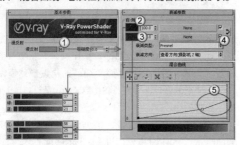

图11-43

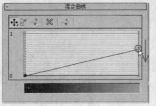

在默认情况下，混合曲线是对角直线，是最平滑的，如图11-44所示。下面介绍一下如何调节曲线。

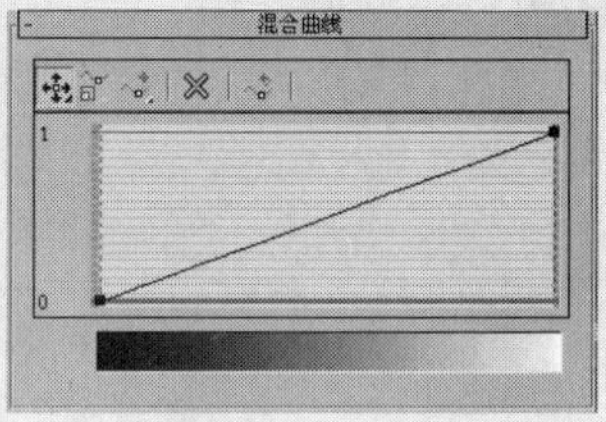

图11-44

第1步：选择右上部的顶点，然后将其往下拖曳，如图11-45所示。

第2步：在混合曲线的工具栏中单击"添加点"按钮，然后在曲线上单击鼠标左键，以添加一个顶点，如图11-46所示。

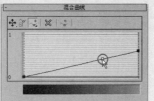

图11-45　　　　　　　图11-46

第3步：在混合曲线的工具栏中单击"移动"按钮，然后将添加的顶点往下拖曳，如图11-47所示。

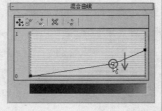

图11-47

03 单击"材质2"贴图通道，切换到VRayMtl材质设置面板，具体参数设置如图11-48所示。

设置步骤：

① 设置"漫反射"颜色为(红:58, 绿:25, 蓝:44)。

② 设置"反射"颜色为(红:131, 绿:49, 蓝:115)，然后设置"反射光泽度"为0.7，接着勾选"使用插值"选项，最后勾选"菲涅耳反射"选项，最后设置"菲涅耳折射率"为1.4。

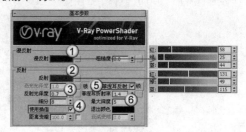

图11-48

疑难问答 问：为何设置不了"菲涅耳折射率"？

答：由于"菲涅耳折射率"在默认状态下处于锁定状态，因此如果要修改其数值，必须单击"菲涅耳反射"选项后面的"锁"按钮，对其进行解锁以后才能设置"菲涅耳折射率"的数值。同理，"高光光泽度"也是如此。

04 返回到"混合"材质设置面板，然后在"遮罩"贴图通道中加载一张光盘中的"实例文件>CH11>床单遮罩.bmp"贴图文件，接着在"坐标"卷展栏下设置"瓷砖"的U和V分别为4.9和0.9，具体参数设置如图11-49所示，制作好的材质球效果如图11-50所示。

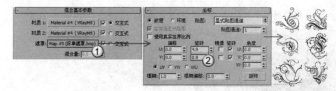

图11-49

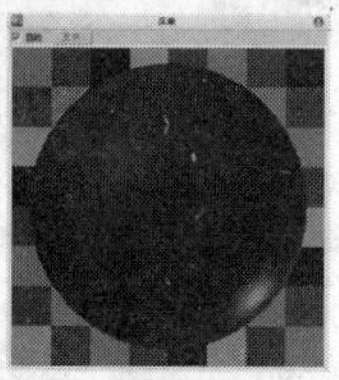

图11-50

11.3.3 制作镜面材质

镜面材质的模拟效果如图11-51所示。

图11-51

01 选择一个空白材质球，设置材质类型为"VRay混合材质"，并将其命名为"镜面"，然后展开"参数"卷展栏，接着在"基本材质"通道中加载一个VRayMtl材质，再设置"反射"颜色为（红:8，绿:8，蓝:8），最后设置"高光光泽度"为0.6，"反射光泽度"为0.6，具体参数设置如图11-52所示。

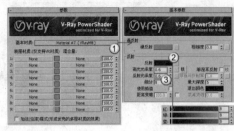

图11-52

02 在"镀膜材质"的第1个材质通道中加载一个VRayMtl材质，然后设置"漫反射"颜色为黑色，接着设置"反射"颜色为（红:210，绿:210，蓝:210），具体参数设置如图11-53所示。

图11-53

03 在"混合量"的第1个贴图通道中加载一张光盘中的"实例文件>CH11>黑白.bmp"贴图文件，如图11-54所示，制作好的材质球效果如图11-55所示。

图11-54   图11-55

11.3.4 制作软包材质

软包材质的模拟效果如图11-56所示。

图11-56

选择一个空白材质球，然后设置材质类型为VRayMtl材

质，并将其命名为"软包"，接着展开"贴图"卷展栏，具体参数设置如图11-57所示，制作好的材质球效果如图11-58所示。

设置步骤：

① 在"漫反射"贴图通道中加载一张"衰减"程序贴图，展开"衰减参数"卷展栏，然后在"前"贴图通道中加载一张光盘中的"实例文件>CH11>软包.jpg"贴图文件，接着在"坐标"卷展栏下设置"瓷砖"的U和V分别为3和0.7，再设置"模糊"为0.1，并设置"侧"通道的颜色为（红:248，绿:220，蓝:233），最后设置"衰减类型"为Fresnel。

② 在"凹凸"贴图通道中加载一张光盘中的"实例文件>CH11>软包凹凸.jpg"贴图文件，然后设置凹凸的强度为45。

图11-57

图11-58

11.3.5 制作窗帘材质

窗帘材质的模拟效果如图11-59所示。

图11-59

选择一个空白材质球，然后设置材质类型为VRayMtl材质，并将其命名为"窗帘"，具体参数设置如图11-60所示，制作好的材质球效果如图11-61所示。

设置步骤：

① 在"漫反射"贴图通道中加载一张光盘中的"实例文件>CH11>窗帘.jpg"贴图文件。

② 设置"反射"颜色为（红:30，绿:30，蓝:30），然后设置"反射光泽度"为0.45。

③ 展开"贴图"卷展栏，然后在"凹凸"贴图通道中加载一张光盘中的"实例文件>CH11>窗帘凹凸.jpg"贴图文件，接着设置凹凸的强度为50。

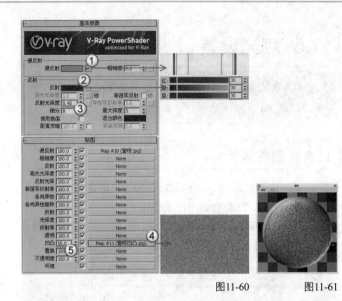

图11-60　　　　　　图11-61

11.3.6 制作水晶灯材质

水晶灯材质的模拟效果如图11-62所示。

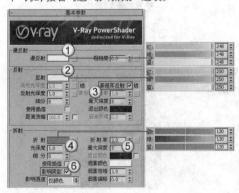

图11-62

选择一个空白材质球，然后设置材质类型为VRayMtl材质，并将其命名为"水晶灯"，具体参数设置如图11-63所示，制作好的材质球效果如图11-64所示。

设置步骤：

① 设置"漫反射"颜色为(红:248,绿:248,蓝:248)。

② 设置"反射"颜色为(红:250,绿:250,蓝:250)，然后勾选"菲涅耳反射"选项。

③ 设置"折射"颜色为(红:130,绿:130,蓝:130)，然后设置"折射率"为2,接着勾选"影响阴影"选项。

图11-63　　　　　　图11-64

11.3.7 制作环境材质

环境材质的模拟效果如图11-65所示。

图11-65

选择一个空白材质球，然后设置材质类型为"VRay发光材质"，并将其命名为"环境"，展开"参数"卷展栏，接着设置"颜色"的强度为2.4,最后在"颜色"贴图通道中加载一张光盘中的"实例文件>CH11>环境.jpg"贴图文件，具体参数设置如图11-66所示，制作好的材质球效果如图11-67所示。

图11-66　　　　　　图11-67

11.4 设置测试渲染参数

01 按F10键打开"渲染设置"对话框，然后设置渲染器为VRay渲染器，接着在"公用参数"卷展栏下设置"宽度"为600、"高度"为450,最后单击"图像纵横比"选项后面的"锁定"按钮⊟,锁定渲染图像的纵横比，具体参数设置如图11-68所示。

图11-68

02 单击"VR-基项"选项卡，然后在"图像采样器（抗锯齿）"卷展栏下设置"图像采样器"的"类型"为"固定"，接着在"抗锯齿过滤器"选项组下勾选"开启"选项，并设置过滤器类型为"区域"，具体参数设置如图11-69所示。

03 展开"环境"卷展栏，然后在"全局照明环境（天光）覆盖"选项组下勾选"开"选项；在"反射/折射环境覆盖"选项组下勾选"开"选项，然后设置颜色为(红:204,绿:230,蓝:255)；在"折射环境覆盖"选项组下勾选"开"，然后设置颜色为(红:204,绿:230,蓝:255),具体参数设置如图11-70所示。

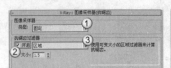

图11-69　　　　　　　　　图11-70

04 展开"颜色映射"卷展栏，然后设置"类型"为"VRay指数"，接着勾选"子像素映射"和"钳制输出"选项，具体参数设置如图11-71所示。

05 单击"VR-间接照明"选项卡，然后在"间接照明（全局照明）"卷展栏下勾选"开启"选项，接着设置"首次反弹"的"全局光引擎"为"发光贴图"、"二次反弹"的"全局光引擎"为"灯光缓存"，具体参数设置如图11-72所示。

图11-71　　　　　　　　　图11-72

06 展开"发光贴图"卷展栏，然后设置"当前预置"为"非常低"，接着设置"半球细分"为50、"插值采样值"为20，最后勾选"显示计算过程"和"显示直接照明"选项，具体参数设置如图11-73所示。

07 展开"灯光缓存"卷展栏，然后设置"细分"为100，接着勾选"保存直接光"和"显示计算状态"选项，具体参数设置如图11-74所示。

图11-73　　　　　　　　　图11-74

08 单击"VR-设置"选项卡，然后在"系统"卷展栏下设置"区域排序"为"三角剖分"，接着关闭"显示信息窗口"选项，具体参数设置如图11-75所示。

图11-75

09 按大键盘上的8键打开"环境和效果"对话框，然后展开"公用参数"卷展栏，接着在"背景"选项组下设置"颜色"为白色，如图11-76所示。

图11-76

11.5 灯光设置

本场景共需要布置4处灯光，分别是窗外的天光、室内的射灯、台灯灯光，以及天花板上的灯带。

11.5.1 创建天光

01 设置灯光类型为VRay，然后在前视图中创建一盏VRay光源（放在窗外），其位置如图11-77所示。

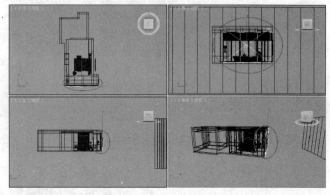

图11-77

02 选择上一步创建的VRay光源，然后展开"参数"卷展栏，具体参数设置如图11-78所示。

设置步骤：

① 在"基本"选项组下设置"类型"为"平面"。

② 在"亮度"选项组下设置"倍增器"为6，然后设置"颜色"为（红:185，绿:225, 蓝:255）。

③ 在"大小"选项组下设置"半长度"为1950mm、"半宽度"为1375mm。

④ 在"选项"选项组下勾选"不可见"选项，然后取消勾选"影响高光"和"影响反射"选项。

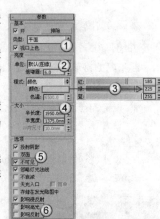

图11-78

03 按F9键测试渲染当前场景，效果如图11-79所示。

图11-79

11.5.2 创建射灯

01 设置灯光类型为"光度学", 然后在左视图中创建12盏目标灯光, 其位置如图11-80所示。

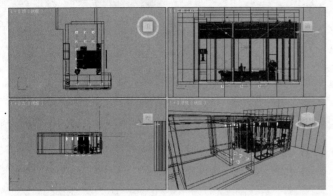

图11-80

02 选择上一步创建的目标灯光, 然后切换到"修改"面板, 具体参数设置如图11-81所示。

设置步骤:

① 展开"常规参数"卷展栏, 然后在"阴影"选项组下勾选"启用"选项, 接着设置阴影类型为VRayShadow(VRay阴影), 最后设置"灯光分布(类型)"为"光度学Web"。

② 展开"分布(光度学 Web)"卷展栏, 然后在其通道中加载一个光盘中的"实例文件>CH11>0.ies"光域网文件。

③ 展开"强度/颜色/衰减"卷展栏, 然后设置"过滤颜色"为(红:255, 绿:240, 蓝:176), 接着设置"强度"为8000。

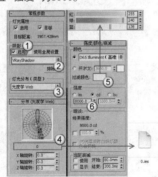

图11-81

03 按F9键测试渲染当前场景, 效果如图11-82所示。

图11-82

04 继续在前视图中创建一盏目标灯光, 其位置如图11-83所示。

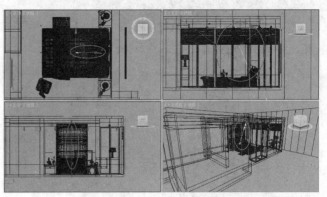

图11-83

05 选择上一步创建的目标灯光, 然后切换到"修改"面板, 具体参数设置如图14-84所示。

设置步骤:

① 展开"常规参数"卷展栏, 然后在"阴影"选项组下勾选"启用"选项, 接着设置阴影类型为VRayShadow(VRay阴影), 最后设置"灯光分布(类型)"为"光度学Web"。

② 展开"分布(光度学Web)"卷展栏, 然后在通道中加载一个光盘中的"实例文件>CH11>7.ies"光域网文件。

③ 展开"强度/颜色/衰减"卷展栏, 然后设置"过滤颜色"为(红:255, 绿:240, 蓝:176), 接着设置"强度"为50000。

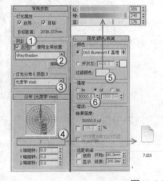

图11-84

06 按F9键测试渲染当前场景, 效果如图11-85所示。

图11-85

11.5.3 创建台灯

01 设置灯光类型为VRay, 然后在左视图中创建两盏VRay光源(将其分别放在床头的台灯灯罩内), 其位置如图11-86所示。

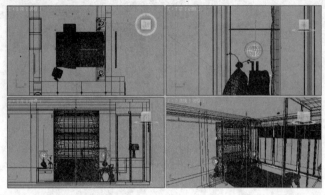

图11-86

02 选择上一步创建的VRay光源，然后展开"参数"卷展栏，具体参数设置如图11-87所示。

设置步骤：

① 在"基本"选项组下设置"类型"为"球体"。

② 在"亮度"选项组下设置"倍增器"为250，然后设置"颜色"为（红:168，绿:213，蓝:255）。

③ 在"大小"选项组下设置"半径"为40mm。

④ 在"选项"选项组下勾选"不可见"选项，然后关闭"影响高光"和"影响反射"选项。

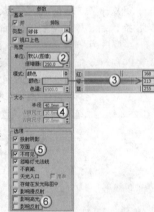

图11-87

03 按F9键测试渲染当前场景，效果如图11-88所示。

图11-88

04 继续在左视图中创建一盏VRay光源，然后将其放在另外一盏台灯的灯罩内，如图11-89所示。

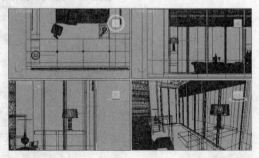

图11-89

05 选择上一步创建的VRay光源，然后展开"参数"卷展栏，具体参数设置如图11-90所示。

设置步骤：

① 在"基本"选项组下设置"类型"为"球体"。

② 在"亮度"选项组下设置"倍增器"为250，然后设置"颜色"为（红:255，绿:198，蓝:107）。

③ 在"大小"选项组下设置"半径"为30mm。

④ 在"选项"选项组下勾选"不可见"选项，然后关闭"影响高光"和"影响反射"选项。

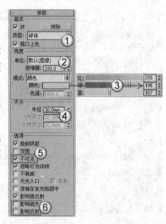

图11-90

06 按F9键测试渲染当前场景，效果如图11-91所示。

图11-91

11.5.4 创建灯带

01 设置灯光类型为VRay，然后在天花顶棚上创建一盏VRay光源，其位置如图11-92所示。

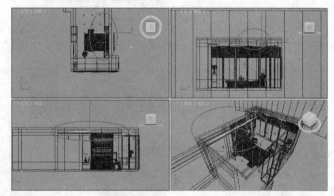

图11-92

02 选择上一步创建的VRay光源，然后展开"参数"卷展栏，具体参数设置如图11-93所示。

设置步骤：

① 在"基本"选项组下设置"类型"为"平面"。

② 在"亮度"选项组下设置"倍增器"为25，然后设置"颜色"为（红:255，绿:198，蓝:92）。

③ 在"大小"选项组下设置"半长度"为2250mm、"半宽度"为40mm。

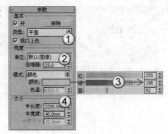

图11-93

03 按F9键渲染当前场景，效果如图11-94所示。

图11-94

11.6 设置最终渲染参数

01 按F10键打开"渲染设置"对话框，然后在"公用参数"卷展栏下设置"宽度"为1200、"高度"为900，具体参数设置如图11-95所示。

图11-95

02 单击"VR-基项"选项卡，然后在"图像采样器（抗锯齿）"卷展栏下设置"图像采样器"的"类型"为"自适应DMC"，接着在"抗锯齿过滤器"选项组下设置过滤器类型为Mitchell-Netravali，具体参数设置如图11-96所示。

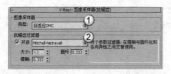

图11-96

03 单击"VR-间接照明"选项卡，然后在"发光贴图"卷展栏下设置"当前预置"为"低"，接着设置"半球细分"为60、"插值采样值"为30，具体参数设置如图11-97所示。

图11-97

04 展开"灯光缓存"卷展栏，然后设置"细分"为1200，具体参数设置如图11-98所示。

图11-98

05 单击"VR-设置"选项卡，然后展开"DMC采样器"卷展栏，接着设置"噪波阈值"为0.008、"最少采样"为12，具体参数设置如图11-99所示。

图11-99

06 按F9键渲染当前场景，最终效果如图11-100所示。

图11-100

第12章 综合实例——欧式卧室夜晚灯光表现

12.1 实例解析

场景位置	DVD>实例文件>CH12>01.max
实例位置	DVD>实例文件>CH12>综合实例——欧式卧室夜晚灯光表现.max
视频位置	DVD>多媒体教学>CH12>综合实例——欧式卧室夜晚灯光表现.flv
难易指数	★★★★☆
技术掌握	地板材质、床单材质、窗帘材质和灯罩材质的制作方法;欧式卧室夜景灯光的表现方法

　　本例是一个欧式豪华卧室空间,地板材质、床单材质、窗帘材质、灯罩材质以及欧式卧室夜景灯光的表现方法是本例的学习要点,如图12-1所示是本例的渲染效果及线框图。

图12-1

Learning Objectives
学习重点

欧式台灯和床头柜模型的制作方法
地板材质、床单材质、窗帘材质和灯罩材质的制作方法
欧式卧室夜景灯光的表现方法

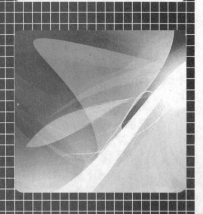

12.2 制作欧式台灯和床头柜模型

　　本例的难点模型是欧式台灯和床头柜模型,如图12-2所示。

图12-2

12.2.1 制作台灯模型

01 使用"管状体"工具 管状体 在场景中创建一个管状体，然后在"参数"卷展栏下设置"半径1"为165mm、"半径2"为164mm、"高度"为220mm、"高度分段"为1、"端面分段"为1、"边数"为36，具体参数设置及模型效果如图12-3所示。

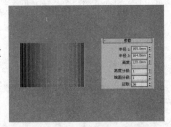

图12-3

02 使用"圆"工具 圆 在顶视图中绘制一个圆形，然后在"参数"卷展栏下设置"半径"为165mm，如图12-4所示。

图12-4

技术专题 **51** 位移归零

在步骤（2）中绘制圆形时，需要将圆形与管状体完全对齐，也就是要让圆形的中心与管状体的中心在同一点上。这里介绍一种快速对齐中心点的方法，即位移归零法。

第1步：使用"选择并移动"工具 选择管状体，然后在状态栏中观察管状体的位置，如图12-5所示。如果发现哪个轴的位置不处于0的位置，比如x轴，可以在x轴的数值输入框后面的 按钮上单击鼠标右键，将该轴的位置归零，如图12-6所示。

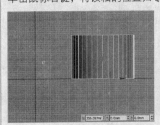 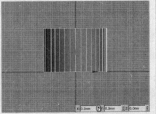

图12-5　　　　　　　　　　图12-6

第2步：使用"选择并移动"工具 选择圆形，然后在状态栏中观察管状体的位置，如图12-7所示。如果发现哪个轴的位置不处于0的位置，在该轴的数值输入框后面的 按钮上单击鼠标右键，将该轴的位置归零，这样两个对象的中心点都处于0的位置，如图12-8所示。

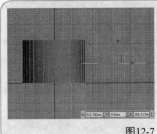

图12-7　　　　　　　　　　图12-8

03 展开"渲染"卷展栏，然后在"渲染"卷展栏下勾选"在渲染中启用"和"在视口中启用"选项，接着设置"径向"的"厚度"为5mm，如图12-9所示。

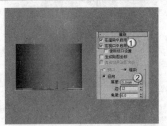

图12-9

04 选择圆形，然后按住Shift键用"选择并移动"工具 向上移动复制一个圆形到管状体的顶部，如图12-10所示。

图12-10

05 使用"线"工具 线 在前视图中绘制一条如图12-11所示的样条线，然后为其加载一个"车削"修改器，接着在"参数"卷展栏下设置"方向"为y Y 轴、"对齐"方式为"最小" 最小 ，如图12-12所示。

 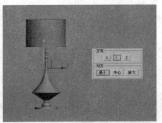

图12-11　　　　　　　　　　图12-12

06 将模型转换为可编辑多边形，进入"多边形"级别，然后选择如图12-13所示的多边形，接着在"编辑多边形"卷展栏下单击"插入"按钮 插入 后面的"设置"按钮 ，最后设置"插入类型"为"按多边形"、"数量"为2mm，如图12-14所示。

图12-13　　　　　　　　图12-14

07 保持对多边形级的选择，在"编辑多边形"卷展栏下单击"倒角"按钮 倒角 后面的"设置"按钮，然后设置"高度"为-3mm、"轮廓"为-1mm，如图12-15所示，台灯模型的整体效果如图12-16所示。

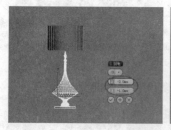

图12-15　　　　　　　　图12-16

12.2.2 制作床头柜模型

01 使用"切角长方体"工具 切角长方体 在顶视图中创建一个切角长方体，然后在"参数"卷展栏下设置"长度"为400mm、"宽度"为630mm、"高度"为430mm、"圆角"为6mm、"圆角分段"为3，具体参数设置及模型位置如图12-17所示。

图12-17

02 将切角长方体转换为可编辑多边形，进入"多边形"级别，然后选择如图12-18所示的多边形，接着在"编辑多边形"卷展栏下单击"插入"按钮 插入 后面的"设置"按钮，最后设置"数量"为25mm，如图12-19所示。

图12-18　　　　　　　　图12-19

03 保持对多边形的选择，在"编辑多边形"卷展栏下单击"挤出"按钮 挤出 后面的"设置"按钮，然后设置"数

量"为-400mm，如图12-20所示。

图12-20

04 下面创建软包模型。使用"长方体"工具 长方体 在左视图中创建一个长方体，然后在"参数"卷展栏下设置"长度"为368mm、"宽度"为560mm、"高度"为25mm、"长度分段"为2、"宽度分段"为2、"高度分段"为1，具体参数设置及模型位置如图12-21所示。

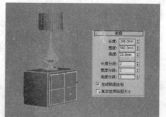

图12-21

05 按S键开启"捕捉开关"，将长方体转换为可编辑多边形，然后在"编辑几何体"卷展栏下单击"切割"按钮 切割 ，接着捕捉左上角的顶点，如图12-22所示，最后拖曳到右下角的顶点上，如图12-23所示，这样可以在两个顶点之间切割出一条线，如图12-24所示。

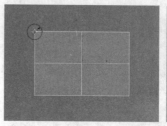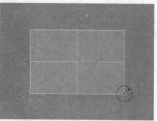

图12-22　　　　　　　　图12-23

图12-24

疑难问答　问："切割"工具有何作用？

答："切割"工具 切割 在前面的章节中从未涉及到该工具，这个工具的使用频率虽然不高，但是却比较重要。使用该工具可以在一个或多个多边形上创建出新的边。

06 采用相同的方法在右上角顶点和左下角顶点之间切割出一条线, 如图12-25所示。

图12-25

07 进入"边"级别, 然后选择如图12-26所示的边, 接着在"编辑边"卷展栏下单击"切角"按钮 切角 后面的"设置"按钮 ■, 最后设置"边切角数量"为3mm, 如图12-27所示。

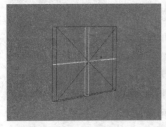 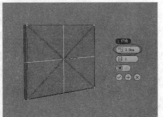

图12-26　　　　　　　　图12-27

08 为软包模型加载一个"涡轮平滑"修改器, 然后在"涡轮平滑"卷展栏下设置"迭代次数"为2, 如图12-28所示。

图12-28

09 使用样条线创建出把手模型, 完成后的效果如图12-29所示。

图12-29

10 继续利用多边形建模技术创建出床头柜的底座模型, 最终效果如图12-30所示。

图12-30

知识链接: 关于床头柜底座模型的制作方法可参阅第3章中的多边形建模实例。

12.3 材质制作

本例的场景对象材质主要包含地板材质、地毯材质、壁纸材质、床单材质、窗帘材质和灯罩材质, 如图12-31所示。

图12-31

12.3.1 制作地板材质

地板材质的模拟效果如图12-32所示。

图12-32

01 打开本书配套光盘中的"场景文件>CH12>01.max"文件, 如图12-33所示。

图12-33

02 选择一个空白材质球, 然后设置材质类型为VRayMtl材质, 并将其命名为"地板", 具体参数设置如图12-34所示, 制作好的材质球效果如图12-35所示。

设置步骤:

① 在"漫反射"贴图通道中加载一张光盘中的"实例文件>CH12>地板.jpg"贴图文件, 然后在"坐标"卷展栏下设置"瓷砖"的U和V为8。

② 设置"反射"颜色为(红:55, 绿:55, 蓝:55), 然后设置"反射光泽度"为0.8、"细分"为15。

387

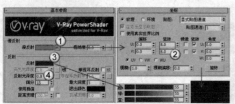

图12-34　　　　　　图12-35　　　　　　　　　　　　图12-40　　　　　　图12-41

12.3.2 制作地毯材质

地毯材质的模拟效果如图12-36所示。

图12-36

选择一个空白材质球，然后设置材质类型为VRayMtl材质，并将其命名为"地毯"，接着展开"贴图"卷展栏，具体参数设置如图12-37所示，制作好的材质球效果如图12-38所示。

设置步骤：

① 在"漫反射"贴图通道中加载一张光盘中的"实例文件>CH12>地毯.jpg"贴图文件。

② 将"漫反射"通道中的贴图拖曳到"凹凸"贴图通道上，然后设置凹凸的强度为50。

图12-37　　　　　　图12-38

12.3.3 制作壁纸材质

壁纸材质的模拟效果如图12-39所示。

图12-39

选择一个空白材质球，然后设置材质类型为VRayMtl材质，并将其命名为"壁纸"，接着在"漫反射"贴图通道中加载一张光盘中的"实例文件>CH12>壁纸.jpg"贴图文件，具体参数设置如图12-40所示，制作好的材质球效果如图12-41所示。

12.3.4 制作床单材质

床单材质的模拟效果如图12-42所示。

图12-42

选择一个空白材质球，然后设置材质类型为"标准"材质，并将其命名为"床单"，具体参数设置如图12-43所示，制作好的材质球效果如图12-44所示。

设置步骤：

① 展开"明暗器基本参数"卷展栏，然后设置明暗器类型为(O) Oren-Nayar-Blinn。

② 展开"Oren-Nayar-Blinn基本参数"卷展栏，然后设置"漫反射"颜色为(红:144，绿:110，蓝:65)，接着在"自发光"选项组下勾选"颜色"选项，最后在其贴图通道中加载一张"遮罩"程序贴图。

③ 展开"遮罩参数"卷展栏，然后在"贴图"通道中加载一张"衰减"程序贴图，接着在"衰减参数"卷展栏下设置"侧"通道的颜色为(红:190，绿:190，蓝:190)，最后设置"衰减类型"为Fresnel；在"遮罩"贴图通道中加载一张"衰减"程序贴图，然后在"衰减参数"卷展栏下置"侧"通道的颜色为(红:191，绿:191，蓝:191)，接着设置"衰减类型"为"阴影/灯光"。

④ 返回到"Oren-Nayar-Blinn基本参数"卷展栏，然后设置"高光级别"和"光泽度"为100。

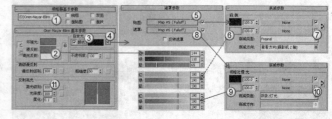

图12-43

图12-44

12.3.5 制作窗帘材质

窗帘材质的模拟效果如图12-45所示。

图12-45

选择一个空白材质球,然后设置材质类型为"混合"材质,并将其命名为"窗帘",接着展开"混合基本参数"卷展栏,具体参数设置如图12-46所示,制作好的材质球效果如图12-47所示。

设置步骤:

① 在"材质1"通道中加载一个VRayMtl材质,然后设置"漫反射"颜色为(红:98,绿:64,蓝:42)。

② 在"材质2"通道中加载一个VRayMtl材质,然后设置"漫反射"颜色为(红:164,绿:102,蓝:35),接着设置"反射"颜色为(红:162,绿:170,蓝:75),最后设置"高光光泽度"为0.82、"反射光泽度"为0.82、"细分"为15。

③ 在"遮罩"贴图通道中加载一张光盘中的"实例文件>CH12>窗帘遮罩.jpg"贴图文件。

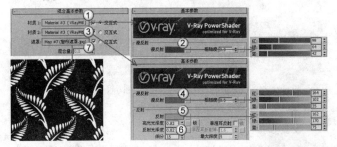

图12-46

图12-47

12.3.6 制作灯罩材质

灯罩材质的模拟效果如图12-48所示。

图12-48

选择一个空白材质球,然后设置材质类型为VRayMtl材质,并将其命名为"灯罩",具体参数设置如图12-49所示,制作好的材质球效果如图12-50所示。

设置步骤:

① 设置"漫反射"颜色为(红:67,绿:26,蓝:10)。

② 设置"反射"颜色为(红:22,绿:22,蓝:22),接着设置"高光光泽度"和"反射光泽度"为0.65。

③ 在"折射"贴图通道中加载一张"混合"程序贴图。

④ 展开"混合参数"卷展栏,然后在"颜色#1"贴图通道中加载一张"衰减"程序贴图,接着在"衰减参数"卷展栏下设置"侧"通道的颜色为黑色,最后在"混合曲线"卷展栏下调节好曲线的形状;在"颜色#2"贴图通道中加载一张"衰减"程序贴图,然后在"衰减参数"卷展栏下设置"侧"通道的颜色为(红:101,绿:101,蓝:101),接着在"混合曲线"卷展栏下调节好曲线的形状;在"混合量"贴图通道中加载一张光盘中的"实例文件>CH12>台灯灯罩.jpg"贴图文件。

⑤ 返回到VRayMtl材质的"基本参数"卷展栏,然后勾选"影响阴影"选项。

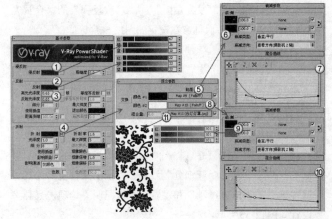

图12-49

图12-50

12.4 设置测试渲染参数

01 按F10键打开"渲染设置"对话框,然后设置渲染器为VRay渲染器,接着在"公用参数"卷展栏下设置"宽度"为600、"高度"为458,最后单击"图像纵横比"选项后面的"锁定"按钮🔒,锁定渲染图像的纵横比,具体参数设置如图12-51所示。

02 单击"VR-基项"选项卡,然后在"图像采样器(抗锯齿）"卷展栏下设置"图像采样器"的"类型"为"固定"，接着在"抗锯齿过滤器"选项组下勾选"开启"选项，并设置过滤器类型为"区域"，具体参数设置如图12-52所示。

图12-51　　　　　　　　　　　　　　　图12-52

03 展开"颜色映射"卷展栏，然后设置"类型"为"VRay指数"，接着勾选"子像素映射"和"钳制输出"选项，具体参数设置如图12-53所示。

04 单击"VR-间接照明"选项卡，然后在"间接照明（全局照明）"卷展栏下勾选"开启"选项，接着设置"首次反弹"的"全局光引擎"为"发光贴图"、"二次反弹"的"全局光引擎"为"灯光缓存"，具体参数设置如图12-54所示。

图12-53　　　　　　　　　　　　　　　图12-54

05 展开"发光贴图"卷展栏，然后设置"当前预置"为"非常低"，接着设置"半球细分"为50、"插值采样值"为20，最后勾选"显示计算过程"和"显示直接照明"选项，具体参数设置如图12-55所示。

06 展开"灯光缓存"卷展栏，然后设置"细分"为100，接着勾选"保存直接光"和"显示计算状态"选项，具体参数设置如图12-56所示。

图12-55　　　　　　　　　　　　　　　图12-56

07 单击"VR-设置"选项卡，然后在"系统"卷展栏下设置"默认几何体"为"静态"，接着设置"区域排序"为"从上->下"，最后关闭"显示信息窗口"选项，具体参数设置如图12-57所示。

图12-57

12.5 灯光设置

本场景共需要布置3处灯光，分别是射灯、天花板上的吊灯（吊灯的创建比较复杂）以及台灯。

12.5.1 创建射灯

01 设置灯光类型为"光度学"，然后在左视图中创建9盏目标灯光，其位置如图12-58所示。

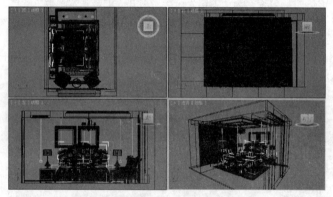

图12-58

提示 这9盏目标灯光最好采用"实例"复制法来创建，下面的吊灯灯罩内的VRay球体光源也是如此。

02 选择上一步创建的目标灯光，然后切换到"修改"面板，具体参数设置如图12-59所示。

设置步骤：

① 展开"常规参数"卷展栏，然后在"阴影"选项组下勾选"启用"选项，接着设置阴影类型为VRayShadow（VRay阴影），最后设置"灯光分布（类型）"为"光度学Web"。

② 展开"分布（光度学Web）"卷展栏，然后在其通道中加载一个光盘中的"实例文件>CH12>中间亮.ies"光域网文件。

③ 展开"强度/颜色/衰减"卷展栏，然后设置"过滤颜色"为（红:255，绿:226，蓝:180），接着设置"强度"为34000。

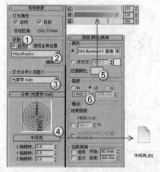

图12-59

12.5.2 创建吊灯

01 设置灯光类型为VRay，然后在顶视图中创建一盏VRay光源，其位置如图12-60所示。

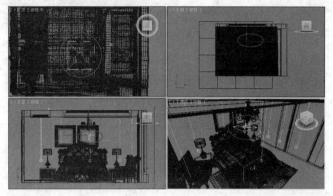

图12-60

02 选择上一步创建的VRay光源，然后展开"参数"卷展栏，具体参数设置如图12-61所示。

设置步骤：

① 在"基本"选项组下设置"类型"为"平面"。

② 在"亮度"选项组下设置"倍增器"为2，然后设置"颜色"为（红:253，绿:219，蓝:159）。

③ 在"大小"选项组下设置"半长度"为250mm、"半宽度"为255mm。

④ 在"选项"选项组下勾选"不可见"选项，然后关闭"忽略灯光法线"、"影响高光"和"影响反射"选项。

⑤ 在"采样"选项组下设置"细分"为12。

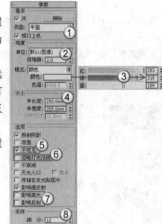

图12-61

03 设置灯光类型为"标准"，然后在左视图中创建一盏目标聚光灯（目标点朝上），其位置如图12-62所示。

04 选择上一步创建的目标聚光灯，然后切换到"修改"面板，具体参数设置如图12-63所示。

设置步骤：

① 展开"常规参数"卷展栏，然后在"阴影"选项组下勾选"启用"选项，接着设置阴影类型为VRayShadow（VRay阴影）。

② 展开"强度/颜色/衰减"卷展栏，然后设置"倍增"为1，接着设置颜色为（红:255，绿:244，蓝:186）。

③ 展开"聚光灯参数"卷展栏，然后设置"聚光区/光束"为0.5、"衰减区/区域"为84.1，接着勾选"圆"选项。

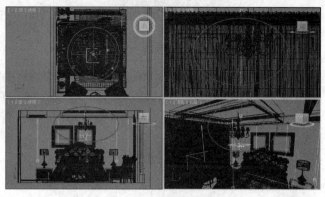

图12-62

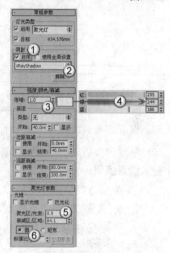

图12-63

05 设置灯光类型为VRay，然后在吊灯的灯罩内创建9盏VRay光源，其位置如图12-64所示。

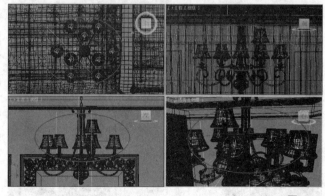

图12-64

06 选择上一步创建的VRay光源，然后展开"参数"卷展栏，具体参数设置如图12-65所示。

设置步骤：

① 在"基本"选项组下设置"类型"为"球体"。

② 在"亮度"选项组下设置"倍增器"为50，然后设置"颜色"为（红:253，绿:217，蓝:154）。

③ 在"大小"选项组下设置"半径"为30mm。

④ 在"选项"选项组下勾选"不可见"选项，然后关闭"忽略灯光法线"、"影响高光"和"影响反射"选项。

⑤ 在"采样"选项组下设置"细分"为12。

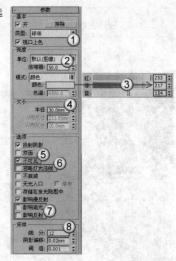

图12-65

12.5.3 创建台灯

01 设置灯光类型为VRay，然后在两盏台灯的灯罩内各创建一盏VRay光源，其位置如图12-66所示。

02 选择上一步创建的VRay光源，然后展开"参数"卷展栏，具体参数设置如图12-67所示。

设置步骤：

① 在"基本"选项组下设置"类型"为"球体"。

② 在"亮度"选项组下设置"倍增器"为80，然后设置"颜色"为(红:253，绿:217，蓝:154)。

③ 在"大小"选项组下设置"半径"为70mm。

④ 在"选项"选项组下勾选"不可见"选项，然后关闭"忽略灯光法线"、"影响高光"和"影响反射"选项。

⑤ 在"采样"选项组下设置"细分"为12。

03 按F9键测试渲染当前场景，效果如图12-68所示。

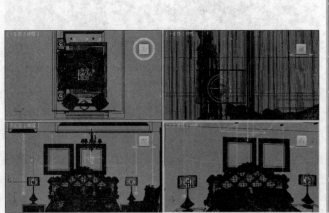

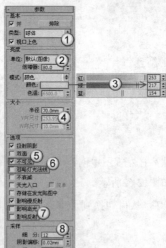

图12-66　　　　　　　　　　图12-67　　　　　　　　图12-68

12.6　设置最终渲染参数

01 按F10键打开"渲染设置"对话框，然后在"公用参数"卷展栏下设置"宽度"为1300、"高度"为992，具体参数设置如图12-69所示。

02 单击"VR-基项"选项卡，然后在"图像采样器（抗锯齿）"卷展栏下设置"图像采样器"的"类型"为"自适应DMC"，接着在"抗锯齿过滤器"选项组下设置过滤器类型为Mitchell-Netravali，具体参数设置如图12-70所示。

03 展开"自适应DMC图像采样器"卷展栏，然后设置"最小细分"为2、"最大细分"为4，具体参数设置如图12-71所示。

04 单击"VR-间接照明"选项卡，然后在"发光贴图"卷展栏下设置"当前预置"为"低"，具体参数设置如图12-72所示。

图12-69

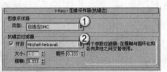
图12-70

图12-71

图12-72

05 展开"灯光缓存"卷展栏，然后设置"细分"为1100，具体参数设置如图12-73所示。

06 单击"VR-设置"选项卡，然后展开"DMC采样器"卷展栏，接着设置"噪波阈值"为0.005、"最少采样"为15，具体参数设置如图12-74所示。

07 按F9键渲染当前场景，最终效果如图12-75所示。

图12-73

图12-74

图12-75

第13章 综合实例——卫生间日光灯表现

13.1 实例解析

场景位置	DVD>实例文件>CH13>01.max
实例位置	DVD>实例文件>CH13>综合实例——卫生间日光灯表现.max
视频位置	DVD>多媒体教学>CH13>综合实例——卫生间日光灯表现.flv
难易指数	★★★★☆
技术掌握	灯管材质、墙面材质、金属材质、白漆材质和白瓷材质的制作方法；卫生间日光灯效果的表现方法

　　本例是一个卫生间空间，灯管材质、墙面材质、金属材质、白漆材质和白瓷材质的制作方法，以及卫生间日光灯效果的表现方法是本例的学习要点，如图13-1所示是本例的渲染效果及线框图。

图13-1

Learning Objectives
学习重点

洗手台模型的制作方法
灯管、墙面、金属、白漆和白瓷
材质的制作方法
卫生间日光灯效果的表现方法

13.2 制作洗手台模型

　　本例的难点模型是洗手台模型，如图13-2所示。

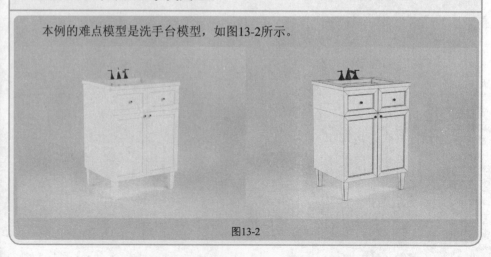

图13-2

13.2.1 制作台身模型

01 使用"长方体"工具 长方体 在场景中创建一个长方体，然后在"参数"卷展栏下设置"长度"为500mm、"宽度"为600mm、"高度"为700mm、"长度分段"为1、"宽度分段"为2、"高度分段"为2，具体参数设置如图13-3所示。

02 将长方体转换为可编辑多边形，然后进入"顶点"级别，接着在前视图中用"选择并移动"工具 将中间的线向上拖曳到如图13-4所示的位置。

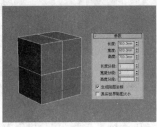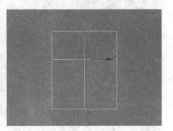

图13-3　　　　　　　　　　　　　图13-4

03 进入"多边形"级别，然后选择如图13-5所示的多边形，接着在"编辑多边形"卷展栏下单击"插入"按钮 插入 后面的"设置"按钮，最后设置"数量"为90mm，如图13-6所示。

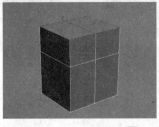

图13-5　　　　　　　　　　　　　图13-6

04 保持对多边形的选择，在"编辑多边形"卷展栏下单击"挤出"按钮 挤出 后面的"设置"按钮，然后设置"高度"为-25mm，如图13-7所示。

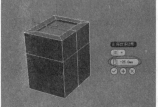

图13-7

05 保持对多边形的选择，在"编辑多边形"卷展栏下单击"倒角"按钮 倒角 后面的"设置"按钮，然后设置"高度"为-160mm、"轮廓"为-30mm，如图13-8所示。

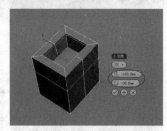

图13-8

06 进入"边"级别，然后选择如图13-9所示的边，接着在"编辑边"卷展栏下单击"连接"按钮 连接 后面的"设置"按钮，最后设置"分段"为1、"收缩"为0、"滑块"为75，如图13-10所示。

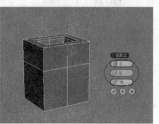

图13-9　　　　　　　　　　　　　图13-10

07 进入"多边形"级别，然后选择如图13-11所示的多边形，接着在"编辑多边形"卷展栏下单击"插入"按钮 插入 后面的"设置"按钮，最后设置"插入类型"为"按多边形"、"数量"为35mm，如图13-12所示。

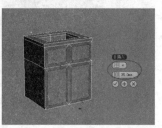

图13-11　　　　　　　　　　　　　图13-12

08 保持对多边形的选择，在"编辑多边形"卷展栏下单击"倒角"按钮 倒角 后面的"设置"按钮，然后设置"高度"为-6mm、"轮廓"为-4mm，如图13-13所示，接着继续进行倒角操作，设置"高度"为-3mm、"轮廓"为-2mm，如图13-14所示。

09 选择如图13-15所示的多边形，然后在"编辑多边形"卷展栏下单击"挤出"按钮 挤出 后面的"设置"按钮，接着设置"挤出类型"为"局部法线"、"高度"为10mm，如图13-16所示。

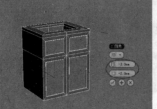

图13-13　　　　　　　　　　　　　图13-14

图13-15　　　　　　　　　　　　　图13-16

技术专题 52　以半透明方式显示模型

　　从图13-15中可以发现，模型是以半透明的效果显示出来的，这种显示方式有利于观察选择的顶点、边和多边形。见图13-17中的多边形四棱锥，如果要选择左下部的两个多边形，如图13-18所示，但又想查看是否选择到了其他多边形，可以按Alt+X组合键将模型切换为半透明显示方式进行查看（再次按Alt+X组合键可以切换回正常显示模式），如图13-19所示。在半透明显示方式下，处于正面视角的选定多边形会以正常效果显示出来，处于背面视角的选定多边形会以带有"杂点"的红色斑显示出来，这样就可以很好地辨别是否选择到了多余的多边形。

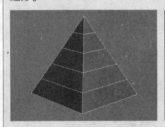

图13-17　　　　　　　　　　　　　图13-18

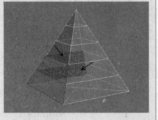

图13-19

10　进入"边"级别，然后选择如图13-20所示的边，接着在"编辑边"卷展栏下单击"切角"按钮 切角 后面的"设置"按钮 ■，最后设置"边切角量"为2mm，如图13-21所示。

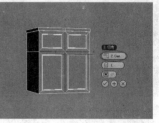

图13-20　　　　　　　　　　　　　图13-21

11　进入"多边形"级别，然后选择如图13-22所示的多边形，接着在"编辑多边形"卷展栏下单击"倒角"按钮 倒角 后面的"设置"按钮 ■，最后设置"高度"为-4mm、"轮廓"为-1mm，如图13-23所示。

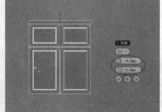

图13-22　　　　　　　　　　　　　图13-23

12　进入"边"级别，然后选择如图13-24所示的边，接着在"编辑边"卷展栏下单击"切角"按钮 切角 后面的"设置"按钮 ■，最后设置"边切角量"为0.6mm、"连接边分段"为2，如图13-25所示。

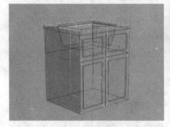
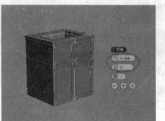

图13-24　　　　　　　　　　　　　图13-25

13.2.2 制作基脚模型

01　使用"长方体"工具 长方体 在台身模型的底部创建一个长方体，然后在"参数"卷展栏下设置"长度"为45mm、"宽度"为45mm、"高度"为150mm，具体参数设置及模型位置如图13-26所示。

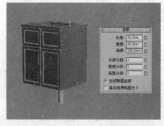

图13-26

02 将长方体转换为可编辑多边形，然后进入"顶点"级别，选择底部的顶点，接着用"选择并均匀缩放"工具 将底部的顶点等比例缩小到如图13-27所示的效果。

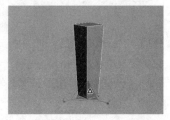

图13-27

03 进入"边"级别，然后选择所有的边，如图13-28所示，接着在"编辑边"卷展栏下单击"切角"按钮 切角 后面的"设置"按钮 ，最后设置"边切角量"为2mm、"连接边分段"为3，如图13-29所示。

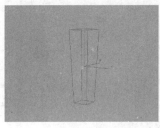 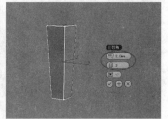

图13-28　　　　　　　图13-29

04 按住Shift键使用"选择并移动"工具 移动复制3个基脚模型到台身模型的另外3个角上，如图13-30所示。

05 利用标准基本体和多边形建模技术制作几个把手和水龙头模型，最终效果如图13-31所示。

图13-30　　　　　　　图13-31

> **提示**
>
> 把手模型可以直接使用"球体"工具和"圆柱体"工具进行创建，如图13-32所示；水龙头模型可以用长方体作为基本物体，然后用多边形建模技术对其形状进行调整即可，如图13-33所示。

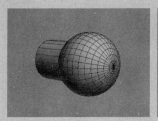 

图13-32　　　　　　　图13-33

13.3 材质制作

本例的场景对象材质主要包含灯管材质、镜子材质、墙面材质、金属材质、白漆材质和白瓷材质，如图13-34所示。

图13-34

13.3.1 制作灯管材质

灯管材质的模拟效果如图13-35所示。

图13-35

01 打开光盘中的"场景文件>CH13>01.max"文件，如图13-36所示。

图13-36

02 选择一个空白材质球，然后设置材质类型为"VRay发光材质"，并将其命名为"灯管"，接着在"参数"卷展栏下设置"颜色"的发光强度为1，如图13-37所示，制作好的材质球效果如图13-38所示。

图13-37　　　　　　　　　　　图13-38

13.3.2 制作镜子材质

镜子材质的模拟效果如图13-39所示。

图13-39

选择一个空白材质球，然后设置材质类型为VRayMtl材质，并将其命名为"镜子"，具体参数设置如图13-40所示，制作好的材质球效果如图13-41所示。

设置步骤：

① 设置"漫反射"颜色为黑色。

② 设置"反射"颜色为（红:247，绿:255，蓝:253），然后设置"细分"为12。

图13-40　　　　　　　　　　　图13-41

13.3.3 制作墙面材质

墙面材质的模拟效果如图13-42所示。

图13-42

选择一个空白材质球，然后设置材质类型为VRayMtl材

质，并将其命名为"墙面"，具体参数设置如图13-43所示，制作好的材质球效果如图13-44所示。

设置步骤：

① 在"漫反射"贴图通道中加载一张光盘中的"实例文件>CH13>墙面贴砖.jpg"贴图文件，然后在"坐标"卷展栏下设置"模糊"为0.1。

② 在"反射"贴图通道中加载一张"衰减"程序贴图，然后在"衰减参数"卷展栏下设置"衰减类型"为Fresnel，接着设置"高光光泽度"为0.8，并在其贴图通道中加载一张光盘中的"实例文件>CH13>贴砖黑白.jpg"贴图文件，最后设置"反射光泽度"为0.9、"细分"为15。

③ 展开"贴图"卷展栏，然后设置"高光光泽度"为50，接着将该通道中的贴图拖曳到"凹凸"贴图通道上，最后设置凹凸的强度为-100。

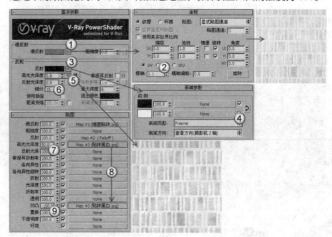

图13-43

图13-44

13.3.4 制作金属材质

金属材质的模拟效果如图13-45所示。

图13-45

选择一个空白材质球，然后设置材质类型为VRayMtl材质，并将其命名为"金属"，具体参数设置如图13-46所示，制作好的材质球效果如图13-47所示。

设置步骤：

① 设置"漫反射"颜色为黑色。

② 设置"反射"颜色为(红:174, 绿:179, 蓝:185),然后设置"高光光泽度"为0.85、"反射光泽度"为0.97、"细分"为15。

③ 展开"BRDF-双向反射分布功能"卷展栏,然后设置"各向异性(-1..1)"为0.5、"旋转"为30。

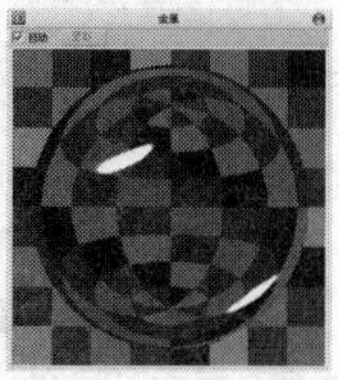

图13-46　　　　　　　图13-47

13.3.5 制作白漆材质

白漆材质的模拟效果如图13-48所示。

图13-48

选择一个空白材质球,然后设置材质类型为VRayMtl材质,并将其命名为"白漆",具体参数设置如图13-49所示,制作好的材质球效果如图13-50所示。

设置步骤:

① 设置"漫反射"颜色为(红:250, 绿:250, 蓝:250)。

② 在"反射"贴图通道中加载一张"衰减"程序贴图,然后在"衰减参数"卷展栏下设置"衰减类型"为Fresnel,最后设置"高光光泽度"为0.85、"反射光泽度"为0.9、"细分"为12。

③ 展开"贴图"卷展栏,然后在"环境"贴图通道中加载一张"输出"程序贴图,接着在"输出"卷展栏下设置"输出量"为3。

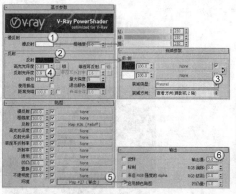

图13-49　　　　　　　图13-50

疑难问答　问:"输出"贴图有何作用?

答: 使用"输出"程序贴图可以将输出设置应用于没有这些设置的程序贴图,如"棋盘格"或"大理石"程序贴图。

13.3.6 制作白瓷材质

白瓷材质的模拟效果如图13-51所示。

图13-51

选择一个空白材质球,然后设置材质类型为VRayMtl材质,并将其命名为"白瓷",具体参数设置如图13-52所示,制作好的材质球效果如图13-53所示。

设置步骤:

① 设置"漫反射"颜色为(红:250, 绿:250, 蓝:250)。

② 在"反射"贴图通道中加载一张"衰减"程序贴图,然后在"衰减参数"卷展栏下设置"衰减类型"为Fresnel,接着设置"高光光泽度"为0.9、"反射光泽度"为0.95、"细分"为12。

③ 展开"贴图"卷展栏,然后在"环境"贴图通道中加载一张"输出"程序贴图,接着在"输出"卷展栏下设置"输出量"为2。

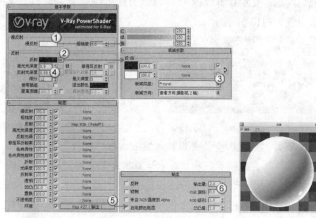

图13-52　　　　　　　图13-53

13.4 设置测试渲染参数

01 按F10键打开"渲染设置"对话框,然后设置渲染器为VRay渲染器,接着在"公用参数"卷展栏下设置"宽度"为572,"高度"为600,最后单击"图像纵横比"选项后面的"锁定"按钮,锁定渲染图像的纵横比,具体参数设置如图13-54所示。

图13-54

02 单击"VR-基项"选项卡，然后在"图像采样器（抗锯齿）"卷展栏下设置"图像采样器"的"类型"为"固定"，接着在"抗锯齿过滤器"选项组下勾选"开启"选项，并设置过滤器类型为"区域"，具体参数设置如图13-55所示。

03 展开"颜色映射"卷展栏，然后设置"类型"为"VRay线性倍增"，接着设置"伽玛值"为1.5，具体参数设置如图13-56所示。

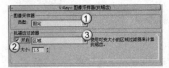 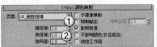

图13-55　　　　　　　　　图13-56

04 单击"VR-间接照明"选项卡，然后在"间接照明（全局照明）"卷展栏下勾选"开启"选项，接着设置"首次反弹"的"全局光引擎"为"发光贴图"、"二次反弹"的"全局光引擎"为"灯光缓存"，具体参数设置如图13-57所示。

05 展开"发光贴图"卷展栏，然后设置"当前预置"为"非常低"，接着设置"半球细分"为50、"插值采样值"为20，最后勾选"显示计算过程"和"显示直接照明"选项，具体参数设置如图13-58所示。

图13-57　　　　　　　　　图13-58

06 展开"灯光缓存"卷展栏，然后设置"细分"为100，接着勾选"保存直接光"和"显示计算状态"选项，具体参数设置如图13-59所示。

07 单击"VR-设置"选项卡，然后在"系统"卷展栏下设置"区域排序"为"三角剖分"，接着关闭"显示信息窗口"选项，具体参数设置如图13-60所示。

图13-59　　　　　　　　　图13-60

13.5 灯光设置

本场景共需要布置两处灯光，分别是天花板上的主光源和墙壁上的日光灯。

13.5.1 创建主光源

01 设置灯光类型为VRay，然后在顶视图中创建一盏VRay光源，其位置如图13-61所示。

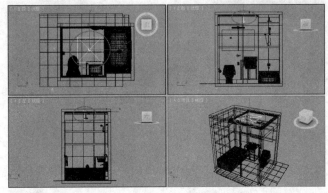

图13-61

02 选择上一步创建的VRay光源，然后展开"参数"卷展栏，具体参数设置如图13-62所示。

设置步骤：

① 在"基本"选项组下设置"类型"为"平面"。

② 在"亮度"选项组下设置"倍增器"为10，然后设置"颜色"为（红:210，绿:236，蓝:255）。

③ 在"大小"选项组下设置"半长度"为400mm、"半宽度"为400mm。

④ 在"选项"选项组下勾选"不可见"选项，然后关闭"忽略灯光法线"、"影响高光"和"影响反射"选项。

⑤ 在"采样"选项组下设置"细分"为25。

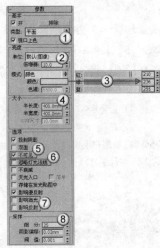

图13-62

03 按F9键测试渲染当前场景，效果如图13-63所示。

图13-63

13.5.2 创建日光灯

01 设置灯光类型为VRay，然后在墙壁的灯管内创建一盏VRay光源，其位置如图13-64所示。

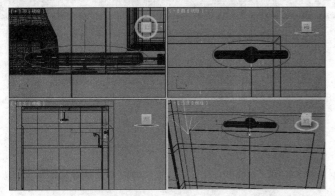

图13-64

02 选择上一步创建的VRay光源，然后展开"参数"卷展栏，具体参数设置如图13-65所示。

设置步骤：

① 在"基本"选项组下设置"类型"为"平面"。

② 在"亮度"选项组下设置"倍增器"为120，然后设置"颜色"为(红:255，绿:176，蓝:105)。

③ 在"大小"选项组下设置"半长度"为18mm、"半宽度"为250mm。

④ 在"选项"选项组下勾选"不可见"选项，然后关闭"影响高光"和"影响反射"选项。

⑤ 在"采样"选项组下设置"细分"为20。

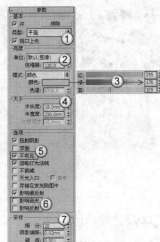

图13-65

03 按F9键测试渲染当前场景，效果如图13-66所示。

图13-66

13.6 设置最终渲染参数

01 按F10键打开"渲染设置"对话框，然后在"公用参数"卷展栏下设置"宽度"为1144、"高度"为1200，具体参数设置如图13-67所示。

图13-67

02 单击"VR-基项"选项卡，然后在"图像采样器(抗锯齿)"卷展栏下设置"图像采样器"的"类型"为"自适应细分"，接着在"抗锯齿过滤器"选项组下勾选"开启"选项，并设置过滤器类型为Catmull-Rom，具体参数设置如图13-68所示。

03 展开"自适应图像细分采样器"卷展栏，然后设置"最小采样比"为-1、"最大采样比"为2，具体参数设置如图13-69所示。

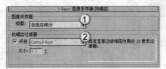

图13-68 　　　　　　　　　　图13-69

04 单击"VR-间接照明"选项卡，然后展开"发光贴图"卷展栏，接着设置"当前预置"为"低"，最后设置"半球细分"为60、"插值采样值"为30，具体参数设置如图13-70所示。

05 展开"灯光缓存"卷展栏，然后设置"细分"为1200，具体参数设置如图13-71所示。

图13-70 　　　　　　　　　　图13-71

06 单击"VR-设置"选项卡，然后展开"DMC采样器"卷展栏，接着设置"噪波阈值"为0.005、"最少采样"为12，具体参数设置如图13-72所示。

07 按F9键渲染当前场景，最终效果如图13-73所示。

图13-72 　　　　　　　　　　图13-73

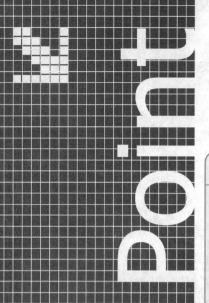

第14章 综合实例——书房阳光表现

14.1 实例解析

场景位置	DVD>实例文件>CH14>01.max
实例位置	DVD>实例文件>CH14>综合实例——书房阳光表现.max
视频位置	DVD>多媒体教学>CH14>综合实例——书房阳光表现.flv
难易指数	★★★★☆
技术掌握	钢化玻璃材质、窗纱材质和玻璃钢材质的制作方法；书房阳光效果的表现方法

本例是一个书房空间，钢化玻璃材质、窗纱材质和玻璃钢材质的制作方法，以及书房阳光效果的表现方法是本例的学习要点，如图14-1所示是本例的渲染效果及线框图。

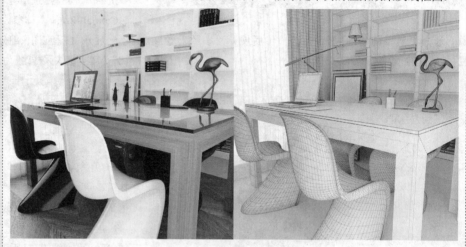

图14-1

Learning Objectives
学习重点 ✔

书桌和书架模型的制作方法
钢化玻璃、窗纱和玻璃钢材质的制作方法
书房阳光效果的表现方法

14.2 制作书桌和书架模型

本例的难点模型是书桌和书架模型，如图14-2所示。

图14-2

14.2.1 制作书桌模型

01 使用"长方体"工具 长方体 在场景中创建一个长方体，然后在"参数"卷展栏下设置"长度"为1100mm、"宽度"为2100mm、"高度"为20mm，具体参数设置及模型效果如图14-3所示。

02 继续使用"长方体"工具 长方体 在上一步创建的长方体的底部创建一个长方体，然后在"参数"卷展栏下设置"长度"为1100mm、"宽度"为2100mm、"高度"为120nn，具体参数设置及模型位置如图14-4所示。

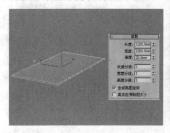
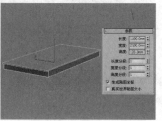

图14-3　　　　　　　　　　　图14-4

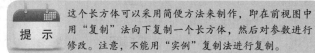

> **提示** 这个长方体可以采用简便方法来制作，即在前视图中用"复制"法向下复制一个长方体，然后对参数进行修改。注意，不能用"实例"复制法进行复制。

03 将长方体转换为可编辑多边形，进入"多边形"级别，然后选择如图14-5所示的多边形，接着在"编辑多边形"卷展栏下单击"插入"按钮 插入 后面的"设置"按钮，最后设置"数量"为15mm，如图14-6所示。

图14-5　　　　　　　　　　　图14-6

04 保持对多边形的选择，在"编辑多边形"卷展栏下单击"挤出"按钮 挤出 后面的"设置"按钮，然后设置"数量"为-100mm，如图14-7所示。

图14-7

05 进入"边"级别，然后选择如图14-8所示的边，接着在"编辑边"卷展栏下单击"连接"按钮 连接 后面的"设置"按钮，最后设置"分段"为2、"收缩"为88，如图14-9所示。

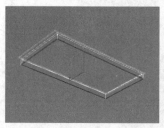
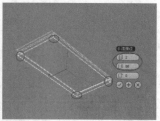

图14-8　　　　　　　　　　　图14-9

06 进入"多边形"级别，然后选择如图14-10所示的多边形，接着在"编辑多边形"卷展栏下单击"挤出"按钮 挤出 后面的"设置"按钮，最后设置"数量"为820mm，如图14-11所示。

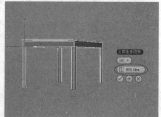

图14-10　　　　　　　　　　　图14-11

07 进入"边"级别，然后选择如图14-12所示的边，接着在"编辑边"卷展栏下单击"连接"按钮 连接 后面的"设置"按钮，最后设置"滑块"为71，如图14-13所示。

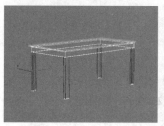
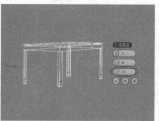

图14-12　　　　　　　　　　　图14-13

08 进入"多边形"级别，然后选择如图14-14所示的多边形，接着在"编辑多边形"卷展栏下单击"挤出"按钮 挤出 后面的"设置"按钮，最后设置"数量"为4mm，如图14-15所示。

09 保持对多边形的选择，在"编辑几何体"卷展栏下单击"分离"按钮 分离 ，然后在弹出的"分离"对话框中勾选"以克隆对象分离"选项，如图14-16所示。

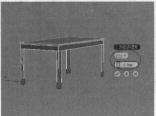

图14-14　　　　　　　　　　　图14-15

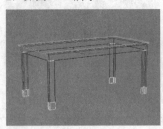

图14-16

10　进入"边"级别，然后选择如图14-17所示的边，接着在"编辑边"卷展栏下单击"切角"按钮 切角 后面的"设置"按钮 ，最后设置"边切角量"为3mm、"连接边分段"为2，如图14-18所示。

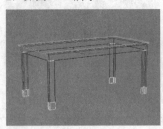

图14-17　　　　　　　　　　　图14-18

14.2.2 制作书架模型

01　使用"长方体"工具 长方体 在场景中创建一个长方体，然后在"参数"卷展栏下设置"长度"为350mm、"宽度"为3000mm、"高度"为2300mm、"长度分段"为1、"宽度分段"为4、"高度分段"为9，具体参数设置及模型位置如图14-19所示。

图14-19

02　将长方体转换为可编辑多边形，进入"多边形"级别，然后选择如图14-20所示的多边形，接着在"编辑多边形"卷展栏下单击"插入"按钮 插入 后面的"设置"按钮 ，最后设置"数量"为40mm，如图14-21所示。

图14-20　　　　　　　　　　　图14-21

03　进入"边"级别，然后选择如图14-22所示的边，接着在"编辑边"卷展栏下单击"切角"按钮 切角 后面的"设置"按钮 ，最后设置"边切角量"为20mm，如图14-23所示。

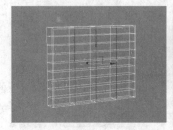
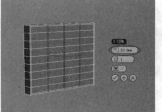

图14-22　　　　　　　　　　　图14-23

04　进入"多边形"级别，然后选择如图14-24所示的多边形，接着在"编辑多边形"卷展栏下单击"插入"按钮 插入 后面的"设置"按钮 ，最后设置"插入类型"为"按多边形"、"数量"为12mm，如图14-25所示。

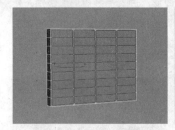
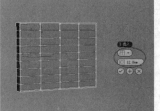

图14-24　　　　　　　　　　　图14-25

05　保持对多边形的选择，在"编辑多边形"卷展栏下单击"挤出"按钮 挤出 后面的"设置"按钮 ，然后设置"数量"为-320mm，如图14-26所示。

图14-26

06　进入"边"级别，然后选择如图14-27所示的边，接着在"编辑边"卷展栏下单击"切角"按钮 切角 后面的"设置"

按钮 □，最后设置"边切角量"为5mm、"连接边分段"为3，如图14-28所示，最终效果如图14-29所示。

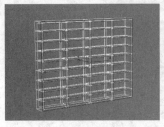
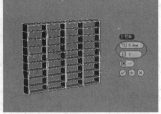

图14-27　　　　　　　　　　　图14-28

图14-29

14.3 材质制作

本例的场景对象材质主要包含地板材质、钢化玻璃材质、窗纱材质、木纹材质和玻璃钢材质，如图14-30所示。

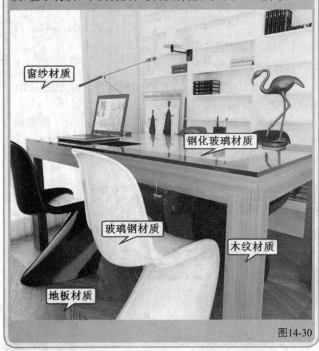

图14-30

14.3.1 制作地板材质

地板材质的模拟效果如图14-31所示。

图14-31

01 打开光盘中的"场景文件>CH14>01.max"文件，如图14-32所示。

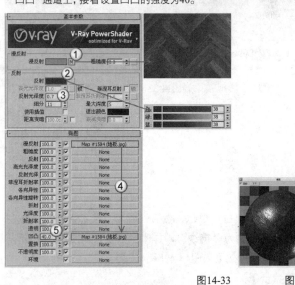

图14-32

02 选择一个空白材质球，然后设置材质类型为VRayMtl材质，并将其命名为"地板"，具体参数设置如图14-33所示，制作好的材质球效果如图14-34所示。

设置步骤：

① 在"漫反射"贴图通道中加载一张光盘中的"实例文件>CH14>地板.jpg"贴图文件。

② 设置"反射"颜色为(红:38、绿:38、蓝:38)，然后设置"反射光泽度"为0.7、"细分"为11。

③ 展开"贴图"卷展栏，然后将"漫反射"通道中的贴图拖曳到"凹凸"通道上，接着设置凹凸的强度为40。

图14-33　　　　　　图14-34

14.3.2 制作钢化玻璃材质

钢化玻璃材质的模拟效果如图14-35所示。

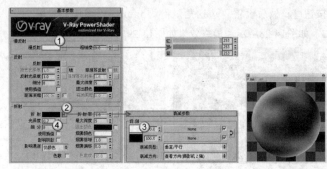

图14-35

选择一个空白材质球，然后设置材质类型为VRayMtl材质，并将其命名为"钢化玻璃"，具体参数设置如图14-36所示，制作好的材质球效果如图14-37所示。

设置步骤：

① 设置"漫反射"颜色为白色。

② 设置"反射"颜色为（红:253，绿:255，蓝:253），然后勾选"菲涅耳反射"选项。

③ 设置"折射"颜色为（红:253，绿:253，蓝:253），然后勾选"影响阴影"选项，接着设置"影响通道"为"颜色+alpha"，最后设置"烟雾颜色"为（红:247，绿:249，蓝:252），并设置"烟雾倍增"为0.28。

图14-39　　　　图14-40

> **提示** 这里可以用一种简便方法来设置"前"通道和"侧"通道的颜色，就是直接单击"衰减参数"卷展栏下的"交换颜色/贴图"按钮，交换两个通道的颜色就行了。

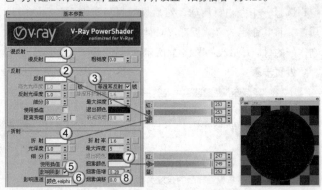

图14-36　　　　图14-37

14.3.3 制作窗纱材质

窗纱材质的模拟效果如图14-38所示。

图14-38

选择一个空白材质球，然后设置材质类型为VRayMtl材质，并将其命名为"窗纱"，具体参数设置如图14-39所示，制作好的材质球效果如图14-40所示。

设置步骤：

① 设置"漫反射"颜色为（红:253，绿:253，蓝:253）。

② 在"折射"贴图通道中加载一张"衰减"程序贴图，然后在"衰减参数"卷展栏下设置"前"通道的颜色为白色、"侧"通道的颜色为黑色，接着设置"光泽度"为0.7。

14.3.4 制作木纹材质

木纹材质的模拟效果如图14-41所示。

图14-41

选择一个空白材质球，然后设置材质类型为VRayMtl材质，并将其命名为"木纹"，具体参数设置如图14-42所示，制作好的材质球效果如图14-43所示。

设置步骤：

① 在"漫反射"贴图通道中加载一张光盘中的"实例文件>CH14>木纹.jpg"贴图文件。

② 设置"反射"颜色为（红:36，绿:36，蓝:36），然后设置"反射光泽度"为0.65、"细分"为12。

③ 展开"贴图"卷展栏，然后将"漫反射"通道中的贴图拖曳到"凹凸"贴图通道上。

图14-42　　　　图14-43

14.3.5 制作玻璃钢材质

玻璃钢材质的模拟效果如图14-44所示。

图14-44

选择一个空白材质球，然后设置材质类型为VRayMtl材质，并将其命名为"玻璃钢"，具体参数设置如图14-45所示，制作好的材质球效果如图14-46所示。

设置步骤：

① 设置"漫反射"颜色为白色。

② 设置"反射"颜色为(红:255，绿:255，蓝:255)，然后设置"反射光泽度"为0.9、"细分"为15，接着勾选"菲涅耳反射"选项。

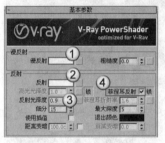

图14-45　　　　　　　　　　图14-46

技术专题 53　制作黑色玻璃钢材质

本例共有两种玻璃钢材质，一种是白色，另外一种是黑色。黑色玻璃钢材质的制作方法很简单，只需要将"漫反射"的颜色修改为黑色即可，如图14-47所示，制作好的材质球效果如图14-48所示。

图14-47　　　　　　　　　　图14-48

14.4 设置测试渲染参数

01 按F10键打开"渲染设置"对话框，然后设置渲染器为VRay渲染器，接着在"公用参数"卷展栏下设置"宽度"为600、"高度"为600，最后单击"图像纵横比"选项后面的

"锁定"按钮🔒，锁定渲染图像的纵横比，具体参数设置如图14-49所示。

图14-49

02 单击"VR-基项"选项卡，然后在"图像采样器（抗锯齿）"卷展栏下设置"图像采样器"的"类型"为"固定"，接着在"抗锯齿过滤器"选项组下勾选"开启"选项，并设置过滤器类型为"区域"，具体参数设置如图14-50所示。

03 展开"颜色映射"卷展栏，然后设置"类型"为"VR-指数"，接着勾选"子像素映射"和"钳制输出"选项，最后关闭"影响背景"选项，具体参数设置如图14-51所示。

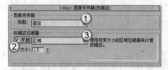　　

图14-50　　　　　　　　　　图14-51

04 单击"VR-间接照明"选项卡，然后在"间接照明（全局照明）"卷展栏下勾选"开启"选项，接着设置"首次反弹"的"全局光引擎"为"发光贴图"、"二次反弹"的"全局光引擎"为"灯光缓存"，具体参数设置如图14-52所示。

05 展开"发光贴图"卷展栏，然后设置"当前预置"为"非常低"，接着设置"半球细分"为50、"插值采样值"为20，最后勾选"显示计算过程"和"显示直接照明"选项，具体参数设置如图14-53所示。

图14-52　　　　　　　　　　图14-53

06 展开"灯光缓存"卷展栏，然后设置"细分"为100，接着勾选"保存直接光"和"显示计算状态"选项，具体参数设置如图14-54所示。

图14-54

07 单击"VR-设置"选项卡，然后在"系统"卷展栏下设置"默认几何体"为"静态"、"区域排序"为"从上->下"，接着关闭"显示信息窗口"选项，具体参数设置如图14-55所示。

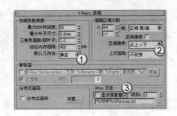

图14-55

图14-58

14.5 灯光设置

本场景共需要布置两处灯光，分别是窗外的天光以及室内的辅助光源。

14.5.2 创建辅助光源

01 设置灯光类型为VRay，然后在左视图中创建一盏VRay光源，其位置如图14-59所示。

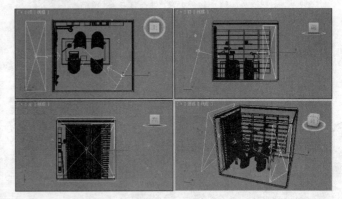

图14-59

14.5.1 创建天光

01 设置灯光类型为VRay，然后在左视图中创建一盏VRay光源，其位置如图14-56所示。

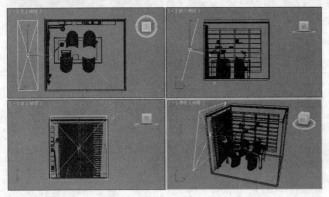

图14-56

02 选择上一步创建的VRay光源，然后展开"参数"卷展栏，具体参数设置如图14-57所示。

设置步骤：

① 在"基本"选项组下设置"类型"为"平面"。

② 在"亮度"选项组下设置"倍增器"为7，然后设置"颜色"为（红:227，绿:200，蓝:142）。

③ 在"大小"选项组下设置"半长度"为1500mm、"半宽度"为1700mm。

④ 在"采样"选项组下设置"细分"为15。

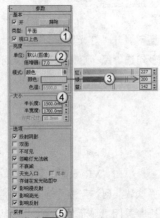

图14-57

03 按F9键测试渲染当前场景，效果如图14-58所示。

02 选择上一步创建的VRay光源，然后展开"参数"卷展栏，具体参数设置如图14-60所示。

设置步骤：

① 在"基本"选项组下设置"类型"为"平面"。

② 在"亮度"选项组下设置"倍增器"为5，然后设置"颜色"为白色。

③ 在"大小"选项组下设置"半长度"为700mm、"半宽度"为1400mm。

④ 在"选项"选项组下勾选"不可见"选项。

⑤ 在"采样"选项组下设置"细分"为15。

图14-60

03 按F9键测试渲染当前场景，效果如图14-61所示。

图14-61

14.6 设置最终渲染参数

01 按F10键打开"渲染设置"对话框，然后在"公用参数"卷展栏下设置"宽度"为1500、"高度"为1500，具体参数设置如图14-62所示。

02 单击"VR-基项"选项卡，然后在"图像采样器（抗锯齿）"卷展栏下设置"图像采样器"的"类型"为"自适应DMC"，接着在"抗锯齿过滤器"选项组下设置过滤器类型为Mitchell-Netravali，具体参数设置如图14-63所示。

03 单击"VR-间接照明"选项卡，然后在"发光贴图"卷展栏下设置"当前预置"为"中"，具体参数设置如图14-64所示。

图14-62

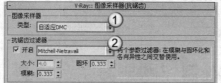

图14-63

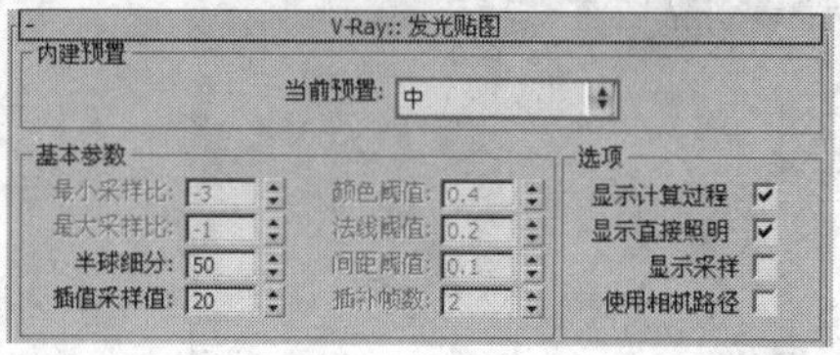

图14-64

04 展开"灯光缓存"卷展栏，然后设置"细分"为1000，具体参数设置如图14-65所示。

05 单击"VR-设置"选项卡，然后展开"DMC采样器"卷展栏，接着设置"噪波阈值"为0.005、"最少采样"为12，具体参数设置如图14-66所示。

06 按F9键渲染当前场景，最终效果如图14-67所示。

图14-65

图14-66

图14-67

第 15 章 综合实例——奢华欧式书房日景表现

15.1 实例解析

场景位置	DVD>实例文件>CH15>01.max
实例位置	DVD>实例文件>CH15>综合实例——奢华欧式书房日景表现.max
视频位置	DVD>多媒体教学>CH15>综合实例——奢华欧式书房日景表现.flv
难易指数	★★★★★
技术掌握	地板材质、窗纱材质、皮椅材质、窗帘材质和皮沙发材质的制作方法；书房日景效果的表现方法

　　本例是一个奢华欧式书房空间，地板材质、窗纱材质、皮椅材质、窗帘材质和皮沙发材质的制作方法，以及日景效果的表现方法是本例的学习要点，如图15-1所示是本例的渲染效果及线框图。

图15-1

Learning Objectives
学习重点 ✔

欧式写字台模型的制作方法
地板、窗纱、皮椅、窗帘和皮沙发材质的制作方法
书房日景效果的表现方法

15.2　制作欧式写字台模型

　　本例的难点模型是欧式写字台模型，如图15-2所示。

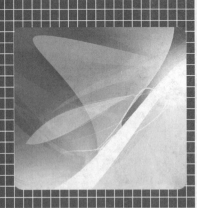

图15-2

15.2.1 创建台柜模型

01 使用"线"工具 ___线___ 在顶视图中绘制出如图15-3所示的样条线，然后在前视图中绘制一条如图15-4所示的样条线。

图15-3　　　　　　　　　　　　　　　图15-4

02 为第1次绘制的样条线加载一个"倒角剖面"修改器，然后在"参数"卷展栏下单击"拾取剖面"按钮 ___拾取剖面___ ，接着在视图中拾取第2次绘制的样条线，效果如图15-5所示。

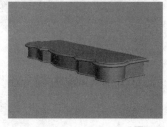

图15-5

03 按B键切换到底视图，然后在"编辑几何体"卷展栏下单击"切割"按钮 ___切割___ ，接着在如图15-6所示的位置切割出一条边，最后在如图15-7所示的位置切割出一条边。

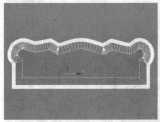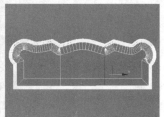

图15-6　　　　　　　　　　　　　　　图15-7

知识链接：关于"切割"工具 ___切割___ 的用法请参阅第12章386页的相关内容。

04 进入"多边形"级别，然后选择如图15-8所示的多边形，接着在"编辑多边形"卷展栏下单击"挤出"按钮 ___挤出___ 后面的"设置"按钮□，最后设置"高度"为400mm，如图15-9所示。

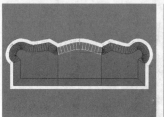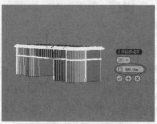

图15-8　　　　　　　　　　　　　　　图15-9

05 保持对多边形的选择，继续使用"挤出"工具 ___挤出___ 将多边形挤出40mm，如图15-10所示。

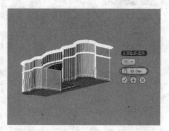

图15-10

06 选择如图15-11所示的多边形，然后在"编辑多边形"卷展栏下单击"倒角"按钮 ___倒角___ 后面的"设置"按钮□，接着设置"高度"为20mm、"轮廓"为-5mm，如图15-12所示。

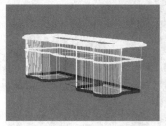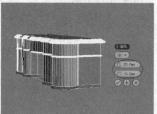

图15-11　　　　　　　　　　　　　　图15-12

07 保持对多边形的选择，继续使用"倒角"工具 ___倒角___ 为多边形进行倒角，然后设置"高度"为10mm、"轮廓"为-9mm，如图15-13所示，整体效果如图15-14所示。

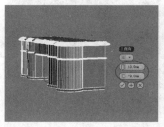

图15-13　　　　　　　　　　　　　　图15-14

15.2.2 创建底座模型

01 使用"线"工具 ▭线▭ 在前视图中绘制一条如图15-15所示的样条线，然后为其加载一个"车削"修改器，接着在"参数"卷展栏下"方向"为 y ▭Y▭ 轴、"对齐"方式为"最小" ▭最小▭，效果如图15-16所示。

 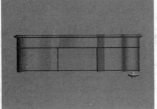

图15-15　　　　　　　　　　　　图15-16

> 💡 **提示**　由于图15-15提供的是整体效果，可能看不清样条线的形状，这里提供一张孤立选择图，以供用户参考，如图15-17所示。

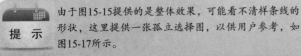

图15-17

02 复制3个底座模型到台柜模型的另外3个角处，完成后的效果如图15-18所示。

图15-18

03 继续用样条线建模技法和多边形建模技法在台柜上创建一些雕花模型，最终效果如图15-19所示。

图15-19

15.3 材质制作

本例的场景对象材质主要包含地板材质、地毯材质、木纹材质、窗纱材质、皮椅材质、窗帘材质和皮沙发材质，如图15-20所示。

图15-20

15.3.1 制作地板材质

地板材质的模拟效果如图15-21所示。

图15-21

01 打开光盘中的"场景文件>CH15>01.max"文件，如图15-22所示。

图15-22

02 选择一个空白材质球，然后设置材质类型为"VRay材质包裹器"材质，并将其命名为"地板"，具体参数设置如图15-23所示，制作好的材质球效果如图15-24所示。

设置步骤：

① 展开"VRay材质包裹器参数"卷展栏，然后设置"产生全局照

明"为0.3,接着在"基本材质"通道中加载一个VRayMtl材质。

② 切换到VRayMtl材质设置面板,然后在"漫反射"贴图通道中加载一张光盘中的"实例文件>CH15>地板.jpg"贴图文件,接着在"坐标"卷展栏下设置"模糊"为0.01。

③ 在"反射"贴图通道中加载一张"衰减"程序贴图,然后在"衰减参数"卷展栏下设置"衰减类型"为Fresnel,接着设置"高光光泽度"为0.86、"反射光泽度"为0.92。

图15-23

图15-24

15.3.2 制作地毯材质

地毯材质的模拟效果如图15-25所示。

图15-25

选择一个空白材质球,然后设置材质类型为VRayMtl材质,并将其命名为"地毯",接着展开"贴图"卷展栏下,具体参数设置如图15-26所示,制作好的材质球效果如图15-27所示。

设置步骤:

① 在"漫反射"贴图通道中加载一张光盘中的"实例文件>CH15>地毯.jpg"贴图文件。

② 在"凹凸"贴图通道中加载一张光盘中的"实例文件>CH15>地毯凹凸.jpg"贴图文件。

图15-26

图15-27

15.3.3 制作木纹材质

木纹材质的模拟效果如图15-28所示。

图15-28

选择一个空白材质球,然后设置材质类型为"VRay材质包裹器"材质,并将其命名为"木纹",具体参数设置如图15-29所示,制作好的材质球效果如图15-30所示。

设置步骤:

① 展开"VRay材质包裹器参数"卷展栏,然后设置"产生全局照明"为0.3,接着在"基本材质"通道中加载一个VRayMtl材质。

② 切换到VRayMtl材质设置面板,然后在"漫反射"贴图通道中加载一张光盘中的"实例文件>CH15>木纹.jpg"贴图文件,接着在"坐标"卷展栏下设置"模糊"为0.01。

③ 在"反射"贴图通道中加载一张"衰减"程序贴图,然后在"衰减参数"卷展栏下设置"衰减类型"为Fresnel,接着设置"高光光泽度"为0.9、"反射光泽度"为0.92。

图15-29

图15-30

15.3.4 制作窗纱材质

窗纱材质的模拟效果如图15-31所示。

图15-31

选择一个空白材质球,然后设置材质类型为"标准"材质,并将其命名为"窗纱",具体参数设置如图15-32所示,制作好的材质球效果如图15-33所示。

设置步骤：

① 展开"明暗器基本参数"卷展栏，然后设置明暗器类型为"（A）各向异性"。

② 展开"各向异性基本参数"卷展栏，然后设置"漫反射"颜色为白色，接着设置"不透明度"为65，最后设置"高光级别"为57、"光泽度"为10、"各向异性"为50。

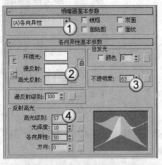

图15-32　　　　图15-33

15.3.5 制作皮椅材质

皮椅材质的模拟效果如图15-34所示。

图15-34

选择一个空白材质球，然后设置材质类型为VRayMtl材质，并将其命名为"皮椅"，具体参数设置如图15-35所示，制作好的材质球效果如图15-36所示。

设置步骤：

① 在"漫反射"贴图通道中加载一张光盘中的"实例文件>CH15>皮椅.jpg"贴图文件，然后在"坐标"卷展栏下设置"模糊"为0.01。

② 在"反射"贴图通道中加载一张"衰减"程序贴图，然后在"衰减参数"卷展栏下设置"衰减类型"为Fresnel，接着设置"高光光泽度"为0.74、"反射光泽度"为0.61。

③ 展开"贴图"卷展栏，然后将"漫反射"通道中的贴图拖曳到"凹凸"贴图通道上，接着设置凹凸的强度为5。

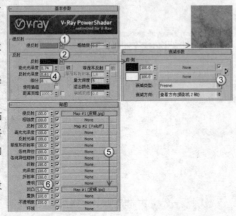

图15-35

图15-36

15.3.6 制作窗帘材质

窗帘材质的模拟效果如图15-37所示。

图15-37

选择一个空白材质球，然后设置材质类型为"混合"材质，并将其命名为"窗帘"，接着展开"混合基本参数"卷展栏，具体参数设置如图15-38所示，制作好的材质球效果如图15-39所示。

设置步骤：

① 在"材质1"通道中加载一个"标准"材质，然后在"明暗器基本参数"卷展栏下设置明暗器类型为"（A）各向异性"，接着在"漫反射"贴图通道中加载一张光盘中的"实例文件>CH15>窗帘.jpg"贴图文件，最后设置"高光级别"为58、"光泽度"为15、"各向异性"为50。

② 在"材质2"通道中加载一个VRayMtl材质，然后设置"漫反射"颜色为（红:119，绿:116，蓝:107），接着设置"反射"颜色为（红:45，绿:45，蓝:45），最后设置"高光光泽度"为0.85、"反射光泽度"为0.87。

③ 在"遮罩"贴图中加载一张光盘中的"实例文件>CH15>窗帘.jpg"贴图文件，然后在"坐标"卷展栏下设置"模糊"为0.01。

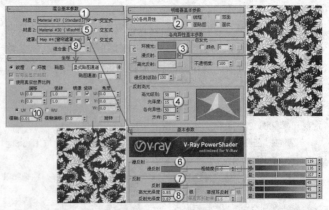

图15-38

图15-39

15.3.7 制作皮沙发材质

皮沙发材质的模拟效果如图15-40所示。

图15-40

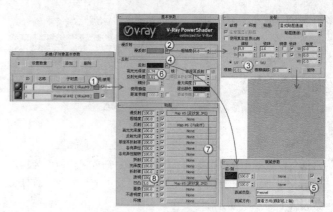

图15-43

01 选择一个空白材质球，然后设置材质类型为"多维/子对象"材质，并将其命名为"皮沙发"，接着在"多维/子对象基本参数"卷展栏下设置材质数量为2，最后分别在ID 1和ID 2材质通道中各加载一个VRayMtl材质，具体参数设置如图15-41所示。

图15-41

图15-44

图15-45

疑难问答 问：如何设置材质的数量？

答：如果要设置"多维/子对象"材质的子材质数量，可以在"多维/子对象基本参数"卷展栏下单击"设置数量"按钮 设置数量 ，然后在弹出的"设置材质数量"对话框中对"材质数量"数值进行修改即可，如图15-42所示。

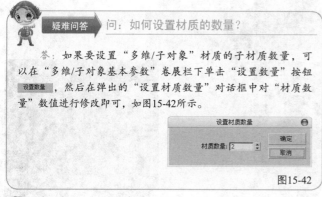

图15-42

02 单击ID 1材质通道，切换到VRayMtl材质设置面板，具体参数设置如图15-43所示。

设置步骤：

① 在"漫反射"贴图通道中加载一张光盘中的"实例文件>CH15>皮沙发.jpg"贴图文件，然后在"坐标"卷展栏下设置"模糊"为0.01。

② 在"反射"贴图通道中加载一张"衰减"贴图，然后在"衰减参数"卷展栏下设置"衰减类型"为Fresnel，接着设置"高光光泽度"为0.74、"反射光泽度"为0.61。

③ 展开"贴图"卷展栏，然后将"漫反射"通道中的贴图文件拖曳到"凹凸"贴图通道上，接着设置凹凸的强度为5。

03 单击ID 2材质通道，切换到VRayMtl材质设置面板，具体参数设置如图15-44所示，制作好的材质球效果如图15-45所示。

设置步骤：

① 设置"漫反射"颜色为（红:162，绿:139，蓝:108）。

② 设置"反射"颜色为（红:205，绿:205，蓝:205），然后设置"高光光泽度"为0.89、"反射光泽度"为0.94。

15.4 设置测试渲染参数

01 按F10键打开"渲染设置"对话框，然后设置渲染器为VRay渲染器，接着在"公用参数"卷展栏下设置"宽度"为500、"高度"为450，最后单击"图像纵横比"选项后面的"锁定"按钮 🔒 ，锁定渲染图像的纵横比，具体参数设置如图15-46所示。

图15-46

02 单击"VR-基项"选项卡，然后在"图像采样器（抗锯齿）"卷展栏下设置"图像采样器"的"类型"为"固定"，接着在"抗锯齿过滤器"选项组下勾选"开启"选项，并设置过滤器类型为"区域"，具体参数设置如图15-47所示。

03 单击"VR-间接照明"选项卡，然后在"间接照明（全局照明）"卷展栏下勾选"开启"选项，接着设置"首次反弹"的"全局光引擎"为"发光贴图"、"二次反弹"的"全局光引擎"为"灯光缓存"，具体参数设置如图15-48所示。

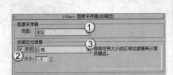

图15-47　　　　　　　　　　　图15-48

04 展开"发光贴图"卷展栏，然后设置"当前预置"为"非常低"，接着设置"半球细分"为20、"插值采样值"为10，最后勾选"显示计算过程"和"显示直接照明"选项，具体参数设置如图15-49所示。

05 展开"灯光缓存"卷展栏，然后设置"细分"为100，接着勾选"保存直接光"和"显示计算状态"选项，具体参数设置如图15-50所示。

图15-49　　　　　　　　　　　图15-50

06 单击"VR-设置"选项卡，然后在"系统"卷展栏下设置"最大BSP深度"为60、"三角形面数/级叶子"为2、"默认几何体"为"静态"，接着设置"区域排序"为"从上->下"，最后关闭"显示信息窗口"选项，具体参数设置如图15-51所示。

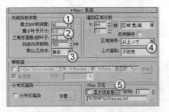

图15-51

15.5 灯光设置

本例的灯光设置比较复杂，共需要布置8处，分别是室外的天光、室内的辅助光源、筒灯、射灯、台灯、壁灯、书柜灯光以及天花板上的灯带。

15.5.1 创建天光

01 设置灯光类型为VRay，然后在前视图中创建一盏VRay光源，其位置如图15-52所示。

02 选择上一步创建的VRay光源，然后展开"参数"卷展栏，具体参数设置如图15-53所示。

设置步骤：

① 在"基本"选项组下设置"类型"为"平面"。

② 在"亮度"选项组下设置"倍增器"为20，然后设置"颜色"为

（红:131，绿:184，蓝:255）。

③ 在"大小"选项组下设置"半长度"为3786mm、"半宽度"为1475mm。

④ 在"选项"选项组下勾选"不可见"选项。

⑤ 在"采样"选项组下设置"细分"为16。

03 按F9键测试渲染当前场景，效果如图15-54所示。

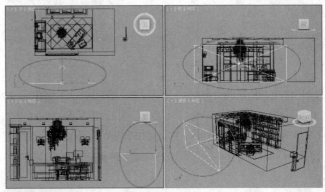

图15-52

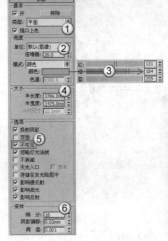

图15-53　　　　　　　　　　　图15-54

04 继续在前视图中创建一盏VRay光源，其位置如图15-55所示。

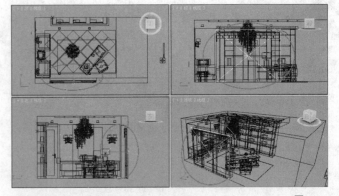

图15-55

05 选择上一步创建的VRay光源，然后展开"参数"卷展

栏，具体参数设置如图15-56所示。

设置步骤：

① 在"基本"选项组下设置"类型"为"平面"。

② 在"亮度"选项组下设置"倍增器"为6，然后设置"颜色"为（红:195，绿:226，蓝:255）。

③ 在"大小"选项组下设置"半长度"为1902mm、"半宽度"为1475mm。

④ 在"选项"选项组下勾选"不可见"选项。

⑤ 在"采样"选项组下设置"细分"为16。

06 按F9键测试渲染当前场景，效果如图15-57所示。

图15-56　　　　　　　图15-57

技术专题 54　将对象显示为外框

这里要介绍一个非常重要的技术点，即将几何体对象显示为外框。由于本场景非常复杂，因为要耗费计算机非常多的内存，运行起来会非常吃力，并且在创建灯光时可能在视图中都观察不到灯光所处的位置，因为模型的线非常密，如图15-58所示是本例的场景在前视图中的显示效果。下面详细介绍一下将几何体对象显示为外框的具体方法。

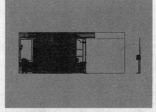

图15-58

第1步：选择所有的几何体对象，然后单击鼠标右键，接着在弹出的菜单中选择"对象属性"命令，如图15-59所示。

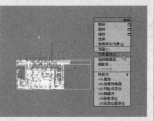

图15-59

第2步：在弹出的"对象属性"对话框中单击"常规"选项卡，然后在"显示属性"选项组下勾选"显示为外框"选项，如图15-60所示。设置好以后，几何体对象的显示效果会简化很多，并且可以节省很多内存，如图15-61所示。

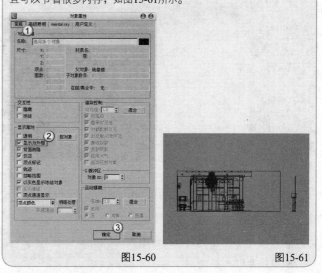

图15-60　　　　　　　图15-61

15.5.2　创建辅助光源

01 在左视图中创建一盏VRay光源，其位置如图15-62所示。

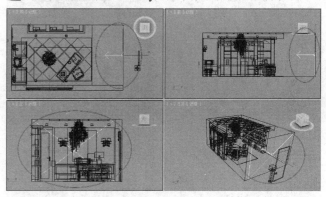

图15-62

02 选择上一步创建的VRay光源，然后展开"参数"卷展栏，具体参数设置如图15-63所示。

设置步骤：

① 在"基本"选项组下设置"类型"为"平面"。

② 在"亮度"选项组下设置"倍增器"为1.8，然后设置"颜色"为（红:255，绿:245，蓝:221）。

③ 在"大小"选项组下设置"半长度"为2412mm、"半宽度"为1745mm。

④ 在"选项"选项组下勾选"不可见"选项。

⑤ 在"采样"选项组下设置"细分"为16。

03 按F9键测试渲染当前场景，效果如图15-64所示。

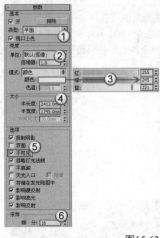

图15-63   图15-64

15.5.3 创建筒灯

01 在顶视图中创建6盏VRay光源（放在6个筒灯孔处），其位置如图15-65所示。

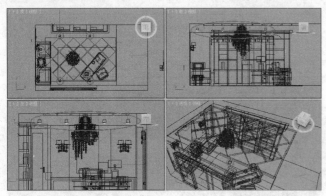

图15-65

02 选择上一步创建的VRay光源，然后展开"参数"卷展栏，具体参数设置如图15-66所示。

设置步骤：

① 在"基本"选项组下设置"类型"为"平面"。

② 在"亮度"选项组下设置"倍增器"为60，然后设置"颜色"为（红:255，绿:245，蓝:221）。

③ 在"大小"选项组下设置"半长度"和"半宽度"为80mm。

④ 在"选项"选项组下勾选"不可见"选项，然后关闭"影响高光"和"影响反射"选项。

⑤ 在"采样"选项组下设置"细分"为12。

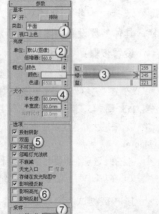

图15-66

03 按F9键测试渲染当前场景，效果如图15-67所示。

图15-67

04 在顶视图中创建3盏VRay光源（放在3个筒灯孔处），其位置如图15-68所示。

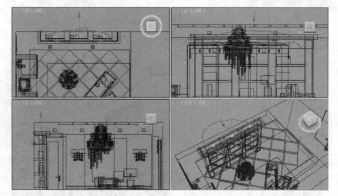

图15-68

05 选择上一步创建的VRay光源，然后展开"参数"卷展栏，具体参数设置如图15-69所示。

设置步骤：

① 在"基本"选项组下设置"类型"为"平面"。

② 在"亮度"选项组下设置"倍增器"为120，然后设置"颜色"为（红:255，绿:174，蓝:78）。

③ 在"大小"选项组下设置"半长度"和"半宽度"为80mm。

④ 在"选项"选项组下勾选"不可见"选项，然后关闭"影响高光"和"影响反射"选项。

06 按F9键测试渲染当前场景，效果如图15-70所示。

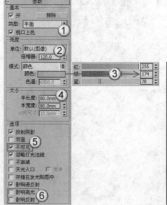

图15-69   图15-70

07 继续在顶视图中创建一盏VRay光源（放在左上角的筒灯孔处），其位置如图15-71所示。

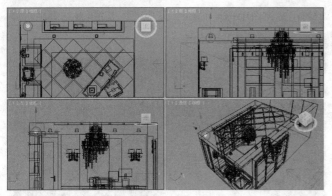

图15-71

08 选择上一步创建的VRay光源，然后展开"参数"卷展栏，具体参数设置如图15-72所示。

设置步骤：

① 在"基本"选项组下设置"类型"为"平面"。

② 在"亮度"选项组下设置"倍增器"为100，然后设置"颜色"为（红:255，绿:245，蓝:221）。

③ 在"大小"选项组下设置"半长度"和"半宽度"为80mm。

④ 在"选项"选项组下勾选"不可见"选项，然后关闭"影响高光"和"影响反射"选项。

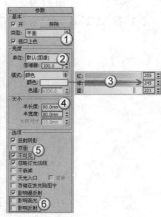

图15-72

09 按F9键测试渲染当前场景，效果如图15-73所示。

图15-73

15.5.4 创建射灯

01 设置灯光类型为"光度学"，然后在前视图中创建6盏目标灯光，其位置如图15-74所示。

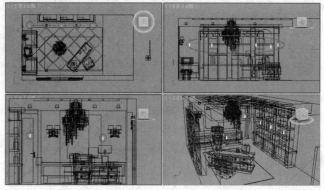

图15-74

02 选择上一步创建的目标灯光，然后切换到"修改"面板，具体参数设置如图15-75所示。

设置步骤：

① 展开"常规参数"卷展栏，然后在"灯光属性"选项组下关闭"目标"选项，接着在"阴影"选项组下勾选"启用"选项，并设置阴影类型为VRayShadow（阴影）选项，最后设置"灯光分布（类型）"为"光度学Web"。

② 展开"分布（光度学Web）"，然后在其通道中加载一个光盘中的"实例文件>CH15>经典筒灯.ies"光域网文件。

③ 展开"强度/颜色/衰减"卷展栏，然后设置"过滤颜色"为（红:255，绿:240，蓝:202），接着设置"强度"为5000。

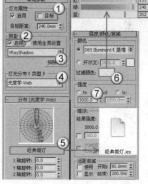

图15-75

03 按F9键测试渲染当前场景，效果如图15-76所示。

图15-76

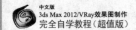

15.5.5 创建台灯

01 设置灯光类型为VRay，然后在左视图中创建一盏VRay光源（放在台灯的灯罩内），其位置如图15-77所示。

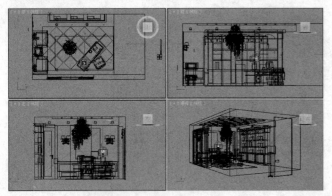

图15-77

02 选择上一步创建的VRay光源，然后展开"参数"卷展栏，具体参数设置如图15-78所示。

设置步骤：

① 在"基本"选项组下设置"类型"为"球体"。

② 在"亮度"选项组下设置"倍增器"为60，然后设置"颜色"为（红:255，绿:206，蓝:112）。

③ 在"大小"选项组下设置"半径"为60mm。

④ 在"选项"选项组下勾选"不可见"选项，然后关闭"影响高光"和"影响反射"选项。

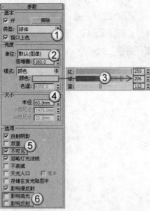

图15-78

03 按F9键测试渲染当前场景，效果如图15-79所示。

图15-79

15.5.6 创建壁灯

01 在左视图中创建4盏VRay光源（放在4盏壁灯的灯罩内），其位置如图15-80所示。

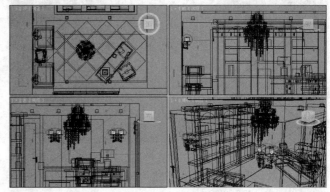

图15-80

02 选择上一步创建的VRay光源，然后展开"参数"卷展栏，具体参数设置如图15-81所示。

设置步骤：

① 在"基本"选项组下设置"类型"为"球体"。

② 在"亮度"选项组下设置"倍增器"为80，然后设置"颜色"为（红:255，绿:214，蓝:153）。

③ 在"大小"选项组下设置"半径"为30.3mm。

④ 在"选项"选项组下勾选"不可见"选项。

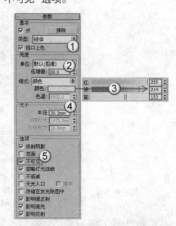

图15-81

03 按F9键测试渲染当前场景，效果如图15-82所示。

图15-82

15.5.7 创建书柜灯光

01 在顶视图中创建6盏VRay光源（放在书柜的隔板下面），其位置如图15-83所示。

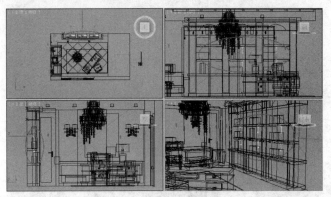

图15-83

02 选择上一步创建的VRay光源，然后展开"参数"卷展栏，具体参数设置如图15-84所示。

设置步骤：

① 在"基本"选项组下设置"类型"为"平面"。

② 在"亮度"选项组下设置"倍增器"为10，然后设置"颜色"为（红:255，绿:186，蓝:87）。

③ 在"大小"选项组下设置"半长度"为531mm、"半宽度"为60mm。

④ 在"选项"选项组下勾选"不可见"选项。

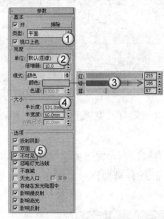

图15-84

03 按F9键测试渲染当前场景，效果如图15-85所示。

图15-85

15.5.8 创建灯带

01 在天花板的左侧创建一盏VRay光源作为灯带，其位置如图15-86所示。

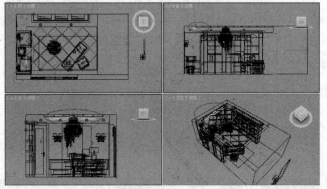

图15-86

02 选择上一步创建的VRay光源，然后展开"参数"卷展栏，具体参数设置如图15-87所示。

设置步骤：

① 在"基本"选项组下设置"类型"为"平面"。

② 在"亮度"选项组下设置"倍增器"为2.5，然后设置"颜色"为白色。

③ 在"大小"选项组下设置"半长度"为1328mm、"半宽度"为121mm。

④ 在"选项"选项组下勾选"不可见"选项。

⑤ 在"采样"选项组下设置"细分"为12。

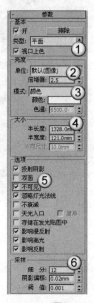

图15-87

03 按F9键测试渲染当前场景，效果如图15-88所示。

图15-88

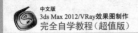
04 继续在天花板上创建两盏VRay光源作为灯带，其位置如图15-89所示。

05 选择上一步创建的VRay光源，然后展开"参数"卷展栏，具体参数设置如图15-90所示。

设置步骤：

① 在"基本"选项组下设置"类型"为"平面"。

② 在"亮度"选项组下设置"倍增器"为3，然后设置"颜色"为白色。

③ 在"大小"选项组下设置"半长度"为1907mm、"半宽度"为121mm。

④ 在"选项"选项组下勾选"不可见"选项。

⑤ 在"采样"选项组下设置"细分"为12。

06 按F9键测试渲染当前场景，效果如图15-91所示。

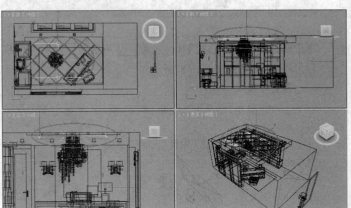

图15-89　　　　　　　　　　图15-90　　　　　　　　　　　　　　　　図15-91

15.6 设置最终渲染参数

01 按F10键打开"渲染设置"对话框，然后在"公用参数"卷展栏下设置"宽度"为2600、"高度"为2340，具体参数设置如图15-92所示。

02 单击"VR-基项"选项卡，然后在"图像采样器（抗锯齿）"卷展栏下设置"图像采样器"的"类型"为"自适应DMC"，接着在"抗锯齿过滤器"选项组下设置过滤器类型为Mitchell-Netravali，最后设置"圆环"和"模糊"为0，具体参数设置如图15-93所示。

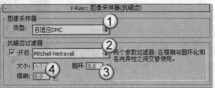

图15-92　　　　　　　　　　　　　　　　　　　図15-93

03、 单击"VR-间接照明"选项卡，然后在"发光贴图"卷展栏下设置"当前预置"为"中"，接着设置"半球细分"为50、"插值采样值"为20，具体参数设置如图15-94所示。

04、 展开"灯光缓存"卷展栏，然后设置"细分"为1200，具体参数设置如图15-95所示。

05、 单击"VR-设置"选项卡，然后展开"DMC采样器"卷展栏，接着设置"自适应数量"为0.75、"噪波阈值"为0.005、"最少采样"为20，具体参数设置如图15-96所示。

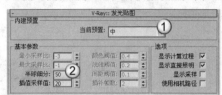

图15-94

图15-95

图15-96

06、 按F9键渲染当前场景，最终效果如图15-97所示。

图15-97

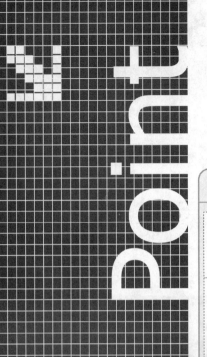

第16章 综合实例——休息室阳光表现

16.1 实例解析

场景位置	DVD>实例文件>CH16>01.max
实例位置	DVD>实例文件>CH16>综合实例——休息室阳光表现.max
视频位置	DVD>多媒体教学>CH16>综合实例——休息室阳光表现.flv
难易指数	★★★★☆
技术掌握	砖墙材质、藤椅材质和花叶材质的制作方法；休息室阳光效果的表现方法

　　本例是一个休息室空间，砖墙材质、藤椅材质和花叶材质的制作方法以及休息室阳光效果的表现方法是本例的学习要点，如图16-1所示是本例的渲染效果及线框图。

图16-1

16.2 制作藤凳和藤椅模型

　　本例的难点模型是藤凳和藤椅模型，如图16-2所示。

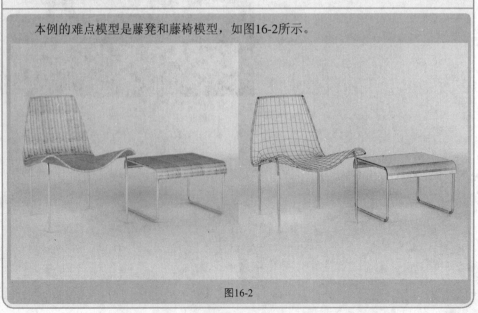

图16-2

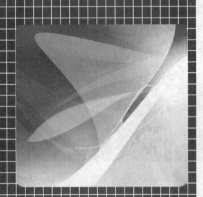

16.2.1　制作藤凳模型

01　使用"线"工具　　线　　在前视图中绘制一条如图16-3所示的样条线，然后在"渲染"卷展栏下勾选"在渲染中启用"和"在视口中启用"选项，接着勾选"矩形"选项，最后设置"长度"为580mm、"宽度"为5mm，具体参数设置及模型效果如图16-4所示。

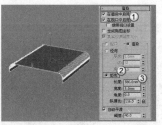

图16-3　　　　　　　　　图16-4

02　将模型转换为可编辑多边形，进入"边"级别，然后选择如图16-5所示的边，接着在"编辑边"卷展栏下单击"切角"按钮　切角　后面的"设置"按钮□，最后设置"边切角量"为1.5mm、"连接边分段"为3，如图16-6所示。

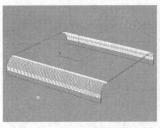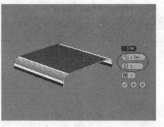

图16-5　　　　　　　　　图16-6

03　使用"矩形"工具　矩形　在前视图中绘制一个圆角矩形，然后在"参数"卷展栏下设置"长度"为365mm、"宽度"为500mm、"角半径"为35mm，具体参数设置及图形效果如图16-7所示。

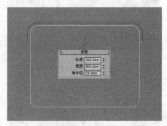

图16-7

04　选择圆角矩形，然后在"渲染"卷展栏下勾选"在渲染

中启用"和"在视口中启用"选项，接着设置"径向"的"厚度"为17mm，具体参数设置及图形位置如图16-8所示，最后复制一个图形到垫子的另外一侧，如图16-9所示。

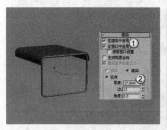

图16-8　　　　　　　　　图16-9

05　使用"样"工具　　线　　在左视图中绘制出一条如图16-10所示的样条线，然后在"渲染"卷展栏下勾选"在渲染中启用"和"在视口中启用"选项，接着设置"径向"选项的"厚度"为16mm，具体参数设置及图形位置如图16-11所示。

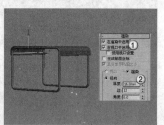

图16-10　　　　　　　　　图16-11

06　切换到前视图，然后按住Shift键用"选择并移动"工具♦将上一步创建的图形移动复制一个到右侧，如图16-12所示。

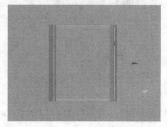

图16-12

16.2.2　制作藤椅模型

01　使用"平面"工具　　平面　　在场景中创建一个平面，然后在"参数"卷展栏下设置"长度"为600mm、"宽度"为1400mm、"长度分段"为4、"宽度分段"为4，具体参数设置平面效果如图16-13所示。

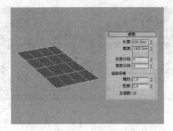

图16-13

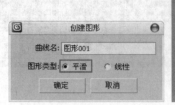

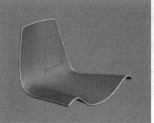

图16-18　　　　　　　　　　图16-19

> **提 示**　在制作藤椅的时候，可以为藤凳模型建立一个组，然后将其隐藏起来，以影响创建藤椅模型。

02 将平面转换为可编辑多边形，然后进入"顶点"级别，接着在各个视图中将顶点调整成如图16-14所示的效果。

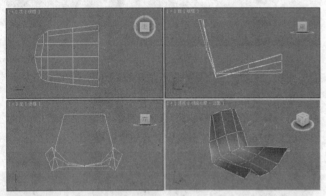

图16-14

03 为模型加载一个"涡轮平滑"修改器，然后在"涡轮平滑"卷展栏，最后设置"迭代次数"为2，如图16-15所示。

04 继续为模型加载一个"壳"修改器，然后在"参数"卷展栏下设置"外部量"为8mm，如图16-16所示。

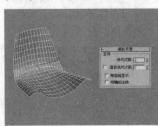

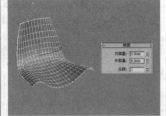

图16-15　　　　　　　　　　图16-16

05 再次将模型转换为可编辑多边形，进入"边"级别，然后选择如图16-17所示的边，接着在"编辑边"卷展栏下单击"利用所选内容创建图形"按钮 利用所选内容创建图形 ，最后在弹出的"创建图形"对话框中设置"图形类型"为"平滑"，如图16-18所示，效果如图16-19所示。

疑难问答　　问：有快速选择这些边的方法吗？

答：在选择这些边时，可以采用一个简便方法来进选择。先选择这一圈边的任意4条边，如图16-20所示，然后在"选择"卷展栏下单击"循环"按钮 循环 ，这样就可以选择这一圈边，如图16-21所示。

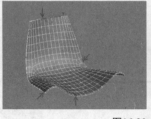

图16-20　　　　　　　　　　图16-21

06 使用"线"工具 线 在前视图中绘制一条如图16-22所示的样条线，然后在"渲染"卷展栏下勾选"在渲染中启用"和"在视口中启用"选项，接着设置"径向"的"厚度"为14mm，具体参数设置及图形位置如图16-23所示。

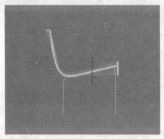

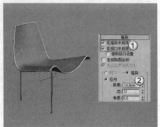

图16-22　　　　　　　　　　图16-23

07 复制一个腿部模型到藤椅的另外一侧，如图16-24所示，最终效果如图16-25所示。

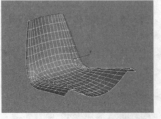

图16-17

图16-24　　　　　　　　　　图16-25

16.3 材质制作

本例的场景对象材质主要包含砖墙材质、藤椅材质、环境材质、花叶材质、地板材质和窗框材质，如图16-26所示。

图16-26

16.3.1 制作砖墙材质

砖墙材质的模拟效果如图16-27所示。

图16-27

01 打开光盘中的"场景文件>CH16>01.max"文件，如图16-28所示。

图16-28

02 选择一个空白材质球，然后设置材质类型为VRayMtl材质，并将其命名为"砖墙"，具体参数设置如图16-29所示，制作好的材质球效果如图16-30所示。

设置步骤：

① 在"漫反射"贴图通道中加载一张光盘中的"实例文件>CH16>砖墙.jpg"贴图文件。

② 在"反射"贴图通道中加载一张"衰减"程序贴图，然后设置"侧"通道的颜色为（红:18，绿:18，蓝:18），接着设置"衰减类型"为Fresnel，最后设置"高光光泽度"为0.5、"反射光泽度"为0.8。

③ 展开"贴图"卷展栏，然后在"凹凸"贴图通道中加载一张光盘中的"实例文件>CH16>砖墙凹凸.jpg"贴图文件，接着设置凹凸的强度为120。

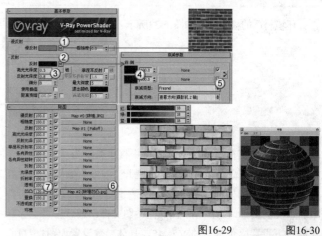

图16-29　　　　图16-30

16.3.2 制作藤椅材质

藤椅材质的模拟效果如图16-31所示。

图16-31

选择一个空白材质球，然后设置材质类型为"标准"材质，并将其命名为"藤椅"，接着展开"Blinn基本参数"卷展栏，具体参数设置如图16-32所示，制作好的材质球效果如图16-33所示。

设置步骤：

① 在"漫反射"贴图通道中加载一张光盘中的"实例文件>CH16>藤鞭.jpg"贴图文件。

② 在"不透明度"贴图通道中加载一张光盘中的"实例文件>CH16>藤鞭黑白.jpg"贴图文件。

③ 在"反射高光"选项组下设置"高光级别"为61。

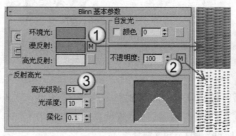

图16-31　　　　图16-32

> **知识链接：** 这个藤椅材质是本例最重要的材质，它涉及到了不透明度贴图的运用。关于不透明度贴图的原理请参阅第6章269页的"技术专题——不透明度贴图的原理解析"。

16.3.3 制作环境材质

环境材质的模拟效果如图16-33所示。

图16-33

选择一个空白材质球，然后设置材质类型为"VRay发光材质"，并将其命名为"环境"，展开"参数"卷展栏，接着设置"颜色"的发光强度为2.5，并在其通道中加载一张光盘中的"实例文件>CH16>环境.jpg"贴图文件，最后在"坐标"卷展栏下设置"角度"的W为-45，具体参数设置如图16-34所示，制作好的材质球效果如图16-35所示。

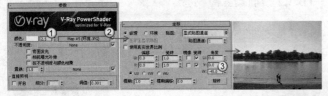

图16-34

图16-35

16.3.4 制作花叶材质

花叶材质的模拟效果如图16-36所示。

图16-36

选择一个空白材质球，然后设置材质类型为VRayMtl材质，并将其命名为"花叶"，具体参数设置如图16-37所示，制作好的材质球效果如图16-38所示。

设置步骤：

① 在"漫反射"贴图通道中加载一张光盘中的"实例文件>CH16>花叶子.jpg"贴图文件。

② 设置"反射"颜色为（红:25，绿:25，蓝:25），然后设置"反射光泽度"为0.6、"最大深度"为4。

③ 设置"折射"颜色为（红:34，绿:34，蓝:34），然后设置"光泽度"为0.4。

④ 展开"贴图"卷展栏，然后在"凹凸"贴图通道中加载一张光盘中的"实例文件>CH16>花叶子黑白.jpg"贴图文件，然后设置凹凸的强度为100。

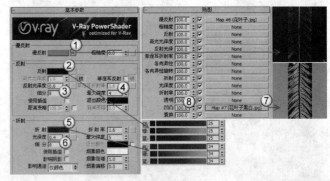

图16-37

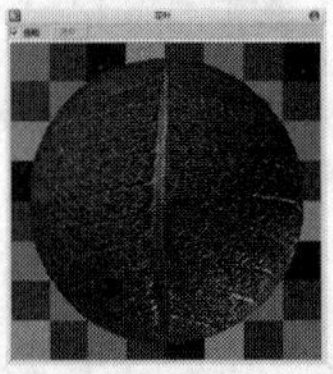

图16-38

16.3.5 制作地板材质

地板材质的模拟效果如图16-39所示。

图16-39

选择一个空白材质球，然后设置材质类型为VRayMtl材质，并将其命名为"地板"，具体参数设置如图16-40所示，制作好的材质球效果如图16-41所示。

设置步骤：

① 在"漫反射"贴图通道中加载一张光盘中的"实例文件>CH16>地板.jpg"贴图文件。

② 在"反射"贴图通道中加载一张"衰减"程序贴图，然后在"衰减参数"卷展栏下设置"侧"通道的颜色为（红:32，绿:32，蓝:32），接着设置"衰减类型"为Fresnel，最后设置"高光光泽度"为0.6、"反射光泽度"为0.85、"最大深度"为3。

③ 展开"贴图"卷展栏，然后将"漫反射"通道中的贴图拖曳到

"凹凸"贴图通道上,接着设置凹凸的强度为40。

④ 展开"反射插值"卷展栏,然后设置"最小采样比"为-2。

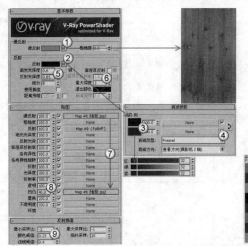

图16-40　　　　图16-41

16.3.6　制作窗框材质

窗框材质的模拟效果如图16-42所示。

图16-42

选择一个空白材质球,然后设置材质类型为VRayMtl材质,并将其命名为"窗框",具体参数设置如图16-43所示,制作好的材质球效果如图16-44所示。

设置步骤:

① 设置"漫反射"颜色为(红:2,绿:6,蓝:15)。

② 设置"反射"颜色为(红:10,绿:10,蓝:10),然后设置"高光光泽度"为0.8、"反射光泽度"为0.85、"最大深度"为3。

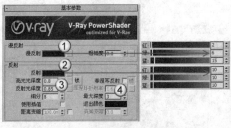

图16-43　　　　图16-44

16.4　设置测试渲染参数

01 按F10键打开"渲染设置"对话框,然后设置渲染器为

VRay渲染器,接着在"公用参数"卷展栏下设置"宽度"为600、"高度"为491,最后单击"图像纵横比"选项后面的"锁定"按钮🔒,锁定渲染图像的纵横比,具体参数设置如图16-45所示。

02 单击"VR-基项"选项卡,然后在"图像采样器(抗锯齿)"卷展栏下设置"图像采样器"的"类型"为"固定",接着在"抗锯齿过滤器"选项组下勾选"开启"选项,并设置过滤器类型为"区域",具体参数设置如图16-46所示。

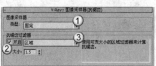

图16-45　　　　图16-46

03 展开"颜色映射"卷展栏,然后设置"类型"为"VRay指数",接着设置"变增器"为0.9、"伽玛值"为1.1,最后勾选"子像素映射"和"钳制输出"选项,具体参数设置如图16-47所示。

04 展开"环境"卷展栏,然后在"全局照明环境(天光)覆盖"选项组下勾选"开"选项,具体参数设置如图16-48所示。

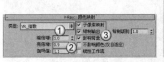
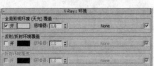

图16-47　　　　图16-48

05 单击"VR-间接照明"选项卡,然后在"间接照明(全局照明)"卷展栏下勾选"开启"选项,接着设置"首次反弹"的"全局光引擎"为"发光贴图"、"二次反弹"的"全局光引擎"为"灯光缓存",具体参数设置如图16-49所示。

06 展开"发光贴图"卷展栏,然后设置"当前预置"为"非常低",接着设置"半球细分"为50、"插值采样值"为20,最后勾选"显示计算过程"和"显示直接照明"选项,具体参数设置如图16-50所示。

图16-49　　　　图16-50

07 展开"灯光缓存"卷展栏,然后设置"细分"为100,接着勾选"保存直接光"和"显示计算状态"选项,具体参数设置如图16-51所示。

08 单击"VR-设置"选项卡,然后在"系统"卷展栏下设置"区域排序"为"上->下",接着关闭"显示信息窗口"选项，具体参数设置如图16-52所示。

图16-51

图16-52

16.5 灯光设置

本例共需要布置两处灯光，分别是室外的阳光以及窗口处的天光。

16.5.1 创建阳光

01 设置灯光类型为"标准"，然后在前视图中创建一盏目标平行光，其位置如图16-53所示。

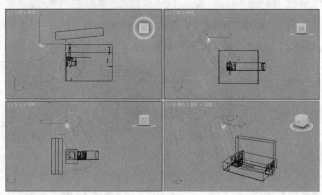

图16-53

> **知识链接**：在创建灯光前，最好还是将几何体对象的显示方式设置为外框显示方式，以节省更多的内容。关于将几何体对象的显示方式设置为外框显示的方法请参阅第15章中的"技术专题——将对象显示为外框"。

02 选择上一步创建的目标平行光，然后在"修改"面板下展开各个参数卷展栏，具体参数设置如图16-54所示。

设置步骤：

① 展开"常规参数"卷展栏，然后在"阴影"选项组下勾选"启用"选项，接着设置阴影类型为VRayShadow（VRay阴影）。

② 展开"强度/颜色/衰减"卷展栏，然后设置"倍增"为3，接着设置"颜色"为（红:250，绿:242，蓝:219）。

③ 展开"平行光参数"卷展栏，然后设置"聚光区/光束"为4940mm、"衰减区/光束"为4942mm，接着勾选"圆"选项。

④ 展开VRayShadows params（VRay阴影参数）卷展栏，然后勾选"区域阴影"和"球体"选项，接着设置"U向尺寸"、"V向尺寸"和"W向尺寸"都为200mm，最后设置"细分"为20。

03 按F9键测试渲染当前场景，效果如图16-55所示。

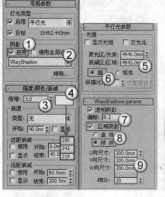

图16-54

图16-55

16.5.2 创建天光

01 设置灯光类型为VRay，然后在左视图中创建一盏VRay光源，其位置如图16-56所示。

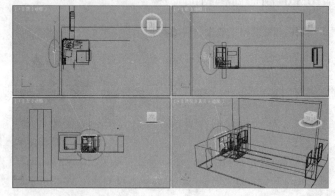

图16-56

02 选择上一步创建的VRay光源，然后展开"参数"卷展栏，具体参数设置如图16-57所示。

设置步骤：

① 在"基本"选项组下设置"类型"为"平面"。

② 在"亮度"选项组下设置"倍增器"为10，然后设置"颜色"为（红:225，绿:236，蓝:253）。

③ 在"大小"选项组下设置"半长度"为1280mm、"半宽度"为1400mm。

④ 在"选项"选项组下勾选"不可见"选项。

⑤ 在"采样"选项组下设置"细分"为20。

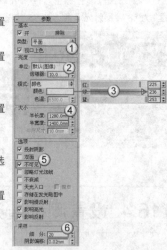

图16-57

03 按F9键测试渲染当前场景，效果如图16-58所示。

图16-58

04 继续在视图中创建一盏VRay光源，其位置如图16-59所示。

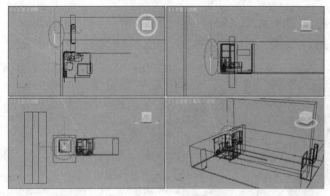

图16-59

05 选择上一步创建的VRay光源，然后展开"参数"卷展栏，具体参数设置如图16-60所示。

设置步骤：

① 在"基本"选项组下设置"类型"为"平面"。

② 在"亮度"选项组下设置"倍增器"为5，然后设置"颜色"为（红:144，绿:187，蓝:252）。

③ 在"大小"选项组下设置"半长度"为1062mm、"半宽度"为1256mm。

④ 在"选项"选项组下勾选"不可见"选项。

06 按F9键测试渲染当前场景，效果如图16-61所示。

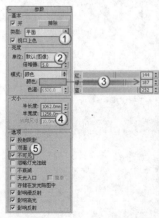

图16-60

图16-61

16.6 设置最终渲染参数

01 按F10键打开"渲染设置"对话框，然后在"公用参数"卷展栏下设置"宽度"为2200、"高度"为1500，具体参数设置如图16-62所示。

02 单击"VR-基项"选项卡，然后在"图像采样器（抗锯齿）"卷展栏下设置"图像采样器"的"类型"为"自适应DMC"，接着在"抗锯齿过滤器"选项组下设置过滤器类型为Mitchell-Netravali，具体参数设置如图16-63所示。

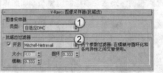

图16-62　　　　　　　　　　图16-63

03 单击"VR-间接照明"选项卡，然后在"发光贴图"卷展栏下设置"当前预置"为"中"，具体参数设置如图16-64所示。

04 展开"灯光缓存"卷展栏，然后设置"细分"为1000，具体参数设置如图16-65所示。

图16-64　　　　　　　　　　图16-65

05 单击"VR-设置"选项卡，然后展开"DMC采样器"卷展栏，接着设置"噪波阈值"为0.005、"最少采样"为12，具体参数设置如图16-66所示。

06 按F9键渲染当前场景，最终效果如图16-67所示。

图16-66　　　　　　　　　　图16-67

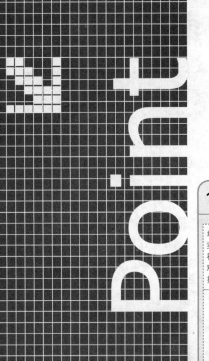

第17章 综合实例——现代客厅日光表现

17.1 实例解析

场景位置	DVD>实例文件>CH17>01.max
实例位置	DVD>实例文件>CH17>综合案例——现代客厅日光表现.max
视频位置	DVD>多媒体教学>CH17>综合案例——现代客厅日光表现.flv
难易指数	★★★★★
技术掌握	地板材质、沙发材质、大理石材质和音响材质的制作方法；现代客厅日光效果的表现方法

本例是一个现代客厅空间，地板材质、沙发材质、大理石材质和音响材质的制作方法，以及日光效果的表现方法是本例的学习要点，如图17-1所示是本例的渲染效果及线框图。

图17-1

17.2 制作电视柜模型

本例的难点模型是电视柜模型，如图17-2所示。

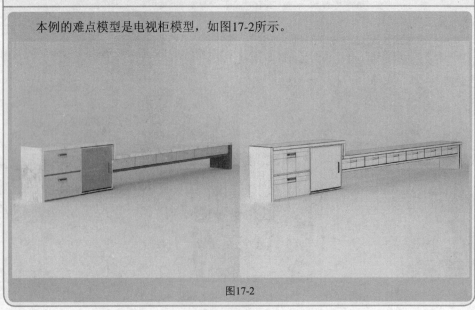

图17-2

01 使用"长方体"工具 长方体 在场景中创建出一个长方体，然后在"参数"卷展栏下设置"长度"为450mm、"宽度"为1300mm、"高度"为600mm、"长度分段"为1、"宽度分段"为4、"高度分段"为5，具体参数设置及模型效果如图17-3所示。

图17-3

02 将长方体转换为可编辑多边形，然后进入"顶点"级别，接着在各个视图中将顶点调整成如图17-4所示的效果。

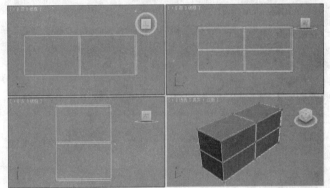

图17-4

03 进入"多边形"级别，然后选择如图17-5所示的多边形，接着在"编辑多边形"卷展栏下单击"挤出"按钮 挤出 后面的"设置"按钮，最后设置"高度"为-430mm，如图17-6所示。

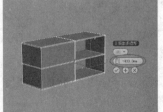

图17-5　　　　　图17-6

04 使用"矩形"工具 矩形 在前视图中绘制一个矩形，然后在"参数"卷展栏下设置"长度"为570mm、"宽度"为620mm，具体参数设置及矩形位置如图17-7所示。

05 选择矩形，然后在"渲染"卷展栏下勾选"在渲染中启用"和"在视图中启用"选项，接着勾选"矩形"选项，最后

设置"长度"为20mm、"宽度"为10mm，具体参数设置及图形效果如图17-8所示。

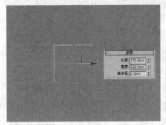
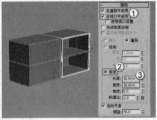

图17-7　　　　　图17-8

06 使用"长方体"工具 长方体 在场景中创建出一个长方体，然后在"参数"卷展栏下设置"长度"为5mm、"宽度"为615mm、"高度"为580mm，具体参数设置及模型位置如图17-9所示。

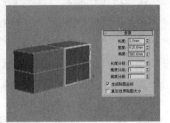

图17-9

提 示　步骤（6）中创建的长方体是一块磨砂玻璃，为了方便观察效果，可以按Alt+X组合键将长方体切换为半透明显示效果，如图17-10所示。

图17-10

07 使用"切角长方体"工具 切角长方体 在场景中创建出一个切角长方体，然后在"参数"卷展栏下设置"长度"为450mm、"宽度"为40mm、"高度"为660mm、"圆角"为3mm、"圆角分段"为2，接着关闭"平滑"选项，具体参数设置及模型位置如图17-11所示。

图17-11

疑难问答 ▶ 问：为何要关闭"平滑"选项？

答：如果不关闭"平滑"选项，则切角长方体上会显示出黑色的渐变斑块效果，如图17-12所示。

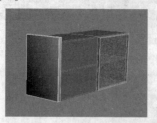

图17-12

08 使用"切角长方体"工具在柜面上创建出一个切角长方体，然后在"参数"卷展栏下设置"长度"为450mm、"宽度"为1340mm、"高度"为40mm、"圆角"为3mm、"圆角分段"为2，接着关闭"平滑"选项，具体参数设置及模型位置如图17-13所示。

09 使用"切角长方体"工具 切角长方体 在场景中创建出一个切角长方体，然后在"参数"卷展栏下设置"长度"为450mm、"宽度"为40mm、"高度"为170mm、"圆角"为3mm、"圆角分段"为2，接着关闭"平滑"选项，具体参数设置及模型位置如图17-14所示。

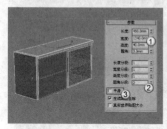

图17-13　　　　　　　　图17-14

10 继续使用"切角长方体"工具 切角长方体 在场景中创建一个切角长方体，然后在"参数"卷展栏下设置"长度"为450mm、"宽度"为3060mm、"高度"为40mm、"圆角"为3mm、"圆角分段"为2，接着关闭"平滑"选项，具体参数设置及模型位置如图17-15所示。

11 继续使用"切角长方体"工具 切角长方体 在场景中创建出其他的切角长方体，完成后的效果如图17-16所示。

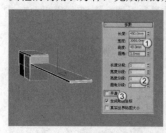
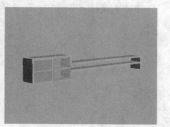

图17-15　　　　　　　　图17-16

12 使用切角长方体工具 切角长方体 在场景中创建出一个切角长

方体，然后在"参数"卷展栏下设置"长度"为23mm、"宽度"为650mm、"高度"为288mm、"圆角"为1.5mm、"长度分段"为1、"宽度分段"为3、"高度分段"为3、"圆角分段"为2，接着关闭"平滑"选项，具体参数设置及模型位置如图17-17所示。

13 将上一步创建的切角长方体转换为可编辑多边形，然后进入"顶点"级别，接着在前视图中将顶点调整成如图17-18所示的效果。

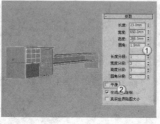
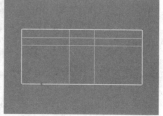

图17-17　　　　　　　　图17-18

14 进入"多边形"级别，然后选择如图17-19所示的多边形，接着在"编辑多边形"卷展栏下单击"挤出"按钮 挤出 后面的"设置"按钮□，最后设置"高度"为-7mm，如图17-20所示。

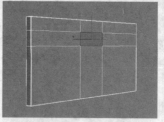
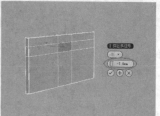

图17-19　　　　　　　　图17-20

15 进入"边"级别，然后选择如图17-21所示的边，接着在"编辑边"卷展栏下单击"切角"按钮 切角 后面的"设置"按钮□，最后设置"数量"为1mm，如图17-22所示。

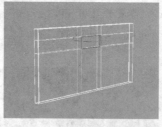
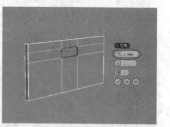

图17-21　　　　　　　　图17-22

16 将上一步创建的模型复制一个到电视柜的下部，如图17-23所示。

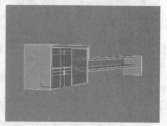

图17-23

17 继续复制一个模型到如图17-24所示的位置，然后进入

"顶点"级别,接着将模型调整成如图17-25所示的效果。

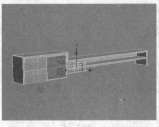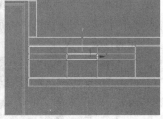

图17-24　　　　　　　　图17-25

18 将上一步调整好的模型复制5个到如图17-26所示的位置,然后在电视柜的正面创建3个把手模型,最终效果如图17-27所示。

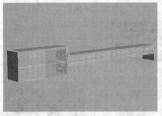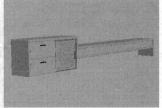

图17-26　　　　　　　　图17-27

17.3 材质制作

本例的场景对象材质主要包含地板材质、沙发材质、大理石台面材质、墙面材质、地毯材质和灯罩材质,如图17-28所示。

墙面材质
音响材质
大理石台面材质
地毯材质
沙发材质
地板材质

图17-28

17.3.1 制作地板材质

地板材质的模拟效果如图17-29所示。

图17-29

01 打开光盘中的"场景文件>CH17>01.max"文件,如图17-30所示。

图17-30

02 选择一个空白材质球,然后设置材质类型为VRayMtl材质,并将其命名为"地板",具体参数设置如图17-31所示,制作好的材质球效果如图17-32所示。

设置步骤:

① 在"漫反射"贴图通道中加载一张光盘中的"实例文件>CH17>地板.jpg"贴图文件。

② 在"反射"贴图通道中加载一张"衰减"程序贴图,然后在"衰减参数"卷展栏下设置"侧"通道的颜色为(红:64,绿:64,蓝:64),接着设置"衰减类型"为Fresnel,最后设置"高光光泽度"为0.75、"反射光泽度"为0.85、"细分"为15。

③ 展开"贴图"卷展栏,然后将"漫反射"通道中贴图拖曳到"凹凸"贴图通道上。

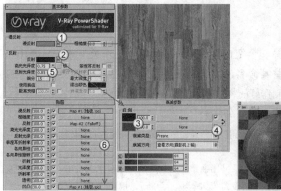

图17-31 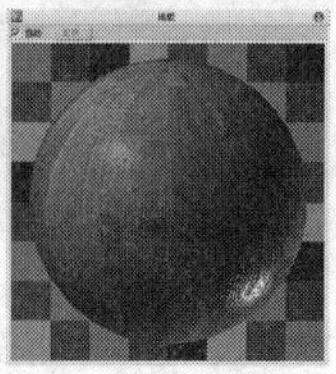　　　　　　　　图17-32

17.3.2 制作沙发材质

沙发材质的模拟效果如图17-33所示。

图17-33

选择一个空白材质球,然后设置材质类型为"VRay材质包裹器"材质,并将其命名为"沙发",具体参数设置如图17-34所示,制作好的材质球效果如图17-35所示。

设置步骤:

① 在"基本材质"通道中加载一个VRayMtl材质,然后在"漫反

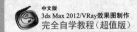

射"贴图通道中加载一张"衰减"程序贴图,接着在"衰减参数"卷展栏下设置"前"通道的颜色为(红:252、绿:206、蓝:146)、"侧"通道的颜色为(红:255、绿:236、蓝:206),最后设置"衰减类型"为Fresnel。

② 返回到"VRay材质包裹器参数"卷展栏,然后设置"产生全局

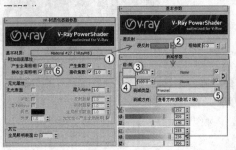

图17-34　　　　图17-35

17.3.3 制作大理石台面材质

大理石台面材质的模拟效果如图17-36所示。

图17-36

选择一个空白材质球,然后设置材质类型为VRayMtl材质,并将其命名为"大理石台面",具体参数设置如图17-37所示,制作好的材质球效果如图17-38所示。

设置步骤:

① 在"漫反射"贴图通道中加载一张光盘中的"实例文件>CH17>理石.jpg"贴图文件。

② 在"反射"贴图通道中加载一张"衰减"程序贴图,然后在"衰减参数"卷展栏下设置"衰减类型"为Fresnel。

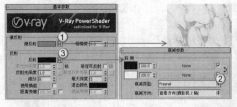

图17-37　　　　图17-38

17.3.4 制作墙面材质

墙面材质的模拟效果如图17-39所示。

图17-39

选择一个空白材质球,然后设置材质类型为VRayMtl材质,并将其命名为"墙面",具体参数设置如图17-40所示,制作好的材质球效果如图17-41所示。

设置步骤:

① 设置"漫反射"颜色为(红:84、绿:65、蓝:40)。

② 设置"反射"颜色为(红:15、绿:15、蓝:15),然后设置"高光光泽度"为0.6、"反射光泽度"为0.7。

③ 展开"贴图"卷展栏,然后在"凹凸"贴图通道中加载一张光盘中的"实例文件>CH17>墙纸.jpg"贴图文件,接着设置凹凸的强度为20;在"环境"贴图通道中加载一张"输出"程序贴图。

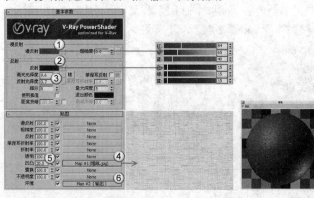

图17-40　　　　图17-41

17.3.5 制作地毯材质

地毯材质的模拟效果如图17-42所示。

选择一个空白材质球,然后设置材质类型为"标准"材质,并将其命名为"地毯",接着展开"贴图"卷展栏,具体设置如图17-43所示,制作好的材质球效果如图17-44所示。

设置步骤:

① 在"漫反射颜色"贴图通道中加载一张光盘中的"实例文件>CH17>地毯.jpg"贴图文件。

② 在"凹凸"贴图通道中加载一张光盘中的"实例文件>CH17>地毯凹凸.jpg"。

图17-42

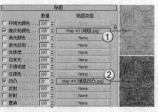

图17-43　　　　图17-44

436

17.3.6 制作音响材质

音响材质的模拟效果如图17-45所示。

图17-45

图17-48　图17-49

01 选择一个空白材质球，然后设置材质类型为"VRay混合材质"，并将其命名为"音响"，接着展开"参数"卷展栏，最后在"基本材质"通道中加载一个VRayMtl材质，具体参数设置如图17-46所示。

设置步骤：

① 在"漫反射"贴图通道中加载一张光盘中的"实例文件>CH17>纸纹.jpg"贴图文件。

② 设置"折射"颜色为（红:166，绿:166，蓝:166），然后设置"光泽度"为0.5、"细分"为2、"最大深度"为3。

③ 在"半透明"选项组下设置"类型"为"硬（蜡）模型"，然后设置"背面颜色"为（红:236，绿:129，蓝:57）。

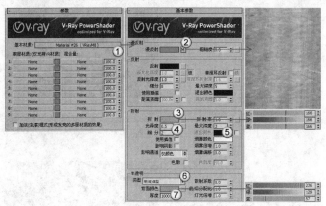

图17-46

02 在"表面材质"的第1个子材质通道中加载一个VRayMtl材质，然后设置"漫反射"颜色为（红:12，绿:12，蓝:12），具体参数设置如图17-47所示。

图17-47

03 在"混合量"的第1个子贴图通道中加载一张光盘中的"实例文件>CH17>灯罩黑白.jpg"贴图文件，具体参数设置如图17-48所示，制作好的材质球效果如图17-49所示。

17.4 设置测试渲染参数

01 按F10键打开"渲染设置"对话框，然后设置渲染器为VRay渲染器，接着在"公用参数"卷展栏下设置"宽度"为600、"高度"为334，最后单击"图像纵横比"选项后面的"锁定"按钮，锁定渲染图像的纵横比，具体参数设置如图17-50所示。

图17-50

02 单击"VR-基项"选项卡，然后在"图像采样器（抗锯齿）"卷展栏下设置"图像采样器"的"类型"为"固定"，接着在"抗锯齿过滤器"选项组中勾选"开启"选项，并设置过滤器类型为"区域"，具体参数设置如图17-51所示。

03 展开"颜色映射"卷展栏，然后设置"类型"为"VRay指数"，接着设置"亮增器"为0.9，最后勾选"子像素映射"和"钳制输出"选项，具体参数设置如图17-52所示。

图17-51　图17-52

04 单击"VR-间接照明"选项卡，然后在"间接照明（全局照明）"卷展栏下勾选"开启"选项，接着设置"首次反弹"的"全局光引擎"为"发光贴图"、"二次反弹"的"全局光引擎"为"灯光缓存"，具体参数设置如图17-53所示。

图17-53

05 展开"发光贴图"卷展栏，然后设置"当前预置"为"非常低"，接着设置"半球细分"为50、"插值采样值"为20，最后勾选"显示计算过程"和"显示直接照明"选项，具体参数设置如图17-54所示。

06 展开"灯光缓存"卷展栏，然后设置"细分"为100，接着勾选"保存直接光"和"显示计算状态"选项，具体参数设置如图17-55所示。

图17-54　　　　　　　　　　图17-55

07 单击"VR-设置"选项卡，然后在"系统"卷展栏下设置"区域排序"为"三角剖分"，接着关闭"显示信息窗口"选项，具体参数设置如图17-56所示。

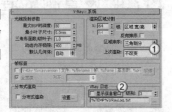

图17-56

17.5 灯光设置

本例共需要布置5处灯光，分别是室内的射灯、室外的阳光和天光、室内的辅助光源以及灯带。

17.5.1 创建射灯

01 设置灯光类型为"光度学"，然后在前视图中创建9盏目标灯光，其位置如图17-57所示。

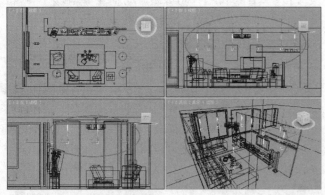

图17-57

02 选择上一步创建的目标灯光，然后切换到"修改"面板，具体参数设置如图17-58所示。

设置步骤：

① 展开"常规参数"卷展栏，然后在"阴影"选项组下勾选"启用"选项，接着设置阴影类型为VRayShadow（VRay阴影），最后设置"灯光分布（类型）"为"光度学Web"。

② 展开"分布（光度学Web）"，然后在其通道中加载一个光盘中的"实例文件>CH17>20.ies"光域网文件。

③ 展开"强度/颜色/衰减"卷展栏，然后设置"过滤颜色"为（红:255，绿:243，蓝:159），接着设置"强度"为34000。

④ 展开VRayShadow params（VRay阴影参数）卷展栏，然后勾选"区域阴影"和"球体"选项，接着设置"U向尺寸"、"V向尺寸"和"W向尺寸"为100mm，最后设置"细分"为20。

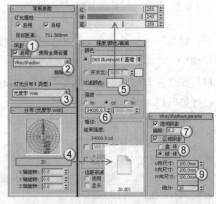

图17-58

03 按F9键测试渲染当前场景，效果如图17-59所示。

图17-59

04 继续在前视图中创建4盏目标灯光，其位置如图17-60所示。

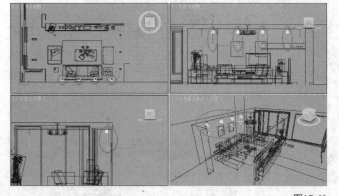

图17-60

05 选择上一步创建的目标灯光，然后切换到"修改"面板，具体参数设置如图17-61所示。

设置步骤：

① 展开"常规参数"卷展栏，然后在"阴影"选项组下勾选"启用"选项，接着设置阴影类型为VRayShadow（VRay阴影），最后设置"灯光分布（类型）"为"光度学Web"。

② 展开"分布（光度学Web）"，然后在其通道中加载一个光盘中的"实例文件>CH17>5.ies"光域网文件。

③ 展开"强度/颜色/衰减"卷展栏，然后设置"过滤颜色"为（红:254，绿:226，蓝:164，接着设置"强度"为1800。

④ 展开VRayShadow params（VRay阴影参数）卷展栏，然后勾选"区域阴影"和"球体"选项，接着设置"U向尺寸"、"V向尺寸"和"W向尺寸"为120mm。

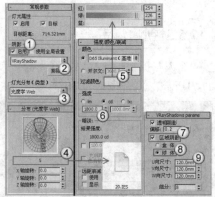

图17-61

06 按F9键测试渲染当前场景，效果如图17-62所示。

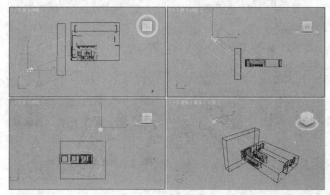

图17-62

17.5.2 创建阳光

01 设置灯光类型为"标准"，然后在前视图中创建一盏目标平行光，其位置如图17-63所示。

图17-63

02 选择上一步创建的目标平行光，然后切换到"修改"面板，具体参数设置如图17-64所示。

设置步骤：

① 展开"常规参数"卷展栏，然后在"阴影"选项组下勾选"启用"选项，接着设置阴影类型为VRayShadow（VRay阴影）。

② 展开"强度/颜色/衰减"卷展栏，然后设置"倍增"为5，接着设置颜色为（红:255，绿:254，蓝:248）。

③ 展开"平行光参数"卷展栏，然后设置"聚光区/光束"为4913mm、"衰减区/区域"为4915mm。

④ 展开VRayShadow params（VRay阴影参数）卷展栏，然后勾选"区域阴影"和"球体"选项，接着设置"U向尺寸"、"V向尺寸"和"W向尺寸"为252mm。

03 按F9键测试渲染当前场景，效果如图17-65所示。

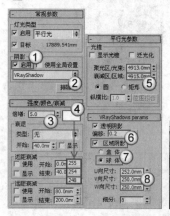

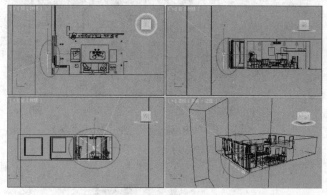

图17-64　　　　　　　　　　　　　图17-65

17.5.3 创建天光

01 设置灯光类型为VRay，然后在左视图中创建一盏VRay光源（放在窗外），其位置如图17-66所示。

图17-66

02 选择上一步创建的VRay光源，然后展开"参数"卷展栏，具体参数设置如图17-67所示。

设置步骤：

① 在"基本"选项组下设置"类型"为"平面"。

② 在"亮度"选项组下设置"倍增器"为20，然后设置"颜色"为（红:144，绿:187，蓝:252）。

③ 在"大小"选项组下设置"半长度"为1800mm、"半宽度"为1300mm。

④ 在"选项"选项组下勾选"不可见"选项，然后关闭"忽略灯光法线"选项。

⑤ 在"采样"选项组下设置"细分"为20。

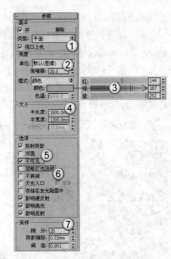

图17-67

03 按F9键测试渲染当前场景，效果如图17-70所示。

图17-70

17.5.4 创建辅助光源

01 在前视图中创建一盏VRay光源（放在室内作为辅助光源），其位置如图17-68所示。

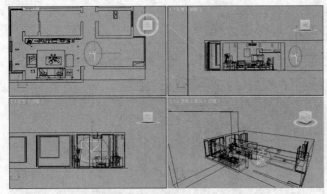

图17-68

02 选择上一步创建的VRay光源，然后展开"参数"卷展栏，具体参数设置如图17-69所示。

设置步骤：

① 在"基本"选项组下设置"类型"为"平面"。

② 在"亮度"选项组下设置"倍增器"为8，然后设置"颜色"为（红:255，绿:232，蓝:193）。

③ 在"大小"选项组下设置"半长度"为800mm、"半宽度"为730mm。

④ 在"选项"选项组下勾选"不可见"选项。

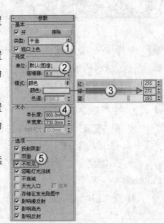

图17-69

17.5.5 创建灯带

01 在天花板上创建4盏VRay光源作为灯带，其位置如图17-71所示。

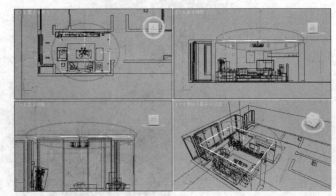

图17-71

02 选择上一步创建的VRay光源，然后展开"参数"卷展栏，具体参数设置如图17-72所示。

设置步骤：

① 在"基本"选项组下设置"类型"为"平面"。

② 在"亮度"选项组下设置"倍增器"为10，然后设置"颜色"为（红:255，绿:215，蓝:146）。

③ 在"大小"选项组下设置"半长度"为1800mm、"半宽度"为30mm。

03 按F9键测试渲染当前场景，效果如图17-73所示。

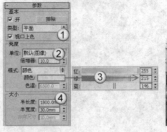

图17-72

图17-73

04 继续在电视上方的墙壁上创建一盏VRay光源作为灯带，其位置如图17-74所示。

05 选择上一步创建的VRay光源，然后展开"参数"卷展栏，具体参数设置如图17-75所示。

设置步骤：

① 在"常规"选项组下设置"类型"为"平面"。

② 在"强度"选项组下设置"倍增器"为100，然后设置"颜色"为（红:60，绿:90，蓝:188）。

③ 在"大小"选项组下设置"半长度"为1000mm、"半宽度"为43mm。

④ 在"选项"选项组下勾选"不可见"选项。

⑤ 在"采样"选项组下设置"细分"为4，然后设置"阴影偏移"为0.508mm。

06► 按F9键测试渲染当前场景，效果如图17-76所示。

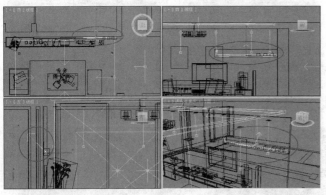

图17-74

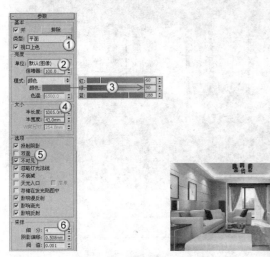

图17-75　　　　　　　　　　图17-76

17.6 设置最终渲染参数

01► 按F10键打开"渲染设置"对话框，然后在"公用参数"卷展栏下设置"宽度"为1600、"高度"为891，具体参数设置如图17-77所示。

图17-77

02► 单击"VR-基项"选项卡，然后在"图像采样器（抗锯齿）"卷展栏下设置"图像采样器"的"类型"为"自适应细分"，接着在"抗锯齿过滤器"选项组下设置过滤器类型为Catmull-Rom，具体参数设置如图17-78所示。

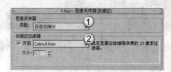

图17-78

03► 单击"VR-间接照明"选项卡，然后在"发光贴图"卷展栏下设置"当前预置"为"低"，接着设置"半球细分"为60、"插值采样值"为30，具体参数设置如图17-79所示。

图17-79

04► 展开"灯光缓存"卷展栏，然后设置"细分"为1200，具体参数设置如图17-80所示。

图17-80

05► 单击"VR-设置"选项卡，然后展开"DMC采样器"卷展栏，接着设置"噪波阈值"为0.005、"最少采样"为12，具体参数设置如图17-81所示。

图17-81

06► 按F9键渲染当前场景，最终效果如图17-82所示。

图17-82

第18章 综合实例——欧式客厅日景表现

18.1 实例解析

场景位置	DVD>实例文件>CH18>01.max
实例位置	DVD>实例文件>CH18>综合实例——欧式客厅日景表现.max
视频位置	DVD>多媒体教学>CH18>综合实例——欧式客厅日景表现.flv
难易指数	★★★★★
技术掌握	地面材质、窗纱材质和水晶灯材质的制作方法；欧式客厅日景效果的表现方法

　　本例是一个欧式客厅空间，地面材质、窗纱材质和水晶灯材质的制作方法，以及欧式客厅日景效果的表现方法是本例的学习要点，如图18-1所示是本例的渲染效果及线框图。

图18-1

Learning Objectives
学习重点 ✔

沙发模型的制作方法
地面、窗纱和水晶灯材质的制作
方法
欧式客厅日景效果的表现方法

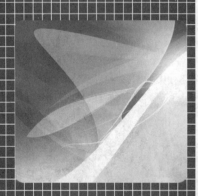

18.2 制作沙发模型

　　本例的难点模型是沙发模型，如图18-2所示。

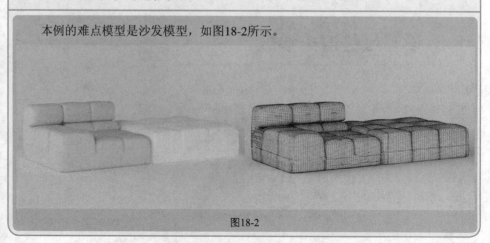

图18-2

01　使用"长方体"工具 长方体 在场景中创建一个长方体，然后在"参数"卷展栏下设置"长度"为1200mm、"宽度"为1200mm、"高度"为350mm、"长度分段"为3、"宽度分段"为3、"高度分段"为2，具体参数设置及模型效果如图18-3所示。

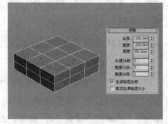

图18-3

02　将长方体转换为可编辑多边形，进入"边"级别，然后选择如图18-4所示的边，接着在"编辑边"卷展栏下单击"切角"按钮 切角 后面的"设置"按钮回，最后设置"边切角量"为12mm，如图18-5所示。

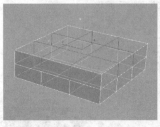
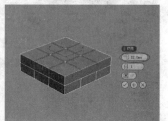

图18-4　　　　　　　　　　　　图18-5

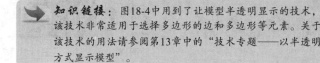

知识链接：图18-4中用到了让模型半透明显示的技术，该技术非常适用于选择多边形的边和多边形等元素。关于该技术的用法请参阅第13章中的"技术专题——以半透明方式显示模型"。

03　进入"多边形"级别，然后选择如图18-6所示的多边形，接着在"编辑多边形"卷展栏下单击"倒角"按钮 倒角 后面的"设置"按钮回，最后设置"倒角类型"为"局部法线"、"高度"为-8mm、"轮廓"为-6mm，如图18-7所示。

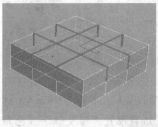
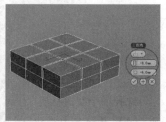

图18-6　　　　　　　　　　　　图18-7

04　进入"边"级别，然后选择如图18-8所示的边，接着在"编辑边"卷展栏下单击"切角"按钮 切角 后面的"设置"

按钮回，最后设置"边切角量"为3mm，如图18-9所示。

图18-8　　　　　　　　　　　　图18-9

05　选择如图18-10所示的边，然后在"编辑边"卷展栏下单击"切角"按钮 切角 后面的"设置"按钮回，接着设置"边切角量"为6mm，如图18-11所示。

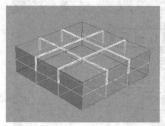

图18-10　　　　　　　　　　　　图18-11

06　为模型加载一个"涡轮平滑"修改器，然后在"涡轮平滑"卷展栏下设置"迭代次数"为2，如图18-12所示。

图18-12

07　继续为模型加载一个FFD（长方体）修改器，然后在"FFD参数"卷展栏下单击"设置点数"按钮 设置点数 ，接着在弹出的"设置FFD尺寸"对话框中设置"长度"和"宽度"为7、"高度"为4，如图18-13所示。

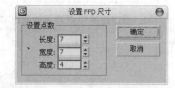

图18-13

08　进入"控制点"次物体层级，然后用"选择并移动"工具
将模型调整成如图18-14所示的效果。

09▸ 使用同样的方法创建出另一侧的沙发模型，沙发模型最终效果如图18-15所示。

图18-14　　　　　　　　　　　　图18-15

18.3　材质制作

　　本例的场景对象材质主要包含地面材质、沙发材质、窗纱材质、水晶灯材质、乳胶漆材质、环境材质、镜子材质和镜框材质，如图18-16所示。

图18-16

18.3.1　制作地面材质

　　地面材质的模拟效果如图18-17所示。

图18-17

01▸ 打开光盘中的"场景文件>CH18>01.max"文件，如图18-18所示。

图18-18

02▸ 选择一个空白材质球，然后设置材质类型为VRayMtl材质，并将其命名为"地面"，具体参数设置如图18-19所示，制作好的材质球效果如图18-20所示。

　　设置步骤：

　　① 设置"漫反射"颜色为（红:25，绿:25，蓝:25）。

　　② 在"反射"贴图通道中加载一张"衰减"程序贴图，然后在"衰减参数"卷展栏下设置"侧"通道的颜色为（红:181，绿:185，蓝:229），接着设置"衰减类型"为Fresnel，最后设置"高光光泽度"为0.8、"反射光泽度"为0.89。

　　③ 展开"贴图"卷展栏，然后在"环境"贴图通道中加载一张"输出"程序贴图，然后在"输出"卷展栏下设置"输出量"为4。

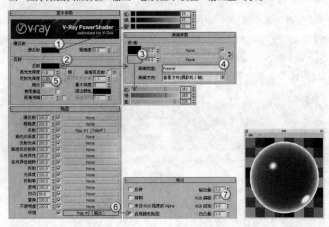

图18-19　　　　　　　　　图18-20

18.3.2　制作沙发材质

　　沙发材质的模拟效果如图18-21所示。

图18-21

　　选择一个空白材质球，然后设置材质类型为VRayMtl材质，并将其命名为"沙发"，接着设置"漫反射"颜色为（红:240，绿:182，蓝:82），具体参数设置如图18-22所示，制作好的材质球效果如图18-23所示。

图18-22　　　　　图18-23

18.3.3 制作窗纱材质

窗纱材质的模拟效果如图18-24所示。

图18-24

选择一个空白材质球，然后设置材质类型为VRayMtl材质，并将其命名为"窗纱"，具体参数设置如图18-25所示，制作好的材质球效果如图18-26所示。

设置步骤：

① 设置"漫反射"颜色为（红:245，绿:245，蓝:245）。

② 设置"反射"颜色为（红:13，绿:13，蓝:13），然后设置"反射光泽度"为0.5。

③ 展开"贴图"卷展栏，然后在"不透明度"贴图通道中加载一张光盘中的"实例文件>CH18>窗纱黑白.jpg"贴图文件。

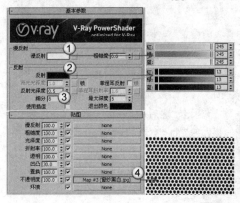

图18-25　　　　　图18-26

18.3.4 制作水晶灯材质

水晶灯材质的模拟效果如图18-27所示。

图18-27

选择一个空白材质球，然后设置材质类型为VRayMtl材质，并将其命名为"水晶灯"，具体参数设置如图18-28所示，制作好的材质球效果如图18-29所示。

设置步骤：

① 设置"漫反射"颜色为（红:234，绿:228，蓝:210）。

② 设置"反射"颜色为（红:12，绿:12，蓝:12）。

③ 设置"折射"颜色为（红:169，绿:169，蓝:169），然后勾选"影响阴影"选项。

④ 展开"选项"卷展栏，然后关闭"双面"和"背面反射"选项。

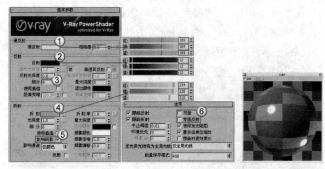

图18-28　　　　　图18-29

18.3.5 制作乳胶漆材质

乳胶漆材质的模拟效果如图18-30所示。

图18-30

选择一个空白材质球，然后设置材质类型为VRayMtl材质，并将其命名为"乳胶漆"，具体参数设置如图18-31所示，制作好的材质球效果如图18-32所示。

设置步骤：

① 设置"漫反射"颜色为（红:242，绿:241，蓝:238）。

② 设置"反射"颜色为（红:8，绿:8，蓝:8），然后设置"高光光泽度"为0.5、"反射光泽度"为0.5、"细分"为10。

图18-31　　　　　图18-32

18.3.6 制作外景材质

环境材质的模拟效果如图18-33所示。

图18-33

选择一个空白材质球，然后设置材质类型为"VRay发光材质"，并将其命名为"外景"，展开"参数"卷展栏，接着设置"颜色"的发光强度为3，最后在其通道中加载一张光盘中的"实例文件>CH18>外景.jpg"贴图文件，具体参数设置如图18-34所示，制作好的材质球效果如图18-35所示。

图18-34　　　　　图18-35

18.3.7　制作镜子材质

镜子材质的模拟效果如图18-36所示。

图18-36

选择一个空白材质球，然后设置材质类型为VRayMtl材质，并将其命名为"镜子"，接着设置"反射"颜色为白色，最后设置"细分"为15，具体参数设置如图18-37所示，制作好的材质球效果如图18-38所示。

图18-37　　　　　图18-38

18.3.8　制作镜框材质

镜框材质的模拟效果如图18-39所示。

图18-39

选择一个空白材质球，然后设置材质类型为VRayMtl材质，并将其命名为"镜框"，具体参数设置如图18-40所示，制作好的材质球效果如图18-41所示。

设置步骤：

① 设置"漫反射"颜色为（红:126，绿:112，蓝:89）。

② 设置"反射"颜色为（红:111，绿:101，蓝:84），然后设置"反射光泽度"为0.85、"细分"为15。

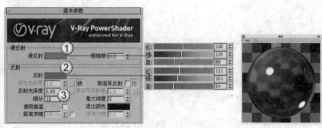

图18-40　　　　　图18-41

18.4　设置测试渲染参数

01 按F10键打开"渲染设置"对话框，然后设置渲染器为VRay渲染器，接着在"公用参数"卷展栏下设置"宽度"为480、"高度"为600，最后单击"图像纵横比"选项后面的"锁定"按钮，锁定渲染图像的纵横比，具体参数设置如图18-42所示。

02 单击"VR-基项"选项卡，然后在"图像采样器（抗锯齿）"卷展栏下设置"图像采样器"的"类型"为"固定"，接着在"抗锯齿过滤器"选项组下勾选"开启"选项，并设置过滤器类型为"区域"，具体参数设置如图18-43所示。

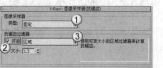

图18-42　　　　　图18-43

03 单击"VR-间接照明"选项卡，然后在"间接照明（全局照明）"卷展栏下勾选"开启"选项，接着设置"首次反弹"的"全局光引擎"为"发光贴图"、"二次反弹"的"全局光引擎"为"灯光缓存",具体参数设置如图18-44所示。

04 展开"发光贴图"卷展栏,然后设置"当前预置"为"非常低",接着设置"半球细分"为50、"插值采样值"为20,最后勾选"显示计算过程"和"显示直接照明"选项,具体参数设置如图18-45所示。

图18-44　　　　　　　　图18-45

05 展开"灯光缓存"卷展栏,然后设置"细分"为100,接着勾选"保存直接光"和"显示计算状态"选项,具体参数设置如图18-46所示。

06 单击"VR-设置"选项卡,然后在"系统"卷展栏下设置"区域排序"为"三角剖分",接着关闭"显示信息窗口"选项,具体参数设置如图18-47所示。

图18-46　　　　　　　　图18-47

18.5 灯光设置

本例共需要布置4处灯光,分别是室外的阳光和天光、室内的吊灯以及壁灯。

18.5.1 创建阳光

01 设置灯光类型为VRay,然后在前视图中创建一盏VRay太阳,其位置如图18-48所示。

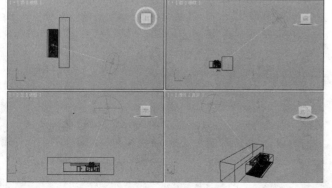

图18-48

02 选择VRay太阳,然后在"参数"卷展栏下设置"臭氧"为0.35、"强度倍增"为0.05,具体参数设置如图18-49所示。

03 按F9键测试渲染当前场景,效果如图18-50所示。

图18-49　　　　　　　　图18-50

18.5.2 创建天光

01 在前视图中创建3盏VRay光源(分别放在3个窗口处),其位置如图18-51所示。

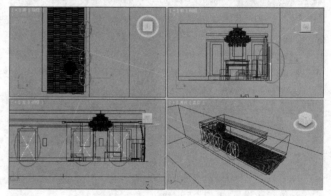

图18-51

02 选择上一步创建的VRay光源,然后展开"参数"卷展栏,具体参数设置如图18-52所示。

设置步骤:

① 在"基本"选项组下设置"类型"为"平面"。

② 在"亮度"选项组下设置"单位"为"辐射强度(W/m2/sr)",然后设置"倍增器"为10,接着设置"颜色"为(红:191,绿:227,蓝:252)。

③ 在"大小"选项组下设置"半长度"为870mm、"半宽度"为1200mm。

④ 在"选项"选项组下勾选"不可见"选项。

⑤ 在"采样"选项组下设置"细分"为15。

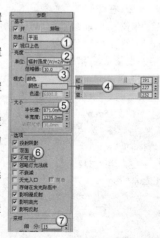

图18-52

03 按F9键测试渲染当前场景，效果如图18-53所示。

图18-53

图18-56

18.5.3 创建吊灯

01 在顶视图中围绕吊灯创建20盏VRay光源，其位置如图18-54所示。

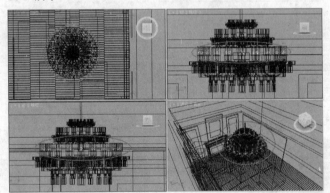

图18-54

02 选择上一步创建的VRay光源，然后展开"参数"卷展栏，具体参数设置如图18-55所示。

设置步骤：

① 在"基本"选项组下设置"类型"为"球体"。

② 在"亮度"选项组下设置"单位"为"辐射强度（W/m2/sr）"，然后设置"倍增器"为600，接着设置"颜色"为（红:249，绿:235，蓝:211）。

③ 在"大小"选项组下设置"半径"为15mm。

④ 在"选项"选项组下勾选"不可见"选项。

⑤ 在"采样"选项组下设置"细分"为2。

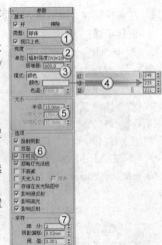

图18-55

03 按F9键测试渲染当前场景，效果如图18-56所示。

18.5.4 创建壁灯

01 在左视图中创建6盏VRay光源（分别放在6盏壁灯的灯罩内），其位置如图18-57所示。

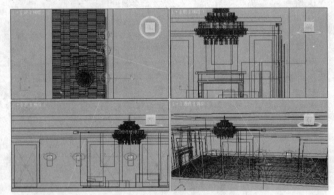

图18-57

02 选择上一步创建的VRay光源，然后展开"参数"卷展栏，具体参数设置如图18-58所示。

设置步骤：

① 在"基本"选项组下设置"类型"为"球体"。

② 在"亮度"选项组下设置"单位"为"辐射强度（W/m2/sr）"，然后设置"倍增器"为60，接着设置"颜色"为（红:249，绿:235，蓝:211）。

③ 在"大小"选项组下设置"半径"为10mm。

03 按F9键测试渲染当前场景，效果如图18-59所示。

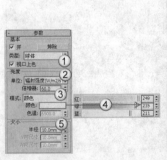

图18-58

图18-59

18.6 设置最终渲染参数

01 按F10键打开"渲染设置"对话框，然后在"公用参数"卷展栏下设置"宽度"为1200、"高度"为1500，具体参数设置如图18-60所示。

02 单击"VR-基项"选项卡，然后在"图像采样器（抗锯齿）"卷展栏下设置"图像采样器"的"类型"为"自适应DMC"，接着在"抗锯齿过滤器"选项组下设置过滤器类型为Mitchell-Netravali，具体参数设置如图18-61所示。

03 单击"VR-间接照明"选项卡，然后在"发光贴图"卷展栏下设置"当前预置"为"低"，接着设置"半球细分"为60、"插值采样值"为30，具体参数设置如图18-62所示。

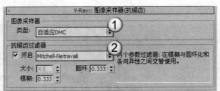

图18-60　　　　　　　　　　　　　　图18-61　　　　　　　　　　　　　图18-62

04 展开"灯光缓存"卷展栏，然后设置"细分"为1200，具体参数设置如图18-63所示。

05 单击"VR-设置"选项卡，然后展开"DMC采样器"卷展栏，接着设置"噪波阈值"为0.005、"最少采样"为12，具体参数设置如图18-64所示。

06 按F9键渲染当前场景，最终效果如图18-65所示。

图18-63　　　　　　　　　　　　　　图18-64　　　　　　　　　　　　　图18-65

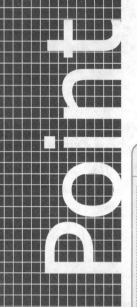

第19章 综合实例——地中海餐厅日景表现

19.1 实例解析

场景位置	DVD>实例文件>CH19>01.max
实例位置	DVD>实例文件>CH19>综合实例——地中海餐厅日景表现.max
视频位置	DVD>多媒体教学>CH19>综合实例——地中海餐厅日景表现.flv
难易指数	★★★★★
技术掌握	木纹材质、地砖材质和座垫材质的制作方法；地中海餐厅日景效果的表现方法

本例是一个地中海风格的餐厅空间，木纹材质、地砖材质和座垫材质的制作方法，以及地中海餐厅日景效果的表现方法是本例的学习要点，如图19-1所示是本例的渲染效果及线框图。

图19-1

Learning Objectives
学习重点 ☑

餐桌模型的制作方法
木纹、地砖和座垫材质的制作方法
地中海餐厅日景效果的表现方法

19.2 制作餐桌模型

本例的难点模型是餐桌模型，如图19-2所示。

图19-2

19.2.1 创建桌面模型

01 使用"线"工具 线 在顶视图中绘制一条如图19-3所示的样条线,然后为其加载一个"挤出"修改器,接着在"参数"卷展栏下设置"数量"为40mm,具体参数设置及模型效果如图19-4所示。

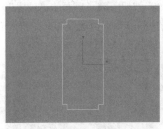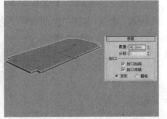

图19-3　　　　　　　　　　图19-4

02 将模型转换为可编辑多边形,进入"边"级别,然后选择如图19-5所示的边,接着在"编辑边"卷展栏下单击"切角"按钮 切角 后面的"设置"按钮□,最后设置"切角数量"为1.5mm、"连接边分段"为3,如图19-6所示。

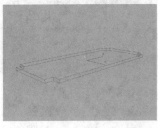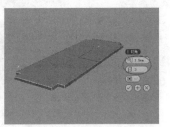

图19-5　　　　　　　　　　图19-6

03 采用相同的方法制作出另外一个模型,完成后的效果如图19-7所示。

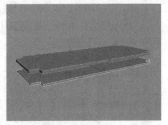

图19-7

提 示 这个模型的样条线与第1个模型的样条线完全相同,只是挤出的"数量"为20mm,并且不需要进行切角处理。

19.2.2 创建桌腿模型

01 使用"长方体"工具 长方体 在场景中创建一个长方体,然后在"参数"卷展栏下设置"长度"为100mm、"宽度"为100mm、"高度"为860mm、"长度分段"为2、"宽度分段"为2、"高度分段"为1,具体参数设置及模型位置如图19-8所示。

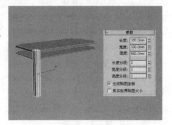

图19-8

02 将长方体转换为可编辑多边形,然后进入"顶点"级别,接着在顶视图中将顶点调整如图19-9所示的效果,最后在透视图中将顶点调整成如图19-10所示的效果。

图19-9　　　　　　　　　　图19-10

03 进入"边"级别,然后选择如图19-11所示的边,接着在"编辑边"卷展栏下单击"切角"按钮 切角 后面的"设置"按钮□,最后设置"切角数量"为1.5mm、"连接边分段"为3,如图19-12所示。

图19-11　　　　　　　　　　图19-12

04 选择桌腿模型,切换到前视图,然后在"主工具栏"中单击"镜像"按钮,接着在弹出的"镜像:屏幕坐标"对话框中设置"镜像轴"为x轴、"偏移"为-750mm、"克隆当前选择"为"实例",具体参数设置如图19-13所示,镜像效果如图19-14所示。

05 继续使用"镜像"工具镜像复制出另外两个桌腿模型,完成后的效果如图19-15所示。

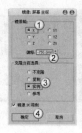

图19-13　　　　　　　图19-14

图19-15

06 使用"线"工具 线 在前视图中绘制出如图19-16所示的样条线，然后为其加载一个"挤出"修改器，接着在"参数"卷展栏下设置"数量"为36000mm，如图19-17所示。

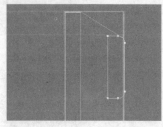

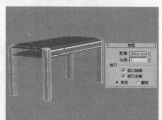

图19-16　　　　　　　图19-17

07 采用相同的方法制作出其他的模型，完成后的效果如图19-18所示。

图19-18

19.2.3　创建桌布模型

01 使用"平面"工具 平面 在顶视图中创建一个平面，然后在"参数"卷展栏下设置"长度"为2500mm、"宽度"为350mm、"长度分段"为2500mm、"长度分段"为350mm，具体参数设置及平面位置如图19-19所示。

图19-19

02 将平面转换为可编辑多边形，然后进入"顶点"级别，接着在左视图中将顶点调整成如图19-20所示的效果。

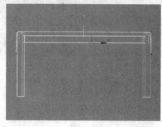

图19-20

03 进入"边"级别，然后选择如图19-21所示的边，接着在"编辑边"卷展栏下单击"切角"按钮 切角 后面的"设置"按钮□，最后设置"切角数量"为10mm，如图19-22所示。

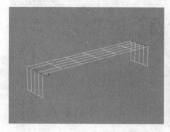
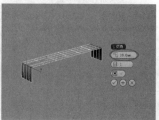

图19-21　　　　　　　图19-22

04 为模型加载一个"涡轮平滑"修改器，然后在"涡轮平滑"卷展栏下设置"迭代次数"为3，如图19-23所示。

图19-23

05 为模型加载一个"壳"修改器，然后在"参数"卷展栏下设置"外部量"为1mm，如图19-24所示，最终效果如图19-25所示。

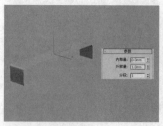

图19-24　　　　　　　图19-25

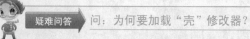

疑难问答　问：为何要加载"壳"修改器？

答：由于平面是没有厚度的，而加载"壳"修改器是为了让平面具有一定的厚度，这样渲染出来也更真实、自然。

19.3 材质制作

本例的场景对象材质主要包含墙面材质、木纹材质、地砖材质、地毯材质、座垫材质和陶瓷材质，如图19-26所示。

墙壁材质
灯罩材质
陶瓷材质
地毯材质
木纹材质
座垫材质
地砖材质

图19-26

19.3.1 制作墙面材质

墙面材质的模拟效果如图19-27所示。

图19-27

01 打开光盘中的"场景文件>CH19>01.max"文件，如图19-28所示。

图19-28

02 选择一个空白材质球，然后设置材质类型为VRayMtl材质，并将其命名为"墙面"，接着设置"漫反射"颜色为（红:101，绿:116，蓝:69），具体参数设置如图19-29所示，制作好的材质球效果如图19-30所示。

图19-29 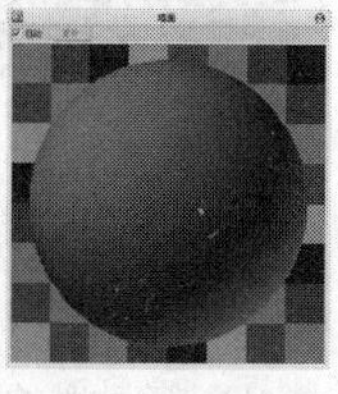　　　　图19-30

19.3.2 制作木纹材质

木纹材质的模拟效果如图19-31所示。

图19-31

选择一个空白材质球，然后设置材质类型为VRayMtl材质，并将其命名为"木纹"，具体参数设置如图19-32所示，制作好的材质球效果如图19-33所示。

设置步骤：

① 在"漫反射"贴图通道中加载一张光盘中的"实例文件>CH19>柚木.jpg"贴图文件。

② 在"反射"贴图通道中加载一张"衰减"程序贴图，然后在"衰减参数"卷展栏下设置"侧"通道的颜色为（红:211，绿:228，蓝:254），接着在"混合曲线"卷展栏下调节好曲线的形状，最后设置"高光光泽度"为0.75、"反射光泽度"为0.89、"细分"为12。

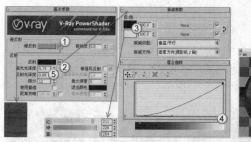

图19-32 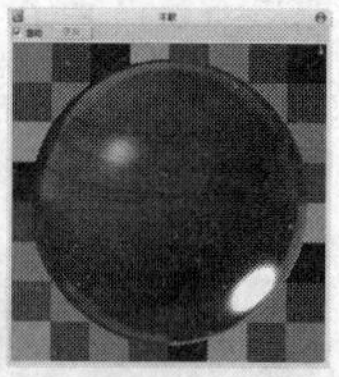　　　　图19-33

19.3.3 制作地砖材质

地砖材质的模拟效果如图19-34所示。

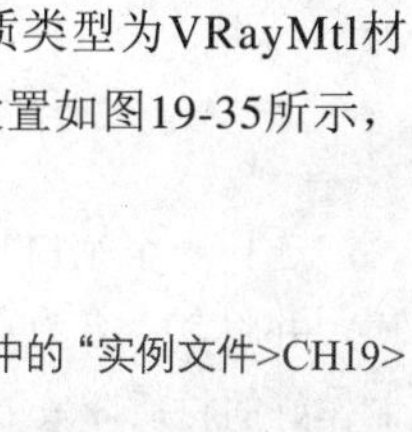

图19-34

选择一个空白材质球，然后设置材质类型为VRayMtl材质，并将其命名为"地砖"，具体参数设置如图19-35所示，制作好的材质球效果如图19-36所示。

设置步骤：

① 在"漫反射"贴图通道中加载一张光盘中的"实例文件>CH19>地面砖.jpg"贴图文件。

② 在"反射"贴图通道中加载一张"衰减"程序贴图，然后在"衰减参数"卷展栏下设置"侧"通道的颜色为（红:233，绿:244，蓝:255），接

着在"混合曲线"卷展栏下调节好曲线的形状，最后设置"高光光泽度"为0.64、"反射光泽度"为0.89。

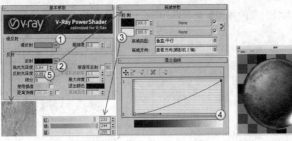

图19-35　　　　图19-36

19.3.4　制作地毯材质

地毯材质的模拟效果如图19-37所示。

图19-37

选择一个空白材质球，然后设置材质类型为VRayMtl材质，并将其命名为"地毯"，接着在"漫反射"贴图通道加载一张光盘中的"实例文件>CH19>地毯.jpg"贴图文件，具体参数设置如图19-38所示，制作好的材质球效果如图19-39所示。

图19-38　　　　图19-39

19.3.5　制作灯罩材质

灯罩材质的模拟效果如图19-40所示。

图19-40

选择一个空白材质球，然后设置材质类型为VRayMtl材质，并将其命名为"灯罩"，具体参数设置如图19-41所示，制作好的材质球效果如图19-42所示。

设置步骤：

① 设置"漫反射"颜色为（红:223，绿:217，蓝:206）。

② 设置"折射"颜色为（红:45，绿:45，蓝:45），然后勾选"影响阴影"选项。

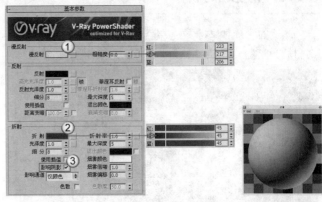

图19-41　　　　图19-42

19.3.6　制作座垫材质

座垫材质的模拟效果如图19-43所示。

图19-43

选择一个空白材质球，然后设置材质类型为VRayMtl材质，并将其命名为"座垫"，具体参数设置如图19-44所示，制作好的材质球效果如图19-45所示。

设置步骤：

① 在"漫反射"贴图通道中加载一张光盘中的"实例文件>CH19>布纹.jpg"贴图文件。

② 在"反射"贴图通道中加载一张光盘中的"实例文件>CH19>花纹黑白.jpg"贴图文件，然后设置"高光光泽度"为0.46、"反射光泽度"为0.85。

图19-44　　　　图19-45

19.3.7　制作陶瓷材质

陶瓷材质的模拟效果如图19-46所示。

图19-46

选择一个空白材质球，然后设置材质类型为VRayMtl材质，并将其命名为"陶瓷"，具体参数设置如图19-47所示，制作好的材质球效果如图19-48所示。

设置步骤：

① 设置"漫反射"颜色为(红:5，绿:5，蓝:5)。

② 设置"反射"颜色为白色，然后设置"高光光泽度"为0.9、"细分"为15，接着勾选"菲涅耳反射"选项。

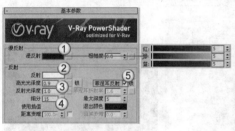

图19-47　　　　图19-48

 知识链接： 这里制作的是黑色陶瓷材质，而大多数陶瓷材质都是白色的。关于白色陶瓷材质的制作方法请参阅第13章"13.3.6 制作白瓷材质"下的相关内容。

19.4 设置测试渲染参数

01 按F10键打开"渲染设置"对话框，然后设置渲染器为VRay渲染器，接着在"公用参数"卷展栏下设置"宽度"为640、"高度"为480，最后单击"图像纵横比"选项后面的"锁定"按钮，锁定渲染图像的纵横比，具体参数设置如图19-49所示。

02 单击"VR-基项"选项卡，然后在"图像采样器（抗锯齿）"卷展栏下设置"图像采样器"的"类型"为"固定"，接着在"抗锯齿过滤器"选项组中勾选"开启"选项，并设置过滤器类型为"区域"，具体参数设置如图19-50所示。

图19-49

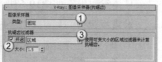

图19-50

03 展开"颜色映射"卷展栏，然后设置"类型"为"VRay指数"，接着勾选"子像素映射"和"钳制输出"选项，体参数设置如图19-51所示。

04 单击"VR-间接照明"选项卡，然后在"间接照明（全局照明）"卷展栏下勾选"开启"选项，接着设置"首次反弹"的"全局光引擎"为"发光贴图"、"二次反弹"的"全局光引擎"为"灯光缓存"，具体参数设置如图19-52所示。

图19-51　　　　　　　　图19-52

05 展开"发光贴图"卷展栏，然后设置"当前预置"为"非常低"，接着设置"半球细分"为50、"插值采样值"为20，最后勾选"显示计算过程"和"显示直接照明"选项，具体参数设置如图19-53所示。

06 展开"灯光缓存"卷展栏，然后设置"细分"为100，接着勾选"保存直接光"和"显示计算状态"选项，具体参数设置如图19-54所示。

图19-53　　　　　　　　图19-54

07 单击"VR-设置"选项卡，然后在"系统"卷展栏下设置"区域排序"为"三角剖分"，接着关闭"显示信息窗口"选项，具体参数设置如图19-55所示。

08 按大键盘上的8键打开"环境和效果"对话框，然后展开"公用参数"卷展栏，接着在"环境贴图"通道中加载一张"VRay天空"环境贴图，如图19-56所示。

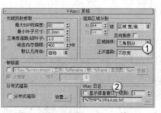

图19-55　　　　　　　　图19-56

19.5 灯光设置

本场景共需要布置4处灯光，分别是室内的射灯、吊灯、台灯和天花板上的灯带。

19.5.1 创建射灯

01 设置灯光类型为"光度学"，然后在左视图中创建13盏目标灯光，其位置如图19-57所示。

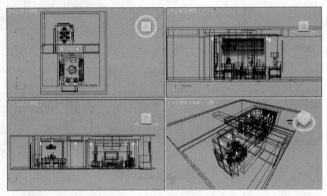

图19-57

02 选择上一步创建的目标灯光，然后展开"参数"卷展栏，具体参数设置如图19-58所示。

设置步骤：

① 展开"常规参数"卷展栏，然后在"阴影"选项组下勾选"启用"选项，接着设置阴影类型为"阴影贴图"，最后设置"灯光分布（类型）"为"光度学Web"。

② 展开"分布（光度学Web）"卷展栏，然后在其通道中加载一个光盘中的"实例文件>CH19>0.ies"光域网文件。

③ 展开"强度/颜色/衰减"卷展栏，然后设置"过滤颜色"为（红:232，绿:247，蓝:255），接着设置"强度"为1516。

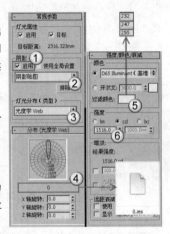

图19-58

03 继续在左视图中创建3盏目标灯光，其位置如图19-59所示。

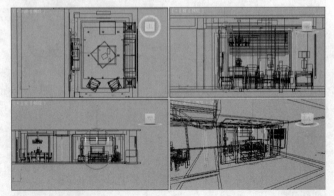

图19-59

04 选择上一步创建的目标灯光，然后展开"参数"卷展栏，具体参数设置如图19-60所示。

设置步骤：

① 展开"常规参数"卷展栏，然后在"阴影"选项组下勾选"启用"选项，接着设置阴影类型为VRayShadow（VRay阴影），最后设置"灯光分布（类型）"为"光度学Web"。

② 展开"分布（光度学Web）"卷展栏，然后在其通道中加载一个光盘中的"实例文件>CH19>19.ies"光域网文件。

③ 展开"强度/颜色/衰减"卷展栏，然后设置"过滤颜色"为（红:244，绿:175，蓝:86），接着设置"强度"为13800。

05 按F9键测试渲染当前场景，效果如图19-61所示。

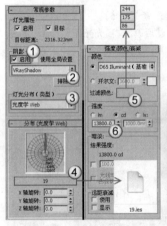

图19-60

图19-61

19.5.2 创建吊灯

01 设置灯光类型为VRay，然后在餐厅上方的吊灯灯罩内创建8盏VRay光源，其位置如图19-62所示。

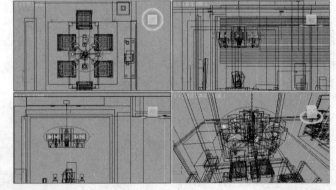

图19-62

02 选择上一步创建的VRay光源，然后展开"参数"卷展栏，具体参数设置如图19-63所示。

设置步骤：

① 在"基本"选项组下设置"类型"为"球体"。

② 在"亮度"选项组下设置"倍增器"为150，然后设置"颜色"为（红:248，绿:162，蓝:50）。

③ 在"大小"选项组下设置"半径"为15mm。

④ 在"选项"选项组下勾选"不可见"选项。

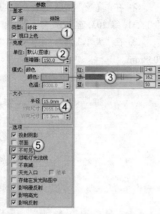

图19-63

05 继续客厅上方的吊灯灯罩内创建8盏VRay光源，其位置如图19-64所示。

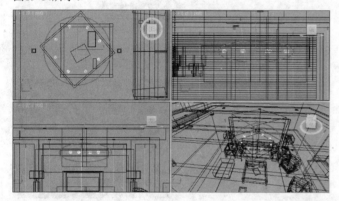

图19-64

04 选择上一步创建的VRay光源，然后展开"参数"卷展栏，具体参数设置如图19-65所示。

设置步骤：

① 在"基本"选项组下设置"类型"为"球体"。

② 在"亮度"选项组下设置"倍增器"为150，然后设置"颜色"为（红:248，绿:162，蓝:50）。

③ 在"大小"选项组下设置"半径"为24mm。

④ 在"选项"选项组下勾选"不可见"选项。

05 按F9键测试渲染当前场景，效果如图19-66所示。

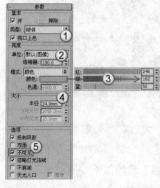

图19-65

图19-66

19.5.3 创建台灯

01 在客厅的两盏台灯的灯罩内创建两盏VRay光源，其位置如图19-67所示。

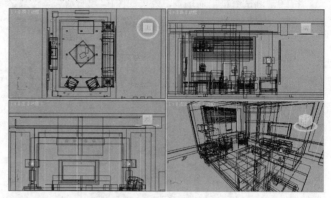

图19-67

02 选择上一步创建的VRay光源，然后展开"参数"卷展栏，具体参数设置如图19-68所示。

设置步骤：

① 在"基本"选项组下设置"类型"为"球体"。

② 在"亮度"选项组下设置"倍增器"为300，然后设置"颜色"为（红:238，绿:171，蓝:118）。

③ 在"大小"选项组下设置"半径"为15mm。

④ 在"选项"选项组下勾选"不可见"选项。

03 按F9键测试渲染当前场景，效果如图19-69所示。

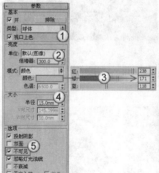

图19-68

图19-69

19.5.4 创建灯带

01 在客厅大门上创建3盏VRay光源作为灯带，其位置如图19-70所示。

02 选择上一步创建的VRay光源，然后展开"参数"卷展栏，具体参数设置如图19-71所示。

设置步骤：

① 在"基本"选项组下设置"类型"为"平面"。

② 在"亮度"选项组下设置"倍增器"为300，然后设置"颜色"为

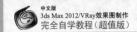

（红:245, 绿:182, 蓝:101）。

③ 在"大小"选项组下设置"半长度"为22mm、"半宽度"为1119mm。

④ 在"选项"选项组下勾选"不可见"选项。

03 按F9键测试渲染当前场景，效果如图19-72所示。

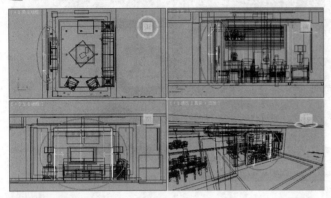

图19-70

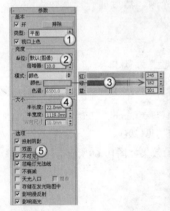

图19-71　　　　　　图19-72

04 继续在客厅的天花板上创建4盏VRay光源作为灯带，其位置如图19-73所示。

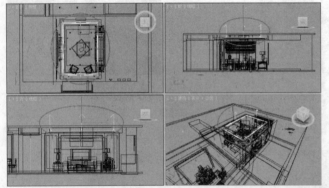

图19-73

05 选择上一步创建的VRay光源，然后展开"参数"卷展栏，具体参数设置如图19-74所示。

设置步骤：

① 在"基本"选项组下设置"类型"为"平面"。

② 在"亮度"选项组下设置"倍增器"为5，然后设置"颜色"为（红:251, 绿:205, 蓝:146）。

③ 在"大小"选项组下设置"半长度"为48mm、"半宽度"为2058mm。

④ 在"选项"选项组下勾选"不可见"选项。

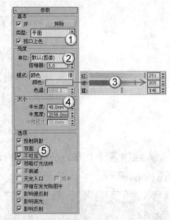

图19-74

06 按F9键测试渲染当前场景，效果如图19-75所示。

图19-75

19.6 设置最终渲染参数

01 按F10键打开"渲染设置"对话框，然后在"公用参数"卷展栏下设置"宽度"为1200、"高度"为900，具体参数设置如图19-76所示。

图19-76

02 单击"VR-基项"选项卡，然后在"图像采样器（抗锯齿）"卷展栏下设置"图像采样器"的"类型"为"自适应DMC"，接着在"抗锯齿过滤器"选项组下设置过滤器类型为Mitchell-Netravali，具体参数设置如图19-77所示。

图19-77

03 单击"VR-间接照明"选项卡，然后在"发光贴图"卷展栏下设置"当前预置"为"低"，接着设置"半球细分"为60、"插值采样值"为30，具体参数设置如图19-78所示。

04 展开"灯光缓存"卷展栏，然后设置"细分"为1200，具体参数设置如图19-79所示。

图19-78 图19-79

05 单击"VR-设置"选项卡，然后展开"DMC采样器"卷展栏，接着设置"噪波阈值"为0.005、"最少采样"为12，具体参数设置如图19-80所示。

图19-80

06 按F9键渲染当前场景，最终效果如图19-81所示。

图19-81

技术专题 55 用Photoshop调节曝光不足的效果图

从最终渲染出来的图像中可以观察到渲染效果的曝光不足，因此需要对其进行调整。如果要修改渲染参数中"颜色映射"（控制曝光方式）类型，必将耗费大量的渲染时间，因此可以直接用Photoshop来调整曝光效果。下面介绍两种调整方法。

第1种：在Photoshop中打开渲染好的图像，然后按Ctrl+J组合键将"背景"图层复制一层，得到"图层1"，接着设置该图层的"混合模式"为"滤色"、"不透明度"为80%，如图19-82所示，效果如图19-83所示。

图19-82 图19-83

第2种：按Ctrl+M组合键打开"曲线"对话框，然后将曲线向上调节，如图19-84所示，效果如图19-85所示。

图19-84 图19-85

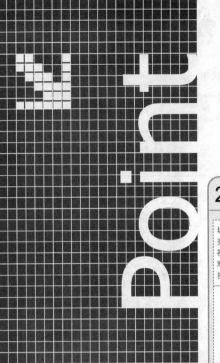

第20章 综合实例——别墅中庭自然光表现

20.1 实例解析

场景位置	DVD>实例文件>CH20>01.max
实例位置	DVD>实例文件>CH20>综合实例——别墅中庭自然光表现.max
视频位置	DVD>多媒体教学>CH20>综合实例——别墅中庭自然光表现.flv
难易指数	★★★★★
技术掌握	窗纱材质、沙发材质、灯罩材质和瓷器材质的制作方法；别墅中庭自然光效果的表现方法

　　本例是一个中式别墅中庭空间，窗纱材质、沙发材质、灯罩材质和瓷器材质的制作方法以及别墅中庭自然光效果的表现方法是本例的学习要点，如图20-1所示是本例的渲染效果及线框图。

图20-1

20.2 制作中式茶几模型

　　本例的难点模型是中式茶几模型，如图20-2所示。

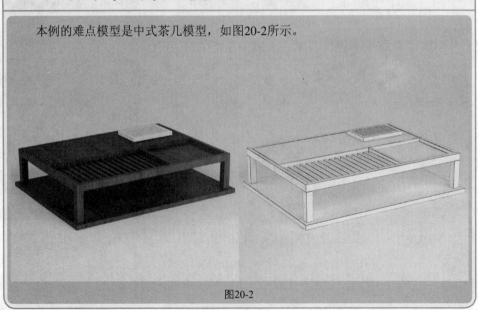

图20-2

01 使用"切角长方体"工具 切角长方体 在场景中创建一个切角长方体，然后在"参数"卷展栏下设置"长度"为1250mm、"宽度"为950mm、"高度"为30mm、"圆角"为1mm、"圆角分段"为3，接着关闭"平滑"选项，具体参数设置及模型效果如图20-3所示。

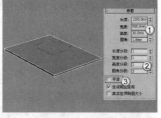

图20-3

02 继续使用"切角长方体"工具 切角长方体 在场景中创建一个切角长方体，然后在"参数"卷展栏下设置"长度"为48mm、"宽度"为48mm、"高度"为200mm、"圆角"为1mm、"圆角分段"为3，接着关闭"平滑"选项，具体参数设置及模型位置如图20-4所示，最后复制3个切角长方体到另外3个角上，效果如图20-5所示。

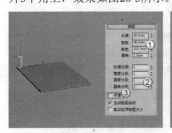 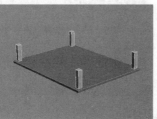

图20-4   图20-5

03 使用"长方体"工具 长方体 在支柱的上方创建一个长方体，然后在"参数"卷展栏下设置"长度"为1250mm、"宽度"为900mm、"高度"为50mm，具体参数设置及模型位置如图20-6所示。

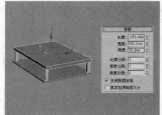

图20-6

04 将长方体转换为可编辑多边形，进入"多边形"级别，然后选择如图20-7所示的多边形（顶部和底部的多边形都要选择），接着在"编辑多边形"卷展栏下单击"插入"按钮 插入 后面的"设置"按钮□，最后设置"数量"为40mm，如图20-8所示。

 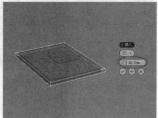

图20-7   图20-8

05 保持对多边形的选择，然后在"编辑多边形"卷展栏下单击"挤出"按钮 挤出 后面的"设置"按钮□，接着设置"挤出类型"为"局部法线"、"高度"为-2mm，如图20-9所示。

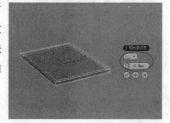

图20-9

06 进入"边"级别，然后选择如图20-10所示的边，接着在"编辑边"卷展栏下单击"连接"按钮 连接 后面的"设置"按钮□，最后设置"连接边分段"为1，如图20-11所示。

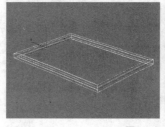 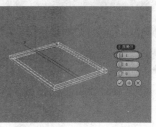

图20-10   图20-11

07 进入"多边形"级别，然后选择如图20-12所示的多边形（顶部和底部的都要选择），接着在"编辑多边形"卷展栏下单击"倒角"按钮 倒角 后面的"设置"按钮□，最后设置"高度"为1.5mm、"轮廓"为-1mm，如图20-13所示。

 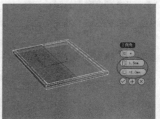

图20-12   图20-13

08 进入"边"级别，然后选择如图20-14所示的边，接着在

"编辑边"卷展栏下单击"连接"按钮 连接 后面的"设置"按钮□，最后设置"分段"为1、"收缩"为0、"滑块"为25，如图20-15所示。

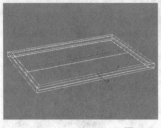

图20-14　　　　　　　　　　　图20-15

09· 选择如图20-16所示的边，然后在"编辑边"卷展栏下单击"连接"按钮 连接 后面的"设置"按钮□，最后设置"分段"为1、"收缩"为0、滑块"为-25，如图20-17所示。

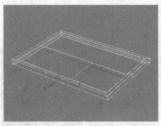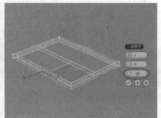

图20-16　　　　　　　　　　　图20-17

10· 选择连接出来的边，如图20-18所示，然后在"编辑边"卷展栏下单击"切角"按钮 切角 后面的"设置"按钮□，接着设置"边切角量"为10mm，如图20-19所示。

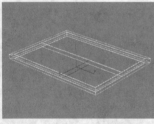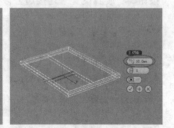

图20-18　　　　　　　　　　　图20-19

11· 进入"多边形"级别，然后选择如图20-20所示的多边形（底部的多边形也要选择），接着在"编辑多边形"卷展栏下单击"挤出"按钮 挤出 后面的"设置"按钮□，最后设置"挤出类型"为"局部法线"、"高度"为-25mm，如图20-21所示。

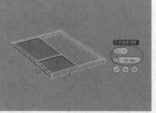

图20-20　　　　　　　　　　　图20-21

12· 进入"边"级别，然后选择如图20-22所示的边，接着在

"编辑边"卷展栏下单击"连接"按钮 连接 后面的"设置"按钮□，最后设置"分段"为30，如图20-23所示。

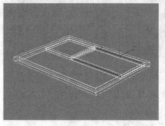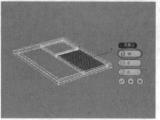

图20-22　　　　　　　　　　　图20-23

13· 进入"多边形"级别，然后选择如图20-24所示的多边形（底部的多边形也要选择），接着在"编辑多边形"卷展栏下单击"桥"按钮 桥 ，效果如图20-25所示。

图20-24　　　　　　　　　　　图20-25

技术专题 56 桥接多边形

"桥"工具 桥 是多边形建模中的一个比较重要的工具，在前面的实例中从未涉及到该工具。使用该工具可以将两个多边形桥接起来，下面以图20-26中的多边形球体来详细介绍一下该工具的用法（以桥接顶部和底部的多边形为例来进行讲解）。

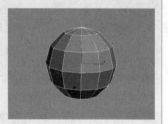

图20-26

第1步：进入"多边形"级别，然后选择顶部和底部的多边形，如图20-27所示。

第2步：在"编辑多边形"卷展栏下单击"桥"按钮 桥 ，效果如图20-28所示。从图中可以观察到，使用"桥"工具 桥 可以将两个多边形或多边形组桥接起来，以形成"直通"效果。

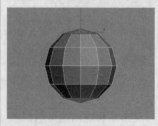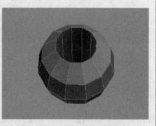

图20-27　　　　　　　　　　　图20-28

14· 进入"边"级别，然后选择如图20-29所示的边，接着在"编辑边"卷展栏下单击"切角"按钮 切角 后面的"设置"

按钮□，最后设置"边切角量"为2mm、"连接边分段"为2，如图20-30所示。

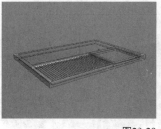

图20-29　　　　　　　　　图20-30

15 继续使用多边形建模技法制作出其他的模型，最终效果如图20-31所示。

图20-31

20.3 材质制作

本例的场景对象材质主要包含窗纱材质、沙发材质、木纹材质、地面材质、灯罩材质、瓷器材质和墙面材质，如图20-32所示。

图20-32

20.3.1 制作窗纱材质

窗纱材质的模拟效果如图20-33所示。

图20-33

01 打开光盘中的"场景文件>CH20>01.max"文件，如图20-34所示。

图20-34

02 选择一个空白材质球，然后设置材质类型为VRayMtl材质，并将其命名为"窗纱"，具体参数设置如图20-35所示，制作好的材质球效果如图20-36所示。

设置步骤：

① 设置"漫反射"颜色为（红:243，绿:243，蓝:243）。

② 设置"反射"颜色为（红:15，绿:15，蓝:15），然后设置"反射光泽度"为0.65。

③ 设置"折射"颜色为（红:100，绿:100，蓝:100），然后设置"细分"为5、"折射率"为1.2，接着勾选"影响阴影"选项，最后设置"影响通道"为"颜色+alpha"。

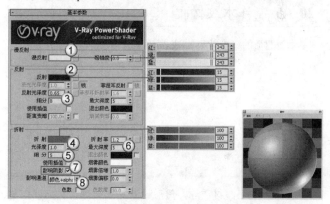

图20-35　　　　　　图20-36

20.3.2 制作沙发材质

沙发材质的模拟效果如图20-37所示。

图20-37

选择一个空白材质球，然后设置材质类型为"标准"材质，并将其命名为"沙发"，具体参数设置如图20-38所示，制作好的材质球效果如图20-39所示。

设置步骤：

① 展开"明暗器基本参数"卷展栏，然后设置明暗器类型（O）Oren-Nayar-Blinn。

② 展开"Oren-Nayar-Blinn基本参数"卷展栏，然后设置"漫反射"颜色为(红:253,绿:252,蓝:247)。

③ 展开"贴图"卷展栏，然后在"凹凸"贴图通道中加载一张光盘中的"实例文件>CH20>凹凸贴图.jpg"贴图文件，接着设置凹凸的强度为75。

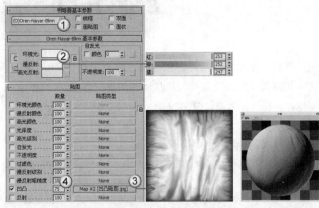

图20-38　　　　图20-39

20.3.3 制作木纹材质

木纹材质的模拟效果如图20-40所示。

图20-40

选择一个空白材质球，然后设置材质类型为VRayMtl材质，并将其命名为"木纹"，具体参数设置如图20-41所示，制作好的材质球效果如图20-42所示。

设置步骤：

① 在"漫反射"贴图通道中加载一张光盘中的"实例文件>CH20>木纹.jpg"贴图文件。

② 在"反射"贴图通道中加载一张"衰减"程序贴图，然后在"衰减参数"卷展栏下设置"侧"通道的颜色为(红:217,绿:234,蓝:253)，接着在"混合曲线"卷展栏下调节曲线的形状，最后设置"高光光泽度"为0.69、"反射光泽度"为0.9、"细分"为15。

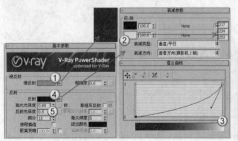

图20-41　　　　图20-42

20.3.4 制作地面材质

地面材质的模拟效果如图20-43所示。

图20-43

选择一个空白材质球，然后设置材质类型为VRayMtl材质，并将其命名为"地面"，具体参数设置如图20-44所示，制作好的材质球效果如图20-45所示。

设置步骤：

① 在"漫反射"贴图通道中加载一张光盘中的"实例文件>CH20>大理石地面.jpg"贴图文件。

② 设置"反射"颜色为(红:35,绿:35,蓝:35)，然后设置"高光光泽度"为0.95。

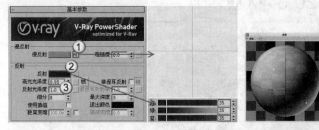

图20-44　　　　图20-45

20.3.5 制作灯罩材质

灯罩材质的模拟效果如图20-46所示。

图20-46

选择一个空白材质球，然后设置材质类型为VRayMtl材质，并将其命名为"灯罩"，具体参数设置如图20-47所示，制作好的材质球效果如图20-48所示。

设置步骤：

① 在"漫反射"贴图通道中加载一张光盘中的"实例文件>CH20>灯罩.jpg"贴图文件。

② 设置"反射"颜色为(红:10,绿:10,蓝:10)。

③ 设置"折射"颜色为(红:48,绿:48,蓝:48)，然后设置"折射率"为1.3，接着勾选"影响阴影"选项。

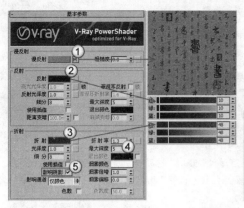

图20-47　　　　　　　图20-48

20.3.6 制作瓷器材质

瓷器材质的模拟效果如图20-49所示。

图20-49

选择一个空白材质球，然后设置材质类型为VRayMtl材质，并将其命名为"瓷器"，具体参数设置如图20-50所示，制作好的材质球效果如图20-51所示。

设置步骤：

① 在"漫反射"贴图通道中加载一张光盘中的"实例文件>CH20>瓷器花纹.jpg"贴图文件。

② 设置"反射"颜色为白色，然后设置"高光光泽度"为0.8，接着勾选"菲涅耳反射"选项。

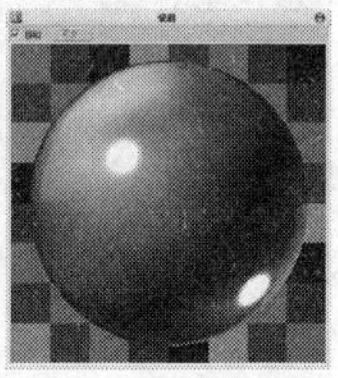

图20-50　　　　　　　图20-51

20.3.7 制作墙面材质

墙面材质的模拟效果如图20-52所示。

图20-52

选择一个空白材质球，然后设置材质类型为VRayMtl材质，并将其命名为"墙面"，具体参数设置如图20-53所示，制作好的材质球效果如图20-54所示。

设置步骤：

① 在"漫反射"贴图通道中加载一张光盘中的"实例文件>CH20>咖啡纹.jpg"贴图文件。

② 在"反射"贴图通道中加载一张"衰减"程序贴图，然后在"衰减参数"卷展栏下设置"侧"通道的颜色为(红:230，绿:239，蓝:255)，接着设置"衰减类型"为Fresnel，最后设置"高光光泽度"为0.92、"反射光泽度"为0.96。

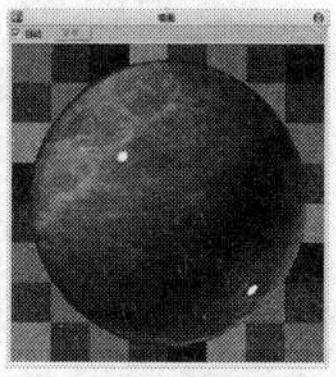

图20-53　　　　　　　图20-54

20.4 设置测试渲染参数

01 按F10键打开"渲染设置"对话框，然后设置渲染器为VRay渲染器，接着在"公用参数"卷展栏下设置"宽度"为600、"高度"为450，最后单击"图像纵横比"选项后面的"锁定"按钮，锁定渲染图像的纵横比，具体参数设置如图20-55所示。

图20-55

02 单击"VR-基项"选项卡，然后在"图像采样器（抗锯齿）"卷展栏下设置"图像采样器"的"类型"为"固定"，接着在"抗锯齿过滤器"选项组下勾选"开启"选项，并设置过滤器类型为"区域"，具体参数设置如图20-56所示。

03 展开"颜色映射"卷展栏，然后设置"类型"为"VRay指数"，接着勾选"子像素映射"和"钳制输出"选项，，具体参数设置如图20-57所示。

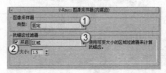

图20-56　　　　　　　图20-57

04 单击"VR-间接照明"选项卡，然后在"间接照明（全局照明）"卷展栏下勾选"开启"选项，接着设置"首次反弹"的"全局光引擎"为"发光贴图"、"二次反弹"的"全局光引擎"为"灯光缓存"，具体参数设置如图20-58所示。

05 展开"发光贴图"卷展栏，然后设置"当前预置"为"非常低"，接着设置"半球细分"为50、"插值采样值"为20，最后勾选"显示计算过程"和"显示直接照明"选项，具体参数设置如图20-59所示。

图20-58

图20-59

06 展开"灯光缓存"卷展栏，然后设置"细分"为100，接着勾选"保存直接光"和"显示计算状态"选项，具体参数设置如图20-60所示。

07 单击"VR-设置"选项卡，然后在"系统"卷展栏下设置"区域排序"为"三角剖分"，接着关闭"显示信息窗口"选项，具体参数设置如图20-61所示。

图20-60

图20-61

20.5 灯光设置

本例共需要布置3处灯光，分别是室内的射灯、吊灯以及灯带。

20.5.1 创建射灯

01 设置灯光类型为"光度学"，然后在左视图中创建10盏目标灯光，其位置如图20-62所示。

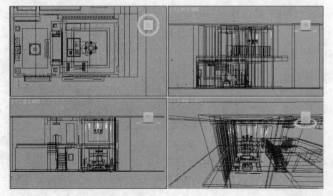
图20-62

02 选择上一步创建的目标灯光，然后切换到"修改"面板，具体参数设置如图20-63所示。

设置步骤：

① 展开"常规参数"卷展栏，然后在"阴影"选项组下勾选"启用"选项，接着设置阴影类型为VRayShadow（VRay阴影），最后设置"灯光分布（类型）"为"光度学Web"。

② 展开"分布（光度学Web）"卷展栏，然后在其通道中加载一个光盘中的"实例文件>CH20>19.ies"光域网文件。

③ 展开"强度/颜色/衰减"卷展栏，然后设置"过滤颜色"为（红:235，绿:168，蓝:96），接着设置"强度"为8000。

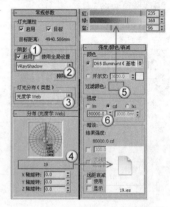
图20-63

03 继续在前视图中创建12盏目标灯光，其位置如图20-64所示。

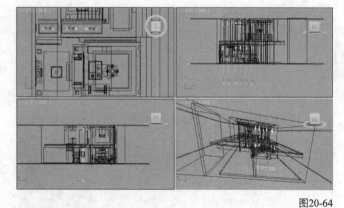
图20-64

04 选择上一步创建的目标灯光，然后切换到"修改"面板，具体参数设置如图20-65所示。

设置步骤：

① 展开"常规参数"卷展栏，然后在"阴影"选项组下勾选"启用"选项，接着设置阴影类型为VRayShadow（VRay阴影），最后设置"灯光分布（类型）"为"光度学Web"。

② 展开"分布（光度学Web）"卷展栏，然后在其通道中加载一个光盘中的"实例文件>CH20>0.ies"光域网文件。

③ 展开"强度/颜色/衰减"卷展栏，然后设置"过滤颜色"为（红:247，绿:208，蓝:158），接着设置"强度"为8000。

05 按F9键测试渲染当前场景，效果如图20-66所示。

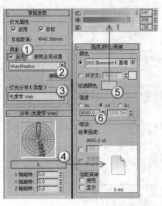

图20-65　　　　　　　　　　　　　图20-66

20.5.2 创建吊灯

01 设置灯光类型为VRay，然后在吊灯的灯罩内创建4盏VRay光源，其位置如图20-67所示。

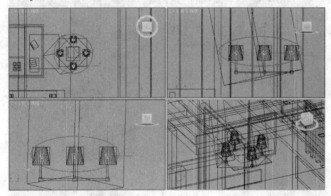

图20-67

02 选择上一步创建的VRay光源，然后展开"参数"卷展栏，具体参数设置如图20-68所示。

设置步骤：

① 在"基本"选项组下设置"类型"为"球体"。

② 在"亮度"选项组下设置"倍增器"为300，然后设置"颜色"为（红:242，绿:180，蓝:100）。

③ 在"大小"选项组下设置"半径"为24mm。

④ 在"选项"选项组下勾选"不可见"选项。

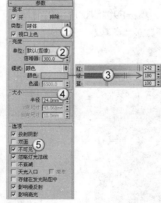

图20-68

03 按F9键测试渲染当前场景，效果如图20-69所示。

图20-69

04 继续在里屋的在吊灯灯罩内创建一盏VRay光源，其位置如图20-70所示。

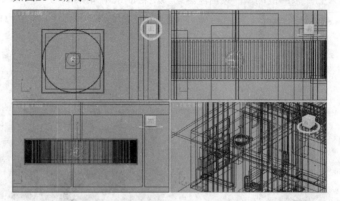

图20-70

05 选择上一步创建的VRay光源，然后展开"参数"卷展栏，具体参数设置如图20-71所示。

设置步骤：

① 在"基本"选项组下设置"类型"为"球体"。

② 在"亮度"选项组下设置"倍增器"为300，然后设置"颜色"为（红:244，绿:193，蓝:126）。

③ 在"大小"选项组下设置"半径"为28mm。

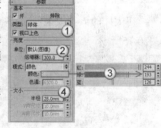

图20-71

06 在步骤（4）创建的VRay光源的下方创建一盏VRay光源，其位置如图20-72所示。

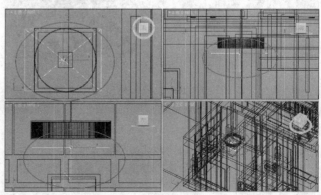

图20-72

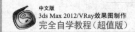

07 选择上一步创建的VRay光源，然后展开"参数"卷展栏，具体参数设置如图20-73所示。

设置步骤：

① 在"基本"选项组下设置"类型"为"平面"。

② 在"亮度"选项组下设置"倍增器"为15，然后设置"颜色"为（红:244，绿:193，蓝:126）。

③ 在"大小"选项组下设置"半长度"为480mm、"半宽度"为380mm。

④ 在"选项"选项组下勾选"不可见"选项。

08 按F9键测试渲染当前场景，效果如图20-74所示。

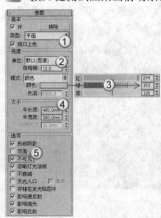

图20-73　　　　　　　图20-74

20.5.3 创建灯带

01 在大厅的天花板上创建4盏VRay光源作为灯带，其位置如图20-75所示。

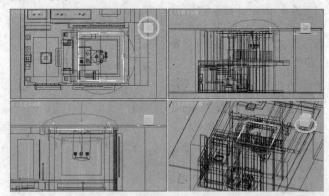

图20-75

02 选择上一步创建的VRay光源，然后展开"参数"卷展栏，具体参数设置如图20-76所示。

设置步骤：

① 在"常规"选项组下设置"类型"为"平面"。

② 在"强度"选项组下设置"倍增器"为10，然后设置"颜色"为（红:242，绿:180，蓝:100）。

③ 在"大小"选项组下设置"半长"为800mm、"半宽"为40mm。

④ 在"选项"选项组下勾选"不可见"选项。

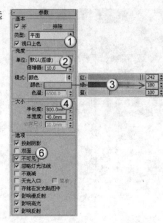

图20-76

03 继续在里屋的天花板上创建4盏VRay光源作为灯带，其位置如图20-77所示。

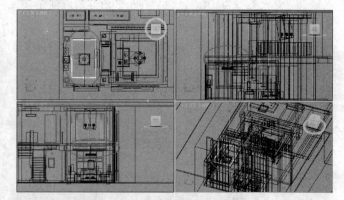

图20-77

04 选择上一步创建的VRay光源，然后展开"参数"卷展栏，其位置如图20-78所示。

设置步骤：

① 在"常规"选项组下设置"类型"为"平面"。

② 在"强度"选项组下设置"倍增器"为15，然后设置"颜色"为（红:244，绿:193，蓝:126）。

③ 在"大小"选项组下设置"半长"为890mm、"半宽"为26mm。

④ 在"选项"选项组下勾选"不可见"选项。

05 按F9键测试渲染当前场景，效果如图20-79所示。

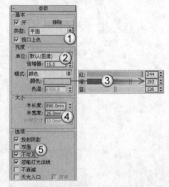

图20-78　　　　　　　图20-79

20.6 设置最终渲染参数

01 按F10键打开"渲染设置"对话框，然后在"公用参数"卷展栏下设置"宽度"为1500、"高度"为1125，具体参数设置如图20-80所示。

02 单击"VR-基项"选项卡，然后在"图像采样器（抗锯齿）"卷展栏下设置"图像采样器"的"类型"为"自适应DMC"，接着在"抗锯齿过滤器"选项组下设置过滤器类型为Mitchell-Netravali，具体参数设置如图20-81所示。

03 单击"VR-间接照明"选项卡，然后在"发光贴图"卷展栏下设置"当前预置"为"低"，接着设置"半球细分"为60、"插值采样值"为30，具体参数设置如图20-82所示。

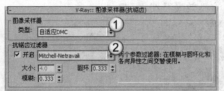

图20-80　　　　　　　　　　　　图20-81　　　　　　　　　　　　图20-82

04 展开"灯光缓存"卷展栏，然后设置"细分"为1200，具体参数设置如图20-83所示。

05 单击"VR-设置"选项卡，然后展开"DMC采样器"卷展栏，接着设置"噪波阈值"为0.005、"最少采样"为12，具体参数设置如图20-84所示。

06 按F9键渲染当前场景，最终效果如图20-85所示。

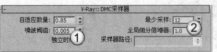

图20-83　　　　　　　　　　　　图20-84　　　　　　　　　　　　图20-85

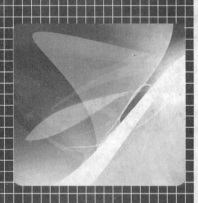

第21章 综合实例——办公室自然光表现

21.1 实例解析

场景位置	DVD>实例文件>CH21>01.max
实例位置	DVD>实例文件>CH21>综合实例——办公室自然光表现.max
视频位置	DVD>多媒体教学>CH21>综合实例——办公室自然光表现.flv
难易指数	★★★★☆
技术掌握	玻璃材质、大理石材质、沙发材质和玻璃钢材质的制作方法；办公室自然光效果的表现方法

　　本例是一个办公室空间，玻璃材质、大理石材质、沙发材质和玻璃钢材质的制作方法，以及办公室自然光效果的表现方法是本例的学习要点，如图21-1所示是本例的渲染效果及线框图。

图21-1

21.2 制作接待台模型

　　本例的难点模型是接待台模型，如图21-2所示。

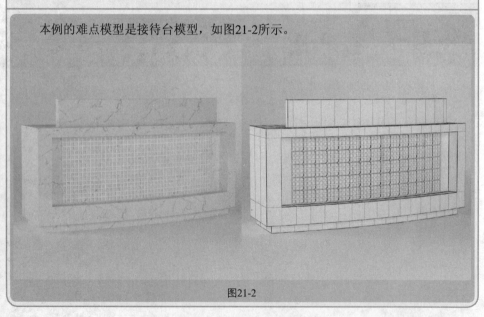

图21-2

21.2.1 创建主体模型

01 使用"长方体"工具 长方体 在视图中创建一个长方体，然后在"参数"卷展栏下设置"长度"为2200mm、"宽度"为700mm、"高度"为860mm、"长度分段"为17、"宽度分段"为3、"高度分段"为3，具体参数设置及长方体效果如图21-3所示。

02 将长方体转换为可编辑多边形，然后进入"顶点"级别，接着在左视图中将顶点调整成如图21-4所示的效果。

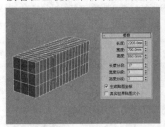 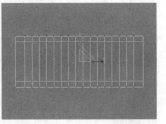

图21-3   图21-4

03 进入"多边形"级别，然后选择如图21-5所示的多边形，接着在"编辑多边形"卷展栏下单击"挤出"按钮 挤出 后面的"设置"按钮□，最后设置"高度"为-120mm，如图21-6所示。

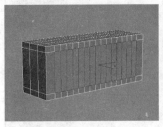 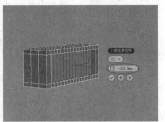

图21-5   图21-6

04 选择如图21-7所示的多边形，然后在"编辑多边形"卷展栏下单击"插入"按钮 插入 后面的"设置"按钮□，接着设置"数量"为50mm，如图21-8所示。

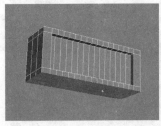 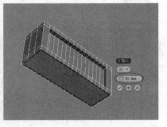

图21-7   图21-8

05 保持对多边形的选择，在"编辑多边形"卷展栏下单击

"挤出"按钮 挤出 后面的"设置"按钮□，然后设置"数量"为70mm，如图21-9所示。

图21-9

06 选择如图21-10所示的多边形（选择背面的多边形），然后在"编辑多边形"卷展栏下单击"插入"按钮 插入 后面的"设置"按钮□，接着设置"数量"为50mm，如图21-11所示。

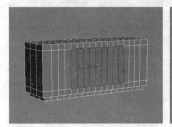 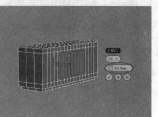

图21-10   图21-11

07 保持对多边形的选择，在"编辑多边形"卷展栏下单击"挤出"按钮 挤出 后面的"设置"按钮□，然后设置"数量"为-500mm，如图21-12所示。

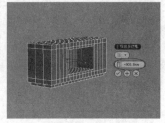

图21-12

08 选择如图21-13所示的多边形（选择背面的多边形），然后在"编辑多边形"卷展栏下单击"插入"按钮 插入 后面的"设置"按钮□，接着设置"数量"为50mm，如图21-14所示。

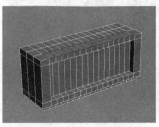 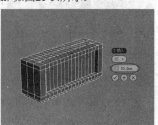

图21-13   图21-14

09 保持对多边形的选择，在"编辑多边形"卷展栏下单击"挤出"按钮 挤出 后面的"设置"按钮□，然后设置"数量"为250mm，如图21-15所示。

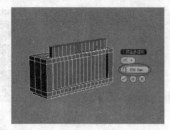

图21-15

10 进入"边"级别，然后选择如图21-16所示的边，接着在"编辑边"卷展栏下单击"切角"按钮 切角 后面的"设置"按钮□，最后设置"边切角量"为3mm、"连接边分段"为3，如图21-17所示。

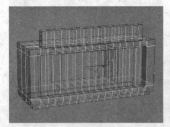

图21-16

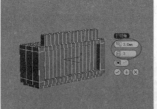

图21-17

11 为模型加载一个"弯曲"修改器，然后在"参数"卷展栏下设置"弯曲角度"为-30°、接着设置"弯曲轴"为y轴，具体参数设置如图21-18所示。

图21-18

21.2.2 创建网格模型

01 使用"线"工具 线 在左视图中绘制出如图21-19所示的样条线。这里提供一张孤立选择图，如图21-20所示。

图21-19

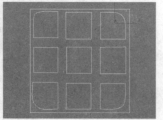

图21-20

疑难问答 ▶ 问：这个图形有简便的绘制方法吗？

答：图21-20中的图形虽然比较多，但并不复杂，可以分为矩形和圆角矩形两种。矩形可以直接用"矩形"工具 矩形 进行绘制，而圆角矩形可以用矩形来进行调整（只需要将其中一个直角调整成圆角即可）。

02 为样条线加载一个"挤出"修改器，然后在"参数"卷展栏下设置"数量"为6mm，具体参数设置如图21-21所示。

03 利用复制功能对挤出的模型进行复制，完成后的效果如图21-22所示。

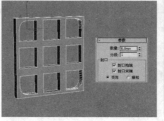

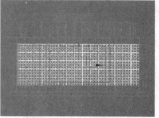

图21-21　　　　　　　　图21-22

04 选择所有的图形，然后执行"组>成组"菜单命令，为其建立一个"组001"，接着为其加载一个"弯曲"修改器，最后在"参数"卷展栏下设置"弯曲角度"为-30°、"弯曲轴"为y轴，具体参数设置如图21-23所示，最终效果如图21-24所示。

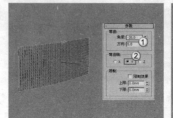

图21-23　　　　　　　　图21-24

21.3 材质制作

本例的场景对象材质主要包含地面材质、玻璃材质、大理石材质、沙发材质、玻璃钢材质和镜面材质，如图21-25所示。

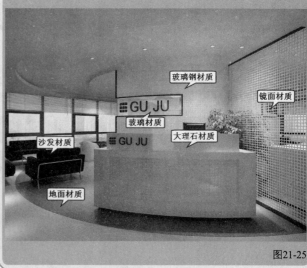

图21-25

21.3.1 制作地面材质

地面材质的模拟效果如图21-26所示。

图21-26

01 打开光盘中的"场景文件>CH21>01.max"文件，如图21-27所示。

图21-27

02 选择一个空白材质球，然后设置材质类型为VRayMtl材质，并将其命名为"地面"，具体参数设置如图21-28所示，制作好的材质球效果如图21-29所示。

设置步骤：

① 设置"漫反射"颜色为(红:80，绿:80，蓝:80)。

② 设置"反射"颜色为(红:29，绿:29，蓝:29)，然后设置"高光光泽度"为0.7、"反射光泽度"为0.85。

③ 展开"贴图"卷展栏，然后在"凹凸"贴图通道中加载一张光盘中的"实例文件>CH21>地面凹凸.jpg"贴图文件。

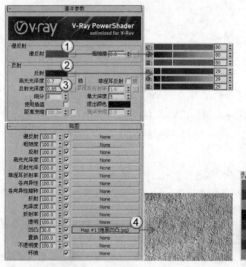

图21-28　　　　图21-29

21.3.2 制作玻璃材质

玻璃材质的模拟效果如图21-30所示。

图21-30

选择一个空白材质球，然后设置材质类型为VRayMtl材质，并将其命名为"玻璃"，具体参数设置如图21-31所示，制作好的材质球效果如图21-32所示。

设置步骤：

① 设置"漫反射"颜色为白色。

② 设置"折射"颜色为(红:150，绿:150，蓝:150)，然后勾选"影响阴影"选项。

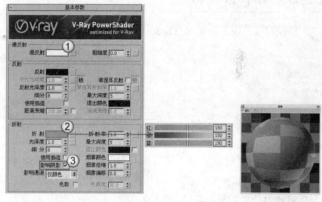

图21-31　　　　图21-32

21.3.3 制作大理石材质

大理石材质的模拟效果如图21-33所示。

图21-33

选择一个空白材质球，然后设置材质类型为VRayMtl材质，并将其命名为"大理石"，具体参数设置如图21-34所示，制作好的材质球效果如图21-35所示。

设置步骤：

① 在"漫反射"贴图通道中加载一张光盘中的"实例文件>CH21>爵士白.jpg"贴图文件，然后在"坐标"卷展栏下设置"模糊"为0.1。

② 设置"反射"颜色为(红:35，绿:35，蓝:35)，然后设置"反射光泽度"为0.95。

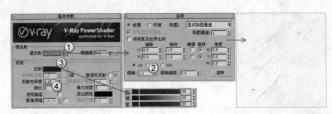

图21-34

图21-35

21.3.4 制作沙发材质

沙发材质的模拟效果如图21-36所示。

图21-39

选择一个空白材质球，然后设置材质类型为VRayMtl材质，并将其命名为"玻璃钢"，具体参数设置如图21-40所示，制作好的材质球效果如图21-41所示。

设置步骤：

① 设置"漫反射"颜色为白色。

② 设置"反射"颜色为（红:24，绿:24，蓝:24），然后设置"高光光泽度"为0.95、"反射光泽度"为0.95、"细分"为15。

图21-40　　　　　图21-41

选择一个空白材质球，然后设置材质类型为VRayMtl材质，并将其命名为"沙发"，具体参数设置如图21-37所示，制作好的材质球效果如图21-38所示。

设置步骤：

① 在"漫反射"贴图通道中加载一张"衰减"程序贴图，然后在"衰减参数"卷展栏下设置"侧"通道的颜色为（红:101，绿:101，蓝:101），接着设置"衰减类型"为Fresnel，最后在"混合曲线"卷展栏下调节好曲线的形状。

② 展开"贴图"卷展栏，然后在"凹凸"贴图通道中加载一张光盘中的"实例文件>CH21>沙发凹凸.jpg"贴图文件，接着设置凹凸的强度为60。

21.3.6 制作镜面材质

镜面材质的模拟效果如图21-42所示。

图21-42

选择一个空白材质球，然后设置材质类型为VRayMtl材质，并将其命名为"镜面"，具体参数设置如图21-43所示，制作好的材质球效果如图21-44所示。

设置步骤：

① 设置"漫反射"颜色为黑色。

② 设置"反射"颜色为白色，然后设置"细分"为15。

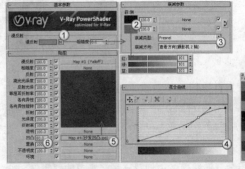

图21-37　　　　　图21-38

21.3.5 制作玻璃钢材质

玻璃钢材质的模拟效果如图21-39所示。

图21-43

图21-44

21.4 设置测试渲染参数

01 按F10键打开"渲染设置"对话框，然后设置渲染器为VRay渲染器，接着在"公用参数"卷展栏下设置"宽度"为600、"高度"为450，最后单击"图像纵横比"选项后面的"锁定"按钮🔒，锁定渲染图像的纵横比，具体参数设置如图21-45所示。

图21-45

02 单击"VR-基项"选项卡，然后在"图像采样器（抗锯齿）"卷展栏下设置"图像采样器"的"类型"为"固定"，接着在"抗锯齿过滤器"选项组下勾选"开启"选项，并设置过滤器类型为"区域"，具体参数设置如图21-46所示。

03 展开"颜色映射"卷展栏，然后设置"类型"为"VRay指数"，接着勾选"子像素映射"和"钳制输出"选项，具体参数设置如图21-47所示。

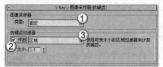

图21-46   图21-47

04 展开"环境"卷展栏，然后在"全局照明环境（天光）覆盖"选项组下勾选"开"选项，接着设置"倍增器"为3，具体参数设置如图21-48所示。

05 单击"VR-间接照明"选项卡，然后在"间接照明（全局照明）"卷展栏下勾选"开启"选项，接着设置"首次反弹"的"全局光引擎"为"发光贴图"、"二次反弹"的"全局光引擎"为"灯光缓存"，具体参数设置如图21-49所示。

图21-48   图21-49

06 展开"发光贴图"卷展栏，然后设置"当前预置"为"非常低"，接着设置"半球细分"为50、"插值采样值"为20，最后勾选"显示计算过程"和"显示直接照明"选项，具体参数设置如图21-50所示。

07 展开"灯光缓存"卷展栏，然后设置"细分"为100，接着勾选"保存直接光"和"显示计算状态"选项，具体参数设

置如图21-51所示。

图21-50   图21-51

08 单击"VR-设置"选项卡，然后在"系统"卷展栏下设置"区域排序"为"三角剖分"，接着关闭"显示信息窗口"选项，具体参数设置如图21-52所示。

09 按大键盘上的8键打开"环境和效果"对话框，然后展开"公用参数"卷展栏，接着在"环境贴图"贴图通道中加载一张"VRay天空"环境贴图，如图21-53所示。

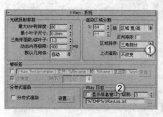

图21-52   图21-53

10 使用鼠标左键将"环境贴图"贴图通道中的"VRay天空"环境贴图拖曳到一个空白材质球上，然后在弹出的对话框中设置"方法"为"实例"，接着在"VRay天空参数"卷展栏下勾选"手设太阳节点"选项，最后设置"阳光强度倍增"为0.1，具体参数设置如图21-54所示。

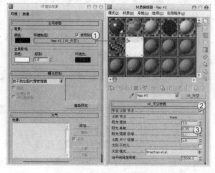

图21-54

11 按F9键测试渲染当前场景，效果如图21-55所示。

图21-55

> **知识链接：** 虽然场景中没有灯光，但加载了"VRay天空"环境贴图，并与材质关联在一起，因此场景中有天光效果。关于"VRay天空"照明技术请参阅第4章"4.4.3 VRay天空"下的相关内容。

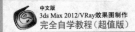

21.5 灯光设置

本例共需要布置两处灯光，分别是室内的射灯以及辅助光源。

21.5.1 创建射灯

01 设置灯光类型为"光度学"，然后在前视图中创建25盏目标灯光，其位置如图21-56所示。

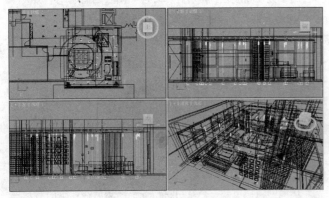

图21-56

02 选择上一步创建的目标灯光，然后切换到"修改"面板，具体参数设置如图21-57所示。

设置步骤：

① 展开"常规参数"卷展栏，然后在"阴影"选项组下勾选"启用"选项，接着设置阴影类型为"阴影贴图"，最后设置"灯光分布（类型）"为"光度学Web"。

② 展开"分布（光度学Web）"，然后在其通道中加载一个光盘中的"实例文件>CH21>0.ies"光域网文件。

③ 展开"强度/颜色/衰减"卷展栏，然后设置"过滤颜色"为（红:251，绿:223，蓝:191），接着设置"强度"为20000。

03 按F9键测试渲染当前场景，效果如图21-58所示。

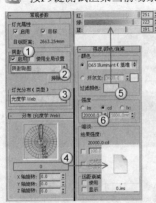

图21-57　　　　　　　　　　图21-58

04 继续在左视图中创建3盏目标灯光，其位置如图21-59所示。

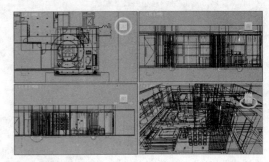

图21-59

05 选择上一步创建的目标灯光，然后在"修改"面板下展开各个参数卷展栏，具体参数设置如图21-60所示。

设置步骤：

① 展开"常规参数"卷展栏，然后在"阴影"选项组下勾选"启用"选项，接着设置阴影类型为"阴影贴图"，最后设置"灯光分布（类型）"为"光度学Web"。

② 展开"分布（光度学Web）"，然后在其通道中加载一个光盘中的"实例文件>CH21>19.ies"光域网文件。

③ 展开"强度/颜色/衰减"卷展栏，然后设置"过滤颜色"为（红:245，绿:183，蓝:117），接着设置"强度"为56000。

06 按F9键测试渲染当前场景，效果如图21-61所示。

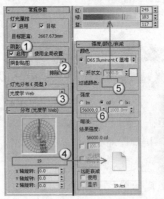

图21-60　　　　　　　　　　图21-61

21.5.2 创建辅助光源

01 设置灯光类型为VRay，然后在顶视图中创建一盏VRay光源，其位置如图21-62所示。

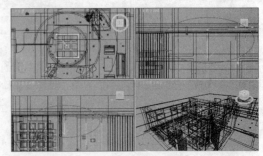

图21-62

02 选择上一步创建的VRay光源，然后展开"参数"卷展栏，具体参数设置如图21-63所示。

设置步骤：

① 在"基本"选项组下设置"类型"为"平面"。

② 在"亮度"选项组下设置"倍增器"为10，然后设置"颜色"为（红:223，绿:246，蓝:254）。

③ 在"大小"选项组下设置"半长度"为1168mm、"半宽度"为1168mm。

④ 在"选项"选项组下勾选"不可见"选项。

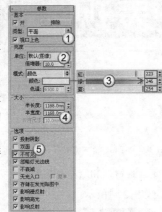

图21-63

03 在左视图中创建24盏VRay光源，其位置如图21-64所示。

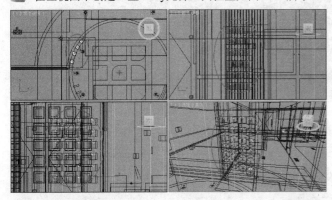

图21-64

> **提示** 这些灯光的参数设置都是相同的，因此可以采用"实例"复制方式来创建。

04 选择上一步创建的VRay光源，然后展开"参数"卷展栏，具体参数设置如图21-65所示。

设置步骤：

① 在"基本"选项组下设置"类型"为"平面"。

② 在"亮度"选项组下设置"倍增器"为60，然后设置"颜色"为（红:254，绿:238，蓝:211）。

③ 在"大小"选项组下设置"半长度"为35mm、"半宽度"为40mm。

④ 在"选项"选项组下勾选"不可见"选项。

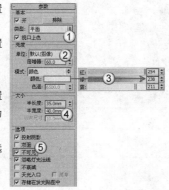

图21-65

21.6 设置最终渲染参数

01 按F10键打开"渲染设置"对话框，然后在"公用参数"卷展栏下设置"宽度"为1200、"高度"为900，具体参数设置如图21-66所示。

02 单击"VR-基项"选项卡，然后在"图像采样器（抗锯齿）"卷展栏下设置"图像采样器"的"类型"为"自适应DMC"，接着在"抗锯齿过滤器"选项组下设置过滤器类型为Mitchell-Netravali，具体参数设置如图21-67所示。

图21-66   图21-67

03 单击"VR-间接照明"选项卡，然后在"发光贴图"卷展栏下设置"当前预置"为"低"，接着设置"半球细分"为60、"插值采样值"为30，具体参数设置如图21-68所示。

04 展开"灯光缓存"卷展栏，然后设置"细分"为1200，具体参数设置如图21-69所示。

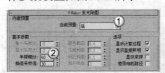

图21-68   图21-69

05 单击"VR-设置"选项卡，然后展开"DMC采样器"卷展栏，接着设置"噪波阈值"为0.005、"最少采样"为12，具体参数设置如图21-70所示。

06 按F9键渲染当前场景，最终效果如图21-71所示。

图21-70   图21-71

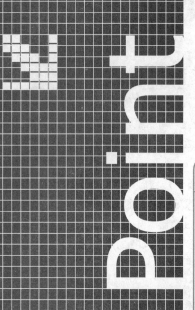

第22章 综合实例——接待室日光表现

22.1 实例解析

场景位置	DVD>实例文件>CH22>01.max
实例位置	DVD>实例文件>CH22>综合实例——接待室日光表现.max
视频位置	DVD>多媒体教学>CH22>综合实例——接待室日光表现.flv
难易指数	★★★★☆
技术掌握	画材质和窗纱材质的制作方法；接待室日光效果的表现方法

　　本例是一个中式接待室空间，画材质和窗纱材质的制作方法以及接待室日光效果的表现方法是本例的学习要点，效果如图22-1所示。

图22-1

22.2 制作简约沙发模型

　　本例的难点模型是简约沙发模型，如图22-2所示。

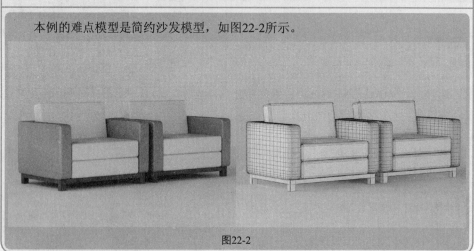

图22-2

22.2.1 创建扶手模型

01 使用"长方体"工具 长方体 在场景中创建一个长方体，然后在"参数"卷展栏下设置"长度"为110mm、"宽度"为1000mm、"高度"为480mm、"宽度分段"为3、"高度分

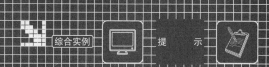

段"为1，具体参数设置及长方体效果如图22-3所示。

02 将长方体转换为可编辑多边形，然后进入"顶点"级别，接着在前视图中将顶点调整成如图22-4所示的效果。

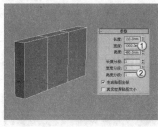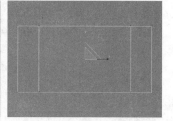

图22-3　　　　　　图22-4

03 进入"多边形"级别，然后选择如图22-5所示的多边形，接着在"编辑多边形"卷展栏下单击"挤出"按钮 挤出 后面的"设置"按钮，最后设置"高度"为600mm，如图22-6所示。

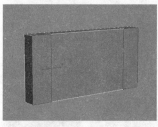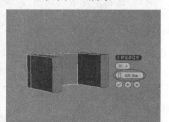

图22-5　　　　　　图22-6

04 进入"边"级别，然后选择如图22-7所示的边，接着在"编辑边"卷展栏下单击"切角"按钮 切角 后面的"设置"按钮，最后设置"边切角量"为5mm，如图22-8所示。

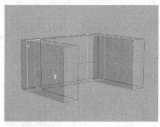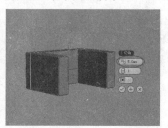

图22-7　　　　　　图22-8

05 为模型加载一个"涡轮平滑"修改器，然后在"涡轮平滑"卷展栏下设置"迭代次数"为3，具体参数设置及模型效果如图22-9所示。

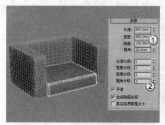

图22-9

22.2.2 创建座垫和靠背模型

01 使用"切角长方体"工具 切角长方体 在场景中创建一个切角长方体，然后在"参数"卷展栏下设置"长度"为600mm、"宽度"为680mm、"高度"为150mm、"圆角"为20mm、"圆角分段"为3，具体参数设置及模型位置如图22-10所示。

02 利用复制功能复制一个座垫模型到如图22-11所示的位置。

图22-10　　　　　　图22-11

03 继续使用"切角长方体"工具 切角长方体 在座垫上创建一个切角长方体作为靠背模型，完成后的效果如图22-12所示。

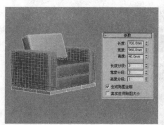

图22-12

22.2.3 创建底座模型

01 使用"长方体"工具 长方体 在视图中创建一个长方体，然后展开"参数"卷展栏，接着设置"长度"为700mm、"宽度"为960mm、"高度"为40mm、"长度分段"为3、"宽度分段"为3，如图22-13所示。

02 将长方体转换为可编辑多边形，然后在顶视图中将顶点调整成如图22-14所示的效果。

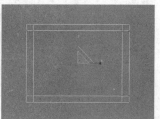

图22-13　　　　　　图22-14

03 进入"多边形"级别，然后选择如图22-15所示的多边形，接着在"编辑多边形"卷展栏下单击"挤出"按钮 挤出 后面的"设置"按钮 ，最后设置"高度"为60mm，如图22-16所示。

图22-15　　　　　　　　　　图22-16

04 进入"边"级别，然后选择如图22-17所示的边，接着在"编辑边"卷展栏下单击"切角"按钮 切角 后面的"设置"按钮 ，最后设置"边切角量"为2mm、"连接边分段"为2，如图22-18所示，最终效果如图22-19所示。

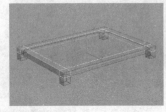
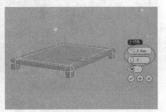

图22-17　　　　　　　　　　图22-18

图22-19

22.3 材质制作

本例的场景对象材质主要包括地毯材质、画材质、窗纱材质、地面材质和墙纸材质，如图22-20所示。

图22-20

22.3.1 制作地毯材质

地毯材质的模拟效果如图22-21所示。

图22-21

01 打开光盘中的"场景文件>CH22>01.max"文件，如图22-22所示。

图22-22

02 选择一个空白材质球，然后设置材质类型为VRayMtl材质，并将其命名为"地毯"，具体参数设置如图22-23所示，制作好的材质球效果如图22-24所示。

设置步骤：

① 在"漫反射"贴图通道中加载一张光盘中的"实例文件>CH22>地毯.jpg"贴图文件，然后在"坐标"卷展栏下设置"模糊"为0.01。

② 设置"反射"颜色为（红:15，绿:15，蓝:15），然后设置"高光光泽度"为0.25。

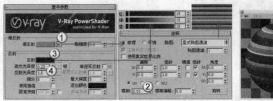

图22-23　　　　　　　　　　图22-24

22.3.2 制作画材质

画材质的模拟效果如图22-25所示。

图22-25

选择一个空白材质球，然后设置材质类型为VRayMtl材质，并将其命名为"画"，具体参数设置如图22-26所示，制作好的材质球效果如图22-27所示。

设置步骤：

① 在"漫反射"贴图通道中加载一张光盘中的"实例文件>CH22>石材雕花.jpg"贴图文件，然后在"坐标"卷展栏下设置"模糊"为0.01。

② 设置"反射"颜色为(红:15，绿:15，蓝:15)，然后设置"反射光泽度"为0.7。

③ 展开"选项"卷展栏，然后关闭"跟踪反射"选项。

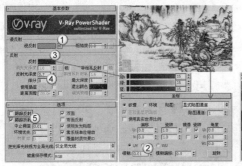 

图22-26　　　　　图22-27

22.3.3　制作窗纱材质

窗纱材质的模拟效果如图22-28所示。

图22-28

选择一个空白材质球，然后设置材质类型为VRayMtl材质，并将其命名为"窗纱"，具体参数设置如图22-29所示，制作好的材质球效果如图22-30所示。

设置步骤：

① 设置"漫反射"颜色为(红:250，绿:250，蓝:250)。

② 设置"折射"颜色为(红:102，绿:102，蓝:102)，然后设置"折射率"为1.5，接着勾选"影响阴影"选项，最后设置"影响通道"为"颜色+alpha"。

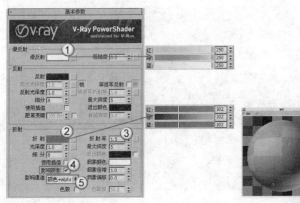

图22-29　　　　　图22-30

22.3.4　制作地面材质

地面材质的模拟效果如图22-31所示。

图22-31

选择一个空白材质球，然后设置材质类型为VRayMtl材质，并将其命名为"地面"，具体参数设置如图22-32所示，制作好的材质球效果如图22-33所示。

设置步骤：

① 在"漫反射"贴图通道中加载一张光盘中的"实例文件>CH22>大理石地面.jpg"贴图文件。

② 在"反射"贴图通道中加载一张"衰减"程序贴图，然后在"衰减参数"卷展栏下设置"侧"通道的颜色为(红:150，绿:150，蓝:150)，接着设置"衰减类型"为Fresnel，最后设置"高光光泽度"为0.85、"反射光泽度"为0.9。

图22-32　　　　　图22-33

22.3.5　制作墙纸材质

墙纸材质的模拟效果如图22-34所示。

图22-34

选择一个空白材质球，然后设置材质类型为"VRay材质包裹器"材质，并将其命名为"墙纸"，具体参数设置如图22-35所示，制作好的材质球效果如图22-36所示。

设置步骤：

① 在"基本材质"通道中加载一个VRayMtl材质。

② 在"漫反射"贴图通道中加载一张光盘中的"实例文件>CH22>墙纸.jpg"贴图文件，然后设置"反射"颜色为(红:15，绿:15，蓝:15)，接着设置"反射光泽度"为0.7，最后在"选项"卷展栏下关闭"跟踪反射"选项。

③ 返回到"VRay材质包裹器参数"卷展栏，然后设置"产生全局照明"为0.85。

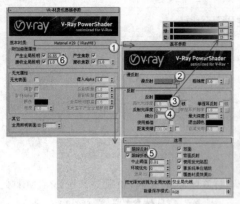

图22-35　　　　　　图22-36

22.4 设置测试渲染参数

01 按F10键打开"渲染设置"对话框，然后设置渲染器为VRay渲染器，接着在"公用参数"卷展栏下设置"宽度"为500、"高度"为313，最后单击"图像纵横比"选项后面的"锁定"按钮，锁定渲染图像的纵横比，具体参数设置如图22-37所示。

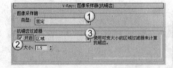

图22-37

02 单击"VR-基项"选项卡，然后在"图像采样器（抗锯齿）"卷展栏下设置"图像采样器"的"类型"为"固定"，接着在"抗锯齿过滤器"选项组下勾选"开启"选项，并设置过滤器类型为"区域"，具体参数设置如图22-38所示。

03 展开"颜色映射"卷展栏，然后设置"类型"为"VRay线性倍增"，接着勾选"子像素映射"和"钳制输出"选项，具体参数设置如图22-39所示。

图22-38　　　　　　图22-39

04 单击"VR-间接照明"选项卡，然后在"间接照明（全局照明）"卷展栏下勾选"开启"选项，接着设置"首次反弹"的"全局光引擎"为"发光贴图"、"二次反弹"的"全局光引擎"为"灯光缓存"，具体参数设置如图22-40所示。

05 展开"发光贴图"卷展栏，然后设置"当前预置"为"非常低"，接着设置"半球细分"为50、"插值采样值"为20，最后勾选"显示计算过程"和"显示直接照明"选项，具体参

数设置如图22-41所示。

图22-40　　　　　　图22-41

06 展开"灯光缓存"卷展栏，然后设置"细分"为100，接着勾选"保存直接光"和"显示计算状态"选项，具体参数设置如图22-42所示。

07 单击"VR-设置"选项卡，然后在"系统"卷展栏下设置"最大BSP树深度"为90、"三角形面数/级叶子"为0.5、"默认几何体"为"静态"，接着在"渲染区域分割"选项组下设置x为32、"区域排序"为"上–>下"，最后在"VRay日志"选项组下关闭"显示信息窗口"选项，具体参数设置如图22-43所示。

图22-42　　　　　　图22-43

22.5 灯光设置

本例共需要布置4处灯光，分别是室外的阳光和天光、室内的筒灯和灯带。

22.5.1 创建阳光

01 设置灯光类型为"标准"，然后在左视图中创建一盏目标平行光作为主光源（阳光），其位置如图22-44所示。

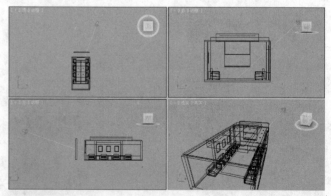

图22-44

02 选择上一步创建的目标平行光，然后切换到"修改"面

板，具体参数设置如图22-45所示。

设置步骤：

① 展开"常规参数"卷展栏，然后在"阴影"选项组下勾选"启用"选项，接着设置阴影类型为VRayShadow（VRay阴影）。

② 展开"强度/颜色/衰减"卷展栏，然后设置"倍增"为7，接着设置颜色为（红:255，绿:239，蓝:210）。

③ 展开"平行光参数"卷展栏，然后设置"聚光区/光束"为8000mm、"衰减区/光束"为8002mm，接着勾选"矩形"选项。

④ 展开VRayShadow params（VRay阴影参数）卷展栏，然后勾选"区域阴影"和"盒体"选项，接着设置"U向尺寸"、"V向尺寸"和"W向尺寸"为1000mm，最后设置"细分"为12。

03 按F9键测试渲染当前场景，效果如图22-46所示。

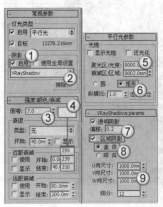

图22-45　　　　　　　　　　　　图22-46

22.5.2 创建天光

01 设置灯光类型为VRay，然后在前视图中创建一盏VRay光源，其位置如图22-47所示。

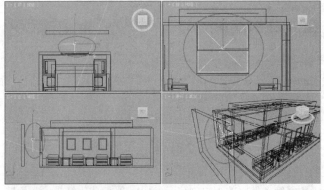

图22-47

提示　这盏VRay光源需要放在窗口处，主要是用来模拟真实天光照进室内的感觉。

02 选择上一步创建的VRay光源，然后展开"参数"卷展栏，具体参数设置如图22-48所示。

设置步骤：

① 在"基本"选项组下设置"类型"为"平面"。

② 在"亮度"选项组下设置"倍增器"为25，然后设置"颜色"为（红:134，绿:185，蓝:255）。

③ 在"大小"选项组下设置"半长度"为840mm、"半宽度"为800mm。

④ 在"选项"选项组下勾选"不可见"选项。

⑤ 在"采样"选项组下设置"细分"为20。

03 按F9键测试渲染当前场景，效果如图22-49所示。

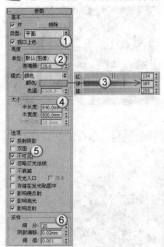

图22-48　　　　　　　　　　　　图22-49

22.5.3 创建筒灯

01 设置灯光类型为"光度学"，然后在天花板上（最高的天花板）的筒灯孔处创建4盏自由灯光，其位置如图22-50所示。

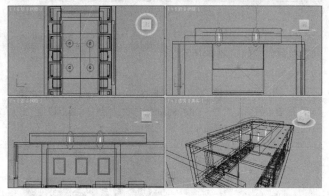

图22-50

02 选择上一步创建的自由灯光，然后切换到"修改"面板，具体参数设置如图22-51所示。

设置步骤：

① 展开"常规参数"卷展栏，然后在"阴影"选项组下勾选"启用"选项，接着设置阴影类型为VRayShadow（VRay阴影），最后设置"灯光分布（类型）"为"光度学web"。

② 展开"分布（光度学web）"卷展栏，然后在其通道中加载一个光

盘中的"实例文件>CH22>20.ies"光域网文件。

③ 展开"强度/颜色/衰减"卷展栏，然后设置"过滤颜色"为（红:255，绿:224，蓝:175），接着设置"强度"为34000。

05° 按F9键测试渲染当前场景，效果如图22-52所示。

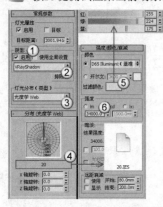

图22-51　　　　　　　　图22-52

04° 继续在天花板上剩余的筒灯孔处创建12盏自由灯光，其位置如图22-53所示。

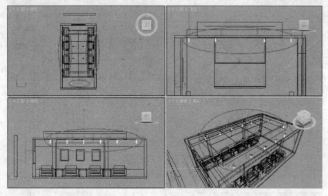

图22-53

05° 选择上一步创建的自由灯光，然后切换到"修改"面板，具体参数设置如图22-54所示。

设置步骤：

① 展开"常规参数"卷展栏，然后在"阴影"选项组下勾选"启用"选项，接着设置阴影类型为VRayShadow（VRay阴影），最后设置"灯光分布（类型）"为"光度学web"。

② 展开"分布（光度学web）"卷展栏，然后在其通道中加载一个光盘中的"实例文件>CH22>筒灯.ies"光域网文件。

③ 展开"强度/颜色/衰减"卷展栏，然后设置"过滤颜色"为（红:255，绿:236，蓝:206），接着设置"强度"为1516。

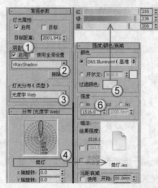

图22-54

06° 按F9键测试渲染当前场景，效果如图22-55所示。

图22-55

22.5.4　创建灯带

01° 设置灯光类型为VRay，然后在天花板上创建4盏VRay光源作为灯带，其位置如图22-56所示。

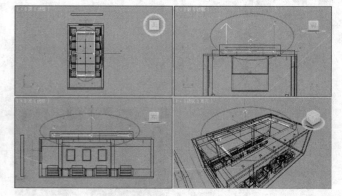

图22-56

02° 选择上一步创建的VRay光源，然后展开"参数"卷展栏，具体参数设置如图22-57所示。

设置步骤：

① 在"基本"选项组下设置"类型"为"平面"。

② 在"亮度"选项组下设置"倍增器"为6，然后设置"颜色"为（红:255，绿:224，蓝:175）。

③ 在"大小"选项组下设置"半长度"为29mm、"半宽度"为2650mm。

④ 在"选项"选项组下勾选"不可见"选项。

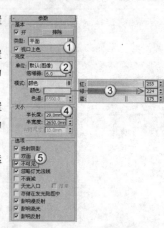

图22-57

03° 继续在壁画的上方创建一盏VRay光源作为灯带，其位置如图22-58所示。

04° 选择上一步创建的VRay光源，然后展开"参数"卷展栏，具体参数设置如图22-59所示。

设置步骤：

① 在"基本"选项组下设置"类型"为"平面"。

② 在"亮度"选项组下设置"倍增器"为7，然后设置"颜色"为

（红:255, 绿:224, 蓝:175）。

③ 在"大小"选项组下设置"半长度"为25mm、"半宽度"为1750mm。

④ 在"选项"选项组下勾选"不可见"选项。

⑤ 在"采样"选项组下设置"细分"为15。

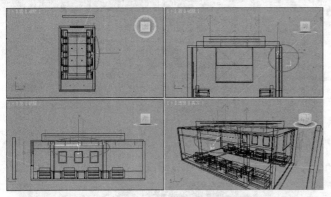

图22-58

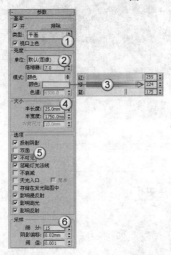

图22-59

05　按F9键测试渲染当前场景，效果如图22-60所示。

图22-60

22.6 设置最终渲染参数

01　按F10键打开"渲染设置"对话框，然后在"公用参数"卷展栏下设置"宽度"为1800、"高度"为1125，具体参数设置如图22-61所示。

02　单击"VR-基项"选项卡，然后在"图像采样器（抗锯齿）"卷展栏下设置"图像采样器"的"类型"为"自适应DMC"，接着在"抗锯齿过滤器"选项组下设置过滤器类型为Mitchell-Netravali，具体参数设置如图22-62所示。

图22-61

图22-62

03　单击"VR-间接照明"选项卡，然后在"发光贴图"卷展栏下设置"当前预置"为"中"，具体参数设置如图22-63所示。

04　展开"灯光缓存"卷展栏，然后设置"细分"为1000，具体参数设置如图22-64所示。

图22-63

图22-64

05　单击"VR-设置"选项卡，然后展开"DMC采样器"卷展栏，接着设置"噪波阈值"为0.005、"最少采样"为12，具体参数设置如图22-65所示。

06　按F9键渲染当前场景，最终效果如图22-66所示。

图22-65

图22-66

第23章 综合实例——电梯厅夜晚灯光表现

23.1 实例解析

场景位置	DVD>实例文件>CH23>01.max
实例位置	DVD>实例文件>CH23>综合实例——电梯厅夜晚灯光表现.max
视频位置	DVD>多媒体教学>CH23>综合实例——电梯厅夜晚灯光表现.flv
难易指数	★★★★★
技术掌握	玻璃幕墙材质和沙发材质的制作方法；电梯厅夜晚灯光效果的表现方法

　　本例是一个电梯厅空间，玻璃幕墙材质和沙发材质的制作方法，以及电梯厅夜晚灯光效果的表现方法是本例的学习要点，效果如图23-1所示是本例的渲染效果及线框图。

图23-1

23.2 制作吊灯模型

　　本例的难点模型是吊灯模型，如图23-2所示。

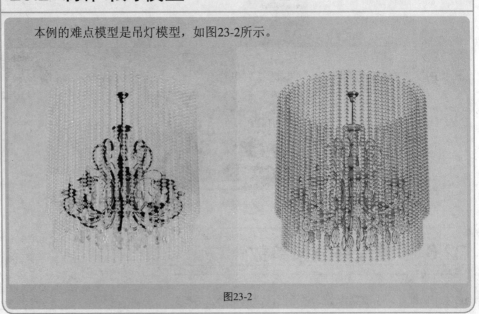

图23-2

01　使用"线"工具 ▢线▢ 在前视图中绘制一条如图23-3所示的样条线。

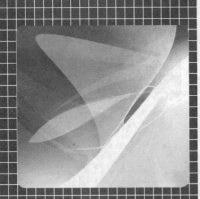

图23-3

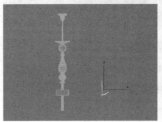

图23-8

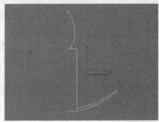

图23-9

02 为样条线加载一个"车削"修改器，然后在"参数"卷展栏下勾选"翻转法线"选项，接着设置"方向"为y轴、"对齐"方式为"最小"，具体参数设置如图23-4所示，模型效果如图23-5所示。

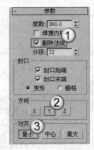

图23-4

图23-5

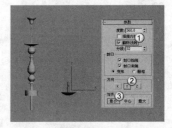

图23-10

05 继续使用"线"工具在前视图中绘制一条如图23-11所示的样条线，然后在"渲染"卷展栏下勾选"在渲染中启用"和"在视口中启用"，接着勾选"矩形"选项，最后设置"长度"和"宽度"为12mm，如图23-12所示。

疑难问答 问：为何要翻转法线？

答：如果不翻转模型的法线，则渲染出来的模型是黑色的，不管指定材质与否，如图23-6所示；而翻转法线以后，模型渲染出来就是正常的，如图23-7所示。

图23-6

图23-7

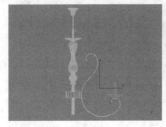

图23-11

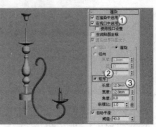

图23-12

06 使用"几何球体"工具在场景中创建一个几何球体，然后在"参数"卷展栏下设置"半径"为28mm、"分段"为2，接着设置"基点面类型"为"二十面体"，最后关闭"平滑"选项，具体参数设置及模型位置如图23-13所示。

03 使用"线"工具在前视图中绘制一条如图23-8所示的样条线。这里提供一张孤立选择图，如图23-9所示。

04 为样条线加载一个"车削"修改器，然后在"参数"卷展栏下勾选"翻转法线"选项，接着设置"方向"为y轴、"对齐"方式为"最小"，具体参数设置及模型效果如图23-10所示。

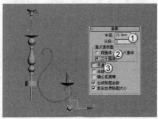

图23-13

07 为几何球体加载一个FFD 2×2×2修改器，然后进入"控制点"次物体层级，接着将其调整成如图23-14所示的形状。

图23-14

08 使用"异面体"工具 异面体 在场景中创建一个异面体，然后在"参数"卷展栏下设置"系列"为"立方体/八面体"，接着设置"半径"为12mm，具体参数设置如图23-15所示，模型位置如图23-16所示。

09 利用复制功能复制一些调整好的模型，完成后的效果如图23-17所示。

图23-15

图23-16

图23-17

10 按Ctrl+A组合键全选模型，然后执行"组>成组"菜单命令，为模型建立一个"组001"，接着利用"仅影响轴"技术在顶视图中将"组001"旋转复制7份，完成后的效果如图23-18所示，在透视图中的效果如图23-19所示。

图23-18

图23-19

知识链接：关于"仅影响轴"技术的用法请参阅第1章中的"技术专题——'仅影响轴'技术解析"。

11 采用相同的方法创建出其他的吊坠模型，完成后的效果如图23-20所示。

12 继续使用"异面体"工具 异面体 围绕吊灯模型创建两圈珠帘模型，最终效果如图23-21所示。

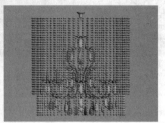

图23-20　　　　　　　　　　　　图23-21

23.3 材质制作

本例的场景对象材质主要包含玻璃幕墙材质、大理石材质、沙发材质、镜子材质、水晶材质、咖啡纹材质和金属材质，如图23-22所示。

图23-22

23.3.1 制作玻璃幕墙材质

玻璃幕墙材质的模拟效果如图23-23所示。

图23-23

01 打开光盘中的"场景文件>CH23>01.max"文件，如图23-24所示。

图23-24

02 选择一个空白材质球，然后设置材质类型为VRayMtl材质，并将其命名为"玻璃幕墙"，具体参数设置如图23-25所示，制作好的材质球效果如图23-26所示。

设置步骤：

① 设置"漫反射"颜色为白色。

② 设置"反射"颜色为（红:91，绿:91，蓝:91），然后设置"高光光泽度"为0.9、"细分"为12。

③ 设置"折射"颜色为（红:250，绿:250，蓝:250），然后勾选"影响阴影"选项，并设置"影响通道"为"颜色+alpha"，接着设置"烟雾颜色"为（红:196，绿:223，蓝:197），最后设置"烟雾倍增"为0.002。

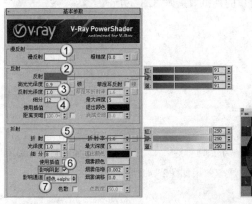

图23-25　　　　图23-26

23.3.2 制作大理石材质

大理石材质的模拟效果如图23-27所示。

图23-27

选择一个空白材质球，然后设置材质类型为VRayMtl材质，并将其命名为"大理石"，具体参数设置如图23-28所示，制作好的材质球效果如图23-29所示。

设置步骤：

① 在"漫反射"贴图通道中加载一张光盘中的"实例文件>CH23>西米黄石.jpg"贴图文件，然后在"坐标"卷展栏下设置"模糊"为0.3。

② 设置"反射"颜色（红:30，绿:30，蓝:30），然后设置"高光光泽度"为0.85、"反射光泽度"为0.95、"细分"为12。

图23-28

图23-29

23.3.3 制作沙发材质

沙发材质的模拟效果如图23-30所示。

图23-30

选择一个空白材质球，然后设置材质类型为"标准"材质，并将其命名为"沙发"，具体参数设置如图23-31所示，制作好的材质球效果如图23-32所示。

设置步骤：

① 展开"明暗器基本参数"卷展栏，然后设置明暗器类型为"（O）Oren-Nayar-Blinn"。

② 展开"Oren-Nayar-Blinn基本参数"卷展栏，然后在"漫反射"贴图通道中加载一张光盘中的"实例文件>CH23>沙发绒布.jpg"贴图文件，接着在"坐标"卷展栏下设置"模糊"为0.5。

③ 在"自发光"选项组下勾选"颜色"选项，然后在其贴图通道中加载一张"遮罩"程序贴图，展开"遮罩参数"卷展栏，接着在"贴图"通道中加载一张"衰减"程序贴图，展开"衰减参数"卷展栏，再设置"侧"通道的颜色为（红:220，绿:220，蓝:220），最后设置"衰减类型"为Fresnel；在"遮罩"通道中加载一张"衰减"程序贴图，然后在"衰减参数"卷展栏下设置"侧"通道的颜色为（红:220，绿:220，蓝:220），接着设置"衰减类型"为"阴影/灯光"。

④ 返回到"Oren-Nayar-Blinn基本参数"卷展栏，然后在"高级漫反射"选项组下设置"粗糙度"为100，接着在"反射高光"选项组下设置"高光级别"为43、"光泽度"为13。

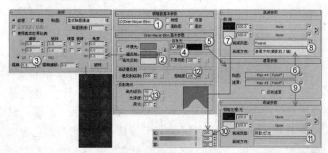

图23-31

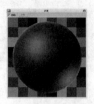

图23-32

图23-37　　　　　　　图23-38

23.3.4 制作镜子材质

镜子材质的模拟效果如图23-33所示。

图23-33

选择一个空白材质球，然后设置材质类型为VRayMtl材质，并将其命名为"镜子"，具体参数设置如图23-34所示，制作好的材质球效果如图23-35所示。

设置步骤：

① 设置"漫反射"颜色为（红:20，绿:20，蓝:20）。

② 设置"反射"颜色为（红:77，绿:77，蓝:77）。

图23-34　　　　　　　图23-35

23.3.5 制作水晶材质

水晶材质的模拟效果如图23-36所示。

图23-36

选择一个空白材质球，然后设置材质类型为"标准"材质，并将其命名为"水晶"，接着设置"漫反射"颜色为白色、"不透明度"为15，具体参数设置如图23-37所示，制作好的材质球效果如图23-38所示。

23.3.6 制作咖啡纹材质

咖啡纹材质的模拟效果如图23-39所示。

图23-39

选择一个空白材质球，然后设置材质类型为VRayMtl材质，并将其命名为"咖啡纹"，具体参数设置如图23-40所示，制作好的材质球效果如图23-41所示。

设置步骤：

① 在"漫反射"贴图通道中加载一张光盘中的"实例文件>CH23>浅咖啡纹.jpg"贴图文件。

② 设置"反射"颜色为（红:30，绿:30，蓝:30），然后设置"高光光泽度"为0.85、"反射光泽度"为0.95、"细分"为12。

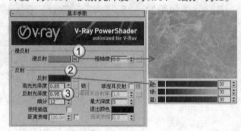

图23-40　　　　　　　图23-41

23.3.7 制作金属材质

金属材质的模拟效果如图23-42所示。

图23-42

选择一个空白材质球，然后设置材质类型为VRayMtl材质，并将其命名为"金属"，具体参数设置如图23-43所示，制作好的材质球效果如图23-44所示。

设置步骤：

① 设置"漫反射"颜色为(红:196，绿:196，蓝:196)。

② 设置"反射"颜色为(红:158，绿:158，蓝:158)，然后设置"反射光泽度"为0.85、"细分"为12。

图23-43　　　　　　图23-44

23.4　设置测试渲染参数

01 按F10键打开"渲染设置"对话框，然后设置渲染器为VRay渲染器，接着在"公用参数"卷展栏下设置"宽度"为600、"高度"为360，最后单击"图像纵横比"选项后面的"锁定"按钮，锁定渲染图像的纵横比，具体参数设置如图23-45所示。

图23-45

02 单击"VR-基项"选项卡，然后在"图像采样器（抗锯齿）"卷展栏下设置"图像采样器"的"类型"为"固定"，接着在"抗锯齿过滤器"选项组下勾选"开启"选项，并设置过滤器类型为"区域"，具体参数设置如图23-46所示。

03 展开"颜色映射"卷展栏，然后设置"类型"为"VRay指数"，接着设置"暗倍增"为1.6、"亮倍增"为2.2，最后勾选"子像素映射"和"钳制输出"选项，具体参数设置如图23-47所示。

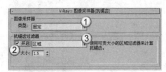

图23-46　　　　　　图23-47

04 单击"VR-间接照明"选项卡，然后在"间接照明（全局照明）"卷展栏下勾选"开启"选项，接着设置"首次反弹"的"全局光引擎"为"发光贴图"、"二次反弹"的"全局光引擎"为"灯光缓存"，具体参数设置如图23-48所示。

05 展开"发光贴图"卷展栏，然后设置"当前预置"为"非常低"，接着设置"半球细分"为50、"插值采样值"为20，最后勾选"显示计算过程"和"显示直接照明"选项，具体参

数设置如图23-49所示。

图23-48　　　　　　图23-49

06 展开"灯光缓存"卷展栏，然后设置"细分"为100，接着勾选"保存直接光"和"显示计算状态"选项，具体参数设置如图23-50所示。

07 单击"VR-设置"选项卡，然后在"系统"卷展栏下设置"区域排序"为"三角剖分"，接着关闭"显示信息窗口"选项，具体参数设置如图23-51所示。

图23-50　　　　　　图23-51

23.5　灯光设置

本例的灯光布局非常复杂，这也是本例的最难之处。本例共需要布置4处灯光，分别是射灯、吊灯、台灯以及灯带。

23.5.1　创建射灯

01 设置灯光类型为"光度学"，然后在前视图中创建16盏目标灯光，其位置如图23-52所示。

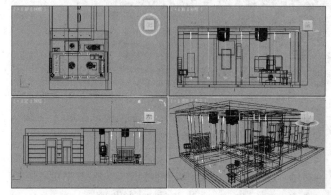

图23-52

02 选择上一步创建的目标灯光，然后切换到"修改"面板，具体参数设置如图23-53所示。

设置步骤：

① 展开"常规参数"卷展栏，然后在"阴影"选项组下勾选"启用"

491

选项，接着设置"阴影类型"为VRayShadow（VRay阴影），最后设置"灯光分布（类型）"为"光度学Web"。

② 展开"分布（光度学Web）"卷展栏，然后在其通道中加载一个光盘中的"实例文件>CH23>03.ies"光域网文件。

③ 展开"强度/颜色/衰减"卷展栏，然后设置"过滤颜色"为（红:255，绿:213，蓝:159），接着设置"强度"为30000。

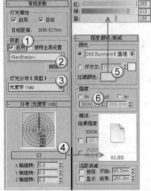

图23-53

03 按F9键测试渲染当前场景，效果如图23-54所示。

图23-54

04 在前视图中创建5盏目标灯光，其位置如图23-55所示。

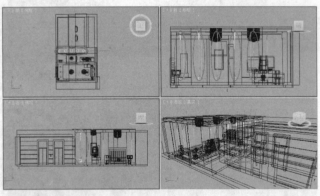

图23-55

05 选择上一步创建的目标灯光，然后切换到"修改"面板，具体参数设置如图23-56所示。

设置步骤：

① 展开"常规参数"卷展栏，然后在"阴影"选项组下勾选"启用"选项，接着设置"阴影类型"为VRayShadow（VRay阴影），最后设置"灯光分布（类型）"为"光度学Web"。

② 展开"分布（光度学Web）"卷展栏，然后在其通道中加载一个光盘中的"实例文件>CH23>03.ies"光域网文件。

③ 展开"强度/颜色/衰减"卷展栏，然后设置"过滤颜色"为（红:255，绿:235，蓝:206），接着设置"强度"为28000。

06 按F9键测试渲染当前场景，效果如图23-57所示。

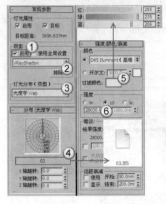

图23-56   图23-57

07 在左视图中创建6盏目标灯光，其位置如图23-58所示。

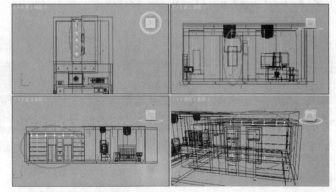

图23-58

08 选择上一步创建的目标灯光，然后切换到"修改"面板，具体参数设置如图23-59所示。

设置步骤：

① 展开"常规参数"卷展栏，然后在"阴影"选项组下勾选"启用"选项，接着设置"阴影类型"为VRayShadow（VRay阴影），最后设置"灯光分布（类型）"为"光度学Web"。

② 展开"分布（光度学Web）"卷展栏，然后在其通道中加载一个光盘中的"实例文件>CH23>29.ies"光域网文件。

③ 展开"强度/颜色/衰减"卷展栏，然后设置"过滤颜色"为（红:255，绿:231，蓝:201），接着设置"强度"为12000。

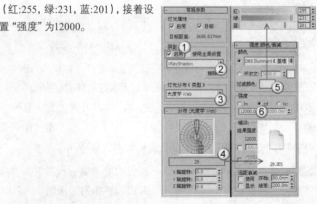

图23-59

09 按F9键测试渲染当前场景，效果如图23-60所示。

图23-60

10 在前视图中创建3盏目标灯光，其位置如图23-61所示。

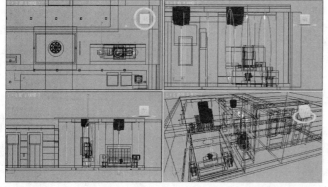

图23-61

11 选择上一步创建的目标灯光，然后切换到"修改"面板，具体参数设置如图23-62所示。

设置步骤：

① 展开"常规参数"卷展栏，然后在"阴影"选项组下勾选"启用"选项，接着设置"阴影类型"为VRayShadow（VRay阴影），最后设置"灯光分布（类型）"为"光度学Web"。

② 展开"分布（光度学Web）"卷展栏，然后在其通道中加载一个光盘中的"实例文件>CH23>1.ies"光域网文件。

③ 展开"强度/颜色/衰减"卷展栏，然后设置"过滤颜色"为（红:255，绿:227，蓝:203），接着设置"强度"为4500。

12 按F9键测试渲染当前场景，效果如图23-63所示。

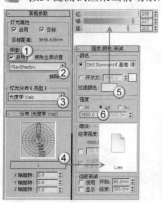

图23-62　　　　　图23-63

23.5.2 创建吊灯

01 设置灯光类型为VRay，然后在3盏吊灯的灯罩内创建3盏VRay光源，其位置如图23-64所示。

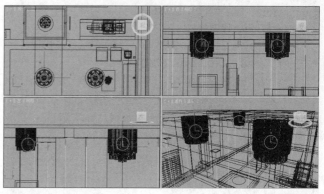

图23-64

02 选择上一步创建的VRay光源，然后展开"参数"卷展栏，具体参数设置如图23-65所示。

设置步骤：

① 在"基本"选项组下设置"类型"为"球体"。

② 在"亮度"选项组下设置"倍增器"为90，然后设置"颜色"为（红:255，绿:220，蓝:175）。

③ 在"大小"选项组下设置"半径"为40mm。

④ 在"选项"选项组下勾选"不可见"选项，然后关闭"忽略灯光法线"和"影响反射"选项。

⑤ 在"采样"选项组下设置"细分"为20。

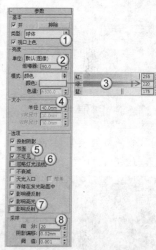

图23-65

03 设置灯光类型为"光度学"，然后在3盏吊灯的下面创建3盏目标灯光，其位置如图23-66所示。

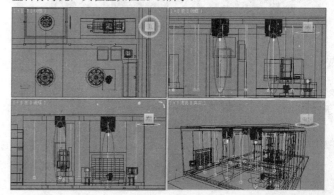

图23-66

04 选择上一步创建的目标灯光，然后切换到"修改"面板，具体参数设置如图23-67所示。

设置步骤：

① 展开"常规参数"卷展栏，然后在"阴影"选项组下勾选"启用"

选项，接着设置"阴影类型"为VRayShadow（VRay阴影），最后设置"灯光分布（类型）"为"光度学Web"。

② 展开"分布（光度学Web）"卷展栏，然后在其通道中加载一个光盘中的"实例文件>CH23>29.ies"光域网文件。

③ 展开"强度/颜色/衰减"卷展栏，然后设置"过滤颜色"为（红:255，绿:183，蓝:106），接着设置"强度"为12000。

05 按F9键测试渲染当前场景，效果如图23-68所示。

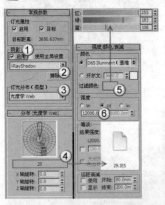

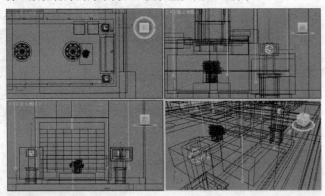

图23-67　　　　　　　　　　图23-68

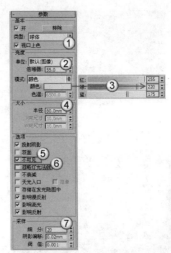

图23-70　　　　　　　　　图23-71

23.5.3 创建台灯

01 设置灯光类型为VRay，然后在左视图中创建两盏VRay光源（放在台灯的灯罩内），其位置如图23-69所示。

图23-69

02 选择上一步创建的VRay光源，然后展开"参数"卷展栏，具体参数设置如图23-70所示。

设置步骤：

① 在"基本"选项组下设置"类型"为"球体"。

② 在"亮度"选项组下设置"倍增器"为55，然后设置"颜色"为（红:255，绿:220，蓝:175）。

③ 在"大小"选项组下设置"半径"为80mm。

④ 在"选项"选项组下勾选"不可见"选项，然后关闭"忽略灯光法线"选项。

⑤ 在"采样"选项组下设置"细分"为20。

03 按F9键测试渲染当前场景，效果如图23-71所示。

提 示　由于台灯与吊灯的参数设置没有多大差别，因此可以直接复制吊灯来进行修改即可。注意，在复制时只能选择"复制"方式，不能选择"实例"方式。

23.5.4 创建灯带

01 在顶视图中创建一盏VRay光源，其位置如图23-72所示。

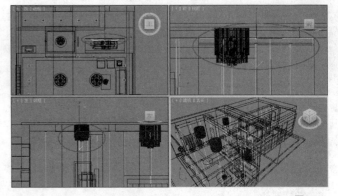

图23-72

02 选择上一步创建的VRay光源，然后展开"参数"卷展栏，具体参数设置如图23-73所示。

设置步骤：

① 在"基本"选项组下设置"类型"为"平面"。

② 在"亮度"选项组下设置"倍增器"为5，然后设置"颜色"为（红:255，绿:216，蓝:175）。

③ 在"大小"选项组下设置"半长度"为1637mm、"半宽度"为80mm。

④ 在"选项"选项组下勾选"不可见"选项，然后关闭"忽略灯光法线"选项。

⑤ 在"采样"选项组下设置"细分"为12。

03 按F9键测试渲染当前场景，效果如图23-74所示。

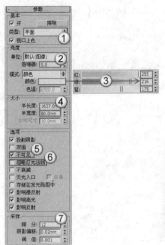

图23-73　　　　　　　　　　　　　　图23-74

04 在左视图中创建两盏VRay光源（需要调整角度），其位置如图23-75所示。

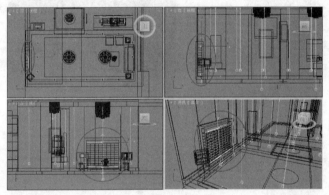

图23-75

05 选择上一步创建的VRay光源，然后展开"参数"卷展栏，具体参数设置如图23-76所示。

设置步骤：

① 在"基本"选项组下设置"类型"为"平面"。

② 在"亮度"选项组下设置"倍增器"为5，然后设置"颜色"为（红:255，绿:173，蓝:85）。

③ 在"大小"选项组下设置"半长度"为1068mm、"半宽度"为30mm。

④ 在"选项"选项组下勾选"不可见"选项，然后关闭"忽略灯光法线"选项。

⑤ 在"采样"选项组下设置"细分"为12。

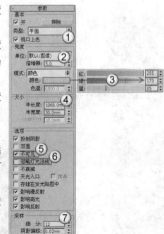

图23-76

06 按F9键测试渲染当前场景，效果如图23-77所示。

图23-77

07 在顶视图中创建4盏VRay光源，其位置如图23-78所示。

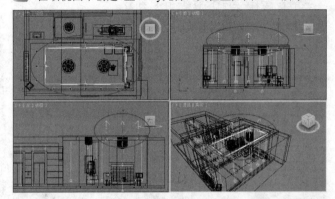

图23-78

08 选择上一步创建的VRay光源，然后展开"参数"卷展栏，具体参数设置如图23-79所示。

设置步骤：

① 在"基本"选项组下设置"类型"为"平面"。

② 在"亮度"选项组下设置"倍增器"为3.5，然后设置"颜色"为（红:255，绿:181，蓝:84）。

③ 在"大小"选项组下设置"半长度"为3534mm、"半宽度"为70mm。

④ 在"选项"选项组下勾选"不可见"选项，然后关闭"忽略灯光法线"选项。

⑤ 在"采样"选项组下设置"细分"为12。

09 按F9键测试渲染当前场景，效果如图23-80所示。

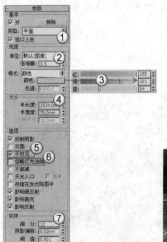

图23-79　　　　　　　　　　图23-80

⑩ 继续在顶视图中创建4盏VRay光源，其位置如图23-81所示。

⑪ 选择上一步创建的VRay光源，然后展开"参数"卷展栏，具体参数设置如图23-82所示。

设置步骤:

① 在"基本"选项组下设置"类型"为"平面"。

② 在"亮度"选项组下设置"倍增器"为3，然后设置"颜色"为（红:255，绿:185，蓝:95）。

③ 在"大小"选项组下设置"半长度"为2659mm、"半宽度"为70mm。

④ 在"选项"选项组下勾选"不可见"选项，然后关闭"忽略灯光法线"选项。

⑤ 在"采样"选项组下设置"细分"为12。

⑫ 按F9键测试渲染当前场景，效果如图23-83所示。

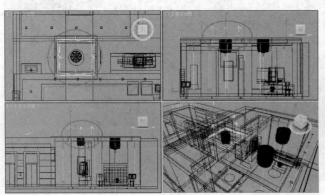

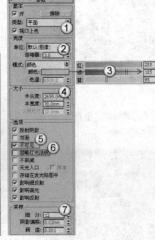

图23-81　　　　　　　　　　图23-82　　　　　　　　　　图23-83

⑬ 继续在顶视图中创建两盏VRay光源，其位置如图23-84所示。

⑭ 选择上一步创建的VRay光源，然后展开"参数"卷展栏，具体参数设置如图23-85所示。

设置步骤:

① 在"基本"选项组下设置"类型"为"平面"。

② 在"亮度"选项组下设置"倍增器"为3，然后设置"颜色"为（红:255，绿:185，蓝:95）。

③ 在"大小"选项组下设置"半长度"为5336mm、"半宽度"为100mm。

④ 在"选项"选项组下勾选"不可见"选项，然后关闭"忽略灯光法线"选项。

⑤ 在"采样"选项组下设置"细分"为12。

⑮ 按F9键测试渲染当前场景，效果如图23-86所示。

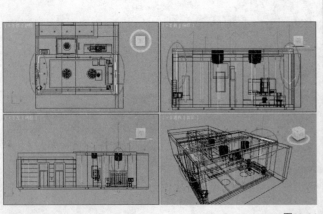

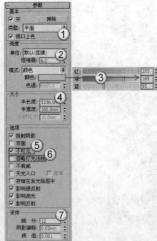

图23-84　　　　　　　　　　图23-85　　　　　　　　　　图23-86

16 继续在顶视图中创建4盏VRay光源，其位置如图23-87所示。

17 选择上一步创建的VRay光源，然后展开"参数"卷展栏，具体参数设置如图23-88所示。

设置步骤：

① 在"基本"选项组下设置"类型"为"平面"。

② 在"亮度"选项组下设置"倍增器"为5，然后设置"颜色"为（红:255，绿:211，蓝:154）。

③ 在"大小"选项组下设置"半长度"为2659mm、"半宽度"为70mm。

④ 在"选项"选项组下勾选"不可见"选项，然后关闭"忽略灯光法线"选项。

⑤ 在"采样"选项组下设置"细分"为12。

18 按F9键测试渲染当前场景，效果如图23-89所示。

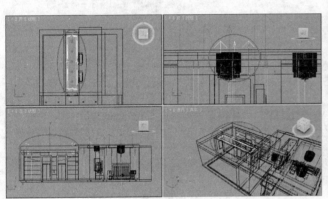

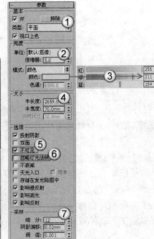

图23-87　　　　　　　　　　　图23-88　　　　　　　　　　　图23-89

19 继续在顶视图中创建4盏VRay光源，其位置如图23-90所示。

20 选择上一步创建的VRay光源，然后展开"参数"卷展栏，具体参数设置如图23-91所示。

设置步骤：

① 在"基本"选项组下设置"类型"为"平面"。

② 在"亮度"选项组下设置"倍增器"为5，然后设置"颜色"为（红:255，绿:185，蓝:95）。

③ 在"大小"选项组下设置"半长度"为1837mm、"半宽度"为60mm。

④ 在"选项"选项组下勾选"不可见"选项，然后关闭"忽略灯光法线"选项。

⑤ 在"采样"选项组下设置"细分"为12。

21 按F9键测试渲染当前场景，效果如图23-92所示。

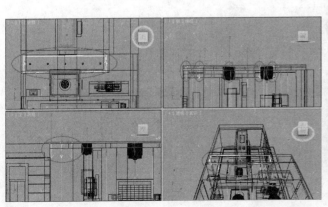

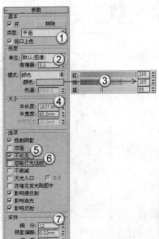

图23-90　　　　　　　　　　　图23-91　　　　　　　　　　　图23-92

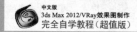

技术专题 **57** 追踪场景资源

这里要讲解一个在实际工作中非常实用的技术，即追踪场景资源技术。在打开一个场景文件时，往往会缺失贴图、光域网文件。比如，用户在创建本例的灯光时，可能会遇到测试渲染效果与书中给出的测试效果不相同，因此需要打开本例的实例文件来进行查看，并进行测试渲染。但是在打开实例文件时，很可能会弹出一个对话框，提醒用户缺少外部文件，如图23-93所示。造成这种情况的原因是移动了实例文件或贴图文件的位置（比如将其从D盘移动到了E盘），造成3ds Max无法自动识别文件路径。遇到这种情况可以先单击"继续"按钮 继续 ，然后再查找缺失的文件。

图23-93

补齐缺失文件的方法有两种，下面详细介绍一下。请用户千万注意，这两种方法都是基于贴图和光域网等文件没有被删除的情况下。

第1种：逐个在"材质编辑器"对话框中的各个材质通道中将贴图路径重新链接好；光域网文件在灯光设置面板中进行链接。这种方法非常繁琐，一般情况下不会使用该方法。

第2种：单击界面左上角的"应用程序"图标 ，然后在弹出的菜单中执行"属性>资源追踪"菜单命令（或按Shift+T组合键）打开"资源追踪"对话框，如图23-94所示。在该对话框中可以观察到缺失了那些贴图文件或光域网（光度学）文件。这时可以按住Shift键全选缺失的文件，然后单击鼠标右键，在弹出的菜单中选择"设置路径"命令，如图23-95所示，接着在弹出的对话框中链接好文件路径（贴图和光域网等文件最好放在一个文件夹中），如图23-96所示。链接好文件路径以后，有些文件可能仍然显示缺失，这是因为在前期制作中可能有多余的文件，因此3ds Max保留了下来，只要场景贴图齐备即可，如图23-97所示。

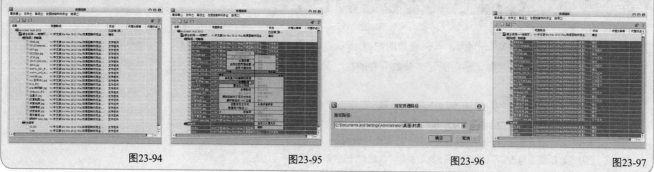

图23-94　　　　　　　图23-95　　　　　　　图23-96　　　　　　　图23-97

23.6 设置最终渲染参数

01 按F10键打开"渲染设置"对话框，然后在"公用参数"卷展栏下设置"宽度"为1200、"高度"为720，具体参数设置如图23-98所示。

02 单击"VR-基项"选项卡，然后在"图像采样器（抗锯齿）"卷展栏下设置"图像采样器"的"类型"为"自适应DMC"，接着在"抗锯齿过滤器"选项组下设置过滤器类型为Mitchell-Netravali，具体参数设置如图23-99所示。

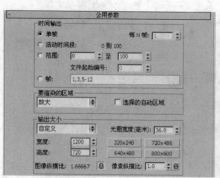

图23-98

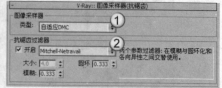

图23-99

03 单击"VR-间接照明"选项卡，然后在"发光贴图"卷展栏下设置"当前预置"为"低"，接着设置"半球细分"为60、"插值采样值"为30，具体参数设置如图23-100所示。

图23-100

04 展开"灯光缓存"卷展栏，然后设置"细分"为1200，具体参数设置如图23-101所示。

图23-101

05 单击"VR-设置"选项卡，然后展开"DMC采样器"卷展栏，接着设置"噪波阈值"为0.005、"最少采样"为12，具体参数设置如图23-102所示。

图23-102

06 按F9键渲染当前场景，最终效果如图23-103所示。

图23-103

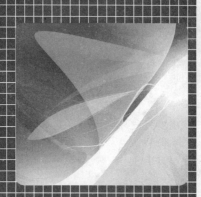

第24章 综合实例——餐厅夜晚灯光表现

24.1 实例解析

场景位置	DVD>实例文件>CH24>01.max
实例位置	DVD>实例文件>CH24>综合实例——餐厅夜晚灯光表现.max
视频位置	DVD>多媒体教学>CH24>综合实例——餐厅夜晚灯光表现.flv
难易指数	★★★★★
技术掌握	吊灯灯罩材质和窗纱材质的制作方法；餐厅夜晚灯光效果的表现方法

本例是一个餐厅空间，吊灯灯罩材质和窗纱材质的制作方法，以及餐厅夜晚灯光效果的表现方法是本例的学习要点，如图24-1所示是本例的渲染效果及线框图。

图24-1

24.2 制作餐厅隔断模型

本场景中餐厅隔断模型比较难制作，效果如图24-2所示。

图24-2

01 使用"矩形"工具 矩形 在前视图中绘制一个矩形，然后在"参数"卷展栏下设置"长度"为2600mm、"宽度"为1270mm，具体参数设置及矩形效果如图24-3所示。

02 选择矩形，然后在"渲染"卷展栏下勾选"在渲染中启用"和"在视口中启用"选项，接着勾选"矩形"选项，最后设置"长度"为200mm、"宽度"为30mm，具体参数设置及模型效果如图24-4所示。

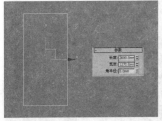
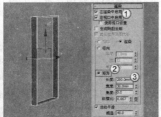

图24-3　　　　　　　　　　图24-4

03 使用"线"工具 线 在前视图中绘制出如图24-5所示的样条线。这里提供一张孤立选择图，如图24-6所示。

图24-5　　　　　　　　　　图24-6

提示 这个雕花图形有一定的难度，可以去找一张花纹素材来进行临摹。另外在绘制时要注意技巧，只需要绘制出一侧，另外一侧可以用镜像复制来完成。

04 为雕花图形加载一个"挤出"修改器，然后在"参数"卷展栏下设置"数量"为10mm，具体参数设置及模型效果如图24-7所示，接着复制一些雕花到如图24-8所示的位置。

图24-7　　　　　　　　　　图24-8

05 使用"线"工具 线 或"圆柱体"工具 圆柱体 在雕花之间创建3根支柱模型，如图24-9所示，接着复制3组雕花隔断，完成后的效果如图24-10所示。

图24-9　　　　　　　　　　图24-10

06 使用"长方体"工具 长方体 在隔断上创建一个长方体，然后在"参数"卷展栏下设置"长度"为600mm、"宽度"为5600mm、"高度"为110mm，具体参数设置及模型位置如图24-11所示。

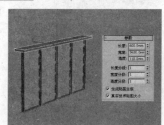

图24-11

07 将长方体转换为可编辑多边形，进入"多边形"级别，然后选择如图24-12所示的多边形，接着在"编辑多边形"卷展栏下单击"插入"按钮 插入 后面的"设置"按钮，最后设置"数量"为180mm，如图24-13所示。

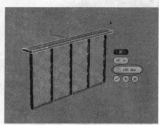

图24-12　　　　　　　　　　图24-13

08 保持对多边形的选择，在"编辑多边形"卷展栏下单击"挤出"按钮 挤出 后面的"设置"按钮，然后设置"高度"为300mm，如图24-14所示。

图24-14

09 进入"边"级别，然后选择如图24-15所示的边，接着在"编辑边"卷展栏下单击"切角"按钮 切角 后面的"设置"按钮，最后设置"边切角量"为3mm、"连接边分段"为

501

2，如图24-16所示，最终效果如图24-17所示。

图24-15

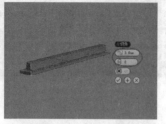

图24-16

图24-17

24.3 材质制作

本例的场景对象材质主要包括地板材质、木纹材质、玻璃杯材质、陶瓷材质、吊灯灯罩材质、台灯灯罩材质和窗纱材质，如图24-18所示。

图24-18

24.3.1 制作地板材质

地板材质的模拟效果如图24-19所示。

图24-19

01 打开光盘中的"场景文件>CH24>01.max"文件，如图24-20所示。

图24-20

02 选择一个空白材质球，然后设置材质类型为VRayMtl材质，并将其命名为"地板"，具体参数设置如图24-21所示，制作好的材质球效果如图24-22所示。

设置步骤：

① 在"漫反射"贴图通道中加载一张光盘中的"实例文件>CH24>地板.jpg"贴图文件，然后在"坐标"卷展栏下设置"模糊"为0.01。

② 设置"反射"颜色为（红:250，绿:250，蓝:250），然后设置"高光光泽度"为0.7、"反射光泽度"为0.85，接着勾选"菲涅耳反射"选项。

图24-21

图24-22

24.3.2 制作木纹材质

木纹材质的模拟效果如图24-23所示。

图24-23

选择一个空白材质球，然后设置材质类型为VRayMtl材质，并将其命名为"木纹"，具体参数设置如图24-24所示，制作好的材质球效果如图24-25所示。

设置步骤：

① 在"漫反射"贴图通道中加载一张"混合"程序贴图，然后展开"混合参数"卷展栏，接着在"颜色#1"贴图通道中加载一张光盘中的"实例文件>CH24>木纹.jpg"贴图文件，最后在"颜色#2"贴图通道中加载一张光盘中的"实例文件>CH24>木纹1.jpg"贴图文件。

② 设置"反射"颜色为(红:250, 绿:250, 蓝:250), 然后设置"高光光泽度"为0.7、"反射光泽度"为0.92, 接着勾选"菲涅耳反射"选项。

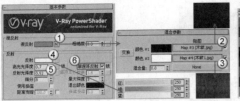

图24-24　　　　　图24-25

24.3.3 制作玻璃杯材质

玻璃杯材质的模拟效果如图24-26所示。

图24-26

选择一个空白材质球, 然后设置材质类型为VRayMtl材质, 并将其命名为"玻璃杯", 具体参数设置如图24-27所示, 制作好的材质球效果如图24-28所示。

设置步骤:

① 设置"漫反射"颜色为(红:178, 绿:178, 蓝:178)。

② 设置"反射"颜色为(红:250, 绿:250, 蓝:250), 然后设置"高光光泽度"为0.9, 接着勾选"菲涅耳反射"选项, 最后设置"菲涅耳折射率"为2。

③ 设置"折射"颜色为(红:240, 绿:240, 蓝:240), 然后勾选"影响阴影"选项。

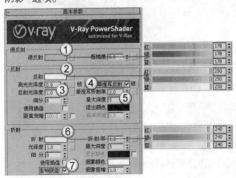

图24-27　　　　　图24-28

24.3.4 制作陶瓷材质

陶瓷材质的模拟效果如图24-29所示。

图24-29

选择一个空白材质球, 然后设置材质类型为VRayMtl材质, 并将其命名为"陶瓷", 具体参数设置如图24-30所示, 制作好的材质球效果如图24-31所示。

设置步骤:

① 设置"漫反射"颜色为(红:240, 绿:240, 蓝:240)。

② 设置"反射"颜色为(红:200, 绿:200, 蓝:200), 然后设置"高光光泽度"为0.7, 接着勾选"菲涅耳反射"选项, 最后设置"菲涅耳折射率"为2。

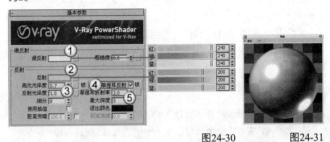

图24-30　　　　　图24-31

24.3.5 制作吊灯灯罩材质

吊灯灯罩材质的模拟效果如图24-32所示。

图24-32

选择一个空白材质球, 然后设置材质类型为VRayMtl材质, 并将其命名为"吊灯灯罩", 具体参数设置如图24-33所示, 制作好的材质球效果如图24-34所示。

设置步骤:

① 设置"漫反射"颜色为(红:183, 绿:183, 蓝:183)。

② 设置"反射"颜色为(红:160, 绿:160, 蓝:160), 然后设置"高光光泽度"为0.6、"反射光泽度"为0.9。

③ 展开"BRDF-双向反射分布功能"卷展栏, 然后设置"各向异性(-1..1)"为0.6。

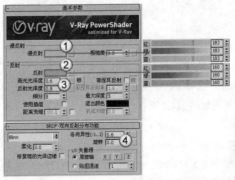

图24-33　　　　　图24-34

24.3.6 制作台灯灯罩材质

台灯灯罩材质的模拟效果如图24-35所示。

图24-35

选择一个空白材质球，然后设置材质类型为VRayMtl材质，并将其命名为"台灯灯罩"，具体参数设置如图24-36所示，制作好的材质球效果如图24-37所示。

设置步骤：

① 设置"漫反射"颜色为（红:255,绿:246,蓝:235）。

② 设置"折射"颜色为（红:50,绿:50,蓝:50），然后设置"光泽度"为0.8，接着勾选"影响阴影"选项，最后设置"折射率"为1.2。

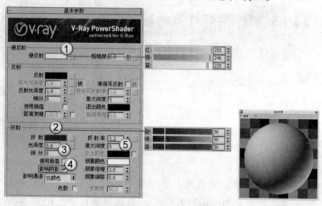

图24-36　　　　　图24-37

24.3.7 制作窗纱材质

窗纱材质的模拟效果如图24-38所示。

图24-38

选择一个空白材质球，然后设置材质类型为VRayMtl材质，并将其命名为"窗纱"，具体参数设置如图24-39所示，制作好的材质球效果如图24-40所示。

设置步骤：

① 设置"漫反射"颜色为（红:128,绿:128,蓝:128）。

② 设置"反射"颜色为（红:250,绿:250,蓝:250），然后勾选"菲涅耳反射"选项，接着设置"菲涅耳折射率"为2。

③ 设置"折射"颜色为（红:250,绿:250,蓝:250），然后设置"折射

率"为1.5，接着勾选"使用插值"和"影响阴影"选项，最后设置"影响通道"为"颜色+alpha"。

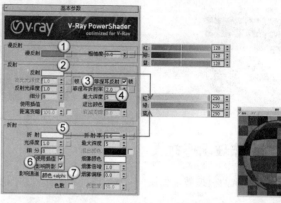

图24-39 　　　　　图24-40

24.4 设置测试渲染参数

01 按F10键打开"渲染设置"对话框，然后设置渲染器为VRay渲染器，接着在"公用参数"卷展栏下设置"宽度"为600、"高度"为386，最后单击"图像纵横比"选项后面的"锁定"按钮🔒，锁定渲染图像的纵横比，具体参数设置如图24-41所示。

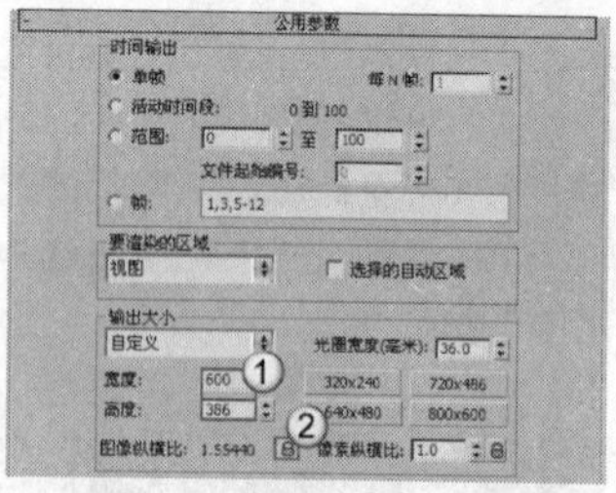

图24-41

02 单击"VR-基项"选项卡，然后在"图像采样器（抗锯齿）"卷展栏下设置"图像采样器"的"类型"为"固定"，接着在"抗锯齿过滤器"选项组下勾选"开启"选项，并设置过滤器类型为"区域"，具体参数设置如图24-42所示。

03 展开"颜色映射"卷展栏，然后设置"类型"为"VRayReinhard"，接着设置"燃烧值"为0.5，最后勾选"子像素映射"和"钳制输出"选项，具体参数设置如图24-43所示。

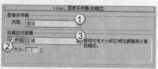

图24-42　　　　　图24-43

04 展开"环境"卷展栏，然后在"全局照明环境（天光）覆盖"选项组下勾选"开"选项，接着设置"倍增器"为2，最后在其通道中加载一张光盘中的"实例文件>CH24>环境.jpg"贴图文件，具体参数设置如图24-44所示。

图24-44

05 单击 "VR-间接照明" 选项卡，然后在 "间接照明（全局照明）" 卷展栏下勾选 "开启" 选项，接着设置 "首次反弹" 的 "全局光引擎" 为 "发光贴图"、"二次反弹" 的 "全局光引擎" 为 "灯光缓存"，具体参数设置如图24-45所示。

06 展开 "发光贴图" 卷展栏，然后设置 "当前预置" 为 "非常低"，接着设置 "半球细分" 为50、"插值采样值" 为20，最后勾选 "显示计算过程" 和 "显示直接照明" 选项，具体参数设置如图24-46所示。

图24-45 图24-46

07 展开 "灯光缓存" 卷展栏，然后设置 "细分" 为100，接着勾选 "保存直接光" 和 "显示计算状态" 选项，具体参数设置如图24-47所示。

08 单击 "VR-设置" 选项卡，然后在 "系统" 卷展栏下设置 "区域排序" 为 "三角剖分"，接着关闭 "显示信息窗口" 选项，具体参数设置如图24-48所示。

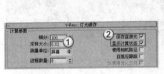

图24-47 图24-48

09 按大键盘上的8键打开 "环境和效果" 对话框，然后展开 "公用参数" 卷展栏，接着在 "环境贴图" 通道中加载一张 "输出" 程序贴图，如图24-49所示。

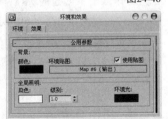

图24-49

24.5 灯光设置

本例的灯光布局比较复杂（主要是灯光太多），也是本例的难点。本例共需要布置5处灯光，分别是射灯和筒灯、吊灯、台灯、壁灯以及灯带。

24.5.1 创建射灯和筒灯

01 设置灯光类型为 "光度学"，然后在左视图中创建108盏目标灯光，其位置如图24-50所示。

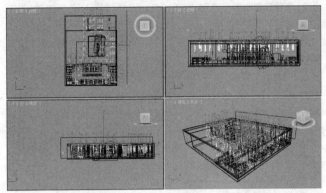

图24-50

02 选择上一步创建的目标灯光，然后切换到 "修改" 面板，具体参数设置如图24-51所示。

设置步骤：

① 展开 "常规参数" 卷展栏，然后在 "阴影" 选项组下勾选 "启用" 选项，接着设置阴影类型为VRayShadow（VRay阴影），最后设置 "灯光分布（类型）" 为 "光度学Web"。

② 展开 "分布（光度学Web）" 卷展栏，然后在其通道中加载一个光盘中的 "实例文件>CH24>7.ies" 光域网文件。

③ 展开 "强度/颜色/衰减" 卷展栏，然后设置 "过滤颜色" 为（红:255，绿:238，蓝:200），接着设置 "强度" 为19011。

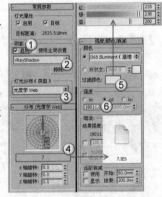

图24-51

03 继续在左视图中创建20盏目标灯光，其位置如图24-52所示。

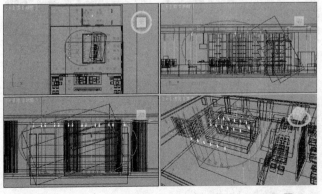

图24-52

505

04 选择上一步创建的目标灯光，然后切换到"修改"面板，具体参数设置如图24-53所示。

设置步骤：

① 展开"常规参数"卷展栏，然后在"阴影"选项组下勾选"启用"选项，接着设置阴影类型为VRayShadow（VRay阴影），最后设置"灯光分布（类型）"为"光度学Web"。

② 展开"分布（光度学Web）"卷展栏，然后在其通道中加载一个光盘中的"实例文件>CH24>5.ies"光域网文件。

③ 展开"强度/颜色/衰减"卷展栏，然后设置"过滤颜色"为（红:255，绿:239，蓝:190），接着设置"强度"为1516。

05 按F9键测试渲染当前场景，效果如图24-54所示。

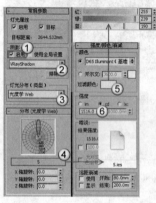

图24-53　　　　　　　　　　　图24-54

24.5.2 创建吊灯

01 设置灯光类型为VRay，然后在9盏吊灯的灯罩内创建9盏VRay光源，其位置如图24-55所示。

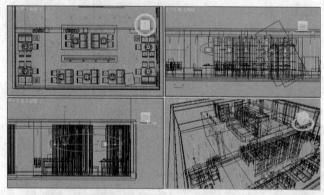

图24-55

02 选择上一步创建的VRay光源，然后展开"参数"卷展栏，具体参数设置如图24-56所示。

设置步骤：

① 在"基本"选项组下设置"类型"为"球体"。

② 在"亮度"选项组下设置"倍增器"为150，然后设置"颜色"为（红:255，绿:228，蓝:169）。

③ 在"大小"选项组下设置"半径"为40mm。

④ 在"选项"选项组下勾选"不可见"选项，然后关闭"影响高光"和"影响反射"选项。

05 按F9键测试渲染当前场景，效果如图24-57所示。

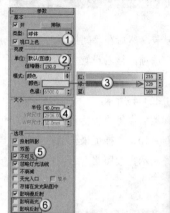

图24-56　　　　　　　　　　　图24-57

24.5.3 创建台灯

01 在4盏台灯的灯罩内创建4盏VRay光源，其位置如图24-58所示。

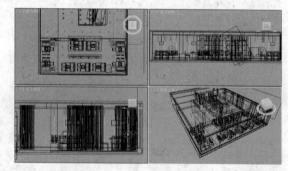

图24-58

02 选择上一步创建的VRay光源，然后展开"参数"卷展栏，具体参数设置如图24-59所示。

设置步骤：

① 在"基本"选项组下设置"类型"为"球体"。

② 在"亮度"选项组下设置"倍增器"为125，然后设置"颜色"为（红:255，绿:227，蓝:161）。

③ 在"大小"选项组下设置"半径"为20mm。

④ 在"选项"选项组下勾选"不可见"选项，然后关闭"影响高光"和"影响反射"选项。

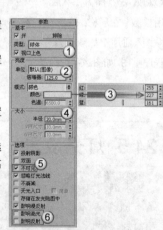

图24-59

03 按F9键测试渲染当前场景，效果如图24-60所示。

图24-60

24.5.4 创建壁灯

01 在隔板上创建24盏VRay光源，其位置如图24-61所示。

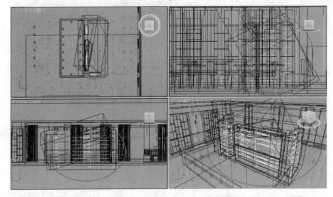

图24-61

02 选择上一步创建的VRay光源，然后展开"参数"卷展栏，具体参数设置如图24-62所示。

设置步骤：

① 在"基本"选项组下设置"类型"为"平面"。

② 在"亮度"选项组下设置"倍增器"为4，然后设置"颜色"为（红:255，绿:248，蓝:208）。

③ 在"大小"选项组下设置"半长度"为40mm、"半宽度"为1440mm。

④ 在"选项"选项组下勾选"不可见"选项。

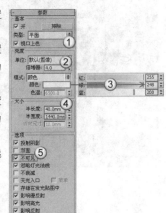

图24-62

03 继续在其他的隔板上创建11盏VRay光源，其位置如图24-63所示。

04 选择上一步创建的VRay光源，然后展开"参数"卷展栏，具体参数设置如图24-64所示。

设置步骤：

① 在"基本"选项组下设置"类型"为"平面"。

② 在"亮度"选项组下设置"倍增器"为20，然后设置"颜色"为（红:255，绿:243，蓝:201）。

③ 在"大小"选项组下设置"半长度"为894mm、"半宽度"为10mm。

④ 在"选项"选项组下勾选"不可见"选项，然后关闭"影响高光"和"影响反射"选项。

05 按F9键测试渲染当前场景，效果如图24-65所示。

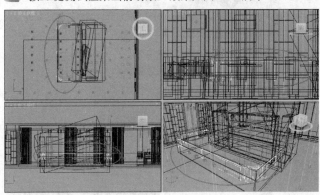

图24-63

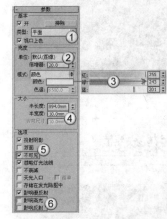

图24-64   图24-65

24.5.5 创建灯带

01 在天花板上创建39盏VRay光源作为灯带，其位置如图24-66所示。

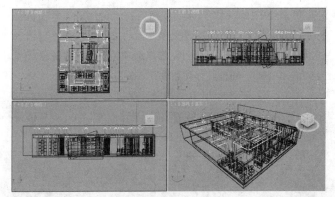

图24-66

02 选择上一步创建的VRay光源，然后展开"参数"卷展

栏，具体参数设置如图24-67所示。

设置步骤：

① 在"基本"选项组下设置"类型"为"平面"。

② 在"亮度"选项组下设置"倍增器"为5，然后设置"颜色"为（红:255，绿:229，蓝:187）。

③ 在"大小"选项组下设置"半长"为40mm、"半宽"为2936mm。

④ 在"选项"选项组下勾选"不可见"选项，然后关闭"影响高光"和"影响反射"选项。

03 按F9键测试渲染当前场景，效果如图24-68所示。

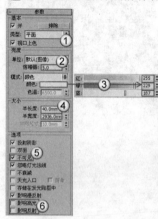

图24-67

图24-68

24.6 设置最终渲染参数

01 按F10键打开"渲染设置"对话框，然后在"公用参数"卷展栏下设置"宽度"为1200、"高度"为772，具体参数设置如图24-69所示。

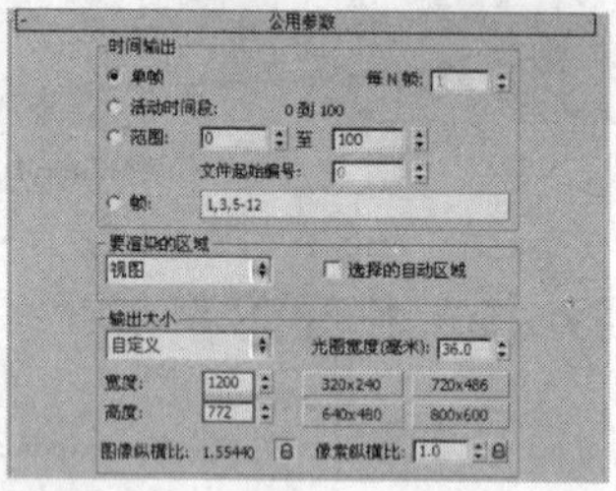

图24-69

02 单击"VR-基项"选项卡，然后在"图像采样器（抗锯齿）"卷展栏下设置"图像采样器"的"类型"为"自适应DMC"，接着在"抗锯齿过滤器"选项组下设置过滤器类型为Mitchell-Netravali，具体参数设置如图24-70所示。

03 单击"VR-间接照明"选项卡，然后在"发光贴图"卷展栏下设置"当前预置"为"低"，接着设置"半球细分"为60、"插值采样值"为30，具体参数设置如图24-71所示。

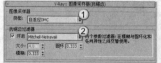

图24-70

图24-71

04 展开"灯光缓存"卷展栏，然后设置"细分"为1200，具体参数设置如图24-72所示。

05 单击"VR-设置"选项卡，然后展开"DMC采样器"卷展栏，接着设置"噪波阈值"为0.005、"最少采样"为12，具体参数设置如图24-73所示。

图24-72　　　　　　　图24-73

06 按F9键渲染当前场景，最终效果如图24-74所示。

图24-74

技术专题 **58** 线框图的渲染方法

在本书的所有建模实例大型实例中都给出了一张效果图与一张线框图，用线框图可以更好地观察场景模型的布局。下面以图24-75中的场景为例来详细介绍一下线框图的渲染方法与注意事项，这个场景的渲染效果如图24-76所示。注意，以下所讲方法是渲染线框图的通用方法（包括参数设置）。

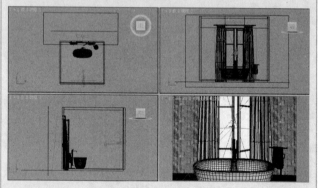

图24-75

图24-76

第1步：设置线框材质。选择一个空白材质球，然后设置材质类型为VRayMtl材质，并将其命名为"线框"，接着设置"漫反射"颜色为（红:230，绿:230，蓝:230），同时在其通道中加载一张"VRay线框贴图"，再设置"颜色"为（红:10，绿:10，蓝:10），最后设置"像素"为0.4，具体参数设置如图24-77所示，制作好的材质球效果如图24-78所示。

图24-77　　　　　　　　　　　　　　　　　　　　　　　　　　　　图24-78

第2步：按F10键打开"渲染设置"对话框，单击"VR-基项"选项卡，然后展开"全局开关"卷展栏，接着勾选"替代材质"选项，最后将"线框"材质球拖曳到该选项后面的None（无）按钮 ▭None▭ 上（在弹出的对话框中设置"方法"为"实例"），如图24-79所示。通过这个步骤，可以使将场景中的所有材质都替换为"线框"材质，这样就不用对场景中的对象重新指定材质了。

第3步：按F9键渲染当前场景，效果如图24-80所示。从图中可以发现场景比较暗，这是因为场景中存在玻璃，且门窗外有天光，而将"玻璃"材质（"玻璃"材质是半透明的）替换为"线框"材质（"线框"材质是不透明的）后，"线框"材质会挡住窗外的天光，因此场景比较暗。基于此，需要将玻璃模型排除掉，这样天光才能照射进室内。请用户千万注意，如果门窗上有窗纱，也必须将窗纱排除掉。关于排除方法请参阅下面的第4步。另外，如果场景中存在外景，最好也将其排除掉，这样才能得到更真实的线框图。

图24-79　　　　　　　　　　　　　　　　　　　　　　　　　　　　图24-80

第4步：在"全局开关"卷展栏下的"材质"选项组下单击"替代材质"按钮 替代排除... ，然后在"场景对象"列表中选择"玻璃"和"外景"对象，接着单击 ≫ 按钮将其排除到右侧的列表中，如图24-81和图21-82所示。

第5步：按F9键渲染当前场景，效果如图24-83所示。从图中可以观察到现在的光影效果已经正常了。

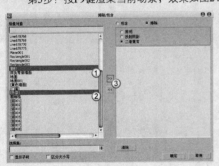 

图24-81　　　　　　　　　　　　　　　　图24-82　　　　　　　　　　　　　　　　图24-83

这里再总结以下渲染线框图的注意事项。

第1点：渲染参数与效果图的渲染参数可以保持一致，无需改动。

第2点：最好用全局替代渲染技术来渲染线框图。

第3点：如果场景中有玻璃和窗纱等半透明对象以及外景对象，一定要将其排除掉。注意，没有挡住灯光的玻璃和窗纱无需排除。

附录1：本书索引

一、3ds Max快捷键索引

NO.1 主界面快捷键

操作	快捷键
显示降级适配（开关）	O
适应透视图格点	Shift+Ctrl+A
排列	Alt+A
角度捕捉（开关）	A
动画模式（开关）	N
改变到后视图	K
背景锁定（开关）	Alt+Ctrl+B
前一时间单位	.
下一时间单位	,
改变到顶视图	T
改变到底视图	B
改变到摄影机视图	C
改变到前视图	F
改变到等用户视图	U
改变到右视图	R
改变到透视图	P
循环改变选择方式	Ctrl+F
默认灯光（开关）	Ctrl+L
删除物体	Delete
当前视图暂时失效	D
是否显示几何体内框（开关）	Ctrl+E
显示第一个工具条	Alt+1
专家模式，全屏（开关）	Ctrl+X
暂存场景	Alt+Ctrl+H
取回场景	Alt+Ctrl+F
冻结所选物体	6
跳到最后一帧	End
跳到第一帧	Home
显示/隐藏摄影机	Shift+C
显示/隐藏几何体	Shift+O
显示/隐藏网格	G
显示/隐藏帮助物体	Shift+H
显示/隐藏光源	Shift+L
显示/隐藏粒子系统	Shift+P
显示/隐藏空间扭曲物体	Shift+W
锁定用户界面（开关）	Alt+0
匹配到摄影机视图	Ctrl+C
材质编辑器	M
最大化当前视图（开关）	W
脚本编辑器	F11
新建场景	Ctrl+N
法线对齐	Alt+N
向下轻推网格	小键盘-
向上轻推网格	小键盘+
NURBS表面显示方式	Alt+L或Ctrl+4
NURBS调整方格1	Ctrl+1
NURBS调整方格2	Ctrl+2
NURBS调整方格3	Ctrl+3
偏移捕捉	Alt+Ctrl+Space（Space键即空格键）
打开一个max文件	Ctrl+O
平移视图	Ctrl+P
交互式平移视图	I
放置高光	Ctrl+H
播放/停止动画	/
快速渲染	Shift+Q
回到上一场景操作	Ctrl+A
回到上一视图操作	Shift+A
撤消场景操作	Ctrl+Z
撤消视图操作	Shift+Z
刷新所有视图	1
用前一次的参数进行渲染	Shift+E或F9
渲染配置	Shift+R或F10
在XY/YZ/ZX锁定中循环改变	F8
约束到X轴	F5
约束到Y轴	F6
约束到Z轴	F7
旋转视图模式	Ctrl+R或V
保存文件	Ctrl+S
透明显示所选物体（开关）	Alt+X
选择父物体	PageUp
选择子物体	PageDown
根据名称选择物体	H
选择锁定（开关）	Space（Space键即空格键）
减淡所选物体的面（开关）	F2
显示所有视图网格（开关）	Shift+G
显示/隐藏命令面板	3
显示/隐藏浮动工具条	4
显示最后一次渲染的图像	Ctrl+I
显示/隐藏主要工具栏	Alt+6
显示/隐藏安全框	Shift+F
显示/隐藏所选物体的支架	J
百分比捕捉（开关）	Shift+Ctrl+P
打开/关闭捕捉	S
循环通过捕捉点	Alt+Space（Space键即空格键）
间隔放置物体	Shift+I
改变到光线视图	Shift+4
循环改变子物体层级	Ins
子物体选择（开关）	Ctrl+B
贴图材质修正	Ctrl+T
加大动态坐标	+
减小动态坐标	-
激活动态坐标（开关）	X
精确输入转变量	F12
全部解冻	7
根据名字显示隐藏的物体	5
刷新背景图像	Alt+Shift+Ctrl+B
显示几何体外框（开关）	F4
视图背景	Alt+B
用方框快显几何体（开关）	Shift+B
打开虚拟现实	数字键盘1
虚拟视图向下移动	数字键盘2
虚拟视图向左移动	数字键盘4
虚拟视图向右移动	数字键盘6

虚拟视图向中移动	数字键盘8
虚拟视图放大	数字键盘7
虚拟视图缩小	数字键盘9
实色显示场景中的几何体（开关）	F3
全部视图显示所有物体	Shift+Ctrl+Z
视窗缩放到选择物体范围	E
缩放范围	Alt+Ctrl+Z
视窗放大两倍	Shift++（数字键盘）
放大镜工具	Z
视窗缩小两倍	Shift+-（数字键盘）
根据框选进行放大	Ctrl+W
视窗交互式放大	[
视窗交互式缩小	]

NO.2 轨迹视图快捷键

操作	快捷键
加入关键帧	A
前一时间单位	<
下一时间单位	>
编辑关键帧模式	E
编辑区域模式	F3
编辑时间模式	F2
展开对象切换	O
展开轨迹切换	T
函数曲线模式	F5或F
锁定所选物体	Space（Space键即空格键）
向上移动高亮显示	↓
向下移动高亮显示	↑
向左轻移关键帧	←
向右轻移关键帧	→
位置区域模式	F4
回到上一场景操作	Ctrl+A
向下收拢	Ctrl+↓
向上收拢	Ctrl+↑

NO.3 渲染器设置快捷键

操作	快捷键
用前一次的配置进行渲染	F9
渲染配置	F10

NO.4 示意视图快捷键

操作	快捷键
下一时间单位	>
前一时间单位	<
回到上一场景操作	Ctrl+A

NO.5 Active Shade快捷键

操作	快捷键
绘制区域	D
渲染	R
锁定工具栏	Space（Space键即空格键）

NO.6 视频编辑快捷键

操作	快捷键
加入过滤器项目	Ctrl+F
加入输入项目	Ctrl+I
加入图层项目	Ctrl+L
加入输出项目	Ctrl+O
加入新的项目	Ctrl+A
加入场景事件	Ctrl+S
编辑当前事件	Ctrl+E
执行序列	Ctrl+R
新建序列	Ctrl+N

NO.7 NURBS编辑快捷键

操作	快捷键
CV约束法线移动	Alt+N
CV约束到U向移动	Alt+U
CV约束到V向移动	Alt+V
显示曲线	Shift+Ctrl+C
显示控制点	Ctrl+D
显示格子	Ctrl+L
NURBS面显示方式切换	Alt+L
显示表面	Shift+Ctrl+S
显示工具箱	Ctrl+T
显示表面整齐	Shift+Ctrl+T
根据名字选择本物体的子层级	Ctrl+H
锁定2D所选物体	Space（Space键即空格键）
选择U向的下一点	Ctrl+→
选择V向的下一点	Ctrl+↑
选择U向的前一点	Ctrl+←
选择V向的前一点	Ctrl+↓
根据名字选择子物体	H
柔软所选物体	Ctrl+S
转换到CV曲线层级	Alt+Shift+Z
转换到曲线层级	Alt+Shift+C
转换到点层级	Alt+Shift+P
转换到CV曲面层级	Alt+Shift+V
转换到曲面层级	Alt+Shift+S
转换到上一层级	Alt+Shift+T
转换降级	Ctrl+X

NO.8 FFD快捷键

操作	快捷键
转换到控制点层级	Alt+Shift+C

二、本书实战速查表

三、本书综合实例速查表

四、本书疑难问题速查表

五、本书技术专题速查表

附录2：效果图制作实用速查表

一、常用物体折射率

NO.1 材质折射率

物体	折射率	物体	折射率	物体	折射率
空气	1.0003	液体二氧化碳	1.200	冰	1.309
水（20°）	1.333	丙酮	1.360	30%的水	1.380
普通酒精	1.360	酒精	1.329	面粉	1.434
溶化的石英	1.460	Calspar2	1.486	80%的水	1.490
玻璃	1.500	氯化钠	1.530	聚苯乙烯	1.550
翡翠	1.570	天青石	1.610	黄晶	1.610
二硫化碳	1.630	石英	1.540	二碘甲烷	1.740
红宝石	1.770	蓝宝石	1.770	水晶	2.000
钻石	2.417	氧化铬	2.705	氧化铜	2.705
非晶硒	2.920	碘晶体	3.340		

NO.2 液体折射率

物体	分子式	密度	温度	折射率
甲醇	CH_3OH	0.794	20	1.3290
乙醇	C_2H_5OH	0.800	20	1.3618
丙醇	CH_3COCH_3	0.791	20	1.3593
苯醇	C_6H_6	1.880	20	1.5012
二硫化碳	CS_2	1.263	20	1.6276
四氯化碳	CCl_4	1.591	20	1.4607
三氯甲烷	$CHCl_3$	1.489	20	1.4467
乙醚	$C_2H_5O \cdot C_2H_5$	0.715	20	1.3538
甘油	$C_3H_8O_3$	1.260	20	1.4730
松节油		0.87	20.7	1.4721
橄榄油		0.92	0	1.4763
水	H_2O	1.00	20	1.3330

NO.3 晶体折射率

物体	分子式	最小折射率	最大折射率
冰	H_2O	1.313	1.309
氟化镁	MgF_2	1.378	1.390
石英	SiO_2	1.544	1.553
氯化镁	$MgO \cdot H_2O$	1.559	1.580
锆石	$ZrO_2 \cdot SiO_2$	1.923	1.968
硫化锌	ZnS	2.356	2.378
方解石	$CaO \cdot CO_2$	1.658	1.486
钙黄长石	$2CaO \cdot Al_2O_3 \cdot SiO_2$	1.669	1.658
菱镁矿	$ZnO \cdot CO_2$	1.700	1.509
刚石	Al_2O_3	1.768	1.760
淡红银矿	$3Ag2S \cdot AS_2S_3$	2.979	2.711

二、常用家具尺寸

单位：mm

家具	长度	宽度	高度	深度	直径
衣橱		700（推拉门）	400~650（衣橱门）	600~650	
推拉门		750~1500	1900~2400		
矮柜		300~600（柜门）		350~450	
电视柜			600~700	450~600	
单人床	1800、1806、2000、2100	900、1050、1200			
双人床	1800、1806、2000、210	1350、1500、1800			
圆床					>1800
室内门		800~950、1200（医院）	1900、2000、2100、2200、240		
卫生间、厨房门		800、900	1900、2000、2100		
窗帘盒			120~180	120（单层布），160~180（双层布）	
单人式沙发	800~95		350~420（坐垫），700~900（背高）	850~900	
双人式沙发	1260~1500			800~900	
三人式沙发	1750~1960			800~900	
四人式沙发	2320~2520			800~900	
小型长方形茶几	600~750	450~600	380~500（380最佳）		
中型长方形茶几	1200~1350	380~500或600~750			
正方形茶几	750~900	430~500			
大型长方形茶几	1500~1800	600~800	330~420（330最佳）		
圆形茶几			330~420		750、900、1050、1200
方形茶几		900、1050、1200、1350、1500	330~420		
固定式书桌			750	450~700（600最佳）	
活动式书桌			750~780	650~800	
餐桌		1200、900、750（方桌）	75~780（中式），680~720（西式）		
长方桌	1500、1650、1800、2100、2400	800，900，1050，1200			
圆桌					900、1200、1350、1500、1800
书架	600~1200	800~900		250~400（每格）	

三、室内物体常用尺寸

NO.1 墙面尺寸

单位：mm

物体	高度
踢脚板	60~200
墙裙	800~1500
挂镜线	1600~1800

NO.2 餐厅

单位：mm

物体	高度	宽度	直径	间距
餐桌	750~790			>500（其中座椅占500）
餐椅	450~500			
二人圆桌			500或800	
四人圆桌			900	
五人圆桌			1100	
六人圆桌			1100~1250	
八人圆桌			1300	
十人圆桌			1500	
十二人圆桌			1800	
二人方餐桌		700×850		
四人方餐桌		1350×850		
八人方餐桌		2250×850		
餐桌转盘			700~800	
主通道		1200~1300		
内部工作道宽		600~900		
酒吧台	900~1050	500		
酒吧凳	600~750			

NO.3 商场营业厅

单位：mm

物体	长度	宽度	高度	厚度	直径
单边双人走道		1600			
双边双人走道		2000			
双边三人走道		2300			
双边四人走道		3000			
营业员柜台走道		800			
营业员货柜台			800~1000	600	
单靠背立货架			1800~2300	300~500	
双靠背立货架			1800~2300	600~800	
小商品橱窗			400~1200	500~800	
陈列地台			400~800		
敞开式货架			400~600		
放射式售货架					2000
收款台	1600	600			

NO.4 饭店客房

单位：mm/m²

物体	长度	宽度	高度	面积	深度
标准间				25（大）、16~18（中）、16（小）	
床			400~450，850~950（床靠）		
床头柜		500~800	500~700		

NO.4 饭店客房续表

物体				
写字台	1100~1500	450~600	700~750	
行李台	910~1070	500	400	
衣柜		800~1200	1600~2000	500
沙发		600~800	350~400，1000（靠背）	
衣架			1700~1900	

NO.5 卫生间

单位：mm/m²

物体	长度	宽度	高度	面积
卫生间				3~5
浴缸	1220、1520、1680	720	450	
座便器	750	350		
冲洗器	690	350		
盥洗盆	550	410		
淋浴器		2100		
化妆台	1350	450		

NO.6 交通空间

单位：mm

物体	宽度	高度
楼梯间休息平台	≥2100	
楼梯跑道	≥2300	
客房走廊		≥2400
两侧设座的综合式走廊	≥2500	
楼梯扶手		850~1100
门	850~1000	≥1900
窗	400~1800	
窗台		800~1200

NO.7 灯具

单位：mm

物体	高度	直径
大吊灯	≥2400	
壁灯	1500~1800	
反光灯槽		≥2倍灯管直径
壁式床头灯	1200~1400	
照明开关	1000	

NO.8 办公用具

单位：mm

物体	长度	宽度	高度	深度
办公桌	1200~1600	500~650	700~800	
办公椅	450	450	400~450	
沙发		600~800	350~450	
前置型茶几	900	400	400	
中心型茶几	900	900	400	
左右型茶几	600	400	400	
书柜		1200~1500	1800	450~500
书架		1000~1300	1800	350~450

中国美术学院电脑美术设计中心
Brief Introduction
——潘多拉CG教育实训基地简介

中国美术学院电脑美术设计中心是中国美术学院独资注册的，具有独立法人资格的下属企业。该企业成立于1994年，从2004年开始中国美术学院电脑美术设计中心作为传媒动画学院的教学实践和对外窗口的平台，托付给传媒动画学院管理。中心法人代表更名为传媒动画实验中心主任林勇副教授。中国美术学院电脑美术设计中心自托管以来，依托中国美术学院的人文底蕴，发挥传媒动画学院的学术特长，与社会各相关产业展开密切的合作，涉足范围包括创意产业规划、城市公共艺术设计、图形图像传播、广告推广策划、企业形象整合、动漫衍生产品开发等。中国美术学院电脑美术设计中心凭借中国美术学院其雄厚的人才资源，齐全的学科建设，在国内外获得了大量奖项与殊荣，得到社会及其各界的一好评。中心与社会各业有着长期密切的合作，并且做过大量优秀作品。2010上海世博会浙江馆展示方案的整体设计，世博会城市生命馆主会场主题影片及三维互动影像、创作动画影片《小红军长征记》，并在全国获奖，正在创作动画片《嫦娥奔月》，杭州滨江新区白马湖创意园形象片、杭州之江国家旅游度假区整体形象策划、中国美术学院80周年校庆片--《山望》、杭州之江国家旅游度假区形象片、中国国际动漫节官方栏目《乐乐动漫馆》、西湖区人民政府西湖创意谷形象片和冯小刚电影《非诚勿扰》片头字幕和海报设计等。随着本中心的建设与发展，现已成立动漫衍生产品开发、城市公共艺术设计、广告策划推广、影视拍摄制作、视觉传达设计、图像图形研创、非线剪辑工作室、精编剪辑工作室和电脑图像培训中心等多个设计部门。作为中国美术学院的下属企业，我们将与中国美术学院一起充分发挥我们的优势为社会服务，并做出我们应有的贡献。

2010年中国美术学院电脑美术设计中心与业界领先企业潘多拉数字科技进行联合办学，成立了潘多拉CG教育实训基地，开设影视动画专业、建筑表现专业、次世代游戏专业及国际外包服务，同时借鉴了国外成功的职业培训经验，将教学重点放在了学员对实际项目操控能力的培养上，采用小班制授课，从而提高教学质量。实训基地的师资力量由来源于业内一线制作公司的艺术总监、项目经理、资深设计师等专家级人员组成，根据学员的不同的专业取向，设置不同的教学内容和培训方案，确保教学与实际操作真正接轨，形成特有的教学模式。实训基地教学环境优雅，面积达1500平方米，配备先进的教学设备、全新的教室及活动室、完善的食宿配套。实训基地凭借雄厚的技术实力，秉承"注重实际项目操作，关注学员价值提升"的教育理念，自成立以来已经培养出上百名中高级建筑表现人才，成为各个企业中的技术中坚，并与行业内上百家公司建立了人才输送计划，确保每一位学员的百分百就业，这标志着潘多拉CG教育实训基地向着更专业化、规模化的教育方向迈进了一大步，为实现提高中国CG水平而不懈努力。

教学环境
Classroom

教师作品
Teacher Works

学生作品
Student Works

课程设置
Specialty Curriculum

建筑表现3d MAX基础班	4-8周	建筑表现后期提高班	4-12周
建筑表现模型就业班	24周	建筑表现长期班	48周
建筑表现模型提高班	4-12周	建筑动画长期班	48周
建筑表现渲染就业班	24周	影视动画MAYA基础班	16周
建筑表现渲染提高班	4-12周	影视动画长期班	48周
建筑表现后期就业班	24周	次世代游戏长期班	48周